JN439012

작물생리학
Physiology of Crop Plants

작물생리학

Physiology of Crop Plants

저자
프랭클린 가드너(Franklin P. Gardner)
브랜트 피스(R. Brent Pearce)
로저 미첼(Roger L. Mitchell)

남상용 역

RGB

목차(Contents)

역자의 글

농업생명과학은 생리학을 근간으로 하는 재배학과 유전학에 기반을 둔 육종학으로 나눌 수 있다. 재배학은 대상으로서 작물 품종의 개량과 특성연구, 환경으로 기상, 토양, 수분 등 자연환경 연구, 재배기술로 부적당한 환경의 극복과 새로운 시스템의 구축연구로 크게 나눌 수 있다. 여러분이 접하는 이 작물생리학은 작물의 수량과 품질을 향상하는 데 필요한 기초적인 작물학과 자연환경의 상호작용에 대한 원리를 연구하고 해석하는 학문 분야이다.

우리나라는 열악한 농업환경을 가지고 있다. 사료작물을 포함한 식량자급률이 세계 최저인 30% 정도에 그치고 있고 산업의 근간인 농산업에 대한 인식이 평가 절하되어 있다 보니 결국, 우리의 행복도 평가절하되어 여러 가지 부작용이 많이 나타나고 있다. 먹거리의 생산에서 경관까지 나아가 문화산업 일부도 농업의 영역인데 걱정이다. 인간을 포함한 자연의 생명력을 이어주고 건강성을 높여주는 최고의 가치를 가진 학문임에도 과소평가되고 있다. 우리의 삶에서 무엇이 가장 중요한 것인지를 반추하여 볼 일이다. 작물생리학은 줄을 맞춰 심으면 줄을 맞춰 자라는 단순하고 정직한 작물을 연구하는 학문이다.

그러면 작물이란 무엇인가? 상대어는 원하지 않은 식물, 잡초이다. 농업의 역사는 작물을 위협하는 잡초와 부적합한 환경과의 싸움이었다고 해도 과언은 아닐것이다. 즉 필요한 식물, 가치를 생산하는 식물이 작물이고 이 작물을 지키고 재배하는 기술이 농산업이었다. 따라서 작물 생리학은 우리의 먹거리를 생산하는 작물을 더 가치 있게 더 효율적으로 재배하기 위한 원리를 연구하고 해석하며 응용기술을 개발하는 학문이다.

자동차를 움직이는 힘이 에너지이듯이 우리 몸을 움직이는 에너지인 식품의 절반 이상은 탄수화물이다. 글자 그대로 탄소(이산화탄소)와 물의 만남이다. 우리에게서 먹거리는 대기의 구성물인 질소와 탄산가스, 물이 태양광 에너지를 우리 몸에 옮겨 주는 단순한 역할을 하는 것이다. 농업은, 공기처럼 많으나 잘 보이지 않고 물처럼 중요하나 과소평가되는 산업인지도 모른다. 희생적인 우리의 부모님들처럼 말이다. 산업의 모태인 농산업이 어려워져 생산기반을 잃고 나면 회복이 힘들 것이다. 그러므로 농업 관계자들을 좀 더 존중하고 가치 있게 대해야 한다. 선진국은 농업이 선진국이고 그래서 진정한 선진국이 되는 것이다. 첨단 기술이 농업에 접목되고 농업에서 꽃이 피어나야 한다.

우리가 누리는 문명의 이기는 대부분 불과 100년 전후에 연구되고 개발된 것들이다. 작물생리학에서 다루는 호르몬 중 선택성제초제 2,4-D는 1941년에, 수분퍼텐셜의 개념은 1960년대에 도입되었다. 유전공학기술과 첨단 식물공장도 근년에 도입되고 있는데 산업의 영역에서 최근 100년은 가히 혁명적 기간이었다. 그러나 원리와 원칙은 변함이 없다. 자연의 법칙은 항상 자연 그대로이다. 이제는 짧아지고 분할된 지식의 구슬을 꿰고 집대성하여 새로운 이론으로, 산업으로 만들어 가야 한다.

일반적으로 작물의 수량을 무리하게 높이면 병이 난다. 환경이 잘 맞지 않아도 그렇다. 균형과 적재적소, 최적화와 효율을 추구하는 학문이 작물생리학이 추구하는 세계이다. 최적 온도와 최적의 광도, 최적의 탄산가스와 미네랄의 농도가 재배환경의 기본이다. 여러분의 지식과 지혜도 이 책의 최적화된 내용처럼 최적화로 가꾸어가기를 바란다. 이 교재는 초판이 작물의 생장과 재배(Crop Growth and Culture)라는 광범위한 영역으로 1970년에 처음 출간되었고 본서의 모태인 제2판은 작물생리학이라는 이름으로 1997년에 출판되었는데 당시에 많은 변화와 광범위한 연구 결과를 반영하여 개편한 제2판이 국내에 소개되었었다. 해가 더해감에 따라 작물 생리학의 원리는 더욱 폭넓게 인식되고 있기에 이번에 역자가 출판사의 허락을 얻어 생리학의 기초(제1장)와 스트레스 생리학(제14장)을 추가하고 장절에 번호를 매겼으며 표와 그림을 수정하여 전면적 개편을 하였다.

기하급수적으로 증가하는 지식의 홍수 속에서 최근 부상되고 있는 분자생물학에 관한 내용과 정밀농업, 스마트팜(식물공장 등)에 대한 지식의 확장으로 새로운 차원에서 물리화학, 생물학자들이 기초분야는 물론 응용 분야에 대한 체계를 발전시켜야 하는 과제에 중심에 작물생리학자들이 있다. 작물의 기본에 근거하여 이어져 온 전통체계를 타파하기 위한 시도는 계속되어야 한다. 강조하는 것은 생리학적 개념과 대사, 생장, 생식 생장에 영향 주는 요인들에 대한 기본적인 원리 이해와 이를 활용해서 적용하는 것이 필요하다. 상호간의 내용을 유용하게 융복합시키고 연결하는 노력이 필요하다. 따라서 이 책은 농학은 물론 원예, 축산(사료작물)까지 망라하는 작물의 생명현상을 연구하고 다루는 책으로 손색이 없다. 내용은 고전적이지만 기본 원리에는 충실하다. 원리와 원칙은 잘 바뀌지 않는다. 대부분의 농업 관련 시험의 기초는 작물 생리학에서 시작된다. 농업연구의 시작도 이 책으로 시작해야 한다.

아울러 기존의 제2판을 번역한 분들의 수고로 이 책이 더 쉽고 더 완전해진 사실은 부인할 수 없기에 지면으로 깊은 감사를 드린다. 역자가 보기에는 작물 생리학 교재로 이만한 책이 없고 기존의 작물 생리학을 바꿔서 강의해보고 싶기도 했으며 새로운 시도로 상호경쟁하면서 발전하는 구도를 만들고도 싶었다. 생명과학과를 중심으로 저술된 많은 식물생리학 책들은 이론에 치우쳐 실제적인 재배와 생산에 관한 내용이 많지 않다. 표와 그림을 재정리해가며 재번역을 시도하고 이제 출판하게 되었다. 작물 생리학은 농촌진흥청을 비롯한 공무원시험 과목이기도 하지만 농업 생명과학의 전반을 관통하는 기초과목이자 핵심과목이다. 중요하기도 하고 필요하기도 하다. 어려운 내용도 있지만 읽기 쉽고 쉽게 기술하여 대학생들에게 진보된 작물학 분야에 대한 이해를 도우며 대학원생과 연구자들께는 연구자로서의 깊이 있는 학문적 갈증의 해소와 깊이 있는 아이디어를 제공하고자 노력하였다.

좀 더 보강할 내용은 아직도 많다. 독자 여러분의 질책과 자료를 모아 조만간 개정판으로 만나 뵙기를 원한다. 마지막으로 작물 생리학의 외연을 넓히는데 기여한 원저자인 로저 미첼(Roger Michell), 프랭클린 가드너(Franklin Gardner), 브렌트 피스(Brent Pearce)에게 다시 한번 존경과 경의를 표한다. 아울러 수정 보완할 내용이 있으면 언제라도 연락을 주시기 바라며 여러분의 지식과 지혜가 이 책을 통해서 한 단계 더 도약되기를 기원한다.

2022년 3월 10일 불암산 자락에서

역자 남상용 드림

작물생리학

Physiology of Crop Plants

제1장
작물생리학의 기초
(Base of Crop Physiology)

1. 작물과 작물생리학(Crop and Physiology)

식물(plant)은 작물(crop)과 잡초(weed)로 크게 나눌 수 있다. 작물(crop)은 실용적인 유전적 특성이 같은 종자나 영양번식체를 일정한 장소 및 시기에 일정한 거리로 재식하여 재배하는 집단을 말한다. 인간이 필요로 하여 재배하는 식물로 특정 부분을 거의 기형적으로 발달시킨(그림 1.1) 이용 측면에서의 분류라고 할 수 있다. 즉 작물이란 여러 가지 식물 가운데 경제적으로 중요한 유용식물을 대상으로 필요로 하는 물질을 다량으로 획득하기 위해 재배하는 식물을 말한다. 여기서 작물의 주된 이용 부위는 주로 종자나 영양체이다. 종자식물에서는 종자가 발아하여 생장하고 발육하여 개화하고 수분과 수정을 거쳐 다시 종자를 맺으며 생활사를 마치게 된다. 작물생리학은 작물을 중심으로 작물이 발아하고 생장한 후 후손을 남기고 죽는다. 이런 제반 과정에서 그 이유와 방법을 유전적이고 환경적인 변화를 관계속에서 그 기능과 체내에서 일어나는 여러 가지 대사작용과 생화학적인 반응을 세포, 조직, 기관 등을 연구하여 인과관계를 구명(究明)하는 학문이다. 광합성과 호흡, 수분과 영양, 개화와 결실, 호르몬 등을 주어진 환경조건에서 어떻게 왜 반응하는가를 알고자 하는 것이다. 작물의 생리적 지식을 바탕으로 ① 환경을 제어하고 ② 유전성을 증진시키며 ③ 재배기술을 개발하여 효율적으로 수량과 품질을 높이는 학문이 된다.

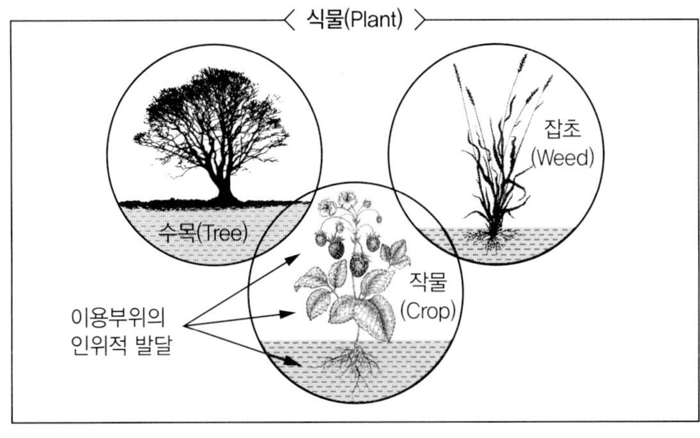

그림 1.1
식물, 작물, 잡초에 대한 개념도

2. 식물의 일반적 특성(Characteristics of Plant)

식물은 비운동성(nonmotile)이고 자가영양(autotrophy)을 하며 질소와 같은 영양분을 토양에 의존한다. 육상에 적응하여 수분손실을 줄이며 CO_2를 교환하는 기작을 발달시켰다. 단단한 세포벽으로 구조적 지지를 하며 계절적인 감각을 가지며 각종 재해(가뭄, 추위 등)에 대응하는 체계를 가지고 있다. 독특한 생산구조와 적응기작이 있으나 신경조직은 없다. 식물체(plant)는 생장이나 저장기관처럼 기관(organ)으로 나누고 이들은 다시 조직(tissue)으로 세분한다. 이 조직의 하위 단위는 세포(cell)가 되고 다시 세포소기관(organelle)으로 나눈다.

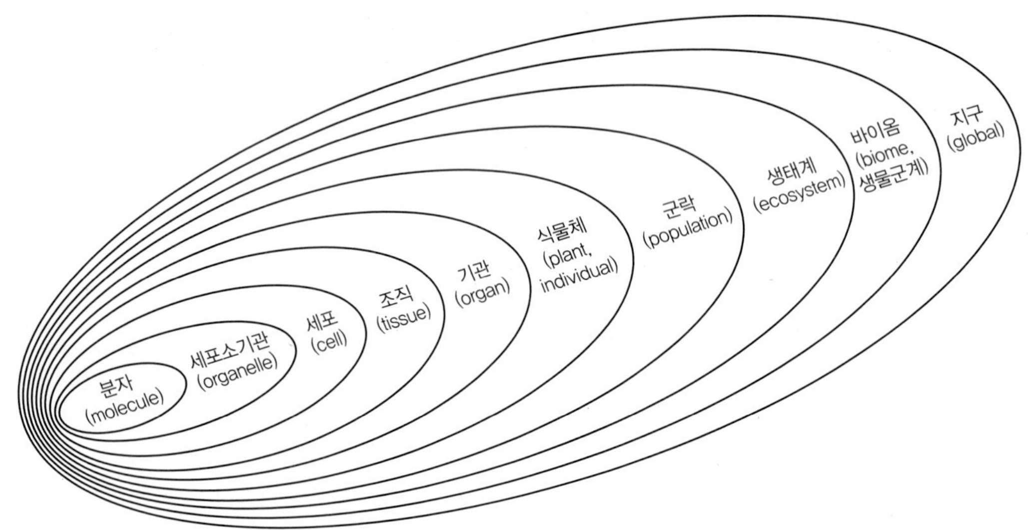

그림 1.2 생물생태계의 계층(hierarchy) 구조도

이 세포소기관의 하위단위가 분자로 분자생물학의 시발점이 되는데 우리가 잘 알고 있는 유전물질인 DNA와 식물체를 구성하는 탄수화물과 단백질은 여기에 속한다.

① 식물세포는 동물과 달리 세포벽으로 둘러싸여 있고 이 세포벽은 1차와 2차 세포벽으로 구성되는데 1차 세포벽보다는 2차 세포벽이 더 강하고 두텁다. 이는 리그닌이 있기 때문이다. 세포는 자체적으로 생장하고 분열하며 자기증식을 하여 개체를 완성한다.

② 조직은 형태와 기능이 유사한 세포들이 모인 집단으로 고유한 기능을 수행한다. 이 조직은 분열조직과 영구조직으로 나누는데 분열조직에 의해 생성되는 정단분열조직(apical meristem), 액아(axillary bud), 내초(pericycle)에서 일어나는 측근 등을 1차 생장이라고 한다. 2차 생장은 유관속 형성층과 코르크 형성층과 같은 방사극성(radial polarity)을 띠며 생장한다. 영구조직은 세포벽이 두텁고 액포가 크며 세포분열 능력이 없다. 종류로는 유조직, 통도조직, 분비조직, 보호조직 등이 있다.

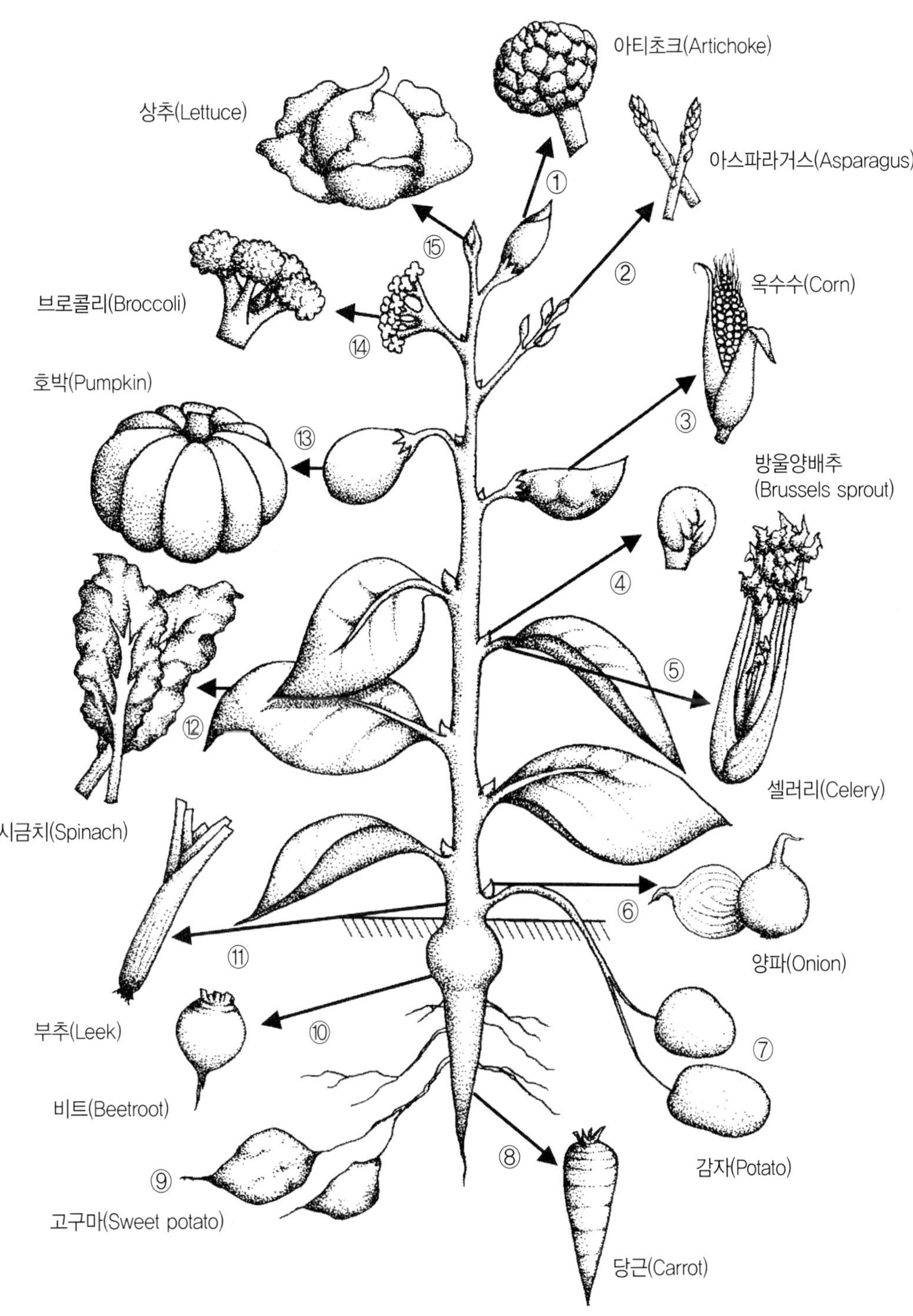

그림 1.3 작물의 특정부위로부터 발달된 몇 가지 채소들

각 문자들은 주요 기원들을 나타내며 대표적인 채소류는 다음과 같다. ① 화아-아티초크 ② 줄기-아스파라거스 ③ 종자-옥수수 ④ 액아-방울양배추 ⑤ 엽병-셀러리 ⑥ 인경(지하 눈)-양파 ⑦ 괴경-감자 ⑧ 뿌리비대-당근 ⑨ 괴근-고구마 ⑩ 비대한 하배축-비트 ⑪ 비대한 엽 기부-부추 ⑫ 엽신-시금치 ⑬과실-호박 ⑭ 비대한 화서-브로콜리 ⑮ 주아(main bud)-상추

③ 식물의 기관은 3가지 주요 조직인 기본조직, 표피조직 및 유관속 조직으로 이루어져 있다. 기본조직은 어린 유세포와 석세포 등으로 구성된 후벽세포, 세포의 모서리 부분이 두터워진 후각세포로 되어있고 표피조직은 납질(wax)로 수분을 증발을 방지하는 구조로 되어있다. 유관속은 물관부와 체관부로 되어있다. 즉 조직의 집합체가 기관이 된다.

영양기관은 뿌리, 줄기, 잎 등이고 생식기관은 꽃, 과실, 종자 등인데 이들은 농산물로 수확의 대상이 된다. 식물은 기본적으로 광이나 수분, 온도 등과 같은 기상 환경, 영양과 식물체 지지 등 토양환경에 의해 거의 절대적으로 생육이 제어된다. 식물의 특성을 형태적으로 보면 잎, 줄기, 뿌리를 가지며, 줄기와 뿌리 선단에는 세포분열이 왕성한 생장점이 있다. 잎에는 기공이 있고 표피조직, 책상조직, 해면조직, 유관속 조직으로 구성되어 있다. 그리고 생리적으로는 뿌리로부터 물과 무기염류를 흡수하며, 잎에서 광합성을 하며 각종 유기화합물을 합성한다. 식물호르몬에 반응하며 환경조건에 따라 호흡 변화와 장해를 받는다.

표 1.1 단자엽 식물과 쌍자엽 식물의 특징 비교

번호	특징	단자엽 식물	쌍자엽 식물
①	꽃잎이나 수술의 수	3의 배수	4 혹은 5의 배수
②	뿌리 형태	발근계	직근계
③	생장형	초본	초본, 목본
④	엽맥의 모양	평행맥	망상맥
⑤	자엽의 수	1개	2개
⑥	줄기 유관속의 배열	산재함	환상배열
⑦	형성층의 유무	없음(대신 절간생장점이 있음)	있음
⑧	화분의 발아구	1개	3개

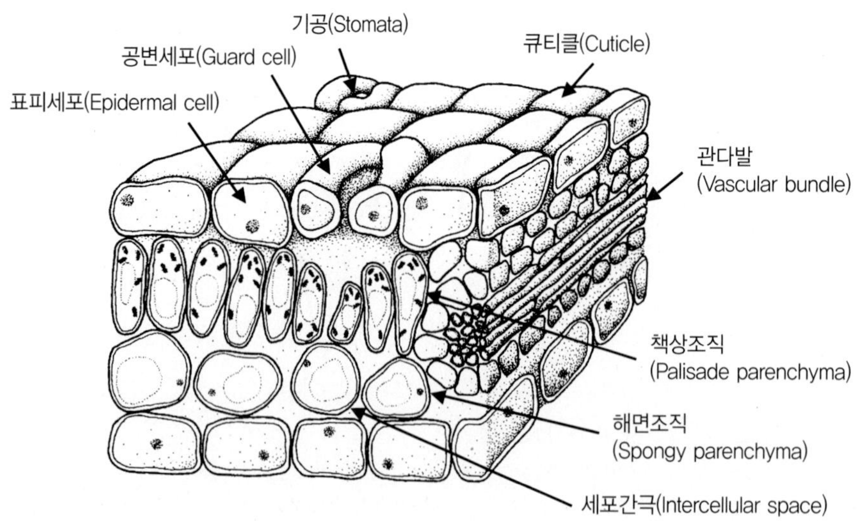

그림 1.4 잎을 절단했을 때 모습, 표피(큐티클), 기공, 내부구조와 세포간 연결된 모식도

이러한 과정을 통해서 식물은 ① 태양광을 흡수하여 광합성을 하고 탄수화물을 만든다. ② 작물은 화분이나 종자 상태가 아니고서는 움직일 수가 없다. ③ 식물체를 지지하는 세포벽과 같은 단단한 구조물을 가지고 있다. ④ 수분 증발을 방지하는 조직과 수분을 이동시키는 조직을 가지고 있다. ⑤ 식물체 내에 물과 영양을 수송하는 관다발을 가지고 있다. 식물 중에서 종자식물은 나자식물과 피자식물로 크게 나눌 수 있고 피자식물은 주로 현화식물을 이룬다. 식물은 동물과는 다르게 이동이 제한되어 특정 환경영역 내에서 생활하게 되므로 불리한 생존 여건을 극복하기 위하여 독특한 기관과 생리적 기구를 가진다. 즉 식물에만 있는 두꺼운 세포벽은 수분과 가스의 투과를 조절하며 고유한 형태를 유지한다. 양수분의 흡수와 엽록체의 독립된 동화능력으로 자급영양생장을 한다. 식물은 인간에게 식량과 목재, 섬유 등을 공급하고 공업원료를 공급한다.

3. 작물의 분류(Classification of Crop)

1) **농작물에는 식용작물, 공예작물(특용작물), 사료작물, 녹비작물 등이 있다.**

① 식용작물(food crop)은 주식이나 부식이 되는 작물로 벼, 보리, 밀, 옥수수와 같은 화본과 작물과 콩, 땅콩, 완두와 같은 두과작물, 감자와 고구마와 같은 서류가 주요 작물이다.

② 공예작물(industrial crop)은 공업의 원료가 되는 것과 특별한 용도로 이용되는 작물로 인삼이나 담배가 있다.

③ 사료작물(forage crop)은 가축의 먹이가 되는 오차드그라스, 톨페스큐, 알팔파와 같은 작물이 있다.

④ 녹비작물(green manure crop)은 토양에 영양을 공급하는 비료의 용도로 사용하는 자운영과 크라운베치와 같은 작물이 있다.

2) **원예작물에는 채소, 과수, 화훼 및 관상식물 등으로 나눈다.**

① 채소(vegetable crop)는 원예작물 재배와 수익성의 70% 정도를 점유하는 것으로 엽채류(상추, 배추), 과채류(딸기, 토마토), 경엽채류(대파, 아스파라거스), 근채류(양파, 마늘) 등이 있다.

② 과수(pomology crop)는 수목에서 열리는 열매 작물로 사과, 배, 귤 등이 있다.

③ 화훼작물(floricultural crop)에는 꽃과 잎을 생산하는 작물로 장미, 국화와 난, 선인장 등이 있다.

④ 관상식물(ornamental crop)은 각종 수목류나 분재 등이 있다. 그 외 작물로 산림의 수목이나 양잠을 위한 뽕나무 등이 있다.

4. 식물세포 소기관들(Organelles of Cell)

식물의 기본단위로서 세포가 있고 그 세포를 구성하는 구성물로서 세포소기관(organelle, 그림 1.5 참조)이 있으며 최하위 단위는 분자(molecule)와 원자(atom)으로 구성된다.

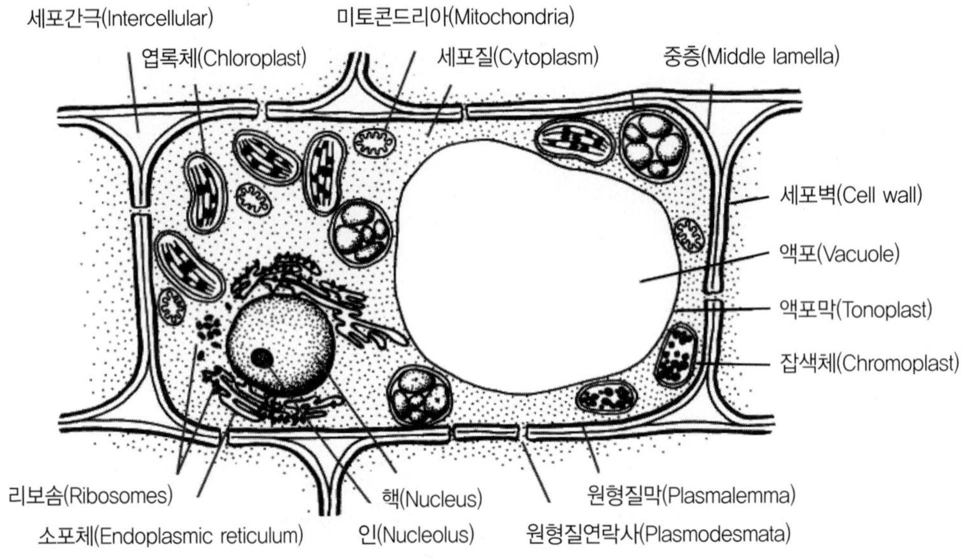

그림 1.5 전형적인 식물세포와 식물세포 소기관들

1) 세포소기관 구성과 기능(Structure and Function)

식물세포는 동물세포와 달리 특수화된 두꺼운 세포벽을 가지고 있다. 이 세포벽은 원형질로부터 분비된 물질이 만든 2차적 산물이다. 처음에는 펙틴(pectin)질로 된 얇은 막이 생기고 이후에 셀룰로스(cellulose)가 퇴적되어 단단한 세포막이 된다. 식물세포는 세포벽을 포함하며 원형질체, 세포 내 함유물로 나눌 수 있다.

- 식물세포
  - 세포벽
  - 원형질체
    - 핵 – 인, 핵막, 염색체 등
    - 세포질 – 미토콘드리아, 엽록체, 세포 내용물, 세포막 등
  - 세포 내 함유물 – 전분립, 단백립, 유적(oil drops) 등

(1) 세포벽의 구성과 특성

세포벽은 단백질과 인지질 2중층으로 구성되어 있다. 즉 세포의 외부와 내부인 세포질에 접하는 친수성 부위와 막을 구성하는 소수성 부위로 이루어져 있어서 친수성과 소수성을 모두 나타내는 양쪽성으로 되어있다. 그러나 엽록체와 같은 색소체의 막은 주로 당지질로 둘러싸여 있다.

① 식물의 세포벽은 미세소관과 미세섬유로 구성되어 있다.
미세소관(microtubule)은 튜불린(tubulin)이라는 단백질 중합체로 이루어지고 미세섬유(microfilament)는 액틴(actin)으로 이루어져 있다.

② 식물의 미세소관과 미세섬유는 동적인 평형상태로 극성을 가진다.
튜불린(tubulin)과 액틴(actin)은 반감기를 가지며 생장속도가 다르고 극성을 가지며 불안정한 상태이다. 중합반응과 복원이 일어난다. 횡방향으로 세포벽을 강화시킴으로 종축을 따라 생장이 일어나도록 한다.

③ 세포벽의 모터 단백질은 세포질 유동과 세포질의 통행을 매개한다.
식물세포는 모터와 같이 세포질을 유동시키는데 미세섬유를 따라 움직이는 미오신(myosin)과 미세소관을 따라 움직이는 단백질 그룹을 키네신(kinesin)이라고 한다. 이 키네신은 유사분열을 하는 동안 방추체 형성(세포분열 시에 방추사는 미세소관으로 이루어짐)에 도움을 준다. 세포질유동(cytoplasmic streaming)은 시토졸을 통한 입자와 세포 소기관의 총체적 움직임이다. 이것은 광에 노출되었을 때 엽록체의 재배치와 같은 전체적으로 이동하는 부피유동(bulk flow)이라기보다는 독립적인 활주운동에 가깝다.

④ 원형질연락사(plasmodesmata)로 세포벽을 가로질러 인접한 세포 간을 연결하는 통로를 가진다. 이렇게 원형질연락사를 통한 용질수송을 심플라스트(symplast) 이동이라고 한다. 물론 물과 소형분자들은 원형질막을 통과하지 않고도 이동할 수 있는데 이렇게 세포간극을 통한 이동은 아포플라스트(apoplast) 이동이다. 바이러스도 원형질연락사를 통과하고 수송분자들은 그 크기에 따라 제한을 받는다.

⑤ 식물의 세포골격을 이루는 세포벽(cell wall)은 처음에 형성되어 생리적 작용을 하는 1차벽(어린세포, 유세포, 후각세포, 사관), 탄력이 줄어들고 비후한 2차벽(섬유세포, 도관, 가도관), 인접한 두세포의 1착벽이 결합한 부위에 보이는 중층(펙트산의 Ca염), 2차벽이 형성되지 않고 중층과 1차벽으로 형성된 벽공(원형질연락사는 벽공격막을 가로질러 인접세포간에 연락기능을 담당함) 등이 있다. 세포벽은 식물체를 지지하고 그 형태를 유지한다. 미세섬유 사이에 리그닌, 슈베린, 큐틴 등이 퇴적되어 조직을 견고하게 하고 외부 환경의 영향을 완충시켜 보호하는 역할을 한다. 기공의 개폐, 기동세포 작동 등 여러 가지 운동을 가능하게 한다.

(2) 원형질체(protoplast)의 종류와 특성

원형질체는 세포질과 세포소기관으로 구성되는 데 핵(nucle)에는 핵막, 핵액, 염색체, 인이 있고 세포질(cytoplasm)에는 세포막, 세포기질이 있으며 복막소기관에 핵은 물론 미토콘드리아와 엽록체를 포함하는 색소체가 있다. 단막소기관에는 소포체와 리보솜, 액포, 골지체, 퍼옥시솜 등이 있다.

① 핵(nucleus)은 유전물질의 대부분을 포함한다. 핵은 유전물질을 가지고 있는 엽록체와 미토콘드리아와 함께 대표적 2중막(복막)구조체이다. 핵막에 존재하는 핵공(nuclear pore)은 8각형의 정교한 단백질로 구성되어 있다. 염색체는 히스톤(histone) 단백질로 구성된 뉴클레옴솜(nuclosome)으로 구성된다. 핵(nucleus)은 중앙부위에 인(nucleolus)이라고 부르는 과립성 부위가 있는데 여기서 리보솜이 합성된다. 이 리보솜이 핵공을 빠져나와 단백질 합성의 장소인 완전한 리보솜을 만든다. 핵(Nucleus)은 복막으로 10㎛로 가장 큰 세포소기관으로 DNA 형태로 유전정보를 가지고 있어서 자체분열을 할 수 있고 세포를 조절하는 중심이다. 핵은 전자현미경으로 관찰할 때 뚜렷하게 보이는 구멍을 갖는 다공성 막으로 구성되어 있다. 이러한 막은 DNA의 유전암호를 전사한 mRNA가 세포질로의 이동을 가능하게 하는데 세포질에서 mRNA는 단백질합성체계의 명령을 번역하여 리보솜에서 단백질을 만든다. 인(nucleus)은 직경이 4㎛ 정도인 구형체로 1~2개가 있으며 리보소옴을 형성하는 rRNA와 단백질을 만든다. 유전자는 전사와 번역의 과정을 거쳐 그 특성이 발현된다. 단백질은 상보적인 RNA를 합성하는 전사(transcription)에서 시작하여 mRNA의 암호화된 서열 정보에 따라 아미노산으로부터 특정단백질이 합성되는 번역(translation) 과정으로 진행된다.

② 미토콘드리아(Mitochondria)도 독립적으로 분열하는 반자율적 세포소기관으로 자체 분열하는 에너지 생성 소기관이다. 엽록체와 마찬가지로 이중막인 복막으로 시토졸과 분리되어 있으

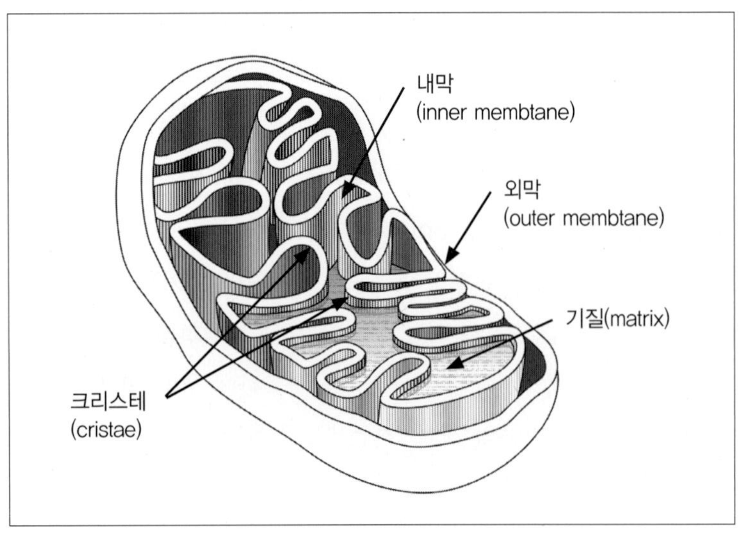

그림 1.6 미토콘드리아의 구조

며 자신의 DNA와 리보솜을 가지고 있어서 자체분열과 단백질 합성을 한다. 세포에서 호흡이 일어나는 장소로 분열과 융합을 모두 수행하는 동적인 소기관으로 크리스테(cristae)라고 하는 내막의 접혀진 구조를 가지고 있다(그림 1.6 참조).

일반적으로 엽록체보다 작으나 개수는 많다. 미토콘드리아(mitochondria)도 복막으로 폭은 0.7㎛, 길이는 2㎛ 전후의 크기로 식물세포 대사 작용의 50% 이상이 여기서 일어난다. TCA 회로와 ATP를 생성하는 호흡전달계의 여러 효소들을 함유하고 있다. 미토콘드리아는 에너지를 생산하기 위해 해당작용의 결과 생긴 산물들을 이용한다. 즉 미토콘드리아는 세포의 에너지 생성장소로서 역할을 한다.

③ 색소체(엽록체, chromoplast)는 식물과 특정 원생생물에만 있는 복막으로 된 구조물로 내막은 미토콘드리아처럼 접혀 있지 않지만 다른 막들은 색소체의 종류에 따라 여러 가지 배열을 하고 있다(그림 1.7, 그림 1.8 참조). 엽록체(chloroplast)는 식물의 녹색부분 세포에서 발견되는데 이것은 세포의 광합성 기관이다. 엽록체는 녹색색소인 엽록소를 함유하고 있으며 태양에너지를 화학에너지로 전환하는 광화학장치이다. 뿐만 아니라 엽록체는 공기 중의 이산화탄소를 고정하여 자당과 다른 탄소화물을 합성한다. 토마토의 붉은 색소인 리코펜(lycopene)은 잡색체(chromoplast)로 이것은 엽록소의 분해가 일어나는 성숙된 엽록체로부터 발달한다.

이들은 많은 과실에서 적황색 색소인 카로티노이드를 함유하고 있다. 색이 없는 것은 백색체(leucoplast)는 저장 단백질이나 한 두 개의 녹말립을 가지고 있다. 특별히 녹말을 가진 것을 녹말체(amyloplast)라고 하는데 이 아밀로플라스트(amyloplast)는 전분입자가 발달되는 곳이다. 이 전분입자는 엽록체에서도 때때로 발견된다. 엽록체와 색소체(유색체), 아밀로플라스트는 모두 색소체 그룹으로 분류한다. 독립적으로 분열하는 반자율적 세포소기관인 엽록체도 DNA를 가지고 있어 자체적으로 분열하는 광합성 조직이다. 이중막인 복막으로 시토졸과 분

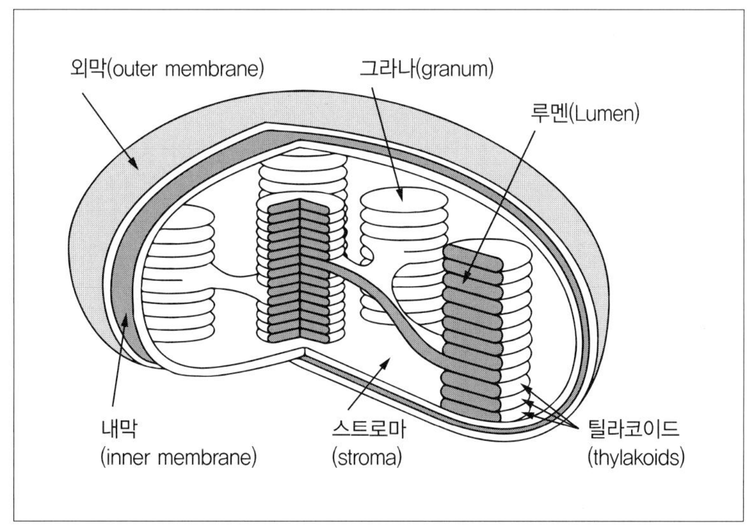

그림 1.7 엽록체의 구조

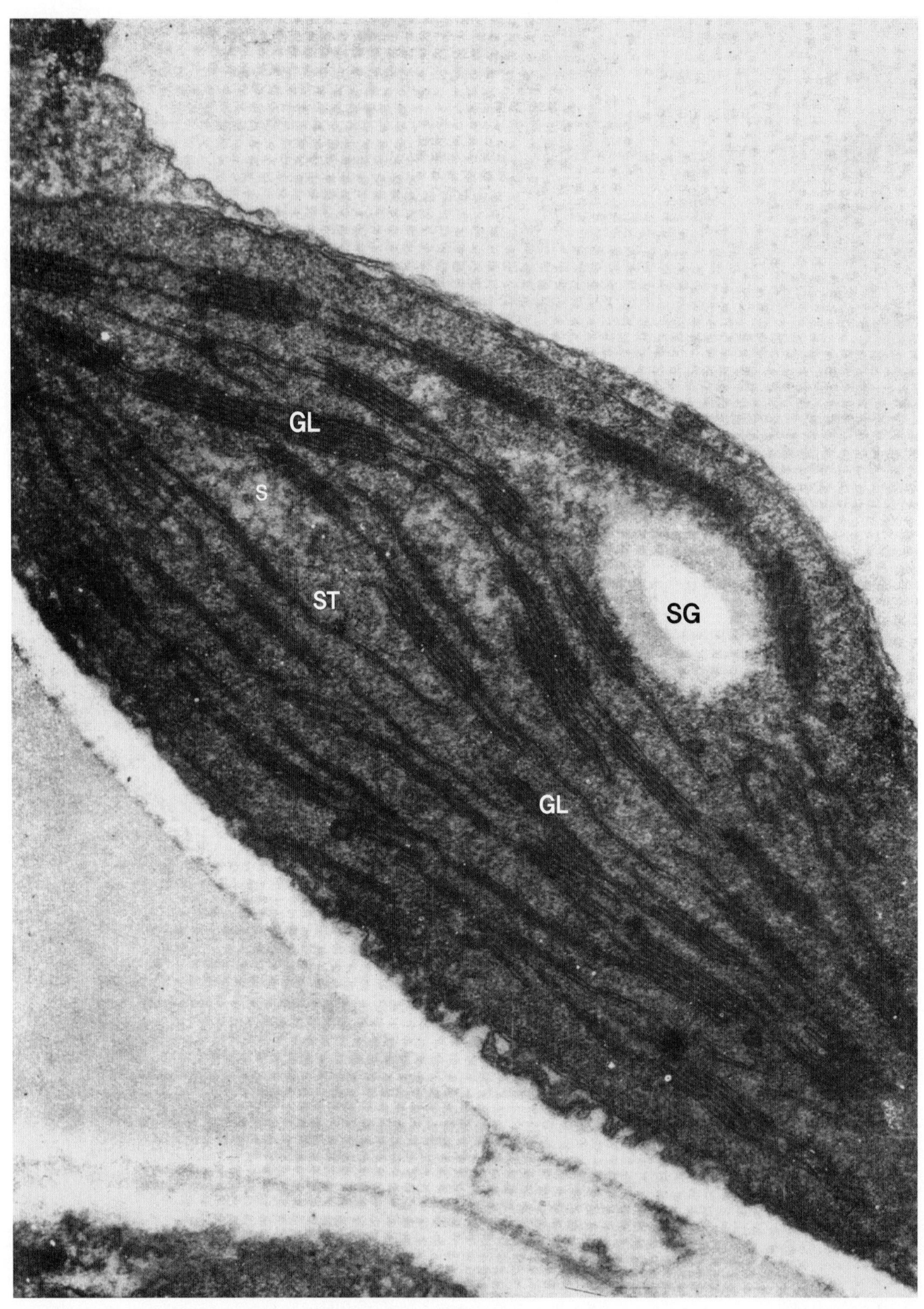

그림 1.8 사료작물 알팔파의 엽록체 현미경 사진으로 64,500배로 확대한 것. 스트로마(ST), 그라나 라멜라(GL), 스트로마 라멜라(SL), 전분 입자(SG)가 표시되어 있다.

리되어 있으며 자신의 DNA와 리보솜을 가진다. 분열조직 세포들은 전색소체(protoplast)를 가지고 있는데 이들은 엽록소가 없다가 빛을 받으면 색소가 형성되고 기질의 스트로마 라멜라(비중첩된 막)와 동전 모양이 중첩된 모양의 그라나(grana) 층을 형성한다.

종자가 계속 빛을 받지 못하면 연한 녹색을 띠는 에치오플라스트(ethioplast)로 분화된다. 식물에서 에치올레이션(ethiolation)은 황백화가 되는 현상을 말한다. 엽록체는 온도가 내려가는 가을처럼 환경이 달라지면 잡색체로 전환된다. 색소가 없는 것을 백색체(leucoplast)라고 한다.

④ 소포체(endoplasmic reticulum, ER)는 세포질 내 작은 관들이 상호 연결되어 있는 수송계이며 원형질연락사를 만든다. 몇 개의 증거들을 보면 세포질 내 전달체계로서 역할을 하는 것으로 알려져 있는데 단백질 합성기관인 리보솜이 결합된 소포체를 조면소포체(rough endoplasmic reticulum)라고 하며 리보솜의 부착이 없으면 활면소포체(smooth endoplasmic reticulum)라고 한다. 세포에서 단백질의 합성은 조면소포체에서 일어난다. 다른 리보솜들은 세포질에서 자유롭게 발견된다. 이 리보솜은 단막계로 중요성분인 스테로이드와 인지질을 합성한다. 소포체는 내부 막들의 연결체 구조를 하고 있다. 소포체(ER)는 가는 관들로 구성되어 있는 단막구조이며 다각형과 소낭을 연결한다.

⑤ 골지체(golgi complex)

단막인 골지체는 소낭들로 이루어진 일련의 판상구조를 가진 소기관으로 딕티오솜(dictyosome)이라고도 한다. 골지체는 세포벽 합성과 세포로부터 효소들을 분비하는 중요한 기능이 있는 것으로 알려져 있다. 당단백질과 다당류들은 골지장치에서 가공된다.

골지체(Golgi body)는 단막구조인데 겹겹이 싸인 시스와 트랜스 구조로 세포 당 100개 정도 있는 분비조직이다.

⑥ 액포(vacuole)는 세포질 대신에 물과 용질로만으로 구성된 액포액으로 되어있다. 단막인 액포막(tonoplast)으로 구획이 된 액포는 어린 세포일 때는 작으나 점점 커져 세포조직의 95%를 차지한다. 2차대사산물의 보관 장소이기도 한 액포는 노화된 잎에서는 분해 액포(lytic vacuole) 역할도 한다. 액포는 세포벽, 색소체와 함께 식물세포에만 존재하는 것으로 용질의 농도가 높아서 바닷물이나 세포질의 염농도와 비슷하다. 어떤 액포는 색소체를 포함하기도 하는데 이는 꽃이나 단풍잎을 나타내기도 한다. 오렌지에서는 액포에 고농도의 시트르산이 있어서 신맛이 나고 pH가 3~4까지 내려가는 산성물질로 구성되어 있다. 주위 세포질의 pH는 보통 7~7.5 정도이다. 그러나 대부분 액포는 pH가 5~6 정도이다. 어린 세포나 생장하는 정단부위의 분열조직 세포에서는 여러 개의 작은 액포들이 소포체에서 만들어진다. 이들은 세포와 함께 생장하여 수분을 흡수하고 서로 융합해서 성숙한 세포에서는 부피의 95%를 차지하기도 한다.

⑦ 글리옥시솜(glyoxysome)과 퍼옥시솜(peroxysome)은 단막으로 구성된 미소체이다. 독립적으로 분열하는 내막계 유래 소기관인 미소체(microbody)는 잎과 종자에서 특별한 역할을 하는데 글

리옥시솜(glyoxysome)은 지방산의 베타산화에 관여하고 퍼옥시솜(peroxysome)은 엽록체의 광호흡에 관여하며 과산화수소수를 물로 분해시키는 카탈라아제(catalase)로 작용한다. 어린 식물에서 초기 단계에서는 글리옥시솜으로 되어있으나 녹화되고 나서는 퍼옥시솜으로 전환된다.

⑧ 유지체(oil body)는 지질 저장 세포소기관이다. 독립적으로 분열하는 내막계 유래 소기관으로 종자가 발달하는 동안 기름을 저장하는 조직으로 유지체(oil body)는 올레오솜(oleosome), 지질체(lipid body), 스페로솜(spherosome)으로 구성되어 있다.

⑨ 미소체(microbody)는 단일막으로 된 1㎛ 내외의 소기관으로 광합성에 관여하는 퍼옥시솜(peroxisome)과 종자발아 시 지방을 탄수화물로 전환시키는 글리옥시솜(glyoxysome)이 있다. 지방생산과 저장의 중심지 역할을 하는 스페로솜(spherosome), 또한 지방 저장체인 올레오솜(oleosome)이 있다.

(3) 세포함유물의 종류와 특성

원형질의 활동결과 생산된 여러 가지 대사 부산물로 저장이나 소비성 물질이 있다. 세포함유물에는 전분립, 단백립, 타닌, 지방, 유적, 안토시아닌, 기타결정체 등이 있다.

5. 효소(Enzyme)

세포는 에너지와 화학법칙을 잘 지키며 생명을 유지하기 위한 화학반응인 물질대사(metabolism)가 끊임없이 일어나는 생리과정의 장소이다. 효소는 생체 내의 화학반응을 매개하는 고분자 단백질 촉매제이다. 효소는 생체의 복잡한 여러 화학반응을 촉진한다. 효소가 작용할 수 있는 분자를 기질이라고 부르며 효소는 기질을 생성물로 전환시킨다. 특정 반응물과 결합하여 활성화에너지(activation energy)를 낮춰 반응을 촉진하는데, 효소와 결합하는 반응물을 기질(substrate)이라고 하고 효소에서 기질과 결합하는 특정 부분을 활성부위(active site) 라고 한다. 효소의 활성부위에 기질이 결합하여 효소와 기질 복합체를 형성하고 반응 결과 생성물이 만들어지면 효소는 생성물과 분리되어 또 다른 반응에 참여한다. 기질의 입체구조와 효소의 활성부위가 맞아야만 결합하여 반응할 수 있으므로 한 종류의 효소는 주로 한 종류의 기질에만 작용한다. 이러한 효소의 성질을 기질특이성(substrate specificity)이라고 한다. 효소의 작용에는 여러 가지 것들이 영향을 미치는데 ① 효소는 단백질 촉매이므로 단백질의 3차 구조에 중요한 온도, pH 등의 환경조건이 효소의 활성에 중요하다. ② 일부 효소의 활성에 영향을 미치는 추가적인 화학적 구성요소들을 보조인자(cofactor)라고 하는데 보조인자는 조효소(coenzyme) 또는 무기 금속 이온, 또는 두 가지 모두를 포함할 수 있다. ③ 여러 가지 효소작용을 억제하거나 정지시키는 저해제들도 효소의 활성에 영향을 준다.

1) 효소의 구성과 특성(Property of Enzyme)

보결분자단(prosthetic group)을 제외한 대부분의 효소는 단백질이며 특이성이 있고 대사반응을 획기적으로 빨리 진행시킨다.

① 대부분의 효소는 단백질로 구성되어 있고 촉매 활성을 가지고 있는 일부 RNA 효소나 DNA 효소를 제외하면, 거의 모든 효소는 단백질과 무기이온이나 저분자화합물(철과 구리 등)로 이루어져 있다.

② 효소는 자신과 함께 작용할 반응물을 선택하는 특이성을 가지고 있어서 특정반응이나 한정된 반응에만 작용한다. 따라서 유독한 부산물이 없이 해당반응만을 조절할 수 있다. 가장 많이 언급되는 이론은 열쇠와 자물쇠(key and lock) 이론이 있는데 자물쇠는 효소, 자물쇠의 열쇠 구멍은 활성부위 그리고 열쇠는 기질을 나타낸다. 즉 열쇠와 자물쇠처럼 효소의 작용 부위는 기질에 대하여 일정한 형태를 가지고 있기 때문에 자신의 기질하고만 반응한다는 것이다.

③ 효소는 대사반응의 속도를 10^8~10^{20} 정도나 빠르게 하며 효소는 종류가 5,000여개나 되며 크기도 다양한데 광합성에 관여하는 페레독신(ferredoxin_은 11,500g/mole 정도이나 RuBP는 500,000g/mole 이상이다. 세포의 상황에 맞도록 그 활성을 조절한다.

2) 효소의 분류(Classification of Enzyme)

효소의 종류가 많고 앞으로도 더 발견될 것이므로 촉매반응의 형태에 따라 6개 그룹으로 나눈다.

① 산화환원효소(oxidoreductase): 이 효소들은 모두 산화환원반응을 촉매한다. 산화되는 기질은 수소 공여자 또는 전자 공여자로 작용하고 다른 쪽 기질은 환원된다. 종류로는 탈수소효소(dehydrogenase), 산화효소(oxidase), 과산화효소(peroxidase), 산소화효소(oxygenase)가 있다.

② 전이효소(transferase): 전달효소라고도 하는 전이효소는 1개의 탄소기, 알데하이드기 또는 케톤기, 인산기(ATP 등), 아미노기 등을 한 기질로부터 다른 기질로 전달하는 반응을 촉매한다.

③ 가수분해효소(hydrolase): 가수분해효소는 C-C, C-O, C-N, P-O 및 기타 단일결합의 가수분해를 촉매하는 효소이다. 이 부류의 효소로는 펩티다아제(peptidase), 에스테라아제(esterase), 아밀라아제(amylase), 프로테아제(protease), 리파아제(lipase), 글루코시다아제(glycosidase) 등이 있다.

④ 분해효소(lyase): 가수분해에 의하지 않고 어떤 기를 제거시켜 이중결합이나 고리를 남기는 반응을 촉매하는 효소이다. 이 분류의 효소로는 탈카복실화효소(decarboxylase), 알도라제(aldolase), 디히드라타아제(dehydratase) 및 에놀라아제(enolase) 등이 있다.

⑤ 연결효소(ligase) 또는 합성효소(synthetase): ATP 또는 다른 뉴클레오사이드 삼인산(nucleoside triphosphates) 내에 존재하는 피로인산염(pyrophosphates, PPi) 결합의 가수분해와 공역하여(coupling) 두 분자를 연결시키는 반응을 촉매한다.

⑥ 이성체화효소(isomerase): 분자를 구성하는 원자를 재배치하여 구조적인 이성체를 형성하는 반응을 촉매하는 것으로 아이소머레이스(isomerase) 등이 있다.

3) 효소의 작용기작(Mechanism of Enzyme)

효소의 반응촉매는 기질의 농도, pH, 온도, 제해제의 유무와 특성에 따라 달라진다.

① 효소는 활성화에너지를 낮춤으로써 반응속도를 향상시킨다. 효소는 활성부위에서 자신의 기질과 결합하여 효소-기질 복합체를 형성함으로써 반응의 활성화에너지를 낮추는 역할을 한다. 다음 그림은 촉매 반응과 비촉매 반응을 비교한 것으로 활성화에너지는 반응속도에 직접적인 영향을 준다. 활성화에너지가 높을수록 반응속도는 늦어지게 된다. 촉매가 존재하는 반응계는 활성화에너지를 낮출 수 있기 때문에 반응속도가 빨라진다.

② 결합에너지는 활성화에너지를 낮추는 데 사용된다. 효소-기질 복합체 간의 결합이 형성될 때에 방출되는 결합에너지의 일부가 에너지 장벽의 꼭대기까지 도달하는 데 필요한 에너지로 사용된다.

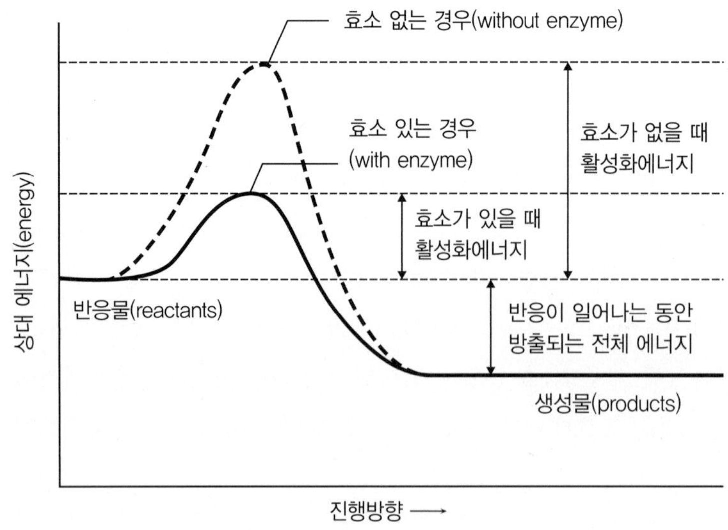

그림 1.9
효소에 의해 활성화에너지가 낮아지는 반응 모식도

4) 보조인자(Cofactor)

보조인자는 단백질의 생물학적 활성을 위하여 단백질에 결합되어 있는 비단백성 화학물질을 의미한다. 보조인자는 크게 유기 보조인자와 무기 보조인자 두 가지로 구분할 수 있으며, 유기 보조인자는 효소 단백질에 결합되어 있는 강도에 따라 보조효소와 보결원자단으로 구분된다. 보조효소는 단백질에 느슨하게, 보결원자단(보결분자단)은 공유결합으로 단단하게 결합되어 있다. 무기 보조인자는 Mg_2^{+}, Cu_2^{+}, Mn_2^{+} 또는 철-황 클러스터(iron-sulfur cluster)와 같은 금속이온을 지칭한다. 보조인자가 결여된 불활성 효소를 결손효소(apoenzyme, 아포효소)라고 부르며, 완전한 촉매 기능을 가진 효소-보조인자 복합체를 전효소(holoenzyme)라고 부른다.

요약(Summary)

작물은 인간의 필요를 위해 선발되고 육종하여 개발한 식물체로 가치가 있어 재배하는 식물을 말한다. 따라서 인간이 필요로하는 부분만 발달된 기형에 가까운 형태와 구조를 가진 작물은 최적의 환경조건에서 재배하고 효율성을 높이도록 재배기술로 해결하는 것이 농업이고 이런 요소들의 원리와 이유를 연구하여 대책을 강구하도록 하는 것이 작물생리학의 목표이다. 작물체는 일련의 독특하고 조직적인 구조와 관련된 기능으로 이에 속한 고분자 물질의 단위구조는 비반복적이지만 재생가능한 배열을 하고 있다. 여기에는 생장과 발육, 정보전달과 이용, 물질대사를 촉매하고 유지하는 능력을 가지고 있다. 이런 생명현상은 세포-조직-기관으로 연결되고 식물세포는 세포벽과 세포막으로 둘러싸인 원형질체, 세포 내 함유물이 있는 세포수준에서 조직화 되어있다. 식물세포는 세포소기관들의 유기적인 협력으로 물질대사와 세포의 주기적 활동을 계속한다. 즉 세포 자체가 생장하며 분열하고 자기증식을 연속적으로 한다. 이들은 동일한 세포가 모여 특수한 기능을 수행하고 또 몇 개의 조직이 모여 협력체제인 기관을 형성하면서 온전한 작물체를 형성하게 된다. 우리는 세포의 형태와 구조를 넘어서 효소나 그들 고유의 기능을 탐구해볼 필요가 있다. 식물세포 소기관들은 셀룰로스 섬유들 그리고 펙틴류, 헤미셀룰로스, 리그닌과 단백질과 같은 중합체 화합물로 구성된 견고한 세포벽으로 둘러싸여 있다. 펙틴 물질의 층은 중층을 형성하고 인접 세포와 서로 결합하는 작용을 한다. 인접한 세포들은 가끔 그들의 세포질 물질을 연결해주는 원형질연락사(plasmodesmata)라고 하는 상호물질교환을 하는 작은 통로를 갖는다.

세포벽은 원형질로부터 분비된 물질이 만든 2차적 산물이다. 처음에는 펙틴으로 된 얇은 막이 생기고 후에 셀룰로스가 퇴적되어 두터운 세포막이 된다. 이 세포벽의 주요기능들은 세포 내용물들의 유체압력에 대응하고 세포막, 원형질막을 지지하여 세포 내용물들을 함유하는데 그렇지 않으면 세포막이 터지게 된다. 즉 세포와 식물조직들의 구조적인 지지를 한다. 원형질막의 세포 구성물은 세포질과 통상 1개 이상의 액포들이 있다. 액포는 당류, 아미노산류, 유기산류 및 염류와 같은 다양한 용질들을 포함한 액체 저장소이며 액포막(tonoplast)이라는 반투과성 막에 둘러싸여 있다. 반투과성 원형질막과 함께 액포막은 물의 투과는 허용되지만 단백질과 핵산과 같은 대분자들이나 용질들의 이동은 선택적으로 제한하여 세포의 팽압(turgidity)을 유지하는 역할을 하고 있다. 이렇게 세포의 팽압이 유지되기 때문에 작물은 팽팽한 고유한 형태를 유지한다. 세포질은 다른 대분자 화합물들과 여러 가지 용질들, 단백질의 용액 물질로 구성되어 있다. 해당작용(glycolysis)에 의한 저장 탄수화물의 분해와 단백질 합성을 포함하는 중요한 과정이 세포질의 액상 부분에서 일어난다. 그리고 세포질은 막으로 둘러싸인 개체이면서 특수한 기능을 하는 몇 개의 중요한 세포 내 소기관들을 가지고 있다.

핵은 세포질과의 통로가 되는 핵공이 있는 이중막인 ① 핵막과 효소 등 핵기능에 필요한 물질인 ② 핵액, 작물의 종에 따라 그 모양과 수가 다르며 DNA로 구성된 ③ 염색체, 세포핵속에 1개나 몇개 정도있는 공모양의 구성물로 DNA는 거의 없고 RNA가 많아 단백질 합성에 관여하는 인(nucleolus)이 있다. 엽록체는 식물세포에만 존재하는 것으로 이중막으로 싸여 있는 구형이나 타원형의 소기관이다. 미토콘드리아는 이중막으로 싸여 있으며 크기는 엽록체보다 작고 모양은 구형이거나 원통형이다.

제2장
수분생리
(Water Relation)

생육이 빠른 초본성 작물의 대부분은 물로 이루어져 있다. 수분함량은 생육 정도, 작물과 품종, 조직 및 환경에 따라 달라지는데 70~90% 정도의 변이를 보인다. 재배포장에서 줄기와 잎은 상대적으로 건조한 대기 조건에서 자라지만 뿌리는 상대적으로 습한 토양에서 잘 생장한다. 이것은 토양으로부터 식물체를 거쳐 대기 중으로 감소시키는 에너지 퍼텐셜의 구배에 따라 지속적인 수분 이동을 가능하게 한다. 일중 변화를 기초로 이러한 수분이동량은 식물체 내에서 이용되는 양의 1~10배에 이르고 새로운 세포의 신장에 이용되는 양의 10~100배이며 광합성에 이용되는 양의 100~1000배 정도이다. 그러므로 물은 기본적으로 증산에 의한 손실을 보충하기 위해 토양에서 잎으로 이동한다. 이를 토양~식물~대기의 연결체(soil~plant~air continuum, SPAC)라고 한다. 물에 대한 높은 요구와 그 중요성 때문에 식물체는 생장과 발육을 위해 계속적인 물의 공급을 요구한다. 수분이 제한되면 생장은 저하되고 작물수량도 감소하게 된다. 수량감소의 정도는 유전형, 수분부족정도 및 발육단계에 따라 받는 영향의 정도가 다르다.

1. 물의 기능(Function of Water)

작물체를 구성하는 70% 정도가 물이기 때문에 아주 중요하다. 수분(물)은 식물에서 다음과 같은 여러 가지 필수적인 기능을 가지고 있다.

① 화학반응에서 용매(solvent)와 매질(medium)의 역할을 한다. 물 분자는 수소결합을 형성하는 극성(polarity)분자로 우수한 용매이다. 극성을 띠므로 많은 물질을 녹일 수 있고 강한 응집력을 가진다. 물은 응집력이 크다. 이 응집력의 결과로 표면장력(surface tension)이 크게 나타나고 부착력과 같이 모세관(capillary)현상을 만들어 낸다. 이는 수소결합과 극성구조로 인한 결과이다. 따라서 유기물이나 무기물의 용질이동의 매질이 된다.

② 물은 비열(specific heat)과 기화열이 높다. 온도의 변화를 적게 하여 식물체를 안정화시키고 식물표면에서 온도를 낮추는 수분증발과 증산의 기능을 한다.

③ 식물세포의 팽압(turgor pressure)을 유지시키는 매체로 수분은 세포의 신장, 식물구조 및 엽의 전개를 촉진한다.

④ 교질분자에서 하전의 중화(neutralization of charges)와 수화(hydration)로 촉매기능을 도와준다.

⑤ 식물에서 광합성, 가수분해과정 및 다른 화학반응의 재료가 된다.

2. 수분퍼텐셜(Water Potential)

작물체에서 물과 용질은 세포에서 조직으로, 기관으로 이동하는데 확산(diffusion)과 집단류(mass flow)에 의한 수동적 이동과 에너지를 소비하며 이동시키는 능동적 이동으로 나뉜다. 토양과 작물에서 물의 상태와 이동을 표현하는 것은 2가지 방법이 있다. 첫째는 체내의 수분함량(water content)을 나타내는 것으로 다음과 같이 계산한다.

$$\text{수분함량}(\%) = \frac{\text{생체중} - \text{건물중}}{\text{건물중}} \times 100$$

* 여기서 생체중(fresh weight, FW)은 바람이 잘 통하는 실온(보통 20℃)의 그늘에서 1일 정도 말린 후 측정한다. 건물중(dry weight, DW)은 건조기(dry oven, 80℃ 정도)로 작물과 상테에 따라 다르지만 3일 정도 말린 후에 측정한다. 물의 수동적 이동은 자유에너지 또는 수분퍼텐셜의 구배에 따라 일어난다는 의미에서 물리법칙이 적용된다.

두 번째는 수분퍼텐셜(water potential)로 1960년대부터 도입된 온도의 변화가 없이 일을 할 수 있는 자유에너지, 즉 어떤 조건하에서 화학퍼텐셜 개념이다. 물은 일을 할 수 있는 능력을 가지고 있으므로 열역학적 에너지 개념에서 종합적으로 표현한 것이다. 예를 들어 소양강 댐에 물과 같이 높은 위치 에너지를 가지고 있는 지역에서 낮은 위치 에너지를 가진 지역(여기서는 위치 즉 중력(gravity) 에너지 차이가 존재하고 그 차이만큼의 일을 할 수 있음)으로 이동한다.

표 2.1 수분퍼텐셜의 개념과 용어변화

수분퍼텐셜의 개념	과거의 수분량 표시 개념
수분퍼텐셜(Ψw)	확산압차(diffusion pressure deficit, DPD), 흡수압
압력퍼텐셜(Ψp)	팽압, 세포벽압(Wall pressure)
삼투퍼텐셜(Ψo)	삼투압, 삼투농도(양의 값(+)을 의미했음)

* 작물에서 수분퍼텐셜을 구성하는 2가지 주요 요소는 압력퍼텐셜(+)과 삼투퍼텐셜(−)로 힘은 같고 방향은 반대이다.

1) 수분의 이동원리-수분퍼텐셜

물의 이동은 여러 수분퍼텐셜에 구성요소에 의해 종합적으로 설명한다. 작물과 토양 내의 물은 용질 때문에 화학적으로 순수하지 않고 극성 인력, 중력 및 장력과 같은 물리적 힘에 의하여 종합적으로 나타나므로 퍼텐셜 에너지는 일반적으로 순수한 물보다 작다(마이너스 값). 작물과 토양에서 물의 퍼텐셜 에너지를 수분퍼텐셜(water potential)이라고 하며 그리스 문자로 프사이(psi, Ψw)로 나타내고 단위면적당 힘으로 표시한다. 측정의 단위는 대개 바(bar)나 파스칼(pascal)이다. 국제표준 단위는 파스칼이나 편의상 바(bar)로도 자주 표현한다.

여기서 1bar = 10^5Pa = 10^6dynes/㎠ ≒ 1기압(atm, 0.987기압)이고 온도가 일정하고 해발고도 0m(해수면)에서 순수한 물은 0bar(μ^0w)의 수분퍼텐셜을 갖는다. 따라서 수분퍼텐셜(Ψw)은 (μw$-\mu^0$w)/Vw으로 표현되고 물의 1몰 부피(18㎤/mol)로 나타낸다. 작물과 토양의 수분퍼텐셜은 항상 0bar보다 작아 음(-)의 값을 갖는다. 음의 값이 커질수록 즉 숫자가 커질수록 수분퍼텐셜은 낮아진다. 작물과 토양의 수분퍼텐셜은 여러 구성퍼텐셜의 합으로 표현된다.

즉 Ψw=Ψm+Ψs+Ψp+Ψg(Ψz)+Ψi....

여기서 ① 삼투퍼텐셜(osmotic potential(Ψo)은 식물의 주요 수분퍼텐셜로 확산은 무작위적인 열운동에 의한 분자들의 순이동으로 단거리 이동에 효과적이나 삼투는 선택적 투과 장벽을 통한 물의 이동을 설명한다. 삼투퍼텐셜은 용질퍼텐셜(solute potential, Ψs)로서 이것은 용질의 농도에 의해 영향을 받는 물의 에너지이다. 용질은 물의 퍼텐셜 에너지를 낮추고 용액을 항상 음(-)의 수분퍼텐셜(Ψw)로 만든다. ② 압력퍼텐셜(pressure potential, Ψp)로 정수압에 의해서 생기는 힘이다. 이것은 미는 힘, 즉 압력(pressure)이므로 양(+)의 값을 갖는다. 참고로 잡아당기는 장력(tension)은 항상 음(-)의 값을 가진다. 이 압력퍼텐셜은 삼투퍼텐셜(osmotic potential)과 함께 식물세포에서 수분의 에너지의 상태를 나타내는 양대 축이다.

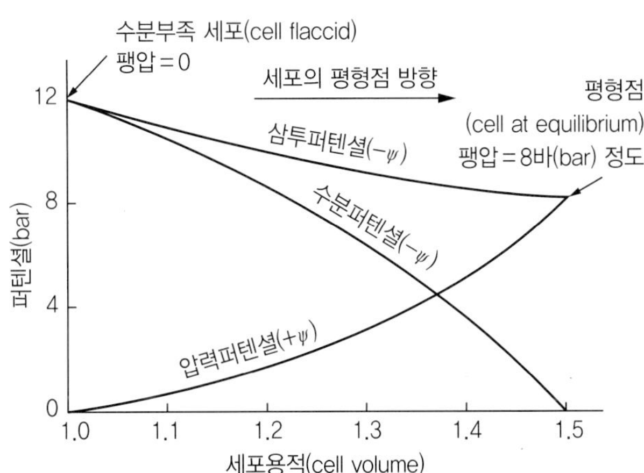

그림 2.1
순수한 물에 담가두었을 때 평형점에 도달하는 과정의 수분퍼텐셜의 변화

다음으로 토양과 같은 매질이 갖는 수분퍼텐셜을 ③ 매트릭퍼텐셜(matric potential, Ψm)로서 흡착과 모세관의 힘에 의해 작물과 토양입자에 붙어있는 힘이다. 이것은 수분을 끌어당기는 힘이고 제거될 수 있으므로 음(-)의 값을 갖는다. 그리고 ④ 중력퍼텐셜(gravitational potential, Ψg)은 항상 존재하는 수분퍼텐셜로 키가 큰 식물에서는 중요하나 작은 식물에서는 별로 중요하지 않다. 그 외에도 이온이나 온도 등 다양한 수분퍼텐셜을 고려해 볼 수 있으나 크게 작용하지 않으므로 주요하게 고려하지 않는다. 뿌리와 잎에서 수분 이동(water transport)은 수분퍼텐셜로 설명할 수 있다.

2) 뿌리에서 수분 이동

즉 수분의 이동은 3가지로 크게 나누는데 ① 아포플라스트(apoplast) 이동은 세포벽이나 세포간극, 물관부의 죽은 세포를 통하여 이동하는 것을 말한다. ② 심플라스트(symplast) 이동은 원형질연락사(plasmodesmata)를 통한 살아있는 세포간 이동을 말한다. ③ 막횡단(transmembrane) 경로는 물이 세포의 한쪽으로 들어갔다가 다른 쪽으로 나오는 경우로 액포나 세포질을 통과해 나오는 여러 과정을 말한다. 식물 뿌리와 내피에서 아포플라스트를 통한 물의 이동은 카스파리대(Casparian strip)에 의해 방해를 받는데 이는 소수성을 띤 슈베린(suberin)을 많이 함유한 띠로 이것은 아포플라스트 이동을 강제로 끊어서 물과 용질이 원형질막을 통과하도록 만든다. 이것 때문에 뿌리의 물 투과성은 아쿠아포린(aquaporin, 세포막에서 채널을 형성하여 물분자들의 수동수송을 유도하는 내재막 단백질)에 많이 의존하게 된다. 근압(root pressure)은 물관부의 용질 축적으로 나타나고 일액현상(guttation, 습도가 높고 야간온도가 높은 날 아침에 생긴다)과 일비현상(breeding, 고로쇠나무의 수액을 채취하는 것처럼 물리적 손상이 발생했을 때 삼출액이 분비되는 것을 말한다)을 일으킨다.

3) 잎에서 대기로의 물의 이동

수분이동에서 잎의 저항(약 30% 정도)은 기공저항과 경계층 저항으로 나눌 수 있다. 증산의 힘은 포화수증기압차(포차)이다. 공변세포는 이온이나 호르몬 등의 영향으로 팽압이 증가할 때 기공을 연다.

(1) 이용가능 토양수분(Soil water availability, 유효수분)

작물의 뿌리는 습기가 있는 토양에서 잘 자라고 토양 내 한계 수분퍼텐셜에 도달할 때까지 수분을 흡수한다. 작물의 뿌리에 의해 토양으로부터 빨아들일 수 있는 수분을 유효수분

(available water)이라고 한다. 이것은 중력에 대항하여 토양에 남아있는 물인 포장용수량(field capacity, 중력수는 흘러가고 토양이 최대한 포함할 수 있는 수분량, -1/3bar 정도)과 영구위조점(permanent wilting point, 작물에서 위조가 일어나고 100%의 상대습도의 대기 조건에서도 회복이 되지 않을 때의 토양수분, -15bar 정도)에서의 수분퍼텐셜 사이의 수분을 나타낸다. 토양수분의 유효도는 교질의 특성(예, 토양입자의 표면적)에 의해 영향을 받는다. 식토는 토양무게의 20%를 유효수분으로 보유한다. 사질 토양과 같은 좀 더 큰 입자의 토양은 약 7%의 수분을 보유한다(그림 2.2). 토양용적을 기초로 포장용수량에서 식토는 토양체적당 17% 유효수를 보유하는 반면에 사질 토양은 8% 이하를 보유한다. 포장용수량에서 사질 양토는 18% 정도의 물을 공급하여 작물이 토양 내로 150cm 정도까지도 뿌리를 뻗게 할 수 있다.

농경지 토양에서 수분퍼텐셜(Ψsoil)은 1차적으로 매트릭퍼텐셜(Ψm)에 영향을 받고 용질(삼투)퍼텐셜(Ψs)에 의해 2차적으로 영향을 받는다. 토양의 수분퍼텐셜에서 포장용수량(field capacity)과 영구위조점(permanent wilting point)과의 관계를그림 2.3에 나타내었다.

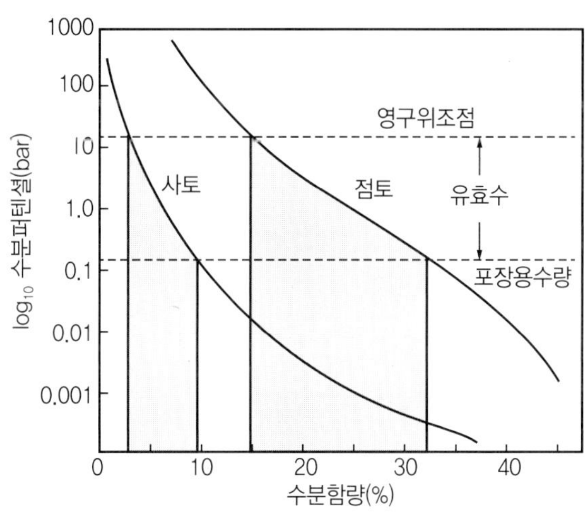

그림 2.2
사토와 점토에서 수분퍼텐셜의 변화. 여기서 유효수분이 점토에서는 20% 정도이지만 사토에서는 7%이다.

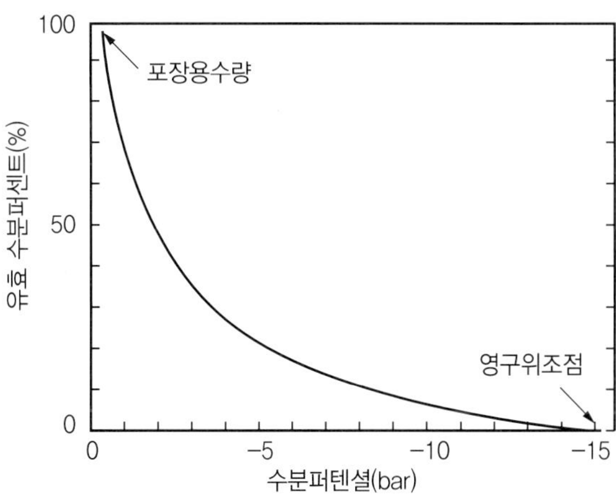

그림 2.3
양토에서 수분퍼텐셜과 작물에 유효한 수분의 비율. 토양수분은 반로그(semi-logarithmic)이므로 수분퍼텐셜이 각각 −2, −5, −10bar일 경우 유효수분은 50, 25, 10%가 된다.

포장용수량의 토양 수분퍼텐셜(Ψsoil)은 약 −0.1～−0.3bar이다. 영구위조점은 작물에 따라 다양하나 −15～−50bar까지 나타난다. 그래서 임의로 −15bar 정도로 설정한다. 그림 2.3에서 보면 작물이 이용가능한 유효수의 70% 이상은 −5bar 토양으로부터 제거되고 아주 적은 양의 수분이 −15～−30bar 범위에서 유효하므로 영구위조점에서 이용가능 수분량은 아주 적기 때문에 수분퍼텐셜은 크게 크게 의미가 없다.

(2) 수분의 흡수와 이동(Water uptake and movement)

대기는 작물이나 토양과 비교할 때 일반적으로 극히 낮은 수분퍼텐셜을 갖는다(그림 2.3).

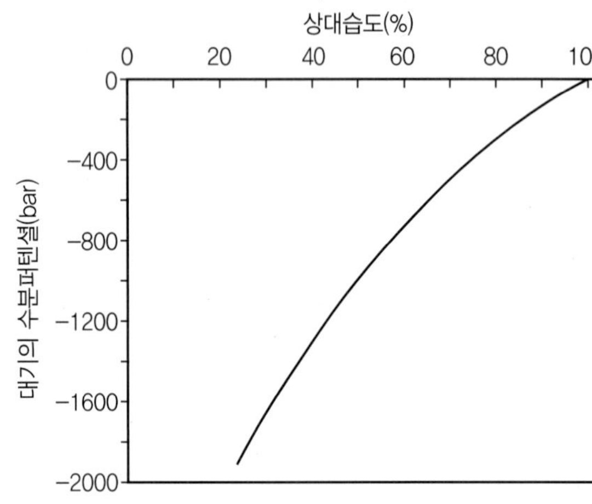

그림 2.4
온도가 25℃일 때 상대습도(RH)에 대한 대기의 수분퍼텐셜

살아있는 잎은 대개 −15bar(영구위조점)보다 큰 수분퍼텐셜을 가지므로 작물과 대기 간에 큰 에너지 구배(차)가 생기게 되고 잎으로부터 대기로 수분의 이동이 수증기 형태로 지속적으로 일어난다. 작물로부터 대기 중으로 수분의 손실이 없을 때(예로 야간) 식물의 수분퍼텐셜(Ψplant)은 토양의 수분퍼텐셜(Ψsoil)과 평형에 가까워진다. 기공이 열려있을 때 잎으로부터 수분의 손실은 계속되고 잎의 수분퍼텐셜(Ψleaf)은 엽병의 수분퍼텐셜(Ψpetiole)보다 낮아진다.

수분은 높은 수분퍼텐셜로부터 낮은 수분퍼텐셜로 이동하므로 수분은 엽병에서 잎으로 이동하게 된다. 이러한 물의 흐름은 줄기의 Ψw과 평형을 이루고 있는 엽병의 수분퍼텐셜(Ψpetiole)을 줄이게 되고 물이 줄기에서 엽병으로 이동하게 된다. 이러한 에너지 구배는 뿌리와 토양으로 지속적으로 내려간다. 즉 시스템은 토양에서 대기로 수분퍼텐셜 구배를 형성시킨다. 작물을 통한 수분 흡수와 이동률은 토양수분의 양, 토양과 뿌리접촉, 수분흐름에 대한 작물과 토양의 저항 및 수분퍼텐셜 구배에 의해 영향을 받는다. 그림 2.5는 6일간의 건조기간 동안 토양과 작물 간의 수분퍼텐셜의 변화를 도식화한 그림이다.

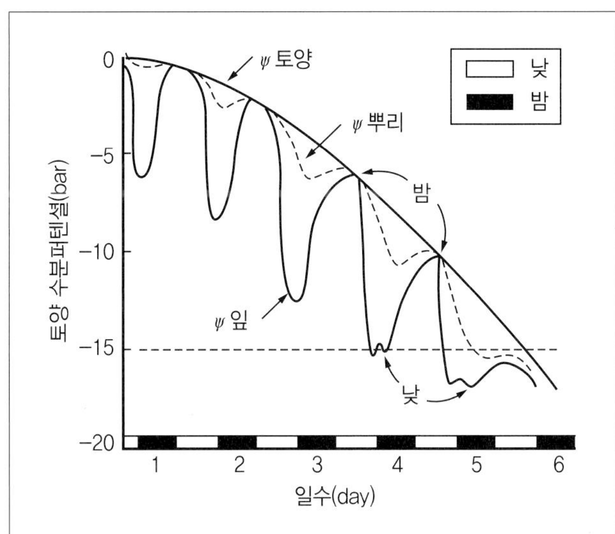

그림 2.5
건조가 일어나는 동안 토양과 작물 간의 수분퍼텐셜의 변화. 건조 기간에 증산을 통해 수분손실이 일어남에 따라 수분퍼텐셜은 감소한다. 밤을 지나게 되면 증산이 줄어들고 작물 내 수분퍼텐셜은 증가한다. 가로(-15bar)의 점선은 위조가 일어나는 시점을 나타낸다.

토양에 물을 공급한 후 토양에서 중력수가 제거되었을 때 토양의 수분퍼텐셜은 약 -0.3bar 정도이다. 밤이 되면 기공이 닫히고 작물체로 물이 이동되어 토양 수분퍼텐셜과 작물의 수분퍼텐셜은 평형을 이루게 된다. 낮에 기공은 열리고 증산이 일어난다. 수분이 잎으로부터 증산됨에 따라 잎의 수분퍼텐셜은 줄어들고 수분퍼텐셜의 구배(포차)가 일어난다. 이것은 증산에 의해 손실된 수분의 보충을 위한 토양으로부터 물의 이동을 야기하는 에너지 차를 나타낸다. 밤에는 기공이 닫히고 증산은 거의 0 수준까지 떨어진다. 그렇지만 식물체와 토양의 수분퍼텐셜은 다시 평형을 이룰 때까지 시스템에서 수분은 계속적으로 이동하게 된다. 수분이 토양에서 작물에 의해 제거되면 토양의 수분퍼텐셜은 낮아지고 잎의 수분퍼텐셜은 지속적인 수분의 흡수를 위해 수분퍼텐셜의 수분압차를 발생시키면서 상대적으로 낮아진다. 그림 2.5에서 4일째인 잎의 수분퍼텐셜은 -15bar까지 떨어지고 일시적인 위조를 동반하는 기공폐쇄가 되며 증산은 감소한다. 5일째에 잎과 뿌리, 토양의 수분퍼텐셜은 -15bar 이하까지 떨어진다. 이것은 대부분의 작물체가 이용할 수 있는 수분이 위조를 막기에는 충분하지 않고 물이 토양에 더 이상 공급되지 않으면 회복이 되지 않는 영구위조점이라는 것을 뜻한다. 토양수분이 5일째에 영구위조점까지 떨어지는 것은 전체 토양용적과의 접촉에 있어서 매우 제한된 토양용적과 뿌리체계를 보여주는 것이다. 그러나 대부분 포장조건에서는 작물 당 토양의 용적이 커서 토양수분의 감소가 매우 느리게 일어난다. 실제 포장에서 토양수분 함량은 토층에 따라 균일하지 않다. 반면에 뿌리는 한 지역에서 수분을 흡수하고 높은 수분퍼텐셜(Ψw)을 갖고 있는 새로운 토양부위로 뿌리를 뻗는다. 이러한 방식으로 작물은 평균 토양수분퍼텐셜(Ψsoil)보다 높은 수분퍼텐셜을 갖는다. 그렇지만 이용가능한 수분을 가진 토양의 용적이 줄어들면서 작물은 증산에 의한 수분손실을 보충시킬 수 있는 넉넉한 수분을 흡수하기 위하여 뿌리에 큰 수분퍼텐셜(Ψw) 차(구배)를 요구하게 된다. 이러한 것은 포장에서 일어나는 점진적인 과정이고 중간이나 더 작은 입자로 된 토양에서는 몇 주간 동안 계속되어 작물이 낮은 수분퍼텐셜(Ψw)에 적응되도록 한다. 제한된 토양 용적에서는 수분퍼텐셜(Ψw)의 변화가 빠르고 작물은 낮은 수분퍼텐셜(Ψw)에 적응하기 위한 기회가 적어지게 된다.

3. 수분의 흡수와 증산(Water Uptake and Transpiration)

토양에서 증발(evaporation)과 식물에서 증산(transpiration)에 의한 포장으로부터 손실된 수분의 총량을 증발산량(evapotranspiration, ET)이라고 한다. 증발은 에너지 의존 과정으로서 액상에서 기상으로 상태의 변화를 동반한다. 증산율은 수증기압차(구배), 유동에 대한 저항성 및 증산부위로 수분을 이동시키는 토양과 식물체의 수분퍼텐셜 함수이다. 증산은 중력에 의해서 잡아당기는 힘과 물이 식물체를 통과하는 경로에서 발생하는 마찰 저항에 대항하여 수분을 흡수하기 위한 구동력을 제공한다. 흡수율(uptake rate)은 증산율(transpiration rate)에 의해 일차적으로 조절된다. 수분의 능동적 흡수인 근압(root pressure)은 흡수에서 차지하는 비율이 미미하여 보조의 역할을 하고 증산이 낮거나 중단되었을 때 그 역할이 가시화된다. 즉, 대부분의 수분흡수는 수동적 흡수이다.

1) 증발산에 영향을 주는 환경요인 (Environmental Factors affecting Evapotranspiration)

대기로의 수분증발산은 환경과 작물요인에 의해서 결정된다. 증발산에 대한 대기 환경은 대기

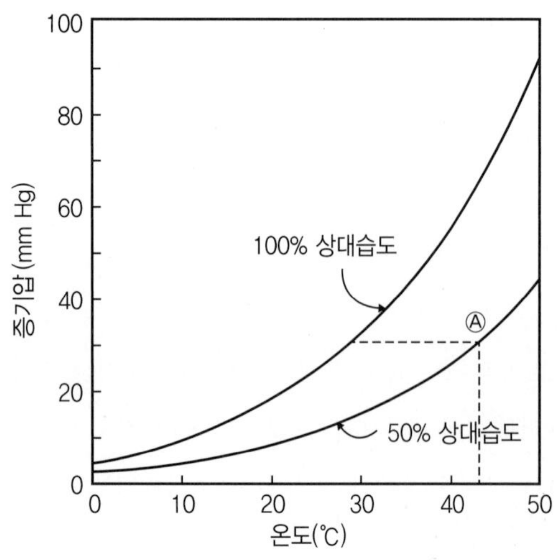

그림 2.6
대기의 수분보유력(water holding capacity)에 대한 온도의 효과. 상대습도 50%에서 온도가 43℃인 Ⓐ 점에서 30℃(노점온도)로 떨어지면 더 이상 수분을 보유하지 못하고 응축(condensation)이 된다.

압차(포차)라고 한다. 대기압차가 커짐에 따라 자유수 표면으로부터 수분이 빨리 증발된다. 이 대기압차에 영향을 주는 요인들은 다음과 같다.

① 태양방사(solar radiation)

잎에 의해 흡수되는 태양방사는 1~5% 정도가 광합성에 이용되고 75~80%는 증산과 잎을 가열하는 데 이용된다. 태양방사가 증가되면 대기의 수분요구도도 증가한다.

② 온도(temperature)

온도상승은 공기가 수분을 보유하는 능력을 증가시키므로(그림 2.6) 온도의 상승은 대기압차를 증가시킨다.

③ 상대습도(relative humidity)

대기 중의 수분함량이 많아짐에 따라 대기의 수분퍼텐셜(Ψair)이 높아지는 것은, 대기압차는 상대습도의 증가에 의해 감소되는 것을 의미한다(그림 2.4, 그림 2.6).

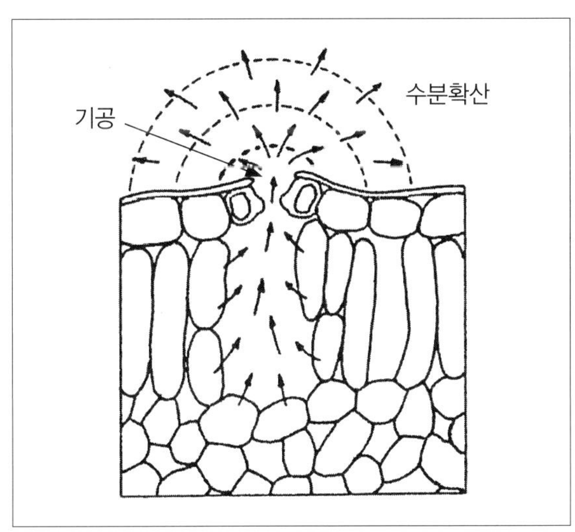

그림 2.7
잎의 외부에서 교란(turbulence)이 없을 때 기공 열림을 통해 수분이 확산되는 모식도. 이때 확산압차(구배)에 따라 증산량이 결정된다.

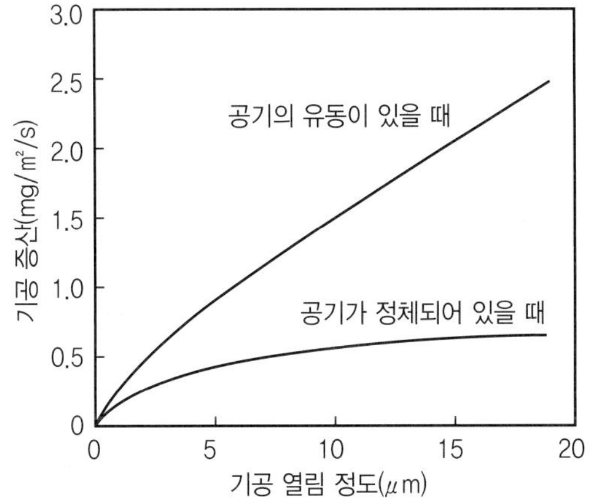

그림 2.8
기공의 구조적 개도(기공 열림)에서 증산에 대한 바람의 효과. 공기의 유동이 있을 때와 정체되어 있을 때의 기공증산은 기공 열림 정도가 클수록 크게 나타난다.

④ 바람(wind)

바람으로 인해 수분이 기공을 통해 빨리 확산되면 대기가 정체되어 있을 때보다 기공 세포 주위에 확산 구배가 커진다(그림 2.7). 축축한 잎과 환경은 작물 내부로부터 확산되는 수분이 잎 밖에 형성된 수분막에 의해 방해가 되어 확산 구배를 줄이고 따라서 증산을 감소시킨다. 바람이 작물의 잎 주변의 수분을 옮겨주면 열려있는 기공의 내부와 외부에 수분퍼텐셜 차이가 커지고 잎으로부터 수분확산은 증가된다(그림 2.8).

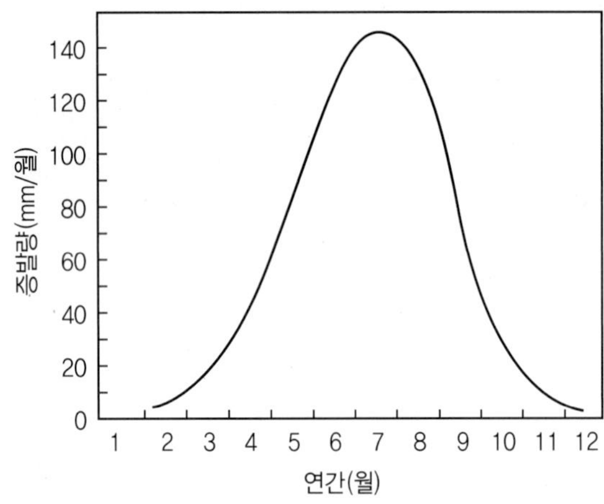

그림 2.9
온대 지방에서 팬(pan) 증발량의 월별 변화. 참고로 이 자료는 국제적인 평균자료로 온도에 의해 영향을 받는다는 것이고 우리나라는 장마철로 인해 다소 차이가 나지만 전체적인 추세는 비슷하다(역자 주).

기후 학자들은 팬(pan) 증발량으로 수분이 증발한 양을 산정하여 대기의 증발량을 측정한다. 즉 대기의 수분증발량은 연중 태양방사와 온도가 가장 높은 시기에 최대로 일어난다(그림 2.9).

2) 증발산에 영향을 주는 식물요인(Plant Factors affecting Evapotranspiration)

대기요인뿐만 아니라 식물요인도 토양에서 대기 중으로 수분 이동에 대한 저항성에 영향을 주어 증발산량을 변화시킨다.

① 기공개폐 정도(stomatal closure)

대부분의 증산은 큐티클의 상대적 불침투성 때문에 기공을 통해서 일어나고 기공이 닫혀있을 때는 거의 증산이 일어나지 않는다. 그림 2.7에서 보는 것처럼 기공 개도가 증가함에 따라 보다 많은 수분증산이 일어난다. 많은 요인이 기공 개폐에 영향을 주는데 포장조건에서 가장 중요한 것은 광과 수분의 수준이다. 대부분 작물에서 광은 기공의 열림을 유도한다. 이때 청색광은 기공을 열게 하고 녹색광은 기공을 닫게 한다. 잎의 낮은 수분퍼텐셜은 공변세포가 팽압을 잃게 되어 기공이 닫히도록 한다. 전분이나 자당(sucrose)은 공변세포에서 삼투활성 용질로 작용하여 삼투퍼텐셜을 감소시키므로 기동을 열게 한다.

② 기공의 수와 크기(stomatal number or size)

증발산에 영향을 주는데 작물에서 대부분 잎은 그들의 잎 양쪽에 많은 기공을 가지고 있다(표 5.2 참조). 기공의 수와 크기는 유전과 환경에 의해서 영향을 받는다. 그러나 기공의 개폐에 의한 것에 비하면 전체 증산량에 대한 영향은 상대적으로 적다.

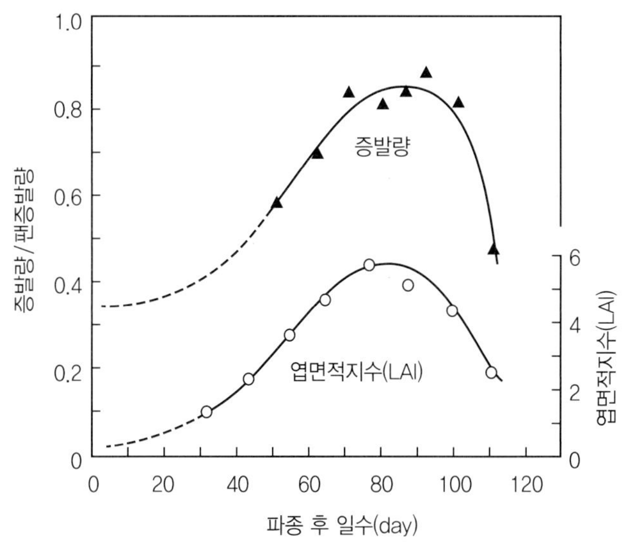

그림 2.10
콩에서 파종 후 일수에 따른 엽면적과 수분손실의 효과. 팬(pan) 증발량에 의해 계산된 증발산량은 대기압차에서 증발량 제거하여 엽면적의 효과, 즉 증산량을 계산할 수 있다.

③ 잎의 양(leaf amount)

엽면적이 커지면 증발산량이 증가한다. 그림 2.10은 포장에서 엽면적지수(LAI)가 증가할 때 열린 팬 증발량과의 비교에서 증발산량이 증가하는 것을 보여준다. 그렇지만 엽면적지수에서 각 단위증가에 대한 수분손실은 상대적으로 적다. 태양방사량의 80%를 흡수하는데 요구되는 것 이상의 엽면적지수 증가에서는 엽면적지수의 증가에 따른 증발산량의 증가가 일어나지 않는다.

④ 잎의 말림이나 접힘(leaf rolling or folding)

많은 작물에서 수분이 제한될 때 증산감소를 위한 기작으로 잎이 말리거나 접힌다. 옥수수와 같은 몇 가지 화본과 종들은 잎이 말림에 의해서 노출된 엽면적을 줄인다. 반면에 블루그라스와 같은 종들은 잎을 접어 노출된 엽면적을 줄인다. 잎이 넓은 광엽 식물은 수분손실을 줄이기 위한 다른 기작을 가지고 있다. 예를 들어 콩은 잎을 반대로 말리는 경향이 있어 노출된 하위 표면에 있는 은빛 모용(털)이 많은 광을 반사시킬 수 있다. 잎의 각도와 운동도 빛의 흡수를 조절한다. 보통 태양을 향하면서 수광률을 높이나 수분 부족 시에는 반대로 잎을 오므리거나 처지게 하는 부향일성을 보인다. 광의 추적은 엽침(pulvinus, 잎자루의 기부에서 마디가 부풀어 커진것))에서 조절된다.

⑤ 뿌리의 깊이와 양(root depth and proliferation)

작물에 의한 토양수분의 이용성과 흡수는 뿌리에 크게 영향을 받는다. 깊게 뻗은 뿌리의 신장은 수분이용성을 증가시키고 근량(단위토양용적당 뿌리의 수)은 영구위조가 일어나기 전에 토양의 단위용적으로부터 수분 흡수를 증가시킨다. 환경과 작물이 어떻게 증발산에 영향을 주고받는가를 아는 것은 포장에서 증발산의 일일변화를 설명하는 좋은 자료이다. 기공은 광에 반응하여 열리고 증발산량은 태양방사와 대기온도의 증가에 의해서 증가한다. 만약 대기의 수분요구가 잎에 수분을 공급하는 작물 능력보다 크지 않으면 증발산은 대기 온도가 가장 높은 오후 동안 가장 크게 일어난다(그림 2.11). 일일 중 증발산은 늦은 오후에 감소되기 시작하는데 이것은 일차적으로 광에너지와 온도저하 때문이다.

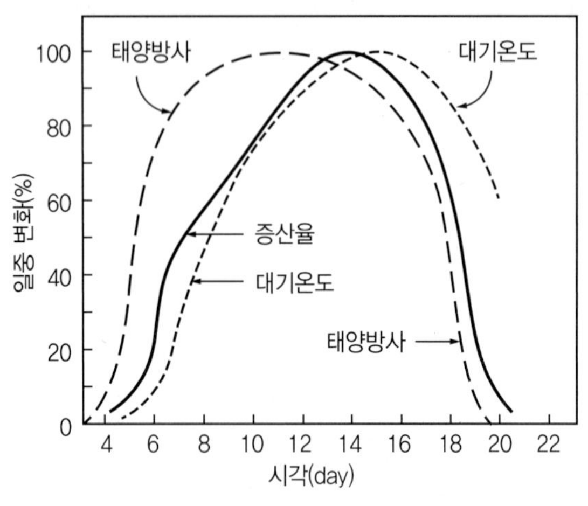

그림 2.11
태양방사, 온도 및 증발산량 간의 일중 변화

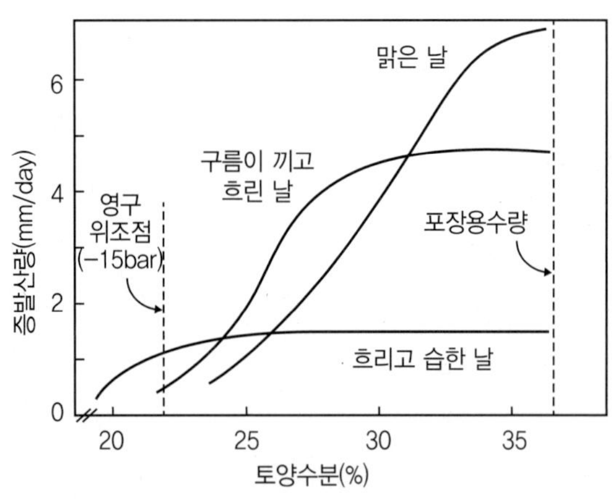

그림 2.12
특정작물에서 토양수분과 기상조건에 따른 증발산량의 변화

토양수분이 많은 상태에서 증발산량은 보통 대기요구도(건조도)의 증가에 의해 증가한다. 그러나 토양수분의 제한은 대기요구, 토양수분, 기공폐쇄 및 작물 내 수분이동률 간의 관계변화를 유발한다(그림 2.12). 토양 내 수분이 감소하면 높은 대기요구를 갖는 날(맑고 건조한 날)의 증발

산은 낮은 대기요구를 갖는 날(부분적으로 구름이 끼고 다습한 날)의 증발산량과 유사한 수준으로 감소된다. 이것은 높은 대기요구가 있는 날 오후에 기공 폐쇄나 전류저항의 증가에 의해 야기되는 것으로 보인다. 즉 높은 대기요구가 있는 날의 토양 내에서 수분이 제한되면 뿌리나 전류시스템에 공급되는 수분보다 잎에서 수분을 빠르게 증산시킨다. 이것은 기공을 폐쇄시킬 정도로 잎의 수분퍼텐셜을 낮추거나 토양과 작물의 저항을 증가시켜 수분의 흡수와 이동을 지연시키는 결과를 낳는다. 대기의 수분증발요구가 낮은 날에는 뿌리에 의한 수분의 흡수(근압)는 잎에 의한 수분손실을 능가할 수 있고(일비현산과 일액현상) 토양의 수분퍼텐셜이 낮아질 때까지 수분 손실은 방해 없이 계속된다. 이것은 포장에서 증발산율에 영향을 주는 대기요구, 토양요소 및 작물 요인간의 상호작용을 설명하여 준다.

3) 잠재적 증발산량(Potential Evapotranspiration)

잠재적 수분 증발산량은 식생과 풍부한 수분으로 완전히 덮여있는 토양표면에서 증발과 증산의 합이다. 이것은 그림 2.8의 팬(pan) 증발량에 의해서 추정할 수 있다. 대부분 작물은 그들이 완전한 작물의 군락을 형성하지 못하거나 토양이 최적의 증산을 위한 수분을 공급받지 못하는 때가 있기 때문에 그들의 생활환 동안 잠재적 증발산에 머물지 않는다. 1년생 작물은 매우 작은 엽면적을 기지고 생육을 시작하고 생육기 동안 엽면적을 증가시킨다. 작물은 따뜻한 온도와 높은 태양방사량에서 빨리 생장하고 대기의 수분압차는 이런 조건에서 가장 크므로 높은 엽면적은 잠재적 증발산의 정점에서 형성된다. 이것은 대개 한여름에 최고의 수분 요구가 일어나도록 한다(그림 2.9). 잠재적 증발산량과 강우량을 비교해보면 가장 빠른 생장률이 일어나는 기간에 수분부족이 종종 일어나게 되는 이유를 알게 된다(그림 2.13). 수량을 높이려면 이 기간에 수분공급을

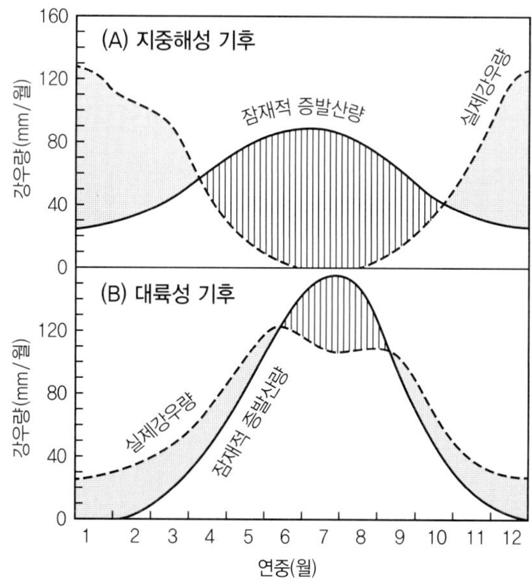

그림 2.13
지중해성 기후(A)와 대륙성 기후(B)의 실제 강우량과 잠재적 증발산량과의 관계. 여기서 점선은 강우량, 실선은 증발산량을 나타내고 줄무늬 부분은 증발산량보다 적은 강우량(수분부족), 어두운 부분은 증발산량보다 많은 강우량(수분과다)을 나타낸다.

충분히 해야 한다. 따라서 건조기 작물에 수분을 충분히 공급하기 위해서는 미리 토양수분으로 저장해 두거나 관개(irrigation)로 공급할 수 있다. 많은 농경지에서 가장 생산적인 토양은 높은 수분 저장능력을 지녀 강우량이 증발산량보다 적은 기간에도 작물이 지속적인 생산을 할 수 있도록 수분을 공급할 수 있는 토양이다.

4. 수분이용효율(Water Use Efficiency, WUE)

작물이 생육기간 중에 축적된 건물량과 흡수한 수분량을 대비시켜보면 작물에 의해 흡수된 물의 이용성을 알 수 있다. 여기서 작물의 수분이용효율(WUE)은 다음과 같이 정의된다.

$$\text{수분이용효율(WUE)} = \frac{\text{건물생산량(g)}}{\text{증발산량(kg)}}$$

이것은 건물량(g)/수분량(kg)으로 수분이용효율(WUE) 측정은 용기 내 작물, 포장, 작물 군락에 대해 각각 다르게 측정된다. 이들은 전체 건물량뿐만 아니라 경제적 수량에 대해서도 이용된다.

1) 요수량(water requirement)

요수량은 단위중량(1g)의 건물(drymatter)을 생산하는데 필요한 수분량(g)을 나타낸다. 수분이용효율(WUE)의 역수이다. 즉

$$\text{요수량} = \frac{\text{증발산량(kg)}}{\text{건물량(g)}}$$

여기서 생육기간중 흡수량은 증산량과 거의 같으므로 요수량과 같이 사용하는 용어가 증산계수(transpiration coefficient)이다. 수분이용효율(WUE)은 건조(가뭄) 저항성과 같지 않다. 수분이용효율(WUE)은 수량을 나타내는데 사용된 물에 대한 관계에서 수량을 나타낸다. WUE에 대한 대부분의 연구는 높은 생산성을 유지하면서 높은 WUE를 얻기 위한 방향으로 이루어지고 있다. 건조 저항성 연구의 중점은 종종 높은 대기 요구와 낮은 수분 이용성의 기간 동안 생존에 대한 것이다. 많은 경우에 심한 수분스트레스에 대한 내성 능력은 생산성과 부(마이너스)의 상관을 갖는다. 강한 수분스트레스를 견딜 수 있는 많은 종들은 스트레스가 없는 상황에서 수분을 효율적으로 이용하지 못한다. 강한 수분스트레스에 잘 적응된 몇몇 종들은 스트레스가 존재하는 조건에서도 중간 정도의 효율을 갖는다. 다즙성인 다육식물은 그러한 집단의 하나이다. 그들은 CAM(crassulacean acid metabolism) 대사를 나타내는데 수분이 부족한 낮에 기공이 닫히고 밤

에 기공을 열어 수분손실을 최소화하는 잎의 구조는 광합성보다 많은 증산을 줄이고 결과적으로 대부분의 다른 종들보다 높은 수분이용효율(WUE)을 보인다. 일반적으로 수량은 증발산량과 비례하지만 지난 40년 동안 수량은 계속 증가되어 왔고 이는 증발산의 증가가 없이도 이루어졌다.

따라서 수분이용효율(WUE)도 수량의 증가와 더불어 증가되어 왔다. 증발산량의 큰 증가 없이도 생육에 대한 제한을 줄이는 재배와 육종 요인들은 수분이용효율(WUE)을 증가시킬 것이다. 시비, 잡초와 병충해 방제, 수분 보존, 효과적인 경운, 적기 파종 및 작물육종은 사실상 수량과 WUE를 모두 증가시켜왔다. WUE는 CO_2 고정경로에 따라 차이가 크다. C_4 종의 WUE는 일반적으로 C_3 종보다 높다. WUE에 대한 초기의 성적은 C_3와 C_4로 나누어 볼 때 단자엽이나 쌍자엽 모두에서 표 2.2에서 보는 바와 같이 C_4 종에 있어서 2배의 증가를 나타낸다. C_3와 C_4 종의 차이는 온도가 20℃에서 35℃로 증가할 때 더 커진다.

표 2.2 C_3와 C_4 종에 있어서 수분이용효율 단위: (g DM/kg H_2O)*

식물종	단자엽	쌍자엽
C_3	1.49	1.59
C_4	3.14	3.44

* DM은 건물양(dry mater)을 나타낸다.

C_4 종에서 높은 수분이용효율(WUE)에 기여하는 요인들은 높은 광과 온도에서도 높은 광합성률과 생장률을 가지기 때문이고 이는 높은 기공저항의 상태까지도 포함한다. 즉 C_4 종에서 높은 수분이용효율(WUE)은 높은 광과 온도에서 높은 광합성률을 가지는 것이고 이는 약한 광에서

표 2.3 수분공급이 충분한 조건에서 재배한 작물에서 수분이용효율과 건물 생산성

작물	CO_2 고정 경로	생육기간 (일)	소비이용 계수(k)	증발산량(mm)		건물량(kg/10a)		요수량 (g H_2O/g DM)	수분이용효율 (WUE) (g DM/kg H_2O)
				전생육기	일평균	전체	일평균		
감자	C_3	128	0.65	532	4.2	1,000	7.8	532	1.88
밀	C_3	112	0.66	473	4.2	770	6.9	613	1.63
벼	C_3	180	0.76	700	3.8	1,200	6.7	360	1.71
사탕무	C_3	190	0.72	876	4.6	1,450	7.6	606	1.65
수수	C_4	110	0.78	583	5.3	1,450	13.2	402	2.49
알팔파	C_3	195	0.87	1112	5.7	1,120	5.7	993	1.01
옥수수	C_4	135	0.75	658	4.9	1,700	12.6	388	2.58
콩	C_3	113	0.78	599	5.3	850	7.5	704	1.42

* 소비이용 계수(k)=실제증발산량/잠재증발산량, 요수량=증발산량(ET)/건물량(DM), 수분이용효율=DM/ET이다.

는 낮은 증산을 나타낸 결과이다. 그래서 수분이용효율(WUE)은 태양에너지를 많이 받는 지역이나 더운 계절에는 C_4 종을 재배하고 온대의 습한 지역 또는 온도가 낮은 계절에는 C_3 종을 재배해야 효율적이다. C_3와 C_4 종에 대한 수분이용효율(WUE) 값은 CAM 작물과 비교하면 낮다. CAM 작물인 파인애플은 수분이용효율(WUE)이 20(건물량/수분량)으로 10배에 달한다. 그러나 CAM 작물은 CO_2 고정과 전체적인 수량이 낮아 주요 작물이 되는데 한계가 있다. 대부분 작물에서 포장 증발산량은 특정 작물에 의한 것보다는 대기의 수분 요구도, 포장의 피복도 및 수분 이용성에 의해 영향을 받는다. 표 2.3은 수분공급이 잘 된 작물은 평균 일중 증발산량이 4.2~5.7mm/day로 다르다는 것을 보여준다. 높은 수분 이용도를 유지한 상태에서 종에 따라 증발산량(evapotranspiration, ET)에 영향을 주는 일차적인 요인은 연중 대기의 수분 요구도와 군락 형성률이다. 소비수량 계수(K)는 다음과 같이 계산되며 0.65~0.87의 범위를 갖는다.

$$수분\ 소비이용\ 계수 = \frac{실제\ 증발산량}{잠재\ 증발산량}$$

이것은 생장기 동안 작물 군락에 의한 토양피복도에 따라 영향을 받는다. 밀은 비교적 서늘한 봄에 자라고 파종된 종자로부터 엽면적이 느리게 발달하므로 낮은 k 값을 갖는다. 알팔파는 봄에 저장 탄수화물로부터 급격하게 엽면적이 발달하므로 높은 소비수량 계수(K)값을 갖는다. 비록 연중 수확이 되지만 뿌리와 관부의 저장 탄수화물로부터 급속하게 엽면적을 회복하여 장기간의 생육기 동안 높은 토양피복도를 유지한다. 수수와 콩은 상대적으로 따뜻한 봄과 여름에 생육을 하나 종자의 발아로부터 비교적 느리게 엽면적이 발달하므로 중간 정도의 k값을 가진다. 표 2.2의 수분이용효율(WUE) 값은 C_4 종이 유리하나 표 2.2에 나타난 것만큼 아주 크지는 않다는 것을 보여준다. 이것은 아마도 전 생육기를 통해 토양증발과 대기의 수분요구도가 WUE 효율이 높은 종의 유리한 점을 상당 부분 줄인다는 것을 의미한다. 효율적인 작물관리와 개량된 품종은 WUE을 높여 왔는데 이는 대부분 증가된 엽면적에 기인하고 이것은 증산량을 증가시키고 토양증발을 줄이며 광합성을 증가시킬 수 있도록 수광량을 늘린다. 뿌리가 깊어지고 수분 흡수가 양호해짐으로 수분 이용도도 증가하고 경제적인 수량 부분이 높아지는 수확지수(harvest index)의 증가로 나타난다.

5. 수분퍼텐셜의 측정(Measurement of Water Potential)

1) 토양(Soil)

(1) 텐시오미터법(Tensiometer method, 장력계법)

토양의 절대량보다는 장력(매트릭퍼텐셜)을 측정하는 것으로 다공질컵과 연결하는 튜브관으로 구성되고 다공질컵에는 물을 채운다. 이때 물은 기포가 적게 포함되도록 물을 끓인 후 비닐봉지나

용기 등에 넣어서 공기의 접촉이 없는 상태에서 식힌 후 사용해야 정확한 측정을 할 수 있다. 다공질 컵은 토양수분과 평형이 이루어졌을 때 계기판을 읽어 측정한다. -1~0bar까지, 즉 대기압까지만 측정할 수 있는 한계가 있다. 포장용수량(작물이 생육이 가장 좋은 토양수분)과 수분당량의 수분퍼텐셜은 측정할 수 있으나 위조점이나 흡습계수 상태의 수분퍼텐셜은 구할 수 없다.

(2) 석고저항괴법(Gypsum block method)

한 쌍의 전극이 든 저항괴를 토양에 묻고 저항계와 토양간 수분평형이 이루어졌을 때 저항을 측정하고 수분상태를 확인하는 것이다. 저항괴(나일론이나 유리질 섬유 등으로 만듦)와 토양간에 수분장력이 평형을 이루었을 때 전기적 저항값과 수분장력과의 관계를 회귀직선 식으로 환산하여 계산한다. 위조점 이하의 수분까지도 구할 수 있다.

(3) 중성자법(Neutron method)

방사성을 이용하는 것으로 중성자를 발생시켜 토양 중의 수소함량을 탐지하여 용적수분함량을 측정하는 것이다. 위험성이 있어 방사선 취급 자격증이 필요하고 장비가 고가이나 간편하고 신속하게 수분함량을 측정할 수 있는 장점이 있다.

(4) TDR법(Time domain reflactometry method)

토양의 유전상수를 측정하여 간접적으로 용적수분함량을 측정하는 방법이다. 즉 계측기로부터 고주파를 발생하고 한 쌍의 평형막대선으로 구성된 센서막대를 타고 고주파가 흘러갔다가 다시 되돌아오는 전파속도를 읽어 수분함량을 측정한다. 최근에 보급된 기기로 간편하고 정확하게 측정할 수 있다.

2) 식물(Plant)

(1) 차르다코프법(Chardakov method)

감자와 같은 식물조직를 이용하여 간단하게 수분퍼텐셜을 측정하는 방법이다. 세포 안팎의 수분퍼텐셜의 차이(용액의 밀도)에 따라 수분의 이동에 따른 식물체의 무게가 줄어들거나 늘어나는 것, 즉 농도가 달라지는 것을 측정한다.

(2) 가압상법(Press chamber method)

단단한 엽병이 있는 잎이나 식물의 줄기를 이용하여 고압에도 견딜 수 있는 통을 만들고 식물체를 통 안에 거꾸로 식물체를 넣고 봄베로 가압을 하여 줄기나 엽병에 물이 스며 나오는 지점을 바로 측정하는 것이다. 식물체가 파괴되지 않으면서 공기가 새지 않도록 밀봉하여 고정하기가 어렵고 정확성은 낮지만 식물체 자체의 수분퍼텐셜을 비교적 빠르고 손쉽게 측정할 수 있다.

(3) 노점식 방법(Dew point method, Thermoelectric effect)

펠티에 효과(Peltier effect)를 이용하여 노점온도와 주위온도의 차이로부터 수분퍼텐셜을 측정하는 방법으로 열전기쌍(구리와 콘스탄탄 등)이 장착된 상자 안에 시료를 넣으면 접점의 온도가 단지 액화열 및 기화열에 의해 조절되며 물방울이 맺히는데 이때 노점온도와 주변온도의 차이로부터 수분퍼텐셜을 측정하는 것이다.

요약(Summary)

초본성 작물의 70~90%는 물로 구성되어 있다. 물은 대부분 작물의 기능에 필수불가결한 성분이다. 습기가 많은 토양으로부터 뿌리는 물을 흡수하여 작물의 상부로 올려보내 건조한 대기중으로 증산되게 한다. 작물은 지속적인 생장과 발육을 위해서는 계속적으로 물이 공급되어야 한다. 토양과 작물 내에서 물의 이동은 수분퍼텐셜(Ψw)에 의해 결정되는데 이것은 수분퍼텐셜의 구성요소의 합에 의해서 잘 예측된다. 그 구성요소는 매트릭퍼텐셜(matric potential), 삼투퍼텐셜(osmotic potential) 혹은 용질퍼텐셜(solute potential), 팽압(turgor pressure)에 의한 압력퍼텐셜(pressure potential), 중력퍼텐셜(gravitational potential) 등이다. 작물에서 수분퍼텐셜은 삼투퍼텐셜과 압력퍼텐셜 2가지로 주로 구성되어 있다. 높은 팽압은 세포 신장을 위해 필요하다. 몇몇 작물은 상당히 낮은 수분퍼텐셜에서도 삼투조절이라고 불리는 과정인 세포 내 용질증가를 통한 삼투퍼텐셜의 증가로 높은 팽압을 유지한다. 작물이 삼투압을 조절하는 능력은 생육환경에 따라 크게 영향을 받는다. 작물의 군락으로부터 증발산의 양은 토양으로부터 대기까지 연결되는 수분퍼텐셜 구배와 작물을 통하거나 토양표면으로부터의 수분 흐름에 대한 저항의 함수이다. 태양방사, 온도, 상대습도 및 바람은 증발산에 영향을 주는 주요 환경요인이다. 기공의 개도, 기공수와 크기, 엽의 양과 특성은 토양으로부터 대기로 수분이동의 저항을 결정하는 작물 요인이다. 잠재적 증발산은 완전한 작물 군락과 최소저항을 위한 풍부한 수분 조건에서의 증발산량이다. 이것은 대기 요구도에 대한 환경적 효과의 지표이고 연중이나 일중에서 변동한다. 이것은 팬(pan) 증발량으로 측정한다.

수분이용효율(WUE)은 사용된 수분량당 생산된 수량이다. 작물의 수량은 계절적 증발산의 증가가 거의 없이 계속 증가되어 왔으므로 WUE는 작물생장에 대한 제한 요인들의 감소에 의해서 증가되어 왔다. WUE는 작물의 수량에 있어서 물이 주요 제한 요인이 되는 지역에서 특히 중요하다. 이 수분이용효율(WUE)의 역수나 요수량으로 생산량이 높은 작물이거나 새로 육종된 신품종은 낮은 경향이 있다.

제3장 영양생리 (Mineral Element)

작물영양 및 시비(fertilizer application)에서 과학적인 발달은 작물생산량을 혁신적으로 증가시켰다. 옥수수와 다른 화곡류의 품질이나 영양적 가치의 향상뿐만 아니라 수량에서 50% 정도의 증가는 상업적으로 판매되는 비료(fertilizer)에 의해 이루어졌다고 볼 수 있다. 많은 나라에서 낮은 작물 수량은 일차적으로 작물의 영양결핍에 기인한다. 식물영양학은 리비히(Liebig), 로스(Lawes)와 길버트(Gilbert), 더 소쉬러(de Saussure), 부생고(Boussingault) 및 다른 많은 생리학자들의 실험으로 약 150년 전부터 시작되었다. 이것은 아마도 세계 식량위기를 풀 수 있는 최고의 희망으로 남아있다. 일반적으로 고등식물은 16가지 필수원소(이산화탄소 및 물을 포함)가 있으며 아미노산, 호르몬 및 비타민을 포함하는 그들이 요구하는 모든 물질을 합성할 수 있는 독특한 유기체이다. 녹색식물은 독립영양체(autotrophic)로서 이런 무기원소들로부터 필요한 생장 성분을 모두 합성할 수 있다. 녹색식물이나 호광성 생물은 무기광합성 독립영양생물(photolithotrophic)로 생장에 필수적인 구성체가 무기 또는 토양요소(lithic)와 광(light)의 존재하에서 합성된다. 필수원소는 그 기능에 따라 다음과 같이 분류할 수 있다.

1. 필수원소들(Essential Elements)

작물을 구성하는 물질 중에서 수분을 제거하고 남는 것을 건물량(dry matter)이라고 하고 이 건물량의 95% 정도는 유기물이며 나머지는 광물질(mineral) 무기성분이다. 이 무기성분은 탄수화물이나 지방에는 없지만 단백질에는 질소와 황이 함유되어 있다. 이들 무기성분 중 작물에 꼭 필 요한 것을 필수원소라고 한다.

필수원소 16가지는 모든 작물에 있어서 완전하고 정상적인 생육을 위해 필요한 것으로 분류하고 나트륨(Na), 규소(Si) 및 코발트(Co)는 몇몇 종에서는 필수적이기는 하지만 필수원소로 분류하지는 않는다. 몰리브덴은 1939년 결핍의 한계농도인 10ppm 정도까지 양액 내에 몰리브덴(Mo)

함량을 줄일 수 있는 기술이 정착된 후에 필수적이라는 것이 밝혀졌고 염소(Cl)는 가장 늦게 필수원소임이 밝혀졌다. 필수원소의 판정에는 다음의 제한과 자격이라는 3가지 기준이 사용된다.

① 만일 식물체가 어떤 원소가 함유된 배지에서는 정상적으로 자라서 번식하지만, 그 원소가 빠진 배지에서는 정상적으로 자라지 못하고 생활상을 마친다면 그 원소는 필수원소이다.

② 아미노산인 메티오닌 내의 황(S)처럼 어떤 원소가 필수 대사물의 직접적인 구성원이면 필수원소라 한다.

③ 이때 퇴비와 같이 간접적이거나 이차적으로 유익한 효과를 나타내는 원소는 필수원소로서 자격이 없다. 즉 필수성의 확인은 화학적으로 순수한 염이나 증류수를 이용하여 수경재배를 해보면 한 원소의 필수성은 확인할 수 있고 이것은 비필수성보다 확인이 쉽다. 비필수성에 대한 확인과정은 한 원소가 필수적이지 않다는 것을 보이는 것만으로 불충분하기 때문이다.

표 3.1 식물체 내 무기양분의 농도 분석표

원소분류	원소명	원자량	건물 내 농도		몰리브덴에 대한 상대값
			건물 내 농도(μmol/g)	건물 내 양(ppm)	
다량원소	① 수소(H)	1.0	60,000	60,000	60,000,000
	② 탄소(C)	12.0	35,000	450,000	35,000,000
	③ 산소(O)	16.0	30,000	450,000	30,000,000
	④ 질소(N)	14.0	1,000	15,000	1,000,000
	⑤ 칼륨(K)	39.1	250	10,000	250,000
	⑥ 칼슘(Ca)	40.1	125	5,000	125,000
	⑦ 마그네슘(Mg)	24.3	80	2,000	80,000
	⑧ 인(P)	31.0	60	2,000	60,000
	⑨ 황(S)	32.1	30	1,000	30,000
미량원소	⑩ 염소(Cl)	35.5	3.0	100	3,000
	⑪ 붕소(B)	10.8	2.0	20	2,000
	⑫ 철(Fe)	55.9	2.0	100	2,000
	⑬ 망간(Mn)	54.9	1.0	50	1,000
	⑭ 아연(Zn)	65.4	0.3	20	300
	⑮ 구리(Cu)	63.5	0.1	6	100
	⑯ 몰리브덴(Mo)	96.0	0.001	0.1	1

* 출처: Bonner and Varner 1965.

2. 비필수원소에 대한 요구(Requirement for Other Elements)

필수원소는 아니지만 특정한 몇가지 무기성분은 일부 작물에서는 필수적이다. 일반적으로 하등식물은 고등식물보다 적은 수의 원소를 필요로 한다. 규소(Si)는 재배 배지(culture medium)에서 결핍되었을 때 정상적인 생육을 못하는 실험을 토대로 벼에 있어서 필수적이나 일반작물은 아니므로 필수원소로 분류하지 않는다. 흑니토(muck soil)에 처리된 규산에 대한 수량반응을 근거로 규소는 사탕수수에도 필수적임이 밝혀졌다. 규산을 1,500kg/10a의 양으로 처리하면 줄기와 자당 수량이 1기작 작물에서 약 70% 그리고 2기작(ratoon, 그루터기) 작물에서는 대조구보다 125%의 수량 증가가 있었다. 반면에 옥수수와 화본과의 다른 여러 작물에 있어서 규소는 전체 건물량의 1~4%까지 많은 양이 축적되나 필수적이지는 않다.

서부 지역의 약 500만 ha의 염분 토양에 발생하는 잡초인 *할로게톤*(*Halogeton*)은 호주의 방목지 식물인 *아트리플렉스 베시세라*(*Atriplex vesicera*)가 나타나는 양상과 같이 미량원소로서 나트륨(Na)을 요구하는 것이 분명하고 이것은 C_4 광합성 경로를 갖는 몇몇 종에서 미량원소로 요구되는 것이 확실하다. 사탕무와 목화에서 Na는 체내의 이온 균형의 기능 때문에 칼륨(K)의 요구 대부분을 확실하게 대치한다. 더욱이 나트륨(Na)는 동물에 있어서는 다량원소이다. 셀레늄(Se)이 많은 토양에 적응된 특정 종은 셀레늄에 내성을 나타낼 뿐만 아니라 양분으로서 그것을 요구한다. 동물도 또한 셀레늄(Se)을 요구한다. 공생 및 독자적으로 질소를 고정하는 생물은 코발트(Co)를 요구한다. 명백하게 코발트(Co)는 동물에서 비타민 B_{12}의 형성에 요구되는 것처럼 하등식물에서 필요하다. 하등식물에서 양분에 대한 질적 및 양적 요구는 종종 고등식물에서 보이는 양상과는 다르다. 예를 들면 칼슘(Ca)과 마그네슘(Mg)은 곰팡이에서는 미량원소이지만 고등식물에서는 다량원소이다. 붕소(B)는 박테리아와 곰팡이에서는 꼭 필요하지는 않다.

3. 식물양분의 공급원(Sources of Plant Nutrients)

천연 유기물과 무기물은 농업과 자연생태계에서 식물영양분의 1차 공급원이다. 현대 농업생산체계는 화학비료와 함께 천연비료가 공급된다. 그렇지만 요즘 일부 단체(NGO나 유기농단체)에서는 화학비료는 인간과 동물 및 환경에 해를 주는 독성물질을 함유하고 있어 비료는 "자연 또는 유기"물질로부터 생산되어야 한다고 주장하면서 현대농법에서 사용하는 농약과 비료를 거부하기도 한다. 비료원의 형태가 퇴비와 같은 유기물이거나 화학비료와 같은 무기물이거나 간에 양분이 이온의 형태로 식물체 내로 흡수된다는 사실을 무시한다. 유기농업의 철학은 고등식물은 독립영양체로서 유기물질 공급을 요구하지 않는다는 사실을 간과한다. 다시 말해서 퇴비도 결국 무

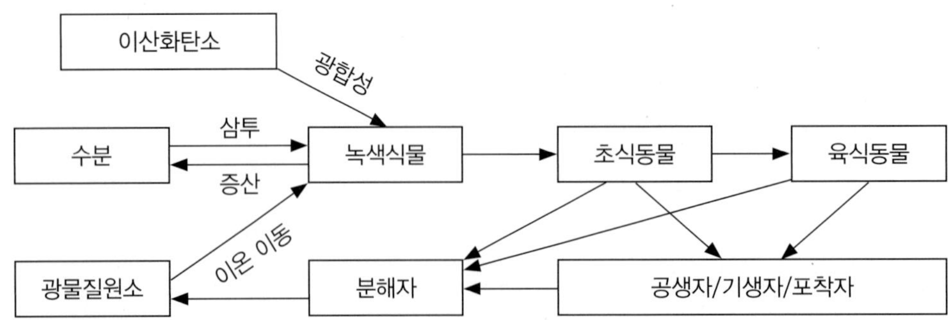

그림 3.1 생물권에서 무기양분의 이동
호흡과 유기물의 산화에 의해서 탄소(C)는 유리 CO_2가 된다. 광합성에서 산소의 방출과 호기호흡에서 산소의 흡수는 나타내지 않았다. 출처: Epostein, Mineral Nutrition of Plant, 1972)

기물이 되어서 작물에 흡수되는 것이어서 비료와 차이가 없다. 식물체 내 모든 화학원소는 생물권이라고 총칭되는 토양, 물 및 대기로부터 온다. 지각인 토양에서 고체상태의 75% 이상은 본질적으로 식물 양분이 아닌 규소(Si), 산소(O) 및 알루미늄(Al)으로 구성되어 있다. 대기는 79%가 질소(N)이고 이산화탄소는 비록 0.04%의 낮은 농도로 보유하지만 대기는 탄소를 유일하게 공급하는 원천이다. 토양용액 내의 물은 토양의 특성에 따라 다른 농도의 양이온과 음이온을 포함하는데 일반적으로 아주 낮은 농도를 함유한다. 그렇지만 염류토양은 높은 수준의 나트륨(Na), 탄산염(carbonates) 및 염소(Cl)을 함유한다.

생물권(biosphere)의 양분은 재순환에 의해 지속적으로 재공급된다. 그렇지 않으면 양분은 결국 고갈될 것이다. 식물에서 양분은 두 방향으로 이동한다. 양분은 원소 또는 이온으로 식물체 내로 들어가고 최종에는 미생물에 의한 생분해(biodegradation)를 통해 원소의 형태로 환경으로 되

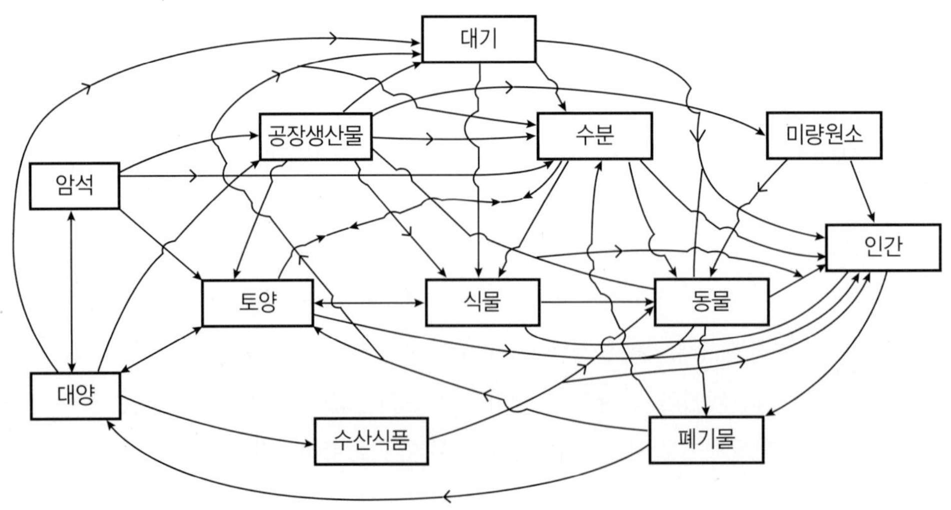

그림 3.2 환경 내에서 미량원소의 순환

돌아간다(그림 3.1). 탄소(C)와 인(P)은 칼슘(Ca)와 마그네슘(Mg), 탄산염(carbonate) 또는 인산염(phosphate)의 형태로 해양 퇴적물로 침전되고 난 후 순환이 멈춰진다. 미국 플로리다에서 수천 년 동안 퇴적된 인산은 산업적 가치가 있어 채광한다. 현재 대기의 이산화탄소 농도는 매년 약 2ppm의 속도로 증가되고 있는데 이것은 화석연료의 사용이 주요 원인이다. 현재 대기의 수준은 산업 중심지의 경우 400ppm이 넘는데 이는 산업화되기 이전의 290ppm과 비교된다. 도시와 산업쓰레기는 공기와 물에 양분 공급을 증가시키며 특히 대기 중의 황(S)과 물속의 질소(N)와 인산(P)를 증가시킨다. 인간과 산업쓰레기는 또한 미량원소 재순환에 크게 영향을 준다(그림 3.2). 생활하수와 슬러리(sewage slurry)는 작물체와 작물체 생산물을 이용하는 사람에게 독성을 끼칠 농도로 축적될 수 있는 납(Pb), 카드뮴(Cd), 아연(Zn), 니켈(Ni) 및 망간(Mn)과 같은 중금속의 높은 농도 때문에 법령에 의하여 농업용지에서 사용제한을 한다.

4. 토양과 양분(Soil Nutrients)

일반적으로 토양양분은 토양의 형성이나 토양형에 관계없이 모암의 풍화에 의하거나 유기물의 생분해에 의해 생겨난다. 전 지구, 지역 또는 심지어 실험구와 같이 작은 면적의 토양들까지도 각각 형태적, 물리적, 화학적, 생물학적 및 양분공급능력에 있어서 매우 다양하다.

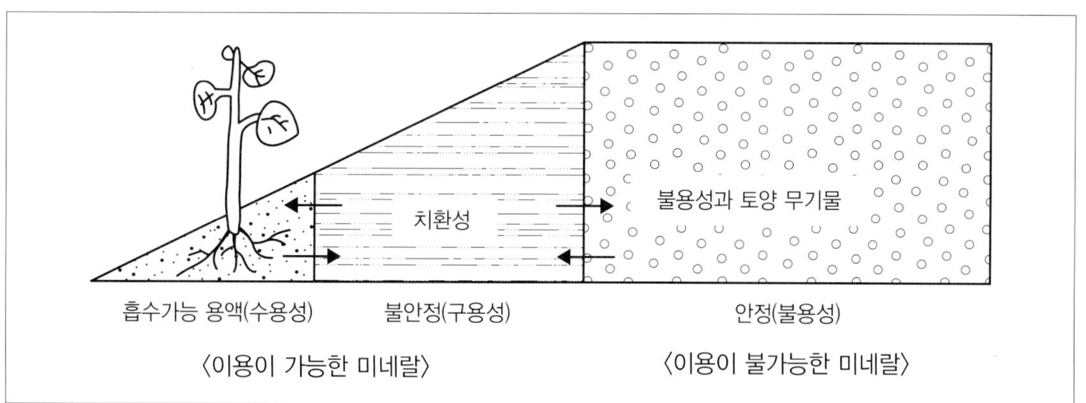

그림 3.3 토양에서 무기양분의 유효도. 토양 용액 내 농도는 낮지만 다른 분획과 평형을 이루므로 추후에 이용할 수 있다.

예를 들어 몬모릴로나이트 또는 유기물이 많은 토양은 25meq/100g 또는 그 이상의 양이온치환용량(Cation exchange capacity, CEC)을 가져 높은 양분보유력과 공급능을 갖는다(그림 3.3). 반면에 미국 플로리다에 있는 사질토양은 양이온치환용량(CEC)이 5meq/100g 또는 그 이하로 낮은 양분보유력과 공급능을 갖는다. 미국의 콘벨트(Corn Belt, 옥수수 재배지대)에 있는 것과 같은 키가 큰 재래종 화본과 작물지대에 형성된 몰리졸(Mollisol)은 영양분들이 많이 존재하고 유기물 함량이 높으며 CEC도 높다. 이러한 토양은 칼륨(K), 칼슘(Ca) 및 마그네슘(Mg)이 많아 높은 염기포화도(base saturation)를 가지고 있어서 세계에서 가장 비옥한 토양 중의 하나이다. 열대아프리카, 남아메리카 및 동남아시아의 라테라이트 토양(Laterite soils, 즉 옥시졸(Oxisol), 얼티졸(Ultisol), 그리고 알피졸(Alfisol)이 포함된 토양)은 가용성 철, 망간 및 알루미늄의 함량이 높아 특이하게도 산성이거나 알루미늄(Al) 포화상태이다. 아래와 같은 높은 인산(P) 고정능력을 갖고 있다.

$$Fe^{3+} \text{ 또는 } Al^{3+} + H_2O + H_2PO_4^- \rightarrow Al(H_2O)_3(OH)_2H_2PO_4$$

가용성 Al은 식물체에 독성을 나타내 라테라이트 토양에서 문제가 된다. 사막 토양은 일반적으로 염기성이고 Ca, Mg 및 K의 함량이 높다. 이 토양은 아마도 Na, Cl, SO_4 및 탄산염(CO_3^{2-})이 독성을 보일 정도의 양을 가질 것이다.

5. 양분유효도(Nutrient Availability)

일반적으로 양분의 절대량보다 양분유효도의 정도가 식물체 영양 상태를 결정한다. 토양 pH는 양분의 용해도와 식물 양분의 유효도에 영향을 주는 1차 요인이다. 대부분 양분은 pH가 6.0~7.0 사이에서 유효도가 크다. 칼슘(Ca), 마그네슘(Mg), 칼륨(K) 및 몰리브덴(Mo)는 염기성 토양에서 유효도가 크고 아연(Zn), 망간(Mn), 붕소(B)는 유효도가 낮다. 철(Fe), 망간(Mn) 및 알루미늄(Al)은 강산성 토양에서 독성을 나타낼 정도까지 용해도를 나타낸다.

포드졸 토양에 대한 석회의 시용은 특히 석회를 많이 요구하는 알팔파에서 종종 붕소(B)의 결핍을 유발한다. 옥수수나 밀과 같은 화본과 작물에서 질소비료를 많이 시비하면 일반적으로 산도성을 증가시키고 알루미늄(Al)의 독성을 유발한다. 따라서 낮은 염기포화도를 나타내며 칼슘(Ca), 마그네슘(Mg), 칼륨(K)의 결핍을 초래한다. 질소비료의 질산화작용은 농업토양 산성화의 주요 원인이며 칼슘(Ca), 마그네슘(Mg), 칼륨(K)의 결핍은 일반적으로 질소의 과다 시용과 연관되어 있다. 양분의 비유효화(unavailability of nutrient)를 일으키는 또 다른 주요 원인은 미생물에 의한 질소의 부동화(immobilization)이다. 미생물에 의한 질소의 부동화는 높은 탄질비(C/N율)를 갖는 볏짚이나 옥수수 줄기 등의 과다 시용 이후에 일어나는 일반적인 결과이다. 유사하게 다른 양분들도 미생물에 의해 부동화되는 데 유기질 토양 내 구리(Cu)가 그러한 예이다. 반면에 토양소독은 미생물을 죽이고 망간(Mn)과 같은 미량원소를 독성을 나타낼 정도까지 유리시키는 결과를 나타낼 수 있다. 적합하지 않은 pH 또는 다른 이유로 미량원소는 종종 식물체가 잘 자랄 수 있을 정도

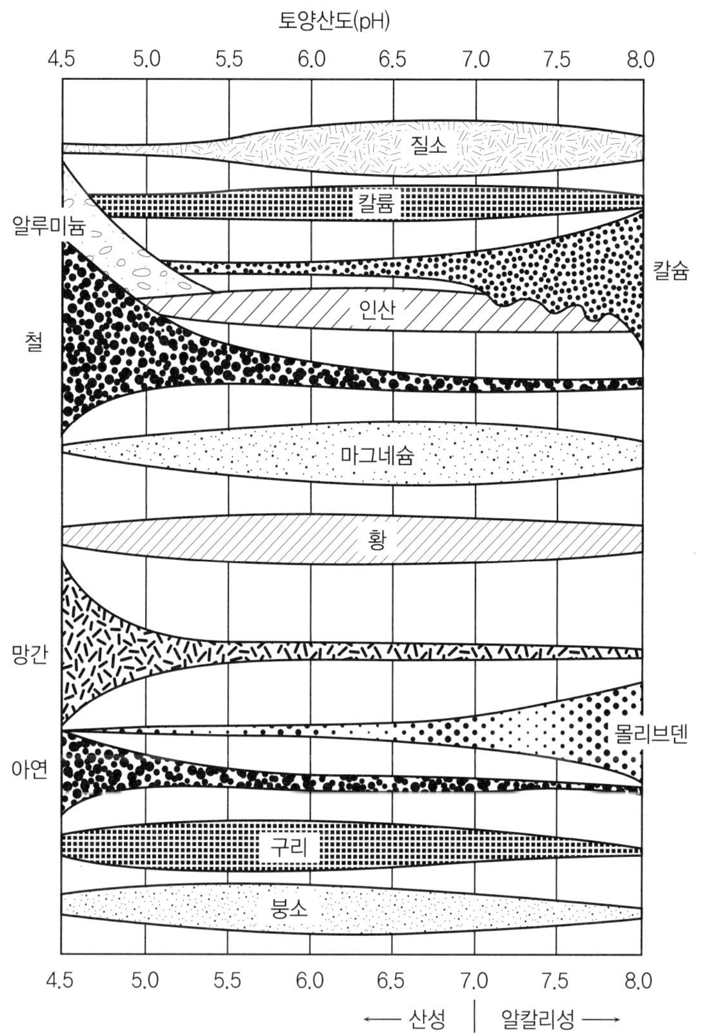

그림 3.4
토양에서 pH에 따른 양분의 유효도
낮은 pH에서 철(Fe), 몰리브덴(Mn) 및 알루미늄(Al)이 독성을 나타내는 수준으로 용해되나 인산(P)은 철(Fe), 알루미늄(Al)과 더불어 인산으로 변한다. pH가 높으면 인산(P)은 칼슘(Ca)과 반응하여 불용화 된다.

의 충분한 양이 이용되지 못하는 경우가 있다. 철과 망간의 같은 요소들은 알칼리성 토양에서 불용성 염으로 쉽게 바뀌므로 일반적인 해결 방법은 엽면시비를 하거나 킬레이트로 공급하는 것이다. 현재 사용하는 킬레이트 제제로는 EDTA(Ethylenediaminetetraacetic acid) 철(Fe), 아연(Zn) 및 다른 미량원소에 적용하고 있다.

표 3.2 작물의 생육에서 최적 pH에 따른 분류

토양산도(pH)	작물명
pH 5	감자, 고구마, 대황, 민들레, 벤트그라스, 벼, 블루베리, 수영, 진달래, 철쭉
pH 6	강낭콩, 귀리, 담배, 당근, 딸기, 보리, 옥수수, 완두, 토마토, 호밀
pH 7	브로콜리, 사과, 사탕무, 셀러리, 스위트클로버, 아스파라거스, 알팔파, 양배추, 콩

석회질(Calcareous) 토양에서 EDDHA(ethylenediaminedi-o-hydroxyphenylacetic)는 EDTA보다 효과가 뛰어나다. 예를 들어 Fe- 또는 Zn-EDDHA는 토양 Ca과 반응을 적게 한다. 미량원소는 토양에서 자연적으로 킬레이트를 형성하고 식물체 내에서 유기물과도 킬레이트를 형성하여 더 큰 용해도와 유효도를 나타낸다. 예를 들어 엽록소는 Mg-킬레이트이다. 헤모글로빈과 시토크롬 C(cytochrome C)는 Fe-킬레이트이다.

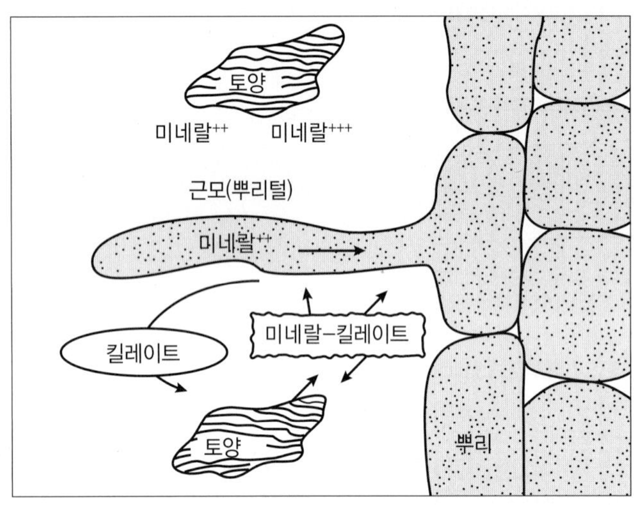

그림 3.5
토양에서 킬레이트에 의한 미량원소 이온의 동원(Mobilization)

6. 양분의 요구량(Quantitative Requirements)

정상적인 작물생장에 요구되는 다양한 필수양분의 양에 있어서 변이는 크다. 양분의 요구량은 작물, 수량 수준 및 특정 양분에 따라 결정된다. 예를 들어 원자적인 기초로 볼 때 수소(H)는 몰리브덴(Mo)보다 6만 배 많이 요구된다(표 3.1). 질소(N), 인산(P), 칼륨(K), 황(S), 칼슘(Ca) 및 마그네슘(Mg)은 정보(ha) 당 수십에서 수백 kg이 요구되고 미량원소는 정보(ha) 당 수 g이 요구된다. 낮은 요구도 때문에 미량원소의 시비는 흑니토(muck soil)나 간척지 토양에서 실제 행하여지기는 하지만 대부분의 경작지에서 필요하지 않다.

작물조직 내 양분의 상태와 이에 따른 작물의 생장은 ① 결핍수준 ② 전이단계 ③ 적정수준 ④ 독성수준으로 나타난다(그림 3.6). 한계조직농도(critical tissue concentration)는 적정 생장을 부여하는 수준의 바로 아래 수준을 말한다. 이때 최소 조직수준은 최대 생장을 부여하는 수준이 된다. 이러한 현상은 권장시비량에 대한 지침으로서 양분상태를 알기 위한 조직검사의 기초가 된다. 필수원소에 대한 한계 수준은 많은 작물에서 결정되어 왔으나 유전, 환경 및 시료 채취 과정에서 어느 정도 이 수준에 변화가 있을 수 있으므로 절대치는 단지 지침으로 여겨졌다. 결핍지대에서 양분공급 증진은 건물생산의 증가를 나타내는 반면 적정지대에서 양분공급 증진은 작물체

조직 내의 요소는 증가되지만 수량증가는 거의 없다. 반응곡선의 이러한 부분을 과잉소비(luxury consumption, 과잉흡수)라고 한다. 전이 지대에서 양분공급 증가는 수량과 양분농도 모두를 증가시킨다. 칼륨(K)과 같은 몇 가지 양분들의 시비는 인산((P)과 같은 양분을 시비했을 때보다 더한 과잉소비를 나타낸다.

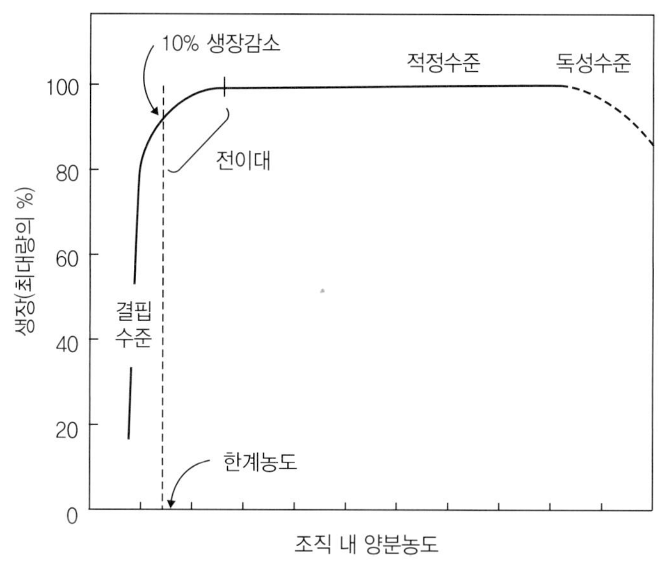

그림 3.6
식물체 조직 내의 양분의 농도에 따른 생장 반응

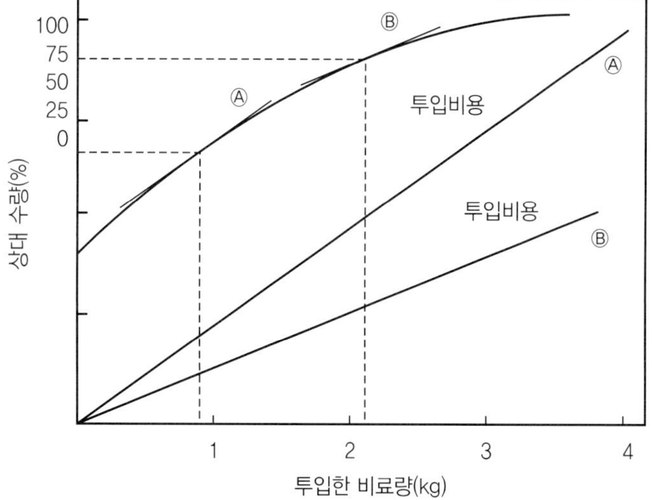

그림 3.7
비료 가격을 고려한 수확량의 가장 적합한 시용량 산정 곡선. 직선 방정식 Ⓐ는 직선 방정식 Ⓑ의 단위 비료투입량 대비 거의 2배로 수확량을 얻을 수 있다. 수량은 탄젠트(tan) 값이고 투입한 비용은 평행한 선에 의해 나타낼 수 있다.

작물들의 칼륨(K) 흡수는 다양하다. 화본과 잡초는 칼륨(K)의 과잉소비자이나 콩과는 그렇지 않다. 과잉 소비점 만큼의 시비는 비록 칼륨(K)의 시비의 높은 수준이 경제적으로 유용할지라도 나트륨(Na)이 해가 되는 수준에서 역작용을 위해 요구되면 결국 경제적으로 역효과이다. 대부분의 비료 시비에 대한 수량 반응은 수확체감의 법칙을 따른다. 각각 첨가된 비료 단위는 점진적으로 수량의 증가가 감소하고 결국에는 점근선(asymptote)에 이르러 증가하지 않다가 추후에는 과잉장해로 오히려 감소하게 된다. 시비의 경제적 이점은 단위 비료 비용에 대한 수량의 함수이다. 그림 3.7의 직선 방정식 Ⓐ는 직선 방정식 Ⓑ의 단위 비료투입량 대비 거의 2배로 수확량을 얻을 수 있다. 두개의 각각 Ⓐ와 Ⓑ끼리는 각각의 기울기가 같은 직선이다.

7. 양분의 흡수기작(Nutrient Uptake Mechanism)

뿌리에 대한 양분의 물리화학적 접근은 양분흡수에 있어서 필요하다. 뿌리와 양분이온 간의 작용은 ① 접촉 치환 ② 점액질(mucigel) 내 수소(H)와 토양이온의 치환 ③ 화학적 구배에 의한 이온의 확산 ④ 수분 차이(구배)에 대한 반응에서 뿌리 쪽으로 이온의 집단류 ⑤ 이온이 존재(ion source) 쪽으로 뿌리의 신장 등에 의해 만들어진다(그림 3.8). 뿌리 신장은 새로 형성된 흡수조직, 특히 근모 부위를 새로운 토양 매질로 위치시켜 이온흡수 기회를 증가시킨다. 인산흡수의 증가는 매질 내 많은 인산의 양이나 뿌리 신장의 증가, 또는 이 두 가지 모두에 의해 일어난다. 어떠한 경우라도 뿌리는 앞에서 언급한 과정의 하나 또는 그 이상의 과정에 의해 양분을 흡수하여야 한다. 옥수수의 양분흡수에서 상대적인 중요성은 양분의 종류에 따라 다양하나 집단류는 대부분의 양분흡수에서 일차적인 과정이다(표 3.3). 그렇지만 이 실험에서 몰리졸(Mollisol) 토양에서 칼륨(K)의 경우에는 화학적 확산이 일차적이다. 칼륨의 흡수에서 집단류는 몰리졸(Mollisol)과 대비되는 거친 토성의 스포도졸(Spodosol), 엔티졸(Entisol) 및 얼티졸(Ultisol)에서 우세하다.

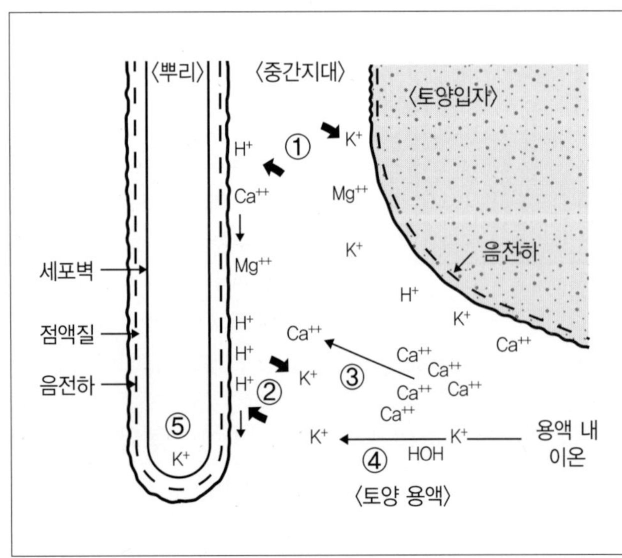

그림 3.8
식물 양분의 흡수 모식도. ① 뿌리 표면의 수소(H)와 토양입자 표면의 칼륨(K) 간 접촉 치환 ② 토양 용액 내의 칼륨(K)에 대한 뿌리에서 수소(H)의 치환 ③ 고농도 지역에서 저농도 지역으로 칼슘(Ca) 이온의 확산 ④ 뿌리를 향해가는 칼륨(K) 이온 용액의 집단류 ⑤ 이온을 함유한 지역으로의 뿌리가 신장한다.

흥미롭게도 뿌리의 신장으로부터 양분 기여는 식물체 내에서 부동적인 칼슘(Ca)을 제외하고는 모두에 대해 상대적으로 낮다. 가는 뿌리 특히 근모에 있어서 정확한 정량은 어렵기에 뿌리 신장에 의한 연구와 기여는 과소평가되어 왔다.

표 3.3 옥수수를 생산하는 전형적으로 비옥한 사질양토에서 필요한 비료와 흡수경로

번호	비료 종류	950kg/10a에 필요한 비료량(g)	뿌리 흡수 (g)	집단류를 통한 흡수 (g)	확산을 통한 흡수 (g)
①	칼륨	19,200	400	3,800	15,000
②	질소	18,700	200	18,500	-
③	마그네슘	4,400	1,600	11,000	-
④	칼슘	3,800	6,600	16,500	-
⑤	인	3,800	100	200	3,000
⑥	황	2,200	100	210	-
⑦	철	190	20	100	70
⑧	망간	30	10	40	-
⑨	아연	30	10	10	10
⑩	붕소	20	2	70	-
⑪	구리	10	1	40	-
⑫	몰리브덴	1	0.1	2	-

* 출처: Barber and Olson 1968.

위에서 언급한 과정들은 흡수에 필요한 전제조건인 양분에 대한 뿌리의 흡수경로를 설명했을 뿐이다. 흡수의 과정은 호흡에너지와 호기조건을 요구하는 능동적 과정이거나 수동적 과정이다. 능동흡수(active absorption)에서 이온들은 호흡에서 생산된 고에너지인산결합의 에너지(ATP)를 이용하여 세포막인 원형질막을 투과한다(그림 3.9). 이온흡수에 저해가 없다면, 세포 내부의 나트륨(Na) 또는 칼륨(K)의 농도는 아마도 외부농도의 몇 배가 될 것이다. 세포 간의 능동적 이동은 살아있는 접속 부위인 원형질연락사(plasmodesmata)를 통한다. 그러므로 세포 간의 운반은 능동적이 된다. 세포 내부의 물과 이온의 저장기관인 액포는 공급-수요균형을 안정화시키는 기능을 한다. 능동흡수를 위한 높은 호흡률의 중요성은 표 3.4에 나와 있다. 낮은 온도에서는 약간의 초기흡수 후 흡수가 낮고 산소가 없는(질소만 처리) 혐기 조건에서도 흡수가 저해된다.

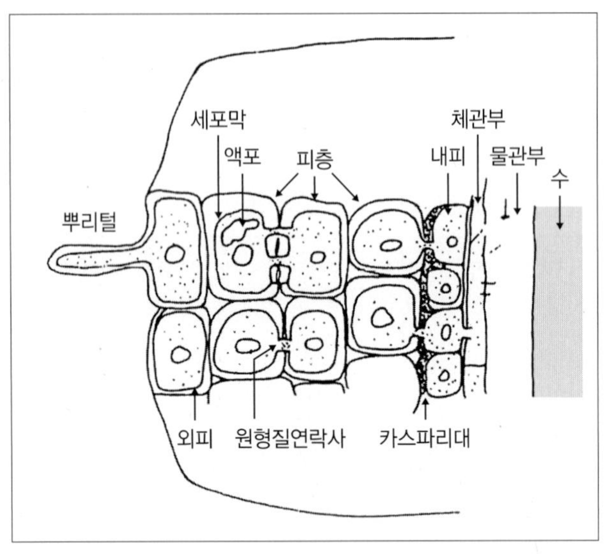

그림 3.9
쌍떡잎 작물의 뿌리 절단면 모식도. 그림에서 점이 찍힌 부분은 세포 간의 원형질연락사 연결을 포함하는데 살아있는 심플라즘(symplasm)이고 능동적 이동을 한다. 점이 없는 맑은 부분은 세포벽, 세포 간 공간 및 죽은 조직은 아포플라즘(apoplasm)인데 자유공간을 형성하여 수동적 이동을 한다.

표 3.4 온도와 대기의 영향에 따른 양액으로부터의 칼륨(K) 흡수 차이 (단위: meq/ℓ)

처리 요인	처리 수준	세포액 내 칼륨(K)의 농도
양액의 온도	0℃	10
	18℃	50
	30℃	85
양액에 공기주입 (24시간 내내)	일반공기(산소있음)	90
	질소가스(산소제거)	25

* 출처: Hoagland 1944.

태양방사와 높은 광합성률도 중요하다. 토마토, 보리, 밀을 차광하였을 때 뿌리의 생장이 처음으로 제한된다. 칼륨흡수는 크게 줄어들고, 호흡은 완만하게 줄어든다. 뿌리의 신장은 양분흡수보다 혐기조건에 의해 더 영향을 받는 것으로 보인다.

수동적 흡수(passive absorption)는 스펀지에 의해 물이 흡수되는 것과 유사한 물리적 과정이다. 이온은 대사적 관여가 없이 물과 더불어 이동한다. 수동적 흡수의 전체 능력은 두 개의 요소를 갖는다. 즉 ① 세포벽과 같은 죽은 조직을 포함하여 세포 간 공간과 같은 뿌리조직 내 빈 곳으로 정의되는 외부공간(outer space)과 ② 대개 외부공간 내에 있는 물속의 이온에 노출된 세포 부위의 양이온치환용량(CEC) 공간으로 정의되는 돈난 자유공간(Donnan free space)이다. 외견적 자유공간 또는 자유공간(free space)이라는 용어는 요즘은 같이 합쳐서 동일용어로 사용한다. 고농도의 무기양분은 자유공간으로 빠르게 이동하고, 최종적으로 내피를 지나 물관의 증산류에 들어가려는 경향이 있다. 내피는 자유로운 수분 이동을 제한하는 내피 내 코르크 부위인 카스파리대 때문에 아포플라즘(apoplasm)에서 수동적 이동에 대한 장벽이 된다. 내피를 통한 이동은 헤인즈(Haynes, 1980)에 의해 제기된 모델에서 나타난 것처럼 심프라즘(symplasm)에서는 뚜렷하게 능동적이다(그림 3.10). 심플라즘은 내피네에 있는 원형질연락사(plasmodesmata)를 통한 모든 이동에 있어서 경로를 변경시켜 필요한 경우 양분과 수분이동에 제한을 가할 수 있다.

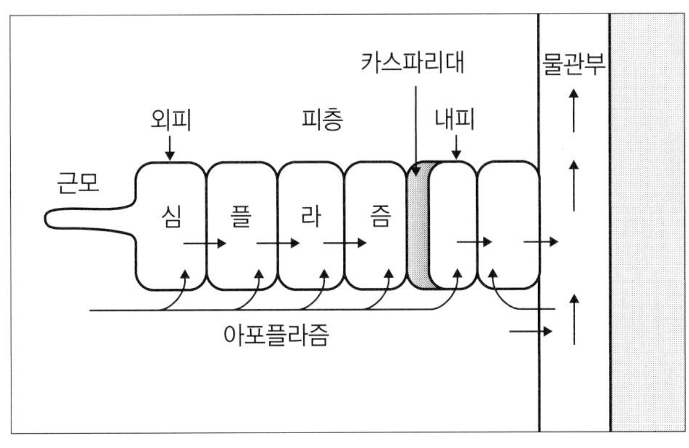

그림 3.10
어린뿌리를 통과하는 무기양분의 이동에서 심플라스트(symplast) 이동과 아포플라스트(apoplast) 이동. 뿌리 내피의 카스파리대(Casparian strip)는 물관부로 직접 이동하는 심플라스트(symplast) 이동을 제한한다.

양분흡수에 영향을 주는 뿌리의 양이온치환용량(CEC)은 종, 품종 및 생육정도에 따라 다양하다. 어린뿌리의 점액질에 존재하는 원소들은 토양입자에 정전기적으로 붙어있는 요소들과 교환될 수 있는데, 이 과정을 접촉교환(contact exchange)이라고 한다. 뿌리로 도입되면 이온은 심프라즘 내의 능동적 흡수 또는 아포프라즘에서 수동적 이동을 하는데, 수동적 이동이 더 빠르고 더 많이 흡수를 하게 한다. 지질단백질(lipoprotein) 막을 가로지르는 친수성 이온의 이동에 대해 두 가지 이론이 제안되었다. ① 원형질막 내 분자들은 선택성을 나타내는 특정 이온에 대한 특정 결합 부위를 가지고 있는 매개체 이론으로 막 접촉면에 형성된 매개체-이온 복합체는 막을 통하여 이온을 전달하고 세포 내에 이온을 방출한다. 이 과정은 ATP와 키나아제(kinase)에 의해 작동한다. ② 에이티피아제(ATPase, ATP를 ADP와 인산(Pi)로 가수분해하는 효소)에 의한 ATP에서 ADP로 전환함에 따라 나오는 에너지는 다른 이온들이 세포 밖으로 나옴에 따라 발생하는 균형의 변화에 반응하여 이온들을 세포 내로 보낸다는 이온펌프 이론으로 Na-K 펌프는 일반적인 예이다. 다른 이온들은 화학적 구배에 의해 세포 내로 들어간다. 이온흡수율은 ATPase 활성과 강하게 연관되어 있다.

8. 이온들의 상호작용(Interaction of Ions)

어떤 이온의 유효도는 용액 내 다른 이온의 존재 유무에 의해 영향을 받는다. 예를 들면 식물체 내 K-Ca와 K-Mg 비율이 질소 시비에 의해 증가된다. 알팔파에서 칼륨(K)의 흡수는 마그네슘(Mg) 흡수에 의해 간섭을 받지만 반대(역)의 경우는 그렇지 않다.

칼륨(K)의 흡수는 칼슘(Ca), 마그네슘(Mg)과 같은 특정 이온의 존재에 의해 증진되는데, 이 현상을 비에츠 효과(Viets effect)라고 한다. 칼륨(K), 브롬(Br), 염소(Cl), 황산(SO_4) 및 인산(PO_4)의 흡수는 칼슘(Ca)에 의해 흡수가 가속화된다. 칼슘은 막완전성(membrane integrity)에 필수적이고 그 효과는 명백히 막효과보다 크다. 특정 요소의 존재는 다른 요소의 흡수에 대해 길항작용이 있다. 사탕무에서 나트륨(Na)의 첨가는 수량을 증가시키지만 나트륨은 칼륨(K)의 흡수를 줄인다. 칼슘과 마그네슘의 비율은 칼륨흡수의 증가와 더불어 감소된다. 인(P)은 아연(Zn)과 철(Fe) 흡수를 크게 방해한다. 정상적으로 양이온은 다른 양이온과 경쟁한다. 예를 들어 암모니아태 질소(NH_4^+)는 다른 양이온 흡수를 감소시킨다. 양이온 흡수는 일반적으로 음이온의 흡수에 의해 증가한다.

9. 필수원소들의 기능과 이용(Function and Use of Nutrient Elements)

일반적으로 작물 생장에 필수적인 양분들은 식물영양에서 그들의 일차적인 기능에 따라 4가지로 구분된다. ① 기본 골격을 형성하는 원소들 ② 에너지 저장과 결합에 관여하는 원소들 ③ 이온상상태로 존재하며 하전균형(charge balance)에 관여하는 원소들 ④ 효소 활성화와 산화환원에 관여하는 원소들 등의 다양한 요소들의 영양적 양상에 관한 정보의 요약은 표 3.5에 나타내었다.

표 3.5 토양으로부터 흡수된 필수원소들과 그들의 역할

번호	원소(약자)	흡수 형태	토양 내 총량 (kg/10a)	유효량 (kg/10a)	양액 내 원소량(ppm)	식물체 내 기능
①	칼륨(K)	K^+	5,000	0.5~1.5	200	헥소키나아제(hexokinase)*
②	철(Fe)	Fe^{2+}	5,000	극미량	5.6	시토크롬, 페레독신의 구성요소
③	칼슘(Ca)	Ca^{2+}	1,500	1~10	120	칼슘염(calcium pectate)
④	마그네슘(Mg)	Mg^{2+}	600	0.5~5	24	엽록소 구성과 호흡에 관여
⑤	질소(N)	NO_3^-/NH_4^+	400	0.1~5	100~200	아미노산, 핵산, 단백질 합성
⑥	망간(Mn)	Mn^{2+}	160	극미량	0.6	아미노산 형성
⑦	인산(P)	$H_2PO_4^-$ HPO_4^{2-}	120	0.001 ~0.01	63	생체 저장에너지로 사용
⑧	황(S)	SO_4^{2}	80	0.1~1	32	황산기 그룹
⑨	붕소(B)	BO_2^{2-}	10	극미량	…	당의 이동에 관여
⑩	구리(Cu)	Cu^{2+}	5	극미량	0.02	질산환원에 관여
⑪	아연(Zn)	Zn^{2+}	5	극미량	0.07	탈수소 효소
⑫	몰리브덴(Mo)	MoO_4^{2+}	극미량	극미량	0.01	질산환원에 관여
⑬	염소(Cl)	Cl^-	극미량	극미량	…	광인산화

* 헥소키나아제(hexokinase)는 세포 내의 유리 글루코스를 인산화하는 효소이다.

1) 기본 골격(Basic Structure)을 형성하는 원소들

탄수화물은 식물체의 뼈대 또는 구조를 만들고 대사에 있어서 에너지원이 된다. 탄수화물은 많은 유기산, 단당류 및 복합당 그리고 전분, 셀룰로스 및 헤미셀룰로스와 같은 당의 중합체를 포함한다. 유기산은 펩티드 결합 때문에 단백질이 되는 아미노산의 전구물질이다. 탄소(C), 수소(H), 산소(O)는 중량으로 볼 때 식물체의 각각 약 45%, 6%, 43%를 차지한다. 그러므로 식물체 건물중 또는 작물 수량의 90%는 공기와 물에서 유래되는 것이다.

2) 에너지 저장과 결합(Energy Storage and Energy Bonding)에 관여하는 원소들

(1) 질소(Nitrogen)

질소(N)는 대기의 79%를 구성하고 있고 많은 N는 유기침전물로서 토양 내에 있다. 불운하게도 대기 중의 질소 가스나 토양침전물 내 질소(N)는 작물의 생장에 이용하지 못한다. 단지 산화형(NO_3) 또는 환원형(NH_4)이 되어야 식물에서 흡수와 이용이 가능하다. 수소와의 결합은 N을 환원시키는데 번개, 질소고정 생물체 또는 상업적으로 하버-보슈(Haber-Bosch) 공정에 의해 이루어진다. 즉 대기질소에 200기압을 가하면 암모니아가 만들어진다. 공업적 고정량과 휘발량은 10% 정도 된다. 암모니아는 질산화 세균에 의해 질산(nitrate)으로 산화된다. 질소의 변환은 생물적이므로 토양 pH, 온도 및 수분에 민감하다(그림 3.11). 토양온도가 25℃ 또는 그 이상일 때 질산화작용이 가장 효과적인 반면 암모니아화작용은 온도에 대한 감수성이 낮다. 사실상 온대 지방에서 동절기 동안 질산화작용은 가장 적게 일어나고 따라서 건전한 식물체 생장에는 적절하지 않다. 화본과 식물의 생장은 유효태의 질소가 공급되지 않으면 저해되거나 황화된다. 질산화작용은 타닌(tannin)이나 페놀계 화합물과 같은 자연억제물의 존재 때문에 삼림이나 극상 초지에서 크게 억제된다. 반면에 개간이나 경작은 억제물질의 분해나 제거를 가져와 질산화작용을 크게 증진시킨다. 토양은 재배로 인해 질소의 유출 때문에 질소비료 시용이 필요하다. 그러나 질소비료의 과용은 토양을 산성화시켜 석회의 필요성을 증가시켰다. 그리고 질산은 인체에서 청색증을 유발할 수 있는데 이는 아질산염으로 된 후 헤모글로빈과 결합하여 산소와 결합하지 못하게 하는 병이다. 때로는 질산염이 니트로사민(nitrosamine)으로 전환되어 암을 일으키기도 한다.

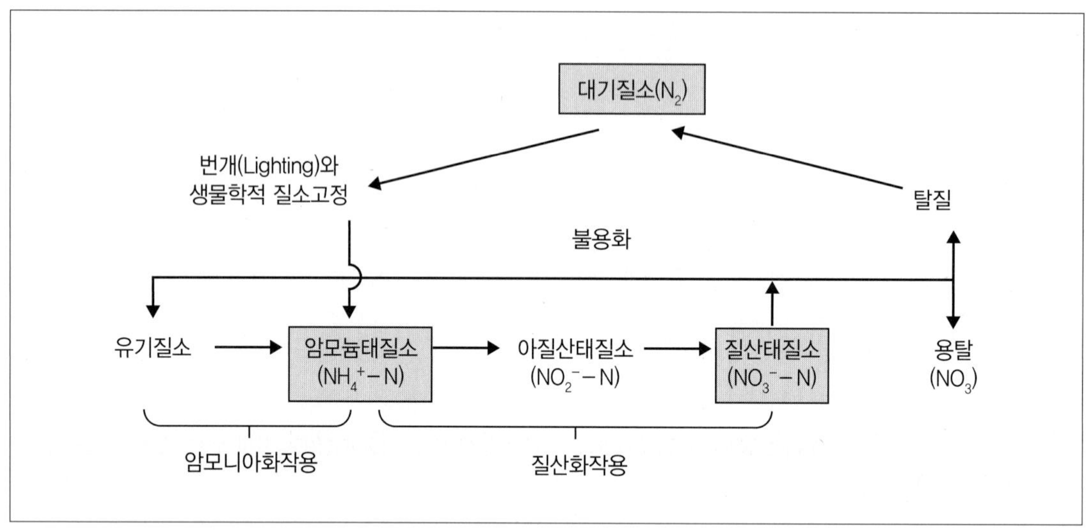

그림 3.11 토양에서 질소의 동태

탈질작용(denitrification)은 따뜻한 온도와 침수와 같은 환원조건에 의해 잘 일어난다(그림 3.11). 따뜻하고 공기가 잘 통하는 조건은 질산화작용 및 용탈에 의한 질산(nitrate)의 손실(탈질작용)에 좋은 조건이다. 질산(nitrate) 손실을 막기 위해 니트로피린(nitropyrin)과 같은 상업적 억제제가 토양입자에 의해 흡착되어 용탈이 잘 안 되는 암모늄으로서 질소(N)를 보유하도록 하는 데 이용된다. 가을에 암모니아와 니트로피린(nitropyrin)을 함께 시용하면 옥수수의 종실수량은 크게 증가되고 줄기썩음병은 감소된다. 시금치와 같은 엽채류에서 질산화작용 억제물질은 토양에서 질산화작용과 질산(nitrate)의 흡수와 축적을 줄이는 데 이용된다.

표 3.6 작물체 내 원소들의 이동성

이동이 쉬운 원소	질소(N), 인(P), 칼륨(K), 마그네슘(Mg), 염소(Cl), 아연(Zn), 몰리브덴(Mo)
이동이 어려운 원소	칼슘(Ca), 황(S), 철(Fe), 붕소(B), 구리(Cu), 망간(Mn)

식물체의 질소함량은 평균 2~4%이고 높은 경우는 6% 정도 된다. 작물은 질산태 질소(NO_3^-) 또는 암모늄태 질소(NH_4^+)를 흡수할 수 있고 동화시킬 수 있다. 일차적으로 토양에서 NH_4^+가 NO_3^-로 급속히 전환되기 때문에 NO_3^-형이 흡수된다. 그렇지만 옥수수는 NO_3^-와 NH_4^+을 같은 비율로 흡수한다. 흡수는 질소의 농도가 21μmol 이상일 때는 직선적으로 흡수하고 이 분기점 이하에서는 평형상태인 4μmol까지 감소한다. 리마콩에서 건물축적은 NO_3^-가 전체 유효 N의 75% 또는 그 이상일 때 지속적으로 높은데, 이것은 이온 선호도에 있어서 유전적인 차이를 보여주는 것이다. 칼륨(K)과의 상호작용도 옥수수에서 보였다. 수량은 질산태질소(NO_3^--N)와 비교하면 암모늄태

질소(NH_4^+-N)에 의해 저하되고 N-K의 비는 증가되었다. 담배에서 조직 내 높은 NH_4^+의 수준은 생장을 저해하고 염소(Cl)의 수준을 증가시키나, NO_3^-는 높은 수준에서 해롭지 않다. 식물체에 의해 이용되는 형태는 부분적으로 강우와 pH에 의해 결정된다. 산성토양은 NO_3^-를 흡수를 촉진하고 NH_4^+ 흡수를 억제한다. 위의 요인들 때문에 NO_3^-는 벼 이외의 다른 작물에서 흡수되는 주요 이온 형태가 된다.

유기분자 내로 질소의 동화는 식물조직 내에서 질산환원효소(nitrate reductase)에 의한 NO_3^-의 환원에 의존한다. 질산(nitrate) 환원은 아미노산이나 다른 질소화합물의 형성되기 전에 일어나며 전자를 요구한다. 1차 공여체는 광합성의 산물인 NADH(nicotinamide adenine dinucleotide) 또는 NADPH이다. 강한 광조건과 높은 광합성률은 질산환원효소(nitrate reductase) 활성을 이끈다고 밝혀졌다. 동물에 있어서 독성의 띠는 수준의 NO_3^- 축적은 흐린 날이 계속되는 조건에서 생산된 사료에서 나타난다. 적당한 온도도 또한 질산(nitrate) 환원에 요구되는데, 종에 따라 큰 차이가 있다. NO_3^-의 환원은 식물체에 있어서 에너지 소비 없이는 일어나지 않는다.

질산(nitrate) 환원이 목본식물은 뿌리에 제한되어 일어나는 데 비해 작물의 뿌리와 잎 모두에서 일어난다. 시금치를 비롯한 명아주과에 속하는 종들과 같은 특정 채소종은 뿌리에 있어서 질산(nitrate) 환원능력을 상실하고 잎에 높은 수준의 질산이 축적된다. 질산환원효소의 활성, 종실 수량 및 단백질 간에는 정의 상관이 있다는 것이 옥수수, 밀, 수수에서 여러 연구자들에 의해 발견되고 있다. 그러나 다른 연구는 밀에서 높은 수량과 단백질은 상관이 높지 않았다. 두 개의 봄밀에서 질산환원효소(nitrate reductase)는 노화과정에서 증가되나 질소는 그렇지 않았다.

질소(N)는 아미노산, 아마이드, N 염기(base) 즉 퓨린, 단백질 및 핵단백질의 구성체이다. 효소는 긴 사슬의 복합단백질과 일반적으로 미량원소인 비단백질의 반응단으로 이루어져 있다. 단백질은 20개 아미노산이 수많은 조합의 펩티드 결합으로 이루어진 큰 분자량을 갖는 중합체이다. 아미노산은 a-탄소 위치에 amino-N을 가지고 있으며 또한 트립토판처럼 고리 내에도 N을 가지고 있다(그림 3.12). 글루타민은 N가 있는 아미노기를 가지고 있고 아데닌은 고리 내에 N을 가지고 있는 퓨린 염기이다. 아데닌은 DNA와 RNA와 같은 많은 뉴클레오티드와 핵단백질의 한 부분이다. 질소는 그 기능이 잘 밝혀져 있지 않고 대사에 필수적이지 않은 알카로이드라 불리는 화합물의 주 구성원이기도 하다. 그들은 N 저장 화합물로서 작용하는 것으로 보인다. 질소의 결핍은 세포신장과 세포분열을 제한한다. 결핍증은 생장억제와 황화로서 늙은 식물조직에서 두드러진다. 식물 생장의 감소는 당의 축적을 유발하고 몇 가지 작물에서 특히 옥수수에서는 안토시아닌의 형성 때문에 기부조직이 자주색을 띠게 된다.

질소는 식물체 내에서 자유롭게 이동한다. 어린잎과 과실이나 종자처럼 강한 싱크(sink) 요구도를 갖는 발달하는 기관은 늙은 잎이나 하위엽에서 N을 강하게 끌어온다. 질소흡수가 제한될 때 그러한 재분배의 결과는 하위엽의 타는 현상이다. 근류 형성이 안되거나 N이 부족한 콩은 일찍 노화

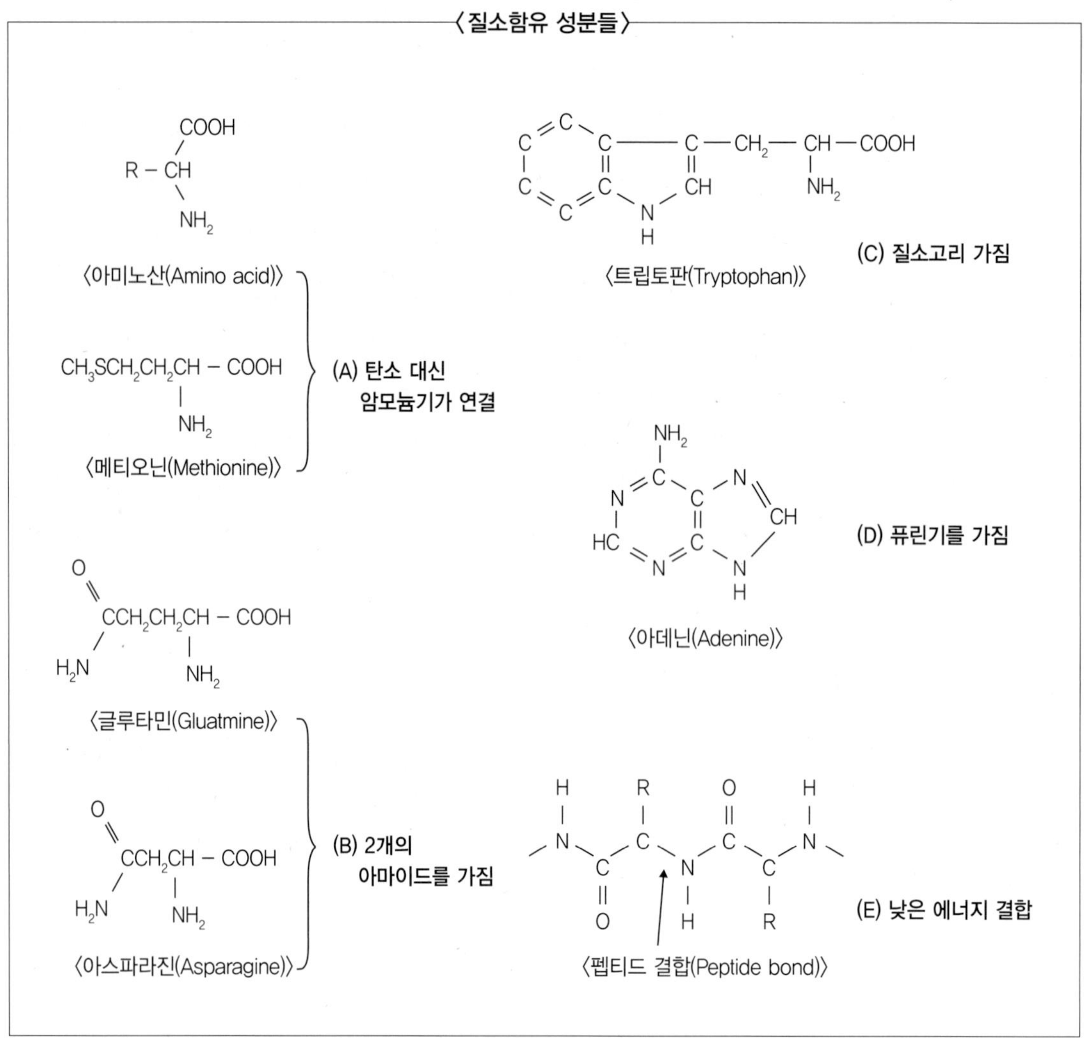

그림 3.12 질소 함유 아미노산, 아마이드, N 염기(base)들의 구조. 그림에서 (A)는 α–탄소 위치에 암모늄기가 연결된 아미노산과 메티오닌 (B)는 두 개의 아마이드를 가진 글루타민과 아스파라긴으로 뿌리에서 줄기로 전류되는 환원된 질소의 일반적 형태임 (C)는 고리에 질소가 있고 α–탄소에도 질소가 있는 아미노산인 트립토판 (D)는 많은 뉴클레오티드에 일반적인 퓨린기인 아데닌 (E)는 단백질에서 아미노산의 저 에너지 결합인 펩티드 결합이다.

하고 종자 내에 전체 N의 60%를 갖는 데 비해 대조구(control)에서는 노화가 늦고 종자 내에 전체 N의 20%를 나타냈다. 이전에는 하위엽이 한여름에 타는 현상을 수분부족이라고 잘못 이해했다.

즉 질소는 아미노산, 아마이드, 뉴클레오티드 및 핵단백질의 구성원이고 세포분열, 세포신장 및 식물생장에 필수적이다. 질소는 식물체 내에서 잘 이동한다. N은 어린 조직으로 이동하므로 질소결핍은 늙은 잎에서 먼저 가시화된다. 질소결핍은 생장을 저해하는데 왜화, 황화(chlorosis) 및 건물수량 감소를 유발한다.

(2) 황(Sulfur)

황(S)은 토양유기물로부터 나오고 또한 황산칼슘(calcium sulfate)와 황산마그네슘(magnesium sulfate)와 같은 무기물로부터 생산된다. 대기에는 빗물에 황을 포함하는 것(산성비, acid rain)처럼 기체성 황(S)을 함유한다. 산업화된 도시나 바다로부터 멀리 떨어진 지역의 대기에는 황을 적게 가지고 있어 작물의 결핍증세가 종종 일어난다. 유기물로부터 황의 무기화와 황산(sulfate) 이온의 형성은 유기물로부터 질소 변형과 매우 유사하다. 혐기 조건에서는 황화수소(H_2S) 가스가 발생되고 독성수준까지 축적된다. 산소공급이 잘 안 된 조건에서 이 화합물은 광합성 세균과 화학영양 세균에 의해 황(S)으로 산화된다. 더 이상의 산화는 황산(H_2SO_4)을 만들고 토양을 산성화시킨다.

결핍증상은 질소와 유사한데 황(S)도 이동성이 느리므로 결핍장애는 어린잎에 먼저 나타난다. 산업화로 인해 이산화황(SO_2)과 황화수소(H_2S)가 많아졌고 아황산(SO_3)은 산성비의 주범이 된다. 황산염의 동화는 주로 잎에서 일어난다. 황은 SO_4^{2-} 이온의 형태로 주로 흡수되고 능동 및 수동적으로 전류 된다. 잎은 다소의 SO_2 가스를 흡수할 수 있다. 질소처럼 모든 산화된 형태는 식물체에 의해 동화되기 전에 효소에 의해 우선 환원되어야 한다. 황은 질소와 같이 저에너지 결합과 단백질 합성에 관여한다. 이것은 에너지로 질소의 펩티드 결합과 유사한 티올결합(thiol bond)을 형성한다. 설프하드릴(sulfhyrtyl, SH)기는 서온과 가뭄(drought)에 대한 원형질체의 경화(hardening)에 중요한 역활을 하는 것으로 생각된다. 에너지 전달에서 황은 인산(P)과 유사한 방식으로 기능을 한다.

황은 필수 아미노산인 시스틴(cystine, $C_6H_{12}N_2O_4S_2$), 시스테인(cysteine, $C_3H_7NO_2S$) 및 메티오닌(methionine, $C_5H_{11}NO_2S$)의 구성 원소이다. 이것은 또한 단백질분해효소를 활성화하고 코엔자임 A(coenzyme A), 글루타티온(glutathione) 및 특정 비타민의 구성체가 된다. 십자화과 식물은 1%가 넘는 황을 포함하고 콩과식물도 또한 비교적 황 함량이 높다. 알팔파의 최대 건초 수량은 잎 내 황함량이 0.15~0.20%일 때 얻어진다. 최대수량을 위해서는 사탕수수의 경우 10~15의 N-S비가 적절하고, 옥수수의 경우 황이 잘 공급된 토양에서 N-S비(N/S ratio)가 15~16이며, 콩의 경우는 20이고 목화와 오크라의 경우는 8~9 정도이다.

몇 가지 식물체 특히 십자화과와 양파의 지방에는 황(S)이 많다. 아마나 콩과 같은 작물에서 황 비료를 주면 종실의 오일함량이 증가되는 것으로 나타났다. 황의 결핍은 질소처럼 왜화와 황화로 나타나고 줄기는 가늘어진다. 비록 황(S)이 식물체 내에 이동이 되기는 하지만 오래된 잎에서 어린잎으로 재분배는 N만큼 현저하지 않고 하위엽이 타는 현상도 일반적으로 일어나지 않는다. 부마(Bouma, 1967)는 서브테라니언클로버(subterranean clover)는 뿌리와 엽병으로부터는 재분배가 일어나지만 잎에서는 인지할 수 없다는 것을 발견했다. 즉 황은 특정 아미노산, 글루타티온(glutathione), 코엔자임 A(coenzyme A) 및 몇몇 비타민의 구성원이다. 황의 생리는 무기화, 흡수, 환원, 에너지 결합, 참여 및 왜화와 황화 같은 결핍증상에 있어서 질소의 생리와 유사하다. 재분배는 질소의 재분배만큼 크지 않고 질소결핍 시 나타나는 타는 현상도 발생하지 않는다.

(3) 인산(Phosphorus)

인(P)은 토양의 유기 및 무기 성분으로 다음과 같이 유래한다. ① 오르토인산염(orthophosphate, HPO_4^{2-} 또는 $H_2PO_4^-$)과 같은 가용성 인산(P)을 극소량 함유하는 토양 용액 ② 인회석과 Ca, Mg, Fe 및 알루미늄 인산염과 같이 P를 함유하는 무기물 ③ 토양교질에 흡착된 인산과 용액 내 인산과 평형을 이루는 철(Fe) 및 알루미늄(Al) 인산염으로 구성되는 불안정한 풀(pool)이다. 용액 내 이용가능한 P의 양은 불안정(labile, 구용성)한 부분에 비해 극도로 낮다(그림 3.3). 이러한 이유는 인산은 식물 생장을 제한하는 양분으로 질소 다음이다. 인은 먼저 1가 이온인 $H_2SO_4^-$로 흡수되고 중성이나 그 이상의 pH에서는 2가 이온인 HPO_4^{2-}의 형태로 흡수된다(그림 3.13).

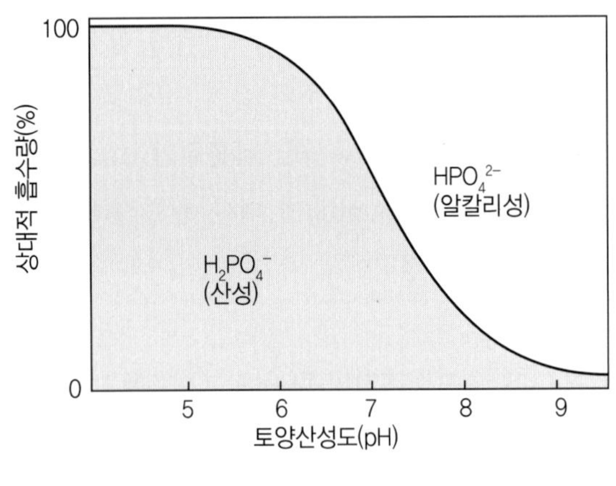

그림 3.13
생장 매질인 토양의 pH에 따른 HPO_4^-와 HPO_4^{2-} 간의 비율

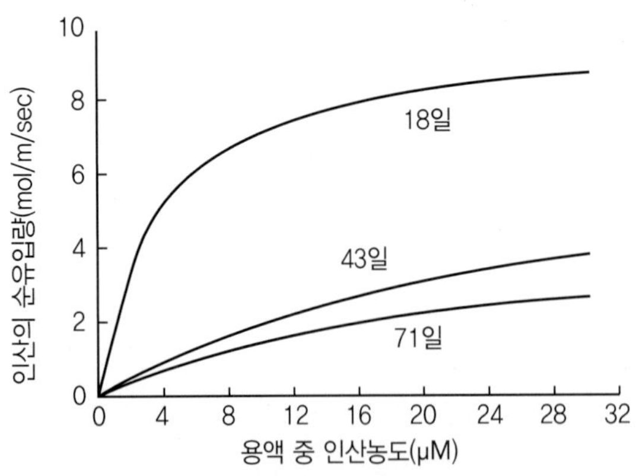

그림 3.14
콩 뿌리에서 나이(age)에 따른 인산의 순유입량 비교

뿌리는 토양 용액 내 낮은 인산(P) 농도로부터 능동적으로 흡수하고 식물 체내에 1000배 이상의 농도로 유지된다. 콩 뿌리의 인산의 흡수능력은 생장 상태에 따라 다르다. 약 18일이 지난 뿌리

의 흡수능력은 73일이 지난 뿌리의 4배이다(그림 3.14). 인은 식물체에서 이동하는데 늙은 부위에서 어린 부위로 재분배된다. 어린잎이나 발달하는 과실은 토양으로부터의 공급이 정지되어도 늙은 식물조직으로부터 인을 공급받을 수 있다. 지리적인 위치에 따라 다르지만, 옥수수의 한계 수준은 이삭에 접한 잎 내의 0.18~0.25% 사이이다. 충분한 수준은 0.25~0.41%이다. 인은 많은 필수적인 화합물의 구조적 구성원이다. 에너지 전달물질인 ADP와 ATP, NAD, NADPH 그리고 유전정보체계 화합물인 DNA와 RNA. 인산 에스테르(phosphate esters)는 당, 알코올, 산 또는 다른 인산염과 형성된다. 인산화 반응과 에너지 전달을 중재하는 중요한 대사물질의 에너지가 많은 결합은 그림 3.15에 나와 있다. 피트산(phytic acid)는 종자에서 발견되는 일반적인 중요한 인산저장화합물이다. 이러한 인산의 저장형은 종자 발아 동안 높은 대사율을 지원하기 위해 이동된다.

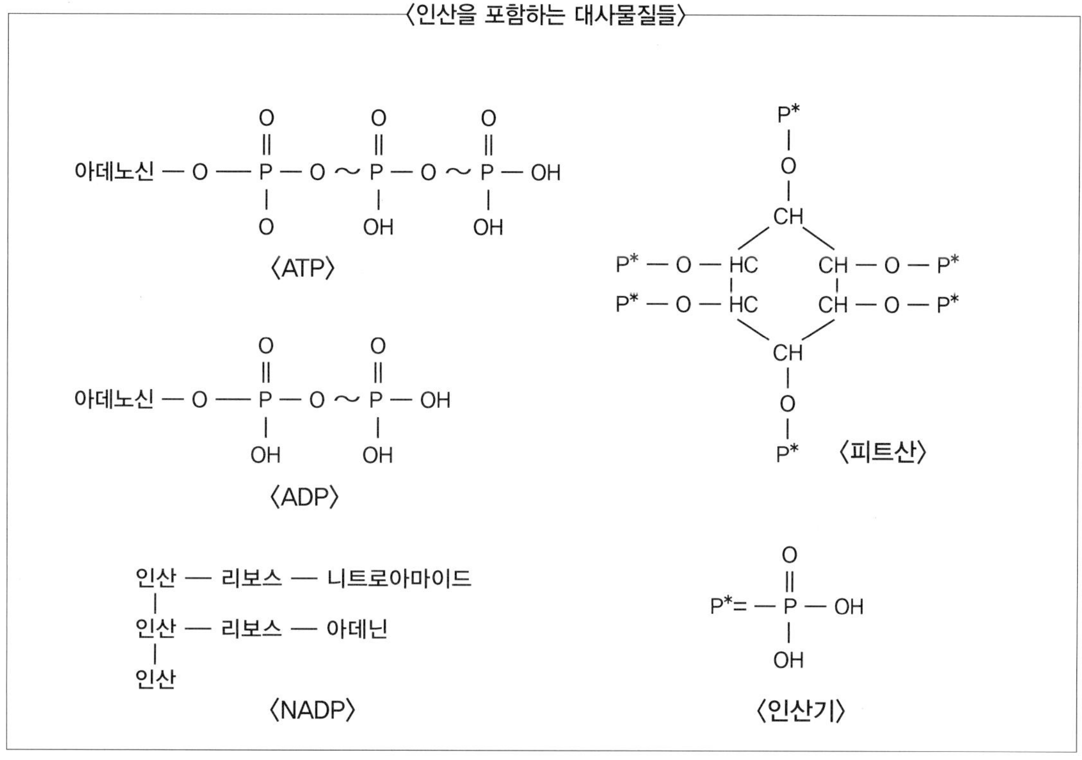

그림 3.15 인산을 포함한 대사물질들. 모두 작물 구성체의 합성에서 필수적인 고에너지 인산 결합(phosphate bond)을 하고 있다. 피트산(phytic acid)은 종자에 들어 있는 인이다.

인은 또한 막 형태의 유지와 보존(membrane integrity)에 있어서 중요한 기능을 하는 레시틴(lecithin)과 콜린(choline)과 같은 인지질의 구성원이다. 레시틴은 콩기름을 추출할 때 나오는 중요한 부산물로서, 식품과 다른 상업적 목적으로 많이 이용된다. 가시적인 인산의 결핍증상은 N과 S의 결핍증상과는 반대로 다른데 황화(yellow)되지 않고 잎이 암록색이나 청록색(dark green to blue green)이 되고 식물체는 위축되고 단단해진다(stunt). 인산이 결핍되면 라이그라스 뿌리의 수와 길이가 줄어든다. 인산이 결핍된 식물체, 특히 옥수수에서는 당이 축적되고 줄기와 엽맥 기부에서는 안토시아닌 색소가 나타난다. 질소결핍과 같이 오래된 잎은 어린잎으로 먼저 재분배되기 때문에 먼저 인산의 결핍이 나타난다. 요약하면 인산은 토양 용액에 아주 낮은 농도로 존재한다. 이것은 에너지전달물질, 유전정보체계, 세포막 및 인단백질의 필수 구성원이다. 인의 이동은 늙은 조직에서 어린 조직으로 재분배되므로 늙은 잎에서 먼저 결핍증상이 나타난다.

인산(P)은 핵산과 인지질, 피틴산의 성분이고 ATP를 포함하는 반응에 관여한다. 부족하면 생장이 멈추거나 진한 녹색, 괴사, 반점, 질소결핍처럼 안토시아닌으로 인해 잎이 약한 자주색이 되나 황화현상은 없다. 줄기가 약해지고 오래된 잎이 죽는다.

3) 이온형태로 존재하며 하전균형(Charge Balance)에 관여하는 원소들

(1) 칼륨(Potassium)

칼륨(K)은 대부분 효소에서 보조인자로 작용하고 세포의 팽압을 유지하며 전기적 중성을 유지하는 성분이다. 삼투퍼텐셜을 조절하고 광합성과 호흡에 관여한다. 칼륨(K)은 1차 광물이나 점토와 같은 이차 광물로부터 유래된다. 일반적으로 점토함량이 높은 토양은 칼륨(K)함량이 높은 경향이 있고, 반면에 유기토양이나 사질토양은 일반적으로 낮다. 식물체에 있어서 K의 주요 공급원은 K을 함유하는 광물의 풍화로부터 온다. 토양 칼륨(K)은 세 가지 부분에 존재한다. ① 1차 및 2차 광물 내 화학적 결합, ② 토양입자에 흡착된 치환성, ③ 토양 용액 내 광물토양에서 대부분 K는 광물 격자 내에 있다. 전체의 약 1~3%만이 흡착되어 있거나 치환성 형태로 존재하며 보다 적은 양이 토양 용액 내에 있다. 치환성 K와 토양 용액 내 K은 평형상태를 이룬다. 흡수는 일차적으로 토양 용액 내 K에 대해 이루어진다. 그러나 K는 어느 정도까지는 비치환성 형태에서도 올 수 있다. 대부분 토양은 K에 대해 높게 완충되어 있다. 연차변이는 작다.

칼륨(K)의 흡수는 1가 양이온인 K^+의 형으로 이루어진다. 흡수는 능동적이고 전류(translocation)는 강한 전기화학적 구배를 거슬러 이루어진다. 토양온도는 흡수에 영향을 준다. 대부분 종에서 적정온도는 약 25℃이나 종에 따라 다르다. 예를 들면 수단그라스는 K를 30~35℃에서 흡수하고, 반면에 완두는 35℃에서 K를 손실한다. 온도가 5~15℃로 낮으면 콩은 뿌리는 칼륨을 잃는다. 홀과 베이크(Hall and Baker, 1972)는 체관부에서 발견되는 양이온의 80%가 K이라는 것을 보여주었다. 이동은 일차적으로 향정적이고, K는 질산(nitrate)의 이동을 강화시킨다. 오래된 기관으로부터 어린 기관으로의 K의 재분배는 규칙이 있다. K은 식물양분 중 가장 이동성이 크다. 칼륨은 모든 고등식물 또는 하등식물에 필수적이나 식물을 구성하는 부분은 아니다. 이것은 액포 내에 많은 양이 저장되어 있다. 이것은 리간드(ligand, 복합 유기분자들)를 형성하지 않고 약 46개의 효소에 대해 효소활성소(activator)와 보인자(cofactor)로 작용한다. 보인자로서 작용은 미량원소와 마그네슘(Mg)이 특정 효소에 대한 효소활성소로 작용하는 것처럼 K에 대한 높은 요구도가 부분적으로 설명은 된다. 그러나 이 양상은 효소도 보인자도 아닌 칼륨(K)이 화학반응에서 소모되지 않는다는 것을 고려할 때 흥미로운 것이다. 앞으로 푸가적인 연구가 있어야 한다.

칼륨은 삼투퍼텐셜의 유지와 수분흡수를 도와준다. 칼륨(K)이 잘 공급된 작물체는 삼투퍼텐셜을 증가시키고 수분을 흡수하도록 하며 낮에는 기공을 열게하고 밤에는 주위로 이동하여 기공을 닫게하는 등 기공폐쇄에 정(positive)의 영향을 끼치므로 수분의 손실을 줄인다. 칼륨은 음이온의 전하를 조절하는 데 관여하고 음이온의 흡수와 운반에도 영향을 준다. 아직까지 설명되지 않은 생리적 이유로 옥수수에서 특정 병 및 연관된 도복의 발생을 줄여왔다는 것이 보고되었다. 예를 들어 K은 목화에서 마름병의 발생을 감소시켰다. 칼륨은 생장과 엽면적지수(LAI) 및 CO_2 동화 증가와 광합성 산물을 외부로 많이 전류시켜 광합성에서 직접적으로 중요한 기능을 담당한다. 후자는 체관부로 동화산물을 보내는데 필수적인 물질은 ATP를 많이 형성하는 결과이다. 나트륨은 여러 작물 특히 사탕무와 목화에서 부분적으로 K를 대치할 수 있다. 이 대치는 옥수수와 수수같은 작물에서는 효과가 매우 적다. 식물조직 내의 K의 한계 수준은 상대적으로 높아 대개 1.0%이며 P의 4배가 된다. 거의 모든 K은 영양생장기 동안 흡수된다. 적은 양이 과실이나 종실로 이동된다. 생식생장 단계에서 밀에 대한 K의 시용은 종실수량에는 효과가 거의 없었다. K의 결핍은 옥수수에서 병과의 연관성을 나타내는 뿌리와 줄기의 도복을 증가시켰다. 질소만 시비하거나 질소와 인산만 시비하고 K의 시비가 생략되면 옥수수를 지지하는 관근의 수는 감소되고 줄기 유조직은 약화되었다. 많은 작물에서 심한 K의 결핍은 엽맥 사이에 작은 괴사 반점을 만들고 늙은 잎의 엽선단이나 가장자리를 타게 한다. 잎이 얼룩지거나(mottled) 가장자리가 황화되고 절간 부위가 비정상적으로 짧아진다. 성숙한 잎에 먼저 나타나고 말리고 오그라든다.

(2) 칼슘(Calcium)

칼슘(Ca)을 가진 광물이 많으므로 지각에는 비교적 칼슘(Ca)이 풍부하다. 인회석(apatite), 방해석(calcite) 및 백운석(dolomite, 돌로마이트)은 많지만 이러한 광물에서 유래된 토양은 습한 조건에서 용탈되기 때문에 실제적으로 Ca이 적다. 석회암에서 유래된 토양은 10% 이상의 Ca를 함유한다. 습한 지역에서는 질산염(nitrate)으로 되는 N의 무기화와 탄산(C_2CO_3, carbonic acid 의 형성은 Ca와 Mg이 적은 산성토양이 되고 토양교질 내 Al_3^+와 H^+에 의한 양이온의 흡착으로 대치되어 퇴화된 토양구조가 되도록 한다. 현대농업에서 백운석질 석회암(고토 석회, dolomitic limestone)은 토양의 pH를 증가시키고 양분으로서 Ca와 Mg를 공급하기 위한 토양개량제로 널리 사용되고 있다.

칼슘은 2가 양이온이 Ca_2^+로 흡수된다. 칼슘은 가장 비이동성(immobile) 필수원소이다. 흡수와 이동은 수동적이다. 자유공간을 통해 중심주로 들어가는 것과 상부로의 이동은 증산류와 함께 이루어진다. 다른 이온들과 비교하면 체관부 내 이동은 매우 적거나 거의 없다. 칼슘은 자유공간의 치환 부위에 강하게 흡착되는데, 이것은 다른 기관으로의 Ca 운반에 있어서 제한요소이다. 땅콩은 정상적인 꼬투리 발달을 위해 꼬투리 끝부분에서 높은 Ca 함량을 요구하는데, 이 Ca은 꼬투리의 끝(peg)과 땅콩에 의해 직접 흡수된다. 지하부 열매에 있어서 증산류는 작아 요구되는 Ca 운반에는 불충해 보인다. 칼슘은 세포벽을 견고하게 하는 물질인 Ca-펙틴산염(pectate)의 구성성분이다. 액포에서는 Ca-옥살산염(oxalate)와 Ca-탄산염(carbonate)로 발견된다. 이러한 염들은 비독성으로 구성 유기산을 고정시킨다. 칼슘은 세포분열과 신장에 필수적이다. 칼슘결핍은 분열조직의 기형과 끝이 말라 죽는 팁번 현상을 유발하는 데 이것은 식물체 내에서 체관부 이동 결핍과 비이동성 때문이다. 강낭콩(*Phaseolus vulgaris*, bunch bean)의 생장은 양액에서 Ca을 제거하면 즉시 정지한다. 칼슘은 세포벽의 구성성분이고 세포막의 선택적 조절 기능에 필수적인 원소이다.

식물체 내에서 칼슘 상태는 pH와 강하게 연관되어 있는데, pH는 Ca 유효도보다 큰 영향을 준다. 앞에서 언급한 것처럼 칼슘은 다른 양분의 유효도와 토양미생물 특히 세균의 생장에 영향을 준다. 많은 작물에서 적정 pH 범위는 표 3.2에 나와있다. 온대지역 기원의 많은 콩과식물은 높은 pH와 아마도 높은 Ca 요구를 가질 것이다. 낮은 pH에서 자란다면, 알팔파와 같은 콩과식물은 생장이 저하되고 황화된다. 그러한 식물체는 질소(N)의 추비에 의해 녹색으로 변하므로 근류형성을 못하고 질소결핍이라는 것을 보여준다. 원래 알파파보다 근류균인 *리조비움*(*Rhizobium meliloti*)에서 Ca에 대한 감수성이 확실하다. 많은 콩과에서 Ca의 결핍은 생장 저하와 황화를 고려할 때 공생 세균의 pH 감수성에 의해 생기는 질소부족의 결과이다. 감수성은 *리조비움*(*Rhizobium*) 간에 매우 다양한데, 온대 작물이 가장 민감하다.

칼슘의 결핍은 기형 잎과 황화된 잎의 형태로 어린 식물 부위에서 가장 먼저 보인다. 반면에 오래된 기관에서는 좀처럼 관찰되지 않는다. 칼슘은 어린 조직으로 재분배되지 않는다. 그러므로 어린잎들과 발달하는 과실은 물관의 증산류 내 Ca 운반에 완전히 의존한다. 과실의 생장에서 Ca의 결핍은 토마토에서 화기선단 괴저(배꼽썩음병)와 땅콩에서 갈색심부병(brown heart)을 유발한다. 미국 플로리다 귤(citrus)의 과실 크기는 뿌리에 대한 공급이 원활하더라도 Ca 결핍으로 제한된다는 것이 명백하다.

(3) 마그네슘(Magnesium)

토양 마그네슘(Mg)는 1차 광물의 풍화로부터 나온다. 이것은 또한 2차 광물 내에도 존재한다. 건조한 토양은 백운석(dolomite)와 $MgSO_4$가 많다. 다른 양이온처럼 Mg^{2+}는 토양 용액 내에서 토양입자와 일차 및 2차 광물에 흡착되어 있다. 일반적으로 Mg는 CEC의 4에서 20%를 구성하는데, 이것은 Ca은 80%이고 K는 5%로 비교된다. 예상대로 습한 토양에서는 Al은 쉽게 Mg^{2+}를 대체한다.

마그네슘 2가이온(Mg^{2+})의 흡수는 능동적 및 수동적 흡수가 동시에 존재한다. 이동과 운반은 주로 증산류에 의해 이루어진다. 마그네슘은 칼슘보다 식물체 내에서 잘 이동한다. 칼슘보다 많은 마그네슘은 체관부에 존재함이 자가방사선사진(autoradiogram) 분석연구를 통해 밝혀졌다. 발달하는 과실과 저장기관은 체관부 운반을 통한 늙은 잎들로부터의 Mg 재분배에 의존한다. 그러나 Ca과 비교하면 결핍은 천천히 진행된다.

엽록체 내에 Mg-킬레이트로 마그네슘은 엽록소의 중심에 존재한다. 이것은 또한 ADP, ATP 및 유기산과 킬레이트를 형성하므로 많은 효소반응에 필수적이다. 마그네슘은 ATP와 효소분자 간에 교량역할을 하고 광합성의 광인산화가정과 호흡의 산화적 인산화 과정에서 합성과 분해반응을 위해 요구된다. 이것은 해당과정과 트리카르복시산(TCA, tricarboxylic acid) 회로에서 인산화 반응을 활성화시키는 많은 효소들의 보인자(cofactor)이다. RuBP 카르복실라아제(carboxylase)를 활성화시키기 위해 Mg이 요구되므로 광합성 과정에서 속도제한이 된다. 질소대사와 단백질 합성 또한 Mg의 존재 여부에 의존하는데, 이것은 아마도 Mg이 리보솜의 형태 유지를 강화하기 때문인 것으로 보인다.

마그네슘의 결핍은 오래된 잎의 엽맥 사이의 황화로서 그 증상이 처음에 나타나지만 어린잎으로 진전된다. Ca와는 달리 K처럼 Mg은 식물체 내에서 이동성이 있기 때문에 오래된 잎이 먼저 영향을 받는다. 결핍은 강낭콩(bunch bean)의 엽록체 하부구조에 영향을 주는 것으로 보이는데, 그라나(grana) 수와 크기의 감소를 초래한다. 황화현상은 잎의 가장자리와 선단 부위에서 시작되고 엽의 유조직 세포 내로 진전된다. 엽맥은 녹색으로 남아있다. 심한 경우에는 엽의 괴사가 일어나고 생식생장이 지연된다. 마그네슘(Mg)은 엽록소의 성분이다. 결핍 시에는 엽맥 사이의 황화현상이고 오래된 세포에서 먼저 나타난다. 심해지면 백색으로 되고 탈리현상이 나타난다.

요약하면 Mg은 엽록소 분자의 구성성분이고 광합성과 호흡효소의 활성제이며 단백질합성에 필요하다. 마그네슘은 식물체 내에서 재분배되므로 결핍은 엽맥사이의 황화와 같이 오래된 잎에서 먼저 일어난다.

4) 효소활성화와 산화환원에 관여하는 원소들 (Enzyme Activation and Electron Transport)

(1) 철(Iron)

철(Fe)은 지각의 약 5%를 구성하고 토양에 널리 존재한다. 이것은 감람석(olivine), 휘석(augite), 각섬석(hornblende) 및 흑운모(biotite)를 포함하는 철마그네슘 규산염

(ferromagnesium silicate)의 1차광물에서 유래된다. 산화철(iron oxide)은 적철석(hematite, Fe_2O_3), 자철석(magnetite, FeO_4), 능철석(siderite, $FeCO_3$)를 포함하는 많은 토양에 일반적으로 존재한다.

철은 또한 2차광물의 격자 내에도 존재한다. 많이 풍화된 철-마그네슘 광물은 토양 내에 수화 철-산화물(hydrouse Fe-oxide)을 만든다. 점토에 있는 이들 산화물과 Al 산화물은 라테라이트(lateritic) 토양에 농축되어 심한 관리문제를 일으킨다. 아마도 모든 토양은 많은 양의 Fe를 가지고 있으나 pH에 의해 일차적으로 조절되는 용해도가 낮으면 철의 결핍을 일으키며 특히 Fe는 비효율적인 종이나 품종에서 두드러진다. 용해도는 단위 pH의 변화에 의해 1000배 정도 낮아진다. 이러한 용해도 감소는 다음 등식에서 볼 수 있다.

$$Fe^{3+} \longrightarrow Fe_2(OH)_3$$

산성토양(3가 철, 이온형태로 가용성) → 알칼리 토양($Fe_2(OH)_3$, 침전되고 불용화됨)

배수가 잘 안 되는 토양에서는 철의 환원형(ferrous form, Fe^{2+})이 많이 존재하고, 철의 유효도가 증가하여 독성을 일으키기도 한다. Fe의 흡수는 일차적으로 Fe^{2+}의 형태로 이루어지나, Fe^{3+}와 Fe-킬레이트도 근권에 존재한다. 환원은 흡수에 필수적이고 전자의 공급원은 원형질막에 있는 시토크롬이나 플라빈이다. 흡수는 다른 양이온과 경쟁적이거나 다른 양이온에 의해 영향을 받는다. 충분한 공기유통, 높은 pH 및 Ca, 인산염과 질산염 이온은 흡수를 억제하지만 암모늄 이온은 억제하지 않는다. 철은 광합성과 미토콘드리아 호흡에서 활성적인 시토크롬과 페레독신과 같은 전자전달 효소의 구성원이다. 철은 H_2O_2를 물과 산소로 분해하여 H_2O_2의 독성을 방지하는 효소인 카탈라아제(catalase, 과산화수소가 분해되어 물과 산소가 만들어지는 반응을 촉매하는 효소)와 페록시다아제(peroxidase)의 구성원이다. 철은 몰리브덴(Mo)과 더불어 질산염과 질산환원효소(nitrate reductase)와 N_2-고정 효소인 질소고정효소(nitrogenase)의 요소이다. 비록 철이 엽록소 분자의 일부분이 아닐지라도 철은 엽록체 초미세구조 형성에 있어서 요구되므로 엽록소 함량에 영향을 준다. 철 결핍은 엽록체의 수와 크기를 감소시킨다. 철이 결핍된 옥수수에서 엽록체의 그라나(grana)와 라멜라(lamella)는 줄어든다.

철(Fe)은 광합성과 질소고정, 호흡에 관여한다. 시토크롬의 전자전달에 관여한다. 부족하면 마그네슘 결핍처럼 엽맥의 황화현상이 나타나는데 마그네슘과 달리 이동성이 낮아 어린잎에 먼저 나타난다. 철은 식물체에서 극도로 비이동성이고 재분배되지 않는다. 브라운(Brown, 1961)은 철의 흡수 효율에 있어서 작물 유전형은 매우 다양한 것을 발견했다. 결핍된 작물체는 황화현상이 일어나고 이것은 흡수보다는 대사의 문제인 것으로 보인다. OH^-이온을 많이 분비하는 작물종과 품종들은 Fe 이용에 비효율적이다. 밀과 같은 화곡류와 화본과 작물은 OH^-를 많이 분비한다. 철 스트레스 조건에서 철 이용이 효율적인 토마토 식물체는 뿌리 주위를 산성화시키고 환원제를 분비한다. 그중 하나인 카페익산(caffeic acid)은 Fe의 용해도를 증가시킨다. 어린잎은 당시의 흡수에 의존한다. 토양에서 무기 철 화합물은 빠르게 비유효한 형태로 바뀌기 때문에 그러한 화합물의 공급은 아주 많은 양을 공급하지 않고서는 결핍을 해소하는데 효과가 아주 적거나 거의 없다. 잎에 시용된 제1철(ferrous iron, 참고로 식물체에 있는 제2철(ferric iron)은 Fe^{3+}를 뜻함)는 어느 정도의 효과가 있기 때문에 사용되어 왔다. 토양개량제나 엽면시비로 Fe-킬레이트를 이용한 시비법은 더 효율적이었다. 석회질(calcareous) 토양에서 Fe-EDDHA와 Fe-몬모릴로나이트(montmorillonite) 점토는 토양처리 되는 경우 Fe-EDTA보다 효율적이었다. 많은 작물에서 $FeCl_3$의 엽면시비의 효과는 기공의 수, 밤이 아닌 낮 동안의 처리 및 계면활성제의 사용과 관련이 있었다. 작물의 뿌리는 산성에서 흡수가 잘 되는 철을 획득하기 위해 근권을 변형시킨다. 즉 뿌리는 유기산을 분비하여 토양을 산성화시키고 철과 안정한 킬레이트를 형성한다.

(2) 망간(Manganese)

토양 내 광물은 철(Fe)뿐만 아니라 망간(Mn)을 공급하는데, 이 2가지는 밀접한 연관이 있다. 이 2가지의 산화물(oxide)는 일반적이다. 대부분 토양에서 Mn의 함량은 200~3000ppm 정도로서 전체량은 적정량보다 많지만 유효 Mn에 있어서는 적정량에 이르지는 못한다. 망간은 토양용액 내에 2가 Mn^{2+}형, 치환성 Mn^{2+} 및 다른 Mn형과 평형을 이룬 Mn^{3+}와 Mn^{4+} 산화물(oxide)로 존재한다. Mn^{2+} 이온은 낮은 pH, 자연 킬레이트 내 및 침수와 같은 환원 상태에서 많이 존재한다. 논과 같은 침수와 낮은 pH는 가용성 Mn을 독성수준으로까지 만들어 낸다. Mn^{2+}의 흡수는 능동적이다. 이것은 다른 양이온 특히 NH_4^+와 Fe^{2+}와 경쟁적이다. Mn은 수동적으로 이동되는 것으로 보인다.

망간(Mn)은 크렙스 회로의 탈수소효소, 탈카르복시화 효소, 옥시다아제의 활성에 필요하다. 물에서 산소가 발생하는 과정에 관여한다. 부족 시 괴사 반점이 나타나면서 엽맥 사이가 황화된다. 망간은 지방산과 뉴클레오티드 합성에 관여하는 몇 가지 효소의 활성제이고 호흡과 광합성에 있어서 필수적이다. 광합성에서 Mn^{2+}은 물로부터 엽록소 분자로 전자전달을 하면서 Mn^{3+}로 산화된다. 망간은 특정 반응에서 Mg를 대치한다. 이 두 이온은 특정 효소와 연결능력이 있다. 망간은 또한 조직 내 IAA 농도를 줄이는 인돌초산 산화효소(oxidase)를 활성화시킨다. Fe와 같이 Mn은 상대적으로 비이동적이고 어린 조직이나 분열조직으로 먼저 이동된다. 이러한 부분은 오래된 잎들로부터의 전달에 의존할 수 없으므로 어린잎들에 병반으로서 Mn 결핍이 먼저 나타난다.

어린 수수 잎 조직에서는 한계 수준은 10ppm 정도이다. 귀리는 Mn 결핍이 되기 쉬운데, 어린잎에 반점 또는 회색 반점이 나타난다. 콩, 완두콩 및 사탕무도 Mn이 결핍되기 쉽다. 콩 품종들은 Mn 결핍에 대한 내성에 있어서 매우 다양한데 예를 들어, 브래그(Bragg) 품종은 저항성이 크고 포레스트(Forrest) 품종은 감수성이다. 망간의 결핍은 높은 pH에서 유효도의 감소와 미생물에 의한 부동화 때문에 대개 석회질(calcareous) 이탄 토양에서 일어난다. 이는 $MnSO_4$ 또는 킬레이트 Mn의 엽면시비를 통해 개선될 수 있다. 전체 Mn이 낮은 용탈된 포드졸(podsol) 토양에서 $MnSO_4$의 토양처리는 결핍을 개선하는데 효율적이다.

(3) 아연(Zinc)

토양 내 아연(Zn)은 기본적으로 화성암의 페로마그네슘(ferromagnesium) 광물인 휘석(augite), 각섬석(hornblende) 및 흑운모(biotite)로부터 유래된다. 이것은 또한 2차 광물인 섬아연석(sphalerite)에도 존재한다. 황산아연(Zincsulfide)는 환원 조건에서 존재할 수 있다. 다른 양이온처럼 Zn^{2+}와 $ZnOH^+$는 토양교질에서 치환부위를 차지한다. 일반적으로 아연의 수준은 유기물 수준의 증가와 정의 상관이 있고, pH 증가와 부(−)의 상관이 있다. 아연은 유기물과 작용하여 Zn−유기물 복합체를 형성한다. 이러한 킬레이트의 약 60%는 가용성이고 토양 내 아연의 주요한 공급원을 이룬다. 아연 유효도는 인산(P) 용해도와 부(−)의 상관이 있다(그림 3.16).

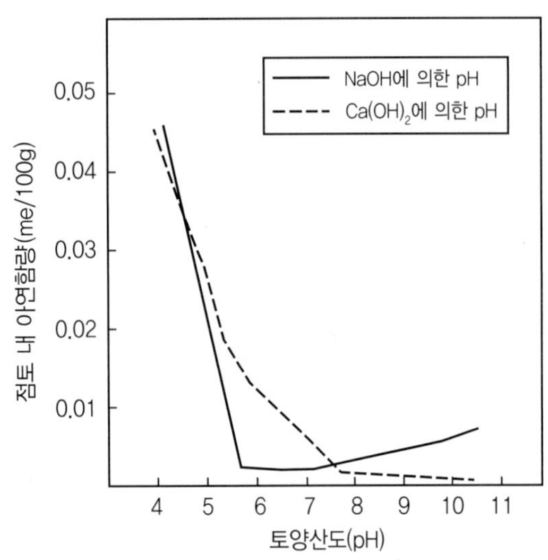

그림 3.16
벤토나이트 점토 현탁액 내에서 pH에 따른 용액 내 아연의 변화

레깃(Leggett, 1952)은 옥수수 식물체에서 인산을 300kg/ha로 시비하였을 때 Zn이 30~50% 감소하는 결과를 얻었다. 유사한 결과가 캘리포니아의 귤(citrus)와 네브래스카의 옥수수에서 얻어졌다. 아연의 흡수는 일차적으로 2가 Zn_2^+이온으로 이루어진다. 그러나 얼마간은 $ZnCl^+$와 $ZnOH^+$로 흡수된다. 철과 망간은 Zn 흡수에 길항작용이 있다.

아연(Zn)은 알코올과 글루탐산의 탈수소효소에 관여한다. 결핍 시에 절간 신장이 감소하므로 로제트 모양을 띠게 한다. 잎이 크기가 작고 뒤틀리는데 이는 옥신인 IAA의 합성이 충분하지 않기 때문이다. 아연은 IAA의 전구체인 트립토판의 합성에 관여하는 효소들에 필수적이다. 아연이 결핍된 식물체는 트립토판과 IAA가 낮고 잎이 작으며 빨리 떨어진다. 아연은 또한 H_2CO_3→물

+이산화탄소 반응을 촉매하는 탄산무수화효소(carbonic anhydrase, 이산화탄소와 물을 탄산수소이온과 수소이온으로 바꾸는 것을 촉매하는 효소이다. 효소의 활성 부위에 아연 이온을 가지고 있어 금속 효소(metalloenzyme)로 분류된다)의 구성원이다. 아연과 구리는 모두 O_2 분자를 나누는 슈퍼옥시드 디스무타아제(superoxide dismutase, SOD, 산소 분자의 1전자 환원으로 생기는 초산화물 라디칼의 불균화 반응을 촉매하는 효소. 활성 중심의 금속에 따라 Cu, Zn 함유 효소, Fe 함유 효소, Mn 함유 효소의 3종류가 있다)의 구성원이다. 콩의 상위 3엽에 있어서 아연의 한계 수준인 12ug/g 이하에서 광합성과 탄산무수화효소의 활성이 줄어든다. 아연의 결핍은 RNA 합성과 리보솜 안정성을 줄인다. 콩에서 작은 잎 크기는 첫 번째로 나타나는 가시적 증상이다. 이후에 어린잎에서의 황화가 일어난다. 심한 결핍은 엽맥 사이 유조직의 황화를 일으키고 잎의 생장을 지연시켜 결국 죽게 된다. 아연결핍은 Zn-킬레이트의 엽면시비나 토양공급으로 개선될 수 있는데, 석회질 토양에서는 복합체에서 Ca이 Zn을 대체하므로 Zn-EDDHA가 선호된다. 5~8년 주기로 0.4~0.5kg/10a의 $ZnSO_4$ 시비는 효과적이다. 피칸(pecan)과 오렌지와 같은 과수 주위의 토양처리에 많이 시행한다. 석회 시용은 알팔파에서 Zn 결핍은 개선하나 B 결핍을 유발한다. 옥수수 품종은 Zn 반응에 있어서 다양하고, 콩은 옥수수보다 Zn 효율이 높다. 아연결핍은 Zn의 흡수와 관련이 없고 인산과 아연(P-Zn) 비(ratio)와 관련이 있는데, 이는 대사과정에서 Zn과의 경쟁 때문이다.

(4) 붕소(Boron)

붕소(B)는 붕규산염(borosilicates)과 같은 1차 광물로부터 유래된다. 붕소는 토양 용액 내에 붕산(boric acid) 또는 붕산염(HBO_3)의 형태로 매우 낮은 수준으로 존재하며 붕산염(borate)의 형태로 토양입자에 흡착된다. 화성암으로부터 유래된 토양에 15ppm 정도가 있는 반면 혈암과 같은 퇴적암으로부터 유래된 토양은 100ppm 정도의 B를 가지고 있다. 붕소결핍은 가장 흔히 일어나는 미량원소 결핍임이 발견되었다. 붕산염(borate)의 흡착은 토양 pH가 증가함에 따라 줄어들고, 알칼리 토양에서 유효도는 낮다. 알팔파에서처럼 많은 석회 시용은 종종 붕소의 결핍을 유도한다. 붕소(B)는 세포 신장과 핵산 대사에 관여한다. 세포 신장이나 호르몬 반응에 관여하며 어린잎이나 끝눈에서 괴사나 기형을 만든다.

흡수는 분리되지 않은 붕산(boric acid)로서 이루어지는데 비록 적은 양의 B가 능동적으로 이동하는 것이 관찰되어 왔지만 자유공간에서 관찰되는 붕소-다당류 복합체에 기초한 수동적인 흡수가 주요 이동으로 보인다. 수동적 이동은 증산류를 통해 일어난다. 붕소는 식물체 내에서 비이동성이어서 어린 기관은 필요할 때마다(current) 흡수해야 한다.

붕소는 당의 이동과 다당류 형성의 조절에 의해 세포 발달에 영향을 주는 것으로 보인다. 이 요소의 다른 기능은 전분합성억제를 위해 인산화의 활성부위에 결합하고 당 합성부위에서 과도한

당의 중합체 형성을 억제한다. 더욱이 B는 당이 피루브산으로 되는 두 가지 경로인 해당과정이나 오탄당인산회로(PPP) 중 어디를 통해 에너지 방출을 위한 당분해를 할 것인지 여부를 결정하는 것으로 보인다. 붕소와 Ca에 대한 요구는 종종 함께 이루어진다. 이것은 Ca처럼 B는 세포벽 형성에 요구되고 펙틴(pectic) 화합물의 대사에 요구된다는 것을 보여준다. 순무의 갈색심부병(brown heart), 사탕무의 심부병(heart rot) 그리고 감자의 잎 말림과 같은 다양한 생리적 병들은 B 결핍에 있다는 것은 흥미로운 것이다. 붕소 시비의 다양한 수준은 옥수수의 영양생장에 영향을 주지 않는다. 그러나 결핍된 작물의 수이삭은 활력이 있는 화분을 가지지 못한다. 그리고 옥수수의 수염은 높은 B를 함유한 작물체로부터 얻어진 화분을 받아들이지 못한다. 호로파(Fenugreek) 작물에서 붕소결핍은 개화와 생식 생장으로 전환이 되지 않거나 정아의 좌지, 작은 잎 및 황화를 초래한다. 결핍은 50~300g/10a의 붕산 비료의 시비와 10~50g/10a의 엽면시비 또는 200g/10a의 이랑 시비로 개선할 수 있다.

(5) 구리(Copper)

구리(Cu)는 아르코르빈산과 시토크롬의 산화효소, 요산 분해효소에 관여한다. 부족 시에는 괴사나 반점이 생기다가 뒤틀리기도 하고 결국에는 탈리가 된다. 구리(Cu)는 1차 및 2차 광물에서 발견되지만 주로 유기 복합체에 존재한다. 이것은 토양입자에 치환성 이온으로 발견되고 토양 용액에 미량이 존재한다. 흡착된 구리는 강하게 붙어있으나 다른 양이온에 의해 어느 정도는 치환이 가능하다. 이러한 이유로 구리결핍의 개선은 구리-킬레이트에 의해 이루어진다. 토양 내에 존재하는 전체 구리의 양은 대개 50ppm 미만이고 용탈되며, 사질토양은 본래 구리함량이 낮다. 미국 플로리다에서 구리결핍은 대게 유기토양과 연관되어 있다. 그렇지만, 미사질 양토에서 재배한 오이의 수량은 224g/10a의 황산구리($CuSO_4$) 시비로 거의 2배로 되고, 896g/10a까지의 처리함에 따라 더욱 증가되었다. 산성토양에서 석회의 시용은 알팔파에서 구리결핍을 초래하나 구리의 추비에 의해 개선되었다. 대부분 작물의 구리함량은 2~20ppm으로 다양하다.

구리는 광합성에서 광계 Ⅰ과 광계 Ⅱ 사이의 전자전달계 내 엽록체 효소인 플라스토시아닌(plastocyanin)의 구성성분으로 광합성에서 기능을 담당한다. 식물체에서 대부분 구리는 세포소기관(organelle)에서 발견된다. 구리는 아스코르브산 산화효소(ascorbic acid oxidase, 아스코르브산을 산화하여 디히드로아스코르브산으로 만드는 효소)와 폴리페놀옥시데이스(polyphenoloxidase, 페놀성 화합물을 산화시키는 산화효소로 분자량이 10만 이상의 구리가 함유된 단백질을 말함)와 같은 몇 가지 산화효소의 한 부분이다. 앞에서 기술한 대로 구리와 아연은 호기성 생물에서 O_2를 쪼개는 항산화제인 SOD(Superoxide dismutase, 과산화물 효소로 초과산화이온을 제거 산소와 과산화수소로 바꿔 주는 불균등화 반응을 촉매하는 효소임)에서 발견된다. 이것은 특정 효소의 합성에 대한 보인자(cofactor)이다.

귀리와 같은 화곡류 작물은 구리결핍이 잘 일어난다. 분얼기에 잎 선단은 백화되고 꼬이며 전체적으로 무성한 양상을 띠게 된다. 이삭은 발육하지만 종실이 형성되지 못한다. 과수류에서 선단 줄기는 작고 단단해지고(stunt) 여름에 말라죽기 쉽다. 작물 종과 품종에 따라 내성이 다양하다. 콩은 구리결핍에 높은 내성을 갖는다. 구리는 보르도액(Bordeaux mixture, 황산구리를 재료로 만드는 보호살균제)과 같은 구리를 분무하므로 인하여 토양 내에서 독성이 되기도 한다. 그렇지만, 대부분 토양은 그들의 강한 구리 흡착성 때문에 유리상태의 구리가 독성을 띠는 수준으로 될 때 완충을 한다. 결핍은 Cu-DTPA와 같은 킬레이트에 의해 개선된다.

(6) 몰리브덴(Molybdenum)

몰리브덴(Mo)은 질산환원효소와 질소고정효소(nitrogenase)의 성분이다. 부족 시에는 엽맥 사이가 황화되고 오래된 잎은 괴사한다. 몰리브덴(Mo)은 MoS_2, Ca-MoO_4와 같은 산소복합체 및 가수화물 형태를 함유하는 많은 광물의 풍화로부터 나온다. 2가 음이온으로서 흡수되는 Mo는 2×10^{8}~ 8×10^{8} M의 낮은 농도로 토양용액 내에 존재한다. 농업토양에서 평균함량은 2ppm이다. 상아 해안(Ivory Coast, 서아프리카에 면한 코트디부아르의 해안)에서 Mo 결핍은 1ppm 이하의 농도에서 일어나고, 유지용 야자에서는 17엽기에서 한계 수준은 0.1~1ppm이다.

몰리브덴 유효도는 pH 증가에 따라 증가하므로 석회 시용은 유효도를 높인다. 호주의 전해오는 말에 "1온스의 몰리브덴(molly)은 1ton의 석회와 같은 가치가 있다."라는 말이 있는데 이 말은 방목지에서 클로버의 생장을 촉진하는 데 있어 Mo 비료의 가벼운 시비나 공중시비가 정보(ha) 당 수 톤의 석회시용만큼이나 가치가 있음을 일컫는 말이다. 유기물 함량이 높은 토양에서 미생물은 Mo을 비이동화시키고 용탈이 잘되는 사질 포드졸(Podzol) 토양은 결핍이 되기 쉽다. 알려진 Mo의 이용은 질산환원효소(nitrate reductase, NR)와 아질산환원효소(nitrite reductase, NiR)의 작용에서 알려졌다. 이 효소에서 Mo는 산화와 환원상태 사이에서 전자전달체로 작용한다. Mo의 결핍 증상은 꽃양배추와 브로콜리에서 편상엽(whiptail) 병과 연해지면서 말라 죽는 것을 포함한다. 엽맥 사이의 황화도 종종 일어난다. 수경재배에서 유지용 야자의 가시적인 결핍증상은 밝혀지지 않았다. Mo의 결핍은 토양에 대한 석회나 Na_2MoO_4를 시용하면 개선된다.

(7) 염소(Chlorine)

염소(Cl)는 자연계에서 가장 일반적으로 존재하는 음이온이고 해안가나 오래된 호수 바닥 및 건조지역 토양에 많은 양이 존재한다. 바다의 염화나트륨(NaCl) 함량은 고등식물이 자랄 수 없을 정도로 높다. 식물체는 염소를 대기의 염소가스로부터 충분히 얻는다. 이 염소는 바닷가 근처에서 크게 증가한다. 토양에서 염소는 Cl^- 음이온의 형태로 교질에 의해 흡착된다. 호그랜드(Hoagland 1944)는 식물체들이 능동적 흡수를 통해 외부용액 내 농도보다 훨씬 높은 농도로 염소를 흡수하는 것을 보여주었다. 정상적인 축적은 액포 내에서 이루어지고, 액포막이 축적속도를 조절한다. 흡수는 다른 음이온 특히 NO_3^-과의 경합 과정에서 이루어진다. 염소는 식물체 내에서 이동성이고 오래된 부위에 축적된다. 염소(Cl)는 알려져 있는 식물 대사물의 구성원은 아니지만 광계 Ⅱ에서 산소의 방출을 위해 필수적이라는 것이 밝혀졌다. 결핍증상은 처음에는 잎의 마르는 것을 필두로 하여 황화현상이 일어나고 마지막에는 구리색으로 변한다. 염소에 의한 도복감소는 염화칼륨(KCl) 비료의 시비가 도복을 감소시키므로 자주 이에 대한 의구심이 있다. 염소는 옥수수에서 염화칼륨(KCl)과 염화암모늄(NH_4Cl)이 비교되었을 때 도복 경감에 별 효력이 없어 도복의 감소는 K의 효과에 의한 것으로 결론지어졌다. 염소결핍에 대한 개선은 요구되더라도 염소가 공기, 빗물 및 동물의 오줌이나 땀으로부터 적절한 양이 나오기 때문에 거의 행해지지 않는다.

염소(Cl)는 산소발생에 관여하는 광합성 반응에 필요하다. 부족 시에는 잎끝이 시들고 황화와 괴사가 수반되며 잎이 청동색(bronzing)으로 된다. 일반적으로 결핍보다는 과잉으로 존재하고 있어서 산성비 등 환경오염 문제가 된다. 염소는 표백작용과 부식성이 강하며 인체에 유독한 성분이다.

요약(Summary)

작물의 필수원소 16개를 ① 물과 공기(C, H, O) ② 다량요소(N, S, P, K, Ca, Mg) ③ 미량요소(Fe, Zn, Cu, B, Mn, Mo, Cl)로 나눌 수 있다. 규소(Si)는 벼, 사탕수수 및 몇몇 다른 화본과 작물에서 특별히 많이 요구된다. 탄소(C), 수소(H), 산소(O) 3개의 원소는 공기 또는 물에서 얻어지는데 식물체의 약 95%를 차지한다. 무기 원소는 일차 및 이차 토양광물의 풍화로부터 얻어지거나, 유기물의 생분해로부터 또는 대기의 가스로부터 얻어진다. 종종 한 개 또는 그 이상의 필수원소의 경우 자연적 공급이 부족하고, 상업적 비료의 보충이 경제적인 생산을 위해 요구된다. 식물 양분들은 식물 재료들이 토양으로 되돌아가는 재순환을 한다. 대개 단지 매우 적은 양이 토양 용액 내에서 유효하고, 토양입자에 흡착된 대부분의 양이 치환성으로 부분적으로 유효하다. 그리고 많은 양은 광물 형태 또는 유기토양 분획물로서 유효하지 않다. 대부분 요소의 유효도는 전체적인 양보다 토양의 pH에 관련이 되어 있다. 미량원소에 대한 양적 요구는 작으면 탄소와 같은 다량요소의 백만분의 1 정도이다. 대개 미량요소의 시비는 유기 및 사질토양의 경우를 제외하고는 요구되지 않는다. 식물 뿌리에 의한 무기 양분의 흡수는 토양 용액이나 접촉 치환에 의해 이온으로 흡수하며 흡수와 운반은 능동적이거나 수동적이다. 운반은 무기 양분의 종류나 농도에 따라 아포플라스트(apoplast)나 심플라스트(symplast)를 통해 이동하거나, 이 두 경로 모두를 통해 이동한다. 칼슘의 이동은 아포플라스트를 통해서만 이동한다.

질소는 일반적으로 근류 형성이 잘된 콩과식물을 제외하고는 작물생산을 제한하는 주요 양분이어서 사실상, 수량 수준을 결정한다. 수분과 더불어 질소의 공급은 세계적인 생산 수준에 있어서 주요한 요인이다. 작물의 생산에 있어서 인은 극도로 결핍되는데, 산성토양과 시비가 거의 안 된 개간지에서 특히 심하다. 인은 N처럼 용탈이나 탈질작용에 의해 토양으로부터 손실되지 않는다. 질소와 인은 식물체 내에서 이동성이어서 오래된 부위에서 어린 부위로 분배되므로 결핍증상이 오래된 부위에서 먼저 나타난다. 칼륨은 종종 작물생산을 제한하는데, 사질토양에서 특히 그러하다. 점토나 세립질 토양은 치환성 K로서 많은 양을 보유한다. 칼륨은 일차적으로 영양생장기에 흡수되고 충분히 양이 있으면 과도하게 흡수된다. 칼륨은 식물체 내에서 이동성이 크고, 결핍은 오래된 부위에서 먼저 일어난다. 칼륨은 정상적인 생육에 많은 양이 요구됨에도 불구하고 알려진 어떠한 대사물의 구성체가 아니다. 마그네슘은 엽록소 분자의 구성원이고 인산화 반응에 관여하는 효소의 보인자로서 작용한다. 마그네슘은 식물체 내에서 이동성이 있고 결핍은 오래된 잎의 엽맥사이 조직에서 황화현상을 먼저 일으킨다. 칼슘은 반면에 아주 비이동적이어서 식물체 내에서 재분배가 장 되지 않는다. 결핍증상은 과실과 정아가 이상 생장을 하면서 고사하는 현상도 나타난다. 땅콩은 꼬투리가 형성되는 부위에서 칼슘(Ca)을 요구하고 꼬투리는 뿌리와는 별도로 Ca를 흡수한다.

유효 미량원소는 적은 양이 요구되는데, 일반적으로 작물생산에 있어서 적절하다. 그렇지만, 높거나 낮은 pH, 유기 및 사질토양에서는 작물에 따라서 특정 미량원소 결핍이 자주 일어난다. 몇몇 유전형은 다른 유전형보다 결핍 또는 독성에 대한 내성이 크다. 미량원소는 효소의 구성원이거나 효소활성제이다. 대부분은 식물체 내에서 이동성이 있으나 붕소(B)는 비이동적이어서 칼슘(Ca)에 의해 나타나는 것과 유사한 활성조직의 비정상적인 생장을 초래한다.

여기서 칼슘, 황, 철, 붕소, 구리는 이동성이 낮고 질소, 인산, 칼륨, 마그네슘, 아연, 염소, 나트륨, 몰리브덴은 이동성이 높다. 철, 망간, 아연, 인산, 붕소는 알칼리성에서 흡수가 어렵다. 따라서 엽면시비로 철과 구리, 망간을 시용하면 효과가 좋다. 엽면시비는 잎의 손상이 최소화되는 낮은 농도로 살포해야 하며 증발이 많이 일어나는 무더운 날을 피한다. 분무액에 석회를 첨가하면 영양소의 용해도를 감소시켜 독성을 줄여준다. 밀은 생장 후반기에 질소를 처리하면 단백질 함량이 높아진다. 근균(mycorrhizae)은 뿌리의 영양소 흡수를 돕는다. 이 균근균은 대부분의 식물과 공생관계를 형성하고 있다. 수동수송과 능동수송은 에너지를 쓰지 않은 내리막길(downhill) 수송을 수동수송(passive transport)이라고 한다. 반면 에너지를 사용하는 오르막길(uphill) 수송을 능동수송(active transport)이라고 한다.

제4장
생물적 질소고정
(Biological Nitrogen Fixation)

질소는 일반적으로 작물 생산에 있어서 주요 제한요소이다. 작물체는 평균 1~2%의 N을 가지고 있으며 많게는 4~6% 정도를 함유한다. 작물의 생산을 위해 요구되는 전체량에서 N은 16개 필수원소 중에서 4번째에 해당된다. 질소는 어디에서도 부족하지 않은데 이는 대기의 79%는 N_2이고 이 양은 헥타르 당 수 톤(ton) 이상이다. 불행하게도 기체 N_2는 비교적 불활성이고 식물체에 유효하지 않다. 이는 토양침전물과 암석은 대기보다 많은 N을 함유하는데, 풍화되어 분해될 때까지는 유효하지 못하다. 이온 형태로 결합되어 있는 질소만이 고등식물에 유효하다. 방선균(Actinomycete)과 남조류(blue-green algae)와 같은 몇 가지 박테리아가 N_2 기체를 이용할 수 있는 식물체이나. 여기서 남조류인 남세균(cyanobacteria)은 엽록소를 가진 광합성 독립영양으로 생장하며 짙은 청록색을 띠고 있고 세균 중에서 유일하게 산소를 발생하는 광합성 세균이다. 이러한 생물의 N_2 고정은 지구 전체의 N 수지를 맞추는 데 필수적이라 할 수 있는데, 고정된 질소가 탈질이나 용탈에 의한 손실이 일어나기 때문이다(표 4.1).

표 4.1 지구의 전체에서 질소의 고정과 유실량

번호	생산과 소비원	면적(10^6ha)	고정량(kg N_2/year/ha)	무게(10^6ton/year)
①	생물적 고정			
	1) 콩과식물	250	55~140	14~35
	2) 비콩과식물	1,015	5	5
	3) 논	135	30	4
	4) 다른 토양과 식생	12,000	25~30	30~95
	5) 해양	36,100	0.3-1	10~36
②	공업 생산	-	-	85
③	대기에서 합성	-	-	7.6
④	탈질			
	1) 육지	13,400	3	43
	2) 해양	36,100	1	40
⑤	퇴적손실	-	-	0.2

출처: Quispel 1974

표 4.2 콩과식물에서 고정되는 질소의 추정량

번호	콩과식물명	고정량(kg/10a)	인용원
①	두과사료작물(방목지)	3~17	Williams 1970
②	열대 콩과식물	2~26	Henzell 1968
③	완두	3~14	Nutman 1965
④	자주개자리	4~35	Bell and Nutman 1971
⑤	콩	4~12	Sundara Rao 1971
⑥	클로버	5~20	Nutman 1965

출처: Vincent 1974.

농업은 작물생산에 있어서 질소(N_2) 고정 생물에 의해 생산되는 질소에 의해 크게 의존한다. 콩과식물과 공생하는 질소고정 박테리아가 일반적으로 가장 중요하다. 이러한 공생은 생육기 동안 평균 10kg/10a의 질소를 고정하며 종종 이 양의 3배를 고정하는데 이러한 양은 다른 생물적 질소고정시스템보다 많은 양이다. 콩과식물은 다른 작물에 비해 2가지 중요한 장점을 갖고 있는데 ① 탄소뿐만 아니라 N에 대한 독립영양을 한다. 그리고 ② 콩과식물은 연이어 재배되는 작물(후작물)에 N을 공급한다. 산림이나 초원같은 자연생태계에서 독립(free-living) 질소고정 박테리아와 특정 비콩과식물의 질소고정 공생은 질소 균형에 있어서 콩과식물보다 더 중요하다.

1. 암모니아의 공업적 생산(Industrial Production of Ammonia)

작물생산에 있어서 질소의 세계적 요구는 약 125×10^6ton/year이고 앞으로 200~245×10^6ton/year 정도로 수요 증가가 예상된다. 산업적 생산은 하버-보슈(Haber-Bosch) 공정을 통해 이루어지는데, 전체 수요의 약 40%를 담당한다. 이 과정은 수소공급장치에 화석연료의 많은 투입을 요구하며 고온고압 400℃, 200기압에서 주로 생산한다. 여기에는 또한 별도로 재료제조와 공장건설에 많은 초기에너지 투자가 필요하게 되는데 금액으로 환산하면 약 1,500억 원 정도가 든다. 하버-보슈(Haber-Bosch) 공정 내 화학반응은 다음과 같다.

$$\underset{(\text{가스})}{\text{공기중 질소}(3N_2)} + \underset{(\text{가스})}{\text{수소}(H_2)} \xrightarrow[K_2O;Al_2O_3]{\text{철}(Fe)} \underset{(\text{액체})}{\text{암모니아}(2NH_3)} + 860\text{cal}$$

$\Delta G^\circ = -12.76$kcal/mole(자발적이지 않으므로 고온고압 조건에서 생산)

2. 공중 질소고정(Atmospheric N_2 Fixation)

번개(lightning)에 의해서 매년 약 7.6×10^{6}톤의 암모니아가 고정된다(표 4.1). 번개는 수증기를 H^+와 OH^-로 이온화시키는데 충분한 에너지를 가지고 있다. 이러한 것들과 산소는 N_2 분자와 반응하여 질산을 만들 수 있다. 이 질산이 강우로 지표에 내려온다. 생물적 질소고정과 비교하면 번개에 의해 고정되는 양은 적으나 고정된 질소가 생물량에 축적되고 무기화되며 재순환이 일어나 자연생태계에서는 중요하다. 이동하면 경작하는 농업생태계는 작물생산을 위해 이러한 축적된 질소를 이용한다. 열대산림 식생의 오랜 휴한(12년 이상)은 번개와 생물적 질소고정원으로부터 50kg/10a의 질소를 축적한다. 우리나라 농사 속담에 천둥번개가 많이 치는 해는 풍년이 든다; 라는 말이 있다.

3. 생물적 질소고정(Biological N_2 Fixation)

지구상에는 많은 독립세균(free-living bacteria)과 식물과 공생하는 공생세균(symbiotic bacteria)가 있다. 이 독립세균과 공생 세균은 대기의 N_2 임모니아로 환원시길 수 있는 능력이 있다. 다음의 반응은 생물적 질소고정에서 적당한 전자공여체와 ATP 존재 하에서 분자 상 질소가 암모니아로 환원되는 반응을 촉매하는 질소고정효소(nitrogenase)에 의해 이루어지는데, 대부분 생물에서 일반적인 반응이다.

질소고정 생물은 주로 박테리아지만 남조류도 있다. 질소고정 생물의 분류는 아래와 같이 개괄적으로 분류할 수 있다.

$$N_2 + 6H^+ + 6e^- + nMgATP \xrightarrow{\text{질소고정효소}} 2NH_3 + nMgADP + nPi$$

1) 공생과 비공생 생물의 질소고정(Biological N_2 fixation system)

(1) 공생 생물의 질소고정(Symbiotic)

A. 근류를 형성하는 것(nodulating)

① 뿌리에 근류를 형성한다.

ⓐ *리조비움(Rhizobium)*은 콩과식물과 공생한다.

ⓑ 방선균(actunomycetes)은 목본성 피자식물과 공생하고 오리나무(*Alnus*)는 잘 알려진 기주 식물이다.

ⓒ 남조류는 나자식물과 공생하고 근류는 나자식물의 뿌리 표면에 형성된다.

② 잎에 근류를 형성한다.

ⓐ 자유생활형을 포함하는 많은 수의 박테리아는 습한 열대림의 목본식물의 잎에 근류를 형성한다.

B. 근류를 형성하지 않는 것(nonnodulating, 협력적 공생)

① 남조류는 아졸라(*Azolla*)와 진균과 공생한다.

② 박테리아는 화본과와 공생한다. *아조스피릴럼 브라실렌스*(*Azosprillum brasilense*), *스프릴룸 리포페룸*(*Spirillum lipoferum*) 및 *아조토박터 파스팔리*(*Azotobacter paspali*)를 포함하는 박테리아는 열대 및 아열대 C_4 화본과 식물의 방목지에서 일반적으로 발견된다.

(2) 비공생 생물의 질소고정(Asymbiotic, free living)

A. 박테리아(세균)

① 호기성으로 아조토박터과(Azotobacteraceae)의 3가지 속이 있는데, *아조토박터*(*Azotobacter*), *아조스피릴룸*(*Azospirillum*) 및 *베이예링키아*(*Beijerinckia*) 등이 중요하다.

② 혐기성으로는 농업적으로 중요하고 널리 분포된 *클로스트리디움 파스튜리아늄*(*Clostridium pasteurianum*)과 두 개의 광합성 속인 *로도스피릴룸*(*Rhodospirillum*)과 *크로마티움*(*Chromatium*)은 그람음성으로 세균 엽록소와 카로티노이드를 가진 생물이다.

B. 남조류(Cyanobacteria)

① 두 개의 속 *아나배나*(*Anabaena*)와 노스독(*Nostoc*)이 가장 일반적이다. 남조류(Cyanobacteria)는 비교적 새로운 분류이며 일반적으로 쓰이지 않으므로 여기서는 남조류라는 표현을 주로 이용할 것이다.

2) 독립생활 생물(Free-living organism)

진화의 척도에서 첫 번째 질소고정 생명체는 독립세균(free-living bacteria)으로서 특정 종속영양 박테리아와 광합성 박테리아 및 남조류를 포함한다. 이러한 3가지 식물의 형태는 다른 생물의 도움이 없이도 독립적으로 질소를 고정할 수 있다. 종속영양(heterotrophic) 질소고정 박테리아는 호기적 또는 혐기적이거나 이 두 가지 조건에서 모두 생존할 수 있는 종이다. 모든 것들은 자연계에 널리 분포되고 있으며 앞의 2가지는 농업생태계와 자연생태계의 질소균형에 있어서 고정된 질소를 많이 공급받는다.

(1) 박테리아(Bacteria)

아조토박터과(Azotobacteraceae)의 특히 *아조토박터(Azotobacter)*, *아조스피릴륨(Azospirillum)* 및 *베이예링키아속(Beijerinckia)*과 같은 속을 포함하는데 자유생활 호기적 박테리아의 중요한 과이다. *아조토박터(Azotobacter)*는 온대 농업토양에서 더욱 중요하다. 배수가 잘 된 경작지에서 자유생활을 하는 생물에 의한 질소의 고정은 아조토박터과(Azotobacteraceae)에 의해 주로 일어난다. 그렇지만 어느 정도 양의 질소고정은 높은 C/N율을 가진 작물 잔유물과 같이 많은 양의 탄소(C)를 요구한다. 약 100kg의 유기물질이 1kg의 질소의 고정에 이용되는 환원제를 공급하기 위해 요구된다. 따뜻하고 공기순환이 잘 된 토양에서 많은 양의 탄소(C) 재고가 유지될 수가 없으므로, 이는 일반적으로 이 시스템에서 제한 요인이 된다.

아조토박터(Azotobacter) 세포는 폴리베타히드록시부티트산염(poly-β-hydroxybutyrate, TBH)을 함유하는데, 이는 박테리아의 포낭 형성에 사용되고 높은 산화적 호흡률을 나타내는 전자전달을 위한 시토크롬 시스템을 위해 이용된다. *아조토박터(Azotobacter)*의 효율은 글루코스 g당 10-15mg 정도의 N_2를 고정하는 것으로 추정된다. 이 양은 혐기성 생물인 *클로스트리디움 파스튜리아늄(Clostridium pasteurianum)*의 고정량과 같다. 그러나 후자는 부분적으로 산화된 당을 이용한다. *아조토박터(Azotobacter)*에 의해 이용되는 에너지의 많은 양은 새로운 세포의 생산에 이용되고, 많은 양은 O_2 불활성에 대한 질소고정효소(nitrogenase) 효소의 방어에 이용된다.

혐기성인 *클로스트리디움(Clostridium)*은 O_2 방어에 에너지를 소비하지 않으며, 부분적 기질 산화에도 불구하고 효율에 있어서 동등하게 달성한다. 짚과 같은 식물 잔유물 형태내 많은 양의 C와 침수된 토양의 부가적 장점 때문에 혐기적 *클로스트리디움 파스튜리아늄(Clostridium pasteurianum)*은 급속하게 증식하며 토양내 질소함량을 증가시킨다. 크렙시엘라종(Klebsiella spp.)과 같은 조건적 박테리아도 또한 토양내에서 N_2를 고정할 수 있다.

호기적, 혐기적 및 조건적 생물에 있어서 효과적인 질소고정에 대한 세 가지 요구를 적용시킬 수가 있다. ① C의 많은 공급, ② 매질 내 결합된 질소의 낮은 수준 및 ③ 과도한 O_2에 대한 질소고정효소(nitrogenase) 복합체의 보호, 질소고정을 할 수 있는 광합성 박테리아는 염수, 담수 및 갯벌에서 발견된다. 그들은 녹색 또는 자주색이며 자주색 박테리아는 "적조"의 원인이 된다. 자주색 박테리아는 다시 적색의 황(sulfur) 박테리아와 적색의 비황(non sulfur) 박테리아로 나누어진다. 퍼플S 박테리아는 광합성에서 전자공여체로서 H_2O의 역할을 H_2S로 대신한다. 황은 다음과 같이 이온화된다.

$$CO_2 + H_2S \xrightarrow{\text{광}} \text{탄수화물} + 2S + H_2O$$

유리된 황(S) 또는 황산염(sulfates)은 현재 해안가 지역의 광산과 같이 황(S) 원소의 퇴적물을 형성할 수 있다.

(2) 남조류(Blue-Green Algae, Cyanobacteria)

남조류는 선캄브리아시대부터 존재해 왔으며 그 당시에 가장 우점한 식생이었을 것이다. 그들의 질소고정 능력은 1세기 전부터 알려져 왔다. 그들은 암석의 표면에서 토양을 형성시키는 데(풍화과정) 있어서 이끼와 더불어 중요한 역할을 해왔다. 정상적인 남조류는 세포의 연쇄로 이루어져 있으며 몇 개의 세포는 신장되고 두꺼워진 세포벽을 가지고 있다(그림 4.1).

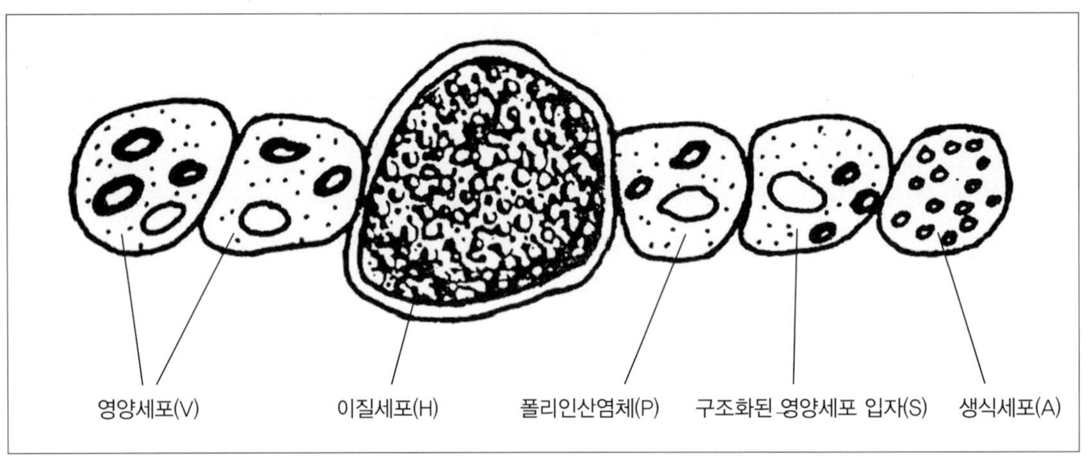

그림 4.1 남조류의 개체를 절단한 단면. V는 영양세포(Vegetative cell), H는 이질세포(Heterocyst), P는 폴리인산염체(Polyphosphate body), S는 구조화된 영양세포 입자(Structured granules), A는 생식세포(Akinetes, 휴면체) 내 포자를 나타낸다.

이러한 특화된 세포를 이질세포(heterocyst)라고 하는데, 질소고정효소(nitrogenase)가 발견된다. 다른 세포들은 영양기관이고 폴리인산염체(polyphosphate body)를 포함할 것이다. 반면에 세 번째 유형은 생식부위로 휴면체(akinetes, 일부 시아노박테리아가 만드는 것으로 두꺼운 벽으로 둘러싸여 움직이지 않고 잠재성으로 존재하는 세포)를 포함한다. 약 40종의 남조류가 질소고정을 하는 것으로 알려져 있으며 특히 *아나배나*(*Anabaena*)와 노스톡(*Nostoc*) 등의 질소고정세균이 이에 속한다. 자유생활 생물처럼 그들은 축축한 토양과 논과 같은 침수된 환경에서 질소 균형에 공헌한다. 남조류와 작은 양치식물인 물개구리밥(*Azolla*, 소형의 부유성 수생 양치식물로 열대와 온대 기후 사이 지역의 연못이나 논 관개수로 등에 널리 분포함) 속과 같은 다른 생물 간의 연관이 있는데 이들은 공생을 하며 이 경우 다른 자유생활 조류 단독의 경우보다 많은 질소고정을 한다. 남조류에 의한 질소의 고정은 아세틸렌 환원과 ^{15}N의 희석법의 이용에 의해 정량화될 수 있다. 물개구리밥(*Azolla*) 속은 5~10kg/10a의 질소고정을 할 수 있다.

남조류는 열대와 아열대 지방에서 가장 활성이 높으며 아마도 침수조건에서 물속에서 자유롭게 자라거나 잠긴 토양과 식물체의 표면에 붙어 자라는 가장 주요한 질소고정원일 것이다. 그렇지만 요시다(Yoshida, 1981)는 자포니카형 벼가 재배되는 논에서 질소균형에 대한 남조류의 기여되는 근권 박테리아에 비하면 작으며, 벼 군락에 의한 차광이 일어나기 전인 초기생육단계에서만 활성적이라고 하였다. 침수된 토양에서 생육기 동안 고정된 질소량의 추정치는 0.3~3kg/10a로 다양한데 이러한 것은 시료 채취방법과 당신의 결합된 질소의 양에 영향을 받아서이다. 요시다(Yoshida)는 일본에서 담수 논의 경우 일 년간 3kg/10a로 추정하였으나 이 양을 남조류에 의해서만이라고 한정시키지 않았다. 존스(Jones)는 영국에서 고정에 좋은 조건인 약간 염기성으로 중화된 솔트 플랫(salt flat, 바닷물의 증발로 침전된 염분으로 뒤덮인 평지) 토양에서 4.6kg/10a 정도의 고정량을 추정하였다. 광은 조류의 생장과 질소고정에 필수적이다. 질소의 고정은 유효태 질소인 암모늄이나 다른 결합된 형태가 존재하면 억제된다. 황(Huang, 1978)은 질소(N)가 적은 토양에서 남조류의 접종은 질소고정을 증가시켰고 포트에 심은 벼 실험에서 품종에 따라 다르지만 34~41% 정도 종실 수량을 증가시킨다고 하였다.

그렇지만 포장에서는 대조구에 비해 남조류의 접종은 유익하지 않았다. 두 가지 모두 질소(N)의 비료를 준 논에 비해 수량이 20% 낮았다. 명백히 생산성이 높은 논의 밀식된 군락에서 남조류에 의한 질소고정의 가치는 거의 없다. 낮은 고정률은 차광에서 비롯되나 볏짚의 분해로부터 나오는 페놀화합물의 영향도 있다. 이러한 화합물이 남조류인 *아나배나 실린드리카*(*Anabaena cylindrica*)의 생장을 저해하는 것이 관찰된다. *아나배나*(*Anabaena*)와 *노스톡*(*Nostoc*)의 배양은 최근에 옥수수와 같은 재배되는 작물에 대해 상업적인 접종물로서 시판되고 있다. 이러한 생물이 열대 담수 조건에 적응되었음을 고려하면, 온대 환경에서 경작지에 대한 접종으로부터 증가된 토양 질소와 작물 수량을 주장하는 것은 크게 과장된 것처럼 보인다.

3) 근류형성 생물체(Nodulating Organism)

(1) 방선균-피자식물 공생(Actinomycete-Angiosperm Associations)

콩과식물처럼 특정한 다른 피자식물은 근류를 형성하고 방선균(actinomycete)로 알려진 *프란키아*(*Frankia* 속, 산사나무 등의 속씨식물(angiosperm) 뿌리에서 공생관계를 가지는 세균성 섬유질로 뿌리혹을 형성하는 그람 양성의 방선균임)의 작은 박테리아와 공생하여 질소를 고정한다. 기주 식물은 목본이고 비콩과식물이다. 오리나무(Alder)는 가장 잘 알려진 예이다. 자작나무과에는 12개 이상의 속과 33개의 오리나무(Alnus) 속 식물에서 근류를 형성함이 관찰되었다.

방선균을 포함하는 근류는 근모를 통한 접종 후에 뿌리의 측면이 팽창되면서(그림 4.3) 형성된다. 기부에 있는 새로운 분열조직의 형성 결과, 근류는 넓게 가지를 치거나 덩이를 형성한다. 근류에 있는 박테로이드는 레그헤모글로빈(leghemoglobin)보다는 안토시아닌 때문에 핑크빛을 보인다. 본드(Bond, 1974)는 자작나무과(Alnus)와 버드나무과(Myrica) 식물이 접종된 식물체와 대조구(control) 식물체 간에 10~15배의 생장 차이를 보였다고 하였다. 다른 비콩과식물인 *트레마 카아나비나*(*Trema caanabina*)는 동부와 콩에서 분리한 *리조비움*(*Rhizobium*)에 의해 근류가 형성되는데, 이것이 비콩과식물에서 *리조비움*(*Rhizobium*)에 의한 질소 고정의 첫 번째 예이다. 방선균과 피자식물 공생관계는 작물생산에서는 크지 않다. 이것은 아마도 자연생태계 내 질소균형에 있어서 중요하기 때문이다.

(2) 엽 근류형성 생물(Leaf Nodule Organisms)

루이넨(Ruinen, 1956)은 호기성 박테리아인 베이예링키아류(Beijerinckia spp.)속은 습한 인도네시아 열대지방 내 식생의 표면이나 엽권(phyllosphere)에서 일반적으로 발견된다고 보고하였다. 그 속에 속하는 생물은 198 시료 중에서 192개로부터 분리되었다. 습한 열대지방에서 울창한 식생 표면에서 자라는 착생식물은 특히 질소가 낮은 토양에서 질소 균형에 크게 공헌한다. 바르톨로뮤 등(Bartholomew et al.)은 콩고 산림은 휴한지에 95kg/ha/y의 질소를 첫 2년 동안 축적하고 다음 3년 동안 129kg/ha/year를 축적하며 그 다음에는 약 13kg/ha/year로 안정된다는 것을 보고하였다. *아조토박터*(*Azotobacter*), *베이예링키아*(*Beijerinckia*) 및 *미코플라나*(*Mycoplana*)와 같은 속에 속하는 착생식물은 엽권(phyllosphere) 질소고정에서 발견된다. 덧붙여 습한 환경을 제공하는 효모와 진균도 포함된다. 열대 환경은 생물체의 엽권 생장에 아주 좋다. ① 녹색엽 표면이 온대 식물의 10~20배이다. ② 1차 생산이 3배이다. 그리고 ③ 질소 흡수는 온대 식물의 3~10배이다. 잎은 수분, 유기양분 및 저수준의 결합된 질소를 공급한다.광과 수분(dew)의 80%는 군락에 의해 차단되고 유기양분은 낮은 엽층으로 씻겨 내려가면서 엽권(phyllosphere) 서식처를 강화시킨다. 엽권 생물도 토양으로 씻겨내려가지만 토양에서는 생존하지 못한다. 엽권의 질소고정은 아마도 열대삼림생태계에서 질소 균형에 크게 공헌하고 열대삼림 뒤에 이루어지는 농업생태계에도 간접적으로 영향을 준다.

(3) 콩과식물과 공생하는 *리조비움*(*Rhizobium*)

콩과식물은 현화식물에 속하는 식물들의 개수에 있어서 두 번째나 세 번째 순위에 있을 만큼 많은데 전 세계에 분포하고 식량, 사료, 지방 및 목재를 인간 수요에 충족시키는데 중요한 공헌을 한다. 많은 수의 콩과식물이 공생으로 질소를 고정하고 탄소뿐만 아니라 질소에 대해서도 독립 영양적이며 지구의 질소 균형에 크게 기여한다. 많은 수의 초본성 콩과식물과 *리조비움*(*Rhizobium*) 협력자는 그러한 조건에 잘 적응하였다. 콩과의 초본과 목본식물 종의 가장 많은 수는 용탈된 산성토양과 결합된 열대기후에서 발달되어 왔고 그러한 조건에서 번성한다. 이러한 콩과식물의 많은 수는 동부 형(cowpea type)의 *리조비움*(*Rhizobium*)과 공생한다. 콩과 공생으로 고정되는 질소의 양은 매우 다양하고 콩과식물의 종, 품종, 박테리아의 종, 계통 및 토양의 pH

와 토양 질소와 같은 생장 조건에 따라 달라진다. 일반적인 값은 설정될 수 없으나, 많은 수의 작물에 대한 추정은 표 4.2에 나와 있다. 일년생 초본식물인 완두에 대한 500kg/ha/yr의 추정치를 나타내는 것은 흥미로운 일이다. 콩과 알팔파에서 보고된 고정량은 500kg/ha 이상으로 더 높은 생산율을 나타냈다.

이러한 대부분의 추정치가 갖는 문제는 토양으로부터 얻은 질소 구성원에 대해 적절한 값을 부여하는 것이다. 생육기간 동안 고정된 질소의 전체량은 고정률과 시간의 함수이다. 아세틸렌(C_2H_2) 환원법에 의한 고정률 분석은 특정 시간에서 고정률은 평가할 수 있으나 기간 또는 생육기 동안의 고정은 추정할 수 없다. 토양 내의 질소축적보다 생육기 동안 축적된 질소의 전체 생물량이 생육기 질소 수량의 추정량이다.

(4) 근류 형성(Nodule Formation)

친화성이 높은 *리조비움*(*Rhizobium*) 계통이 뿌리에 군락형성 후 접종과 근류형성 과정은 다소간 차이는 있지만 다음과 같다.

① 옥신 호르몬인 인돌초산(IAA)에 대한 반응으로 박테리아에 의해 자극되거나 IAA에 의해 촉진된 에틸렌에 대한 반응으로서 나타난 근모가 변형(가지가 생기거나 감기는 현상) 된다.

② 뿌리 피층 내로 박테리아 세포의 이동을 위한 섭종사(infection thread)가 형성된다.

③ 피층 세포(cortex cell) 안으로 박테리아가 방출된다.

④ 근류 분열조직의 형성과 피층세포의 분열에 의한 근류가 확장된다.

⑤ 근류가 세포 내부에 접종된 피층 세포로 확대된다(그림 4.2).

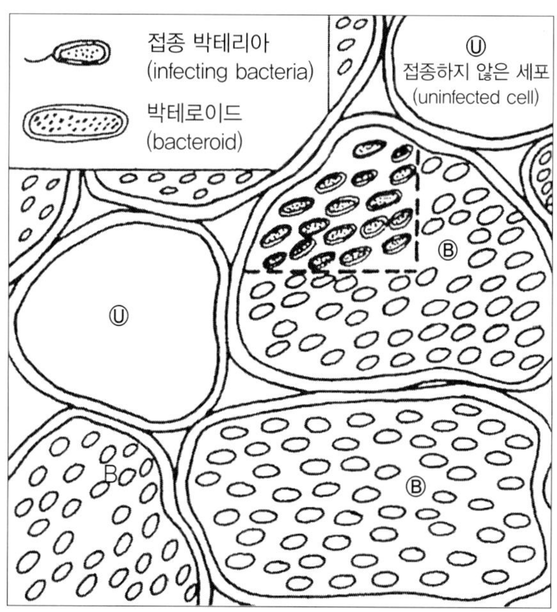

그림 4.2
박테로이드에 접종된 세포 Ⓑ와 접종하지 않은 세포 Ⓤ를 보여주는 콩과식물의 절단면. 접종된 세포는 확장되어 있고 삽입된 그림은 편모를 갖는 박테리아 세포인 *리조비움*(*Rhizobium*)과 박테로이드를 보여준다. 질소고정효소(nitrogenase)의 활성은 박테로이드 내에 있다.

⑥ 오래된 근류에서는 박테로이드 외피와 노화 개시에 따른 질소고정효소(nitrogenase)의 활성이 줄어든다.

유관속계(그림 4.3)는 당, 수분 및 무기양분을 박테로이드로 이동시키고 아미노산, 아마이드(amide), 우레이드(ureide)와 같은 고정된 질소를 옮겨 온다. 이러한 영양적 기능에다 근류는 질소고정효소(nitrogenase)의 산소방어 등으로 박테리아를 위하여 좋은 환경을 제공하는 역할을 한다.

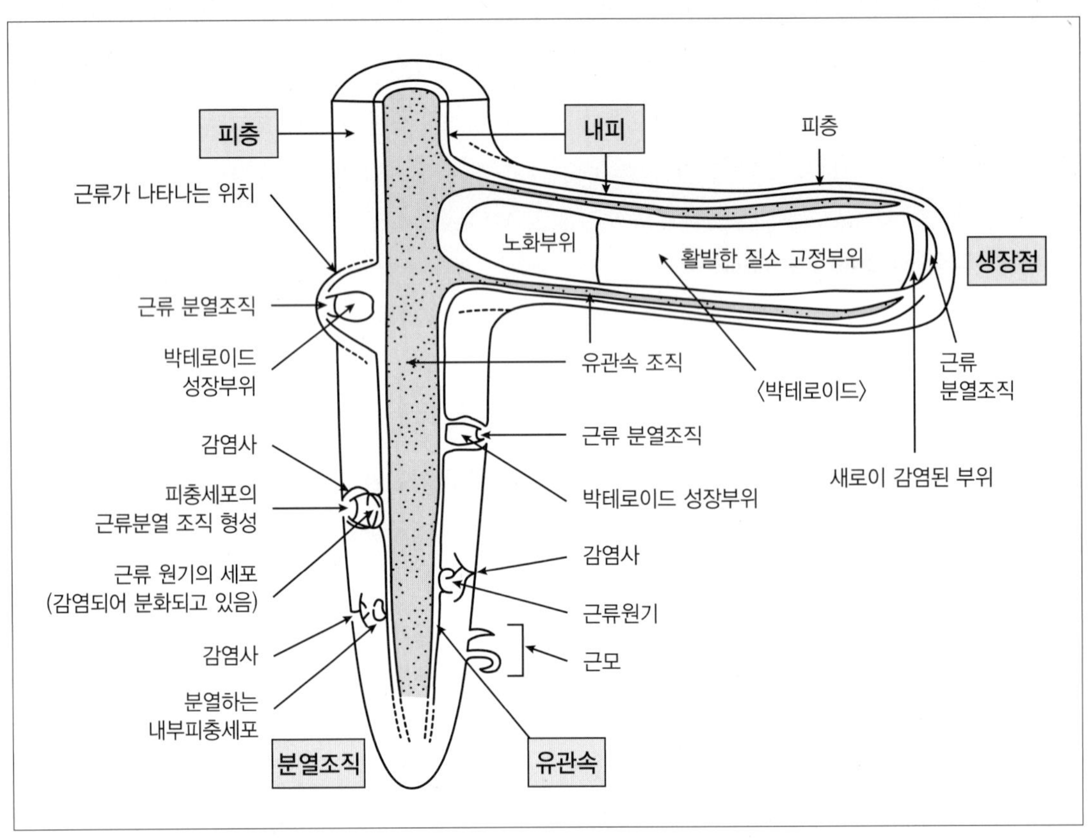

그림 4.3 콩과식물의 뿌리와 근류를 수직으로 절단한 모습

근류 구조의 4개 주요구성원은 ① 피층 ② 분열조직 ③ 유관속계 ④ 박테로이드 지역이다. 근류 크기와 형태는 콩과식물의 분열조직 특성에 따라 매우 다양하다. 몇 가지 종은 정단 및 무한신육형 근류 분열조직을 갖는데 장타원형의 근류를 생산한다. 정단이지만 유한신육형에서 근류 분열조직은 콩, 땅콩, 및 버드풋트레포일에서 발견되는 바와 같이 제한된 수명을 갖는 구형 근류를 생산한다. 벨벳 빈(velvet bean)과 같은 몇 가지 종의 근류는 측면 분열조직을 발달시키는데, 분지가 되거나 불규칙한 모양이 된다. 정상보다 작은 근류는 일반적으로 비효율적인 리조비움 계통에 의한 접종의 지적이다. 비효율적인 계통에서 나온 근류는 또한 레그헤모글로빈(leghemoglobin, 이것은 legume(콩과식물)+hemoglobin(헤모글로빈)의 합성어로 레그헤모글로빈은 콩과식물에서 질

소고정이 일어나는 뿌리혹에 존재하는 철(Fe)을 함유하고 있는 붉은 색소로서 동물의 헤모글로빈과 유사한 구조를 가짐)이 결핍되어 있다. 접종된 피층 세포는 훨씬 크고 접종되지 않은 세포는 더 작은데 이들은 서로 혼재하고 있다(그림 4.2). 접종된 세포 내의 박테로이드는 식물에서 유래된 막으로 싸여있다(Tu, 1974). 동부와 땅콩의 거의 모든 근류 세포는 접종되어 있으나 강낭콩(garden bean)의 경우에는 50% 또는 그 미만이 접종되어 있다. 동부콩의 *리조비움*(*Rhizobium*)은 열대와 아열대 지역 어디에나 존재하는(ubiquitous) 근류로 높은 질소고정효소 활성을 나타낸다.

(5) 교차접종군(Cross Inoculation Group)

두과식물은 *리조비움*(*Rhizobium* spp.)군에 대한 특이성을 기초로 하여 몇 개의 군으로 나누어진다. 예를 들어 완두와 베치는 *리조비움 레규미노사룸*(*R. leguminosarum*)에 의해 접종된다. 덧붙여 알팔파, 스위트클로버 및 다른 몇 가지 콩과식물은 *리조비움 메리로티*(*R. meliloti*)에 의해 접종이 된다. 반면에 *리조비움 자포니쿰*(*R. japonicum*)은 콩에 특이적이고, 버드풋트레포일에 접종되는 박테리아는 그 기주식물에 특이적이다. 교차접종 분류는 박테리아 종의 계통간에 특이성의 변이 폭이 넓으므로 확실하지 않다. 한 종의 콩과식물에 효과적인 계통은 같은 군에 속하는 다른 두과식물에서는 효과가 없다.

표 4.3 두과식물의 교차접종군

번호	두과작물 기주	*리조비움* (*Rhizobium* spp.)	교차 접종군(학명)	비고
①	완두(Pea)	*R. leguminosarum*	완두(*Pisum* sp.) 베치(*Vicia* sp.) 스위트피(*Lathyrus* sp.)	
②	클로버(Clover*)	*R. trurolii*	화이트 클로버(*Trifolium repens*) 레드 클로버(*T. pratense*) 트림손 클로버(*T. incornatum*) 지중해 클로버(*T. Slibterraneum*)	달구지풀(*Trifolium*)속은 효율이 낮다.
③	강낭콩(Bean)	*R. phaseoli*	강낭콩(*Phaseolus vulgaris*) 스칼렛 러너(*p. coccineus*)	
④	알팔파(Alfalfa)	*R. meliloti*	알파파(*Medicago sativa*) 블랙메딕(*M. htpuìina*) 스위트 클로버(*Melilotus* sp.)	
⑤	콩(Soybean)	*R. japonicum*	콩(*Glycine max*)	콩에 특이성이 있다.
⑥	루핀(Lupine)	*R. lupini*	루핀(*Lupine* sp.) 벌노랑이(*Lotus* sp.)	노랑들콩(*Lotus corniculatus*)은 효율성이 낮다.
⑦	동부(Cowpea)	확인되지 않음	동부(*Vigna sinensis*) 땅콩(*Arachis hypogaea*) 싸리(*Lespedeza* sp.)	동부 타입(type)은 아주 이형(heterogeneous)이어서 많은 속과 종에 접종을 한다.

* 모두 온대 지방에 생존하는 종들이다.

(6) 리조비움 계통(Rhizobium Strain)

리조비움(*Rhizobium* spp.)군의 계통은 콩과식물의 종, 품종의 근류형성 습성 및 질소고정효소(nitrogenase)의 활성에 대한 특이성이 폭넓게 변한다. 몇몇 계통은 같은 종의 품종에 대해서도 질소고정 정도가 다르다. 24개 완두군 계통으로부터 단지 1개 계통만이 완두 군의 모든 7개 기주와 친화적이었다. 6개 계통은 완두 군의 모든 콩과식물에 대해 효과가 없었다. 계통 유효도는 뿌리의 접종 부족과 질소고정효소(nitrogenase)의 활성 부족 또는 낮은 효율에 기인한다. *리조비움 자포니쿰*(*R. japonicum*)의 몇 가지 계통은 ATP를 생산하기 위하여 질소고정효소(nitrogenase)에 의해 발생된 H_2 재순환 능력 때문에 다른 것보다 이론적으로 더 효과적이다. 재순환되지 않은 전자는 질소(N_2)를 우리가 원하는 최종 산물인 NH_4^+로 환원하는 것보다 H_2를 생산한다. 에너지원으로 유리된 H_2를 이용할 수 있는 계통은 ATP 측면에서 질소고정을 하는데 더 낮은 비용, 즉 더 쉽고 효율적이다. 수소(H_2)의 손실은 시스템에 있어서 에너지의 손실이다.

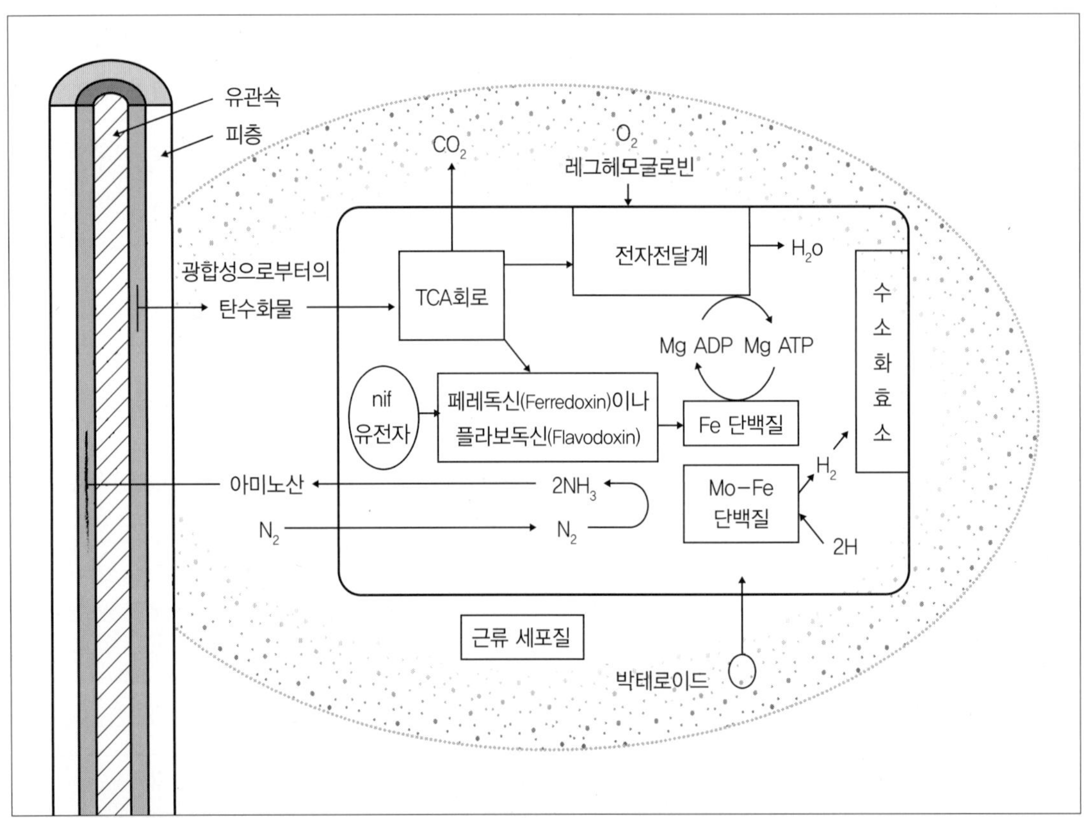

그림 4.4 콩과 작물에서 근류 박테로이드에서 질소고정효소와 수소생산효소의 관계를 나타내는 모식도. 질소고정효소(nitrogenase)와 수소생산효소(hydrogenase)는 모두 자연계에서 수소를 생산하는 미생물 효소로 철과 몰리브덴 같은 금속 이온이 있을 때 수소를 생산하는 효소의 작용을 할 수 있고 산소가 있어야 수소를 생산하는 작용을 한다.

(7) 접종(Inoculation)

적절한 *리조비움(Rhizobium)* 수는 산성토양에서 *리조비움 메리로티(R. meliloti)*의 경우처럼 토양산성 때문에 그 수가 손실되거나 존재하지 못할 수 있다. 종자 또는 토양 접종의 목적은 콩과식물 뿌리에 군집을 만들고 접종에 있어서 효과적인 *리조비움(Rhizobium)* 계통의 적절한 군체(colony)를 형성시키는 것이다. 상업적 접종에는 아마도 활성이 있는 선택된 계통이 포함된다. 그렇지만 만약 특이적 *리조비움(Rhizobium)*의 큰 재래집단이 이미 존재하면, 도입되거나 개량된 계통을 쓸모없게 할 수 있다. 그러므로 개량된 계통의 집단을 확립하는 데 있어서 성공은 확실하지 않다. 접종물을 함유하는 입자의 휴간 사용과 같은 접종물의 집단 투여에 의해 종종 개선될 수 있다. 그렇지만 콩 종자에 대한 접종물의 25배 증가는 콩의 근류 내 새로운 계통이 단지 5% 정도 증가하는 결과였다.

계통에 따른 근류 형성의 차이에 있어서 기본 양상은 복잡하며, 기주 식물과 박테리아의 유전형과 환경의 조건에 관계된다. 접종의 실패는 몇 가지 원인이 있는데 ① 뿌리에 군락 형성의 실패 ② 근모 침입의 부족 ③ 근류 형성의 실패 등인데 콩과식물에서 효과적으로 근류를 형성하는 계통은 계속하여 군집을 증가시키고 우점한 계통이 된다.

*리조비움(Rhizobium)*이 없거나 부족할 때, 그리고 비효율적일 때 접종이 필요하다. 그러한 상황에서 접종은 근류 형성이 잘되는 공과식물을 만드는 효과적인 계통의 집단을 확립한다. 예를 들면, 산성토양에서 알팔파와 스위트 클로버에서 석회를 시용하고 근류균을 접종하면 효과가 크다. 영국에서 산성토양의 석회 시용과 접종으로 잔개자리(*Medicago lupulina* L.)의 사료 생산을 7~8배 증가시켰다. 뿌리에 군락을 형성하는 박테리아의 불충분한 자생력 집단 때문에, 접종의 효과는 콩과작물 재배 첫해에 특히 뚜렷하다. 접종의 효과는 일반적으로 박테리아 집단이 증가함에 따라 시간과 함께 낮아진다. 접종의 개선된 방법은 기존 재배지에서 새 파종지로 흙을 옮기는 방법에서 개량된 *리조비움* 계통을 배양액에 인공배양한 후 곱게 갈은 이탄에 섞어 사용할 때까지 보관하는 방법과 같은 현재의 상업적 준비단계로 발전되었다. 이 이탄배양(peat culture)은 선선한 조건에서 수개월 간 저장할 수 있다. 이것은 종자들에 현탁액 형태나 종자파종 시 토양에 입자 형태로 효과적으로 처리할 수 있으나 살균제가 처리된 종자에는 직접 처리할 수 없다. 당과 같은 접착 매개체를 현탁액에 첨가할 수 있다. 접종된 입자에 석회($CaCO_3$, $MgCO_3$)의 첨가, 특히 높은 석회를 요구하는 *리조비움 메리로티(R. meliloti)*와 같은 종에서 초기생존률을 증가시킨다. 예비접종법(preinoculation)은 대개 현탁액법보다 부실하다. 예비 접종된 종자에서 질소고정균의 생존은 열과 건조, 종피 내 독성물질(페놀 등), 농약, 중금속 및 비료에 더 많이 노출되므로 이탄 현탁액법(peat slurry method)보다 적다.

(8) 토양 내 *리조비움*의 생존(Survival of *Rhizobium* in Soil)

자연계에서 *리조비움*(*Rhizobium*)의 생존은 pH, 수분함량, 유기물 및 기주 작물의 간격의 길이와 같은 토양조건에 크게 의존한다. 입자가 거친 사토는 쉽게 건조해지고 자생하는 리조비움들을 잃어버리며 산성토양에서는 높은 pH를 요구하는 리조비움들이 소실된다. 엘킨(Elkin, 1976) 등은 미국 일리노이(Illinois) 지방 토양에서 중간에 콩을 재배하지 않고 옥수수를 10년 동안 경작한 후에도 콩 근류형성에 충분한 *리조비움 자포니큠*(*R. japonicum*)이 살아있다는 것을 확인하였다. 최근 11년간의 기간 동안 콩을 재배하다가 중간에 다른 작물을 경작한 토양으로부터 박테리아 현탁액이 준비되고 이러한 현탁액이 멸균시킨 모래 토양의 포트에 심겨있는 유묘의 접종이 성공적으로 되었다. 일반적으로 경작 전력에 대한 콩의 생장, 근류 크기 및 질소고정효소(nitrogenase) 활성 차이는 없었다. 같은 혈청군(serogroup)은 콩을 경작한 전력이 없는 포장으로부터 얻어진 현탁배양체를 포함하는 접종 처리에 상관없이 가장 우세하였다. *리조비움*은 기주식물이 없으면 종속영양 생활을 한다. 미국 일리노이 지역은 좋은 토양조건과 기후조건 때문에 다른 지역보다 근류균의 생존이 우세하다.

칼드웰과 베스트(Caldwell and Vest, 1970)는 5개 콩 품종에서 상업적으로 ㅊ판매되는 2개의 *리조비움 자포니큠*(*R. japonicum*) 계통을 검정하였다. 유의성 있는 수량 차이가 리조비움이 없는 3개의 토양에서 나타났다. *리조비움 자포니큠*(*R. japonicum*)을 함유하는 토양에서 접종에 의한 종실 수량의 차이가 나타나지 않았고, 단지 근류의 5~10%만이 종자처리된 접종물에서 유래되었다.

4) 화본과 작물에서 근권 질소고정(Rhizosphere Fixation in Grass)

전세계적으로 식량이 부족한 상황에서 식량과 사료 생산에 질소(N)의 요구도 증가는 화본과 식물에서 질소고정의 가능성에 대한 큰 관심을 갖게 하였다. 인간에 의해 소비되는 칼로리와 단백질량의 75% 또는 그 이상 되는 양의 공급을 담당하는 화곡류의 생산은 선진국에서 화학비료로부터 나오는 높은 질소 수준에 의존한다. 그렇지만 질소비료는 비용이 상승하고 있고 유한한 화석에너지에 의존하므로 화학비료는 후진국에서는 쉽게 이용할 수도 없다. 농업관련 연구소의 궁극적인 목표는 화곡류나 화본과 사료작물에 질소고정 능력을 옮기는 것이다. 그러나 많은 복잡한 장애물이 성공에 앞서 극복되어야 한다. 특정한 종의 아조토박터과(Azotobacteraceae)가 양호한 조건의 근권 내에서 군락을 형성하고 화본과 식물의 뿌리와 약한 공생관계를 만들어 질소를 고정한다는 사실의 발견은 이 목표를 향한 과정에서 첫 번째 단계이다. 질소고정균 *아조스피릴룸 브라실렌스*(*Azospirillum brasilense*), *아조토박터 파스파리*(*Azotobacter paspali*), 베이예링키아류(Beijerinckia spp.) 및 *스피릴룸 리포페룸*(*Spirillum lipoferum*)이 열대 화본과의 근권에서

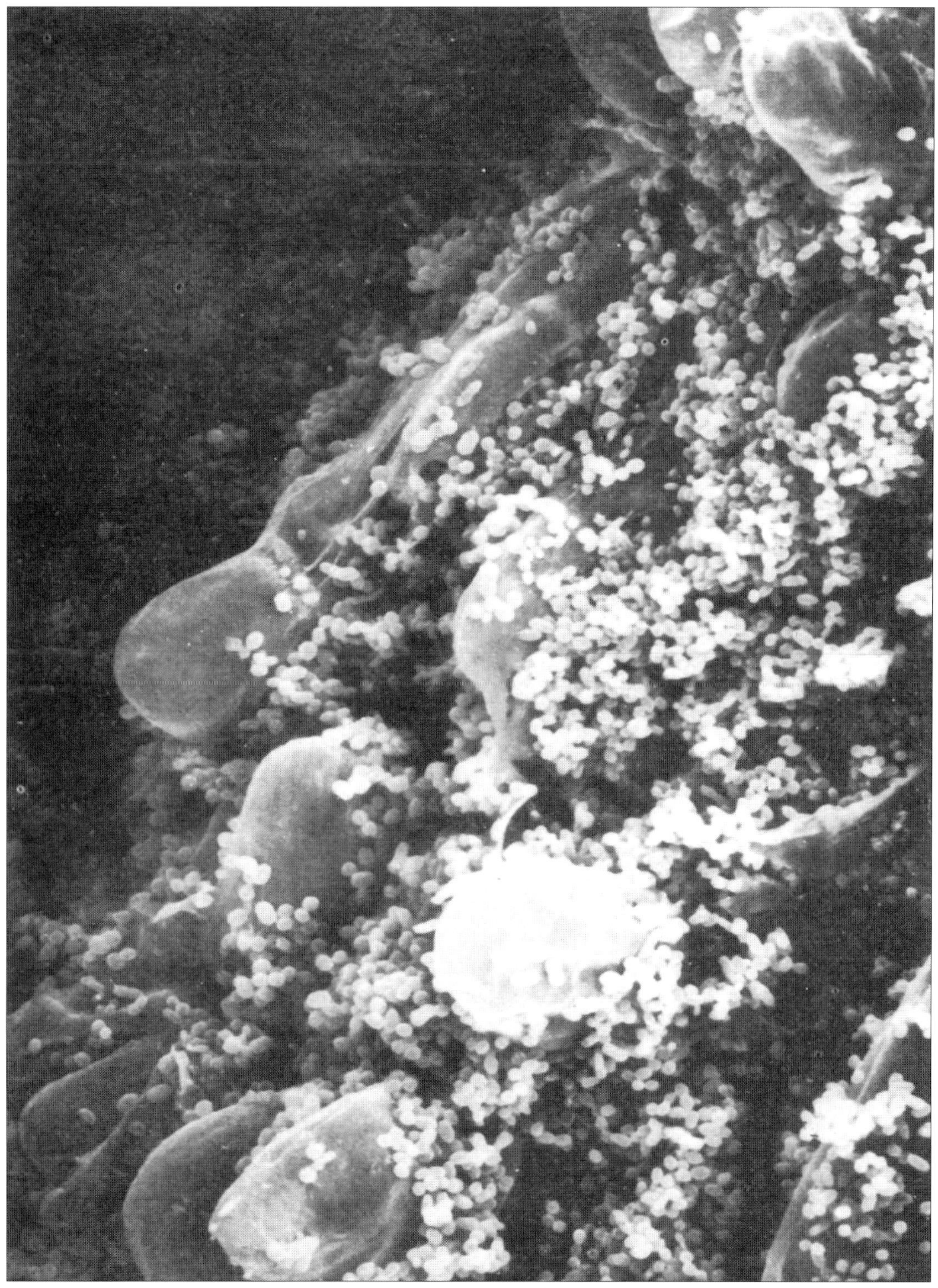

그림 4.5 질소고정균 *아조스피릴룸 브라실렌스*(*Azospirillum brasilense*)가 어린 수수 뿌리에서 군집을 형성한 주사전자현미경 사진. 사진 앞쪽에는 박테리아가 헐렁하고 축 늘어진 표피세포와 혼합되어 있고 뒤쪽에는 건전한 표피와 혼합되어 있는 모습이 나타나 있다.

분리되었다(그림 4.5).

좋은 광조건에서 C_4 화본과 식물은 질소고정에 요구되는 에너지를 공급하기 위해 근권 내로 많은 탄소화합물을 분비한다. 화본과 식물-근권 박테리아 공생에 대해 상세히 연구된 것은 바히아그라스(*Paspalum notatum*)와 *아조토박터 파스파리*(*Azotobacter paspali*)에 대해서이다. 33개의 바히아그라스(bahiagrass, 큰뚝새풀) 품종 또는 생태형 중에서 4배체인 5개만이 *아조토박터 파스파리*(*Azotobacter paspali*)와 근권공생을 형성하였다. 박테리아의 큰 집단을 확립하는 데에는 수개월이 요구되었다. 이때는 접종에 의해 영향을 받지 않았다. 포장에서 질소원이 없는 영양액이 공급되는 질석의 포트에 이식된 식물체는 정상적인 생장에 충분한 포트 당 80mg의 질소를 2달 동안 고정하였다. 균근균은 공생을 향상시키는 것으로 밝혀졌다. 박테리아는 뿌리의 뮤카젤(mucagel) 층에 주로 분포하는 것으로 나타났다. 질소고정률은 C_2H_2-환원법과 ^{15}N-희석법에 의해 0.1에서 0.3kg/ha/day 정도인 것으로 추정되었다. 이러한 고정률은 바히아그라스(bahiagrass)의 정한 생산을 가능하게 할 수 있는 5~70kg/10a 정도되는 질소고정량을 보여주는 것이다.

진주조(C_4) 작물의 교잡종과 자식계통을 질소고정균 *아조스피릴룸 브라실렌스*(*Azospirillum brasilense*) 계통으로 접종한 후 질소고정이 분석한 결과 진주조 교잡종에 대한 건물수량과 식물전체질소량은 접종에 의해 30% 이상 증가되었으나 C_2H_2 환원법에 의해서는 질소고정의 증가는 관찰되지 않았다. 호주의 질소함량이 낮은 토양에서 자라는 C_4 작물인 디지트그라스(digitgrass)는 질소고정균 *아조스피릴럼 브라실렌스*(*A. brasilense*)에 의해 접종되었을 때 식물체당 건물량의 23% 증가와 전질소 함량의 증가를 보였다. 질소함량이 높은 토양에서 생산은 8.5% 증가하였다. 이스라엘에서 두 개의 C_4 종인 단옥수수와 조는 질소함량이 낮은 토양에서 개량된 질소고정균 *아조스피릴룸 브라실렌스*(*A. brasilense*) 계통의 접종에 의해 뚜렷한 반응을 보였다(표 4.4).

표 4.4 건물생산과 질소함량에 있어서 조(*Setaria italica*)에 대한 질소고정균 *아조스피릴룸 브라실렌스*(*Azospirillum brasilense*) 계통의 대조구에 대한 접종 효과(%)

토양 종류	건물중(g)		질소(%)	
	접종군	비접종군	접종군	비접종군
사토	180	100	250	100
사양토	175	100	195	100
황토	125	100	140	100

상품성 있는 이삭의 비율은 접종에 의해 증가되었다. 뿌리의 분지도 접종에 의해 증가되었는데 이것은 질소고정에 의해서라기보다 *아조스피릴룸*(*Azospirillum*)에 의한 호르몬 생산에 기인

하는 것이다. 개화기 동안 뿌리의 증가는 결실에 요구되는 영양분 흡수에 있어서 매우 유리하다. 이 효과는 근균(mycorrhiza)에 의해 만들어지는 것과 유사하게 보인다. 앞에서 제안된 *아조스피릴룸 브라실렌스(Azospirillum brasilense)*에 의한 호르몬 생산의 이론이 확인되었다. 배양 2주에 배양액의 IAA함량은 4배가 되고, 시토키닌의 증가하고 약간의 지베렐린이 발견되었다. 진주조의 뿌리는 *아조스피릴룸 브라실렌스(Azospirillum brasilense)* 박테리아가 없는 뿌리 용액에 대해 놀라운 생장반응을 보였다. 측근은 근모로 뒤덮이고 분지가 많아졌다.

*아조스피릴룸 브라실렌스(Azospirillum brasilense)*와 다른 근권 공생은 생장호르몬을 생산하고 그 경로가 뿌리의 증식이 이루어진다는 관찰은 공생에 의한 이득이 질소고정으로부터 오는 것인지, 뿌리의 번성과 그 결과 일어나는 양분흡수의 용이성으로부터 오는 것인지에 대한 의문의 여지를 남긴다. 최근의 몇 가지 연구는 호르몬 효과가 일차적인 자극이라는 것을 보여준다. 열대화본과 목초지에서 관찰과 실험으로 근권 공생은 이러한 목초지의 질소(N) 균형에 기여하는 것으로 판단된다.

5) 유전적 조절 요인들(Genetically Controlled Factors)

모든 종들이나 공생에 있어서 암모니아(ammonia)로 질소의 환원은 질소고정효소(nitrogenase) 효소복합체에 의해 조절된다. 질소고정효소(nitrogenase) 생산은 염색체에서 히스티딘 합성(histidine systhesis)을 조절하는 *his* 유전자에 인접한 질소고정(nitrogen fixation)하는 *nif* 유전자에 의해 조절된다. 순수한 질소고정효소(nitrogenase) 추출물은 질소를 고정하지 못한다. 그래서 생물체와 기주식물의 많은 유전자들이 전체 과정에 관여하는 것으로 추정될 수 있다. 글루타민 합성(glutamine synthesis)유전자 *gln*은 글루타민산염(glutamate)보다 NH_4를 직접 이용하게 하는 효소인 글루타민합성 효소(glutamine synthase)를 조절하는 것으로 확인되었다. 암모니아는 정상적으로 *nif* 유전자의 발현을 억제한다. 억제해제 능력을 갖는 *리조비움(Rhizobium)*의 몇 가지 돌연변이체가 확인되었는데, 이들은 NH_3가 있음에도 불구하고 *nif* 유전자를 발현할 수 있는 계통들이다. 질소고정 박테리아인 폐렴간균(Klebsiella pneumoniae)에서 대장균(*Escherichia coli*)으로 *nif* 유전자를 전달하여 대장균이 질소고정을 할 수 있도록 했다는 사실은 그것의 존재를 확인해 주는 것이다. 질소고정에서 비효율적인 계통들도 확인되었다. 레드클로버에서 *리조비움 트리폴리(R. trifolii)*의 비효율적인 계통들은 2개의 유전자의 결과에 의한 것으로 나타났다. 기주식물로서 레드클로버 품종의 효율성은 4개 유전자로부터 얻어진 결과이다. 근류형성을 하지 않는 콩의 계통은 단일 유전자(single gene)에 의해 분리되었다. 유전적 조절에서 많은 수의 필수적 요인들이 질소고정 생물체에서 일반적으로 발견되었다.

(1) 질소고정효소(nitrogenase) 복합체

이 효소복합체는 두 개의 단백질로 이루어져 있다. 분자량이 50,000~70,000인 작은 Fe 단백질, 그리고 분자량이 200,000~220,000인 큰 Mo-Fe 단백질. 두 단백질은 황함유 아미노산(철황단백질)을 가지고 있으며 Mo-Fe 단백질이다. 질소는 암모니아로 환원될 때 먼저 Mo-Fe 단백질에 결합되고 MgATP는 Fe 단백질과 결합하는 것으로 보인다. 질소고정효소(nitrogenase)는 순수한 상태로 분리되었다. 이 효소복합체는 몇 가지 특수한 요구조건이 만족하지 않으면 기내에서 질소를 고정하지 않는다. 질소고정효소(nitrogenase)의 두 구성원은 산소에 의해 불활성화 된다. 그러므로 질소고정효소(nitrogenase) 주위의 산소 수준은 엄격하게 조절된다.

(2) 환원제

N_2에서 N_4^+로 변환되는 것은 전자의 유입을 요구하는 환원과정이다. 전자공여체인 피리딘 뉴클레오티드(pyridine nucleotide)는 페레독신(ferredoxin)이나 플라보독신(flavodoxin), 리보플라빈(riboflavin)을 함유한 단백질로서 박테리아 세포 내에서 산화 환원 반응에 관여함)을 통해 환원된다. 페레독신(ferredoxin)의 환원을 위한 전자를 만들기 위해 피루브산염(pyruvate) 분자당 2e-가 생성되면서 *클로스트리디움 파스튜리아눔*(*Clostridium pasteurianum*, 토양에 존재하는 절대 혐기성균으로 통조림, 햄 등에서 문제를 일으켜 악취 발생)에 의해 많은 양의 피루브산염(pyruvate)가 이용된다. 세포가 없는 시스템에서 NaS_2O_4가 시스템에 직접 전자를 제공하기 위해 이용된다.

(3) 레그헤모글로빈(Leghemoglobin)

헤모글로빈은 콩과식물의 근류 조직에 존재하나 다른 질소고정 시스템에는 존재하지 않는다. 아르투리 비르타넨(Artturi Virtanen, 핀란드의 생화학자로 뿌리혹 박테리아를 이용하여 식물의 질소고정 메커니즘을 밝혀 1945년 노벨화학상을 수상)에 의한 광범위한 연구에서 이 색소는 몇 가지 진균이나 효모에서 발견되었으나 고등식물에서는 발견되지 않았다. 근류 내 레그헤모글로빈(Leghemoglobin)은 박테로이드보다는 근류조직 내에 있는 것으로 생각된 적도 있으나 최근의 연구결과는 기주세포에서 유래된 박테로이드 낭 내에 있다는 것을 보여준다. 근류균을 가진 기주세포는 접종되지 않은 세포보다 크다(그림 4.2).

콩과식물에서 분홍색이나 적색인 근류균은 질소고정효소(nitrogenase) 활성과 질소고정능력은 레그헤모글로빈(Leghemoglobin) 함량과는 고도로 유의한 상관이 있다. 황색에서 갈색계통의 색이 나타나는 것은 불리한 조건에 의한 박테로이드의 노화가 기능장애를 나타낸다. 백색 또는 녹색의 근류는 질소고정능력이 거의 없다. 레그헤모글로빈(Leghemoglobin) 색소의 생리적 중요성은 완전히 이해되지 않았으나 근류 호흡이나 ATP 생산을 위한 O_2 이동에 요구되는 것으로 보인다. 근류균들의 수와 크기 및 색상의 가시적 시료 채취는 콩과작물에서 질소고정의 상태를 표시할 수 있다.

(4) ATP

이 피리딘 뉴클레오티드(pyridine nucleotide)는 다른 화합물에 의해 대체될 수 없으므로 필수적이다. 그러나 실제적인 보인자는 mgATP이다. 1mol의 N_2를 NH_4^+로 바꾸고 연이어 글루탐산(glutamic acid)로 전환하는데 대략 20~30mol의 ATP가 요구된다(그림 4.4). 다른 아미노산은 아미노기 전이반응(transamination)에 의해 글루탐산으로부터 연이어 생산된다. 1mol의 N_2를 NH_3로 전환하는데 8개의 전자가 요구된다. 높은 광합성률 또는 다른 탄소원이 호흡으로부터 기질 산화와 ATP 생산을 위해 필수적이다.

(5) 산소(O_2)로부터 보호

콩과식물과 대부분 질소고정 생물체는 근류형성에 있어 O_2를 요구하는 반면, 산소는 Mo-Fe 단백질과 Fe 단백질에서 각각 N_2와 MgATP의 결합부위를 차단하여 질소고정효소(nitrogenase) 활성을 억제한다. 몇 가지 생물체에서 질소고정은 낮은 산소분압에서 최고이다. 그러나 산소의 존재는 *클로스트리디움 파스튜리아늄*(*Clostridium pasteurianum*)에서 *nif* 유전자 발현을 완벽하게 억제한다. O_2 외에 H_2, CO 및 NO와 같은 다른 화합물도 또한 질소고정효소(nitrogenase) 활성을 억제한다. 대기 수준과 근접한 산소 수준도 질소고정효소(nitrogenase) 활성을 억제한다. 박테로이드 낭은 O_2를 차단하는 기능을 하는 것으로 보인다.

6) 환경요인(Environmental Factors)

(1) 탄질비(C/N ratio)

토양 또는 다른 매질 내에서 질소에 대한 탄소의 비, 즉 탄질비가 작아지면 질소를 고정(nitrogen fixation)하는 *nif* 유전자 발현을 억제하고 근류형성과 질소고정효소(nitrogenase)의 활성을 줄인다(그림 4.6). 콩과식물에서 근류형성과 질소고정은 유효 질소(N)에 의해 억제된다. 암모니아(NH_3)는 콩과식물에서 질소고정을 크게 줄이는 반면 자유 생활을 하는 질소고정균에서는 고정을 완전히 억제한다.

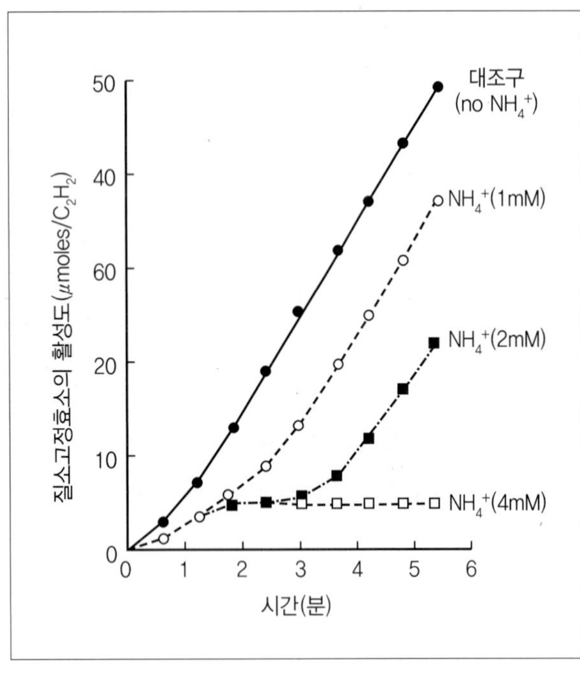

그림 4.6
배지 내 초산암모늄의 형태로 다른 농도의 암모니아를 처리한 경우 아세틸렌 환원에 의해 평가된 질소고정효소(nitrogenase)의 활성

유효 질소(N)의 억제효과는 인지할 수 있는 범위에서 질소고정 종과 환경에 달려있다. 유효 질소의 적절한 양은 몇 가지 콩과식물의 확인으로 이점이 있다고 보고되었다. 그렇지만 콩과식물의 질소 시비의 이점은 거의 없을 정도로 작다. 예를 들어, 포트실험에서 질소가 시비된 콩의 지상부와 뿌리의 양이 유의성 있게 많았으나 근류의 수와 무게는 오히려 감소되었다고 하였다. 포장실험에서 영양생장은 질소를 시비한 구에서 컸으나 종실 수량에는 효과가 없었다. 그렇지만 동부와 완두에서 첨가된 질소로부터 종실 수량의 증가가 보고되었다. 일반적으로 완두(garden pea, *Pisum sativum*)에 속하는 월년생 만초(蔓草))는 대부분의 콩과식물과는 달리 토양 내의 질소 수준이 낮으면 질소 시비에 효과적으로 반응한다.

(2) 무기양분

질소고정균의 무기양분 요구는 다른 식물체들과 같다. 특별히 토양 내의 몰리브덴, 철 또는 황은 질소고정효소(nitrogenase)의 무기구성원이므로 결핍에 주위해야 한다. 질소고정효소 활성은 또한 다른 다량원소에도반응한다. 헤어리베치에서 근류 생장, 질소고정효소 활성 및 질소고정효소의 지원효소들은 칼륨시비에 의해 유의성 있게 증가한다. 콩과식물의 생장과 질소고정은 인(P)에 반응한다. 구리(Cu)는 근류형성에 있어서 필수적인데, 이것은 아마도 시토크롬계와 산화적 호흡에서의 역할 때문일 것이다. 일반적으로 *리조비움*과 콩과식물의 공생은 낮은 pH에 민감한데, 온대 기후에 적응된 콩과에서 특히 그러하다.

(3) 작물보호제(농약)

종자에 처리한 유기수은계 살균제와 같은 특정한 작물보호제(농약)은 질소고정균의 수를 줄이고 근류 형성을 감소시킨다(Vincent 1974).

(4) 기상요인

고온과 건조는 콩과식물로부터 보고된 질소 수율에 의해 제안되는 것처럼 박테리아 집단을 줄이고 질소고정을 감소시킬 수 있다. 저온은 질소고정을 거의 0까지 줄인다. 이 효과는 질소고정효소 활성저하 때문이라기보다는 감소된 근류 형성 때문이다. 완두는 26℃에서 근류 형성이 잘되나 20℃에서는 그렇지 못하다. 질소고정에 있어서 온도효과는 *리조비움*-콩과식물 공생에 따라 매우 다양하다. *리조비움*과 온대 콩과식물 공생은 7℃ 정도 낮은 온도에서도 효과적이다. 그러나 열대 공생은 20℃ 이하의 온도에서 고정을 멈춘다. 온대 콩과식물 공생은 20~25℃ 정도의 범위가 적절하다. 열대 콩과 작물의 경우는 35~40℃이다. 대부분의 온대 콩과식물은 서늘한 계절의 생장에 도움에 되는 온화하고 습한 겨울과 건조한 여름을 갖는 지중해 기후에서 진화되었다.

포장용수량(field capacity)의 25~75%에 달하는 토양수분은 알팔파와 콩 공생에서 적절한 것으로 나타났다. 근류의 수분함량은 근류의 생존을 위해 80% 이상이 유지되어야 한다. 콩의 경우 포장용수량의 범위의 토양수분은 높은 온실 온도에서 적당하나 토양수분 또는 접종물 배치의 깊이는 적당한 온도에서 효과가 없다. 과도한 수분 또는 침수는 일반적으로 질소고정을 줄이는데 이것은 아마도 뿌리 호흡과 ATP 생산 저하에 의한 것으로 보인다. 침수(flooding)는 자귀풀(*Aeschynomene*, 콩과 1년초)에서 질소고정효소 활성을 줄이지 않지만 수분부족은 활성을 줄인다.

(5) 칼슘과 pH

질소고정에 대한 pH의 효과는 직접적 또는 간접적이다. 산성토양에서는 *리조비움*(*Rhizobium*)이 결핍된다. 또한 산성토양에서 형성된 근류는 종종 비효율적인 박테리아의 계통이다. 매질의 pH는 또한 근류형성에 직접적으로 영향을 준다. 근류는 pH가 비교적 높은 영양액 내 뿌리에서 3~5일경에 나타나기 시작한다. 근류형성에서 pH에 민감한 시기는 접종에 선행하는 뿌리 꼬임의 단계이다. 칼슘은 식물체와 근류 분열조직 생장에 필수적이다. 콩과식물 자체에서 칼슘(Ca)의 요구는 특히 근류(박테리아)와 온대 콩과식물 공생에 있어서의 요구보다 훨씬 낮다. 즉 근류에서 적당한 칼슘(Ca)이 없으면 이상 생장과 퇴화된 근류 분열조직이 발생한다. 근류균 *리조비움 멜리로티*(*Rhizobium meliloti*)는 스위트클로버와 알팔파의 경우 미소공생체(microsymbiont)로서 높은 pH 요구를 갖는다.

표 4.5 헤어리벳치(hairy vetch)의 생장과 질소고정에 대한 칼륨과 칼슘의 효과

번호	측정된 매개변수	비료(토양 인산이 충분히 공급되었을 때)			
		0	K	Ca	K + Ca
①	지상부 건물중(g/식물체)	1.78	1.85	1.91	2.38
②	근류 생체중(mg/식물체)	552	745	678	926
③	질소고정효소 활성(μmol C_2H_4/g/시간)	22.5	32.5	20.9	36.1
④	근류 효소 활성(mg/g/근류)	3.4	5.2	2.6	5.2

출처 : Lynd et al. 1981

(6) 이산화탄소

정상적으로 질소고정 박테리아의 대기는 주위의 공기와 비교할 때 CO_2가 많고 O_2가 낮다. 순수배양에서 *리조비움* 배양의 적정한 생장을 위해 CO_2의 존재가 요구된다. 4%의 이산화탄소 함량은 질소고정을 증진시킨다. 뿌리의 생장과 호흡에 좋은 조건은 아마도 부가적인 CO_2에 대한 요구를 배제한다. 그러나 *리조비움*은 아마도 PEP 카르복실라아제(carboxylase)를 통한 약간의 CO_2를 고정할 수 있는 것으로 알려져 있다.

요약(Summary)

식물체 생물량의 약 1%를 차지하는 질소는 작물생산에 있어서 제한요소이다. 번개에 의한고정을 통한 비교적 소량의 공헌을 배제하고 전 지구적 질소요구의 반은 생물학적 질소고정으로부터 오며 나머지 반은 하버-보슈(Haber-Bosch) 공정에 의한 상업적 고정으로부터 온다. 박테리아, 방선균(Actinomycete) 및 남조류를 포함하는 하등식물이 많은 종은 자유생활 형태나 식물과의 공생형태로 생물학적으로 질소고정을 할 수 있는 능력을 가지고 있다. 농업적으로 가장 중요한 것은 생육기 동안 10kg/10a의 질소를 고정하는 *리조비움*과 콩과식물 공생이다. 자유생활을 하는 박테리아와 남조류는 일반적으로 이 양의 약 1/4을 고정한다. 그렇지만 그들은 자연생태계에서 질소균형을 유지하는 데 있어서 매우 중요하다. 아조토박터과에 속하는 박테리아의 몇몇 종은 군란을 형성하고 C_3 종보다 많은 광합성 산물을 분비하여 질소고정과정을 지원하는 C_4 화본과식물에서 느슨한 근권 공생을 형성한다. 현재까지 이러한 박테리아의 질소고정 능력과 화본과 식물에 대한 접종의 가치에 대한 실험결과는 매우 다양하고 종종 기대와 예상보다 낮았다. 시스템

에 관계없이 생물적 질소고정은 Fe단백질과 Mo-Fe단백질로 구성된 질소고정효소 복합체에 의해 이루어진다. *리조비움*의 생산은 질소고정(*nif*) 유전자에 의해 조절된다.

높은 질소고정효소(nitrogenase) 활성에 요구되는 것들은 ① 산소가 없는 조건 ② 암모니아와 같은 유효한 기질 질소의 낮은 수준 ③ 시스템에 에너지를 공급하고 O_2 불활성화로부터 질소고정효소의 방어를 위한 유효태 탄소의 높은 수준이다. 콩과식물은 광합성에 의한 탄소의 지속적인 공급을 유지한다. 그러나 자유 생활을 하는 종속영양 생물체는 광합성 공급원을 가지고 있지 않다. 탄소의 공급은 아마도 자유생활을 하는 박테리아에서 질소고정에 있어서 가장 큰 제한요소이다. *리조비움(Rhizobium)*과 온대 콩과식물과의 공생은 열대 콩과식물과의 공생이 요구하는 것보다 질소고정 활성에 있어서 낮은 온도와 높은 pH를 요구한다. 남조류는 습한 환경에서 질소 균형에 기여한다. 남조류-양치식물 공생은 벼 재배에 있어서 관심의 대상이다. 최근의 결과는 생산적인 논에서 질소균형에 대한 남조류의 공헌은 일차적으로 벼 군락의 차광 때문에 비교적 작다.

콩과식물은 종들의 근류 분열조직 활성의 형태와 기간에 따라 크기와 형태가 다양한 근류를 형성한다. 리조비움 종들은 일반적으로 많은 수의 콩과식물에 군락을 형성하고 접종될수 있다. 그러나 특정한 리조비움 종은 특이적이다. 리조비움 계통들은 질소를 고정을 하지 못하는 것에서 효과적으로 고정을 하는 것까지 효율성에 있어서 매우 다양하다.

*리조비움*들은 중간에 기주-두과작물의 재배가 없이도 여러 해 동안 종속영양으로 토양 내에서 생존한다. 자생적인 계통들의 집단은 콩과식물의 파종에 대해 근류를 형성하여 새로운 계통들에 의한 부가적인 접종을 효과를 감소시킨다. 칼슘, 인 및 칼륨의 토양 내 수준은 *리조비움*의 생존, 질소고정효소 활성 및 질소고정효소와 연관된 효소활성을 도와준다. 이전에 교차접종군의 콩과식물을 재배한 적이 없거나 리조비움 균주가 불리한 토양조건에 의해 심하게 감소되어 온 지역에서의 접종은 콩과식물에 있어서 새로운 파종의 확립과 질소고정에 도움을 줄 수 있다.

제5장
광합성과 호흡생리
(Photosynthesis and Respiration)

농업은 기본적으로 광합성(photosynthesis)을 통해 낮에 태양에너지를 이용하여 탄수화물을 생산하는 것이다. 즉 인류에게 일차적인 에너지인 식량, 가축의 사료는 물론 각종 기계와 발전기를 돌리는 화석연료를 생산해 공급해 왔다. 작물생리학(crop physiology)은 이 광합성의 과정과 원리를 연구하여 광합성의 효율을 높이는 데 있다. 즉 광합성을 일어나게 하는 태양방사 에너지와 이 에너지를 이용하는 작물의 형태적 특징, 수분관리와 영양공급, 생화학적 기작을 연구하고 광합성 산물을 축척하고 보전하는데 호흡의 억제 연구를 통해 최대의 수량과 최고의 품질을 얻어내는 데 그 의미가 있다.

1. 광합성과 태양광(Photosynthesis and Sun Light)

1) 태양광의 특성(Property of Sun Light)

태양광은 생명을 유지시키는 궁극적 에너지원의 역할과 작물에서 광에 의한 반응을 일으키는 정보의 충족이라는 2가지 큰 기능을 한다. 그림 5.1에서 보는 것처럼 광은 파장에 따라 분류를 할 수 있다. 광합성 대부분은 가시광선에 의한다. 에너지는 토양이나 철과 같이 전도되기도 하고 대기권에서 대류에 의하기도 하지만 태양에너지는 매질이 없이 복사에너지(radiant energy)의 형태로 지구에 도달한다. 여기서 복사에너지는 전자기파(electromagnetic wave)와 입자(quantum)에 의해 에너지를 전달하는데 광의 입자를 우리는 광자(photon)라고 부른다. 빛은 입자와 파동성을 모두 갖는다. 전자기파는 전기파와 자기파로 구성되어 있는데 서로 90° 의 각으로 진동한다. 파장(wavelength, 그리스 문자 람다(λ)로 표시하고 단위는 nm=10^{10}nm임)은 파의 한 사이클 거리를 나타내고 진동수, 즉 빈도(frequency, 그리스 문자 누(ν)로 표시))는 광이 공간을 파동의 형태로 이동하고 일정한 시간 동안 주어진 점을 통과하는 빛의 파동수가 빈도이다.

즉 $\nu=C/\lambda$ 이고 여기서 ν=빈도(파장/초)이고 C=광속(3×10^{10}cm/초)이고 λ=파장이다.

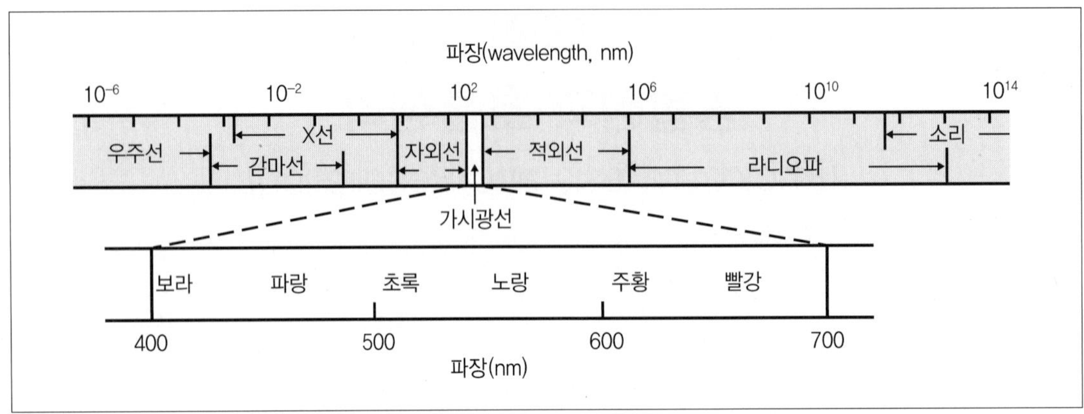

그림 5.1 파장에 따라 나눈 복사에너지 스펙트럼. 가시광선인 청색(400nm)~적색(700nm) 사이의 전자기파가 광합성에 이용되는 주요 파장이다.

태양광 입자인 광자(photon)에 의해 운반되는 에너지는 양자(quantum)라고도 하는데 하나의 광자에너지는 파동수(빈도)에 비례하고 그림 5.2에서 보는 것처럼 파장과는 반비례한다. 즉 파장이 짧으면 에너지가 높고 길면 에너지가 낮다.

즉 광자에너지(E)는 $E = h\nu = hc/\lambda$로 나타낼 수 있다.

여기서 h와 c는 상수이므로 파장에 따라 에너지를 쉽게 구할 수 있다. h는 프랑크 상수로 662×10^{7}erg/sec이고 c는 광의 속도로 3×10^{10}cm/sec이며 λ는 파장이고 sec는 초이다. 광합성에서 명반응은 엽록소와 같은 색소분자에 의한 광자흡수로 에너지를 얻는 과정이다. 이때 760nm 이상의 장파는 에너지가 낮아서 광합성을 할 수 없고 390nm 이하의 단파는 에너지가 너무 높아서

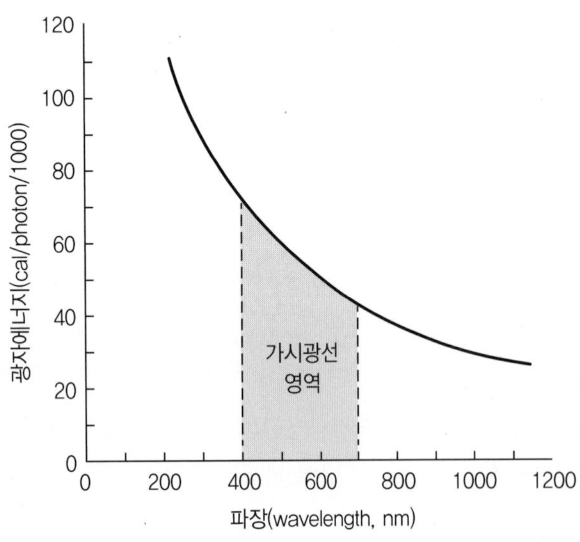

그림 5.2
파장별 광자에너지를 나타내는 그래프. 점선과 음영으로 표시된 부분이 가시광선 영역으로 파장이 긴 적색으로 갈수록 양자 에너지는 낮아진다.

이온화나 색소의 붕괴를 초래한다. 즉 가시광선 영역에 속하는 390~760nm 사이의 파장을 갖는 광자들만이 광합성에 적합한 에너지 수준을 가지고 광합성을 한다.

광에너지가 작물에 흡수되면 엽록소와 같은 색소가 여기(pigment excitation)되고 여러 상호작용에 의해 광합성이 일어나는데 광합성에 사용된 광은 단위시간, 주어진 면적에 도달한 광자의 수가 결정하므로 실제로 광합성량은 광자유속밀도(photon flux density)에 의해 결정된다. 이때 광합성은 가시광선에서 대부분 일어나므로 400~700nm 사이의 파장에서 측정하는데 이 측정을 광합성유효방사(photosynthetic active radiation, PAR) 또는 광합성광양자속밀도(photosynthetic photon flux density, PPFD)라고 부른다. 광합성에 이용되는 광의 단위는 μmol/m^2/sec로 나타낸다. 아인슈타인(E)으로 나타내는데 이것은 광자 1몰(mole)로 정의되고 광합성유효방사(PAR)은 μE/m^2/sec의 단위로 나타내거나 우리가 일반적으로 사용하는 럭스(lux)도 나타내는데 둘 다 국제표준 단위는 아니지만 관행적으로 많이 사용한다.

2) 태양방사(Solar Radiation, 태양복사)

광합성에 사용되는 에너지는 대부분 태양으로부터 온다. 물론 지열이나 풍력, 조력 등에서도 에너지를 얻고 이 에너지를 기반으로 인공광으로 광합성을 할 수 있지만 그 비율이 아주 낮다. 태양은 흑체 복사체(black body radiator)이고 빈(Wein)의 법칙에 따라 최대파장은 본체의 열에 반비례한다.

최대파장(max λ)=2.88×10^6/K로 여기서 2.88×10^6은 빈(Wein)의 치환상수이고 K는 절대온도(−273℃)이다. 예를 들어 태양의 온도가 5770K(5500℃ 정도)로 추정되는데 이때 광의 최대파장은 2.88×10^6/5770, 즉 500nm로 녹색이 된다. 이렇게 태양방사 스펙트럼은 그림 5.3에서

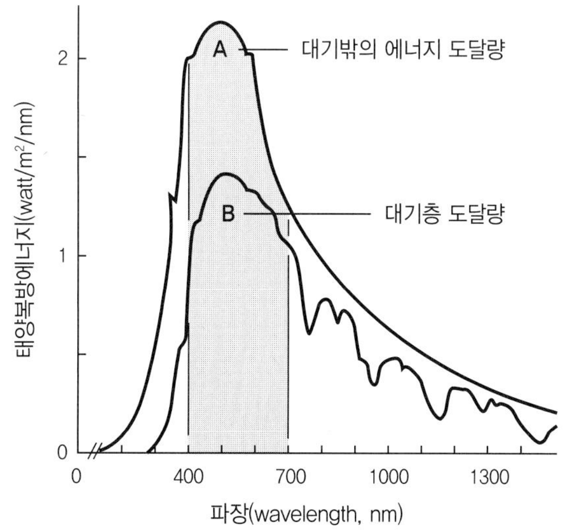

그림 5.3
파장에 따른 태양 방사에너지, 일사(日射)로 그래프의 위(A)는 지구의 대기 바로 밖의 에너지 도달량이고 아래(B)는 대기층을 통과해서 지표면에 도달하는 태양방사에너지의 양(일사량)이다.

보는 바와 같이 500nm에서 최댓값을 갖는다. 지구의 대기권으로 유입되는 전체 태양방사 에너지양의 44~50%는 400~700nm의 파장이므로 식물체는 분명히 태양광에 잘 적응해 왔다고도 볼 수 있다.

태양으로부터 지구로 오는 복사량을 태양상수(solar constant)라고 하며 태양고도가 90°일 때 2.00cal/㎠/min으로 1395W/㎡이다. 이것은 지구 대기권의 바깥층 평면에서 태양광선을 수직으로 받는 에너지의 양이고 평균하면 0.5cal/㎠/min이 된다. 태양광선은 지구의 대기권을 통과하면서 일부는 흡수(absorption)되고 산란(scattering) 되므로 그 양은 점차 감소한다. 맑은 날씨일 때 지구표면의 일사량은 2.0에서 1.4~1.7cal/㎠/min으로 줄어든다. 그림 5.4는 태양광이 비치는데 지구의 자전축이 23.5° 기울어져 있으므로 그림 5.5에서처럼 태양방사는 일 년 주기와 그림 5.6에서 보는 것처럼 일 일 주기로 그 양과 특성이 달라진다.

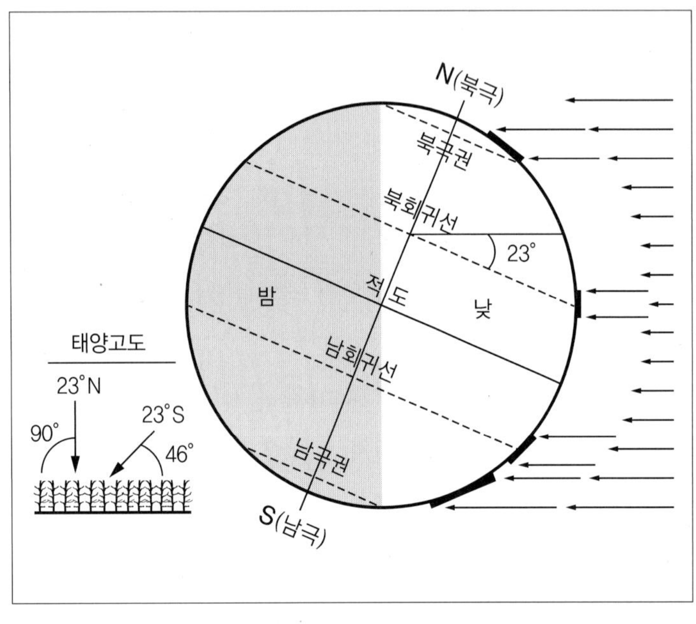

그림 5.4
하지(6월 22일경)의 태양고도로 지구가 태양을 향해 23.3° 기울어져 있어서 하지에 태양광은 북회귀선인 북위 23.3°에서 태양고도가 수직(90°)으로 가장 높게 된다. 반대로 남반구의 남회귀선에서는 태양고도가 46.6°로 낮아지기 때문에 낮의 길이는 북반구는 12시간 이상으로 길고 남반구는 12시간 이하로 짧아지게 된다. 이러한 현상은 동지(12월 22일경)가 되면 반대로 바뀌게 된다.

태양방사의 특징과 내용을 정리하여 요약하면 다음과 같다.

① 특정 지점에 대한 일사광의 각도(태양고도)는 태양광선이 지구의 표면에 직각(90°)으로부터 점점 각도가 낮아지면 일사광은 경사진 더 넓은 지표면으로 퍼지고 단위면적당 일사량은 줄어든다.

② 계절에 따라 일장(day length)이 달라지므로 일장효과가 생긴다.

③ 태양의 고도에 따라 태양광선이 통과해야 할 대기(atmosphere)의 양이 달라져 흡수도에 차이가 난다. 예를 들면 태양고도가 90°일 때에 비해 60°에서는 통과해야 할 대기량이 2배로 늘어나고 30°일 때는 5배로 늘어난다.

④ 대기 내에 존재하는 먼지나 안개, 구름과 같은 응축된 물의 입자가 있으면 지표면에 도달하는 광량은 적어진다. 예를 들어 열대지방에서 구름이 낀 장마철인 우기(雨期)는 건기(乾期)보다 구름양이 많아 지표면에 도달하는 광의 양이 적어진다.

⑤ 태양에서 지구까지의 거리는 여름보다 겨울에 태양과의 거리는 더 가깝지만 태양고도가 낮아 ①에서 설명한 것처럼 에너지 유입량은 적다. 구름이나 눈과 같은 지구의 반사 능력과 같은 요소들도 영향을 미친다.

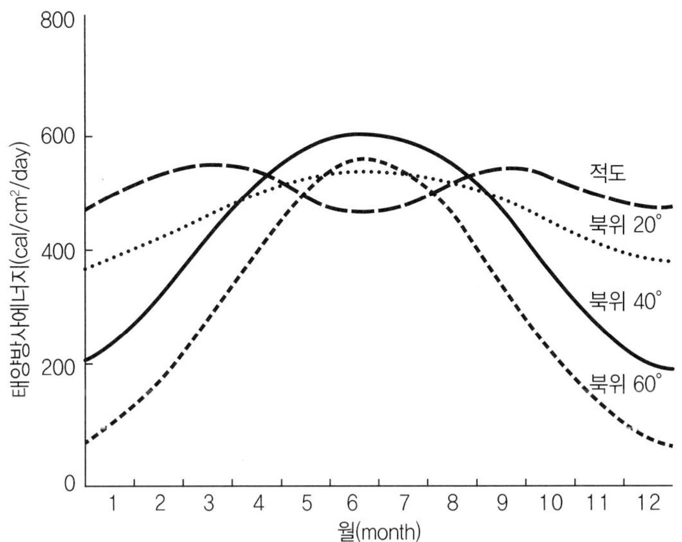

그림 5.5
맑은 날 위도에 따른 태양방사량의 연중 변화

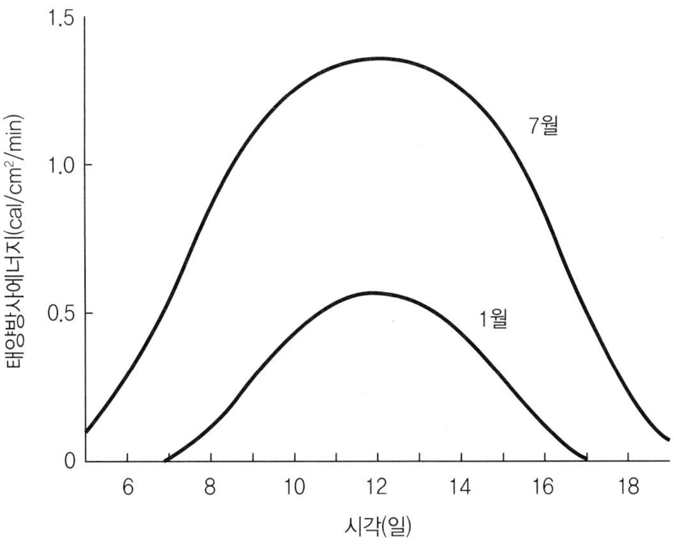

그림 5.6
북위 42° 지역(중국 하얼빈이나 미국 시애틀)에서 맑은 날 겨울과 여름의 태양방사 에너지의 일중 변화

낮에 작물의 표면에 흡수되는 태양방사 에너지는 75~80% 정도가 수분을 증발시키는 데 사용된다. 나머지 5~10%는 토양 내에 현열(sensible heat)로 저장되고 대류에 의해 태양방사량의 5~10%는 대기의 현열로 교환된다.

* 현열(sensible heat)은 실제로 온도를 높이는 열을 말하고 상대어는 잠열(latent heat)은 숨은 열을 말한다. 예를 들면 물이나 얼음이 온도가 높아지지는 않고 상태가 변하여 수증기, 물, 얼음이 될 때 0℃나 100℃ 같은 특정 온도에서 정체되어 열에너지를 증가시키거나 감소시키지만 보이거나 나타나지 않는 열을 말한다.

따라서 광합성에 이용되는 태양방사 에너지는 5% 정도에 불과하다. 북반구에서는 6월과 7월에 최대의 태양방사가 일어나므로 이때 작물의 생육이 최대로 이루어진다. 그러나 이 태양방사를 최대한 확보하기 위해서 작물의 생육기를 잘 조절해야 하므로 육종가나 생리학자가 적절한 생육주기를 만들 필요가 있다. 일례로 채소는 온도의 한계를 가지기 때문에 곤란하고 밀과 보리는 등숙기(grain-filling stage)가 되므로 경제적 수량을 증가시키는 데 한계가 있다. 상대적으로 벼는 생육주기가 일치하는 측면이 있으나 너무 생육기가 빠르면 이 최대의 태양방사에너지를 잘 흡수하지 못할 수도 있다.

2. 광합성 기관과 작용기작(Photosynthetic Apparatus and Mechanism)

1) 명반응(Light Reaction) – 물의 광분해(에너지와 산소 생성)

전자현미경의 개발과 발달은 광합성 기관인 엽록체를 보다 근접해서 볼 수 있도록 해 주었다. 그림 1.8은 전자현미경으로 촬영한 엽록체의 사진이다. 렌즈 모양을 한 직경 1~10μm 크기의 엽록체는 2개의 중요한 부위로 나눌 수 있다. 먼저 (1) 라멜라로 광합성이 일어나는 부위이다. 이것은 다시 ① 스트로마 라멜라(이중 라멜라)와 ② 그라나 라멜라(집적 라멜라)로 나눈다. 이 두 부위에는 광합성 색소인 엽록소가 많이 집적되어 있다. 두 번째로 (2) 이산화탄소 고정이 일어나는 암반응의 부위로는 그림 1.8에서 보는 것처럼 액상으로 된 스트로마이다.

광에너지를 화학에너지로 변환시키는 광인산화(photophosphorylation)는 라멜라에서 일어나는데 물의 산화(광분해)와 화학에너지의 생산, NADPH(nicotinamide adenine dinucleotide phosphate)의 환원, ADP(adenosine diphosphate)에서 ATP(adenosine triphosphate)로의 인산화(phosphorylation)로 이루어진다(그림 5.7). 여기서 NADPH는 생체시스템에서 가장 강력한 환원제(전자 수용체 및 수소이온 공여체)의 하나이다.

ATP는 생체시스템에서 유용한 에너지를 의미한다. 즉 ATP에서 인산기가 방출될 때 에너지가 8.3Kcal가 방출된다. 방출된 인산은 에너지 투여에 의해서 몇 가지 분자에 부착(인산화)됨으로써 그 분자의 에너지를 높임으로 또 다른 화학반응을 일으키도록 한다. NADPH와 ATP는 이산화탄소를 유기물 분자로 전환시키는 데 이용된다.

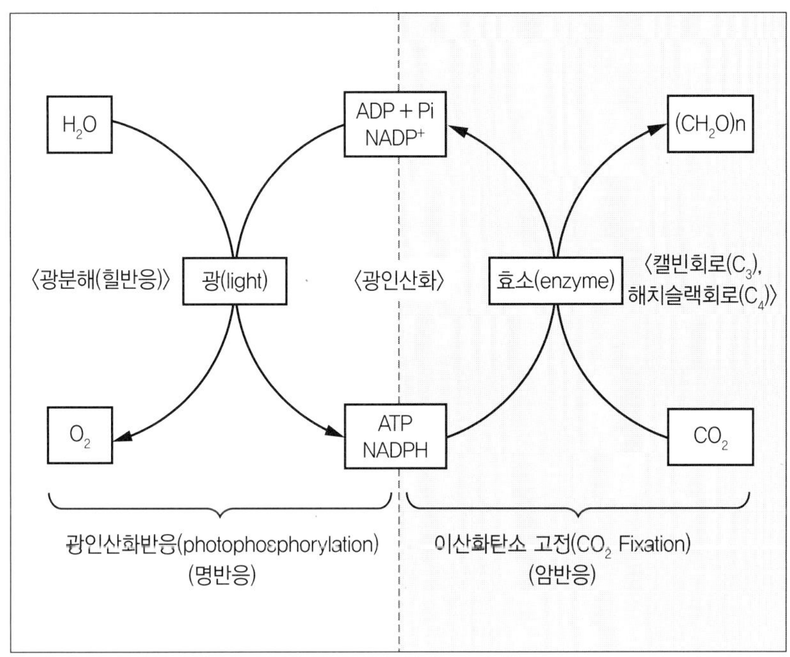

그림 5.7
광합성에서 명반응과 암반응의 관계. 에너지는 복사광에서 고에너지 화합물인 ATP와 NADPH로 이동하고 유기분자인 탄소원자를 결합시키는데 사용한다.

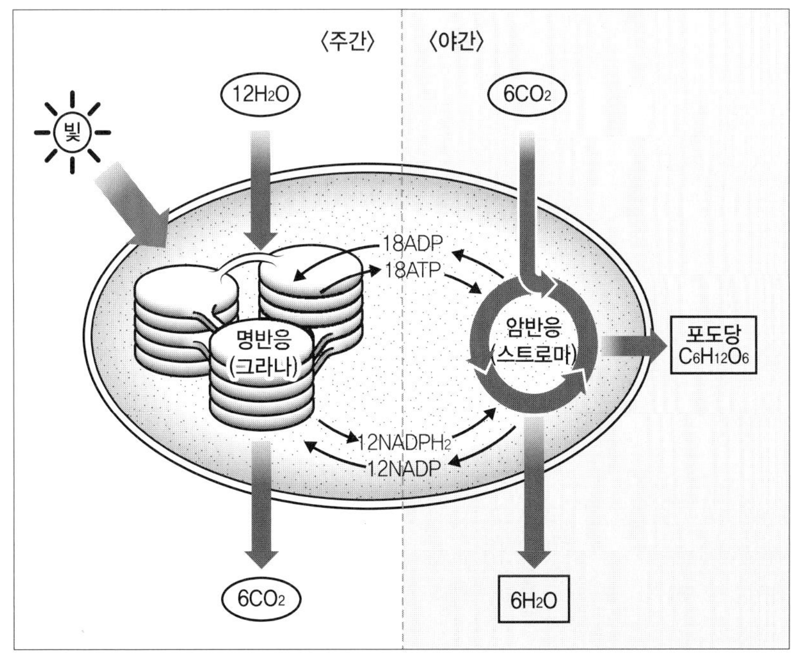

그림 5.8
엽록체의 명반응과 암반응 모식도

그림 5.9은 잘 알려진 전자전달계로 이곳에 흡수된 광자로부터 나온 에너지는 시스템을 작동시키는 데 이용되고 반응중심에는 많은 색소분자를 가지고 있다. 이 엽록소와 카로티노이드와 같은 색소분자는 광자를 흡수하면 낮은 준위(바닥)의 에너지 상태에서 높은 에너지 상태, 즉 여기상태의 전자(excited electrons)를 이동시킨다. 이 여기(들뜬) 상태에서 색소분자는 다른 분자들로부터 전자를 공여하거나 수용하게 된다. 광계Ⅱ는 물 분자로부터 전자의 제거를 촉매하고 플라스토퀴논(plastoquinone, PQ)이라는 물질에 흡수된다. 광계Ⅰ은 흡수된 광자로부터 얻어진 에너지를 이용하여 플라스토퀴논(PQ)으로부터 전자의 제거를 촉매한다. 광합성은 광계Ⅰ과 Ⅱ가 연결되나 틸라코이드막에서 공간적으로 분리되어 있다. 제초제인 파라쿼트(paraquat, 그라목손으로 저렴하고 효과가 좋았으나 음독 시 치료가 불가능해 판매금지가 되었음)는 광합성 전자전달을 차단한다.

이것은 그림 5.9에서처럼 광인산화로 ATP형성에 요구되는 에너지를 생산하고 NADP+의 환원을 일으킨다. 그림 5.11에서 보는 엽록체 라멜라는 전자전달을 촉진하는 색소, 단백질 및 지질을 함유하는 특수막이다. 엽록체 라멜라에 있는 색소는 엽록소(chlorophyll) a와 b, 그리고 카로티노이드(carotenoids)로 분류되는 2가지 황색과 오렌지 색소인 카로틴과 크산토필(carotene

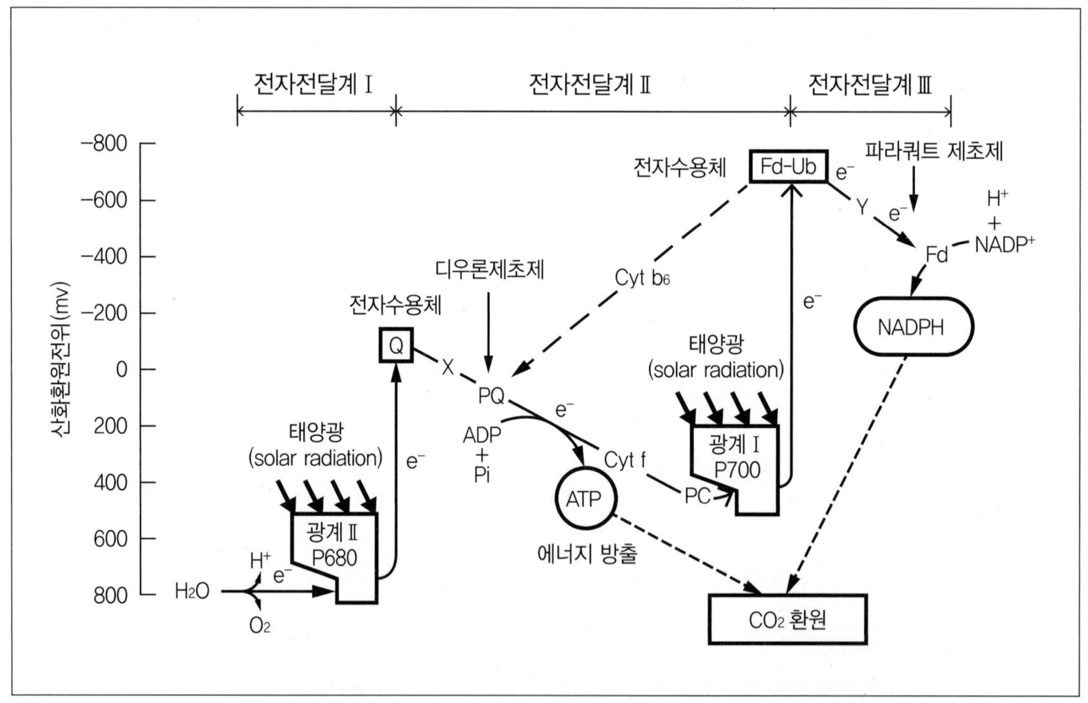

그림 5.9 광합성의 일부인 전자전달계에서 산화–환원에 의한 에너지의 흐름도. 전자전달계 Ⅰ과 Ⅲ은 ADP를 ATP로 인산화시키는 중심 전자전달계 Ⅱ에 의해 서로 연결되어 있다. 비순환적 전자의 이동은 물로부터 시작되고 NADPH로 마감되는 2가지 시스템을 가지고 있다. 그리고 순환적인 전자 이동은 시토크롬 B_6에 의해서 이루어지는(굵은 점선) 광계 Ⅰ만을 요구하고 전자전달계 Ⅱ에서 ATP를 생산한다.

and xanthopyll)로 구성되어 있다. 엽록소 a와 카로틴의 구조는 그림 5.12에 나타내었다. 엽록소의 포르피린 고리가 막의 단백질과 연관되어 있고 소수성 카로티노이드와 피톨 꼬리는 라멜라의 지질층과 연결되어 있다. 카로티노이드는 광흡수에 있어서 부수적인 색소이고 몇몇은 불활성

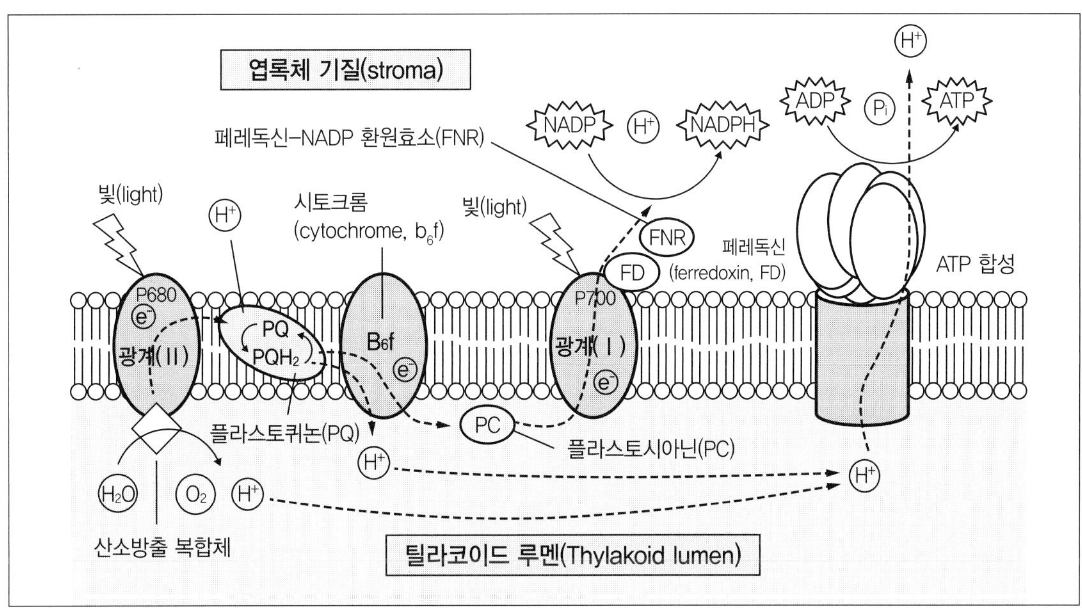

그림 5.10 엽록체에서 전자전달계와 ATP합성

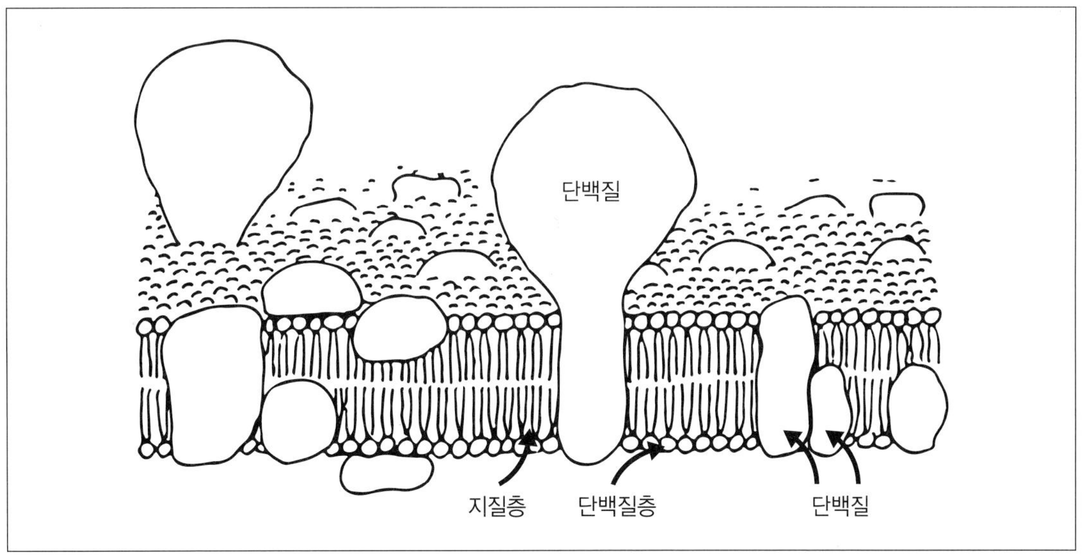

그림 5.11 엽록체의 라멜라의 구조. 안쪽의 지질층은 양쪽에 외부 단백질 층을 갖는다. 막에 위치한 단백질은 효소들과 광합성의 다른 구성원들이다. 엽록소의 포르피린 고리처럼 색소들은 극성을 띠며 지질층에 위치하고 단백질과 연결되어 있다. 라멜라 막은 광을 흡수하는 라멜라 색소에 의해 전자전달과 광자(photon) 구배(gradients)가 생겨 ADP에서 ATP로, NADP+에서 NADPH로의 환원을 일으킨다.

이다. 일부는 광을 흡수하여 들뜬 전자를 에머슨효과(Emerson enhancement)로 알려진 하나의 광계에서 다른 광계로 전달할 뿐만 아니라 다른 엽록소로도 전달한다. 아울러 이들은 엽록소의 광파괴(photodestruction)를 줄이는 작용을 한다.

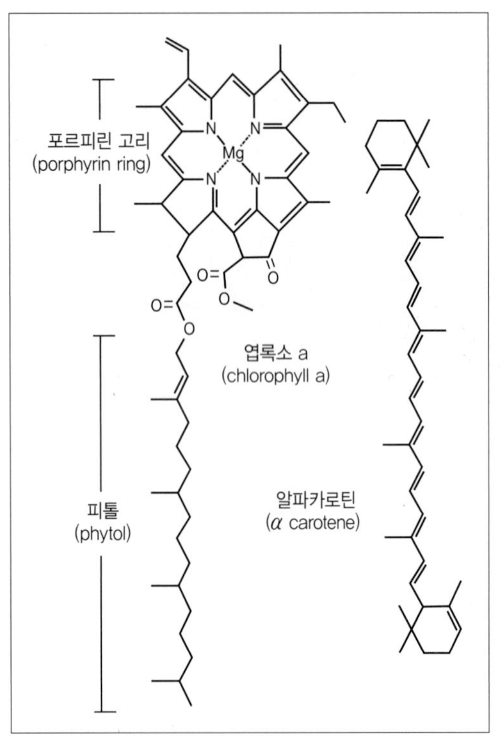

그림 5.12 엽록소 a와 알파카로틴의 구조

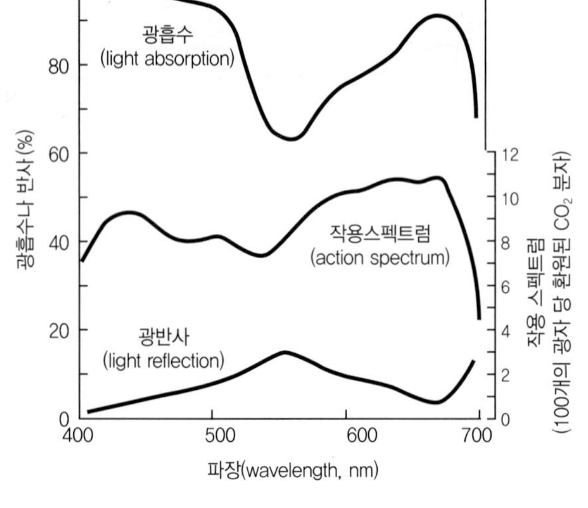

그림 5.13 강낭콩 잎에서 광의 작용 스펙트럼과 비교한 광흡수와 반사

잎의 색소에 흡수된 광은 가시광선 영역으로 잎에 의한 광흡수는 에테르 내에서 엽록소의 광흡수와는 매우 다르다. 그림 5.13는 강낭콩에서 양자수율(quantum efficiency, 광자 몰 당 환원된 CO_2 몰)이 400~700nm의 단색광에서 8~12% 범위를 보인다는 것을 나타낸다. 적색광이 광흡수에 가장 효율적이고 다음은 청색광이며 녹색광이 가장 효율이 낮다. 이들 내에서 활성이나 흡수의 변이는 개개의 잎 색소에 따라 크지 않다. 색소 이외의 전자 수용체나 공여체는 라멜라 단백질과 연관되어 있고 이들 화합물의 한 형태인 시토크롬(cytochrome)은 엽록소와 유사한 포르피린 고리(porphyrin ring)를 가지고 있는 단백질이다. 이 시토크롬은 중앙부에 있는 미네랄은 마그네슘(Mg)이 아닌 철(Fe)로서 전자를 주거나 받는다. 다른 화합물 중에는 구리(Cu)가 전자를 주거나 받는 것도 있다.

2) 암반응(Dark Reaction) – 명반응의 에너지로 이산화탄소를 고정하여 탄수화물생성

농업적 생산은 작물의 생산물인 수량에 기초한다. 수확량은 특정한 수분함량으로 보정되기 때문에 수량의 근본은 CO_2 흡수 즉, 광합성과 CO_2 방출인 호흡 간의 차이인 식물체의 건물생산으로 표시된다. 재배과정에서 대부분 작물의 호흡량은 전체광합성량에서 25~30%를 차지하므로 작물의 건물중은 그 나머지 차이만큼 증가된다. 작물을 암조건에 두어 광합성을 억제하면 호흡량이 광합성 축적량보다 많아 작물의 건물중은 감소하게 된다. 광합성에서 명반응은 광에너지를 단기적인 화학에너지인 NADPH와 ATP로 변환시킨다. 이런 화합물들은 안정한 유기화합물로 CO_2를 환원시키는 데 이용된다.

(1) C_3 작물의 CO_2 고정

C_3 작물에서 광합성 연구는 캘빈과 그의 공동연구자들이 많은 발견을 하였기 때문에 캘빈회로(Calvin cycle)라고도 한다. 이 캘빈회로는 그림 5.14에 나타나 있듯이 CO_2 고정은 RuBP 카르복실라아제(탈탄산효소)라는 효소에 의해 촉매가 되고 이 광인산화 과정에서 생성된 ATP는 리불로오스-5-인산을 RuBP로 바꾸는데 이용된다는 것을 보여준다. CO_2 고정 후에 3PGA를 알데하이드(3PGald) 형태로 변환시킨다. 이러한 경로를 갖는 식물들은 방사성 동위원소인 $^{14}CO_2$으로 측정하였는데 첫 생산물이 탄소가 3개인 3PGA이므로 C_3 작물이라고 한다.

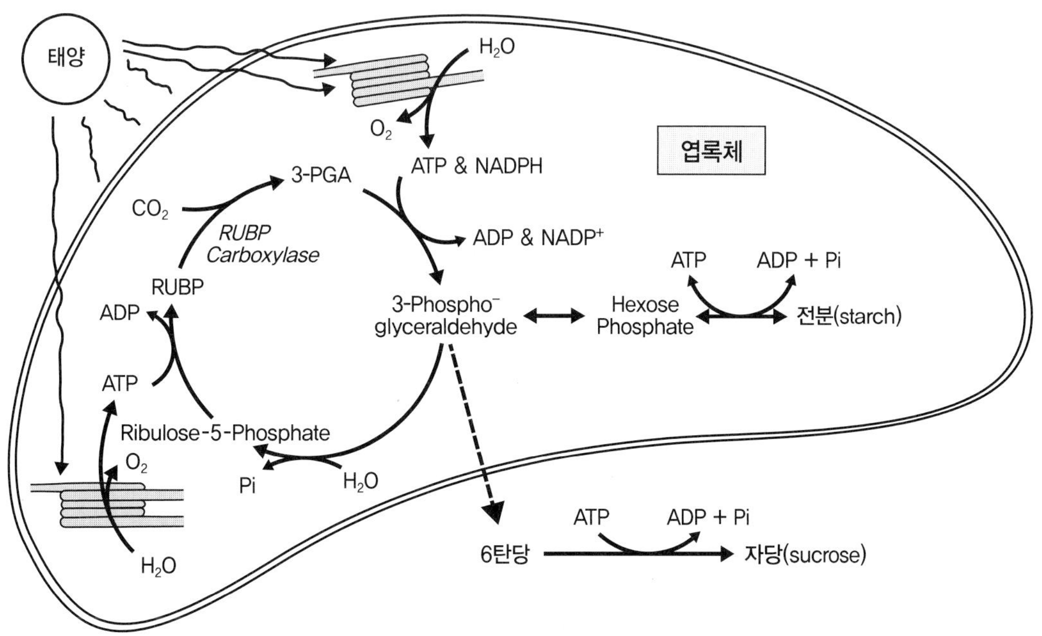

그림 5.14 C_3 작물의 광합성이 일어나는 엽록체에서 CO_2 고정의 모식도(캘빈회로)

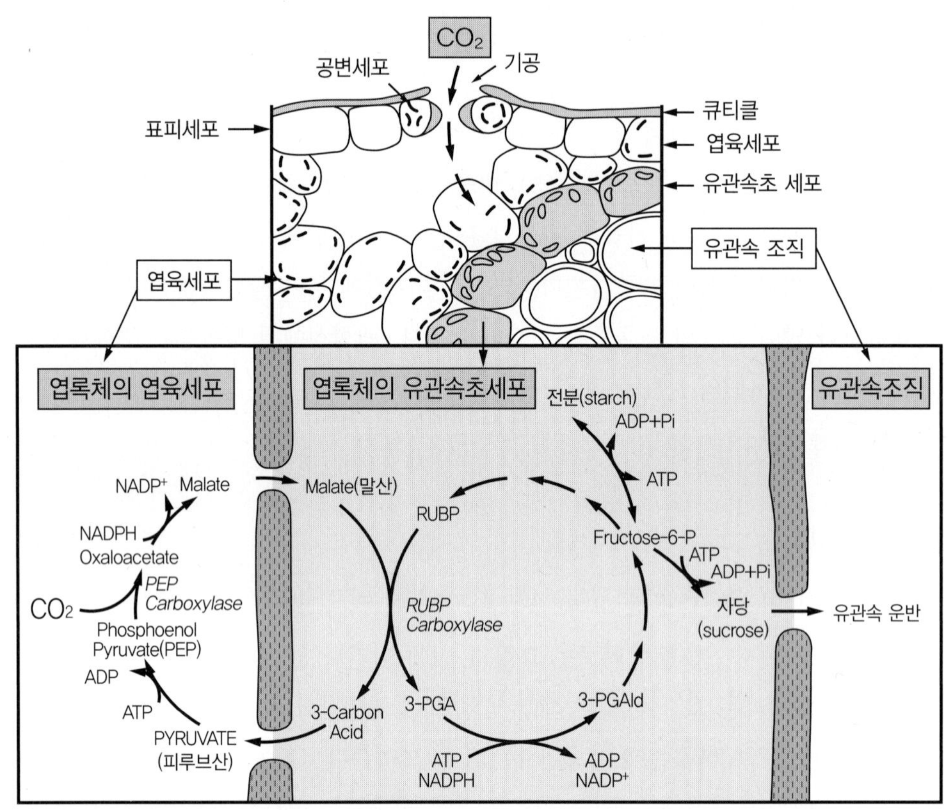

그림 5.15 C_4 작물에서 CO_2의 이동과 고정을 설명하는 모식도

(2) C_4와 CO_2 작물의 탄소 고정

사실 C_4 작물의 특성이 밝혀지기 전에는 C_3 작물이 광합성의 유일한 경로로 알았으나 1966년 호주의 해치와 슬랙(Hatch and Slack)은 CO_2 고정에서 PEP 카복실라아제 효소를 이용하는 회로를 발견하였다. 그림 5.15에서 보는 것처럼 광인산화로 생긴 ATP는 피루브산을 PEP(phosphoenol pyruvate)로 바꾸는 데 사용되었다. 3탄당 분자인 PEP 효소는 4탄당인 옥살아세트산(oxaloacetate), 말산(malate), 아스파르트산(aspartate)인 3가지 C_4 물질을 만든다. 이러한 C_4 산들은 유관속초 세포(vascular sheath cell)로 이동되고 거기에서 피루르산(pyruvate)로 전환된다. 이때 탄소가 유리되고 RuBP에 첨가되거나 탄소를 2개 가진(C_2) 분자에 첨가되어 RuBP 카르복실라아제(탈탄산효소)에 의해서 3PGA(C_3)로 바뀐다. 이후에 캘빈회로(Calvin cycle)가 작동되게 된다. C_4 작물은 해치와 슬랙의 회로를 갖는데 엽육세포(mesophyll)에서 생성된 광합성의 첫 번째 산물이 4탄당이므로 C_4 작물이라고 부른다.

(3) C_3 작물 C_4 작물의 비교

이러한 두 경로를 갖는 종들은 여러 특징적인 차이가 있다.

① 해부학적 차이(C_4 작물의 잎의 해부를 크란츠 해부(Kranz anatomy)라고도 함)

ⓐ C_4 작물은 유관속초 세포에 엽록체를 갖고 있으나 C_3 작물은 엽록체를 갖고 있지 않다.

ⓑ C_4 작물과 C_3 작물의 엽육세포 내에 엽록체는 유사하게 보인다. 이들은 대개 이중 외막과 잘 발달한 그라나를 갖는다. 그러나 생화학적으로는 매우 상이하다. C_3 작물은 RuBP 카복실라아제에 의해 고정되고 캘빈회로가 활성적이며 전분이 축적된다(그림 5.14). C_4 작물에서 CO_2는 PEP 카복실라아제에 의해 고정되어 유관속 세포로 이동하는 4탄당을 형성한다. 엽육세포에서 전분은 형성되지 않고 탄소를 4개 갖는 산들만 형성된다.

ⓒ C_4 작물의 유관속초 세포 내의 엽록체는 해부학적으로 다르고 엽육세포 엽록체보다 더 크고 적게 발달된 그라나를 갖고 있다. 그리고 캘빈회로가 작동하므로 그곳에 전분을 저장한다.

② C_4 작물의 PEP 카복실라이제 효소는 C_3 작물의 RuBP 카복실라이제 효소보다 CO_2에 더욱 친화력을 보이므로 낮은 CO_2 농도에서도 효율적으로 작동할 수 있다.

③ C_4 작물은 C_3 작물보다 강한 광조건에 높은 광합성률을 갖는다(그림 5.21 참조).

④ C_4 작물은 하나의 CO_2를 고정하기 위해서 C_3 작물보다 많은 에너지를 이용한다. 이는 PEP 형성에 에너지가 요구되기 때문이다.

⑤ C_4 작물은 C_3 작물보다 RuBP 카복실라아제 효소가 10% 정도 적다. 반면에 C_3 작물은 PEP 카복실라아제를 가지고 있지 않다.

⑥ C_4 작물은 고온건조와 습한 조건에 적응되어 있으나 C_3 작물은 서늘하고 습한 조건과 무덥고 습한 조건에 적응되어 있어서 다른 CO_2 고정 기작을 가지고 있다.

⑦ 광호흡(photorespiration)

ⓐ C_4 작물은 광호흡이 없기 때문에 효율이 높다. 광호흡은 광합성 조직에서 CO_2 손실을 가져오는 것으로 강한 광조건에서 C_3 작물은 오히려 광호흡(빛이 있는 상태에서 호흡)을 통해 CO_2을 방출한다. 이것은 캘빈회로의 부산물로 발생한다(그림 5.16).

ⓑ CO_2는 RuBP 카복실라제, O_2는 RuBP 옥시게네이즈(oxygenase)라는 같은 효소인 RuBP(Ribulose Biphosphate) 기질에 대하여 경합한다. 즉 광합성과 광호흡은 모두 같은 RuBP 기질에 대해 상황에 따라 선택하는 이중적인 모습을 보인다.

ⓒ 광호흡(photorespiration)은 C_4 작물에서는 별로 발생하지 않는다. 이것이 C_4 작물이 광합성 효율을 높이는 주요한 이유이다. C_4 작물은 4탄소 산들이 유관속초 세포로 이동하여 이들 세포에서 CO_2를 농축시켜 RuBP 카복실라아제가 RuBP 옥시게네이즈의 활성을 극복할 조건을 조성하므로 광호흡을 아주 적게 하거나 거의 하지 않는 것이다.

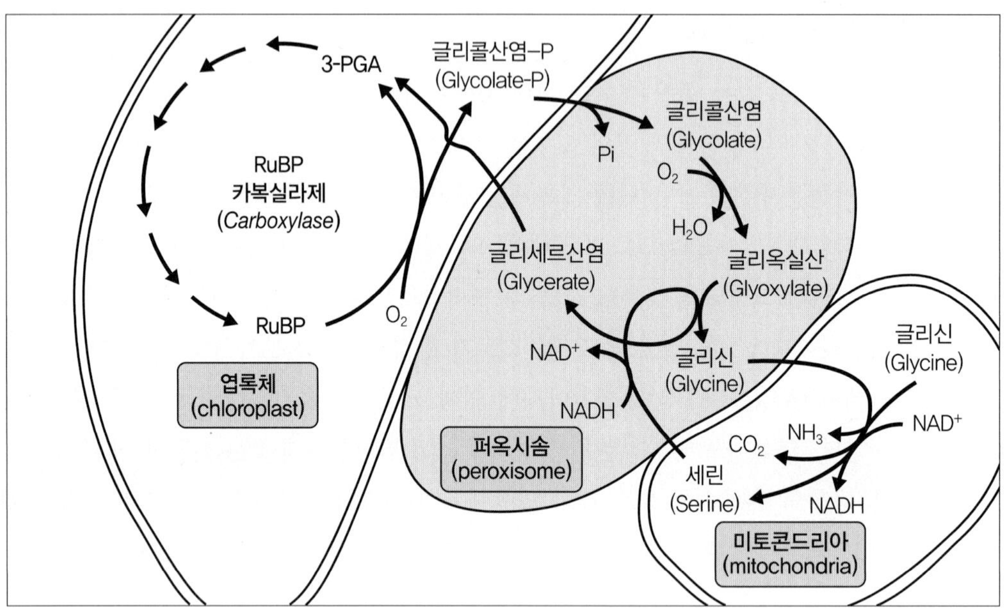

그림 5.16 C_3 작물의 엽육세포에서 광호흡의 경로

ⓓ 유관속초(vascular sheath) 내에 생긴 CO_2는 엽육세포 내에 CO_2에 대한 PEP 카복실라이제 효소의 큰 친화력 때문에 잎 외부로 방출되지 않으므로 광호흡 발생량은 거의 측정될 수 없다.

ⓔ 광호흡은 에너지의 사용이 없이 CO_2를 방출하는 좋은 측면도 있다.

ⓕ 광호흡은 아미노산의 생합성에서 아미노화를 돕고 인산의 순환을 유지시켜 약광과 저온에서 유리하도록 한다.

⑧ 광호흡의 측정

ⓐ 그림 5.17에서처럼 CO_2가 없는 공기가 광이 조사된 잎을 통과할 때 CO_2가 방출되면 광호흡이 있다는 것이다.

ⓑ 광이 조사되고 공기가 통하지 않도록 되어 있는 용기 내에서 식물체나 잎이 공기 중 CO_2 농도를 평형상태(보상 농도) 이하로 떨어뜨리면 광호흡이 일어난 것이다(그림 5.17).

ⓒ 잎을 갑자기 암조건에 두면 광합성은 멈추게 되지만 광호흡은 글리콜릭산(glycolic acid)을 다 소모할 때까지 잠시 계속된다. 이것은 암호흡의 CO_2 발생 평형보다 많은 CO_2가 광조사 이후 방출되었기 때문이다.

ⓓ 산소(O_2)는 글리콜릭산이 글리옥시릭산(glyoxylic acid)으로 바뀌는 데 필요하므로 대기 중의 O_2가 21%에서 1% 미만으로 감소되면 광호흡은 정지된다. 그러므로 21%와 1%의 산소농도로 각각의 광합성의 차이에서 광호흡을 측정할 수 있다(그림 5.17).

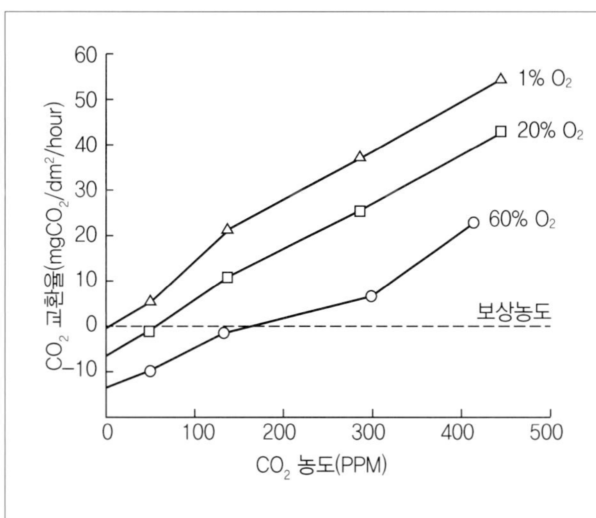

그림 5.17
CO_2와 O_2의 농도를 달리한 실험에서 C_3 작물인 콩의 잎에서 일어나는 CO_2 교환율(CER). 광호흡은 1% 이하의 산소농도에서는 거의 없고 농도가 증가함에 따라 증대된다.

표 5.1 작물에서 일어나는 C_3 작물과 C_4 작물의 CO_2 고정형태

항목	단자엽		쌍자엽	
CO_2의 고정형태	C_3	C_4	C_3	C_4
주요 작물	벼, 밀, 보리, 페스큐 등	옥수수, 수수, 사탕수수, 수단그래스, 기장, 한국잔디 등	콩, 감자, 목화, 사탕무, 담배 등	비름, 명아주 등 (작물은 없고 주로 잡초들임)

3) CAM(Crassulaceous Acid Metabolism) 대사 식물

CO_2의 고정의 3번째 형태는 CAM 대사라 불리는 다육식물에서 일어난다. 이러한 식물들이 수분이 부족한 건조지대에 적응하도록 되어 있다. 증산량을 줄이기 위해 밤에 기공을 열고 CO_2를 흡수하고 낮에는 기공을 닫아 수분 손실을 최소한으로 줄인다. 여기에는 다육식물(선인장)이 포함되고 파인애플과 용설란이 여기에 속한다. CAM 식물은 C_4 식물과 같이 PEP 카복실라이제 효소를 이용하여 4탄소 산으로 CO_2를 고정하고 기공이 열려있는 밤 동안에 해당과정에서 생긴 에너지를 이용하여 고정한다. 태양방사는 기공을 폐쇄시키고 잎에 조사된다. 이때 광에너지는 C_4의 유관속초 세포에서 일어나는 반응과 같이 4탄소 산으로부터 CO_2를 받아들여 캘빈회로를 작동시킨다. CAM 식물의 엽록체는 C_3 종의 엽록체와 유사하다. 적절한 수분 조건에서는 대부분의 CAM 식물들은 기공 개폐 기능과 카복실화는 C_3 작물과 유사하다. 이렇듯 CAM 식물은 수분의 손실을 줄이고 건조한 조건에 적응하는 독특한 생리적 기작을 가지고 있다.

3. 광합성 기관으로서 잎(Leaf as a Photosynthetic Organ)

식물에서 잎은 광합성 기관으로 역할을 담당한다. 환경에 적응하면서 잎은 어려운 조건을 극복하는 구조가 발달되었고 효과적인 광의 흡수와 광합성의 재료로서 CO_2의 빨리 흡수되도록 적응되어왔다. 잎의 해부구조는 빛의 흡수를 최대화하나 경쟁한다. 태양광의 5% 정도만 탄수화물로 바뀐다. 대부분 작물의 잎의 특징은 ① 크고 납작한 외면을 가진다. ② 윗면과 아래 면에 보호조직이 있다. ③ 단위면적 당 많은 기공이 있다. ④ 넓은 내부의 표면적과 상호 연결된 공극이 있다. ⑤ 세포 내에 엽록체를 다수 보유하고 있다. ⑥ 유관속과 광합성 세포 간에 밀접한 관계를 가지고 있다.

기체교환과 광의 포획에 있어서 이상적인 잎의 형태는 두꺼운 한 층의 세포로 이루어지는 것이나 부적당한 자연환경 때문에 몇 층의 세포로 된 잎과 외부에 대한 보호층이 필요했다.

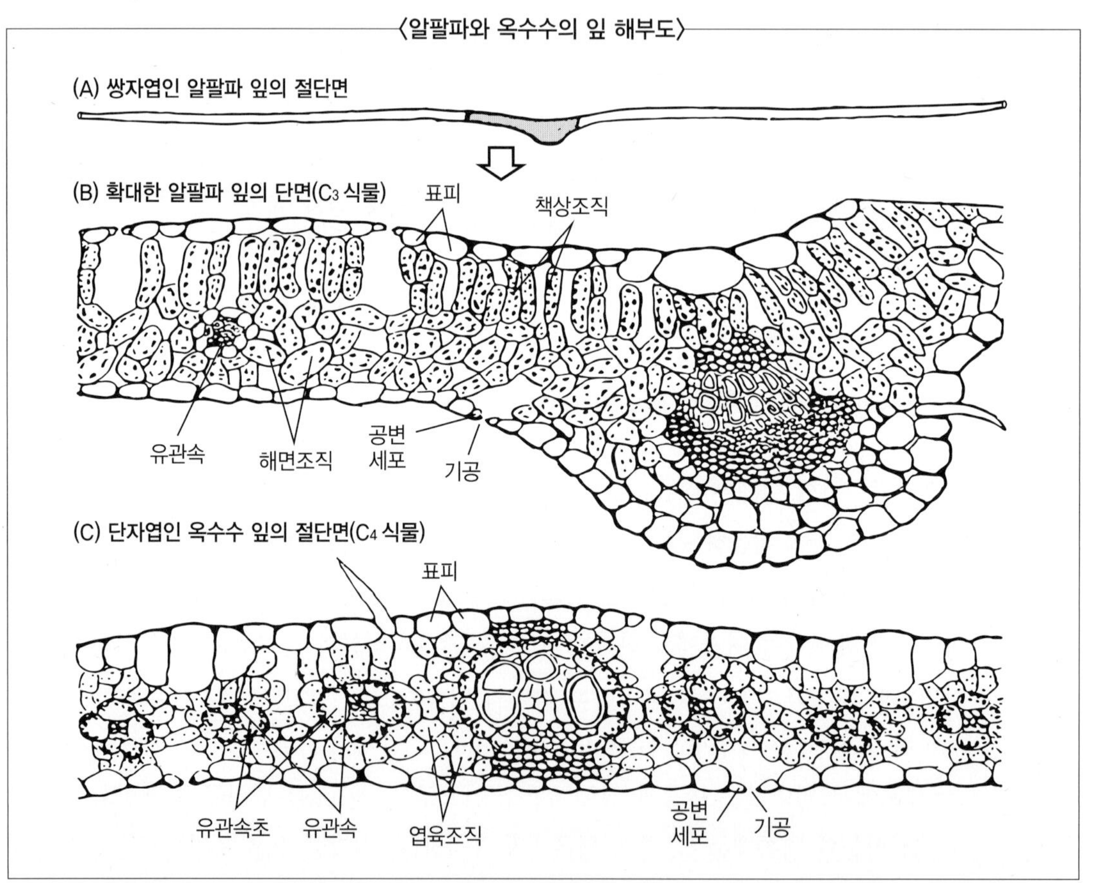

그림 5.18 알팔파와 옥수수 잎 절단면의 형태. 그림에서 (A)는 C_3 작물이자 쌍자엽 식물인 알팔파 잎의 절단면이고 (B)는 이를 확대한 도면이며 (C)는 단자엽 식물이자 C_4 작물인 옥수수의 절단면을 확대한 것이고 세포의 점이 찍힌 부분은 엽록체를 나타낸다.

넓고 평평한 잎의 바깥 표면은 단위 부피당 최대의 광을 수용하도록 적응되어 있고 CO_2가 잎의 표면에서 엽록체까지 이동하는 거리를 줄이게 한다. 따라서 대부분 작물에서 CO_2 이동 거리는 0.1mm 정도이다(그림 5.18 참조). 표피는 큐티클이라고 하는 왁스층으로 덮여있기 때문에 표피는 기체교환의 일차적 저항 장벽으로 작용한다. 큐티클과 표피는 투명하여 쉽게 가시광선이 통과할 수 있다. 큐티클은 잎과 대기 간에 가스교환을 억제하는데 이것은 과도한 수분의 손실을 막는데 중요하다. 잎에서 기체교환 대부분은 기공을 통해서 일어난다. 잎에는 12~294개/㎟의 많은 기공이 있어서 기공이 열려있을 때는 최대의 CO_2 유입이 가능하다(표 5.2). 기공 주변의 공변세포는 그림 5.19처럼 기공의 개폐를 조절한다. 물론 수분이 부족할 때는 수분 손실을 막는 데 중요한 역할을 한다. 반면에 기공이 닫히므로 필요한 CO_2 흡수는 제한을 받을 수밖에 없다. 대부분 작물은 직사광선에서 자라고 있고 이들은 잎의 양쪽면 모두 기공을 갖고 있다. 그러나 음지식물 대부분은 아래쪽인 배축(abaxial)에만 기공을 갖고 있다.

표 5.2 주요 작물의 기공수와 크기

번호	국명	학명	기공수(개수/㎟)		기공의 크기
			표면(윗면)	이면(아랫면)	(μm)
①	감자(Potato)	*Solanum tuberosum* L.	51	161	……
②	강낭콩(Bean)	*Phaseohis vulgaris* L.	40	281	7×3
③	귀리(Oat)	*Avena sativa* L.	25	23	38×8
④	밀(Wheat)	*Triticum sativum* L.	33	14	38×7
⑤	사과(Apple)	*Pyrus malus* L.	0	294	……
⑥	아주까리 (Castor bean)	*Ricinus communis* L.	64	176	10×4
⑦	알팔파(Alfalfa)	*Medicago sativa* L.	169	138	……
⑧	양배추(Cabbage)	*Brassica oleracea* L.	141	226	……
⑨	옥수수(Maize)	*Zea mays* L.	52	68	19×5
⑩	토마토(Tomato)	*Lycopersicon esculentum* Mill	12	130	13×6
⑪	해바라기(Sunflower)	*Helianthus annus* L.	85	156	22×8

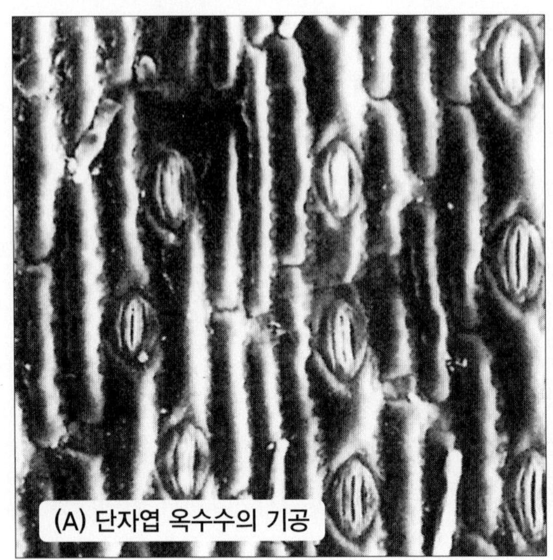

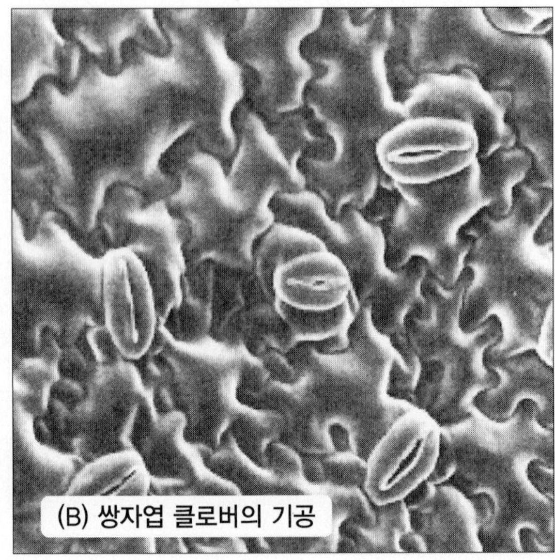

그림 5.19 단자엽 식물인 옥수수 잎이 나란히맥 잎의 표피(A)와 쌍자엽 식물인 클로버 잎의 그물맥 표피(B)로 두 작물 간에 공변세포와 기공이 배열된 모습

잎의 내부는 많은 엽육세포와 세포 간 공극으로 되어있다. 단자엽인 화본과 작물과 쌍자엽인 콩과 작물은 서로 다른 형태를 가지고 있다. 그러나 어떠한 구조가 광의 흡수(포획)나 CO_2 확산에 더 효율적일지는 정확하게 말할 수 없다. 그렇지만 C_3, C_4 및 CAM 식물 간에 해부학적 차이는 광합성에 영향을 준다.

잎에서 많은 엽육세포들은 CO_2가 세포벽과 더 많은 접촉을 할 수 있도록 전체의 내부 표면적을 외부 면적의 6~10까지 증가시킨다. 세포 간 공극은 기공에서부터 세포 표면으로 CO_2가 급속하게 확산하도록 해 준다. 잎 내부로 CO_2 이동 경로는 기공에서 세포벽으로 향하고 세포벽에서 물에 녹아 엽록체로 확산되는 데 이때 CO_2 고정에 의해서 생긴 구배차가 작용을 한다. 대부분의 엽육세포는 세포 당 20~100개 정도의 많은 수의 엽록체를 포함하는데 여기에서 광합성의 명반응이 일어난다. 광이 잎에 조사되면 엽록체들은 세포벽의 가장자리를 따라 모여드는데 광이 약한 조건에서는 최대한 더 많은 광을 흡수하기 위해서 움직이고(orienting) 광이 강한 조건에서는 광을 적게 흡수하기 위해 위치를 바꾼다. 따라서 광이 약할 때는 잎이 더 짙은 녹색으로 보이고 광이 어느 정도 강하면 오히려 엽색이 옅어진다. 세포벽에서 엽록체로 빠르게 CO_2가 확산되도록 세포벽으로 접근한다. 잎 세포는 유관속에서 멀리 떨어져 있지 않은데 수분과 무기양분이 빨리 광합성 세포로 이동하도록 하고 광합성 산물은 세포와 잎으로부터 빨리 이동할 수 있도록 한다(그림 5.19). 광합성의 재료가 되는 물질들의 엽록체 내부로의 이동 지연과 엽록체 동화산물의 전류 부진은 광합성을 감소시킬 수 있다.

표 5.3 C_3, C_4 및 CAM 식물 간에 광합성과 물질대사 특성 비교

순번	요인	특성	C_3 식물	C_4 식물	CAM 식물	부가설명
①	광	광포화점	최대 일사의 1/2 이하로 낮음	최대 일사 이상으로 높음	사실상 없음	보통 30,000 lux 정도임
		광합성능력 ($\mu mol/m^2/s$)	10~25로 낮음	22~50로 높음	–	
		광합성 최적온도(℃)	10~25℃로 낮음	30~40℃로 높음	35℃ 내외	
		광호흡	높음	낮음(유관속초 세포에만 있음)	–	광호흡이 생산량에 크게 영향을 미침
		O_2에 의한 광합성 억제	있음	없음	있음	산소농도는 대기와 같은 21%일 때
②	수분	수분이용효율	낮음	높음	가장 높음	요수량의 역수임
		요수량	450~950	250~350	18~125	증산계수와 같은 개념임
③	온도	생장적온	낮음	높음	–	
④	CO_2	CO_2 흡수시간	낮	낮	밤	CAM 식물은 밤에 기공을 열어 흡수
		이산화탄소(CO_2) 고정효소	루비스코(Rubisco)	루비스코(Rubisco)와 PEP carboxylase	낮에는 Rubisco이고 밤에는 PEP carboxylase임	Rubisco는 Ribulose 1, 5 bisphosphate carboxylase /oxygenase의 약자임
		이산화탄소(CO_2) 보상점(㎕/ℓ)	40~70으로 높음	0~10으로 낮음	0~5	보통 1,000ppm까지 높을수록 수량이 증가함
		최초 CO_2 고정물질	인글리세르산(PGA)	말산, 옥살아세트산, 아스파르트산	말산	
		CO_2 고정회로 (장소)	캘빈회로 (엽육세포)	캘빈회로 C_4회로 (유관속초세포)	캘빈회로 C_4회로 (엽육세포)	
⑤	영양	질소이용효율	낮음	높음	–	
		무기영양으로 Na^+ 요구여부	없음	있음	있음	
⑥	생장	최대군락생장속도 ($g/m^2/day$)	20 정도로 낮음	30 정도로 높음	–	최대 작물생장률(CGR)임
		최대순생산량 (ton/ha/year)	22±3.3 정도로 낮음	38.6±16.9 정도로 높음	낮으며 변화가 심함	
⑦	구조	엽록소 a/b 비율	2.8±0.4	3.9±0.6	2.5~3.0	
		잎의 해부	유관속초 세포가 뚜렷하지 않음	유관속초 세포가 뚜렷함	책상조직 세포가 없고 엽육세포에 큰 액포가 있음	
		크란츠(kranz) 구조	없음	있음	–	크란츠는 독일어로 왕관이라는 뜻으로 화환(wreath) 모양을 나타냄
⑧	에너지	이론적 요구량 (CO_2 : ATP)	1 : 3	1 : 5	1 : 6.5	C_4 식물과 CAM 식물은 1단계 더 거치므로 ATP가 많이 필요함
⑨	해당 작물	지역(작물)	온대 (벼, 보리, 콩 등)	고온건조(옥수수, 한국잔디, 명아주, 사탕수수 등)	사막(선인장류, 호접란, 칼랑코에, 파인애플 등)	C_4는 열대지방 작물이 많음

4. 광합성에 영향을 주는 요인들
(Factors Essential for Photosynthesis)

광합성에 직접 영향을 주는 요인으로 광의 질과 강도, CO_2 및 온도, 수분 등을 설명한다. 수분과 양분은 수분생리와 영양생리 부분에서 더 자세히 설명되어 있다.

1) 광(light)

광에 대한 작물의 반응은 계속적으로 연구되어 왔고 그 결과의 일부는 그림 5.20와 그림 5.21에 나타나 있다. 광이 없으면 암호흡(dark respiration)만 진행되는데 이는 광조건 하에서 일어나는 CO_2 흡수의 5~10%를 방출한다. 광도가 점차 증가하면 광합성은 CO_2의 흡수와 CO_2 방출이 같은 점, 즉 이산화탄소 교환율(CER, carbon exchange rate)이 0이 되는 점(CER=0)인 광보상점(light compensation point)까지 도달한다. 계속해서 광도가 증가하면 광포화점(light saturation point)에 도달하고 이때까지 이산화탄소 교환율(CER)은 완만하게 증가하다가 광포화점 이후에는 광도가 더 증가해도 이산화탄소 교환율(CER)은 유의하게(significantly) 증가시키지 못한다. 그러므로 잎은 낮은 광도에서 광에너지를 더 효율적으로 이용한다고 볼 수 있다.

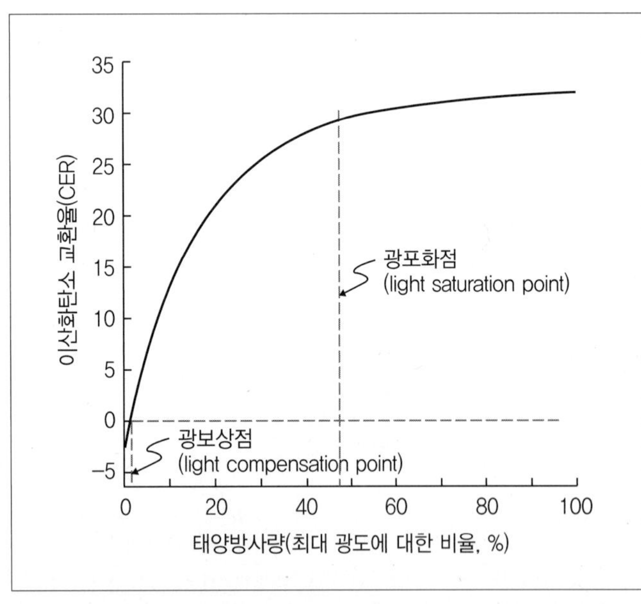

그림 5.20
C_3 작물인 레드클로버 잎에서 측정한 이산화탄소 교환율(CER) 곡선. 광보상점은 광합성에 의한 CO_2의 흡수와 호흡에 의한 CO_2 방출과 같아지는 점에서 광도이다. 광포화점은 더 이상의 이산화탄소 교환율(CER)을 증가시키지 못하는 광의 수준을 나타낸다.

빛에 대한 잎의 광합성반응에서 잎은 지나치게 많은 빛은 소산시킨다. 태양광의 이용은 겨울보다 여름에 크다. 크산토필 풀은 약 60% 정도이고 나머지는 소산시킨다. 강광에서는 엽록체를 수직으로 배치하여 약 15% 정도까지 회피한다. 이때 미세섬유를 따라 움직이며 칼슘이 관여한다. 광반응곡선을 보면 광이 없을 때도 호흡은 진행된다. 음지식물은 광보상점이 낮고 대부분의 식물은 한낮의 햇빛(2000㎛ol/㎡/s)보다 훨씬 낮은 500~1000㎛ol/㎡/s 사이에서 포화된다.

광이 지나치면 광저해를 받는다. 광저해는 저온에서 현저하고 극단적인 기후조건에서 만성화된다. 단기적 저해는 보호기작이 발동한 것이고 만성적 저해는 엽록체의 손상이 일어난 것으로 판단한다.

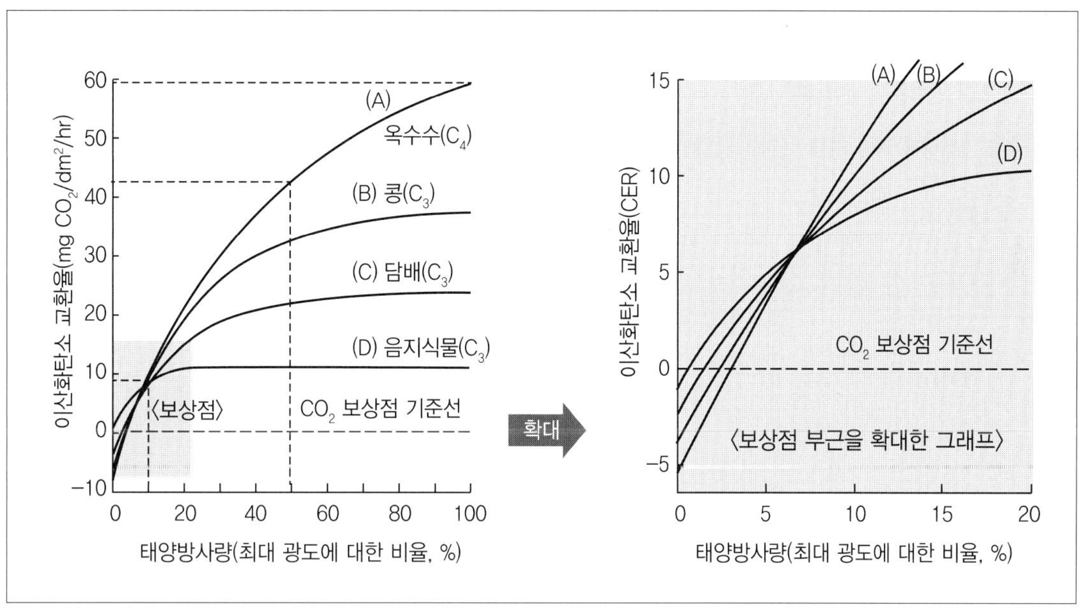

그림 5.21 작물에 따른 광반응 곡선

오른쪽 그래프는 왼쪽 그래프의 어두운 부분을 확대한 것이다. 이때 곡선 (A)는 C_4 작물인 옥수수, 수수, 사탕수수, 버뮤다그라스이고 (B)는 C_3 작물 중에서도 효율적인 양지식물인 콩, 목화 알팔파 등에서 나타나는 그래프이며 (C)는 효율이 낮은 C_3 작물로 담배, 레드클로버, 오차드그라스에서 나타나는 곡선이다. 곡선 D는 C_3 작물 중에서도 음지식물에 해당하는 수목이나 실내식물에서 볼 수 있는 광반응 그래프이다.

광도에 대한 작물의 반응은 각각 서로 다른데 대부분의 C_4 작물은 그림 5.21 곡선 (A)에서 한낮의 태양광과 같은 수준의 광도에 도달할 때까지 광합성을 증가시킨다. 그러나 대부분의 C_3 작물은 최대 광도에 도달하기 전에 이미 광포화점에 도달하게 된다. 그림 5.21는 최대 이산화탄소 교환율(CO_2 exchangw rate, CER)이 낮으면 광포화가 일어나는 광도도 낮다는 것을 의미한다. 광단위 당 CO_2 흡수는 C_4 작물은 광포화가 잘 일어나지 않고 저광도에서도 더 효율적으로 이용하지만 C_3 작물은 광포화가 잘 일어난다. 예를 들면 한낮의 태양광도 50%와 10%에서 이산화탄소 교환율(CER)은 각각 한낮의 태양광의 72(43/60)%와 12%(7/60) 정도이다. 이산화탄소 교환율(CER)에 대한 광의 최적 이용은 항상 최소의 광도에서 나타난다. 효율은 광반응 곡선의 기울기이다.

2) 이산화탄소(CO_2)

(1) 대기 중 농도변화(Concentration in the Atmosphere)

이산화탄소(CO_2)는 대기 중의 4번째로 많은 용적(%)을 갖는 기체 구성원이다. 건조한 공기(일반적으로 수증기가 0~4% 존재함)는 78.08%가 질소(N_2)이고 20.95%는 산소(O_2)이며 0.93%는 아르곤(Ar), 0.04%(400ppm)는 이산화탄소(CO_2)이다. 2021년 대기 중의 이산화탄소 농도는 사상 처음으로 415ppm을 넘어섰다(WMO, 2022).

표 5.4 대기 중의 공기 조성

분자식	분자량(g/mol)	체적비(v/v)	중량비(w/w)
질소(N_2)	28.0	78.08	75.52
산소(O_2)	32.0	20.95	23.14
아르곤(Ar)	39.9	0.93	1.29
이산화탄소(CO_2)	44.0	0.04	0.05

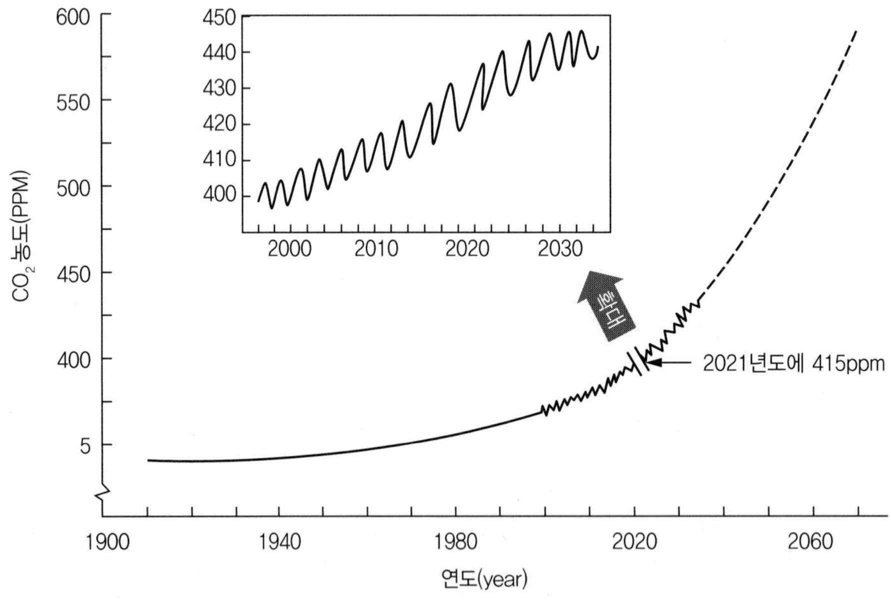

그림 5.22 지구의 CO_2 농도와 화석연료의 사용에 근거한 2030년 CO_2 농도의 예측모델
톱니 부분에서 나타내는 삽입된 그래프는 하와이에 있는 스크립스(Scripps) 해양연구소에서 측정한 CO_2 양을 나타낸 것이다. 톱니 모양을 나타내는 것은 주로 북반구에서 계절적인 변화로 나타나는데 여름 생육기 동안 CO_2를 소모하고 겨울에는 CO_2가 발생되는 것을 반영한 것이다.

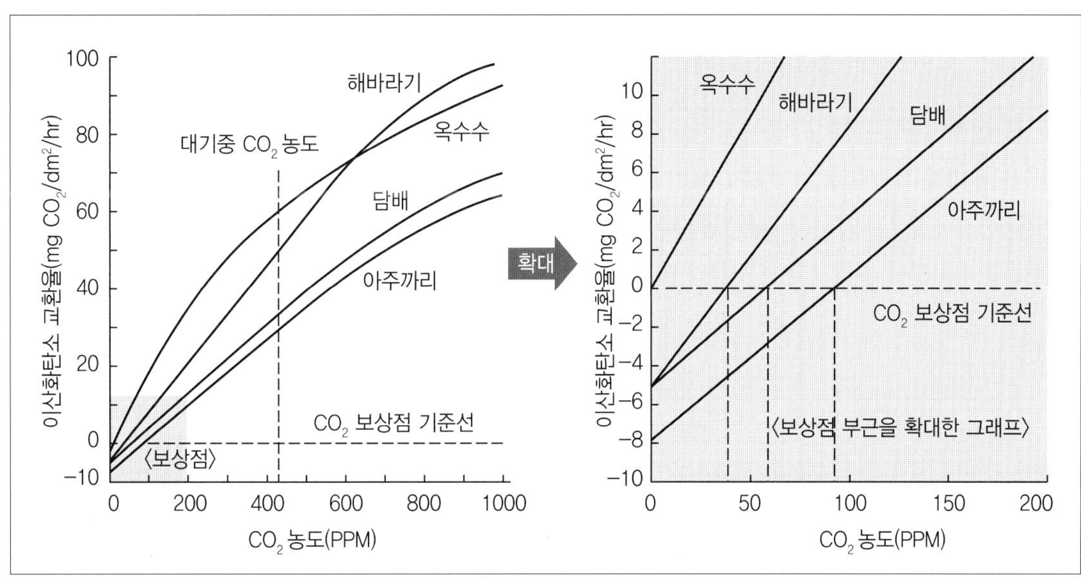

그림 5.23 전광(full sunlight)이 비칠 때 광합성유효방사(PAR)와 CO_2 농도에 대한 이산화탄소 교환율(CO_2 exchange rate, CER) 그래프. 그래프 오른쪽은 왼쪽 그래프에서 이산화탄소 보상점(CO_2 compensation point) 부분을 확대한 것이다.

비록 대기 중의 이산화탄소(CO_2)는 낮은 농도이지만 식물의 건물중 85~92%는 광합성에 의한 이산화탄소(CO_2) 고정에 의한 것이다. 그림 5.22은 광합성 산물로 만들어진 화석연료의 연소와 산림의 화재 등으로 대기 중의 이산화탄소(CO_2) 농도는 꾸준히 증가한다는 것을 나타낸다. 석탄과 같은 화석연료의 지속적인 사용은 이산화탄소 농도를 계속 상승시킬 것이다. CO_2는 적외선광을 흡수하여 온실효과(greenhouse effect)를 발생시키기 때문에 더 높은 농도는 더 많은 열을 보유하게 하여 지구의 온도를 더 증가시키게 된다. 이러한 증가는 지구의 기후에 영향을 주어 많은 지역에서 강우 양상과 작물의 생산 능력을 변화시키게 될 것이다. 이산화탄소(CO_2)에 대한 잎의 광합성반응에서 CO_2의 농도는 계속 증가하고 있는데 대기의 78-%를 질소가 차지하고 21%는 산소, 수증기가 2%, CO_2는 0.04%를 차지한다. 해수면의 CO_2 분압은 39파스칼(Pa)이다. 매년 1~3ppm이 증가하는데 이는 석탄과 같은 화석연료의 연소 때문이다. 따라서 화석연료가 통제되지 않는다면 2100년이 되면 CO_2 농도는 600~700ppm에 도달할 것으로 예측한다. 이는 C_3식물들이 30~60% 더 빨리 생장하여 앞으로는 비료 요소가 생육의 제한요인이 될 수 있을지도 모른다. 엽록체로 CO_2 확산은 광합성에 필수적이다. CO_2는 바람이나 건조하면 작아지는 경계층 저항은 그 크기가 작다. 다음으로 기공 저항은 가장 크다. 그리고 세포에 들어간 후에 나타나는 통기 저항은 액상 저항과 엽육 세포 저항이 있으나 이것도 거의 무시할 정도로 작다. 빛 흡수 패턴은 CO_2 고정의 기울기를 생성한다. 엽록소의 함량과 루비스코(rubisco) 함량은 비례하고 광합성이 그 부분에서 많이 진행된다. CO_2는 광합성에 제한을 가한다. 광합성과 호흡이 같아지는 농도를 CO_2 보상점이라고 한다. C_3 식물에서는 CO_2를 증가시키면 넓은 농도 범위에서 광합성이 촉진되나 C_4 식물에서는 광합성이 CO_2의 낮은 농도에서 포화가 되므로 대기 중의 CO_2 농도의 증가에 대한 이익이 별로 없을 것이다. 현재 C_3 식물이 70% 정도로 여전히 높은 비율이다. C_4 식물은 최근에 진화된 것으로 판단한다. CAM 식물은 밤에 CO_2를 흡수하고 포스포에놀피루브산(PEP)와 결합해 말산으로 고정된다. 즉 CAM 식물은 CO_2 흡수에 대한 수분의 소비가 아주 낮은데 이는 밤에 기공을 열기 때문으로 이렇게 하면 낮은 온도와 높은 습도 때문에 증산율이 낮게 된다.

강한 광에서 대부분 작물은 현재의 대기 중 농도인 400ppm보다 높은 CO_2 수준에 대하여 엽광합성이 직선적인 상승을 나타낸다(그림 5.23). 작물에서 수량은 CO_2가 1500ppm까지 높아진 대기 조건에서 상당히 증가될 것이다. 포장 조건에서 이것을 실행하기는 불가능에 가깝지만 온실에서는 가능하므로 CO_2가 증가하면 건물량의 증가뿐만 아니라 작물의 발육도 촉진된다. 최근 100년 동안 CO_2가 300ppm에서 400ppm으로 증가하는 사이 작물의 수량증가와 성숙에 미치는 영향을 연구하는 것도 흥미로울 것이다.

(2) 작물의 잎에서 CO_2 이동에 대한 저항(Leaf Resistances to CO_2 Assimilation)

이산화탄소(CO_2)는 확산을 통하여 대기 중에서 기공을 거쳐 세포로 들어간 후 엽록체로 들어간다. 잎을 통해 CO_2가 이동할 때는 방해가 일어나는데 이것을 저항이라고 한다.

$$r_{CO_2} = r_a + r_s + r_m \quad (\text{수식 } 5.1)$$

여기서 r_{CO_2}는 이산화탄소 교환율(CER)을 나타내고 r_a는 엽표면 저항(laminar resistance)을 나타내는 데 이것은 엽표면의 CO_2 농도로 경계층 효과(boundary layer effect)라고도 한다. r_s는 기공저항(stomatal resistance)을 나타내고 r_m은 엽육세포 저항(mesophyll resistance)을 나타낸다. CO_2 농도가 낮아지면 저항이 증가한다. 대기 중의 CO_2 농도는 350~400ppm 사이이므로 농도를 줄이는 요소는 엽표면 저항(r_a)을 증가시키게 된다. 포장조건에서 공기의 교란이 엽표면 저항(r_a)에 영향을 주는 가장 중요한 요소이다. 만약 공기의 이동이 없다면 잎에 의한 CO_2 흡수는 엽 표면의 CO_2 농도를 낮추어 CO_2 확산의 구배를 크게 할 것이다. 바람의 속도가 증가함에 따라 작물의 군락 내 엽 표면에서 엽표면 저항(r_a)을 최소 수준으로 줄이게 된다. 기공저항(r_s)은 잎의 외부에서 기공을 통한 CO_2 확산의 저항이다. 일반적으로 작물의 잎은 효율적인 기공의 확산에 필요한 기공 개수를 확보하고 있다. 기공저항(r_s)에 영향을 주는 주요 요인은 기공의 개도(열린 정도)이다. 기공저항(r_s)을 계산하기 위해 잎에서 수분의 손실을 측정하는데 이것은 기공 방해와 확산을 측정하는 것이다. 기공 저항(r_s)는 잎 내부의 상대습도가 거의 포화상태에 있고 기공의 열림과 r_a 때문에 얼마간의 수분 상실이 있음을 가정한 상태에서 쉽게 측정이 된다. 엽육저항(r_m)은 잎의 CO_2 흡수에 대한 남은 저항으로 계산한다.

$r_m = r_{CO_2} + r_a + r_s$ (수식 5.2)

즉 엽육저항(r_m)은 이산화탄소 교환율(r_{CO_2})에 엽표면 저항(r_a)과 기공 저항(r_s)을 뺀 값이다. 엽육저항은 r_a와 r_s를 제외한 CO_2 흡수에 영향을 주는 모든 것의 측정이다. 이것은 CO_2 고정에 영향을 주는 어떤 한 요인이 있다면 엽록체 내 CO_2 농도에 영향을 주고 그다음 대기로부터 엽록체로 CO_2 전체의 확산율에도 영향을 주기 때문이다. 앞의 수식 5.1은 작물에 의한 CO_2 흡수가 잎 내부로 CO_2 확산에 대한 저항(엽표면 저항과 기공 저항) 또는 잎의 엽육저항(r_m)에서 CO_2 고정에 영향을 받는 정도를 평가하는 방법으로 사용된다.

3) 온도(Temperature)

광합성에서 온도는 몇 가지로 구분해야 한다. 명반응 또는 광인산화 반응은 식물체가 자라는 온도 범위 내에서 각각 독립적이다. CO_2 고정은 효소적으로 조절되는 반응이며 효소가 변성될 정도의 온도에 도달하기까지는 온도에 따라 반응 정도가 커진다. 호흡률도 온도의 증가에 따라 계속 증가한다. 순수한 이산화탄소 교환율(CO_2 exchange rate, CER)의 측정은 온도에 대한 이산화탄소 교환율(CER)의 최소 반응을 보여준다(그림 5.24). 광호흡도 온도에 따라 증가하며 효소가 조절하므로 높은 온도에서 식물이 생장하면 C_3 작물은 C_4 작물보다 낮은 이산화탄소 교환율(CER)을 나타낸다. 온도에 대한 잎의 광합성반응에서 잎은 많은 양의 열을 소산시킨다. 태양광의 30~3,000nm의 50%를 흡수하고 소산시킨다. 보웬비율 = 현열소실/잠열소실, 수분이 충분히 공급된 조건에서는 보웬비율이 낮으나 스트레스 상태가 되면 높아진다. 광합성은 온도에 민감하다. C_3가 낮은 20~30℃에서 최고 순광합성을 보이는 반면 C_4 식물은 30~40℃에서 최적 광합성을 나타낸다. 광합성에는 최적 온도가 있다. 북위 45° 이상에서는 C_3 작물이 주류를 이루나 북위 40° 이하에서는 C_4이 우세하다.

4) 수분(Water)

물은 광합성의 기질이지만 단지 전체 수분의 약 0.1% 만이 광합성을 위해 쓰인다. 증산은 식물에 의해 이용되는 물의 99%를 차지한다. 수분의 약 1%가 식물을 수화시키고 팽압을 유지하며 생장이 일어나는 데 이용한다. 이산화탄소 교환율(CER)에 대한 수분스트레스의 일차적 영향은 기공폐쇄에 의한 기공 저항(rs)의 증가이다. 만약 수분스트레스가 심해지면 광합성 기관에 대한 영구적 손상 때문에 엽육저항(rm)도 또한 증가한다. 광합성에 대한 수분의 효과는 수분생리 부분(제2장)에 설명되어 있다.

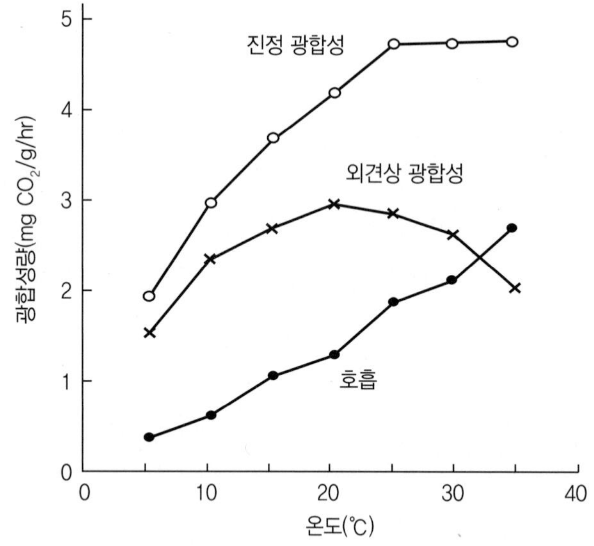

그림 5.24
C_4 식물인 꿩의 비름 속(*Bryophyllum*)에서 온도에 따른 광합성의 변화. 온도가 5℃에서 35℃로 높아질 때 CO_2를 방출하는 호흡은 8배 증가하고 CO_2를 흡수하는 광합성은 2.5배 증가하며 CO_2 교환은 정점까지 2배 증가한 후 감소한다. 여기서 순광합성은 생육온도 범위에서 안정을 보여준다.

5) 엽령(Leaf Age)

잎의 나이는 광합성에 영향을 주게 되는데 노화는 광합성을 감소시킨다. 이때 노화율에 영향을 주는 주된 요소는 잎의 무기양분 상태이다. 무기양분을 알맞게 공급하면 오래된 잎과 어린잎에서 모두 그들이 요구하는 영양분을 충족시킨다. 그렇지만 양분의 공급이 부족하면 어린잎에 영양분이 우선 공급되고 늙은 잎과 하위 엽에 양분의 공급이 제한되어 광합성률은 줄어든다.

6) 무기양분(Mineral Status)

표 5.5에서 칼륨이 부족할 때 하위 엽에서부터 광합성률의 저하가 나타나는데 이는 오래된 잎에서 질소나 인, 칼륨, 마그네슘 등의 영양성분이 이동되어 하위 엽에서 노화가 빠르게 일어났기 때문이다. 그러나 이동성이 낮은 칼슘과 철은 어린잎에서 부족하고 광합성을 저하시키지만 오래된 잎에서는 칼슘과 철 함량이 충분하여 광합성이 높게 유지된다. 영양분이 부족하면 일차적으로 광합성 기관에 영향을 주어 광합성이 줄어들게 된다. 예를 들어 질소와 마그네슘이 부족하면 엽록소 형성이 줄어들어 결과적으로 광합성을 줄이는 결과가 된다. 영양성분과의 관계는 영양생리 부분(제3장)에서 다시 공부하게 된다.

7) 작물과 품종에서 광합성률의 차이 (Differences in Photosynthetic Rates among and within Species)

그림 5.21에서 광에 대한 CO_2 고정률, 즉 광합성은 다양한 반응을 나타내는데 곡선 (A)는 C_4 작물의 전형적인 반응이다. (B)와 (C)는 C_3 작물들의 반응이고 (D)는 음지식물인 C_3 작물들의 반응으로 특정 수목류와 관상식물들에서 나타나는 반응이다. 반응 (D)는 기공을 잎의 아래쪽에만 주로 가지고 있는데 이 사실만으로 광합성률이 꼭 낮다는 것을 설명하는 것은 아니다. 대부분 작물에서는 이런 음지성 작물이 거의 없는데 이들은 건물생산능력도 비효율적으로 낮다. 아래 표 5.6에서 보면 광합성이 동일한 작물 내에서도 2~3배 정도 CO_2 고정률의 변이를 보인다. 이것은 CO_2 고정률이 높은 집단을 선발하거나 육성함으로써 수량을 증가시킬 수 있는 가능성이 있다는 것을 나타낸다. 양지식물과 음지식물에 따라 순화되고 적응한다. 음지식물은 양지식물에 비해 반응중심당 엽록소가 오히려 더 많고 엽록소 a에 대한 b의 비율이 상대적으로 더 높으며 잎의 두께가 더 얇고 책상 세포의 길이도 더 짧다. 그러나 루비스코가 더 적고 크산토필 성분들도 더 적다.

표 5.5 옥수수 잎에서 칼륨(K)의 함량과 광합성

칼륨 공급여부	엽수(숫자가 작을수록 어린잎임)	K함량(μg/g 생체중)	광합성량(mg CO_2/㎠/h)
칼륨(K) 공급	2(어린 잎)	6,100	40
	6 ↓	5,500	38
	7	5,000	36
	11(노화된 잎)	4,350	36
칼륨(K) 결핍	2(어린 잎)	2,150	33
	6 ↓	800	15
	7	600	14
	11(노화된 잎)	250	1

표 5.6 작물과 지역에 따른 광합성의 변이

작물명	학명	지역	광합성량(mg CO_2/㎠/h)
알팔파(Alfalfa)	*Medicago sateiva* L.	메릴랜드(Maryland)	28~60
옥수수(Maize)	*Zea mays* L.	뉴욕(New York)	21~59
↓	↓	필리핀(Philippine)	28~85
		아이오와(Iowa)	22~52
콩(Soybean)	*Glycine max* L.	아이오와(Iowa)	29~43
↓	↓	일리노이(Illinois)	12~24

* 광합성은 동일한 작물 내에서도 3배 정도의 변이를 보인다.

C_4 작물은 높은 CO_2 고정률을 가지고 있고 옥수수나 수수, 사탕수수처럼 생산성이 높은 작물이므로 C_4 기작을 C_3 작물에 도입하는 것을 연구할 가치가 있다. 그러나 콩이나 보리 등에서 이런 시도를 하였으나 성공하지 못하고 있다.

(8) 최대 작물생장률의 추정(Estimating Maximum Crop Growth Rates)

한 지역에서 태양방사의 양상이 일정하다고 생각하고 최대한 가능한 건물생산의 분석표를 표 5.7에 나타내었다. 여기서 전 태양방사량을 500cal/㎠/day 설정하고 이것을 아인슈타인 단위(E)로 변환하였다. 이때 사용한 가정으로 ① 가시광선의 82%(아래 표 5.7에서 3528/4320)는 엽록소에 의해 흡수된다. ② 최대 양자효율은 10%이다. 즉 10개의 광자가 1개의 CO_2를 환원시킨다. ③ 호흡은 광합성에서 환원된 CO_2의 33%(아래 표 5.7에서 116/353로 계산)은 방출한다. 이 가설에 따라 일일당 건물증가량의 최대치를 77g/㎡/day로 추정하였는데 이것을 작물생장률(crop growth rate, CGR)라고 하였다. 그들의 추정은 전체 태양방사량을 기준으로 하면 5.3%의 효율이고 가시광선을 기준으로 할 때는 12%의 에너지 전환효율이 된다. 최대 작물생장률인 77g/㎡/day를 단기간에 실제의 작물생장률과 비교하면 최적의 조건에 작물의 추정최대치는 60%에 도달됨을 알 수 있다(표 5.7).

표 5.7 작물표면에서 매일 최대 가능 퍼텐셜

1. 태양광 전체 방사량(Total solar radiation)	500cal/㎠
2. 가시광선(Visible solar radiation(400~700 nm)의 44%	222cal/㎠
3. 가시광선 영역에서 전체 양자(Total quanta) (약 19.5 μE/cal)	4320 μE/㎠
a. 알베도(Albedo)로 반사손실(Reflection loss) 6~12%	−360 μE/㎠
b. 비활성 흡수손실(Inactive absorption loss)의 10% (예로 세포벽)	−432 μE/㎠
4. 가시광선에서 광합성에 사용된 광자(Total quanta)	3528 μE/㎠
5. 환원된 CO_2의 양(CO_2 몰 당 10 양자)	353 μmol CO_2/㎠
6. CO_2 호흡손실(Respiratory loss)이 33%	−116 μmol CO_2/㎠
7. 탄수화물의 순생산(Net production)은 (생산된 $1CH_2O$/감소된 CO_2)	237μmol CH_2O/㎠
8. μmoles/㎠의 g/㎡로의 변환	a. 237 μmol/㎠=0.000237mol/㎠ b. CH_2O=30g/mol×2.37mol/㎡
9. CH_2O가 건물중의 92%이고 무기물이 8%이면 전건물량은 71g/㎡/day/0.92이다. 77g/㎡/day를 100일의 생육기에서 1ha로 환산하면 7.7ton/ha/100day이 생산된다.	

* 호흡손실은 추정치이고 그 범위는 25~50%이다.

* 출처: Loomis and Williams 1963.

표 5.8 작물들의 최대 작물생장률(CGR)

순번	작물명	학명	카르복실화 형태	최대 작물생장 (CGR)
①	감자(Potato)	*Solanum tuberosum*	C_3	37
②	기장(Millet)	*Pennisetum typhoides*	C_4	54
③	버뮤다그래스(Bermudagrass)	*Cynodon dactylon*	C_4	20
④	벼(Rice)	*Oryza sativa*	C_3	36
⑤	부들(Cattail)	*Typha latifolia*	C_3	34
⑥	사탕무(Sugar beet)	*Beta vulgaris*	C_3	31
⑦	사탕수수(Sugarcane)	*Saccharum officinarum*	C_4	38
⑧	수단그래스(Sudangrass)	*Sorghum vulgare*	C_4	51
⑨	알팔파(Alfalfa)	*Medicago sativa*	C_3	23
⑩	옥수수(Maize)	*Zea mays*	C_4	52
⑪	콩(Soybean)	*Glycine max*	C_3	17
⑫	파인애플(Pineapple)	*Ananas comosus*	CAM	28

* 여기서 작물생장률(CGR)들은 500cal/㎠/day의 태양복사에서 가능한 최대 작물생장률(CGR)로서 앞의 표 5.7에서 제시한 77g/㎡/day에 근접한 조건에서 가능한 작물생장률(CGR)이 100g/㎡/day까지 증가한다.
* 출처는 Loomis and Williams(1963)이고 CGR은 작물생장률(Crop Growth Rate)의 약자이다.

5. 광합성 산물의 이용(Photosynthate Utilization by the Plant)

1) 광합성 산물의 구조와 저장(Structure and Storage of Photosynthate)

광합성 산물은 6탄당의 형태로 끝나는 것처럼 보이나 다른 많은 변화가 동반된다. 6탄당은 바로 글루코스(glucose)에서 프럭토스(fructose, 과당)로 바뀌거나 다른 세포로 이동하기 위해 2당류인 자당(sucrose, 수크로스)로 바뀌는데 작물에서 대부분의 이동 탄수화물은 자당이다. 또 작물에서 일시적인 저장을 위해서는 전분으로 바뀐다. 수크로스는 셀룰로스와 같은 구조적 구성원으로 전환되어 세포벽을 확장시킨다. 또한 수크로스는 식물체의 다른 부위로 이동하는데 활발하게 생장하는 부위인 분열조직이나 저장조직에서 다당류나 구조적 성분으로 바뀐다.

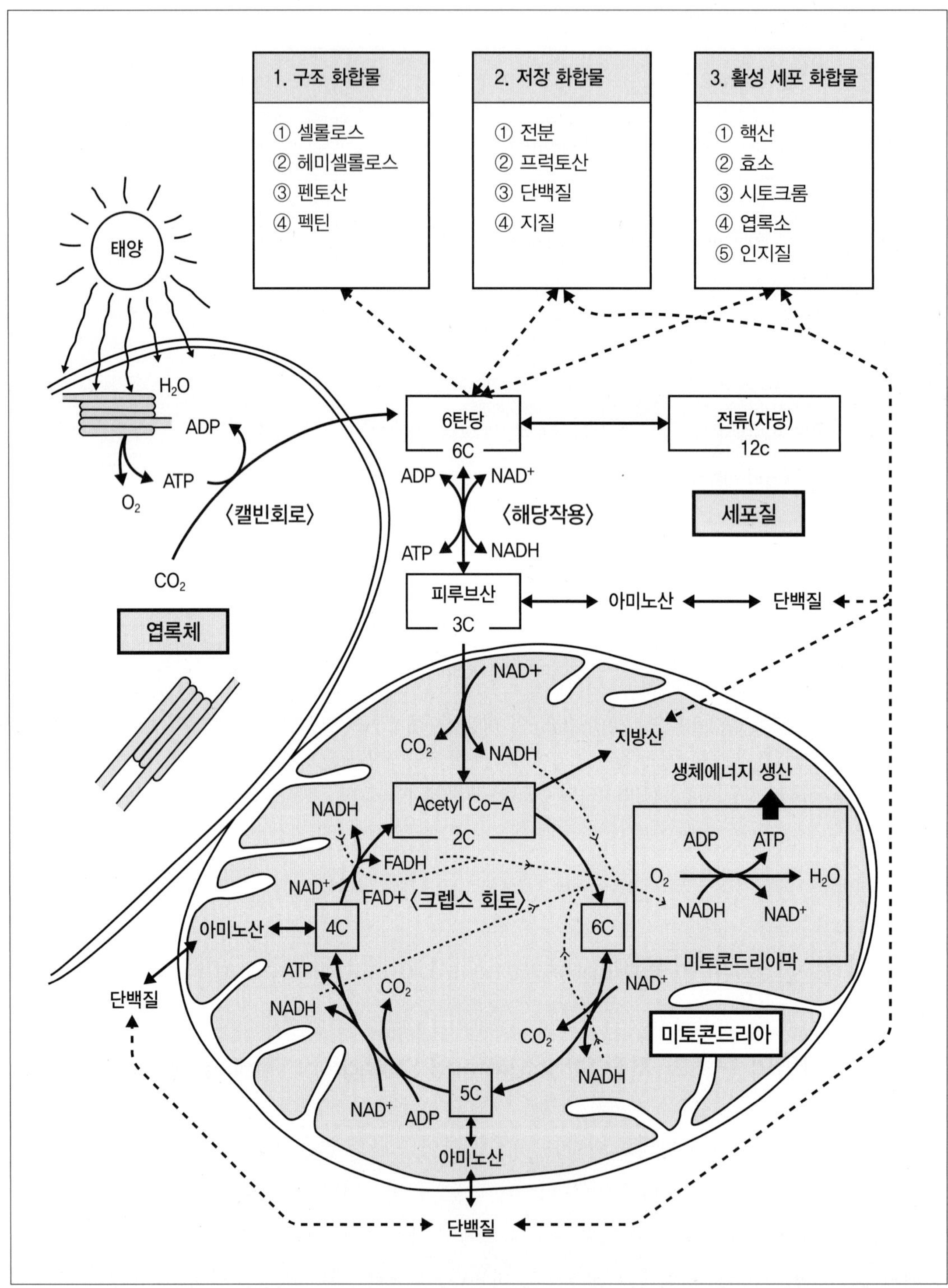

그림 5.25 해당작용, 크렙스회로 및 산화적 인산화 등 3가지 호흡양상을 중심으로 한 모식도. ATP와 NADH를 생산하는 것 외에도 호흡은 식물구조와 생리대사, 저장에 필요한 더 크고 복잡한 화합물을 만드는데 필요한 대사물을 제공한다.

2) 식물과 호흡(Plant and Respiration)

식물은 하루 광합성량의 절반을 호흡으로 소모한다. 일반적으로 식물의 호흡은 동물보다 낮은데 이는 세포벽과 액포가 있기 때문이다. 연령이 많을수록 광합성 조직의 비율이 감소하기 때문에 호흡에 의해 소실되는 양이 증가한다. 광합성이 일어나는 동안은 물론 하루 24시간 호흡이 진행된다. 광호흡률은 총 광합성률의 1/3에 달한다. 호흡의 기질로 포도당뿐만 아니라 설탕과 3탄당 인산, 과당을 포함한 중합체, 지질, 단백질도 포함된다. 호흡은 유지호흡과 생장호흡으로 나눌 수 있고 조직과 기관에 따라 호흡속도가 다르다. 아보카도와 사과 등은 호흡급등을 나타낸다. 이는 에틸렌에 의해서 촉발되고 기질은 작물과 상황에 따라 다르다.

3) 호흡과 생장(Respiration and Growth)

그림 5.25에서 보는 바와 같이 6탄당은 세포의 호흡계로 들어가 분해되면서 에너지를 발생하거나 중요한 구조변화, 생리대사 및 저장화합물로 변환된다.

(1) 해당과정(Glycolysis)

해당작용(glycolysis)은 자당이 피루브산과 같은 유기산을 생성하는 것으로 시토졸과 색소체 모두에 위치하는 수용성 효소들에 의해서 수행되는 일련의 과정이다. 상향식 조절로 수요에 맞게 조절되고 세포의 당농도를 조절할 수 있다. 이 해당과정은 혐기적 호흡 과정으로 6탄당 인산이 피부르산으로 나누어지며 세포질(cytosol)에서 일어난다. 세포 내에서 환원된 뉴클레오티드와 ATP를 형성하고 이를 각종 대사 작용에 사용한다. 피부르산은 CO_2로 산화되면서 탄소를 방출하고 NAD^+를 환원시키고 아세틸 CoA를 형성한다. 이때 생성된 NADH는 O_2를 H_2O로 환원시키는데 이용되므로 NADH의 생산과 이용은 호기적 호흡이다.

(2) 크렙스회로(Krebs cycle)

아세틸 CoA는 크렙스회로에서 나온 4C 분자와 결합하여 6C 분자를 만든다. 크렙스회로에서 더 많은 탄소가 CO_2로 산화되고 NAD^+ 환원에 이용된다. 동시에 크렙스회로에서 생산된 화합물과 에너지는 DNA, RNA 및 단백질과 같은 복합체를 만들기 위한 아미노산과 핵산 합성에 이용된다. 이 에너지는 NADH 산화로부터 나오고 O_2의 H_2O로의 환원 및 ADP에서 무기인산(Pi)이 첨가되어 ATP가 형성되는 반응과 짝지어 일어난다(그림 5.25). O_2가 이 과정에 이용되므로 산화적 인산화라고 한다. 크렙스회로는 미토콘드리아 막 사이에서 일어나는데 산화적 인산화는 미토콘드

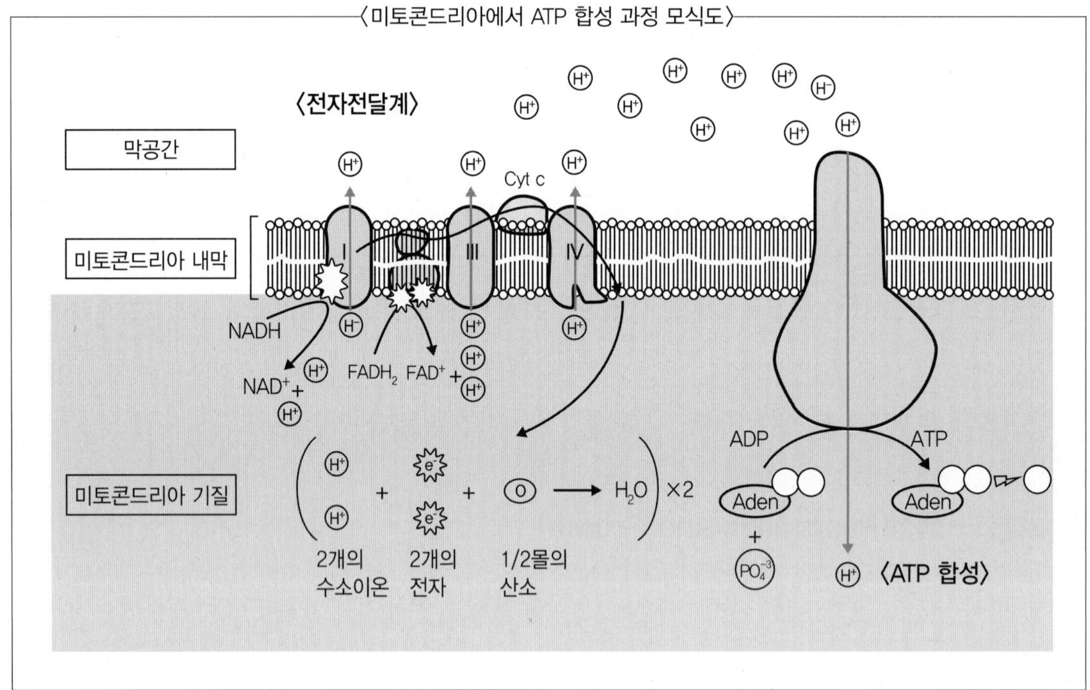

그림 5.26 미토콘드리아에서 전자전달계와 ATP합성

리아 내막에서 일어난다. 이 막은 광합성 색소를 포함하지 않는다는 것을 제외하고는 엽록체 막과 매우 유사하다(그림 5.27).

시트르산 회로(citric acid cycle)에서는 피루브산이 완전히 산화되어 자당 한 분자당 16NADH+4$FADH_2$가 만들어 진다. 이 과정은 미토콘드리아에서 일어난다. 일명 크렙스(Krebs cycle), 트리카르복실산 회로(tricarboxylic acid cycle)라고도 한다. 식물세포에는 미토콘드리아의 수가 동물보다 적으나 공변세포에는 이례적으로 많이 들어 있다. DNA가 있어 반 자율적인 소기관으로 단백질합성과 유전정보를 전달할 수 있다. 유성생식 동안 모계유전을 한다. GABA는 스트레스 생태에서 만들어지는 아미노산이다.

(3) 산화적 5탄당인산경로(Oxidative Pentose Phosphate Pathway, OPPP)

산화적 5탄당인산경로는 6탄당이 리불로스 5인산으로 산화된 후 다양한 당으로 전환된다. 시토졸과 색소체 모두에 위치하는 수용성 효소들에 의해서 수행되는 일련의 과정이다. 빛이 없을 때 상처가 나서 스트레스를 받을 때 방향족 합성물인 페놀, 플라보노이드, 피토알렉신 등을 합성하는 과정이기도 하다.

(4) 산화적 인산화(Oxidative phosphorylation)

산화적 인산화(oxidative phosphorylation)에서 전자는 전자전달계를 통해 이동하는데 이때 산화환원반응과 ATP합성을 집합적으로 산화적 인산화라고 한다. 설탕 한 분자당 60개의 ATP가 만들어진다. 이는 표준 자유에너지의 약 52%로 4%만 전환되는 발효에 비해 엄청난 효율증가를 나타낸다. 산화적 인산화는 광인산화와 유사한 저자전달계를 이용하는데 주요 단백질은 시토크롬이다. 광합성과 호흡은 상반되는 개념이지만 표 5.9에서 보는 것처럼 매우 유사한데 작용은 서로 반대이다. 두 과정 모두 합성을 위해서는 에너지를 이용하고 호흡은 저장이나 구조형성 및 대사화합물의 합성, 막을 통한 전류와 양분운반을 위한 에너지를 얻기 위하여 유기분자를 이용한다. 호흡은 이런 과정과 일을 위해서 광합성 산물로부터 나온 에너지를 이용한다. 광합성은 CO_2를 흡수하여 작물의 건물량을 증가시키지만 호흡에서 이화과정은 CO_2 방출과 건물중의 감소를 동반한다.

이 두 과정은 작물의 생육에 필수적인데 광합성은 6탄당 생성을 위해 CO_2를 고정하고 호흡은 6탄당을 전환시켜 작물의 생장과 발육에 요구되는 구조, 저장, 대사물질을 생성한다. 작물생리학자들은 이 두 과정을 효율적으로 만드는 것이다. 즉, 광합성에서는 광에너지를 최대한 효율적으로 이용하도록 하는 것이고 호흡에서는 광합성 에너지를 최대한 효율적으로 생산적인 작물로 만드는데 이용하는 것이다.

표 5.9 광합성과 호흡의 비교

번호	항목(요인)	광합성	호흡
①	뉴클레오티드 환원	CO_2 환원을 위해 광 에너지에 의해 만들어진 NADPH 이용	O_2 환원을 위해 탄소의 산화로 형성된 NADH 이용
②	물(H_2O)	기질	생산물
③	산소(O_2)	생산물	기질
④	유기화합물	생산물	기질 및 생산물
⑤	이산화탄소(CO_2)	기질	생산물
⑥	인산화(phosphorylation)	광에너지를 이용한 광인산화	화학에너지를 이용한 산화적 인산화
⑦	발생장소	엽록체	미토콘드리아(크렙스 회로)
			세포질(해당작용)

호흡의 효율성을 알아보려면 ATP의 생산과 이용이 조사되어야 한다. 호흡은 다른 분자로부터 유리된 에너지를 공급받아 활성화시키는 저장장치와 유사하다. 기계적인 엔진에서는 저장된 에너지를 급속히 연소시켜 열에너지로 방출하므로 저장 에너지의 약 35% 정도의 효율로 이용한 일에 사용되도록 바꾸어준다. 반면에 호흡은 느린 에너지 방출이다. 기질은 인산화에 의해서 에너지가 주입되고 전체과정은 등온조건에서 효소에 의해 촉매 되는 많은 단계를 거쳐 행해진다. 예를 들면 글루코스는 약 30단계를 거쳐 CO_2로 완전히 분해된다.

$$C_6H_{12}O_6 + 6O_2 \xrightarrow{(30단계)} 6CO_2 + 6H_2O + 673kcal(퍼텐셜 에너지)$$

이러한 단계는 해당과정과 크렙스회로를 포함한다. 산화적 인산화와 함께 이들 회로는 38ADP 분자를 인산화시킨다. 이때 1ATP는 12kcal이므로 38ATP 분자는 456kcal로 456/673는 68%의 효율을 보인다. 농업은 ATP 생산 에너지를 작물의 생장과 발육에 가장 효과적으로 연결시키는 것으로 그 최종 결과물은 단위면적당 최대의 농산물 수확이다.

4) 환경요인과 호흡률의 변화(Change of Respiration rate by Environmental Factor)

산소는 2~3%로 그 농도를 감소시키면 호흡이 감소한다. 그러나 그 이하로 낮추면 발효대사가 개시될 수 있다. 수목의 뿌리나 수경재배에서도 산소의 공급은 생육을 촉진시킨다. 침수된 늪에서 자라는 맹그로브는 호흡을 하는 뿌리를 가지고 있다. 온도는 10℃씩 증가하면 호흡률이 2배로 증가하는데 이를 호흡계수(Q10)이라고 한다. 감자는 7~9℃에 보관하는데 이는 저온이면 단맛이 생기고 고온이면 수분이 빨리 증발되고 발아도 빨리 되기 때문이다. 농산물의 저장에서 이산화탄소 농도는 3~5%로 저장하는데(CA저장) 그 이하로 낮추면 오히려 호흡이 증가하거나 저장물이 부패하여 저장효과가 떨어지기 쉽다.

요약(Summary)

태양방사는 작물의 에너지원이다. 작물은 이 방사에너지를 받아들여 화학에너지로 전환한다. 이때 형성된 첫 번째 화학물질은 환원된 뉴클레오티드와 ATP이다. 이러한 화합물들은 안정적인 유기화합물로 CO_2를 카르복실화시킨 일시적 중간물질이다. 작물에서는 3가지 카르복실화 시스템이 발견되는 C_3 작물과 C_4 작물, CAM 작물이 그것이다. 일반적으로 C_3 작물은 광호흡을 하므로 C_4 작물보다 효율이 낮다. 광, 온도, 수분, 무기양분과 CO_2 등 환경요인은 엽록체의 명반응이나 카르복실화 체계에 영향을 주어 잎의 광합성 효율을 좌우한다.

엽의 광합성률은 작물 간과 작물 내에 따라서 다양한데 높은 광합성률을 보이는 작물을 선발하면 수량과 품질을 증가시킬 수 있다. 광합성의 산물은 저장, 구조, 호흡 및 생장에 이용된다. 작물에서 광합성 산물이 여러 부위로 얼마나 효율적으로 분배되느냐가 수량에 중요하게 영향을 미치게 된다. 결국 최종 제한요소로서 광을 잘 이용하는 것이 중요하고 최대작물생장률은 77g/㎡/day로 추정되고 이것은 가시광선에 대해 12% 정도의 효율을 나타낸다. 호흡은 생육 시에는 주야간의 변온과 인위적 환경요인을 변화시키므로 줄일 수 있고 저장 시에는 CO_2와 O_2의 비율을 조정(CA저장 등)하여 저장효율을 높일 수 있다.

제6장
작물의 군락상태에서 탄소고정
(Carbon Fixation by Crop Canopies)

작물의 전체 건물생산은 생육기 동안 순 CO_2 동화작용에 축적된 결과이다. CO_2 동화작용은 태양 복사에너지를 흡수함으로 이루어지고 태양방사는 계절별로 토양 표면에 균일하게 분포되므로 전 건물생산에 영향을 주는 1차 요소는 흡수된 태양에너지와 CO_2 고정에 이용되는 에너지 효율이다. 실험실 조건에서 CO_2 고정에 대한 상세한 연구결과들은 있으나 작물이 재배되는 군락상태에서 CO_2 동화작용에 대한 연구는 많지 않다. 작물 군락은 다음의 이유로 실험실의 결과와 다소 차이가 발생된다. ① 온습도나 광도, 산소나 CO_2의 농도 등 기상과 같은 환경요소들 때문에 작물의 군락상태는 계속적으로 변한다. ② 작물은 복잡한 재배환경에 다르게 반응하는데 군락상태에서 광흡수와 작물생산성에서도 그렇다. 그러나 우리의 농업환경은 개체가 아닌 군락상태로 존재하며 최대 수량을 올릴 수 있도록 최적화 해야 한다.

1. 엽면적과 광흡수에 따른 작물생장
(Leaf Area, Interception of Solar Radiation, and Crop Growth)

1) 엽면적과 광흡수(Leaf area and solar radiation interception)

작물이 태양광을 효율적으로 이용하기 위해서는 일사광의 대부분이 녹색조직에서 흡수되어야 한다. 잎은 종자의 배에서 나오거나 줄기의 분열조직에서 발생하여 작물에서 광흡수와 광합성을 수행하는 기관이 된다. 몇몇 영년생 작물은 열대 및 아열대 기후에서 토양을 거의 피복시킨다. 그러나 온대지역에서는 겨울이 다가오면 생육이 정지되고 봄이 되어 온도조건이 알맞으면 저장양분이 공급되고 월동아(quiescent bud, 동지아)와 같은 조직에서부터 생육이 시작된다. 1년생 식물에서는 유묘로부터 초기 엽면적이 발달하지만 이것은 초기 생장의 다른 부분에 비해 작아서 토양표면에 태양방사가 많이 흡수되므로 토양온도를 높이게 된다. 효율성이 높은 작물은 그들의 초기 생장 대부분을 엽면적 확장에 투자하여 태양방사를 효율적으로 이용할 수 있도록 한다. 비료나 재식밀도 조절 등으로 초기에 엽면적을 확보하는 기술은 수광량을 증가시키고 결국에는 수량의 증가로 귀결된다.

개화 후 영양생장이 정지하는 1년생 유한신육형 작물에서 엽면적의 발달을 그림 6.1 (A)에 나타내었다. 엽면적이 발달함에 따라 잎에 의한 수광량은 증가한다. 생육 초기에는 엽면적은 기하급수적(지수적)으로 증가하지만 원래 엽면적이 적은 상태이므로 처음 몇 주간은 수광량이 많지 않다. 개화가 되면 엽면적 발달이 정지되므로 이전에 엽면적을 충분히 확보하여 태양광을 최대한 흡수하도록 하는 것이 최대 광합성을 하도록 하는 재배의 핵심 요소이다. 이것은 종실중이 대부분인 곡류에서 개화후 광합성이 중요하다. 작물 간에 경합이 작을 때인 작물의 초기생장기는 생육이 지수적으로 증가하며 전 작물체 또는 작물체의 건물중에 대한 건물 증가율에 기초한 상대생장률(relative growth rate)로 설명이 된다(제9장 작물의 생장과 발육 참조).

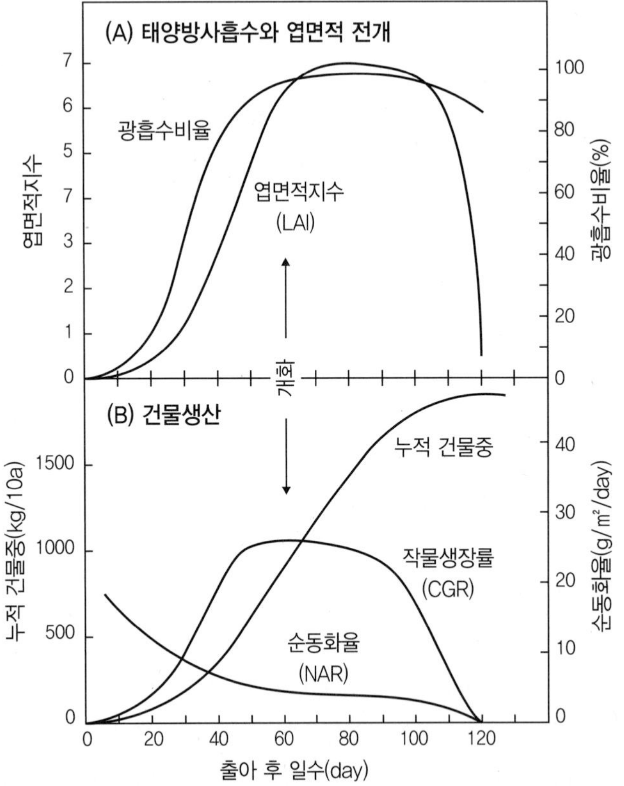

그림 6.1
화곡류인 1년생 유한신육형 작물에서 계절에 따른 엽면적지수(LAI), 광흡수, 작물생장률(CGR) 간의 관계
여기서 NAR(Net Assimilatiom Rate)은 순동화율을 나타내고 포장상태에서는 다양한 환경요소들이 변화하므로 이들 생장 반응도 시시각각 변화한다.

엽면적이 발달함에 따라 하위엽에 차광이 되기 시작하는데 작물의 생장해석은 각각의 작물보다는 엽면적이나 토지면적에 영향을 많이 받는다. 엽면적지수(leaf area index, LAI)라는 개념과 용어를 왓슨(Watson, 1947)이 제시하였는데 이것은 토지면적에 대한 작물의 엽면적의 비율이다. 태양광은 균일하게 토양에 퍼지므로 엽면적지수(LAI)는 유효 태양방사의 단위당 엽면적을 측정하는 것이 된다.

2) 엽면적지수와 건물생산(Leaf area index and Dry matter production)

(1) 작물생장률(Crop Growth Rate, CGR)

생장분석은 생장과 발육에서 논의하기 때문에 여기서는 수량 분석을 하기 위해 설명을 한다. 작물생장률(CGR)은 단위시간과 단위토지면적 당 건물축적량을 말한다. 작물생장률(CGR)은 일정한 간격으로 작물을 군락상태에서 수확하면서 특정의 한 시점에서 다음 시료 채취 기간까지 건물중의 증가를 계산하여 평가한다. 즉 g/㎡/day의 단위로 표현한다. 분석용 시료가 수집되는 지역에서 자라는 작물의 모든 살아있는 조직이 측정되어야 한다. 그러나 뿌리를 채취하는 것은 어려움이 있으므로 보통 작물생장률(CGR)은 뿌리 부분을 빼고 측정하는 경우가 많이 있다. 작물생장률(CGR)은 대개 태양광의 흡수와 밀접하게 관련이 되어있다(그림 6.1 (B)).

(2) 순동화율(Net Assimilatiom Rate, NAR)

잎의 표면은 작물에서 1차 광합성 기관이므로 이 엽면적을 기초로 하여 생장을 표현한다. 순동화율(NAR)은 단위시간과 단위엽면적 당 건물축적량을 말한다. 이것은 g/㎡/day의 단위로 표현한다. 순동화율(NAR)은 작물군락에서 잎의 평균 광합성 효율의 평가이다. 작물체가 작고 잎의 대부분이 태양 직사광선에 노출되어 있을 때 순동화율은 최대가 된다. 작물이 생장하고 엽면적지수가 증가함에 따라 더 많은 잎이 차광되므로 생장이 진행됨에 따라 순동화율(NAR)은 감소한다(그림 6.1 (B)). 높은 엽면적지수를 갖는 군락에서 상부의 어린잎은 최대의 태양광을 흡수하고 높은 CO_2 동화율을 갖는다. 그리고 많은 양의 동화산물을 작물체의 다른 부분으로 전류시킨다. 반면에 군락의 하부에 위치하여 광이 차단되는 오래된 잎은 CO_2 동화율이 낮고 작물체의 다른 부위로 보내는 동화산물의 양도 적다.

엽병, 줄기, 엽초 및 화서와 같은 잎 이외의 부분에서의 광합성을 비엽광합성이라고 부르며 작물의 수량증대에 공헌은 하지만 순동화율에 포함시키지는 않는다(제7장 광합성 산물의 운반과 분배 참조). 순동화율(NAR)은 작물의 군락에서 단위면적당 순 CO_2 교환율에 대한 평균의 측정치이다. 따라서 여기에다 엽면적지수를 곱하면 작물생장률(CGR)이 된다. 즉 질물생장율(CGR) = 순동화율(NAR)×엽면적 지수(LAI)의 등식이 성립된다.

3) 한계엽면적지수와 최적엽면적지수(Critical and Optimum Leaf Area Index)

(1) 한계엽면적지수(Critical Leaf Area Index)

작물생장률(CGR)과 엽면적지수(LAI) 간에는 관계를 뉴질랜드의 브로햄(Brougham, 1956)은 방목지에서 태양광을 대부분 수광하기에 충분한 엽면적을 확보하면 최대생장률이 유지된다는 것을 연구하고 이 가설을 검정하기 위해 라이그라스와 클로버가 혼합된 실험구에서 2.5, 7.5, 12.5cm의 높이로 예취를 한 후 32일 동안 매 4일마다 건물량, 엽면적 및 군락의 수광량을 측정하였다. 그림 6.2 (A)에서 보는 바와 같이 예취 직후 12.5cm 예취구에서는 수광률이 95%이었고 2.5cm 구에서는 20% 이하로 나타났다. 브로햄(Brougham)은 엽면적지수(LAI)가 5까지 증가함에 따라 작물생장률(CGR)이 증가하였다고 했는데 이때 태양광은 95%가 수광된다(그림 6.2 (B)). 한편 엽면적지수가 5 이상에서는 작물생장률을 더 증가시키지 못한다. 브로햄은 작물의 군락에서 최대 작물생장률(95% 수광이 일어날 때)에 도달하는 엽면적지수를 한계엽면적지수(Critical Leaf Area Index)라고 명명하였다.

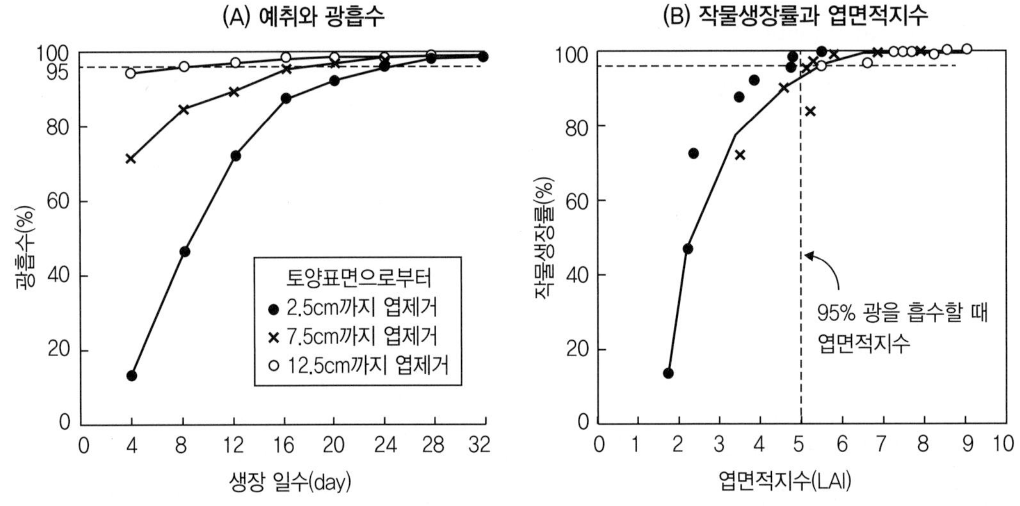

그림 6.2 라이그라스와 클로버가 혼합된 목초지 실험구
(A)는 3가지 수준으로 예취한 후 수광량이고 (B)는 4일마다 측정한 건물량과 엽면적지수 측정에서 얻어진 작물생장률(CGR)이다.

수광률이 95%에 도달할 때 엽면적지수(LAI)는 다음 2가지 이유로 한계엽면적지수(Critical Leaf Area Index)가 되는데 ① 일사 에너지의 수광은 점차 최대치에 가까워져서(점근적) 수광률 100%에서는 엽면적지수의 측정이 불가능하다. ② 한낮의 최대 태양광이 2300μ mol photon/㎡/sec 하에서 95%의 광흡수는 군락의 바닥에는 광보상점인 115μmol photon/㎡/sec이라는 것을 의미한다. 즉 수광률 95% 이상에서 엽면적지수 증가는 곧 작물생장률(CGR)을 증가시킨다고 말할 수 없다. 그림 6.3은 콩에서 수광률, 작물생장률(CGR)과 엽면적지수(LAI) 간의 한계엽면적지수 반응을 보여주는 생장분석 그래프이다.

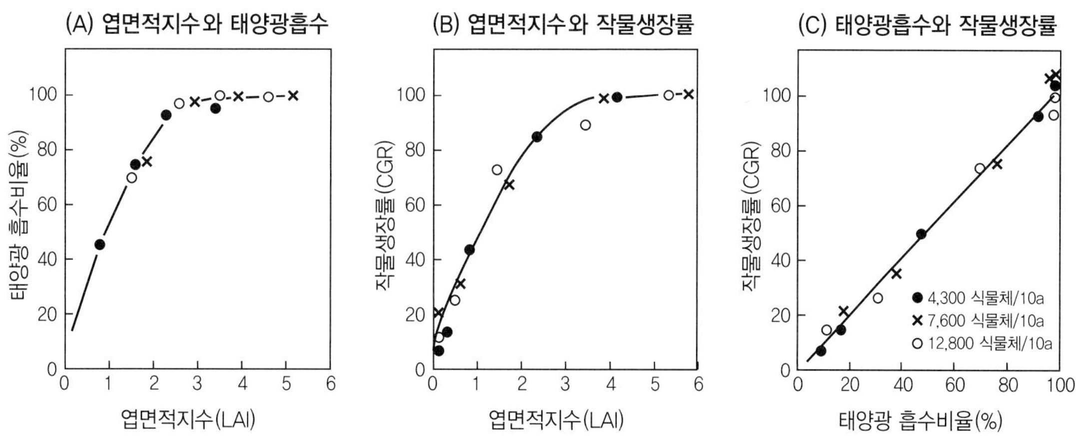

그림 6.3 콩에서 태양광 흡수, 작물생장률(CGR)과 엽면적지수(LAI)와의 관계

(2) 최적엽면적지수(Optimum Leaf Area Index)

영국의 왓슨(Watson, 1958, 뉴질랜드에서 수행한 브로햄의 실험과 서로 유사함)이 케일과 사탕무를 줄뿌림하고 엽면적지수를 변화시키기 위해 재식밀도를 다양하게 한 후 10일 간격으로 엽면적지수와 건물중을 측정하여 보니 케일에서 최대 작물생장률(CGR)이 엽면적지수(LAI) 3.5 정도에서 일어난다는 것을 알게 되었다(그림 6.4). 그리고 사탕무는 더 효율적이어서 엽면적지수가 5에서도 최대 작물생장률(CGR)에 도달하지 못하였다.

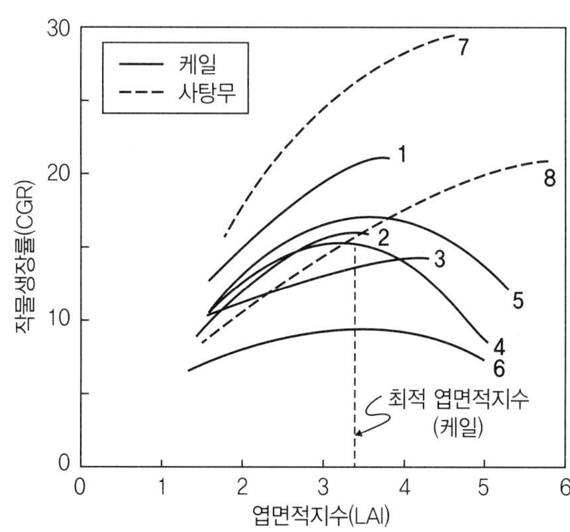

그림 6.4
케일과 사탕무에서 작물생장률(CGR)과 엽면적지수(LAI)와의 관계. 여기서 케일의 최적엽면적지수는 3.4로 나타났다.

(3) 한계엽면적지수와 최적엽면적지수의 개념 (Critical and Optimum Leaf Area Index Concept)

최적 또는 한계 엽면적지수를 갖는 작물의 군락에서는 일사량 대부분을 수광할 때까지 엽면적지수(Optimum Leaf Area Index)가 커질수록 작물생장률(CGR)도 증가하게 된다. 그러나 작물생장률(CGR)이 최대에 이른 후에는 호흡으로 인해 두 개념은 달라진다(그림 6.5).

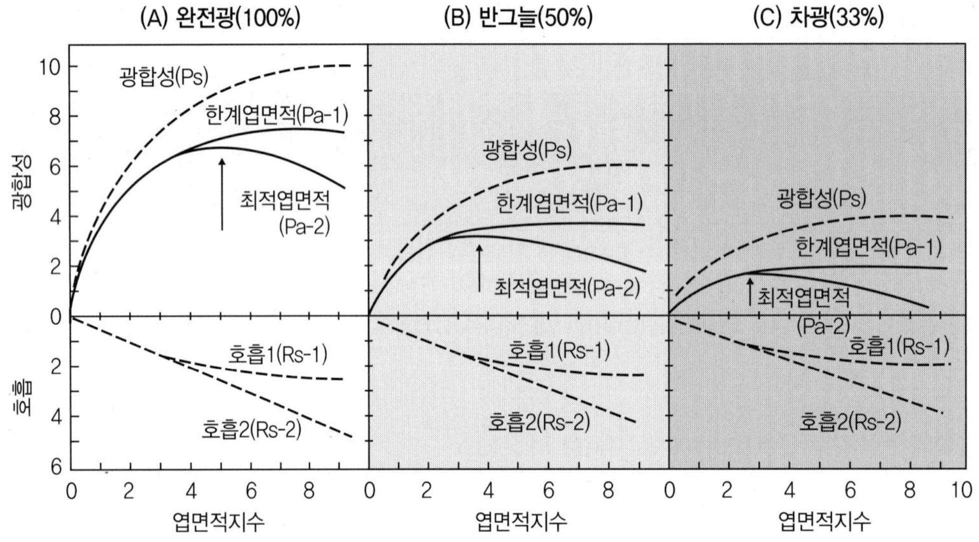

그림 6.5 엽면적지수(LAI)에서 작물의 군락광합성과 호흡, 외견광합성(apparent Photosynthesis, Pa)과의 관계

위의 그림 6.5에서 외견광합성(Pa)은 광합성과 호흡 간의 차이이다. 외견광합성(Pa)에 대한 두 개의 곡선은 다른 호흡량 때문에 발생하는 한계엽면적지수 반응(Pa-1)과 최적엽면적지수 반응(Pa-2) 간의 차이를 나타낸다. 여기서 외견상 광합성(Pa)은 작물생장률(CGR)에 대응되고 화살표(↑)로 표시한 최대 외견광합성(Pa)은 일사량이 감소함에 따라 낮은 엽면적지수(LAI)에서 나타난다. 일사량이 광합성 기관에 의해 모두 흡수될 때까지 광합성은 증가한다. 더 이상의 엽면적의 증가는 하위엽을 차광시켜 호흡에 요구되는 정도의 광합성도 하지 못하고 다른 잎에서 만든 광합성 산물을 이용하게 되어 기생적인 상태가 된다. 결과적으로 작물생장률(CGR)은 감소한다. 일반적으로 새로운 잎은 작물체의 윗부분에 생기므로 오래된 하위엽은 차광상태가 된다. 완전히 전개된 잎에는 다른 잎으로부터 광합성 산물이 전류가 없다. 즉 잎이 차광됨에 따라 광합성 감소와 더불어 그들의 호흡도 줄어든다. 이런 작물 상태에서의 엽면적을 한계엽면적지수라고 한다. 호주의 킹과 에반스(King과 Evans, 1967)의 연구에서 밀과 알팔파가 한계엽면적지수에 도달하면 호흡의 증가가 점점 줄어들었으므로(그림 6.6) 이러한 작물들은 한계엽면적지수 반응을 보여준다.

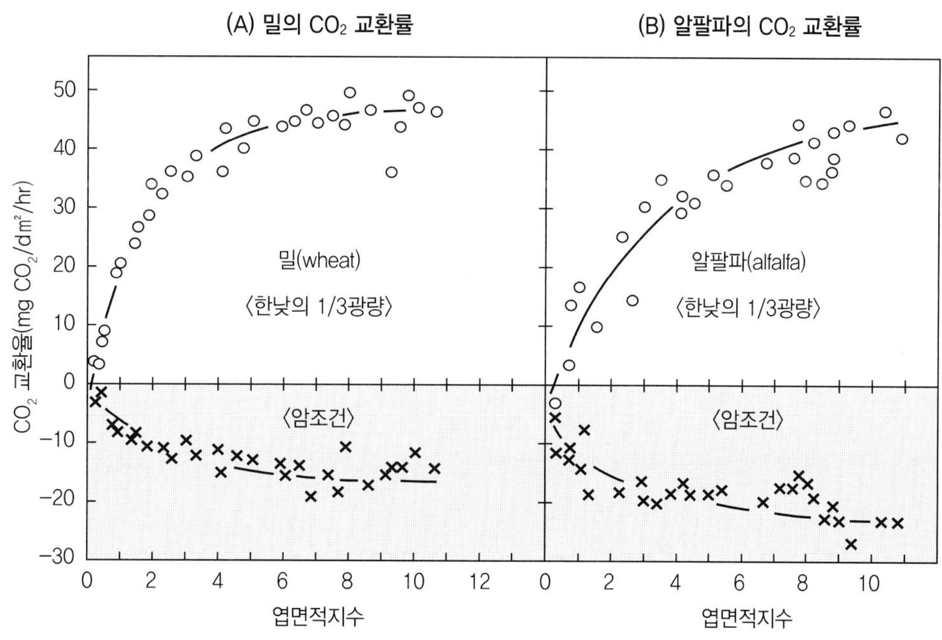

그림 6.6 엽면적지수(LAI)와 관계에서 한낮의 태양광선의 약 1/3인 광합성유효방사량(○로 표시된 곡선)과 암조건(x로 표시된 곡선)에서 밀과 알팔파 군락의 CO_2 교환율을 나타내는 그래프

최적엽면적지수(LAI) 반응은 어린잎 조직이 차광이 되었을 때 일어난다. 피어스(Pearce, 1965)는 오차드그라스의 잎은 절간 신장이 일어나지 않은 줄기 근처의 절간생장점(Intercalary meristem, 부간생장점)으로부터 신장하므로 높은 엽면적지수(LAI)에서는 군락(canopy)의 윗부분에 있는 오래된 잎들이 바닥에 있는 잎을 차광하게 된다고 하였다. 어린잎 조직은 그들의 생장기능을 유지하기 위해 다른 잎 조직에서 온 광합성 산물을 이용한다. 이것은 차광으로 인한 광합성량 이상으로 호흡을 증가시키고 최적엽면적지수 반응이 일어난다. 위의 피어스 실험에서 오차드그라스는 개화 후 생장에서 최적엽면적지수를 나타내었다. 비록 한계 및 최적 엽면적지수(LAI)의 정의는 다르지만 최대 작물생장률(CGR)을 얻기 위한 최소 엽면적지수(LAI)로 특징지어진다. 이 두 가지 모두 광의 대부분을 흡수하는 엽면적지수(LAI)로 볼 수 있다.

4) 작물의 군락에서 일사량 감소(Radiation Attenuation through Crop Canopy)

작물의 군락은 직사광과 비직사광, 산란광 모두를 흡수한다. 상위 잎은 직사광과 산란광 모두를 받으나 군락 내 하위 잎은 광반(sun fleck, 식물 군락에서 상층에 있는 잎의 무리 사이로 비치는 직사광선) 등 직사광이 적을 수밖에 없다. 비직사광은 잎을 통한 광선의 투과와 식물체나 토양 표면으로부터 반사 때문에 점차 많아진다. 잎을 투과한 광은 적외선이 많고 군락 내의 깊이에 따라 복사의 양과 질은 변한다. 작물은 400~700nm 파장 범위의 에너지를 잘 흡수하므로 장파장이 하부에서 두드러지게 많다. 이러한 이유로 광합성 연구에 있어서 작물 군락 내 복사를 측정하는데 대부분의 기기가 400~700nm 파장 사이의 양자나 에너지 수준을 측정하게 된다. 이렇게 측정된 광은 양자 측정에서는 광합성자유속밀도(PPFD) 또는 에너지 측정에서는 광합성유효파장(PAR)이라고 부른다. 현재 여기서 사용하는 복사는 광합성유효파장(PAR)을 의미한다.

작물의 군락을 통해 내려갈 때 빛의 감소는 색깔을 띤 용액이나 조류(algae) 세포의 현탁액을 통과할 때와 유사하다. 이러한 흡광 양상은 일정 두께의 층을 투과하는 빛의 일정 부분을 흡수한다는 람베르트 비어(Lambert-Beer)의 법칙을 따른다. 작물의 군락에 있어서 층의 두께는 엽면적지수(LAI) 단위에 기초한다. 수학적으로 표현하면

$$I_i / I_o = e^{-kL}$$

여기서 I_o는 군락의 광합성 활성방사, I_i는 i번째 아래 잎 층에서의 광합성 활성방사, L은 i번째 잎 층의 엽면적지수, k는 군락의 흡광계수 그리고 e는 자연 대수인 2.71828이다. 군락을 통과하는 태양광의 양은 엽면적지수(LAI)와 잎이 펼쳐진 형태에 따라 영향을 받는다. 흡광계수 k는 군락에서 광이 줄어진 정도를 나타내는 지표이다. 즉 k는 잎이 펼쳐진 형태의 특성이며 잎의 기울기와 군락 내에서 잎의 배치 방향에 따라 결정된다.

(1) 잎의 직립정도(Leaf Inclination)

잎의 직립 정도는 그림 6.7에 나타내었다. 엽각의 양상은 대부분 잎이 거의 수평적(35° 이하)인 수평엽형(planophile)에서부터 거의 수직적(60° 이상)인 수직엽형(electophile)까지 범위를 갖는다. 트레바스와 앵거스(1975)는 작물의 종류에 따라 잎 기울기의 양상을 그림으로 나타

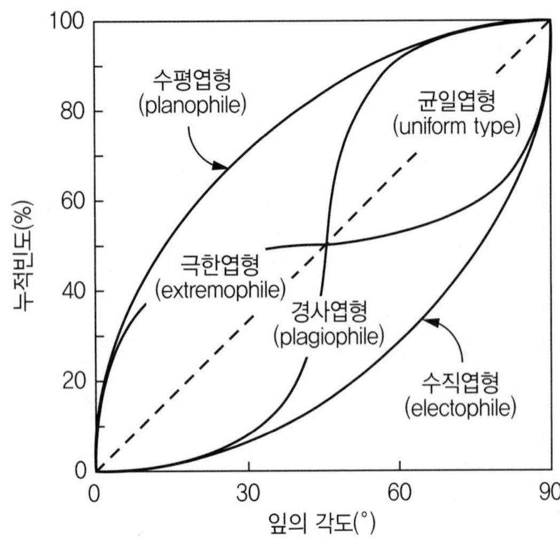

그림 6.7
작물의 군락상태에 따라 4가지로 나눈 직립정도(잎의 기울기) 분포와 이상적인(ideal) 누적빈도. 점선(---)은 균일한 잎의 분포를 나타낸다.

내고 작물의 종에 따라 극한생물(온도나 pH, 염류농도 등 다양한 물리화학적 특성이 극한환경에서 생육하는 생물)을 제외하고 여러 잎의 기울기 양상을 보여주는 연구를 통해 잎의 기울기는 군락에서 일사량 흡수와 분포에 영향을 주는데 수평엽형인 클로버 군락은 수직엽형인 화본과 군락에 비하여 일사량 대부분을 흡수하므로 최적 엽면적은 적은 엽면적을 필요로 한다고 하였다(그림 6.8). 클로버와 화본과 식물에서 k값은 클로버의 경우 약 0.6이고 화본과의 경우 0.25 정도이다

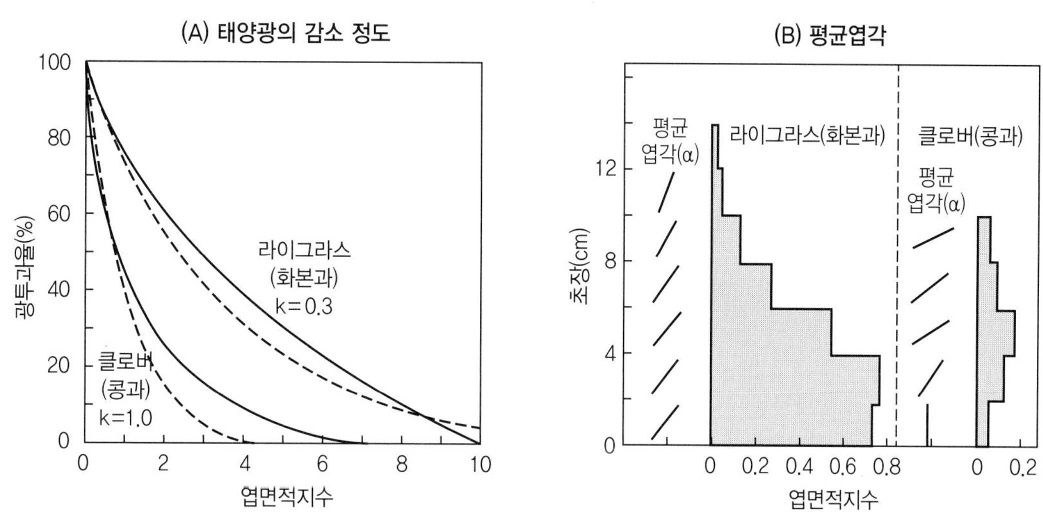

그림 6.8 엽면적지수에 따른 태양광의 감소정도(A)와 평균엽각(B)

그림 6.8의 왼쪽 (A)는 클로버와 화본과 작물의 초지에서 엽면적지수(LAI)의 함수로서 1.0과 0.3의 흡광계수(k)와 비교한 태양광의 감소정도이고 오른쪽 (B)는 라이그라스와 클로버의 군락에 대해 사각형 점을 이용한 평가에서 엽면적지수(LAI)의 수직분포와 평균엽각(α)이다.

와렌과 윌슨(1959)은 평균 잎의 각도를 계산하기 위해 다양한 층위에서 수평 및 수직 바늘이 잎과 접촉하는 빈도를 이용하여 라이그라스와 클로버의 군락의 수평엽형과 수직엽형의 기울기 양상을 묘사하였다. 브로햄의 한계 엽면적지수(LAI)의 이론에 따라 그림 6.8의 클로버 군락은 엽면적지수(LAI) 5에서 복사의 95%를 수광하므로 클로버에서 한계 엽면적지수(LAI)은 5이다. 반면에 화본과의 작물생장률(CGR)은 한계 엽면적지수(LAI) 9까지 지속적으로 증가한다. 엽의 기울기에 대해 연구된 작물은 주로 수평엽형이었는데 이는 작물 재배지에서 잡초와의 경합에 대한 선발이 이전부터 이루어졌기 때문이다. 대부분의 잡초는 차광이 되면 생육이 저해되는데 작물은 영양생장기 동안 잡초를 최대한 차광시킴으로써 물, 양분 및 햇빛에 대한 경합을 줄인다.

(2) 잎의 직립 정도와 광합성 효율(Leaf Inclination and Photosynthetic Efficiency)

잎에서 광합성은 낮은 광도에서 효율적인데 이는 단위 광량당 CO_2 고정량으로 계산되기 때문이다. 이들 대부분 잎은 직사광선에서 광포화가 된다(그림 6.9). 수평엽형 군락에서 상위엽은 광포화가 되고 하위엽은 차광 때문에 광합성이 낮아진다. 이론적으로 수평엽형 군락은 빛이 잎 표면에 고루 분포된다면 효율적일 것이다. 즉 태양고도가 최고에 달했을 때 적어도 상위엽만이라도 수직적인 기울기를 유지하고 있으면 빛이 골고루 비칠 수 있을 것이다.

(A) 엽각에 따른 광조사량

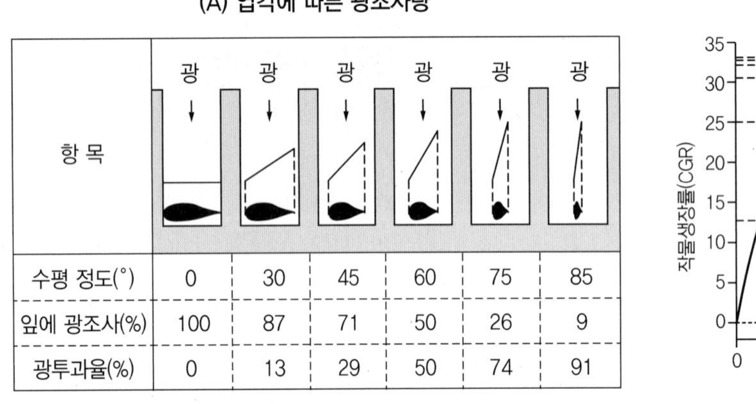

항 목	광	광	광	광	광	광
수평 정도(°)	0	30	45	60	75	85
잎에 광조사(%)	100	87	71	50	26	9
광투과율(%)	0	13	29	50	74	91

(B) 일사량과 작물생장률

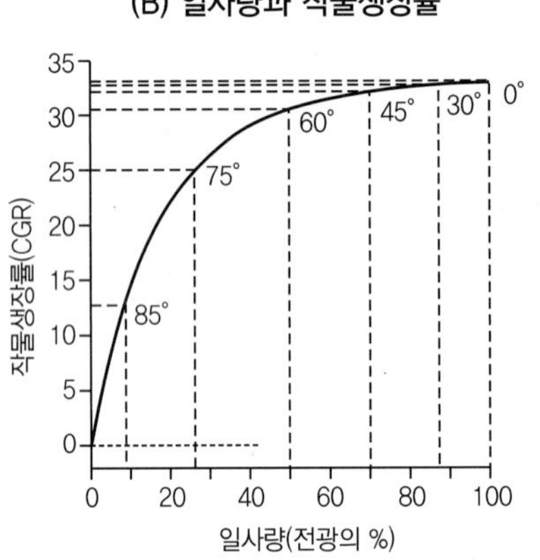

그림 6.9 레드클로버의 엽각, 엽표면에서 태양방사 및 잎에 대한 반응곡선 간의 관계

(3) 광의 감소와 작물생장률(Radiation Attenuation and CGR)

잎은 얼마만큼 수직적이어야 할지에 대한 내용을 그림 6.9(A)는 잎을 더 수직 방향으로 하여 군락광합성을 극대화하는 이론적 개념을 보여준다. 예를 들어 수직의 광원에서 잎의 각도가 수평에서 75°일 때 그들은 수평잎보다 26% 더 많은 일사량을 수광하고 엽면에서 유효복사 수준은 수평잎의 26%가 된다. 일사량에 대한 광합성 반응은 곡선적이며 수광 효율은 낮은 광도에서 가장 크므로 단위 일사당 효율은 수직엽에서 크다. 그림 6.9의 레드클로버 예를 들면 잎이 수평에서 75°이고 광의 26%만을 수광할 때 광합성은 수평엽 광합성에 비해 단지 22((1−25/32)×100)%만 감소한다. 상위엽 광합성은 수직적 기울기 때문에 약간 감소하나 수직 잎은 더 많은 양의 광선이 하위엽으로 투과하도록 한다. 군락 광합성과 작물생장률(CGR)은 이론적으로 수직엽 기울기의 높은 엽면적지수(LAI)에서 급속하게 증가할 수 있다(표 6.1).

C_4종은 대개 직사광 하에서도 광포화점에 이르지 않아서(그림 5.21 참조) 이들은 C_3작물들보다 높은 광도를 효율적으로 이용한다. 그러나 그들은 대낮의 광 조건에서보다 낮은 광도에서 더 효율적이다.

표 6.1 엽각, 엽광합성, 엽면적지수(LAI) 및 전체 실험구의 광합성 간에 관계

수평면에서 엽각 (°)	엽광합성률 (kg CO_2/㎡/hr)	최대 광흡수 엽면적지수(LAI)	전체 실험구의 광합성 (kg CO_2/㎡/hr)
0	3.3	1	3.3
60	3.1	2	6.2
75	2.6	4	10.4
85	1.2	10	12.0

*그림 6.9로부터 계산하였고 완벽한 잎의 배치를 가정하였는데 이것은 한계 엽면적지수(LAI)에 해당한다.

예를 들면 그림 6.9(B)에서 잎 표면의 광도가 한낮의 최대 광도의 25%와 50% 일 때 CO_2 고정률은 한낮 광도 때보다 더 높은 각각 45%와 72%이다. 그림 6.10은 컴퓨터 프로그램을 이용하여 옥수수와 클로버의 작물생장률(CGR)에 대한 잎의 기울기(엽각)와 잎의 양으로 그 영향을 추정한 모델 곡선이다. 앞에서 공부하였듯이 95% 수광률을 보이는 한계엽면적지수는 수평엽을 갖는 군락에서 낮았고 수직엽을 갖는 군락에서 높았다. 수평적 잎을 갖는 군락은 3 이하의 엽면적지수(LAI)에서 가장 높은 작물생장률(CGR)을 나타낸다. 수직적 잎을 갖는 군락은 수평적 잎을 갖는 군락에서 더 높은 작물생장률(CGR)을 위해서 엽면적지수(LAI)가 4 이상이 되어야 한다. 잎들의 상호차광이 적은 낮은 엽면적지수(LAI)에서는 수평엽형을 갖는 군락이 잎 표면에 많은 일사량을 받을 수 있으므로 수직엽형을 갖는 군락에 비해 다소 유리하다. 높은 엽면적지수(LAI)에서는 수직엽형을 갖는 군락에서 광이 고루 분산되므로 유리하다. 이때는 상위엽에서 수광량이 적고 하위엽에 더 많은 수광이 일어나게 된다.

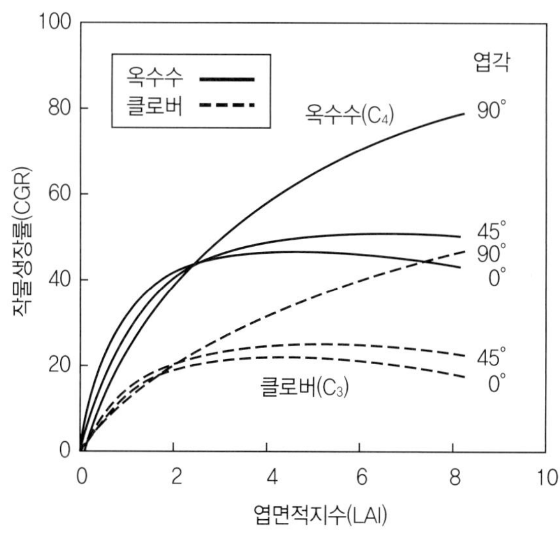

그림 6.10
엽면적지수(LAI)와 엽각에서 옥수수와 클로버 군락에 대한 작물생장률(CGR)의 컴퓨터 시뮬레이션 곡선

(4) 태양고도, 광의 감소 그리고 작물생장률(Solar Angle, Radiation Attenuation, and CGR)

태양은 항상 머리 위에 수직적으로만 있지 않다. 작물 군락을 비추는 태양광의 고도는 계절적으로는 물론 일중에도 변한다. 그림 6.11에서 보는 바와 같이 던컨(Duncan, 1967)은 일중 작물생장률(CGR)에 대한 옥수수 엽각과 잎의 양에 대한 영향을 조사하였는데 태양광이 거의 수평선으로 비칠 때인 이른 아침과 늦은 저녁에 엽각이나 엽면적지수(LAI)는 작물생장률(CGR)에 미치는 영향은 적었다. 정오에 수평적인 잎은 엽면적지수(LAI)가 4에서 유리한 점이 있었고 수평에서 80° 인 잎은 엽면적지수(LAI)가 8에서 유리하였다. 던컨은 1971년 미국의 옥수수지대에서 옥수수의 엽각이 80° 일 때 가장 생산성이 높다고 추정하였다.

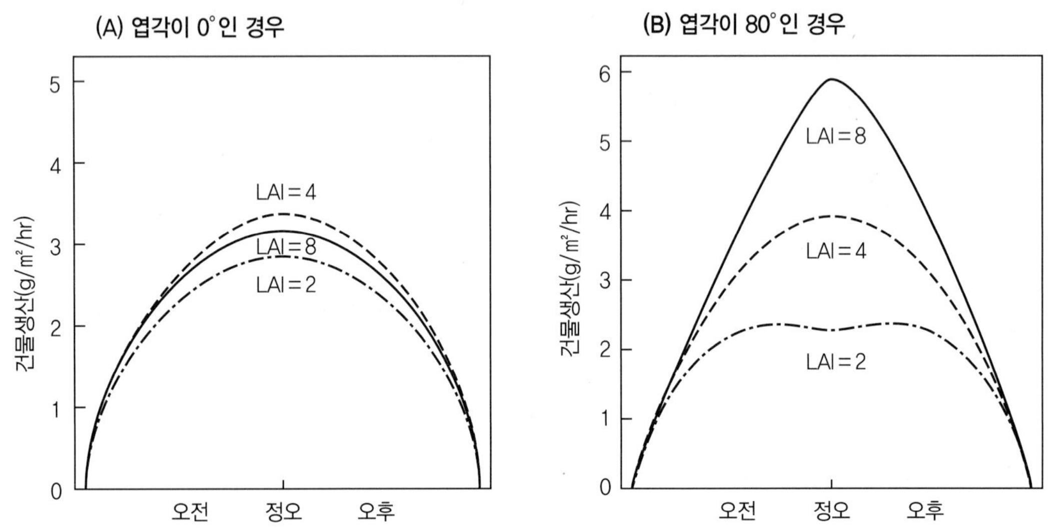

그림 6.11 옥수수의 작물생장률(CGR)에 대한 엽각과 엽면적지수(LAI)의 일중 효과에 대한 컴퓨터 시뮬레이션 곡선

(5) 군락 내에서 잎 기울기의 변이(Leaf Inclination Variation within Canopies)

군락 내에 잎의 기울기는 그림 6.8에서 보는 바와 같이 군락 내 층위에 따라 다양하다. 트레바시와 앵거스(1975)는 상층에 수직적으로 기운 잎을 갖고 토양표면에 내려올수록 수평적인 잎을 갖는 군락을 이상적인 잎의 배치라고 하였다. 표 6.2는 암이삭 위의 잎들이 수직적인 옥수수 군락이 정상적인 수평 엽형이나 모든 잎이 수직적인 옥수수 군락에 비해 더 많은 수량을 내는 것을 보여주었다. 수직적인 상위엽과 다소 수평적인 하위엽의 형태가 고광도의 환경에서 상위엽은 보다 적은 일사광을 효율적인 광합성의 광수준에 있도록 하고 하위엽에서 보다 많은 복사광이 이용되도록 한다. 군락 내 일사광이 전체 엽면적에 고루 분산되도록 하면 모든 잎이 수직적인 군락에서처럼 높은 작물생장률(CGR)에 필요한 극도로 높은 엽면적지수(LAI)가 되어있지 않아도 된다.

표 6.2 옥수수의 엽각으로부터 종실 수량과 불임 작물의 평균

처리요인	비교수준	수량(kg/10a)	불임 비율(%)
옥수수 교잡종	정상엽	6.20 d*	28 a
	직립엽	8.77 c	14 b
엽각의 기계적 조작	대조구(정상)	10.68 b	4 c
	모든 잎을 직립시킨 것	11.38 ab	6 b
	이삭 위의 잎을 직립시킨 것	12.20 a	3 c

출처: Pendleton et al. 1968.

* 같은 문자가 있는 5% 유의수준에서 것은 평균간 비교에서 차이가 없는 것을 나타낸다.

(6) 수직엽형 군락의 장단점(Advantages and Disadvantages of Erectophile Canopies)

트레바시와 앵거스(1975)는 벼, 보리, 사탕무 및 차나무의 작물생장률(CGR)과 잎 기울기 간의 관계를 평가하였는데 수직엽형의 작물생장률은 수평엽형의 작물생장률(CGR)에 비해 19~108%가 높았다. 그들은 또한 벼, 밀, 보리 및 옥수수에서 잎 기울기와 종실 수량의 관계를 인용하였는데 3가지 연구에서 수평엽형의 경우 수량이 5~18% 많았고 11개의 연구에서는 수직엽형에서 수량이 4~68% 높았다. 수직엽형이 유리한 경우는 모두 한계엽면적지수에 도달하거나 초과하는 재식밀도에서 나타났다.

잎의 기울기에 대한 연구는 화본과에서 주로 이루어졌다. 잎이 넓은 쌍자엽 작물은 태양에 대해 엽기울기를 변화시키기 때문에 콩과 작물과 목화, 해바라기 등 많은 작물은 향일성운동(heliotropic movement)을 보인다. 몇몇 작물은 직사광에 대해 수직적으로 그들의 잎을 향하게 한다. 다른 것들은 실지로 직사광이 비취는 쪽으로 그들의 잎 표면을 기울인다. 구름이 낀 날에 콩은 그들의 잎을 하늘의 밝은 쪽으로 향하게 하고 직사광선이 내리쬐면 비스듬히 향하게 한다. 이러한 특성이 안정화 될 수 있는지와 보다 좋은 복사광의 포획에 이용되며 안정화 될 수 있는지를 결정하기 위하여 몇몇 연구가 추가로 수행되었다.

(7) 잎의 수직적 분포(Vertical Separation of Leaves)

잎의 수직적 분포밀도는 일사광의 이용에 영향을 주는데 최상위엽 바로 밑에 있은 최상위엽의 위치에 따라 직접적인 차광도 당하고 직사광을 받기도 한다. 최상위엽에서 잎이 멀어질수록 그늘 가장자리에서 빛이 번지기 때문에 해가림에 의해서 생기는 반점과 그늘이 뚜렷하지 않게 된다(그림 6.12). 해바라기 잎과 같이 넓고 큰 잎은 알팔파와 같은 단간 작물과 유사한 작물 군락 내 광의 퍼짐 양상을 보인다. 잎들이 수직적으로 넓게 분포하거나 아스파라거스나 침엽수처럼 매우 좁

으면 차광 가장자리는 번지게 되고 직사광과 산란광과의 구별은 어렵게 된다. 대부분 작물은 잎 너비의 2배 간격을 갖는 수직적인 잎 착생을 갖도록 발달되어 온 것으로 보인다. 옥수수와 수수에서 단간 왜성 품종으로 육종하면 잎 간격은 변화되어 넓은 잎들이 엽폭에 비교할 때 가깝게 위치하였다. 즉 왜생종에서 잎 배열은 엽폭의 감소, 엽수의 감소 또는 나선형 잎 배열로 개선될 수 있다.

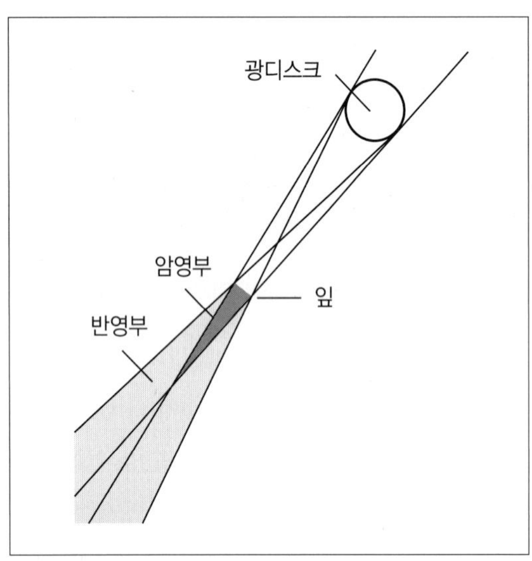

그림 6.12
군락상태에서 방사량 변화를 보여주는 직사광선 잎으로부터 차광모서리의 확산

2. 태양광 에너지 이용의 극대화를 위한 전략 (Strategies for Maximizing Solar Energy Utilization)

수량은 시간에 따른 건물량(dry matter)의 축적량이다. 작물이 얼마나 효율적으로 태양방사를 이용하는가와 얼마나 오래 효율적으로 유지할 수 있는가에 따라 작물의 최종 수량이 결정된다.

1) 엽면적기간(Leaf Area Duration)

건물수량과 엽면적지수(LAI)의 관계에서 엽면적지수(LAI)에 시간을 통합하면 엽면적기간(leaf area duration, LAD)이 된다. 이것은 작물 군락의 광합성 조직의 넓이와 기간 모두를 고려하는 것이다. 일년생 작물의 종자에서 발생하는 엽면적은 작으나 조건이 좋으면 지수적 비율로 증가한다. 시간에 따른 엽면적지수(LAI) 곡선 하의 면적은 그림 6.13B로 이는 엽면적기간을 나타낸다. 시간으로 표현된 엽면적기간(LAD)은 단위(예로 엽면적지수(LAI)는 일 또는 주)는 엽면적의 시작부터 끝까지 시간(예로 360 엽면적지수(LAI) 일)과 평균 엽면적지수(LAI)의 곱이다.

장기간 태양광을 흡수하면 많은 건물생산을 할 수 있으므로 일반적으로 엽면적기간(LAD)는 수량과 높은 상관관계를 보인다(표 6.3). 전체 건물수량의 차이는 종종 광합성률 못지않게 광합성 기간에 기인한다. 예를 들어 남방 소나무는 다른 작물과 비교할 때 낮은 광합성률을 보이지만 일 년 12달에 거친 광합성을 통해 상당한 많은 양의 펄프나 목재 등의 생물량을 생산한다. 그렇지만 엽면적기간(LAD)는 작물의 광합성에 유용한 수광량, 군락 내 일사량의 감소, 또는 잎의 광이용 효율을 고려하지 않는다(그림 6.13A).

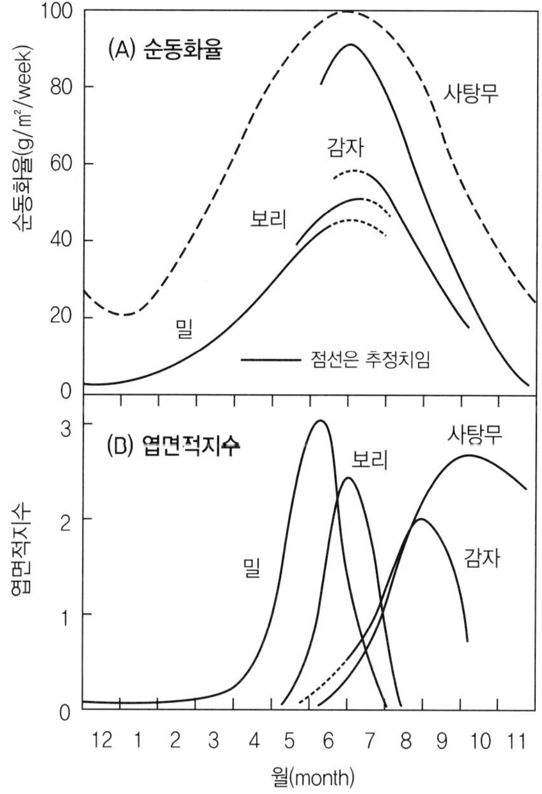

그림 6.13
시간의 경과에 따른 순동화율(NAR) (A) 그래프와 엽면적지수(LAI) (B) 그래프의 평균 변화 곡선. 각각 엽면적지수(LAI) 곡선 하의 면적은 엽면적기간(LAD)을 나타낸다. (A)의 점선은 해당 연도의 영국의 상대복사량 추정치인데 순동화율(NAR)은 태양방사량과 상관관계가 높음을 나타낸다.

표 6.3 작물의 수확기 엽면적기간(LAD)과 순동화율(NAR)에 대한 건물중

작물명	수확기의 건물량 (kg/10a)	엽면적기간(LAD) (week)	NAR (g/㎡/week)
감자(Potato)	684	21	36
밀(Wheat)	853	25	38
보리(Barley)	651	17	43
사탕무(Sugar beet)	1,077	33	36

출처: Watson 1947, by permission. 그림 6.13과 동일한 작물이고 10월 말에 수확한 것을 분석한 것임.

비엽조직의 광합성과 비엽조직에 의한 차광(옥수수 수이삭과 같은 조직 등)도 또한 엽면적기간(LAD)에 관계없이 작물 군락에 의한 태양광의 이용에 영향을 준다. 엽면적기간은 측정이 쉽고 건물수량에 연관되어 있으므로 엽면적기간(LAD)는 작물생산에 대한 좋은 지표가 된다. 밀에서 수량은 이삭 부위의 광합성이 중요한 역할을 할지라도 이삭의 발생에서 성숙까지 측정한 엽면적기간(LAD)는 종실 수량의 평가에 지표가 된다. 밀 종실 내 탄수화물의 대부분은 이삭 출현 후의 광합성에서 유래되고 이삭 광합성 기간은 엽면적기간(LAD)에 관계되므로 엽면적기간(LAD)는 수량과 상관이 있다. 에반스(1975) 등의 연구는 기후, 재배방법, 품종의 큰 차이에 의한 종실 수량의 변이가 있을지라도 엽면적기간(LAD)가 종실 수량 변이의 반을 설명할 수 있다는 것을 보여주었다(그림 6.14).

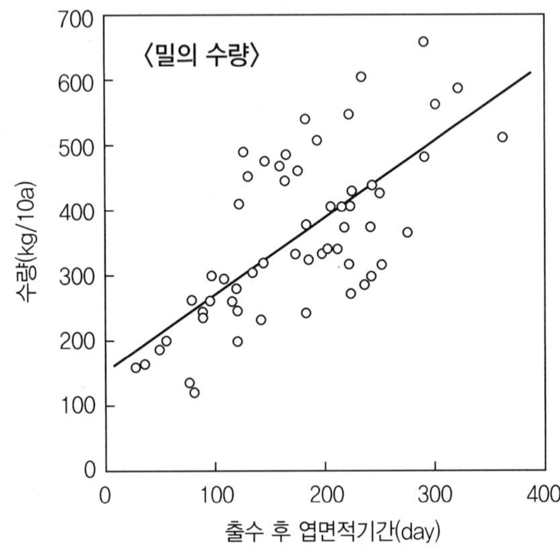

그림 6.14
밀의 출수 후 종실 수량과 엽면적기간(LAD) 간의 관계

엽면적기간(LAD)는 수량예측에는 효과적이지만 이는 시간의 경과에 따른 태양광 이용의 추정에 불과하다. 시간에 따른 실질적인 복사량과 수광량의 측정치는 수량에서 엽면적기간(LAD)보다 더 큰 상관관계를 보인다.

2) 태양광 에너지와 온도의 상호작용(Solar Energy-Temperature Interaction)

작물의 전체 건물 수량은 전 생육기간 동안 CO_2 순동화량의 집적된 결과이다. 작물의 생장기 동안 환경요소들은 다양하게 변한다. 종종 이러한 변화의 이점을 작물의 재배에 활용함으로써 수량은 증가시킬 수 있다. 온대지역에서 일사량 및 토양과 대기 온도는 작물의 생장기간 동안 예측이 가능한 변화를 보이는 2가지 주요한 환경변수이다. 특정 지역에서 지표면의 온도는 흡수된 복사에너지량의 영향을 받으므로 이 2가지 요소는 변화의 경향이 같다. 그렇지만 지구의 표면은 얼마간의 잔여 에너지를 유지하고 태양에너지 유입의 정도에 따라서 온도가 오르거나 내려가는데 상당한 시간이 소요된다. 이것은 한 지역에서 최대 일사량과 최고온도 간 또는 최저 일사량과 최저온도 간에 지체시간을 발생시킨다(그림 6.15A). 이러한 지체 기간 때문에 같은 온도에서의 일사량은 봄이 가을보다 높다. 작물생장률은 태양에너지 고정과 밀접한 상관이 있기 때문에(그림 6.13A) 일사량이 최대인 기간에 한계 엽면적지수(LAI)에 도달하는 것이 이론상 최대수량을 올릴 수 있게 한다.

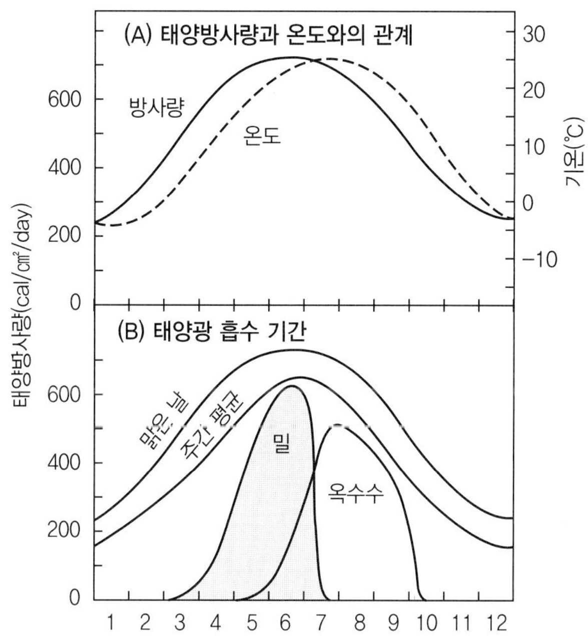

그림 6.15
계절에 따른 복사에너지의 변화와 계절별 온도와의 관계(A). 밀과 옥수수에 의한 태양광의 흡수(B). 이 그래프는 북위 42° 지역(미국 시카고)의 대륙성 기후지대의 자료를 기초로 한 것이다.

작물들은 그들이 자라는 지역의 온도 범위에 따라 다양해진다. 즉 밀과 같이 최소 기본온도 0~5℃에서 생장하는 저온 작물은 최대일사량 시기와 한계 엽면적지수(LAI)가 일치하도록 충분히 빨리 생장시킬 수 있는 계절적 이점이 있다(그림 6.15B). 이러한 태양에너지와 온도 간의 상호작용은 고위도 지방에서 더욱 민감하다.

생리학자와 육종학자의 당면과제는 최대 일사량 이전에 충분한 엽면적을 생산하고 최대 일사량 기간 동안에 활성적인 엽면적을 최대한 유지하도록 개발하는 것이다. 가을보리와 봄보리는 엽면적 증가율이 서로 다르다(그림 6.16A). 가을보리는 가을에 파종하였으므로 봄에 일찍 생장하여 봄보리보다 먼저 출수하고 죽는다. 보리 2종은 모두 최대일사량 기간에 최대 엽면적에 도달한다. 각각의 그래프에서 복사량 곡선 하의 면적은 태양에너지 수광량을 나타내며 이는 잠재적 수량, 즉 최대가능 수량을 의미(비례함)한다.

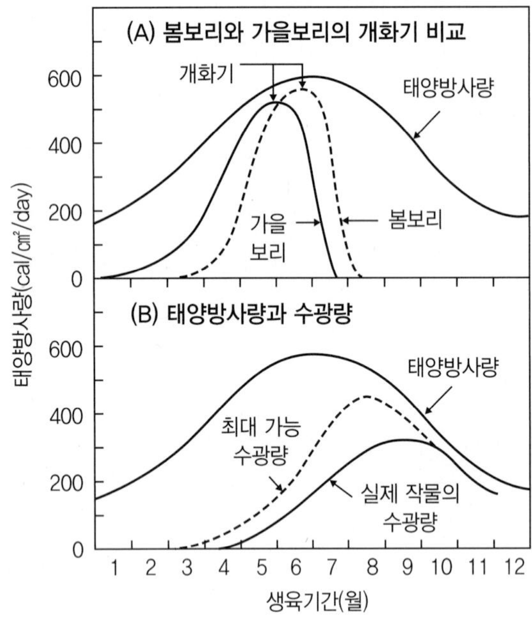

그림 6.16
영국의 계절에 따른 복사에너지의 변화와 가을보리와 봄보리의 광흡수와의 관계(위의 그래프 A). 현재 재배하는 품종과 재배방식에서 사탕무에 의한 태양광의 흡수와 육종에서 추구하는 품종이 갖는 태양광 흡수 목표(아래 그래프 B)이다.

봄에 파종된 작물들의 초기 엽면적의 발달이 좋으려면 저온에서 잘 자라고 서리에 잘 견디는 유전형을 찾아야 한다. 온대지역의 많은 작물은 내한성을 증가시켜(육종적 선발) 조기 파종이 가능하게 하고 재배기간 동안 빨리 한계 엽면적지수(LAI)에 도달할 수 있도록 해야 한다. 이빈스(1973)는 사탕무의 조기재배에 의해 생육기 동안 조기에 많은 엽면적을 확보함으로써 보다 많은 태양에너지를 받게 하여 수량이 증대된다는 것을 보여주었다(그림 6.16B).

3) 최고 수량에 나타내는 생육기간(Life Period Optimal for Seed Yield)

단위면적당 최대 순동화량은 기간이 길어질수록 전체 건물수량이 높아지고 과실 및 다른 부위의 생산도 증가한다. 몇 가지 자료는 이것을 뒷받침하는데 일례로 온대지역에서 극만생 품종은 극조생 품종보다 수량이 더 많다.

이러한 관점에서 열대지방은 온대지역보다 많은 장점을 가지고 있다. 영양생장기 온도의 제한을 받지 않아 매우 긴 영양생장기간을 갖는 품종들이 높을 수량을 올릴 수 있기 때문이다. 그러나 이러한 전제에도 불구하고 수량에는 많은 다양한 요소들이 관계하기 때문에 하나의 관점에 단순히 평가하기는 어렵다. 예로 작물이 노화를 하는 시점에 출수를 하는 등의 상황도 고려해야 한다. 그림 6.17에서 보면 종실 수량을 영양생장기간의 함수로 나타내었다. 광주기에 민감한 벼나 콩 품종에서 평균 일조량을 유지하면서 약한 보조광을 이용하여 광주기에 변화를 주면 영양생장기에도 변이가 일어났다.

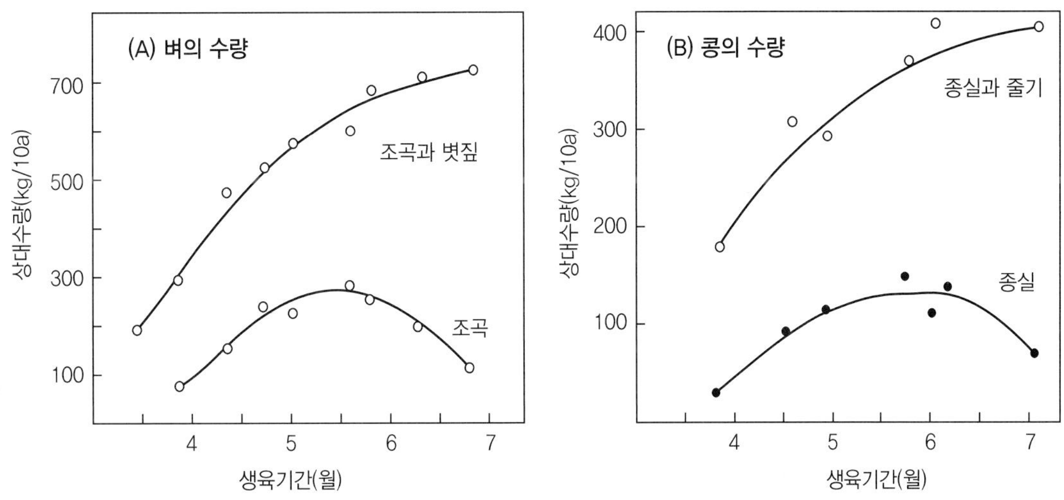

그림 6.17 벼와 콩의 수량에 대한 영양생장기간의 지속효과. 영양생장기간의 크기는 모든 처리에서 광합성을 위한 광도와 동일한 일조량을 갖는 광주기 처리(일장효과)에 의해 조절된다.

영양생장기간에 대한 종실수량을 그래프로 나타내었을 때 종실의 생산에 있어서 적정 영양생장기간이 있고 이것은 최대건물생산과 상관이 없다는 것을 보여준다. 또 다른 정보는 열대지역에서 특정 광주기의 일사량과 기간은 광합성 생산율을 증대시키는 데 적합하지 않다는 것을 보여준다. 비교적 단기간에 높은 종실생산은 온대지역이 적합하고 일정한 건물생산율을 갖는 영양기관을 이용하는 작물인 사탕수수, 카사바, 사료작물은 열대지역에서 생산량이 많아진다. 또한, 온도는 작물의 건물 분포에 뚜렷한 영향을 미치는데 서늘한 기후 조건은 종실로 탄수화물 운반을 증가시키기 때문이다. 사료작물의 경우 토지의 면적이나 재배관리, 품질 등을 종합적으로 생각하면 다양한 결론이 유도될 수 있다.

3. 재식밀도(Plant Density)

작물의 표면에 도달하는 태양광의 효율적인 이용은 토양을 완전히 덮을 수 있는 엽면적과 균일한 잎의 분포가 필요하다. 이것은 파종 밀도와 출현율의 조절로 가능하다. 작물 군락에서 엽면적지수(LAI)와 작물생장률(CGR)의 측정은 작물이 얼마나 많은 수량을 올릴 수 있을 것인지를 알려준다. 그렇지만 실제로는 측정이 어렵기 때문에 농민은 토지면적당 작물의 개체수를 나타내는 재식밀도와 최종 수량을 이용한다.

1) 최적 재식밀도에 영향을 주는 작물과 환경요인 (Crop and Environmental Factors affecting Optimum Plant Density)

가장 적절한 재식밀도의 선택은 작물요인과 환경요인들을 기초로 하여 이루어진다.

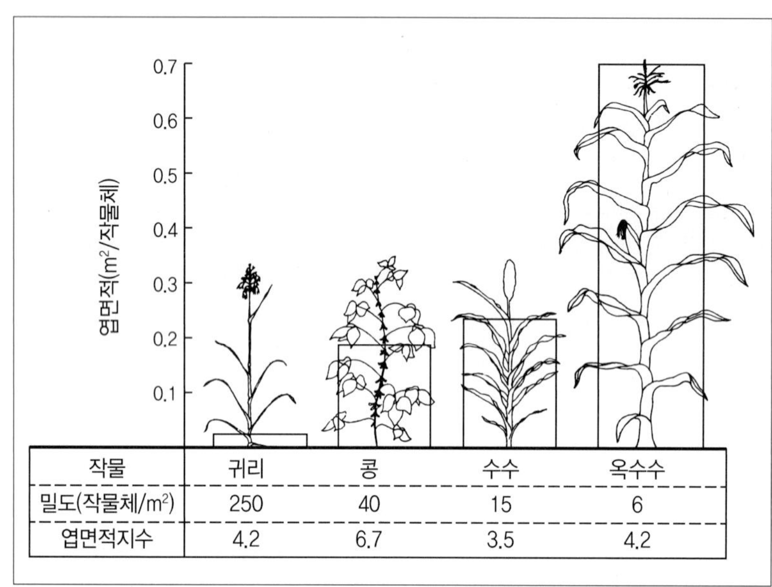

작물	귀리	콩	수수	옥수수
밀도(작물체/m^2)	250	40	15	6
엽면적지수	4.2	6.7	3.5	4.2

그림 6.18
작물별로 조사한 특정 재식밀도에서 작물체당 최적엽면적과 엽면적지수

(1) 작물체 크기(Plant size, 일차적으로 작물체당 엽면적을 반영함)

그림 6.18에서 귀리, 콩, 수수, 옥수수를 가지고 조사하였다. 이들은 각각 4.2, 6.7, 3.5, 4.2의 최적엽면적지수(LAI)를 나타내었다. 작물당 엽면적은 한계 엽면적지수(LAI)를 올리는데 필요한 작물의 개체수를 결정한다. 미국의 경우 북부지역에 적합한 옥수수 교잡종은 남부지역에 적합한 옥수수보다 엽수가 1~3개 정도 적으며 최대수량을 얻기 위해서는 더 높은 재식밀도가 필요하다. 잎의 기울기는 한계 엽면적지수(LAI)를 변화시키고 재식밀도도 이에 따라 조정되어야 한다.

(2) 분얼과 분지(Tillering and branching)

작물당 엽면적을 증가시키는 효과적인 수단으로 재식밀도에 따라 수량이 민감하게 변화하는 것은 줄여준다. 분얼은 토양표면이나 토양에 묻혀있는 마디로부터 나온 분지인데 다분얼성인 수수에서 재식밀도가 단보(10a)당 3,200주에서 12,800주로 늘어날 때 단보(10a)당 이삭수는 약간 증가한다(그림 6.19). 단보(10a)당 3,200주에서 개체당 3개 이상의 분얼이 있었음을 보여준다. 재식밀도가 단보(10a)당 12,800주에서 25,600주로 2배로 늘어나면 단보(10a)당 이삭수도 2배가 된다. 이것은 단보(10a)당 12,800주의 재식밀도는 분얼이 적다는 것을 의미한다. 재식밀도는 증가하더라도 종실 수량은 증가하지 않았는데 이는 단보(10a)당 이삭수가 증가함에 비례하여 이삭 당 종자수는 감소되기 때문이다.

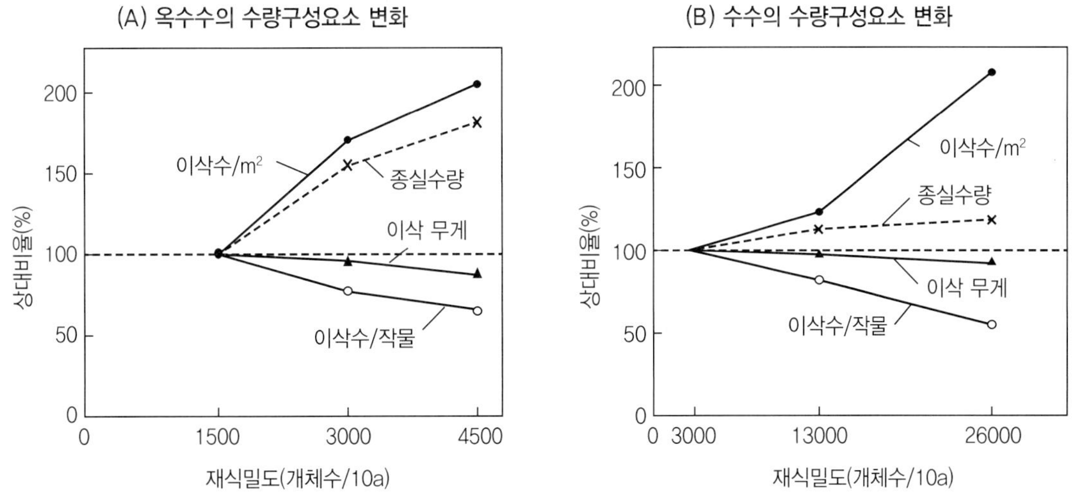

그림 6.19 수량과 수량구성요소들에 대한 재식밀도 효과
그래프 (A)는 분얼을 하지 않는 옥수수의 경우이고 그래프 (B)는 분얼을 하는 수수의 경우이다.

옥수수의 최신품종은 분얼을 많이 하지 않는다. 이는 낮은 재식밀도에서도 대개 작물 당 1개의 이삭만을 생산하는 추세이다. 그러므로 옥수수의 종실수량은 엽면적지수(LAI)와 이삭수가 밀도에 따라 증가되거나 감소하기 때문에 수수보다 재식밀도에 민감하다. 옥수수는 수수 등과 같이 분얼을 잘하는 작물과 달리 낮은 재식밀도에서 분얼로 엽면적과 생식기관의 수를 늘리지 못하므로 유연성을 갖지 못한다.

(3) 도복(Lodging)

재식밀도가 높으면 키가 커지는 경우도 있으나 일반적으로 작물체와 줄기는 작고 약해진다. 따라서 강한 줄기를 갖는 품종이 되어야 하고 도복(작물체가 기울어지거나 부러지고 넘어지는 것)을 방지하기 위해서는 재식밀도를 줄여야 한다. 도복이 발생하면 이삭이 토양바닥에 쓰러져 수확을 하기가 힘들고 잎의 전개를 방해하여 수량을 감소시키게 된다.

(4) 착과수의 감소(Reduction in fruit set)

재식밀도가 증가함에 따라 총 꽃수와 과실착생능력이 약화되어 과실형성이 안되거나 불임이 된다. 이것은 종자로 가야할 동화산물 전체량의 감소 때문에 종실 수량이 줄어들게 된다. 최대수량을 얻기 위해서는 환경도 재식밀도 영향을 미치게 되는데 일차적인 환경요인으로 ① 태양방사 ② 수분 ③ 토양비옥도가 있다. 이러한 환경요소들이 제한을 받으면 최대수량을 위한 적정 재식밀도도 낮아진다. 잡초는 이러한 환경요소에 대해 작물과 경합하여 작물의 최적 재식밀도를 낮추게 한다.

2) 재식밀도와 수량(Plant Density and Yield)

홀리데이(Holliday, 1960)은 재식밀도가 증가할 때 밀도와 수량의 상호작용이 2가지임을 강조하였는데 이 상호작용은 수량을 구성하는 부위가 작물의 생식기관(종실 수량)인지 영양기관인지에 따라 다르므로 기본적으로 경제적 수량의 대상이 종자 무게와 같이 작물 일부분인지, 작물 전체인지에 따라 다르다. 생식기관으로부터 수량을 설명하기 위해 영국의 밀 종실 수량에 대한 자료를 이용하였다. 그림 6.20에서 보면 적정 파종량의 양쪽 가장자리에서는 수량이 감소하고 중앙은 평평한 최대수량 곡선을 보인다. 원하는 생산 부위가 종실 수량일 때 재식밀도가 너무 높으면 광합성 산물이 종자의 생장보다 영양 생장이나 호흡(유지 호흡) 쪽으로 더 많이 분배되기 때문에 그 이하의 밀도가 최적 재식밀도가 된다.

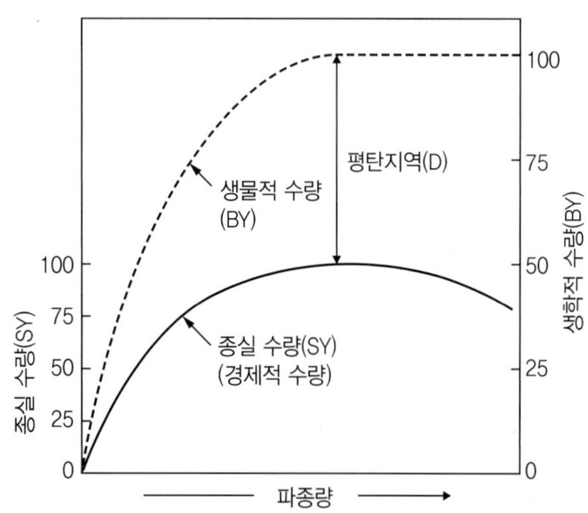

그림 6.20
작물의 종실 수량(SY)과 생물적 수량(BY)에 대한 파종량의 증대 효과. 여기서 BY 곡선은 SY 곡선이 정점(peak)에 달하거나 평탄지역(D)을 이루는 곳(plateau)에서 평평해진다.

위의 그림 6.20에서 보는 바와 같이 종실 수량에 대한 회귀식은 다음의 이차식으로 표현된다. $Y=a+bx-cx^2$ 여기서 Y=단위면적당 수량, x=재식밀도(개체수/면적), 그리고 a, b, c는 상수이다. 원하는 수량이 영양기관 생장의 산물일 때 재식밀도 증가에 대한 수량 반응은 한계엽면적지수(LAI)와 유사한 점점 같아지는 점근적(asymptotic) 반응을 나타낸다. 이 경우에서 태양방사를 최대한 흡수하기 위하여 높은 밀도에 가능한, 빨리 도달하도록 하여야 한다. 밀식으로 인한 손실은 단지 파종비용(종자량과 시간 등)의 증가 정도이다. 이는 사료작물에 있어서 권장 파종량이 높은 이유이기도 하다. 비록 이러한 경우는 한계 재식밀도를 초과함에 따라 손실은 거의 없으나 단지 100%에 가까운 태양광을 흡수하는 데 따른 이익도 거의 없다. 사료작물은 균일한 입묘율을 확보하기 어려워서 파종량을 아주 많이 하게 한다.

그림 6.20은 생물적 수량에 대한 곡선으로 다음과 같은 식으로 나타낼 수 있다. Y=Ax/(1+Abx) 여기서 Y=단위면적당 건물 수량, A=외견 개체당 최대수량, x=단위면적당 식물체 수, b=는 직선 회귀계수이다. 이 공식에서 1/(1+Abx) 항은 재식밀도가 높아지면 경합의 증가로 작물 개체 당 최대수량이 감소하는 양상을 보여주며 이를 경합요소(competition factor)라고도 한다. 많은 연구에서 재식밀도와 수량은 많이 조사하였지만, 재식밀도와 건물수량, 종실수량 3개의 변수를 분리하여 함께 측정한 경우는 많지 않았다. 그림 6.20은 종실 곡선의 최대치가 생물적 수량(biological yield)이 편편해지는 정점 밀도(그래프의 평형점(D))에서 생긴다는 것을 나타낸다. 그러므로 종실 수량의 적정엽면적지수는 생물적 수량이 한계엽면적지수에 도달하였을 때 일어난다. 이러한 재식밀도에서 더 밀도를 늘리는 것은 면적당 전체 수량의 증가로 이어지지 못하는데 이는 개체 당 수량 감소에 의해 서로 상쇄되기 때문이다. 이러한 관계는 일사량의 제한 또는 양분 공급의 제한으로 귀결된다는 것이다. 예를 들어 종실이 형성되기 전 수분 공급이 중단된다면 밀식 조건이 전체 수량의 증가에 기여하지 못하게 된다.

던컨(Duncan, 1958)은 옥수수의 재식밀도와 수량과의 관계에 있어서 작물체의 수와 작물체당 수량의 관계에 주안점을 두고 흥미로운 내용을 발표하였는데 많은 포장 실험에서 얻어진 결과로부터 각각 작물체의 평균 수량을 대수값(지수값)으로 나타내었을 때 재식밀도와 직선적으로 반비례하는 부(마이너스)의 관계를 갖는다고 하였다(그림 6.21). 그는 매우 큰 차이를 보이는 2가지 재식밀도(1단보(10a) 당 1,500과 6,200주로 4배 차이)로 옥수수를 재배하고 그 품종의 최대수량을 보이는 적정 재식밀도를 계산하였다. 즉 1개체 당 수량은 작물 개수(재식밀도)가 증가함에 따라 감소한다. 이것은 개체당 수량을 지수로 나타내면 직선으로 나타낼 수 있다는 뜻이다.

단위 면적당 수량은 개체당 수량에 재식밀도를 곱한 수량이다. 따라서 그림 6.22에서 특정 재식밀도에서 수량이 계산되고 결과는 그래프의 형태로 나타낼 수 있다. 즉 그림 6.22의 지수 그래프와 산술 그래프를 비교하면 지수 그래프 기울기가 평평할수록 최대수량을 얻으려면 보다 높은 재식밀도가 요구됨을 알 수 있고 여기서 3번째인 중간밀도를 포함시켜 계산하면 최대수량에 대한 계산된 수치와 실제적인 것 간에 차이가 줄어들 수 있다.

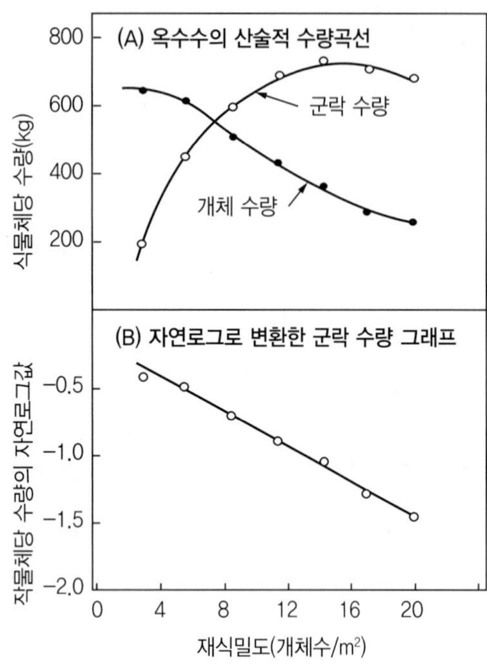

그림 6.21
옥수수의 재식밀도 증가에 따른 작물 개체 그리고 단위면적당 수량과의 관계. 그래프 (A)는 산술적 관계이고 그래프 (B)는 지수적(자연로그, Ln) 관계로 나타낸 경우이다.

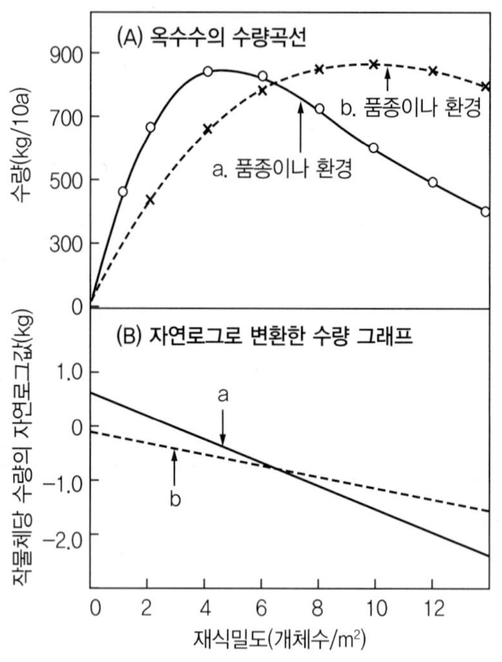

그림 6.22
옥수수 개체당 수량과 재식밀도당 수량 간의 상호관계. 여기에서 그래프 (A)는 수량의 회귀곡선이고 그래프 (B)는 자연로그 값으로 변화시켜 직선화한 것이다. 그래프에서 점선과 실선은 2가지로 차이를 주어 분석한 예시 값이다. 즉 작물의 품종이나 토양비옥도, 토양수분, 토양 종류 등에 따라 달라질 수 있는 경우이다.

3) 재식밀도 변화에 대한 식물체의 반응 (Plant Response to Standard Density Change)

도날드(Donald, 1963)는 중간의 재식밀도에서 종자 무게와 이삭 당 종자수의 증대는 개체 간 경합과 개체 내 경합의 발생 시기에 달렸다고 하면서 넓은 공간배치의 경우나 낮은 재식밀도의 경우 2가지 형태는 생장 초기 단계 동안에는 경합이 발생하지 않는다. 생장이 진행됨에 따라 식물 간 경합은 거의 없고 개화 후 종자가 착상할 때까지도 식물체 내 경합은 거의 없다. 이때 화기시원체는 많은 수가 형성되고 종자 착생이 과다한 화서에서는 한 작물에서 화서들 간과 종자들 간에 동화산물에 대한 경합, 즉 식물체 내 경합을 유발한다. 넓은 공간배치에서 이러한 효율의 상실은 작물체 내 경합을 심화시켜 화서 당 종자수와 종자의 크기가 밀식에 비해 감소한다. 이와 같이 개체 내 경합은 낮은 재식밀도에서 더욱 심하다. 중간밀도에서 작물체 간 경합은 화아분화 또는 화아 형성기부터 작용하기 시작한다. 각 식물체에서 생기는 화아시원체의 수가 상당히 감소된다. 이러한 화아수의 감소는 식물체 간 경합이 증가함에 따라 작물의 능력한도 내에서 적절히 분배된다. 그리고 화서당 종자수와 단위면적당 종자수는 최대치에 도달한다. 더 높은 재식밀도에서는 작물체 간 경합이 이미 화아시원체 형성기부터 강하게 작용하므로 종자수를 줄이고 종실 수량의 감소를 야기한다.

4) 식물체 분포와 휴간거리(Plant Distribution-Row Spacing)

여기에서 작물이 포장에 균일하게 배치되고 균일한 군락을 형성하며 일사광을 균일하게 받는 것을 전제로 하지만 실제로 포장조건에서는 꼭 그렇지만은 않다. 대개 파종 시 종자는 토양에 낱낱이 파종되고 넓은 휴간 거리에서는 특정 재식밀도를 달성하기 위해 이랑의 너비에 더 많은 종자가 파종되기도 한다. 높은 수량을 얻기 위해서는 가능한 한 많은 일사량을 수광하도록 일정한 거리의 재식밀도는 최단기간 내에 최대의 수광을 가능하게 해야 할 것이다(그림 6.23).

휴간 거리가 넓어지고 공간배치가 불균일해짐에 따라 작물 간 경합은 빨리 일어난다. 휴간 거리가 넓은 작물들이 적정한 재식밀도를 이루기 위해서는 이랑(휴간) 내에서 서로 가까이 있어야 한다. 이때 작물 간 거리를 결정하는 주요 요인은 재식밀도이다. 적정 재식밀도에 영향을 주는 요인들이 적정 휴간 거리에도 영향을 준다. 옥수수와 같은 낮은 재식밀도에서 자라는 작물은 개체당 큰 엽면적을 가지므로 높은 재식밀도에서 자란 엽면적이 작은 작물인 콩보다 휴간 거리 감소에 대한 반응이 약하다.

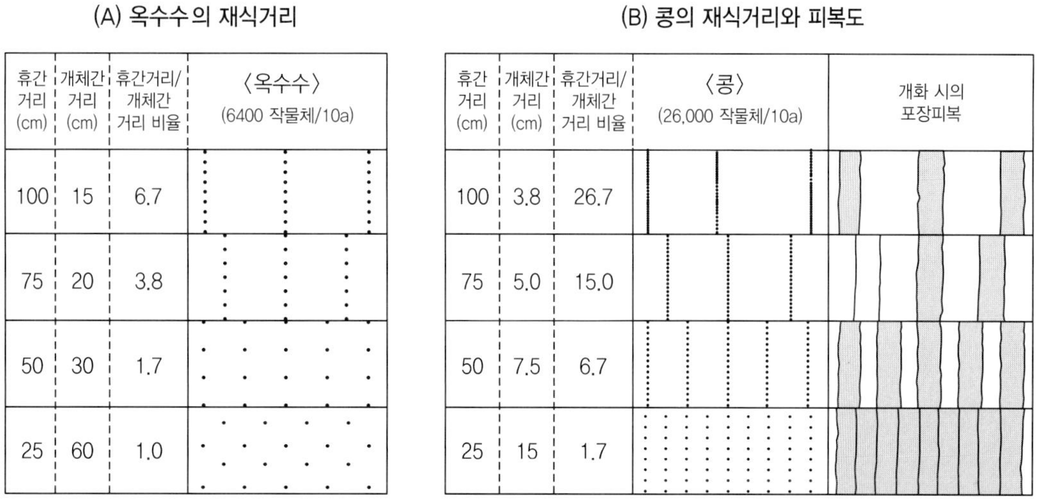

(A) 옥수수의 재식거리

휴간 거리 (cm)	개체간 거리 (cm)	휴간거리/개체간 거리 비율	〈옥수수〉 (6400 작물체/10a)
100	15	6.7	
75	20	3.8	
50	30	1.7	
25	60	1.0	

(B) 콩의 재식거리와 피복도

휴간 거리 (cm)	개체간 거리 (cm)	휴간거리/개체간 거리 비율	〈콩〉 (26,000 작물체/10a)	개화 시의 포장피복
100	3.8	26.7		
75	5.0	15.0		
50	7.5	6.7		
25	15	1.7		

그림 6.23 휴간거리를 달리한 옥수수와 콩의 파종 양상. 콩의 경우 휴간거리가 다르면 토양 피복의 정도도 다르다.

시블과 웨버(Shibles and Weber, 1966)는 초장이 큰 콩의 품종의 경우, 재식밀도와 휴간거리에서 최대의 수량을 얻기 위해서는 초기에 엽면적을 발달시키고, 일사광을 최대한 수광하며, 도복을 감소시키는 조건에서 종자로 생산물의 전류를 효율적으로 하는 조건을 갖춘 조합이라고 하였다. 그들은 10a 당 25,000주의 재식밀도에서 100cm에서 25cm)로 휴간 거리의 감소에 의해 수량이 33% 증가함을 나타냈다. 작물체의 크기는 적정 재식밀도에 영향을 주는데 늦게 파종한(만파된) 콩은 일장에 의해 조기 개화되기 때문에 크기가 작다. 가능한 최대수량을 얻기 위해서는 초장이 더 큰 콩에 비하여 재식밀도는 증가되어야 하므로 이랑거리(휴폭)는 좁아져야 한다.

표 6.4 장간종 콩에서 재식밀도와 휴간거리를 달리 했을 때 생육과 수량의 차이

항목	재식요인	작물체 수 (m)	L_{95}*	L_{95}에 도달한 일수	분지수 (개체)	수량지수 (%)	수확지수
재식밀도 (개체/10a) (휴간거리 50cm)	6,000	3	3.3	69	9.0	108	31
	12,000	6	3.1	61	4.0	123	31
	24,000	12	3.6	57	0.5	115	27
	48,000	24	4.0	52	0.1	100(대조구)	21
휴간거리(cm) (재식밀도 24,000/10a)	13	3	3.6	53	1.2	126	-
	25	6	3.6	55	1.1	133	-
	50	12	3.6	57	0.5	115	-
	100	24	4.2	66	0.6	100(대조구)	-

*L_{95}=태양에너지의 95%를 처음 흡수하는 엽면적지수(LAI)

열악한 환경에서 휴간 거리를 좁히는 것은 대부분 작물에서 수량이 줄어들게 된다. 테일러(Taylor, 1980)는 수분 공급이 적은 기간 중에 넓은 휴간 거리에서 자란 콩은 좁은 휴간 거리에서 자란 콩과 비슷하거나 더 많은 수량을 거둔다는 가설하에 한 실험에서 수분 공급이 많은 기간에는 좁은 휴간 거리에서 종실 수량이 넓은 휴간 거리에서보다 17% 증가하였다. 수분 공급이 적을 경우 휴간 거리 간에 차이가 없었다. 건조한 해에는 좁은 휴간 거리에서 먼저 극심한 수분부족이 초래되고 식물체의 초장과 엽면적지수(LAI)가 작아졌다. 잡초는 환경요소에 대해 작물과 경합하므로 잡초방제는 높은 수량을 확보하기 위해서 중요하다. 좁은 휴간 거리에서 잡초를 방제하는 데는 어려움이 많다. 웨버(Waber, 1962)는 콩에서 휴간 거리가 50~70cm보다 15~20cm의 밀식에서 수량이 낮은 것은 잡초가 번성했기 때문이라고 하였다. 좁은 휴간 거리에서 잡초와의 경합에서 이기게 하려면 군락 발달을 빨리할 수 있도록 더 높게 재식밀도를 조절할 필요가 있다. 재배자로서 이랑의 간격을 좁히는 것은 높은 수량을 올릴 수 있는 하나의 방법이다. 그러나 좁은 이랑 거리로부터 높은 수량을 얻기 위해서는 재배 수단인 적합한 품종선택, 시비, 잡초방제, 병해충방제, 재배 시기 조절, 이랑 내에 균일한 작물 분포, 적정 재식밀도 등을 잘 선택하고 관리해야 한다. 휴간을 좁혀 재배하려고 할 때는 재배자는 적정 품종선택, 파종량 결정(재식밀도), 도복 문제, 파종과 수확 시의 농기구 구입비용, 종자와 비료에 요구되는 비용과 조기 잡초방제 등을 고려하여야 한다. 육종가와 생리학자는 높은 재식밀도와 좁은 휴간 거리에서도 잘 적응하는 유전자를 찾기 위해 노력하고 있다.

요약(Summary)

전체 건물 수량은 생육기간 동안 태양방사의 수광량과 이용에서 작물의 군락 효율성의 결과이다. 태양광을 수광하는 1차적인 직물기관은 잎이다. 최대 작물생장률을 위해서는 작물 군락에 투사된 태양광의 대부분을 고정할 수 있는 충분한 잎을 갖추어야 한다. 이러한 경우에 작물 광합성 효율(작물생장률, CGR)은 잎의 광합성 효율(또는 순동화율(NAR))로서 결정된다. 순동화율(NAR)의 효율은 태양방사량, 광합성에 대한 잎의 능력, 엽면적지수(LAI)와 태양방사가 얼마나 고르게 잎들의 표면에 분산되었는지와 식물체 호흡량에 의해 영향을 받는다(그림 6.24).

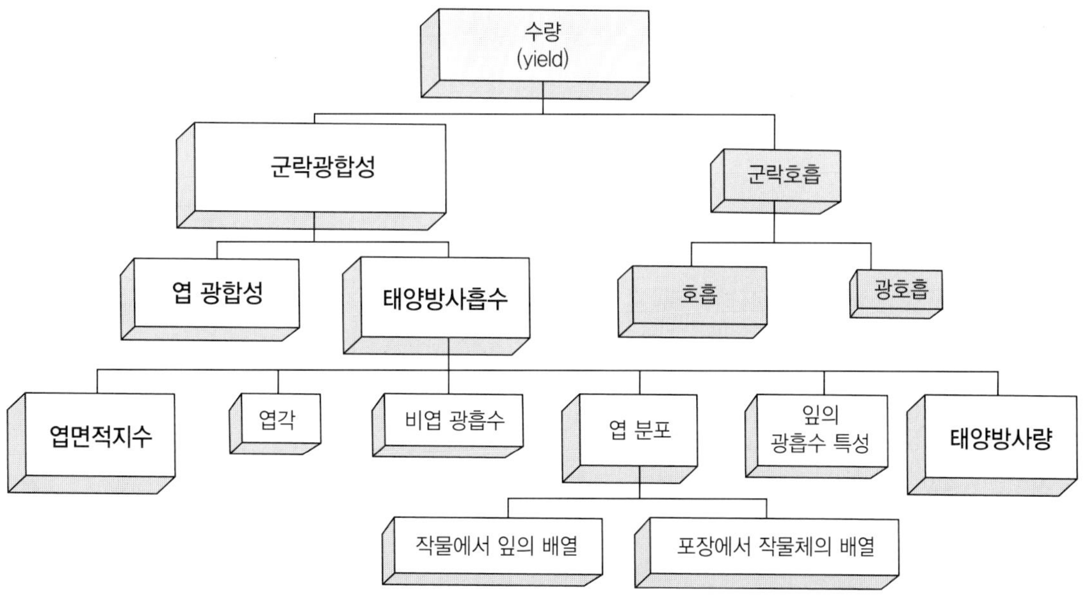

그림 6.24 전체 건물량에 영향을 주는 여러 요인들의 흐름도

작물은 전 생육기간 동안 한계엽면적지수(LAI)를 계속 유지하지는 못한다. 1년생 작물은 수광이 거의 없는 유묘기 때부터 엽면적의 집적을 시작하여 엽면적지수(LAI)는 증가하고 결국 태양방사의 대부분을 흡수한다. 토양표면 전부를 피복한 후에 전체 건물생산량은 작물이 얼마나 오랫동안 활성적인 녹색 잎의 군락을 유지하는가에 달려있다.

태양방사의 최대 이용과 작물의 수량을 극대화하기 위해서는 다음과 같은 전략이 필요하다.

① 조기에 엽면적을 확보하기 위한 조기 파종, 내냉성과 저온 저항성 품종의 개발이 필요하다.
② 최대엽면적 시기에 적정엽면적지수(LAI)가 확보되도록 파종량을 결정하고 파종한다.
③ 최대일사량이 비치는 기간 동안 전체 토양피복이 되도록 파종 시기를 맞춘다.
④ 초기 작물체간 경합을 줄이고 태양방사 수광률을 증가시키기 위해 포장에 거의 균일하게 파종한다.
⑤ 생장률 증가와 엽표면의 광합성 효율증가를 위한 시비를 한다.
⑥ 활성적 엽표면에 의한 최대수광기간(엽면적기간, LAD)을 연장시킨다.

많은 작물과 환경적 요인들이 태양방사 이용에 있어서 전체 군락의 능력을 변경시킬 수 있다.

제7장
광합성 산물의 운반과 분배
(Transport and Partitioning of Assimilate)

태양에너지를 효율적으로 이용하여 생산한 광합성 동화산물을 저장하려면 작물은 광합성물질 합성장소에서 저장 장소로 동화산물을 이동시키기 위한 운반체계가 필요하다. 발아시기에 종자 내에 저장된 동화물질은 활동을 개시한 분열조직으로 이동하여 잎이나 줄기, 뿌리를 생육시키고 곧 이어 유묘는 독립영양체가 된다. 녹색조직에서 만들어진 동화산물은 생장, 발육, 저장 및 세포유지를 위해 식물체 전체로 전류된다. 이러한 과정에서 동화산물의 분할을 분배라고 하는데 이는 작물의 생산성과 생육에 영향을 준다. 앞의 여러 장에는 어떻게 건물이 생산되는가를 다루었다면 여기서는 동화산물이 어떻게 식물체 내에서 이동하고 작물의 다른 기관에 분배되는가를 논의할 것이다. 일반적으로 작물을 재배한 후 작물 전체가 아닌 종사, 잎, 줄기, 뿌리, 꽃 등 어느 특정 기관만을 수확한다. 경우에 따라서는 이러한 생산물에서 단지 종자의 지방, 단백질, 전분, 또는 줄기나 뿌리로부터 자당 등 특정 화학성분만 이용하기도 한다. 그러한 작물에 있어서 수량은 단위면적(토지) 당 생산된 지방이나 당, 종자, 잎, 줄기, 뿌리, 꽃의 양이 된다. 이와 같이 동화산물과 무기양분의 분배는 수확된 작물 부위에 건물생산 효율과 건물비율(수확지수 등)에 영향을 줄 수 있다.

1. 체관부 수송(Phloem Transport)

일반적으로 작물의 생장과 발육에서 물질들은 소스(source, 작물체에서 물질이 합성되거나 생산되는 곳, 공급부라고도 함)에서 싱크(sink, 생산한 물질을 이용하거나 저장하는 곳, 수용부라고도 함)로 이동한다.

1) 수송경로

작물체에서 기관 간의 전류는 일차적으로 유관속 내의 체관부와 물관부를 통하여 이루어진다. 물관부의 이동은 기본적으로 증산류를 통하여 뿌리에서부터 위로(향정적, acropetal) 일방적인 이동을 한다. 반면에 체관부의 이동은 양방향 이동이다. 이때 이동은 향정적이거나 향기적(basipetal)으로 움직인다. 잎에서 만들어진 동화산물은 싱크로 이동하고 뿌리에 의해 흡수된 물질은 상향으로 이동한다. 물관부와 체관부는 옆으로 이동이 가능한 측부를 연결하는 원형질연락사(plasmodesmata)를 가지고 있다. 당은 체관의 소기관을 통해서 수송되는데 이 소기관은 살아있는 특성화된 세포들이다. 체관의 소기관은 체와 같이 구멍이 뚫려 있고 손상이 되면 밀폐된다. 피자식물은 체판과 P-단백질이 있으나 나자식물은 없고 P-단백질도 없다. 손상된 부위의 P-단백질은 손상된 조직을 막아 회복시키는 역할을 하여 저항성을 증진시킨다.

2) 광합성 산물의 수송(Assililate Transport)

자당이 대부분이고 주로 비환원당의 형태로 수송된다. 환원당인 포도당과 과당보다는 반응성이 적은 자당(설탕)의 형태로 이동한다. 호르몬과 영양성분들의 이동에서 호르몬(옥신 등)은 체관요소에서 많이 발견되고 칼륨과 마그네슘, 인산 등의 무기 용질 등도 발견된다. 그러나 리보솜 단백질은 거의 발견되지 않는데 이는 성숙한 체관 요소에 리보솜이 없기 때문이다.

표 7.1 전류 물질의 특성과 작물

분류	전류형	전류당	해당 작물	전류물질의 특성
단당류(mono saccharide)	6탄당	포도당(glucose) 과당(fractose) 갈락토스(galactose)	–	에너지를 위해 포도당을 가장 먼저 이용하고 전분으로 저장한다. 과당이 당도가 가장 높다.
	당알코올(sugar alcohol)	만니톨(manitol), 소르비톨(sorbitol)	사과, 배, 장미, 셀러리(celery)	만니톨과 소르비톨은 식물에 광범위하게 존재하는 당알코올이다.
이당류(disaccharide)	자당(sucrose)	자당(sucrose)	화본과(벼, 밀, 옥수수) 콩과(강낭콩, 완두, 피마자) 가지과(감자, 담배) 등	자당은 포도당과 과당의 2당류이다. 대부분의 작물이 자당의 형태로 이동한다.
다당류(poly saccharide)	올리고당(oligosaccharide)	라피노스(raffinose) 스타키오스(stachyose)	오이, 멜론, 호박	라피노스는 포도당+과당+갈락토스의 3당류이고 스타키오스는 포도당+ 과당+갈락토스 2개로 된 4당류이다.
*낮에 당의 합성은 엽육 세포의 세포질에서 일어나고 밤에 일부가 전분으로 축적된다.				

수분 이외의 전류된 물질 대부분은 광합성 산물이거나 저장 중인 동화산물의 재이동이다. 이것은 체관부 내의 전체 고형물의 90%는 비환원당인 탄수화물로 이루어져 있다. 여기서 비환원당(nonreducing sugar)은 자당(설탕)이나 라피노오스인데 이들은 노출된 알데하이드나 케톤기를 가지고 있지 않은 당을 말한다. 이러한 비환원당은 체관부 수액의 10~25% 정도로 많은 양을 차지한다. 대부분 작물의 체관부에서 전류되는 당은 자당(sucrose)이다.

몇몇 작물에서는 오직 자당만 있는 경우도 있다. 체관부 수액에는 질소화합물이 포함되어 있는데 아미노산, 아마이드, 우라이드(uride) 등이 0.03~0.4%의 농도로 존재한다. 그 외에 생장조절제, 뉴클레오티드(nuclotide), 몇 가지 무기양분 및 침투성 농약 등 다수의 화합물이 아주 적은 양으로 체관부를 통해 전류된다. 그렇지만 환원당, 접촉성 제초제, 단백질, 대부분의 다당류, 칼슘이나 철 및 여러 미량원소와 같은 많은 화합물들은 체관부에서 정상적으로 이동하지 못한다.

일반적으로 잘 알려진 전류 기작은 뭉크(Munch, 1930)에 의해 최초로 제안된 집단류 또는 압류설로서 정수압의 구배 차이에 따라 생기는 집단류를 통하여 동화산물이 이동하는 것으로 알려졌다. 광합성조직을 광동화산물 공급원(source, 소스)와 비광합성 조직을 수용부(sink, 싱크) 부위에서 동화산물의 활성적(대사적) 적재(loading)와 하역(unloading)은 이러한 부위에서 체관 내 삼투압의 차이에 의해서 각각 일어난다. 당이 합성되는 소스(source)와 그 주변의 체관부는 당의 농도가 증가한다. 이것은 체관부의 수분퍼텐셜을 낮추어 주위의 물이 체관부로 들어오도록 한다. 이것은 차례로 정수압을 증가시키고 압력이 낮은 부위로 수분과 동화산물의 집단류를 일으킨다. 반대로 싱크에서 당의 농도는 싱크 조직에서 당을 이용함에 따라 줄어든다. 이것은 체관으로부터 당을 줄여 수분퍼텐셜이 증가되며 체관으로부터 물의 이동이 있게 하고 내부의 정수압을 감소시켜 소스에서 싱크로 수압의 구배 차이가 생기는 결과를 낳는다. 그 이후 밀번(Milburn, 1975)은 압류설(pressure flow hypothesis)을 주장하였다.

3) 수송 기작의 압류모델(Press Flow Model)

확산 모델에서 전류 물질의 이동속도는 이런적으로 느리지만 실제는 상당히 빠르게 이동한다. 따라서 삼투퍼텐셜의 차이에 의한 압류모델로 설명한다. 이 압류모델은 다음과 같은 전제 조건이 충족되어야 한다. ① 체관공이 막혀있지 않아야 한다. ② 단일 체관 요소는 단일시간대에는 한 방향으로 이동하여야 한다. ③ 많은 에너지가 소모되지 않아야 한다. 그래야 저온이나 산소결핍, 대사 저해제가 있어도 수송을 중단시키지 못한다. 그러나 체관 요소의 유지, 소실된 당의 재회수, 재적재 등에는 일부 에너지가 필요할 것이다. 마지막으로 ④ 소스의 체관 요소의 팽압이 싱크보다 높은 양의 압력기울기가 되어야 한다.

2. 광합성 산물의 분배(Aaaimilate Partitioning)

광합성 산물의 분배는 다양한 싱크에 의해 결정되는데 이들은 다음과 같은 조절특성이 있다.

① 싱크(sink)들은 소스(source)의 광합성 산물을 두고 경쟁한다. 어린잎이 더 많이 분배를 받고 뿌리는 적게 받는다. 싱크의 수분퍼텐셜이 낮아지면 압력의 기울기가 증가하고 싱크로 수송이 증가된다. 그러나 수분스트레스를 받으면 어린잎보다 뿌리로의 이동이 증가하였다. 이들은 서로 동조화되고 상호작용과 조절능력이 있는데 수확량을 높이려면 이 분배를 잘 조절해야 한다.

② 소스를 많게 하고 저장기관에 분배를 늘려야 수량이 증가한다. 낮에 엽록체의 녹말 합성속도는 시토졸의 자당 합성속도와 조화를 이루어야 한다. 녹말과 자당의 합성은 서로 반비례하므로 이들을 조절한다.

③ 어린잎이 싱크에서 소스로의 전환은 점진적인데 콩과 토마토의 경우 잎이 25% 정도 자랐을 때 싱크에서 소스로 이행되고 50% 정도가 되면 완료된다. 잎에서 당의 반출은 초기에는 잎의 선단부에서 기부로 진행된다. 담배의 알비노(albino) 잎은 엽록소가 없음에도 녹색 잎과 같은 발달 단계에서 당의 반입이 중단된다(타이즈, 2018).

④ 싱크의 퍼텐셜은 그 싱크의 크기와 활성도에 관계한다. 싱크의 퍼텐셜=싱크의 크기×활성도이다. 즉 싱크가 광합성 산물을 자신을 향해 동원시키는 능력을 싱크의 퍼텐셜(sink potential)이라고 한다. 싱크의 크기(sink size)는 싱크의 총생물량(biomass)이며 싱크의 활성도(sink activity)은 싱크 조직의 단위 생물량당 광합성 산물을 흡수하는 정도(속도와 역가)이다.

⑤ 소스는 장기간에 걸쳐 소스와 싱크의 비율 변화에 적응한다. 콩에서 소스인 잎을 한 장만 남기고 빛을 차단하면 녹말은 감소하지만 광합성률, 루비스코 활성, 자당농도, 인산염 농도, 다른 소스로부터의 수송 등이 모두 증가한다. 광합성률은 싱크의 요구가 크면 증가하고 작으면 감소한다.

1) 전류율(Translocation Rates)

체관부에서 물질의 이동은 싱크(sink)에 의한 수용률, 체관부 이동에 영향을 주는 화합물의 화학적 특성 및 소스(source)에서 체관요소 내로 화합물의 이동률에 의해서 영향을 받는다. 동화산물의 전류율을 측정하는 방법 중 하나는 잎에 방사성 동위원소 $^{14}CO_2$를 광합성의 재료로 이용하도록 한 후 잎으로부터 ^{14}C 이동속도를 측정하는 것이다. ^{14}C를 함유하는 선단 화합물의 이동속도는 500cm/hr 이상으로 측정되었다. 그렇지만 실제 다량의 동화산물이 측정될 때에는 속도가 대개 30~150cm/hr의 범위로 이동속도가 확산속도보다는 훨씬 높은 것으로 나타났다.

수량 면에서 이동속도보다 단위시간당 체관부 단면적당 이동된 동화산물의 중량인 물질이동비(specific mass transfer, SMT)가 더 중요하다. 여러 종에서 측정된 물질이동비(SMTs)는 3~5g/㎠/hr의 범위로서 매우 유사하였다. 이러한 측정치들은 체관부 단면적이 전류율을 제한할 수 있다는 것을 나타낸다. 체관부 크기는 이것이 관여하는 소스나 싱크의 크기에 따라 발달하는 것으로 보인다. 예를 들면 현재 재배하는 밀의 품종에서 이삭의 체관부 단면적은 과거의 밀 품종들보다도 큰데 이는 전류율의 증가와 관련이 있다(에반스 등 1970). 큰 잎이 작은 잎에 비해 상대적으로 큰 체관부 단면적을 갖는다는 사실은 같은 작물이나 품종의 잎에도 일반적으로 일치한다.

비록 체관부 단면적이 식물체 간에 균일하다 하더라도 적절한 전류에 요구되는 것보다 더 많은 체관부 조직을 갖고 있는 것으로 보인다. 밀과 수수의 이삭 줄기의 체관부 단면적을 절단하여 감소시킨 실험에서 종실 생장률은 2종 모두에서 감소되지 않았고 오히려 밀 뿌리의 체관부 단면적이 줄어들었을 때 체관부 단면적 기준으로 물질이동비는 10배 이상 증가하였다. 이러한 결과를 고려하면 대부분 작물에서 체관부 조직의 크기가 소스에서 싱크로의 흐름을 제한하는 것으로 보이지 않는다. 작물 종간(특히 C_3형과 C_4형 작물의 광합성 등)에 전류율이 다르다. C_4 종의 잎은 높은 CO_2 교환율, 엽면적에 대해 큰 체관부 단면적 및 빠른 전류율을 보인다. C_4 종의 잎은 C_3 종보다 짧은 시간에 많은 양의 동화산물을 배출한다(그림 7.1). C_4 종의 잎에서 동화산물의 배출 증가는 유관속 세포가 엽록체를 가지고 있다거나 큰 체관부 단면적과 같은 특수한 해부학적 특성 때문이다(Kranz anatomy). 그러나 증가된 배출이 잎의 해부학적 특성보다 높은 CO_2 교환율(CER)과 관련되어 있다(그림 7.2).

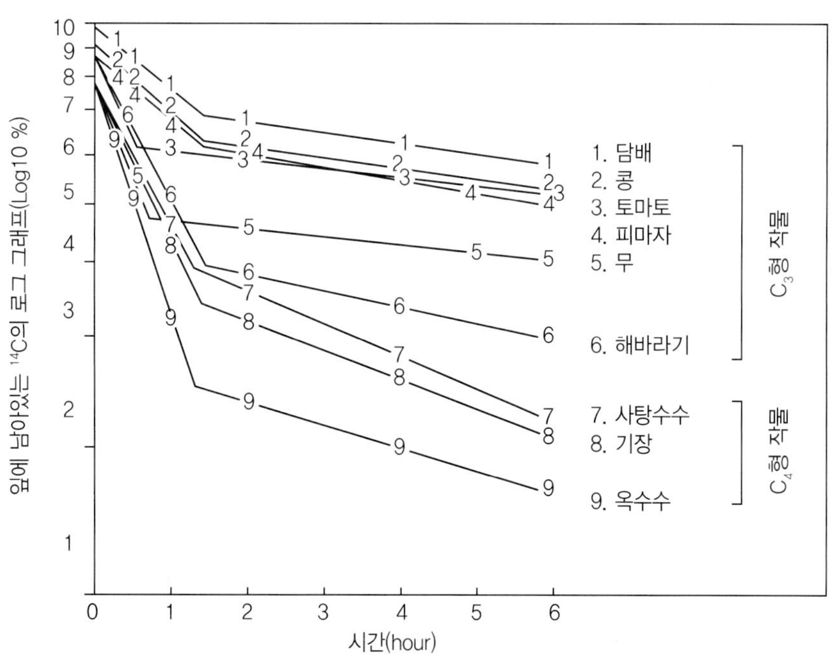

그림 7.1 잎이 CO_2를 동화한 후 시간 경과에 따라 잎 내에 남아있는 ^{14}C을 나타내는 반로그적(semilogarithmic) 변화

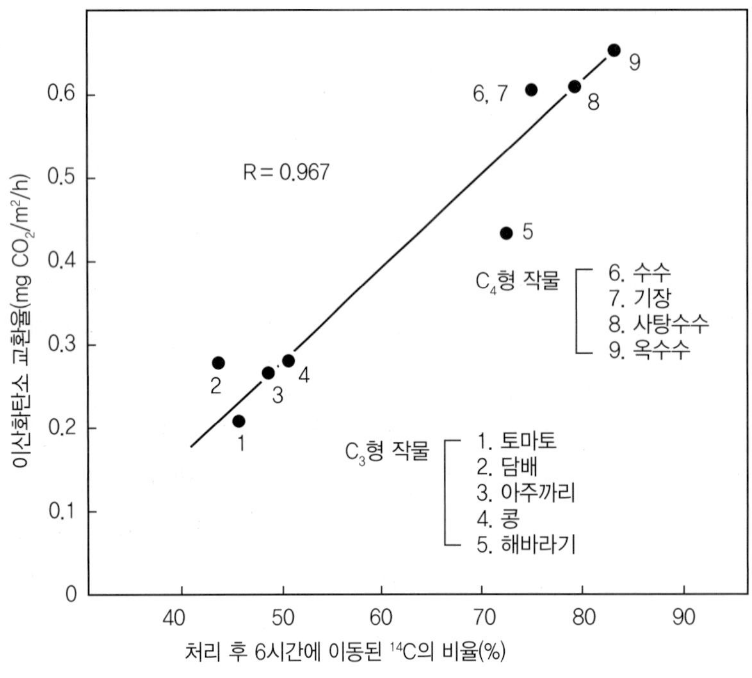

그림 7.2
여러 작물에서 광합성의 최대 속도와 빠르게 잎으로부터 방출되는 동화물질 내 ^{14}C 비율 간에 상관관계(R)

2) 체관부 적재와 하역(Phloem Loading and Unloading)

체관부 적재는 낮에 광합성에 의해 만들어진 광합성 산물(photosynthate)은 엽록체에서 시토졸로 이동하고 자당으로 전환된다. 밤에는 저장 녹말은 주로 맥아당의 형태로 엽록체를 나와 다시 자당으로 전환된다. 이 자당은 엽육조직의 생산세포를 나와 엽맥의 체관으로 이동한다. 이 체관부 적재 후 당은 체관 요소와 반세포로 이동되는데 이들은 종종 하나의 기능적 단위로 취급되므로 체관 요소와 동반세포 복합체로 불린다. 체관 내부로 들어간 자당과 다른 용질들은 소스에서 멀리 떨어진 곳으로 적재되는데 그 이동은 아포플라스트나 심플라스트를 통하여 일어난다. 초기에는 심플라스트 이동을 할 것이나 이후에는 아포플라스트 혹은 심플라스트를 경유하여 일어날 수 있다.

잎의 엽육세포에서 체관부 체관요소로 광합성 산물의 이동을 위해 싣는 것이고 체관부 하역은 체관부의 체관요소로부터 싱크의 세포로 광합성 산물을 뿌리는 것으로 이들은 전류율에 제한 요인이 될 수 있고 전류에 영향을 준다. 체관부에서 적재하는 동안 엽육세포의 삼투압은 체관부 세포보다 더 낮아져서 즉, 더 높은 수분퍼텐셜 상태가 된다. 이렇듯 체관부 적재에는 농도가 높은 부위로 당(sugars)을 이동시켜야 하므로 에너지 공급이 필요하다. 체관부 적재는 체관요소 내 삼투압을 증가시키고 동화산물의 집단류에 구동력을 제공한다. 당은 심플라스트(symplast, 체관부 세포로 이동)로부터 아포플라스트(apoplast, 세포벽을 통해 이동)로 이동한 후 다시 심플라스트로 이동된다. 당이 체관 요소로 이동할 때 인접한 동반세포(companion cell)의 도움을 받는다.

C_4 작물의 잎에서 동화산물의 빠른 이동은 엽맥을 둘러싸고 있고 엽록체를 가지고 있는 유관속초 세포(vascular sheath cells) 때문이다(그림 5.18). 광조건 하에서 엽록체는 적재에 필요한 광합싱 에너지(ATP)를 생산하여 세공해 줄 수 있다. 잎 내 자당의 높은 농도에서도 유관속 세포는 당의 농도 구배를 통한 적재를 증진하기 위해 인접한 체관보다 높은 삼투압을 가지고 있을 것이다. 전류과정의 다른 말단에서 체관부 하역도 싱크의 동화산물 수용률을 제한할 수 있다. 체관부 하역에 대한 연구에서 하역도 적재와 비슷하며 체관부의 심플라스트에서 아포플라스토로 당의 이동이 일어나고 싱크세포의 심플라스트로 이동한다. 그렇지만 하역이 체관부 세포에서 싱크 세포로 직접적 심플라스트 이동에 의해 일어날 수 있고 조직에 따라 다른 기작에 의해 일어나며 싱크의 발육단계에 따라 달라진다.

표 7.2 아포플라스트와 심플라스트의 수송 특성 비교

번호	항목	아포플라스트 적재	심플라스트 적재	
			중합체 흡수	수동적 이동과 적재
①	당의 종류	자당	자당, 라피노오스, 스타키오스	자당
②	관련세포	반세포, 수송세포	중간세포	반세포
③	원형질연락사 (개수와 전도도)	낮음	높음	높음
④	수송체에 대한 의존성	높음	수송체와 무관	수송체와 무관
⑤	당의 농도	낮음	낮음	높음
⑥	세포 유형	체요소와 반세포 복합체	중간세포	엽육세포
⑦	생장습성	초본류	초본과 목본류	목본류

3) 동화산물의 분배(Assimilate Partitioning)

동화산물의 분배는 일반적으로 소스에서 가장 인접한 싱크로 일어난다. 예를 들어 상위엽은 줄기의 정단부로 주로 보내고 하위엽은 뿌리로, 중위엽은 양쪽으로 모두 보낸다. 체관부는 줄기의 한쪽 방향에서는 서로 연결되어 있으므로 그쪽에 있는 잎들은 같은 쪽에 있는 싱크로 동화산물을 보내는 것이 효율적이다. 이러한 현상은 많은 작물에서 나타난다(Wardlaw 1968). 예를 들면 콩에서 상부의 신장 중인 잎은 아래쪽 첫 번째 잎보다는 그 아래의 두 번째 잎에서 더 많은 동화산물을 공급받았는데 이것은 첫 번째 잎이 줄기의 다른 방향에 위치하였기 때문이다. 체관요소의 교차연결은 대부분 종에서 일어나지만 몇몇 종에서 더 효율적으로 일어난다. 화본과 식물은 마디에 광범위한 교차 연결부를 가지고 있어 특정 잎에서 특정 싱크로만의 동화산물 이동 경로는 배제된 것같이 보인다(Gifford and Evans 1981).

3. 소스-싱크 관계와 분배 (Source-Sink Relationships and Partitioning)

소스에서 싱크로 동화산물의 이동은 다음과 같이 일어난다(그림 7.3). 광합성을 하는 소스 세포는 당을 생산하여 심플라스트를 통해 체관부로 이동할 수 있게 된다. 체관부 적재는 아포플라스트의 당농도보다 체관의 당농도를 높인다. 싱크에서 탄수화물을 흡수하여 세포구성물질로 활발하게 전환시키거나(예로 전분 등) 체관부의 정수압에 거의 영향이 없는 다른 탄수화물로 변환된다. 체관부 하역은 체관 내 당의 농도를 낮춘다. 소스에서 당의 형성과 싱크에서 당의 흡수는 소스에서 싱크로 수분과 당이 이동할 수 있도록 해주는 정수압 구배 차이가 생긴다. 집단류 가설에 의하면 광합성을 증가시키려면 정수압과 전류율을 증가시켜야 하지만 이것은 싱크가 보다 많은 동화산물을 수용할 수 있는 능력을 가지고 있는 경우에만 해당된다.

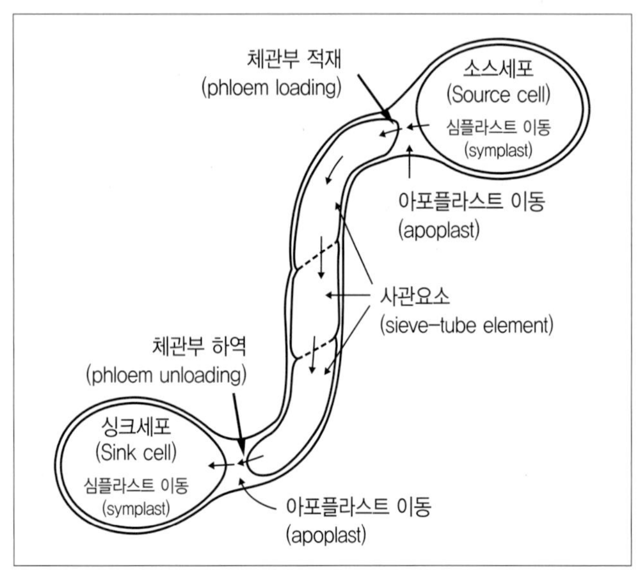

그림 7.3
소스에서 싱크로의 동화산물 전류의 모식도

싱크가 증가된 동화산물을 수용할 수 없다면 시스템 내의 당의 지속적인 증가가 있게 되어 광합성을 감소시키는 피드백제어를 하게 된다. 광합성은 싱크가 동화산물을 받아들일 수 있는 정도로 줄어들게 된다. 잎에서 광합성의 속도가 최대가 되려면 싱크는 생산된 모든 동화산물을 바로 수용할 수 있어야 한다. 따라서 이러한 조건에서 분배는 싱크 강도(sink strength)에 의해 조절되는데 싱크의 유효성과 동화산물 이용률과 같은 요소들이 제한 요인이 될 수 있다(Gifford and Evans 1981). 즉 싱크 강도(sink strength)에 영향을 주는 요인들의 특성을 알면 작물에서 분배를 조절할 수 있다. 호르몬은 싱크 세포의 효소활성과 탄력성에 영향을 미쳐 동화산물의 분배에 큰 효과를 나타낸다. 옥신(IAA), 시토키닌, 에틸렌, 지베렐린을 줄기의 절단면에 처리하면 처리된 부위에 동화산물 축적을 유발한다. 강낭콩 유묘에서 줄기와 뿌리 간 자당의 분배는 싱크 내의 옥신과 시토키닌(제8장 식물생장조절 관련내용 참조) 농도에 따라 조절될 수 있다. 꽃과 종자의 유도, 발육 및 불임에 대한 호르몬의 영향은 작물의 소스-싱크 관계에 중요한 효과를 발휘한다. 호르몬이 전류율에 직접적인 효과를 가지고 있다고는 하나 다수의 실험 결과는 싱크 요구도에 대한 효과는 간접적인 영향으로 나타났다(Gifford and Evans 1981).

4. 영양생장기에 동화산물의 분배 (Assimilate Partitioning during the Vegetative Phase)

잎과 다른 녹색조직들이 동화산물을 만드는 기본적인 소스이다. 동화산물의 일부는 세포의 유지를 위해 녹색조직에 남아있고 전류속도가 느려지면 전분이나 다른 저장형태로 바뀐다. 나머지는 생장, 유지, 저장 기능을 갖는 영양적 싱크로 전류되어 보내진다. 영양생장기 동안 뿌리, 줄기 및 어린잎들은 동화산물에 대한 경쟁적 관계에 있는 싱크들이다. 이러한 3개의 기관으로 분배되는 동화산물의 비율은 식물의 생장과 생산성에 영향을 줄 수 있다. 더 큰 엽면적 확보를 위한 동화산물의 투자는 수광량을 증가시킨다. 그렇지만 잎은 물과 양분을 요구하므로 뿌리 생장에 대한 투자도 필요하다. 대부분 화본과 작물은 영양생장기 동안에 줄기 생장이 없고 잎과 뿌리로 우선적으로 동화산물을 공급한다. 생장점과 같은 분열조직들도 동화산물을 공급받기에 더 유리한 위치에 있다. 예로 잎의 절간 생장점은 주변 뿌리나 줄기 분열조직에 비해 전류된 동화산물을 잘 분

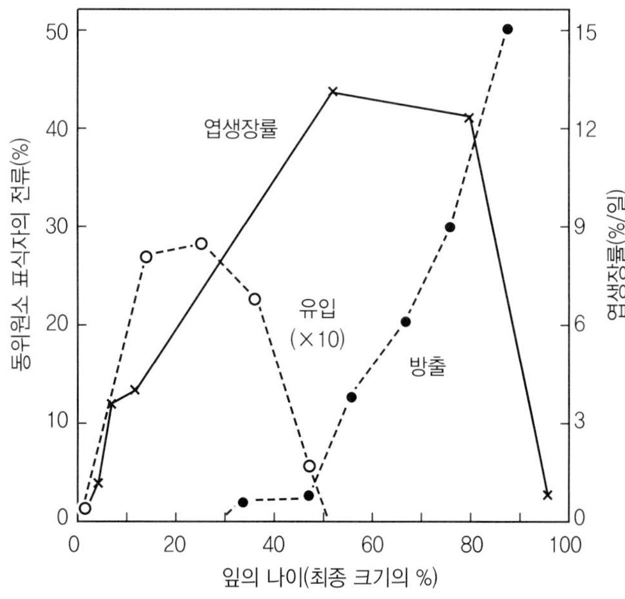

그림 7.4
엽령에 따른 콩잎의 광합성 산물의 유입과 방출
출처: Thrower, 1962.

배받을 수 있다. 생육 중인 어린잎들은 그들이 필요한 동화산물을 스스로 생산할 수 있을 때까지는 생장과 발육에 필요한 에너지와 탄소골격을 만들기 위해 동화산물을 받아들인다. 호박과 콩은 잎이 최종 엽면적의 50%에 달했을 때 자가 공급이 충분해 졌다는 보고도 있다(그림 7.4).

잎이 완전히 전개된 후 광합성에 좋은 조건이라면 잎은 그들 동화 산물에 60~80%를 식물체의 다른 부위로 보낸다. 잎이 오래되고 노화됨에 따라 노화나 차광, 또는 이 두 가지 모두의 영향 때문에 스스로 에너지 요구를 충족시킬 수 없게 된다. 이러한 조건에서 잎은 동화산물을 내보내거나 받아들이지 못한다. 대신 세포 유지에 필요한 호흡을 감소시켜 잎이 단순히 생존할 수 있도록만 한다. 잎이 죽기 전에 엽 내에 있는 무기 및 유기화합물의 대부분은 작물의 다른 부분으로 재이동되거나 전류된다. 분지와 분얼의 초기생장에는 스스로 독립영양을 할 때까지 주요한 줄기나 다른 분지로부터 동화산물의 유입을 요구한다. 귀리(oat)에서 이것은 대개 2~4엽기 사이에서 일어난다. 분지나 분얼이 그 작물의 다른 부분으로부터 독립적이 되는 것은 종에 따라 다양하다. 티모시(timothy)에서 분얼이 일단 독립영양을 하게 되면 완전히 분리되어 독립된 단위로 작용을 한다. 스트레스 조건이라도 티모시의 분얼 간에는 상호반응이 거의 없으며 뿌리는 그들에 붙어있는 분얼에게서만 양분을 공급받는다. 라이그라스나 귀리와 같은 종들의 독립영양 분얼들은 스트레스 상태에서 주간으로부터 동화산물의 전류가 다시 일어난다. 분얼 간의 동화산물 분배가 전체 수량에 얼마나 영향을 주는 가는 분얼 엽면적인 전체 건물중에 주는 공헌 정도와 분얼이 경제적 수량에 주는 공헌도에 달렸다. 예를 들면 옥수수의 분얼은 대개 종실을 생산하지 않는다.

5. 생식생장기에 동화산물의 분배
(Assimilate Partitioning during the Reproductive Phase)

생식생장기 동안 이루어지는 발육은 곧바로 수량으로 연결된다. 작물의 화기(꽃), 과실, 종자가 경제적 수량이 되는 작물들은 오랫 동안 생식기관 부위로 전체 건물의 많은 양을 분배되도록 선발되어 왔다. 그러한 작물들은 열매가 맺히기 전에 넓은 광합성 면적과 이를 지지하는 구조를 확보하는 것이 요구된다. 개화 후 생식기관 싱크들은 매우 강화되어 잎, 줄기, 뿌리에서의 생장을 더 이상 자라지 못하도록 억제한다. 유한신육형 작물 종들은 개화 후 잎과 줄기의 생장이 정지된다(그림 7.5). 반면에 무한신육형 작물들은 영양생장과 생식생장이 동시에 일어난다. 이러한 무한신육형 종들은 그들의 영양 및 생식 싱크의 활력이 비교적 다양하다. 생식기관이 발달하는 동안 영양생장이 많으면 생식기관의 수량은 줄어든다. 유한신육형 곡류에서 초기생장기 동안은 영양생장 부위의 크기가 증가함에 따라 작물체가 보다 많은 광을 받아 광합성에 이용할 수 있게 된다. 따라서 이 기간 동안 엽생장을 위한 적절한 수분과 양분을 흡수할 수 있도록 한다. 엽수는 온도와 광주기에 영향을 받아 화서의 형성시기에 완료된다. 1년생 작물에 있어서 종자 형성이 시작되면 종자는 강력한 싱크가 된다. 그러므로 등숙기 동안 생산되거나 저장된 동화산물의 대부분은 수량(종실중)을 증가시키는 데 주로 이용된다.

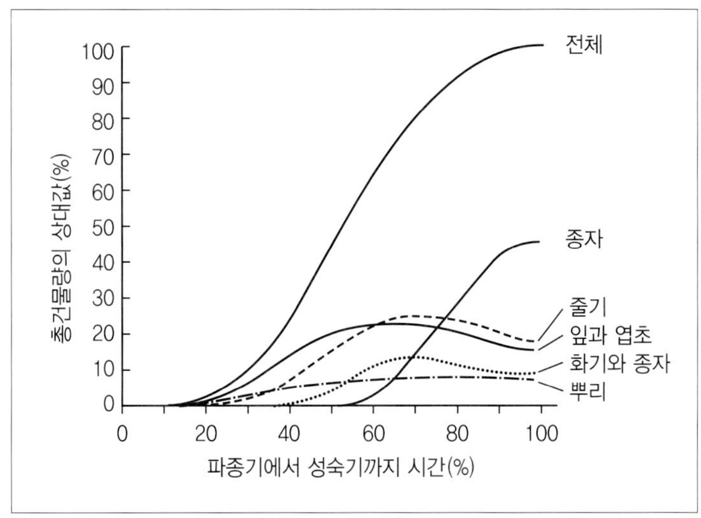

그림 7.5
유한신육형 품종의 건물 축적과 구성 부위

1) 수확지수(Harvest Index)

작물의 건물분배를 설명하는 데는 생물적 수량(biological yield)과 경제적 수량(economic yield, 종실수량)이라는 2가지 용어가 유용하게 사용된다. 생물적 수량은 식물 전체의 건물축적을 나타내는 것이고 경제적 수량과 농업적 수량은 경제적으로나 농업적으로 가치가 있는 작물의 생육기간에 체적이나 무게를 표현하기 위해 사용되었다. 총 생물학적 수량에 대한 경제적 수량의 비율을 수확지수라고 한다. 이것은 효율계수 또는 이전계수라고도 한다. 이러한 모든 용어는 작물체의 수확부위로 생산물의 이동정도를 표시한다. 수확지수(harvest index)가 그중 가장 널리 쓰이는 용어이고 다음과 같이 계산된다.

$$\text{수확지수} = \frac{\text{경제적 수량(g)}}{\text{생물적 수량(g)}} \times 100$$

이때 뿌리의 무게는 측정이 어렵기 때문에 생물학적 총수량에 포함시키지 않는다. 작물의 수량 증가는 포장에서 생산된 생물적 수량(전체 건물량)의 증가나 경제적 수량의 비율(수확지수) 증가 또는 이 두 가지 모두가 증가함으로써 이루어질 수 있다. 여기서 2가지 모두 수량이 증가할 가능성이 높다. 귀리의 유전집단은 생물학적 수량과 수확지수에서 변이를 보여주었다(그림 7.6). 높은 생물적 수량과 40~50%의 수확지수를 갖는 귀리계통은 가장 높은 종실 수량을 보였다. 옥수수에서도 생물적 수량과 수확지수의 증가는 종실 수량을 증가시킨다고 알려져 있고 몇몇 화곡류 작물에서도 종실수량이 증가한 경우 수확지수도 증가하였다.

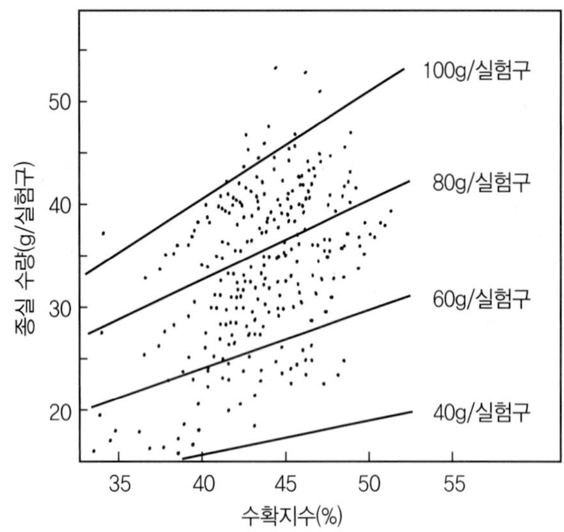

그림 7.6
수확지수와 총 식물체 건물중(생물적 수량)에 대한 귀리 유전집단의 종실수량. 모든 작물체들을 같은 환경에서 재배했는데 귀리는 동화산물을 종실로 분배하는 데 있어 변이가 큼을 보여준다.

즉 작물은 어느 일정량의 전체 건물을 생산하지만 그들의 건물을 종실 수량을 위해 더 많이 분배한다. 곡류에서 종실수량의 증가는 일차적으로 수확지수의 증가에 기인한다는 보고가 있고 그림 7.7에서 땅콩에 대한 연구도 같은 현상을 보여주고 있다. 여기서 1943년도에 육성된 '딕시런너'는 1,080kg/10a의 생물적 수량을 올리며 수확지수 23이었다(땅콩의 수량은 248kg/10a). 1952년도에 육성된 '얼리런너'는 수확지수가 36으로 늘었고 '딕시런너'보다 50% 증가된 종실수량을 보였다. 1969년도에 육성된 '플로런너'는 수확지수가 41로 '얼리런너'보다 20% 증가된 수량을 보였다. 그리고 1977년도에 육성된 '얼리번치'는 '플로런너'보다 종실수량이 10% 늘어 수확지수가 51이 되었다. 그렇지만 이 품종들의 전체 건물 수량 즉, 생물적 수량은 같다.

땅콩 육종가들의 당면과제는 51보다 높은 수확지수를 갖는 작물을 선발할 것인지, 아니면 수확지수가 51이지만 어떻게 하면 더 많은 건물 수량을 생산하는 작물을 선발할 것인가이다. 전체 건물량 중에서 종자로 이전되는 비율에는 한계가 있기 때문이다. 벼의 경우 50% 내외의 수획지수를 보인다.

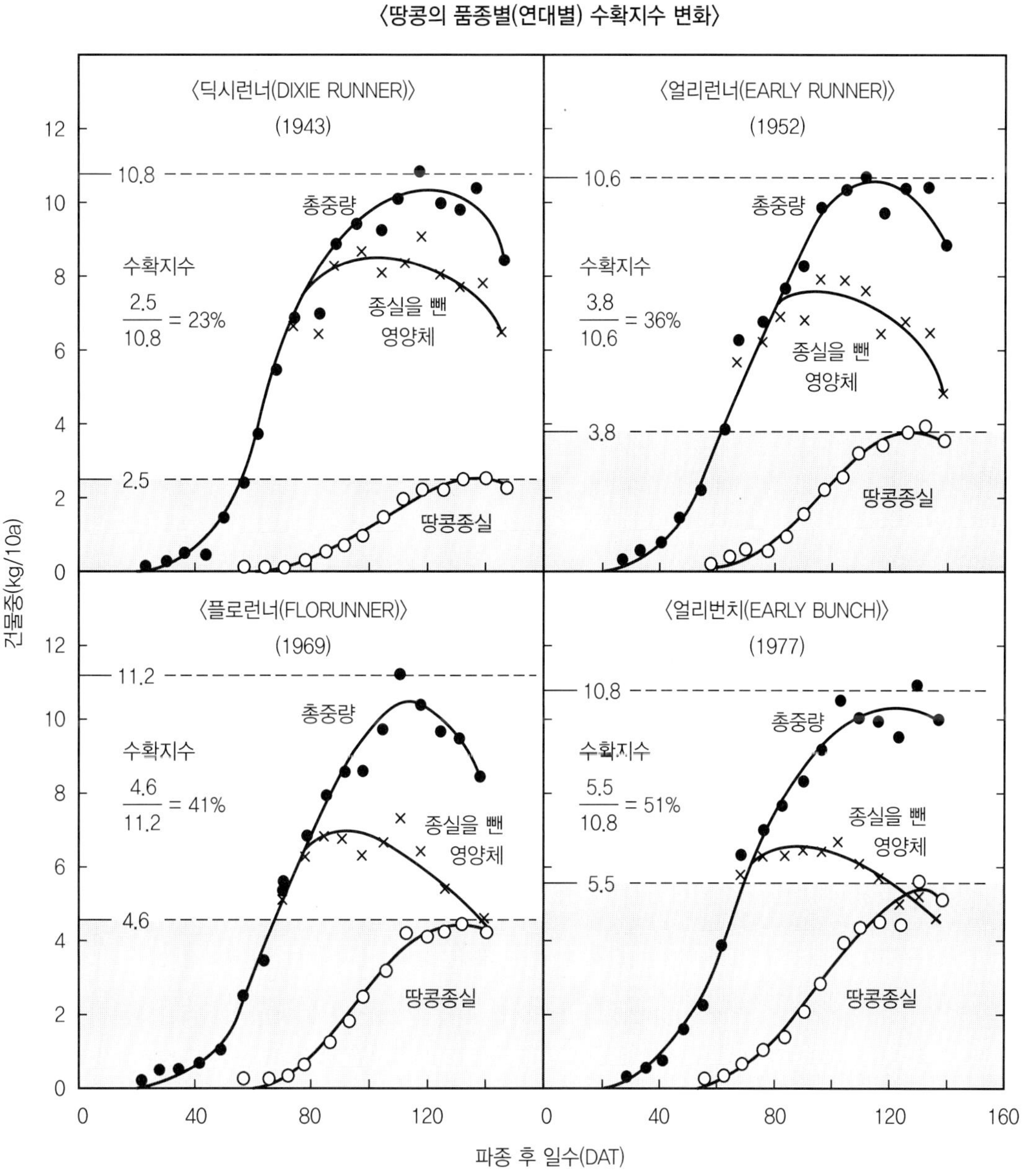

〈땅콩의 품종별(연대별) 수확지수 변화〉

그림 7.7 과실에서 경제적 수량에 대한 시뮬레이션 값

경제적 수량(순수수량, P)과 생물적 수량(총중량, T)은 4가지 품종에서 모두 일정하게 잘 유지되는 것으로 나타났고 품종개량에 따라 경제적 수량(땅콩종실, P)이 더 늘어났다. 여기서 생물학적 수량(T)에서 경제적 수량(P)를 뺀 값이 비경제적인 수량(V)이다.

2) 수량구성 요소들(Yield Components)

종실의 수량은 수량을 구성하는 몇 가지 요소들로 구성되어지고 다음과 같이 표현한다.

표 7.1 수량구성요소와 그들에 영향을 주는 요인들과 영향을 받는 발육단계

단계	표시	단위	수량구성요소에 영향을 주는 1차 요소	발육단계와 영향요소				
				영양생장기	화아분화기	수분기	등숙 초기	등숙 후기
1단계	*Nr*	생식단위/토양면적	식물체수/토양면적 – 파종량 – 출현율	큼	작음	효과 없음	효과 없음	효과 없음
2단계	*Ng*	종실/생식단위	화아분화수 수분된 화아수 결실된 화아수	수량과 유의성 있음	큼	큼	작음	효과 없음
3단계	*Wg*	무게/종실	물질동화능력	수량과 유의성 있음	수량과 유의성 있음	수량과 유의성 있음	큼	큼

수량(Y)＝생식단위의 수(Nr)×생식단위당 종실수(Ng)×종실무게(Wg)

여기서 수량(Y)은 생식단위의 수(Nr, 예로 이삭이나 옥수수 자루)/단위면적, 종실수/생식단위(Ng), 종실의 평균 무게(Wg)를 나타낸다. 벼의 경우 수량구성요소로 벼는 단위면적당 이삭수×이삭당 수수×등숙률×천립중/1000으로 계산한다. 즉, 등숙률이 추가되어 4가지 요소로 인정한다. 수량구성요소는 재배기술과 유전성, 환경에 따라 영향을 받는데 이 수량구성요소를 분석하면 왜 수량이 감소하는 지에 대한 설명이 가능하다(표 7.1). 유전형은 출현능력에 영향을 주고 분얼수, 꽃수, 종실로 발달하는 꽃의 수, 생산된 동화산물의 양, 동화산물 분배의 잠재적 능력을 설정한다. 환경은 작물이 유전적 잠재력을 발현할 수 있는 능력에 영향을 준다. 재배 요인에는 파종량 및 생장 환경에서 최대수량을 올릴 수 있도록 하는 재배자의 능력이 해당된다. 적절하지 못한 양분과 수분관리, 온도나 광 및 다른 환경요소들은 수량구성요소에서 한 가지 혹은 그 이상이 영향을 줄 수 있다. 예로 수량과 수량구성요소에 대한 수분의 영향은 수분스트레스 생리의 그림 14.5, 그림 14.6, 그림 14.7에 나타내었다.

3) 광합성 산물의 재이동(Remobilization)

생산된 동화산물은 작물의 여러 부위로 운반된다. 이것은 여러 화합물로 변환이 될 수 있는데 일부는 작물의 물리적 구조를 만드는 셀룰로스와 헤미셀룰로스와 같은 구조적 화합물로 바뀌고 대개는 합성된 곳에 남아있게 된다. 식물세포는 구조적 화합물들을 분해하는 효소체계를 가지고 있지 않다. 그러나 식물체에는 화합물의 형태가 바뀌어 다른 부분으로 전류될 수 있는 여러 가지 저장화합물도 생산되어 있다. 이러한 저장화합물은 광합성의 변화에도 불구하고 지속적인 생장과 발육을 유지하는 데 중요하다. 저장화합물은 대부분 탄수화물로 이루어져 있으나 종종 지질과 단백질도 포함되어 있다. 이 화합물이 처음 저장된 부분에서 그들이 재이용될 수 있는 다른 부분으로 이동하는 것을 재이동이라고 한다. 발육의 특정 단계에서는 생장과 발육에 필요한 동화산물의 양보다 더 많은 동화물질이 생산된다. 이러한 초과분은 저장화합물로 바뀐다. 결실기에는 잎의 광합성이 싱크의 동화산물 요구량을 충분히 공급하지 못하는데 이때 이러한 저장화합물들이 발육 중인 종자와 같은 싱크 부위로 재이동된다. 유기 및 무기화합물 모두가 재이동에 쓰인다. 잎이 노화되는 동안 탄수화물, 질소화합물, 인, 황 및 기타 이동성 원소들은 작물의 싱크 부위로 재이동되고 전류된다.

그림 7.8은 벼에서 광합성산물의 재이동에 대한 분석내용이 제시되어 있다. 작물의 출수와 개화기 동안 광합성에 의해서 형성된 동화산물은 이 시기에 요구되는 양보다 많다. 여분의 동화산물은 줄기로 이동되고 주로 전분의 형태로 저장된다. 그러나 후기에 종실축적이 이루어짐에 따라 전분은 당으로 전환되어 비대 중인 종실로 전류된다.

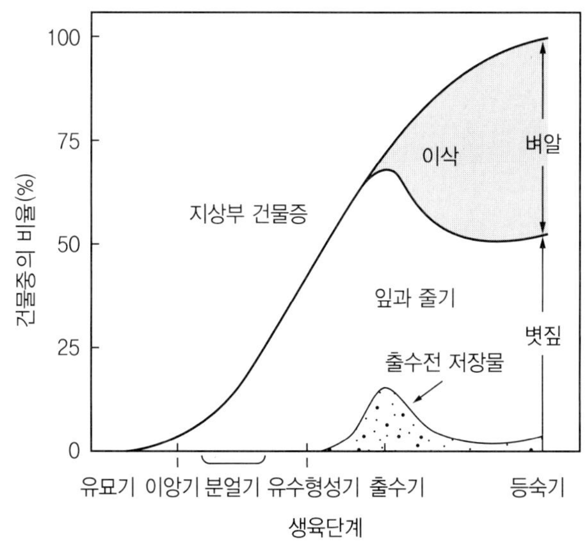

그림 7.8
벼에서 생육단계에 따른 출수 전에 일시적으로 저장된 탄수화물의 양과 부위별 건물중의 변화

4) 등숙기 동안 동화산물의 분배(Assimilate Partitioning during Grain Fill)

종실에 저장된 광합성 산물은 3개의 주요 소스로부터 나온다. ① 잎의 광합성 ② 잎 이외 부위의 광합성 ③ 다른 식물기관에 저장된 동화산물의 재이동이다. 이러한 요소들이 얼마나 최종

종실축적에 기여하는 정도는 작물품종과 환경에 영향을 받는다. 분배는 곡류에서 많이 연구되었는데 지엽, 줄기 및 이삭과 같이 종실에 밀접한 소스의 광합성은 종실에 대한 1차 기여자라는 것을 보여준다. 하위엽은 하부 줄기와 뿌리의 요구를 충족시킨다. 싱크로서 종실의 강도와 소스의 상대적 유용성 및 강도는 동화산물 분배에 영향을 준다. 상위엽이 제거되면 하위엽은 동화산물을 종실로 공급하고 하위엽이 제거되면 지엽은 동화산물을 뿌리로 이동시킨다. 각각의 소스가 종실수량에 얼마나 기여하는 지와 이와 관련된 변이를 이해할 필요가 있다. 밀이나 보리의 이삭에 대한 차광실험에서 수량이 20%~30% 감소하였다. 이들 연구에서 차광과 광합성 측정을 통하여 최종 종실수량에 대한 광합성 소스들의 기여도를 계산하였다. 그들의 개화 전 광합성의 기여도는 25%로 이는 재이동된 동화물질, 잎과 줄기의 광합성은 45%, 그리고 이삭의 광합성은 30% 정도로 추정된다. 이러한 비율은 표 7.2에 나타나 있다.

표 7.2 수분조건에 따른 밀과 보리의 수량에 대한 개화 전 광합성의 기여도

작물	수분조건	수량 (kg/10a)	재이동 수량 (kg/10a)	개화 전 광합성 기여도(%)	연구자
보리	다습	673	74	11	오스틴 등(1980)
	건조	302	133	44	
밀	다습	509	64	13	비딘저 등(1977)
	건조	294	79	27	

등숙기 동안 수분스트레스는 광합성의 감소를 통해 수량을 줄인다. 따라서 종실축적을 위한 싱크의 요구가 커질수록 더 많은 저장산물을 재이동시켜 이용하며 결과적으로 재이동에 의한 기여의 정도도 높아지게 된다. 비록 재이동이 수량의 중요한 구성요소라 할지라도 종실축적기간의 광합성은 수량에 있어서 가장 중요한 원천이다. 이것은 종실축적 전에는 대부분의 동화산물이 영양생장 또는 화기형성에 이용되는 반면 종실축적기 동안 생산되는 대부분의 동화산물은 종실축적에 활용되기 때문이다(그림 7.9).

곡류의 이삭은 최적의 광조건에서 광합성을 위해 군락의 최상부에 위치하고 이곳에서 생산된 동화산물은 종실이 바로 인접해있으므로 이삭의 광합성은 수량에 크게 기여하는 것으로 보인다. 현재 재배되는 밀에 비해 초창기의 밀 품종은 수량이 낮았고 싱크 요구도도 낮았다. 그들의 종실수량은 주로 이삭의 광합성에 의존하고 잎으로부터의 분배는 매우 낮은 수준이었다. 더 높은 수량을 갖는 밀 품종은 상위엽부터 광합성 산물의 분배를 많이 받는다. 이삭의 광합성 증가는 곧 수량의 증가를 동반하였다.

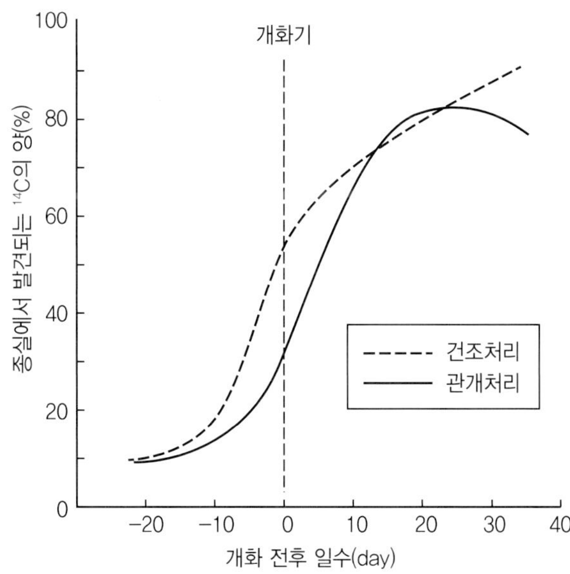

그림 7.9
밀과 보리의 종실 내에서 발견되는 개화 후 일수에 따른 ^{14}C 양

한 가지 방법은 까락(망, 벼과 등의 영으로부터 가늘게 뻗어 나온 털)을 추가하는 것으로서 이것은 이삭의 광합성률을 배가시킨다. 여러 가지 정교한 연구는 건조와 반건조 환경에서 까락을 갖는 밀의 유전자 계통은 까락을 갖지 않은 유전자 계통보다 12% 많은 수량을 보였다. 같은 효과로 까락의 제거는 21% 이상의 수량감소를 보였다. 수량구성요소에 대한 까락의 1차적인 효과는 낟알 무게의 증가였다. 표 7.3에서 종실(벼알)과 지엽(마지막 잎)으로부터 종자로 분배되는 동화산물의 양은 종실축적이 진행됨에 따라 증가하고 종자에 가장 가깝게 있는 영은 지엽보다 동화산물을 높은 비율로 종자에 분배하였다. 습한 기후에서 까락은 수량에 별로 기여함이 없는데 이것은 아마도 병이나 도복에 대한 감수성이 증가되었기 때문인 것으로 보인다(McKenzie 1972).

표 7.3 밀의 종자나 지엽에 $^{14}CO_2$를 처리한 후 7일 이후에 잔류하거나 종실로 이동된 ^{14}C의 양

개화 후 일수	처리부위에 남아있는 ^{14}C(%)		종실 내 ^{14}C(%)	
	종실	지엽	종실	지엽
7	49	37	46	45
21	23	19	72	72
28	14	19	84	75

옥수수에서는 이삭이 줄기의 중앙에 위치하는데 생산된 대부분의 동화산물은 잎이나 엽초로부터 온다. 종실축적기 동안 상위엽은 그들의 동화산물의 약 85%를 이삭으로 분배한다(표 7.4). 하위엽은 종실뿐만 아니라 뿌리의 생장과 줄기와 잎의 유지에도 기여한다. 작은 종실을 갖는 밀이나 보리에 비해 옥수수의 모든 잎은 얼마간의 동화 산물을 종실 수량을 위해 보낸다.

표 7.4 옥수수에서 4일 전에 $^{14}CO_2$를 처리한 후 동화된 잎으로부터 다른 부위로 이동된 ^{14}CO의 비율

측정된 작물 부위	식물체 부위에서 발견된 ^{14}CO(%)							
	개화기				등숙기			
	줄기에서 잎에 첨가된 $^{14}CO_2$				줄기에서 잎에 첨가된 $^{14}CO_2$			
	1	2	3	4	1	2	3	4
수이삭	4	N	N	N	N	N	N	N
줄기1	22	N	N	N	10	N	N	N
줄기2	19	15	N	N	5	11	N	N
암이삭	40	62	3	3	83	85	65	45
줄기3	8	12	33	8	2	3	23	8
줄기4	4	6	29	65	N	N	11	4
뿌리	2	5	35	24	N	N	1	8

현재 재배되는 옥수수 품종에서 줄기 저장물의 재이동은 옛날의 원시 품종에서 보이는 양상과 비슷하다(Valle 1981). 줄기 저장물은 줄기의 강도와 정의 상관을 보인다. 즉 저장물이 적으면 줄기가 약하고 줄기썩음병에도 약해진다. 외견상 현재의 옥수수 품종은 재이동 능력에 대해서 강한 선발을 하지 않았기 때문에 도복에 대해 저항성을 유지하고 있다. 콩에서는 거의 모든 마디에 종자가 생장하고 발육하는데 각각의 잎으로부터 전류 양상은 서로 유사하다. 동화산물의 가장 많은 분량은 잎의 해당 마디에 붙어있는 꼬투리(협)로 가고 잔여물은 상부와 하부 마디로 이동한다(그림 7.10). 하위엽은 상위 마디보다 많은 동화산물을 보유하는데 이것은 동화산물의 양을 감소시키는 낮은 광도 때문으로 보인다.

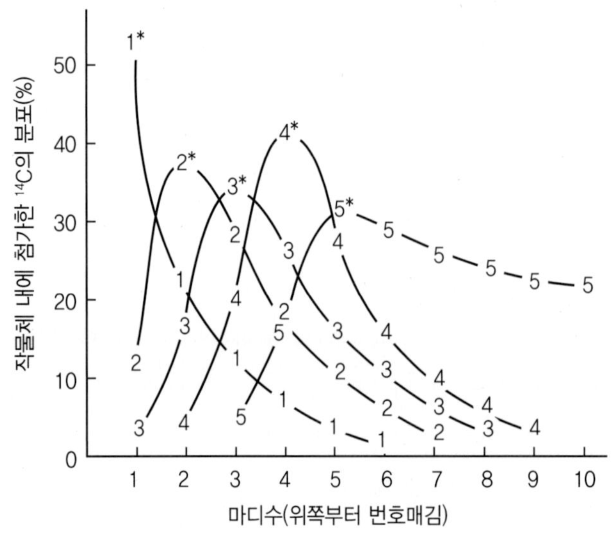

그림 7.10
종실 축적기 동안 콩의 다른 마디에 있는 잎(*별표로 표시)에 첨가된 ^{14}C의 분포. 여기서 5번을 제외한 모든 잎은 작물체로부터 제거되었고 이것은 5번째 마디의 분포를 변화시켰다.

요약(Summary)

작물로부터 동화산물의 분배는 광합성 기관인 소스에서 싱크로 동화산물이 전류되는 체관부를 통하여 일어난다. 소스 세포는 당(대부분은 자당임)을 합성하고 당은 체관부 주위에 있는 아포플라스트로 이동한다. 이러한 당들은 체관부에 의해 활성적으로 받아들여지고(체관부 적재), 수분 흡수의 증가로 인하여 체관부의 정수압이 높아진다. 동화산물이 싱크로 이동하면 그곳의 체관부 주변 아포플라스트 내 당의 제거가 체관부 내 낮은 정수압을 유지하게 되어 당과 수분이 체관부 밖으로 나가게 한다(체관부 하역). 수량적 측면에서 본다면 동화산물의 분배는 영양생장과 생식생장의 모든 단계에서 중요하다. 영양생장단계 동안 분배는 최종 엽면적, 뿌리발달 및 분지를 결정한다. 영양생장기 동안 식물생장에 대한 동화산물의 투자는 개화직전 종실수를 포함한 생육후반기의 생산성을 결정한다. 생식생장기 동안 동화산물의 분배는 꽃, 과실 및 종실 발달에 있어서 중요하다. 동화산물은 엽광합성, 비엽부위 광합성 및 저장동화산물의 재이동으로부터 오게 된다. 각각의 소스로부터 오는 동화산물의 비율은 유전성과 환경, 재배기술에 달려있다. 다수확을 위해 작물은 조기에 충분한 엽면적을 확보하여 최대 건물생산을 위한 일사량의 대부분을 흡수하고 후기까지 높은 수광량을 유지해야 하며 품질이나 수확에 영향이 없는 경제적 가치가 있는 기관에 가능한 최대량의 동화산물을 분배해야 한다.

제8장
식물생장조절
(Plant Growth Regulation)

호르몬은 한 세포나 조직에서 생산되어 특정 단백질과 상호작용함으로써 다른 세포에서 생리대사 과정을 조절하는 화학적 전달자이다. 식물의 생장과 발육은 극히 낮은 농도의 식물생장물질, 식물호르몬(plant hormone), 파이토호르몬(phytohormone), 또는 식물생장조절제(plant growth regulator, PGR)라 불리는 화학적 물질에 의해 조절된다. 식물의 어느 한 기관에서 생성된 극히 적은 양의 물질이 다른 기관의 반응을 유도하여 식물체의 생장과 발육이 조절된다는 개념은 19세기 말엽 식물생리학자였던 작스(Sachs, 독일인으로 엽록소가 이산화탄소를 흡수하는 데는 빛의 강약 차이에 따라 탄소동화작용의 과정이 다르다는 사실 등 광합성에 관한 연구를 집대성하였음)에 의하여 제시되있다. 그의 가설들은 1880년 찰스 다윈(Charles Darwin)의 식물생육에 대한 광과 중력의 영향에 대한 실험으로 확증되었다. 그는 카나리그라스의 유묘 선단부위가 불투명한 호일로 덮여 있지 않은 상태에서는 정단 부위는 광원 방향으로 구부러지는 것(phototropism, 굴광성)을 관찰하였다. 그의 광의 자극은 정단 끝에서 감지하나 반응은 하부 조직에 있다고 결론지었다.

현대농업에 있어서 PGR 이용은 제2차 세계대전 종전 무렵인 1941년에 옥신형의 제초제(2,4-D와 2,4,5-T(고엽제)) 이용으로 시작되었다. 현재의 PGR은 개화 및 결실, 동화물질의 분배, 발아, 번식, 생육억제, 낙엽, 수확 후 성숙을 포함한 작물생산에 관련된 주요한 생리적 작용의 조절에 널리 이용되고 있다. 영양번식과 조직배양에서는 PGR의 이용이 없이는 불가능할 정도이다. 미국의 담배 재배단지에서는 적아에 MH(maleic hydrazide, 액아생장억제제)를 처리하고 있다. 선진국은 작물 재배지에서 식물생장조절제(PGR)로 제초제를 많이 사용하고 있어서 생산액이 수십억 달러에 이르고 있다.

이것들은 광범위하게 이용되고 있어 원예작물에서 과실 생장과 발육의 조절에 적용되고 있다. 작물의 육종 기간이 짧아지고 선발을 통한 내생 호르몬의 유전적 변형도 가능해지고 있다. 담배는 액아가 불필요하여 예외적이나 보리와 밀에 생장호르몬을 이용한 분얼의 조절이 유럽에서 시도되고 있다. PGR의 생산이 효율화되고 이들의 역할이 규명되어 적기적소에 필요한 수준의 PGR을 적용하는 방법이 발달할수록 작물생산에 있어서 PGR의 이용성은 증가할 것이다.

1. 용어와 분류(Terminology and Classification)

식물생장조절제(PGR)란 넓은 의미에서 생리작용을 촉진, 억제 및 조절하는 미세한 양의 유기물질이라 정의할 수 있다. 내생 식물생장조절제를 식물호르몬(plant hormone) 또는 피토호르몬(phytohormone)이라 부른다. 호르몬이란 용어는 동물생리학에서 유래되었으며, 이는 어느 한 기관에서 합성되어 다른 기관의 반응을 자극하는 물질을 의미한다. 식물호르몬은 동물호르몬의 일반적인 작용과 유사하지만 호르몬의 합성이나 반응기관에 대한 특이성은 동물호르몬보다는 낮은 편이다. 내생(endogenous)이나 외생(exogenous) 식물생장조절제 모두 기본적으로 동일한 식물반응을 유도한다. 예를 들어, 인공적으로 합성한 생장조절제(PGR)인 2,4-D와 토돈0(Tordon, 피

표 8.1 주요 호르몬의 기능

번호	작물 과정	생장촉진호르몬			생장억제호르몬		기타
		옥신	지베렐린	시토키닌	ABA	에틸렌	
①	K^+ 흡수	–	–	–	○	–	
②	RNA와 단백질 합성	○	○	○	–	–	
③	α-아밀라아제 분비	–	○	–	○	○	
④	과실의 숙성 유도	○	○	○	–	○	
⑤	과실생장 촉진	○	○	○	–	○	
⑥	괴경 형성 촉진	○	○	○	○	○	
⑦	노화 유도	○	○	○	○	○	○(폴리아민)
⑧	물관 형성	○	–	○	–	–	
⑨	발근 개시	○	–	○	–	–	
⑩	발근 유도	○	○	○	–	○	○(브라시노스테로이드)
⑪	생장률	○	○	○	○	–	
⑫	성 결정에 영향	○	○	○	–	○	
⑬	세포 분열	–	○	○	–	–	○(브라시노스테로이드)
⑭	세포 신장	○	○	○	–	–	○(페놀화합물)
⑮	세포벽 연화	○	–	–	○	–	
⑯	유년성 유도	○	○	–	–	–	
⑰	이층 형성	○	–	–	○	–	
⑱	종자 발아	–	○	○	○	○	
⑲	줄기 신장	○	○	–	–	○	○(브라시노스테로이드)
⑳	착과 유도	○	○	○	–	○	
㉑	측아 생장	○	–	○	○	○	
㉒	캘러스 형성	○	–	○	–	–	
㉓	탈리 유도	○	○	○	○	○	○(자스몬산)
㉔	호흡증가	–	–	–	○	–	
㉕	화아분화 개시	○	○	○	○	○	
㉖	휴면	–	○	○	○	○	

출처: Leopold and Kriedemann 1975.

클로람(Picloram)의 상표명)의 피클로람로 페녹시계 이행성 목본용 제초제)은 기내의 조직배양에서 동일한 효과를 나타낸다. 자연 옥신의 공급을 받지 못하는 분리된 조직은 합성 옥신의 이용이 필수불가결하다. 담배의 수(pith), 당근의 뿌리, 감자의 잎 부위에서 하나의 유세포를 배양할 때 인공합성된 생장촉진제는 캘러스의 형성, 기관분화 및 형태발생의 과정을 촉진시킨다.

현재 PGR는 다음의 다섯 범주로 분류된다. ① 옥신류 ② 지베렐린류 ③ 시토키닌류 ④ 생육억제제류(ABA 등) ⑤ 에틸렌 등이다. 그리고 급격한 생육 촉진을 유도하는 것으로 보고된 알코올 계통의 트리아콘타놀(triacontanol)과 스테로이드 계통의 브라시놀라이드(brassinolide)의 2가지 호르몬은 화학적인 측면에서 효과와 이용적인 측면에서 볼 때 위의 다섯 범주에 넣지는 않는다. 이 2가지 물질은 최근에 유채 종자와 몇몇의 고등식물에서 각각 분리되었다. 이들 물질뿐만 아니라 다른 물질들의 계속적인 발견은 현재 식물생장조절제의 분류체계의 재편성을 요구한다. 이들의 다섯 부류에 속하는 호르몬들과 이와 유사한 수많은 물질들이 인공적으로 합성되고 있으며, 많은 물질들이 농업상의 적용에 중요성을 띠고 있다. 식물호르몬으로 분류되는 물질은 다음과 같은 특성을 가지고 있다.

① 합성장소가 활성을 보이는 장소와 다르다(예, 합성은 눈이나 어린잎에서 일어나지만 줄기나 뿌리 또는 다른 기관에서 그 반응이 나타난다).

② 그 반응이 극미량의 수준에서 나타난다.

③ 비타민과 효소와는 다르게 반응(굴성 반응 등)들이 형태형성적(formative)이며 가소적(plastic, 비가역적)이다. 때로는 식물호르몬의 자연적 공급이 부족하여 원하는 반응의 유도하기 위해 외생호르몬을 처리한다. 대표적인 예로 아주 높은 농도의 옥신은 제초제로 작용한다. 일반적으로 식물호르몬은 반응을 나타내는데 있어서 다른 호르몬들과 상승작용을 보인다.

2. 옥신(Auxin)

옥신은 일반적으로 세포의 신장을 촉진하는 생장물질로 정의되지만, 이외에도 광범위한 생장반응을 유도하기 때문에 옥신을 비롯한 호르몬을 이름하여 천가지의 얼굴을 가졌다고 한다(표 8.1). 많은 천연물질들이 옥신의 활성을 나타내지만 최초로 분리, 동정되었으며 가장 대표적인 옥신은 인돌초산(IAA)이다. 약 50년 전 파알(Paal)은 보이젠-옌젠(Boysen-Jensen)과 함께 다윈(Darwin)의 이론을 확장하고 초엽 선단에서 생육자극원이 생성되며 이는 하부로 이동함으로써 구부러짐 현상이 나타나는 것이라 증명하였다. 또 절단된 정단부를 절단된 하부초엽의 한쪽 면에만 위치하였을 때 생장과 구부러짐이 그 위치에서 직접 나타나는 것을 관찰하였다. 그리고 이 자극원은 정단부위와 절단하부 사이에 한천 젤(agar gel)은 통과하여 전류되었으나 운모(mica)는 통과하지 못하였다.

식물생장조절에 대한 지식의 급격한 진전은 1920년대 네덜란드의 프리츠 벤트(Frits Went, 1926)의 연구결과로 시작되었다. 그는 귀리의 초엽 정단에서 활성물질을 한천 젤(agar gel)에 추출하여 이 한천 젤 조각을 초엽의 절단 하부에 놓음으로써 추출물의 농도에 따른 초엽의 굽는 정도(굴곡실험)를 구하였다. 이는 옥신의 양적 검정법의 장을 열었으며 이 방법을 귀리 굴곡실험(Avena curvature test)이라 한다. 효과적인 검정법은 옥신에 대한 연구를 가속화하였다. IAA는 1931년 코글(Kogl) 등에 의하여 순수 물질로 분리하여 동정되었다. 이들은 자라게 한다는 의미의 그리스 이름(auxein)을 빌려 옥신(auxin)이라고 명명되었다. 당시에는 IAA의 농업적 잠재성은 인정되었으나 물질의 불안정성으로 실제적 이용은 한계가 있었다. 요즘은 수많은 합성 옥신들이 계속 개발되고 있으며 농업적으로도 광범위하게 이용되고 있다(그림 8.2).

1) 천연 옥신과 합성 옥신(Natural and Synthetic auxin)

IAA(indoleacetic acid)가 식물에서 주요 천연옥신으로 알려져 있지만 수많은 유사한 자연물질들이 IAA로 전환된다(그림 8.1). IAN(Indoleacetonitrile), IPA(indolepyruvic acid), IAAld(indoleacetaldehyde)들은 아미노산의 전구물질인 트립토판에서 IAA로 합성되는 과정 중의 중간물질들이다. IAN은 고등식물의 잎과 줄기로부터 추출된 최초의 호르몬이다. 자연상태에서 IAA는 유리상태로 존재하지 않는다. 약간의 아스코르브산(ascorbic acid), 당, 아미노산, 또는 다른 유기화합물들과 결합된 형태로 존재한다. 이러한 결합된 형태는 효소의 가수분해작용으로 유리

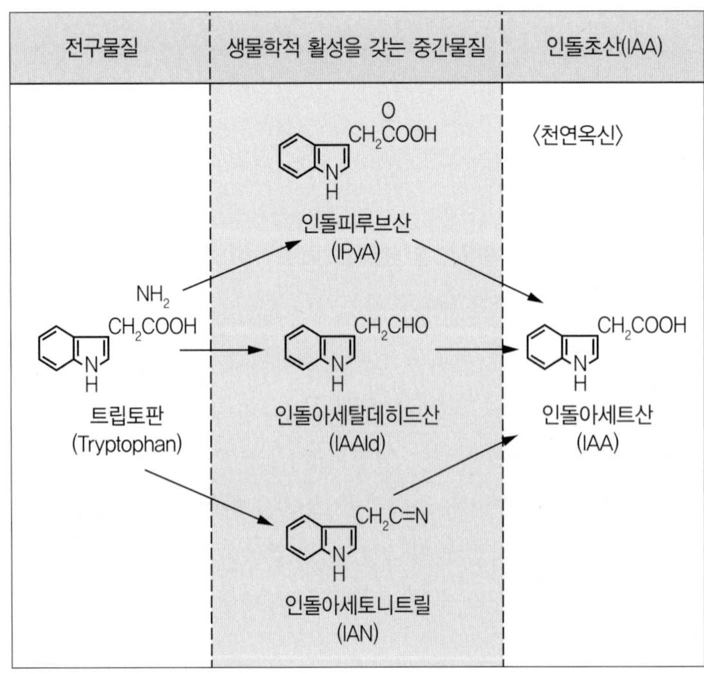

그림 8.1
아미노산인 트립토판에서 중간대사물질을 거쳐 천연 옥신 IAA가 형성되는 과정

IAA로 즉시 전환된다. 페녹시아세트산(phenoxyacetic acid), NAA(naphthaleneacetic acid), 피클로람(Picloram, picolinic acid), 디캄바(Dicamba, benzoic acid)와 디니트로페놀(DNP, dinitrophenol)들은 합성옥신으로 특히, 제초제로서 농업에 중요하게 이용된다(그림 8.2).

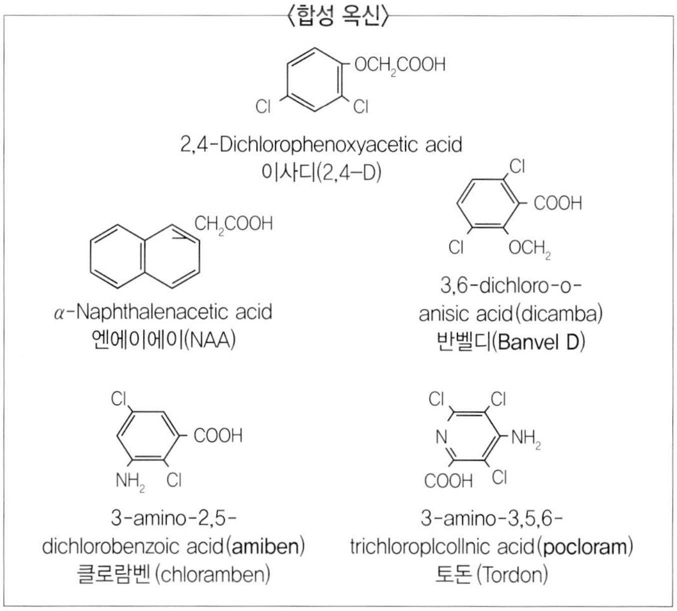

〈합성 옥신〉

OCH_2COOH Cl Cl

2,4-Dichlorophenoxyacetic acid
이사디(2,4-D)

CH_2COOH

α-Naphthalenacetic acid
엔에이에이(NAA)

Cl COOH Cl OCH_2

3,6-dichloro-o-anisic acid(dicamba)
반벨디(Banvel D)

Cl COOH NH_2 Cl

3-amino-2,5-dichlorobenzoic acid(amiben)
클로람벤(chloramben)

Cl Cl N NH_2 COOH Cl

3-amino-3,5,6-trichloroplcollnic acid(pocloram)
토돈(Tordon)

그림 8.2
농산업에 많이 사용하는 합성 옥신들의 구조들

제초제인 2,4-D는 1941년에 미국에서 개발되었는데 동시에 영국에서는 MCPA가 개발되었다. 2,4-D의 유사물질인 2,4,5-T(Agent orange, 에이전트 오렌지)는 덤불(brush) 방제에 대표적인 제초제(고엽제)이지만 발암성 물질인 다이옥신(dioxin)이 검출되어 현재는 사용이 금지되었다. 디캄바(Dicamba)와 피클로람(Picloram)도 옥신이면서 효능이 있는 제초제로 알려져 있다. 수백 개의 옥신 유사물질이 화학자들에 의해 합성되었다.

2) 옥신 대사(Auxin Metabolism)

식물조직 내에 존재하는 내생 옥신의 양과 활성은 전류 및 대사과정 중의 합성과 손실에 의한 양적 균형과 관계가 있다. 옥신은 왕성한 분열조직(즉 눈, 어린잎, 과실 등)에서 생성된다. 즉 지상부의 분열이나 생장조직에서 합성된다. 생장과 분열조직 특히 정단에서 많이 합성된다. 종자와 저장기관은 공유결합된 옥신을 포함한다. IAA는 복수의 경로로 생합성되어 수송되고 분해된다. 호르몬은 단기간에 분해되고 축적된 상태로 남아있지 않아야 한다. 광 또는 효소의 산화 반응(IAA-oxidase)에 의한 옥신의 부동화는 식물 전체에서 나타나는데, 노화된 조직에서 심하다. 산소가 존재하는 식물 전체에서 일어나는 과산화 현상은 옥신의 활성을 감소시킨다. 또 다른 유기화합물(당, 아스코르브산, 아미노산 등) 들과 결합한 형태로 존재하는 옥신도 그 활성이 감소한다. 옥신의 이동은 정단에서 멀어지는 향기적(basipetal) 이동을 한다. 뿌리에서는 지상부로도 이동하고 이 때는 지상구기적이 된다. 옥신은 호르몬 중 유일하게 관다발(비관다발에서도 일어날 수 있음)의 유조직을 통한 극성수송을 한다. 나무의 줄기를 거꾸로 매달아 두어도 구기적인 부분에서 뿌리가 나오는데 위쪽에서 나오는 것이 아니다. 즉 극성수송은 화학적인 삼투퍼텐셜(chemiosmotic model)에 의한다. 옥신의 전류는 위의 어린 잎에서 생성되어 아래로 이동하는 향기적(basipetal)이다(그림 8.3).

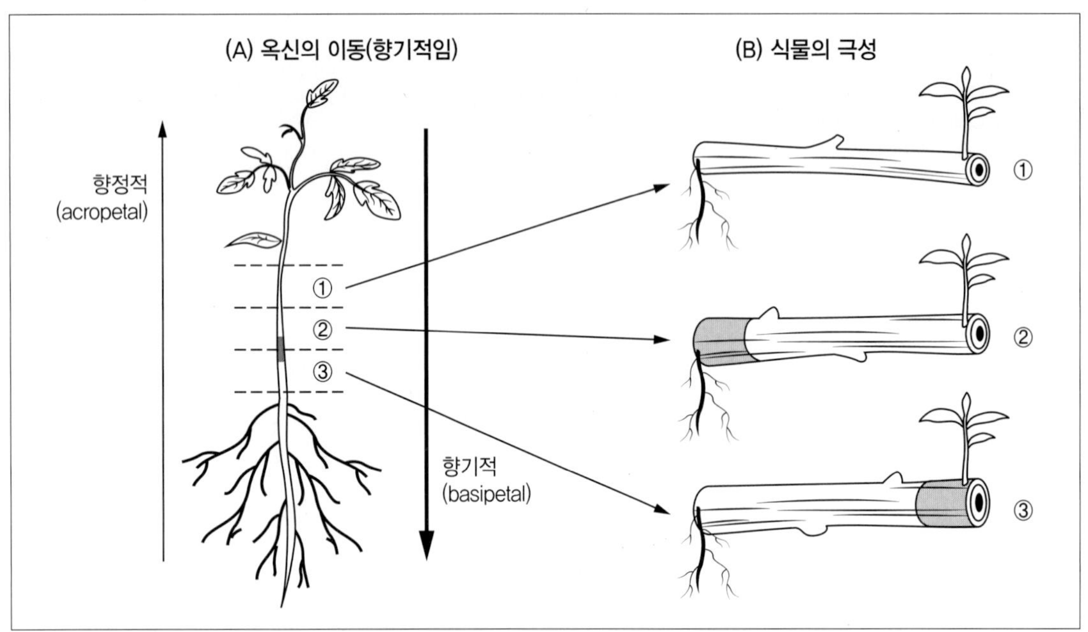

그림 8.3
어린 줄기와 뿌리에서 IAA의 상대적인 극성이동(A)과 줄기에서 뿌리가 나오는 방향(B)
수평으로 똑같은 조건을 주었을 때 원래의 절단된 위치가 위이면 잎을 내고 아래면 뿌리를 낸다.

줄기 조각을 거꾸로 위치하여도 이동의 극성은 바뀌지 않는다. 그러나 IAA의 방사선 동위원소를 이용한 최근의 연구에서 약간의 향정적(acropetal) 운동성도 나타났다. IAA의 전류율은 직선적이며, 약 6mm/h 정도이다. 2,4-D의 전류율은 약 1mm/h이다. 일반적으로 옥신의 전류는 체관에서 심플라스트(symplastic)를 통하여 능동이동으로 이산화탄소가 존재하거나 산소가 부족하면 그 전류율이 감소한다. 과량의 상태에서는 심플라스트 전류뿐만 아니라 물관에서 아포플라스트(apoplastic)를 통한 전류도 일어날 수 있다. 대기질소의 상태에서도 전류가 정지되지 않는 것을 보아 능동적 이동뿐만 아니라 수동적 이동도 인정된다. 시토키닌과 지베렐린은 옥신의 전류를 가속화하는 반면, 생장억제물질은 전류를 방해한다. 불화나트륨(NaF, sodium fluoride)와 TIBA(2,3,5-triiodobenzonic acid, IAA 이동억제물질로 Ca도 역시 억제됨)는 옥신의 전류억제제이다.

3) 옥신 분석(Auxin Assay)

앞에서 언급한 것처럼 극미량으로 존재하는 화학물질의 정량은 벤트(Went)에 의하여 처음 시도되었으며, 이를 아베나굴곡실험법(Avena curvature test)이라 부른다. 귀리, 옥수수, 밀의 절단한 초엽의 하부에 밝혀지지 않은 물질을 비대칭적으로 놓았을 때 그 물질의 농도에 따라 굽는 정도 및 생육 정도가 달라졌다. 정상 생육에 대한 초엽의 굽는 각도는 그 농도를 나타내는 지표라 할 수 있다. 귀리의 초엽에서 곧게 자라는(straight growth) 생장검정법은 또다른 검정법으로 세포신장을 기초로 한다. 생육물질이 포함된 용액에서 절단된 유묘의 길이 신장을 통한 생육반응을 결정하는 방법이다. 액체나 가스를 분석하는 크로마토그래피(chromatography)는 호르몬과 그의 유사물질을 효과적으로 분리하는 방법으로 검정법의 새로운 차원을 열었다. 빛과 질량분광학(mass spectroscopy는 화학적 방법에 의한 물질의 분리 및 동정에 효과적인 도구이다.

4) 옥신에 대한 반응(Response to Auxin)

옥신의 반응은 세포 내 대사작용에서 이층형성 및 노화작용을 포함한 식물 형태발생에 이르기까지 그 영향을 나타낸다(표 8.1, 그림 8.6).

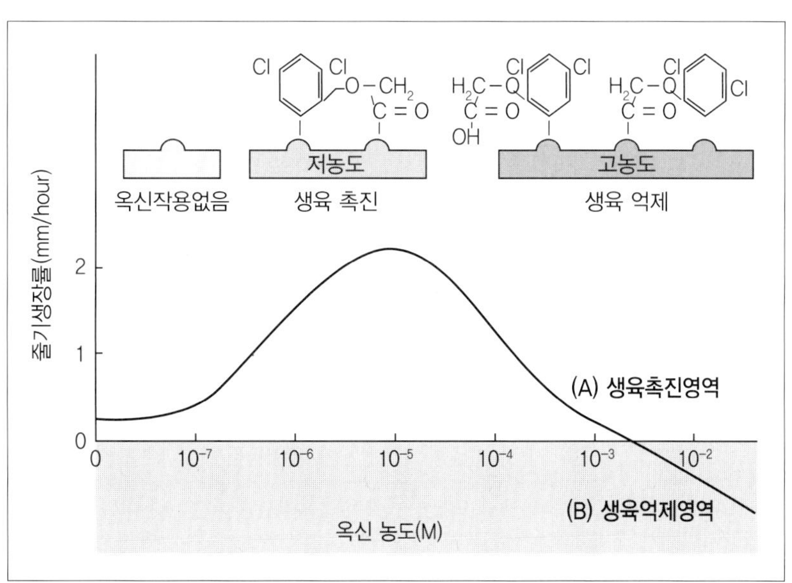

그림 8.4
옥신의 농도가 높으면 생장이 억제되고(A) 낮으면(B) 촉진되는 모식도

세포의 영향에는 ① DNA, RNA, 단백질 및 효소의 합성 증가 ② 양자의 교환, 막의 전하 및 칼륨 흡수 등의 증가 ③ 적색광과 원적색광에서 피토크롬에 대한 영향 등이 있다. 옥신에 대한 반응은 그 농도와 관련이 있다. 고농도의 옥신은 억제제로 작용하는데 이것은 수용 부위에 대한 부착에

있어서 경쟁이 생기기 때문이다. 즉, 농도의 증가는 수용 부위를 비효율적이 되도록 차지하는 분자의 부분적인 부착확률을 증가시켜 그 효과를 감소시킨다. 또 그 반응은 식물기관에 따른 감응성에 의존하여 크게 달라진다. 줄기에 영향을 주는 옥신의 농도는 그 범위가 넓고 크다. 뿌리에 영향을 주는 대부분 호르몬은 그 작용농도의 범위를 벗어나면 뿌리의 생육은 억제된다(그림 8.5). 즉 최적 농도 이상의 농도에서 생장 저해는 에틸렌을 만들기 때문이고 이는 뿌리에서 더 강하다.

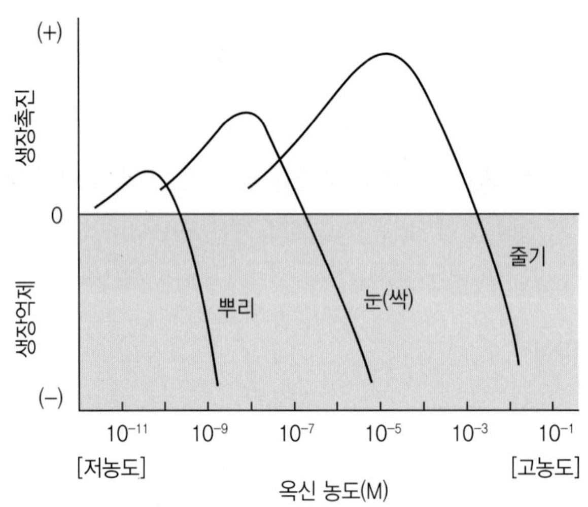

그림 8.5
옥신 농도에 따른 뿌리, 눈 및 줄기의 생장 촉진과 억제 반응

① 옥신의 작용에서 굴광성은 옥신의 측면 재분포에 의해 일어난다. 빛에 의한 파괴나 분해보다는 산성화에 의한 그늘진 쪽으로의 유도로 그 부위에서 단백질을 만들어 굴곡을 만들어 낸다. 이것은 뿌리의 근관에서도 동일하게 굴지성을 만든다. 최근까지 굴지성과 굴광성의 반응은 중력 및 광분해에 의한 옥신의 비대칭적 분포로 각각 설명되고 있다. 굴지성 및 중력 굴성은 옥신이 수평적으로 위치한 기관에서 하부로 이동함으로써 세포의 신장과 비대칭적 굴성을 유도한다. 이는 촐로드니-벤트(Cholodny-Went, 1926, 옥신은 빛을 조사한 반대쪽으로 이동하여 향일성을 일으킨다는 가설)의 호르몬설로 알려져 있다. 뿌리에서 하부로 옥신의 이동은 그 부분의 신장을 억제하며 밑부분으로 휘는 결과를 보인다는 이론이다. 이 가설은 이후에 많은 생리학자에 의해 의문점들이 제시되기 시작하였다. 이는 생장점보다 근관부가 중력에 더욱 민감한 조직이며, ABA(abscisic acid)가 향정적 운동을 하여 뿌리의 굴성반응을 유도한다고 제시하였다. 에틸렌도 상부로의 확산과 이에 따른 수평적으로 위치한 줄기 윗부분의 신장억제로 줄기가 위로 굽는 경우(215페이지 그림 8.21)는 촐로드디-벤트(Cholodny-Went) 설에 대한 이견으로 제시되었다. IAA는 전류속도가 너무 늦어 굴지성을 유도하기는 어려울 것으로 추정되어 IAA가 직접적인 요인으로 작용하는 것보다는 반응에 관련된 부수적 작용을 하는 것으로 여겨진다.

그 원인과 관계없이 한 방향으로의 줄기 또는 뿌리의 신장은 세포벽의 신장성과 관계가 있으며, 이는 세포벽의 다당류 매트릭스의 느슨해짐에 따른 결과로 나타난다. 세포벽의 응력 완화는 물의 흡수와 세포 신장을 촉진한 옥신 호르몬은 산성화로 세포벽 이완과 응력을 완화시킨다. 옥신에 의한 반응시간은 10분 정도이고 세포벽의 유연한 확장성(wall extensibility)을 신속하게 증가시킨다. 옥신에 의한 생장촉진은 에너지를 필요로 하며 30~60분 정도에서 생장속도가 최대에 도달한다. 옥신은 세포 원형질막 특히, 레시틴에 결합하여 호흡과 칼륨 흡수의 증가를 유도한다. 이러한 효과들은 느슨해진 매트릭스에 다당류가 첨가됨으로 일어나는 세포벽의 가소적 확장을 설명할 수 있다. 옥신은 조직배양, 혹 및 근류조직에서 캘러스 발육에 필수적이다. 옥신은 근류균의 접종에 선결요건이 되는 근모의 꼬임을 유도하는 것으로 믿어진다. 옥신은 식물의 형태발생 과정을 조절한다(표 8.1, 그림 8.6)

② 옥신은 정아우세성을 일으키는 호르몬으로 측아와 뿌리의 생육은 옥신에 의해 억제된다.

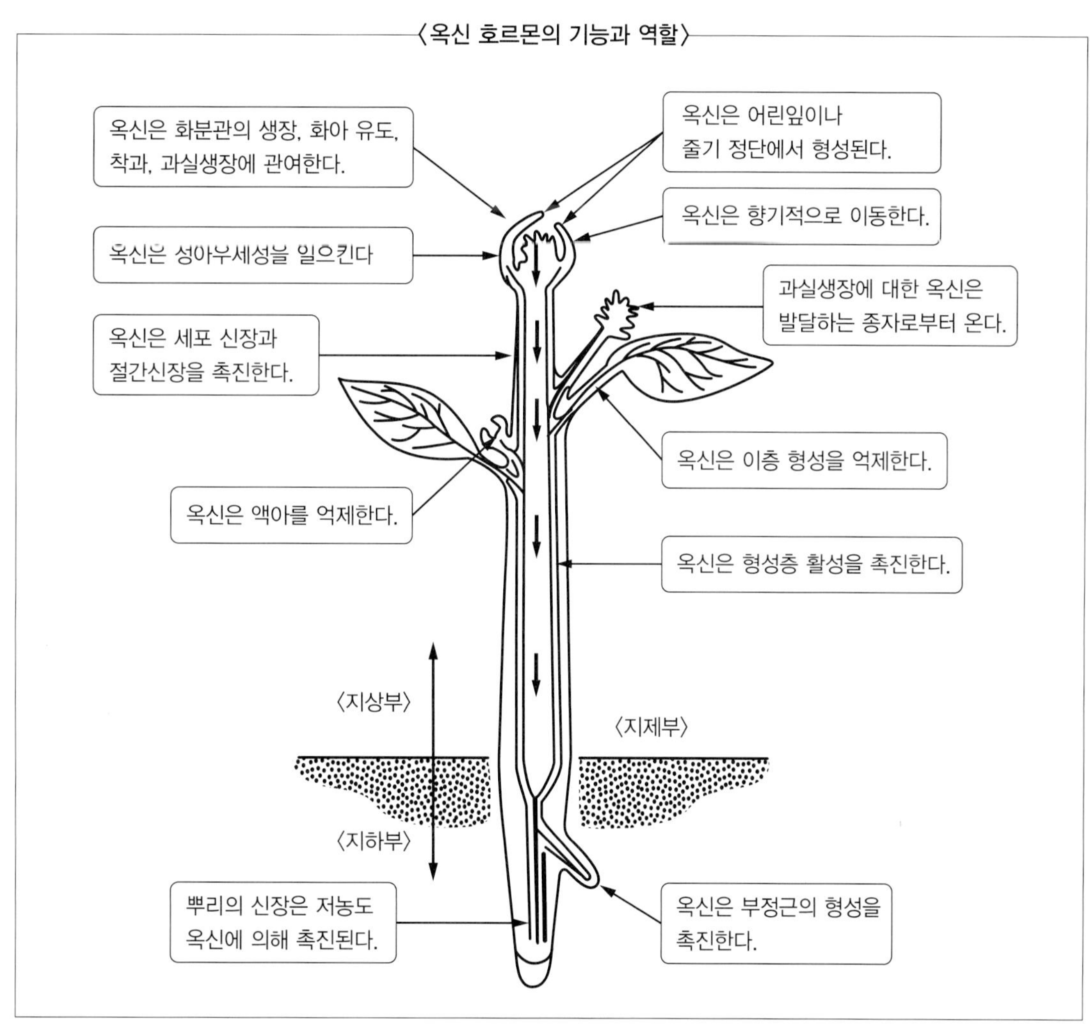

그림 8.6 생장, 발육 및 형태형성에서 옥신의 역할

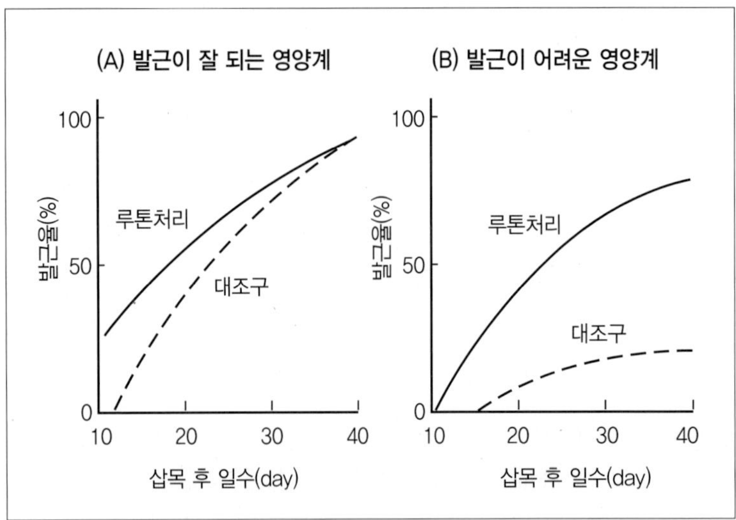

그림 8.7
크라운베치 삽수에서 발근이 잘 되는 것(영양계 (A)), 발근이 잘 안 되는 것(영양계 (B))에 대한 옥신의 효과

③ 옥신은 유관속 분화, 측근과 부정근의 형성을 촉진한다. 절단면에서 형성된 캘러스(callus)로부터의 새로운 뿌리의 형성은 촉진시키므로 삽목이나 영양번식에 이용된다. 즉 발근이 어려운 종이나 품종에서는 외생 옥신의 공급이 필수적이다(그림 8.7). 삽수의 절단부위에서 캘러스가 형성되고 캘러스에서 뿌리로 분화된다. 많은 종에 있어서 삽수의 어린잎이나 눈이 남아있을 경우 뿌리의 발생은 빠르게 나타났다.

④ 옥신은 잎과 과실의 탈리를 억제한다. 어린잎은 옥신이 많아 엽신에서 옥신의 이동으로 탈리층이 형성되는 것을 방지한다.

⑤ 옥신은 과실의 발달을 촉진한다. 그리고 딸기에서 종자(장과가 아닌 수과)를 제거하면 과육의 발달이 저해되나 옥신은 이를 회복시켜 준다. 단위결과를 유도하는데 예를 들어 NAA나 피클로람(Tordon)을 딸기에 처리했을 때 종자가 없는 과실로 발육한다. 정상적으로 과실이 발육하기 위해서는 종자가 존재하거나 외생 옥신의 공급이 필수적이다. 과도한 농도의 옥신은 상편생장(epinasty, 잎의 중륵이 위아래 부분에서 다르게 생장해 뒤틀리거나 늘어지는 현상), 비늘잎(onion leaf), 대화근(fused brace root, 뿌리가 합쳐져 띠처럼 되는 것(fasciation)), 화곡류 줄기의 부러짐(brittle grass stalk)과 같은 비정상적인 발육을 유도한다. 심지어 토마토와 포도의 경우, 그 반응이 민감하여 근거리로부터 대기를 통한 상편 생장이 유도될 수 있다.

⑥ 합성 옥신인 2,4-D는 제초제로 이용되는데 이는 과도한 생장을 유도하여 식물을 죽게 한다. 예로 외떡잎인 볏과 작물은 흡수도 적고 복합물 형성을 통해 2,4-D를 불활성화시켜 문제가 없지만 클로버와 같은 광엽 잡초는 선택적으로 생육 과다로 고사시킨다. 즉 옥신의 농도가 아주 높으면 어떤 종은 죽지만, 영향을 전혀 받지 않는 종들도 있다. 따라서 옥신은 선택성 제초제로 많이 이용된다.

5) 옥신의 농업적 이용(Agricultural Use of Auxin)

잡초방제에 있어서 가장 많이 그리고 효과적으로 이용되는 선택형 제초제로 옥신류를 들 수 있는데 특히 페녹시아세트산(phenoxyacetic acid)의 유사물질인 2,4-D, 2,4,5-T, MCPA를 들 수 있다(그림 8.2). 2,4-D는 초기의 선택형 제초제들 중의 하나로 현재에 이르기까지도 많이 이용되고 있다. 이는 선택성이 강하며 분해가 잘 안 되며 저농도에서도 효과적이고 안전성이 높으며 제조하기가 쉽고 경제적이다. 벤조산(benzoic acid)의 유사물질인 디캄바(Dicamba, 경엽처리제(인체독성이 있음)), 클로람벤(Chloramben, 출아전 처리제나 경엽처리제), 피클로린산 유도체(Substituded picolinic acid), 피클로람(Picloram, 토돈) 등도 제초제로서 많이 이용된다(그림 8.2). 옥신은 이외에도 중요한 상업적 이용성도 갖는데 탈리층(abscission layer) 형성 억제의 원리를 이용하여 옥신은(예로 2,4-D와 NAA) 사과와 배에서 낙과방지에 효과적으로 이용된다(표 8.2).

표 8.2 사과의 낙과에 미치는 옥신의 효과

번호	옥신처리	형성된 총 과실수	처리후 평균 낙과율(%)
①	대조구(Control)	347	52.4
②	IAA	228	33.9
③	IBA	240	33.9
④	IPA	375	44.6
⑤	NAA	344	10.7

출처 : Micell and Marth 1947.

옥신(2,4-D를 포함)들은 파인애플에서 에틸렌의 형성 및 착과유도에 이용된다. 많은 과수작물에서 해거리는 일반적인 현상이다. 이러한 문제는 NAA나 다른 옥신을 적기에 사용함으로써 적과처리로 문제해결이 가능하다.

뿌리 활착을 촉진하는 물질의 상업적 조제는 유용한데 이는 캘러스와 뿌리형성을 촉진시켜 삽수의 번식효율을 개선할 수 있다. 착근이 어려운 종이나 품종들은 착근촉진물질에 담금으로써 착근이 촉진된다. 절단 부위의 내생 옥신 공급을 위해서 눈의 발육이 왕성한 부위를 포함하여 절단하는 것이 중요하다는 사실을 묘목업자들은 알고 있다. 또한 옥신은 저장 중인 감자에서 싹이 트는 것을 억제시키는데 효과적이다. 감자를 옥신 용액에 담가 두거나, 옥신에 젖은 활석이나 백토와 함께 쌓아두거나, 옥신 용액에 젖은 종이와 함께 저장하면 그 효과를 볼 수 있다. 현재는 이러한 목적에서 새롭고 더욱 효과적인 식물생장조절제(PGR)이 이용되고 있다.

3. 지베렐린(Gibberellin)

발아와 신장호르몬인 지베렐린의 발견 이전에, 일본의 농민들은 그들의 벼논에서 발견되는 개화나 성숙이 되지 않은 비정상적으로 키가 큰 벼의 유묘에 대해 오래전부터 알고 있었다. 그들은 이 묘가 병이 든 것으로 여기고 병명을 키다리병이라 불렀다. 1926년에 병을 유발시키는 물질을 *지베렐라 후지쿠로이*(*Gibberella fujikuroi*, 병원균(*Fusarium moniliforme*))에서 분리 동정하였다. 현재 136 종 이상이 밝혀져 있고 발아, 개화, 화분(pollen) 발달에 중요한 역할을 한다.

이 곰팡이로부터 일본학자들은 GA 유사물질을 추출하여 병든 개체에서 볼 수 있는 키의 신장을 정상적인 개체에서 유도하였다. 일본에서 이러한 발견 이후에 생장조절제로서 활발한 연구가 진행되고 있다. 특히 GA에 대한 연구가 1950년대에 영국과 미국에서도 시작되었으며 고등식물에서도 GA가 존재하는 것을 관찰하였다. GA는 디테르페노이드(diterpenoid)로 엽록소와 카로틴(carotene)과 같은 화학족에 속한다. GA의 기본적인 화학적 구조로 지베렐린은 그림 8.8에서 보는 것처럼 지바네 탄소골격(Gibbane carbon skeleton)을 가지고 있다.

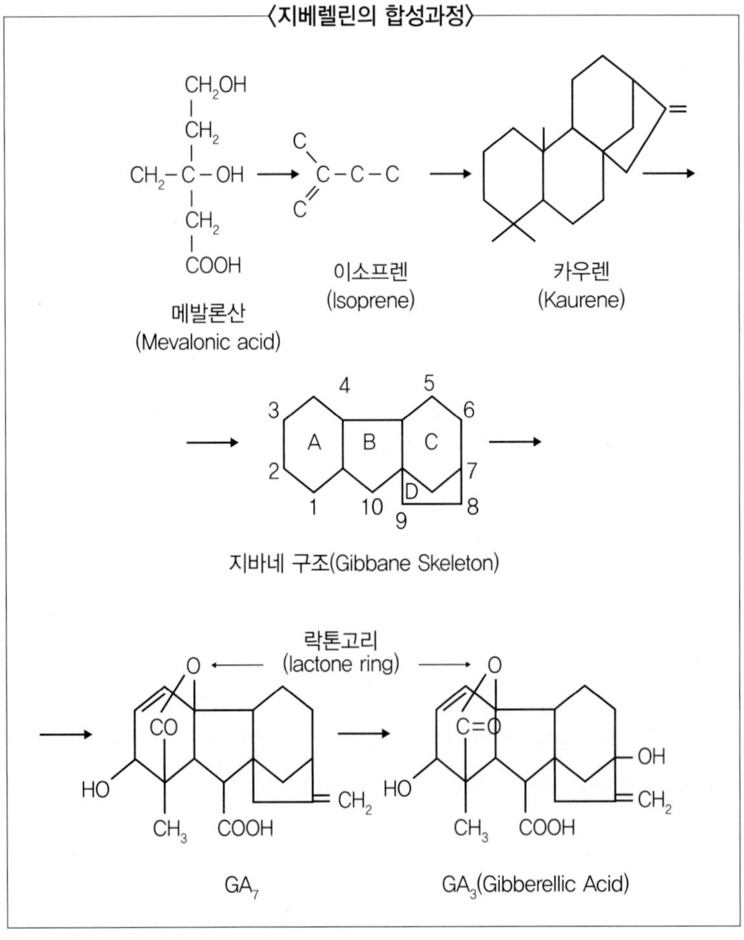

〈지베렐린의 합성과정〉

메발론산 (Mevalonic acid) → 이소프렌 (Isoprene) → 카우렌 (Kaurene) → 지바네 구조(Gibbane Skeleton) → GA_7 → GA_3(Gibberellic Acid)

락톤고리 (lactone ring)

그림 8.8
락톤 고리를 갖는 GA_3와 GA_7의 생합성 경로. 참고로 락톤 고리를 갖지 않은 GA_{13}와 GA_{14}는 상대적으로 생물활성이 낮다.

여기에 수산(OH^-), 메틸(CH_3^-), 에틸($CH_3CH_2^-$, 에탄에서 유도되는 알킬기로 $C_2H_5^-$로도 표시함) 기의 치환과 지바네(gibbane) 구조의 20번 탄소가 19번 탄소로 응축되면서 생성된 락톤 링(lactone ring)의 존재 여부에 따라 달라진다(그림 8.8). 예를 들어, GA_3와 GA_4, GA_9에 존재하는 락톤(lactone 분자 내에 －COO－결합을 갖는 헤테로고리 모양 카복실산 에스터의 총칭)은 락톤 고리(lactone ring)을 함유하지 않은 GA_{12}, GA_{13}과 비교했을 때 생물학적 활성이 매우 크다. GA의 분류는 뒷부분의 숫자의 차이로 나타낸다. 완전히 구별되는 다른 GA의 수는 126개로 보고되고 있다. 최초로 규명되고 가장 잘 알려져 있으며 가장 많이 연구되어진 것은 지베렐린 산(Gibberellic acid, GA_3)이다. 이는 *지베렐라 후지쿠로이(Gibberella fujikuroi)*에서 최초로 결정화되었다. 흥미 있는 것은 GA_3의 생물학적 활성의 범위가 GA 중에서 가장 넓다는 것이다. 비록 GA_3와 다른 GA가 고등식물에 넓게 분포하고 있지만, GA_3의 상업적 공급원은 곰팡이의 배양으로 얻어진다.

1) 천연 지베렐린의 생성(Natural Occurrence of Gibberellin)

완전한 화학적 구조와 생물학적 활성을 띤 수많은 GA가 자연상태에서 발견되며, 많은 것들이 박테리아, 곰팡이, 이끼류, 양치류, 관속식물로부터 분리되어 GA 유사물질로 동정되었다. GA는 공통적인 화학적 구조를 갖고 있지만 넓은 범위의 생물학적 활성을 나타낸다. GA유사물질은 GA보다는 화학적 특이성은 떨어지며 그 활성의 범위는 좁다.

모든 식물기관에 GA가 존재하지만 그 수준은 각기 다르며 함량이 가장 많고 합성장소로 추정되는 곳은 과실, 종실, 눈, 어린잎 그리고 뿌리의 선단부위이다. 종실은 특히 GA가 풍부하다. 미성숙 종실에 GA가 풍부하여 이들은 종자가 성숙할수록 결합된 형태로 나타난다. GA의 농도 및 종류는 식물의 종, 생태형, 조직의 노화정도에 따라 다르다. 일반적으로 절간생장점은 GA의 농도가 낮아 외생 GA에 대하여 그 반응을 나타낸다. 예를 들어 유전적으로 왜성종의 어린 줄기, 절간생장점 및 일부 종자들은 내생 GA의 수준이 낮기 때문에 외생 GA처리에 반응을 나타낸다.

2) 지베렐린 대사(Gibberellin Metabolism)

GA의 생합성은 미성숙 과실과 종실, 눈, 잎, 뿌리에서 주로 일어난다. 비록 GA가 뿌리의 생육을 억제하는 효과를 나타내지만, 뿌리는 다른 기관에 있어서 GA의 공급원이 된다. 일반적으로 종실은 그 함량이 가장 풍부한 공급원으로서 GA의 존재 시 과실의 발육이 촉진되는 것으로 증명되었다. 일반적으로 다음의 세 가지 화학적 대사산물이 GA의 생합성 과정에 관여한다.

① 메발론산(mevalonic acid)산은 19와 20번 탄소를 갖는 지반(gibbane) 골격에 있어서 이소프렌 형성의 전구물질이다.

② 카우렌(kaurene)은 이소프렌(isoprene)으로부터 형성된다.

③ GA는 주요 전구물질인 카우렌으로부터 형성된다.

내생 및 외생 GA의 조직 내에서 분해과정은 잘 밝혀지지 않았다. 유리형과 결합형은 상호 가역적이다. 종실 내에는 결합형GA로 많이 존재하지만 수분에 침윤된 종실이나 냉해를 받은 종실은 유리형 GA를 분비한다. 침윤된 종실의 저온처리나 휴면상태에 있는 어린 눈의 층적처리는 유리형의 GA를 증가시켜 각각 개화의 유도 및 휴면타파를 유도한다. GA 처리에 의한 휴면타파는 적색광으로 대치할 수 있다. 절간신장 및 엽신장은 GA와 광의 상호작용으로 일어난다. 이러한 현상들은 결합형과 유리형 간의 상호 전환율 및 피토크롬 수용체를 통한 광과의 상호반응으로 설명할 수 있다. GA와 구조적으로 유사한 분자에 의해 GA의 수용부위가 차단되면 GA의 활성은 화학적으로 억제될 수 있다. GA의 억제물질인 앱시스산(abscisic acid, ABA)은 왜화에 대한 GA_3의 회복반응을 방해한다. 이는 GA와 화학적으로 유사하다. 에틸렌은 화학적 구조가 GA와 비슷하지는 않지만 역시 GA의 활성을 억제한다. 생육지연제로 불리는 수많은 외생 합성물질들은 GA_3의 활성을 효과적으로 억제한다. GA의 이동은 심플라스트를 통하는 것으로 인정되지만 체관부와 물관부에서 모두 발견되는 것으로 볼 때 심플라스트뿐만 아니라 아포플라스트를 통한 이동도 있는 것으로 추정된다. 체관부에서의 이동속도는 탄수화물과 비슷한 5cm/h로 관찰되었다. 옥신의 이동은 극성이며 향기적이지만 GA는 향기적 및 향정적 이동이 자유롭다.

3) 지베렐린 분석(Gibberellin Assay)

식물조직 내 GA의 농도가 낮기 때문에 최근에 이르기까지 양적 분석과 동정이 어려워 생물검정법에서 그 방법이 제한되어 왔다. 최근에 크로마토그래피 기법의 발달은 그 분리를 효율적으로 가능하게 하였다. 핵자기 공명법, 질량분석기(mass spectrometry) 및 형광분광법도 GA 및 다른 생장물질의 검정법에 이용되고 있다. 웨버(Weaver, 1972)는 생물검정법에 대해 다음과 같이 정리하였다.

① 보리 호분층은 배가 없는 멸균된 종자를 GA로 처리함으로써 알파 아밀라아제(α-amylase)를 분비시켜 전분이 당으로 전환되는 것을 정량한다. 이 방법은 매우 빠르며 간단하다.

② 왜성 완두(dwarf pea)는 유전적으로 왜성인 완두에 GA를 처리하여 적색광에 생육시킴으로써 대조구와 초장변화를 비교한다.

③ 이외의 다른 신장생장의 시험들도 GA처리에 의한 절간의 신장에 기본적 원리를 두고 있다. 다른 검정법에는 상추와 오이의 하배축, 왜성벼 시험 등이 있다.

4) 지베렐린의 작용(Response to Gibberellin)

지베렐린(GA)에 대한 많은 목본류 및 초본류식물의 다양한 반응들이 보고되었다. GA는 그 효과에 있어서 옥신, 시토키닌 및 다른 호르몬들과 서로 상승적으로 작용하며, 이를 상조작용(synergism)이라 일컫는다(표 8.1). 예를 들어 정아휴면, 형성층 생장, 굴지성, 탈리현상 및 단위결과는 옥신의 활성에 기인되지만 GA도 반응에 필수적이거나 큰 영향을 미친다. 사과와 배의 착과증진에 옥신의 효과는 떨어지지만 GA_3는 매우 효과적이다. IAA에 반응이 없는 핵과류의 단위결과도 GA로 유도 될 수 있다. 가장 잘 알려진 GA의 작용은 절간신장의 촉진이다. 옥수수, 완두, 강낭콩의 왜성 변종(bush bean)들은 GA의 처리로 정상적으로 발육한다(그림 8.9). 일부 이년생 식물에서 개화에 요구되는 저온기간은 GA_3의 처리로 대치할 수 있다(그림 8.9). 알파-아밀라아제(α-amylase, 식물뿐만 아니라 세균, 균류(fungi)와 사람을 포함하여 포유류에서도 발견됨)의 분비와 이에 따른 전분의 가수분해 및 발아에 GA가 요구된다(그림 8.10).

그림 8.9
GA의 신장생장 촉진과 개화의 모습. 강낭콩(A)과 양배추(B)의 왜성 변종에서 GA 처리에 대한 생육 반응

개화는 어느 특정 호르몬과 연관되어 있지 않지만, 장일 조건일 때 일장반응에 민감한 완두에서 GA는 무한신육형의 유지 및 개화에 활성을 나타내었다. 접목으로 확산되는 GA_9의 대사산물

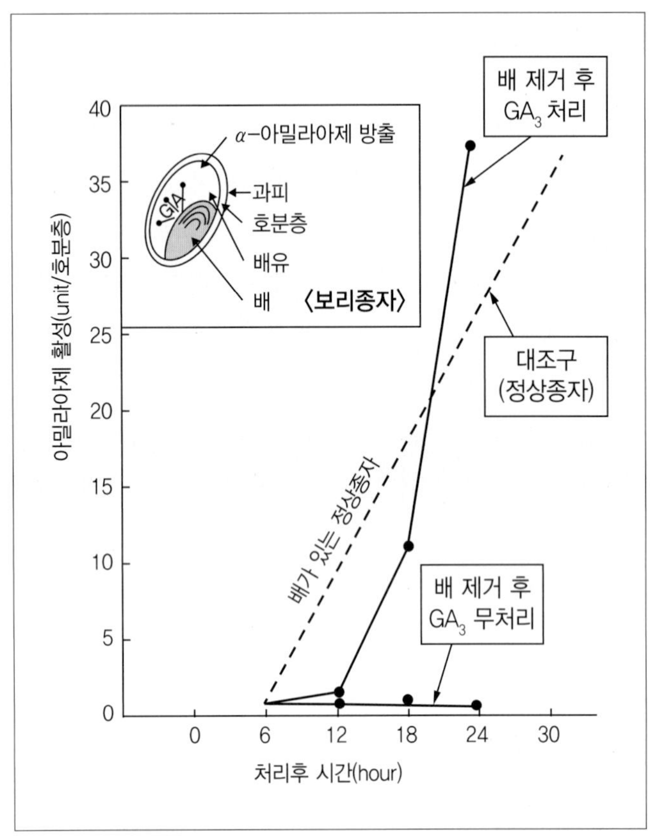

그림 8.10
보리종자에서 배의 유무와 GA_3 처리가 알파 아밀라아제(α-amylase)의 활성이 미치는 영향

이 분리되었는데 이는 개화를 지연시켰다. 모든 품종에서 개화를 촉진시키는 장일조건은 GA_9 대사산물의 양을 10배 저하시켰는데 이는 개화에 생육호르몬이 직접적으로 작용하는 증거이다. 이러한 발견은 무한신육과 유한신육의 원인 규명에 있어서 매우 중요하다. 고위도 지역에서 생육하는 콩품종은 무한신육형으로서 일장에 반응하여 액아로부터 꽃과 종실이 생성되지만 정아는 영양생장을 유지한다. 유한신육형에서는 모든 눈이 거의 동시에 개화한다. 이러한 조절기작은 눈의 GA 수준과 관련이 있고 이는 장일하에서 모든 눈 또는 무한신육형의 정아의 개화를 억제시킬 수 있다. 일반적인 GA의 반응을 정리하면 다음과 같다.

① 유전적 왜성종인 작물체의 모든 부위는 GA의 처리로 정상적인 절간의 신장을 하지만, 떼어낸 부위는 반응하지 않는다.

② 대부분의 작물 종이나 품종들은 내생 GA가 충분하기 때문에 외생 호르몬에 반응하지 않는다. 유전적 왜성종, 특히 단일유전자에 영향을 받는 왜성종은 외생 GA_3에 반응한다.

③ 반응을 유도하는 농도의 범위가 좁은 옥신과는 달리 GA의 반응의 농도 범위는 넓다. 따라서 고농도의 옥신이 제초제로 효과적이지만, GA의 경우는 민감한 왜생종을 제외하고 고농도에서도 유독하지 않으며 정 또는 부의 반응을 나타내지 않는다.

GA는 각각의 생물학적 활성이 매우 다르다. 비록 오이 하배축의 신장에 있어서 GA_3보다 GA_4, GA_7, GA_9가 더욱 활성적이지만, GA_7과 GA_3은 그 활성의 범위가 매우 넓다. GA_4는 GA_8보다 검정식물에 있어서 작용 활성이 크다. GA_4, GA_7, 및 GA_9의 공통적인 특징은 7번 탄소에 수산기의 부재이다. 모든 GA는 옥신과 상승작용을 보인다.

5) 지베렐린의 농업적 이용(Agricultural Use of Gibberellin)

지베렐린의 농업적 이용을 살펴보면 ① 종자의 발아를 촉진한다. 이는 ABA와 길항작용을 하고 광이나 저온처리를 대체한다. ② 줄기나 뿌리의 생장을 촉진한다. 로제트형 식물에서 추대(bolting)를 유도한다. ③ 유년기를 성년기로 전환시킨다. ④ 화아분화와 성결정에 영향을 미친다. 오이와 시금치에 수꽃의 형성을 촉진하지만 옥수수에서는 암술형성을 촉진한다. ⑤ 착과와 단위결실을 촉진한다. 거봉 포도에서 200ppm 정도를 화아에 처리하면 씨가 없는 큰 열매를 생산한다. 1950년대에 작물생산의 향상을 위한 GA의 이용에 대한 기대는 높았다. 개화의 조절과 생육 및 생산성의 향상은 현실화되었다. 전 세계적으로 많은 학자들이 경제적 작물들의 생육과 수량요소에 대한 GA의 효과를 조사하여 GA에 대한 연구를 시작하였다. 일부 유전자형에 있어서 발아와 출현은 GA에 의하여 촉진되었지만 밀에 있어서는 부정적이었다. 간장은 증가하였지만 건물수량은 영향을 받지 않았다.

GA가 웅성불임을 유도할 수 있다는 보고는 교잡종 종자산업 분야에서 GA 이용의 흥미를 불러 일으켰다. GA_3는 옥수수에 있어서 높은 비율의 웅성불임을 유도하였지만 그 결과가 불안정적이며 시용시기 및 약량에 크게 영향을 받았다. 웅성불임체의 생산에 GA의 이용은 불안정적인 반응 때문에 실용화되지 못하였다. GA의 이용에서 포도는 성공적 사례이다. 칼립타(calypta, 꽃의 포엽)가 탈락하는 시기에 200ppm의 GA_3 처리는 크기가 큰 양질의 씨없는 포도를 생산하였다. 또한 GA는 양조산업에서 배가 없는 보리종자에서 알파 아밀리아제(α-amylase) 활성 증진과 전분의 가수분해작용의 촉진에 이용된다. 이러한 이용에도 불구하고 일반적으로 GA의 이용에 대한 큰 기대는 충족되지 못하고 있는데, 그 원인으로는 최근에 선발 육종되는 품종들은 생장과 발육에 요구되는 적정 내생 GA를 생산하기 때문에 외생원의 공급이 불필요하기 때문이다.

4. 시토키닌(Cytokinin)

세포분열 호르몬인 시토키닌의 이름은 세포분열(cytokinesis)을 촉진하는 생장물질을 의미하는 데서 유래한 일반 명사이다. 주로 식물의 뿌리에서 형성되어 지상부로 이동한다. 처음 발견은 청어 정자 DNA에서 세포분열을 촉진하는 효과를 발견한 것과 코코넛 첨가 배지에서부터 출발하여 세포분열 촉진, 측아생장 유도, 대화현상(fasciation) 유도 등으로 충영형성(gall), 빗자루병(witches' broom)과 같은 현상을 유발하는 역할을 한다. 스쿠그(Skoog, 1950s)는 담배의 수, 당근의 뿌리 체관부에서 분화한 캘러스로부터의 세포분열과정에서 시토키닌이 발견하였다. 이 연구는 코코넛 밀크나 효모 추출물에서 발견된 생장물질을 배양배지에 첨가하지 않으면 절단 조직의 유세포 발육이 거의 없다는 사실로 입증되었다. 이전부터 생장호르몬이라 인정된 IAA의 처리는 세포의 신장만을 일으켰다. 그러나 세포의 분열과 신장을 통한 빠른 캘러스의 생장은 IAA에 코코넛 밀크나 효모의 추출물 또는 퓨린기를 갖는 아데닌(adenine), 6-아미노퓨린(6-aminopurine)를 첨가하였을 때 나타났다. 1961에 세포분열을 촉진하는 물질은 고압 멸균된 DNA로부터 분리되었다. 고압 멸균된 시료에서만 존재하는 활성적인 물질은 시토키닌으로 화학명이 6-푸르퓨릴아미노퓨린(6-furfurylaminopurine)으로 밝혀졌으며 키네틴(kinetin)이라 명명되었다. 고등식물에서의 시토키닌은 1964년에 어린 옥수수 종실인 유숙기 배유에서 처음으로 분리되었으며 제아틴(zeatin, 옥수수의 배유에서 분리한 시토키닌)이라 명명하였다.

1) 천연 시토키닌의 생성(Natural Occurrence of Kinin)

시토키닌은 세포분열뿐만 아니라 형태발생과 관련된 광범위한 반응에 활성을 나타낸다. 시토키닌류는 어린뿌리, 미성숙 과실과 종자, 배유 조직에 풍부하다. 특히 옥수수의 미숙 종자, 마로

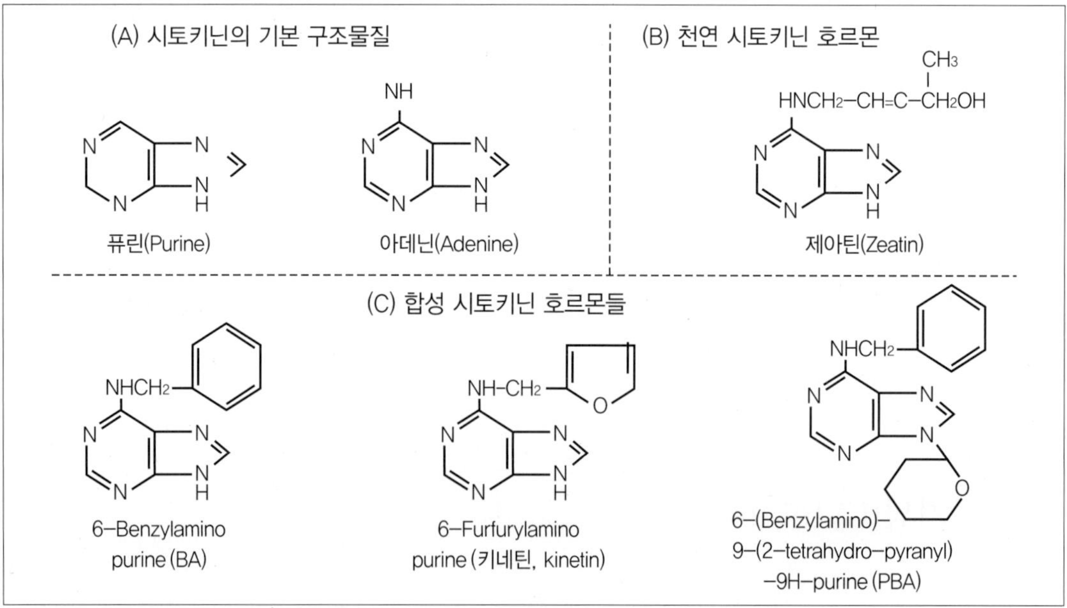

그림 8.11 시토키닌 구조물질(A)과 천연 시토키닌인 제아틴(옥수수에서 추출)의 구조(B)와 사용량이 많은 합성 시토키닌들C)

니에, 바나나, 사과, 코코넛의 미숙과실은 풍부한 공급원이 된다. 시토키닌류가 전류되지 않기 때문에 발견되는 부위가 합성장소로 추정된다. 시토키닌은 일반적으로 당과 인산이온이 결합된 형태로 발견된다. 제아틴 리보사이드(zeatin riboside)는 도꼬마리(Xanthium)의 뿌리에서 발견되는 1차 시토키닌이고 눈이 제거된 강낭콩의 잎에서 발견되는 주요 시토키닌은 제아틴글루코사이드(zeatin glucoside)이다. 8가지의 다른 시토키닌 유사물질이 옥수수의 종실에서 분리되고 있다. 제아틴의 생물학적 활성이 가장 컸다. 퓨린기는 자연 및 합성된 시토키닌 모두에서 공통적으로 갖고 있는 화학기이다(그림 8.11).

2) 시토키닌 대사(Kinin Metabolism)

천연 시토키닌은 5개의 탄소 사슬이 아데닌 분자에 결합됨으로써 합성되는 것으로 보인다. 5개의 탄소 사슬은 지베렐린, 엽록소, 크산토필 및 ABA의 기본구조인 이소프렌에서 유도된다. 잎과 눈 내에 존재하는 시토키닌은 이동성이 없다는 증거가 있으나 뿌리에서 생성된 시토키닌이 증산류를 통하여 식물 전체로 이동한다는 것은 잘 알려져 있다. 눈은 잎보다 시토키닌에 대한 강한 수용기관이다.

3) 시토키닌 분석(Kinin Assay)

자연적으로 발견되는 시토키닌의 미량농도에 대한 화학적 분석의 어려움은 현재에 이르기까지 생물학적 방법에 의한 양적 분석에 국한되고 있다. 현재 가스 크로마토그래피법은 시토키닌류의 분리에 효과적으로 이용될 수 있다. 유조직의 세포증가에 따른 시토키닌의 활성을 나타내는 다섯 가지의 생물학적 검정법이 알려져 있다. 가장 많이 이용되는 방법은 담배의 조직배양에 의한 검정법이다. 귀리 만곡시험법으로 얻어진 옥신에 대한 지식 정도로 시토키닌에 대한 지식을 발전시켰다.

4) 시토키닌에 대한 반응(Response to Kinin)

시토키닌은 넓은 범위의 반응을 유도하고 부정아의 형성 등은 옥신 또는 다른 호르몬과 상승적으로 작용한다(표 8.1, 그림 8.12, 그림 8.13).

① 시토키닌은 식물의 부분과 전체에 작용한다. 액아의 인접 마디 조직이나 뿌리에서 합성된 시토키닌은 물이나 무기염과 함께 물관을 통해 이동하고 물관이나 체관 어디에서나 발견되고 신속하게 대사된다.

② 유관속의 발달과 경정조직, 유관속 형성층의 세포증식을 증가시켜 슈트(shoot)의 생장을 촉진한다. 대화(fasciation) 현상 등으로 빗자루병(witches' broom) 유사 증상을 유발한다.

③ 옥신과는 반대로 측아생장을 촉진한다. 뿌리로부터 시토키닌의 이동은 휴면상태에 있는 액아의 새로운 발육 촉진에 현저한 역할을 하는 것으로 보인다. 측아의 발육이 외생 시토키닌의 공급에 의해 촉진된 것으로 보아 측아에는 시토키닌의 함량이 부족함이 증명되었다. 메꽃의 뿌리에서 부정아의 형성을 한다.

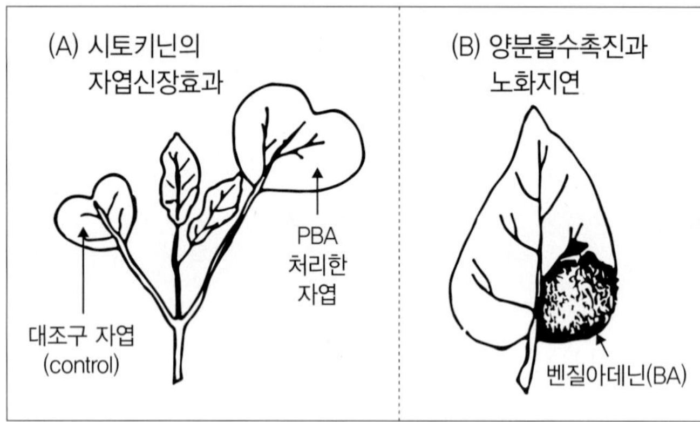

그림 8.12
생장과 발달에서 시토키닌의 효과. (A)는 무의 오른쪽 자엽에 PBA(202페이지, 그림 8.11 참조, 100mg/ℓ를 표면에 처리하여 자엽신장이 된 것이고 (B)는 잎의 오른쪽에 벤질아데닌(BA)를 처리한 것이다. 어두운 부위는 양분 흡수와 노화의 지연을 나타낸다.

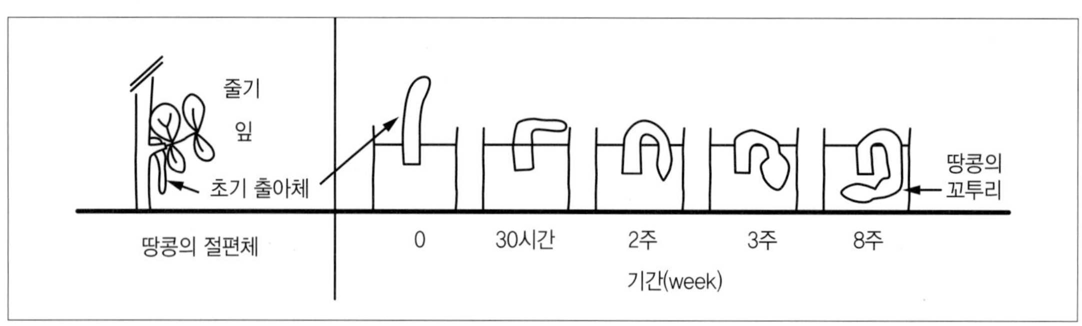

그림 8.13 키네틴과 NAA를 포함하는 배지에서 자란 땅콩의 어린 절편체로부터 암조건에서 식물체의 발달. 꼬투리의 횡굴지성 생장(diageotropism, 중력 방향과 직각으로 뻗는 성질)과 180° 로 만곡(curvature) 생장은 2가지 호르몬이 모두 배지에 있을 때만 발생한다.

삽수부위에서의 뿌리의 형성은 GA보다 키네틴(kinetin)에 의하여 더욱 억제되었고, 반면 옥신은 원근기(root initials)들의 발근을 촉진시켰다(그림 8.14).

④ 시토키닌은 근단분열조직으로부터 세포방출을 촉진함으로써 뿌리생장을 저해한다. 옥신과 시토키닌의 비는 배양조직에서 형태형성을 조절한다. 이 비율이 높으면 뿌리형성이 촉진되고 낮으면 슈트형성이 촉진되었다. 즉 옥신의 처리는 이는 정아의 시토키닌 함량을 줄이는 것이고 정아의 제거는 결과적으로 측아에 시토키닌 함량을 늘리는 것이 된다.

⑤ GA와 시토키닌은 상추와 화이트클로바와 같은 일부 종에서 종자의 발아를 촉진시켰다. 기생잡초인 위치위드(witchweed)의 종자는 기주식물로부터 자극을 받을 때마다 발아된다. 자극은 시토키닌으로 보고되었다.

⑥ 잎의 노화를 지연시킨다. 어린잎과 달리 성숙한 잎은 시토키닌을 생성하지 않는다. 잎의 노화는 광조건보다는 암조건에서 더 빠르다. 노화의 지연에 있어서 엽내의 엽록소의 유지, 아미노산의 결합, 단백질의 유지에 대한 시토키닌의 역할은 생리학자들의 특별한 관심의 대상이다(그림 8.12). 광합성 산물의 생성 및 노화 지연을 위한 뿌리로부터의 내생 공급원과 외생 시토키닌의 효과적인 공급 방법에 대한 탐색은 앞으로의 연구과제가 된다.

⑦ 영양소의 이동을 촉진한다.

⑧ 빛의 신호전달에 영향을 미친다. 황백화된 잎에 시토키닌을 처리하면 빛을 받을 때 엽록소가 더 많이 생성된다.

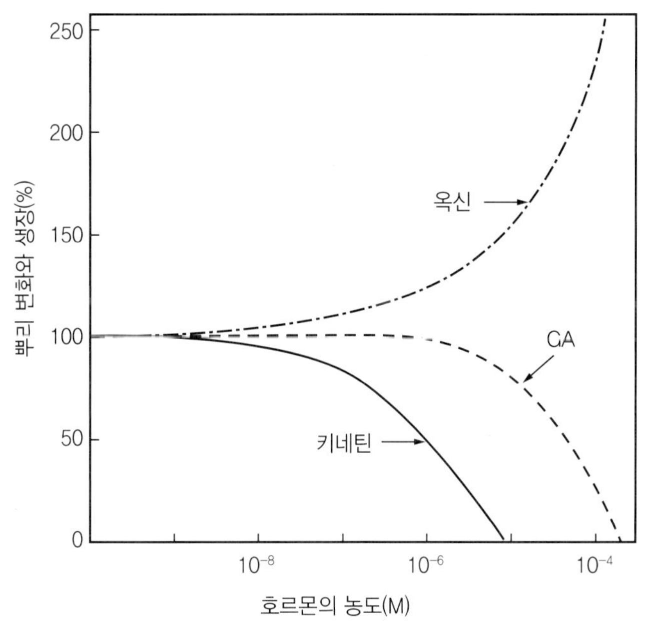

그림 8.14
줄기 삽수에서 IAA, GA 및 키네틴에 의한 뿌리의 발생

5) 시토키닌의 농업적 이용(Agricultural Use of Kinin)

웨버(Weaver, 1972)는 포도의 착과를 증가시키고 사과 델리셔스(Delicious)의 모양과 크기를 향상시키는 등의 시토키닌의 수많은 이용성을 제시하였다. 상치 종자는 높은 온도의 토양에서 두 번째 휴면에 들어갈 수 있다. 키네틴을 처리하면 발아가 증가되는데 벤질아데닌(benzyladenine, BA) 보다 더욱 효과적이다. 일반적으로 작물생산에 있어서 시토키닌의 이용은 아직 잠재단계에 있다. 시토키닌의 발견은 작물육종에 새로운 차원을 제시하였다. 화분에서 반수체 식물로, 체세포에서 배수체 식물로, 수정란에서 배로, 절단된 조직에서 식물로의 영양계 번식은 이전에 할 수 없었던 육종목표의 달성을 위한 새로운 도구(tool)로서 제시되었다. 절편체의 어느 특정 생육단계

에서 배지의 시토키닌 농도를 달리하였을 때 비핵성, 전달 가능한 유전적 변화를 유도한다는 발견은 유전공학에서 새로운 가능성과 방법을 제시하였다. 이러한 기술의 이용으로 포장에서 수량성이 높은 새로운 감자 품종이 분리되었다(Shepard, 1980).

5. 브라시노스테로이드(Brassinosteroid)

세포 확장과 발달 호르몬으로 기능은 ① GA와 ABA처럼 브라시노스테로이드(BR)도 2차대사산물인 테르페노이드의 일종으로 종자발아를 촉진하는데 이는 배의 생장촉진을 통해서이다. ② 브라시노스테로이드는 세포확장과 분열 모두를 촉진한다. 옥신과 같이 세포의 확장에 관여하고 사과나무의 발근을 촉진한다. 이것은 스트레스 상태의 식물에서 효과적이다. 조직배양에서는 카사바와 파인애플에서 효과적이다. ③ 물관부 분화를 촉진한다. 전형성층이 물관부로 분화하는 것을 매개한다.

6. 앱시스산(ABA)과 생장억제물질

생장억제제는 대부분의 생육촉진 호르몬들과 달리 식물의 생장을 억제하는데 이를 생육억제호르몬(growth retardant hormone)이라고 부른다. 대부분 억제제는 방향성 물질로서 페놀과 락톤류들이지만, 알칼로이드, 일부 알코올류, 유기산과 지방산, 일부 금속이온 등도 억제제로서 작용할 수 있다. 생장억제제는 일반적으로 다음의 3가지 부류로 분류된다(그림 8.15와 8.16).

(1) 앱시스산(ABA)

ABA는 대표적인 생장억제제(Growth Inhibitor) 호르몬이다. ABA와 같은 테르페노이드(Terpenoid). ABA-글루코스(glucoside) 글루코스를 당부분으로 하는 배당체)의 결합된 형태도 ABA의 활성을 띤다. 종자성숙과 스트레스 호르몬으로 다음과 같은 기능이 있다. ① ABA는 탈리를 촉진하고 잎의 노화와 기공을 닫게 한다. 소수의 식물에서 탈리를 촉진하고(대부분의 식물의 탈리는 에틸렌임) 에틸렌 형성을 촉진한다. ② ABA는 다양한 조직에서 다양하게 존재하고 유관속을 통해 이동한다. 물관을 통해 기공에 전달되고 체관부에 더 풍부하게 존재한다. ③ 발아를 억제하고 휴면 중인 눈에 축적되어 저온에서 휴면을 유도한다. 이는 GA와의 비율에 의해 조절된다. ④ 수분스트레스 환경 하에서 슈트생장을 억제하고 뿌리생장은 촉진한다.

(2) 천연 생장억제호르몬

페놀산과 벤조산 유도체 및 락톤(lactone)과 같은 여러 다른 형태의 천연 생장억제제가 있다. ABA와는 다르게 이들은 대사과정 중의 부산물로 다량 존재한다. 이들은 일부 종에서는 종자 휴면과 같은 발육과 생장에 중요한 억제제 역할을 한다.

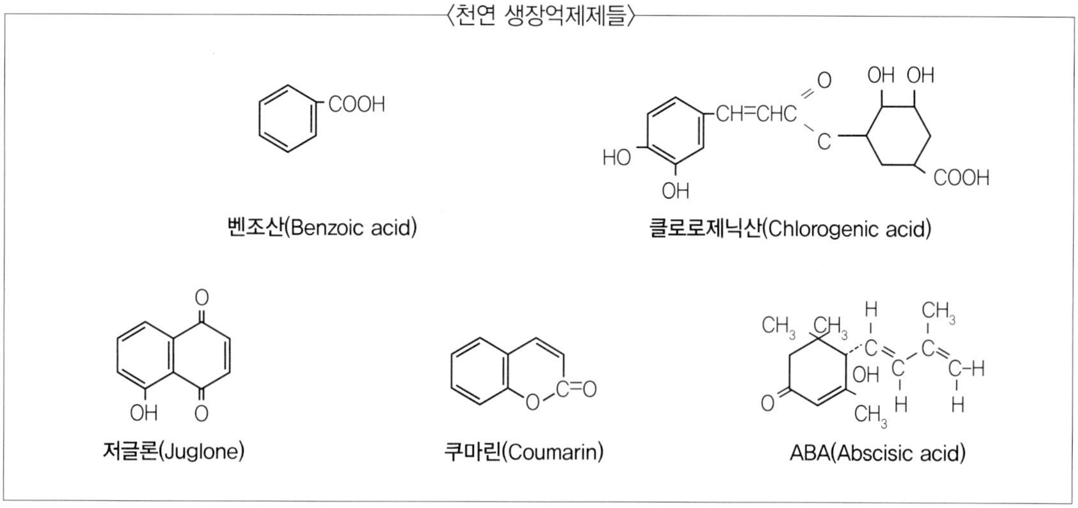

〈천연 생장억제제들〉

그림 8.15 생장억제호르몬들의 골격구조

(3) 합성 생장억제호르몬

수많은 합성물질이 생장억제활성을 갖는다. 대부분은 농업적 이용을 위하여 분류한다. 암모늄의 4차염(Amo-1618)과 포스폰디(Phosfon-D)는 생장지연제이다(그림 8.16). 또 다른 중요한 합성물질은 SADH(daminozide, B-9)이다. CCC(chlorochloline chloride)는 아마(flax)와 다른 작물에서 도복을 줄이는데, 또한 최근에는 보리와 밀의 분얼의 조절에 상업적으로 널리 이용된다. 모르팍틴(Morphactin)은 생장지연제로 등록되었다.

1) 생장억제제의 자연적 생성(Natural Occurrence of Growth Inhibitor)

목화 종자로부터 1960년대 초에 활성이 높은 생장억제제를 분리하였고, 이를 앱사이신(abscisin) Ⅱ라고 명명하였다. 비슷한 물질이 영국에서도 단풍나무의 잎에서 분리하여 도르민(dormin)이라 명명하였다. 두 가지 물질은 화학적으로 생물학적으로 동일한 물질로 확인되었으며 이를 아브시스산(abscisic acid) 또는 ABA로 명명하였다. 호르몬 ABA는 초본류, 일년생 및 영년생 목본류의 약 40~50종에서 종피, 배유, 배, 과실, 화분립, 눈, 괴경으로부터 분리되고 있

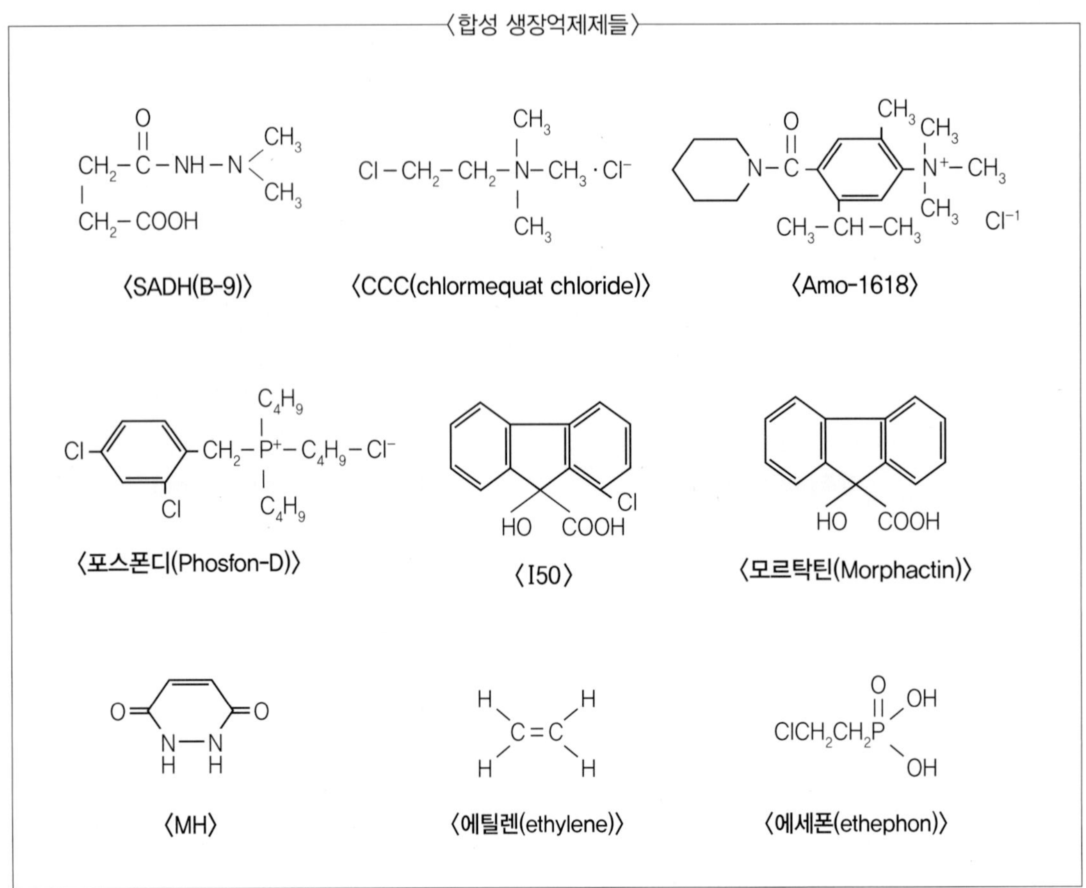

그림 8.16 합성 생장억제제들과 에틸렌, 에테폰 그리고 천천히 방출되는 에틸렌 복합체들

다. ABA는 IAA와 같이 고등식물에서 넓게 존재한다. ABA는 일반적으로 엽록체 내에 존재하지만, 환경 스트레스를 받으면 다른 기관으로 확산되어 기공의 조절에 활성을 보인다.

ABA 유사물질도 넓게 분포하고 있지만 그 생물학적 활성은 ABA만큼 크지 않다. 파세인산(phaseic acid)는 강낭콩(*Phaseolus multiflorus*)의 종자에 존재하고 데오스피론(theospirone)은 차(tea) 잎에 존재하는 천연억제제로 방향물질이다.

알카로이드류, 페놀류 및 락톤과 같은 2차대사물질들은 저장식품에서 상당량의 농도로 나타난다. 그림 8.16에서 락톤인 저글론(juglone)은 특히 검정호두(*Juglan nigra* L.)의 뿌리와 중과피에서 고농도로 나타난다. 반건조성 지역에 적응하는 덩굴성 잡초인 버팔로 야생박(Buffalo gourd)는 육질의 직근(tap root)에 밝혀지지 않은 독성 물질과 결합한 많은 양의 탄수화물이 있다. 이 화학물질을 함유한 수용성 추출물은 토마토와 상치의 유묘를 고사시켰고 무와 상치 종자의 발아를 완전히 억제하였다. 근원 내에서 이러한 생장억제물질은 다른 종으로부터의 경합을 줄여 생태계에서 버팔로 야생박(Buffalo gourd)의 생존을 유리하게 하는 것으로 나타난다. 2차대사물질들은 수많은 종에 대해 타감작용(allelopathy)의 효과를 나타내며 이 종들의 자연적 천이에 있어서 작용한다. 많은 2차대사물질들이 미생물의 생육을 억제시키는 것으로 알려져 있기 때문에 이들은 또한 곤충이나 초식동물 그리고 병원균으로부터 방어능력을 부여한다.

2) 생장억제제의 대사(Metabolism of Growth Inhibitor)

ABA는 GA, 시토키닌, 엽록소, 카로틴, 크산토필과 같은 테르페노이드(terpenoid, 테르펜유사물질로 식물이 생산하는 천연물의 약 60%가 테르페노이드에 속할 정도로 많다. 기본단위 구조가 이소프렌(isoprene, C5) 물질이며 동식물을 유인하는 휘발성 분자로 생성하고 생물에 대한 방어나 공격물질로 사용함)이다. 이들처럼 생합성은 메발론산(mevalonic acid)와 이소프렌 경로를 거쳐 이루어진다. 삼색제비꽃(*Viola tricolor*)의 황색의 꽃에서 있는 비올라크산틴(Violaxanthin)은 몇몇 크산토필의 산화로부터 합성된다.

ABA의 가장 효과적인 형태인 시스-트랜스(cis-trans)형의 생성은 광에 의해 촉진된다. 그것들의 합성장소는 색소체 특히, 엽록체인 것으로 보인다. ABA의 불활성화는 ① 효소반응에 의한 2-트랜스ABA로 전환(불활성적인 형태) ② 파세인산(phaseic acid, 앱시스산 대사산물, 처음 붉은 강낭콩(*Phaseolus multiflorus*)에서 분리되었으며 식물에 대해 저해 활성을 나타낸)로의 산화 ③ 당과 결합하여 배당체(glycoside, 식물계에 많이 분포하는 성분으로 산, 알칼리 또는 적당한 가수 분해 효소의 작용으로 당(糖)부분과 아글리콘 또는 게닌이라고 칭하는 비당(非糖) 부분으로 분해하는 물질의 총칭)를 형성함에 의해 일어난다. 다른 호르몬들과 같이 결합된 형태들은 그 활성이 거의 또는 완전히 없다. 유리 ABA는 IAA처럼 식물 전체로 이동하나 그 이동속도는 외견상 매우 빠른 것으로 나타난다. 페놀류의 합성은 페닐알라닌(phenylalanine) 또는 티로신(tyrosine)을 이용한 시킴산(shikimic acid, 안식향산) 경로에서 이루어진다. 계피산(cinnamic acid, 신남산)은 외견상으로 일부 벤조산((benzoic, 벤젠핵에 카복시기가 결합된 화합물) 억제제의 전구물질이다. 락톤의 일종인 쿠마린(coumarin)은 페놀프로판(phenylpropane)로부터 유도된다.

3) 생장억제제의 작용(Response to Growth Inhibitor)

자연 또는 합성 생장억제제는 표준생육실험에서 나타나듯이 생장과 발육을 억제시킨다. 또한 이들은 형태발생과 생존에 중요한 역할을 하고 있다. 종자 및 눈에 휴면 또는 활발한 생육의 억제기작이 없다면 환경의 변화에 대한 내성이 없는 시기에 발아 또는 생육을 개시한 종자와 눈은 열, 냉온 및 건조 등에 의해 죽게 된다. 휴면기작은 휴식상태에 있는 눈과 종자의 발육을 지연시키는

데 환경조건이 생육에 완전한 상태가 되어 체내 ABA의 함량이 감소되었을 때(발아가능 영역) 생육을 재개한다(그림 8.17).

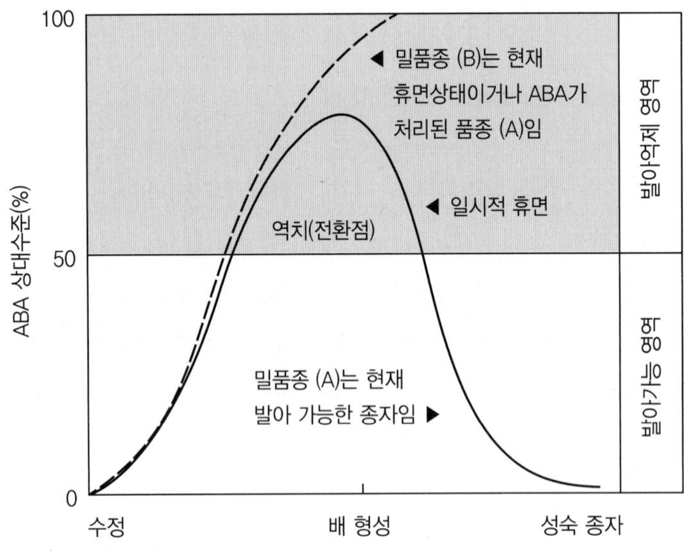

그림 8.17
종자형성 중 발아와 관련된 배(embryo)에 존재하는 ABA의 상대적 존재 수준

낙엽성 작물들은 탈리현상으로 엽이 떨어지고 가을의 단일조건에서 겨울기간에는 휴면상태로 들어간다. 감자의 눈은 괴경이 성숙하면 ABA에 의해 휴면에 처하게 되며 주위의 토양조건이나 기후조건이 적당하다 할지라도 싹이 트지 않는다. 이러한 휴면기작의 유도는 자연적인 억제제 특히, ABA에 의해서 조절된다. 휴면은 겨울동안의 층적처리 또는 충분한 시간의 경과로 타파된다. 체내 GA의 생산은 층적처리(stratification)에 의해 촉진되고 ABA에 대한 GA의 양적 비율이 높아짐에 따라 ABA의 효과가 상쇄되기 때문에 생육의 재개를 가능하게 할 수 있다(제10장 종자와 발아 참조).

대부분의 작물 품종은 종자의 휴면이 없는 방향으로 선발되고 있다. 과실도 노화와 상처에 의해 탈리층(abscission)이 발달된다. 이는 ABA의 축적에 기인하며 탈리층 형성에 의해 낙과가 일어난다(그림 8.18). 병든 루핀의 꼬투리(협)에는 ABA의 함량이 대조구의 2.5배에 이르며 이는 낙협을 유도한다. 측아에 ABA의 축적은 정아우세기작에 ABA의 관련성을 지적한다. 또한 목화에서처럼 열매의 열개(dehiscense) 및 노화에도 깊은 관련을 맺고 있다. 목화의 다래에서 ABA의 분포는 두 가지 양상을 나타내는데 첫 번째 상승점은 수정 후 곧이어 나타나는데 이는 탈리층의 형성으로 착과를 감소시킬 수 있고 두 번째 상승점은 노화와 다래의 개열 시에 나타난다. GA의 처리는 이러한 ABA의 효과를 극복할 수 있다(그림 8.18).

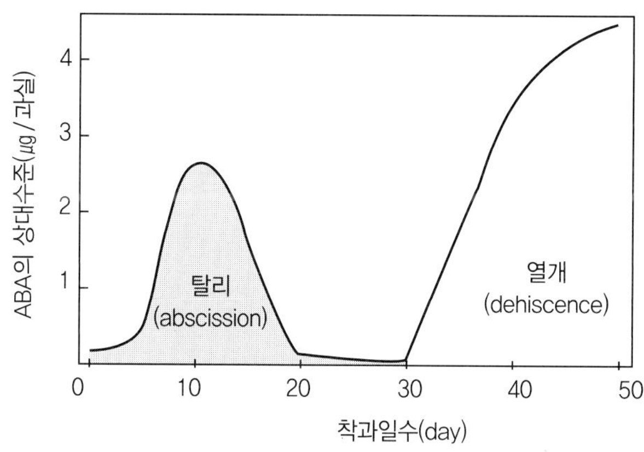

그림 8.18
목화 과실 내의 ABA 수준과 목화 열매의 연령에 따른 과실의 탈리 및 열개

엽이 수분스트레스를 받았을 때 ABA의 축적과 기공의 폐쇄와의 관계는 생리학자의 큰 관심의 대상이다(그림 8.19). 기공의 폐쇄 시 ABA의 형성은 기공의 조절에 있어서 ABA의 이론이 타당성이 있음을 보인다. 수분스트레스 동안 ABA는 엽록체로부터 표피세포로 방출된다. 세포수준에서 ABA는 양자의 방출과 칼륨의 흡수를 억제할 수 있다. 보리의 배유에서 GA에 의해 유도되는 가수분해 효소들의 활성은 강력히 억제된다. 또한 단일조건하에서 장일식물의 개화를 억제시켰다. 흔히 발견되는 또 다른 천연억제제는 클로로겐산(chlorogenic acid, 커피콩 속에 약 7~10% 들어있는 무색의 폴리페놀물질)이다. 이 PGR은 식물의 상처부위에서 박테리아에 대한 방부제 역할을 하는 것으로 여겨진다.

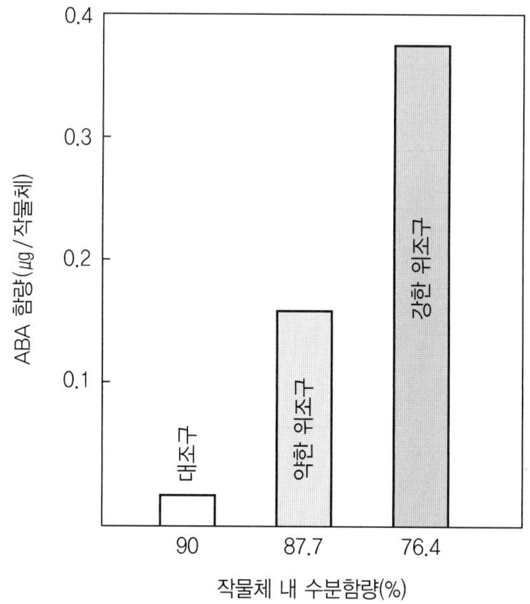

그림 8.19
완두의 유묘가 위조되었을 때 조직 내의 수분함량과 ABA 함량과의 관계

4) 생장억제제의 농업적 이용(Agricultural Use of Growth Inhibitor)

생장지연제를 포함한 수많은 합성 생장억제제가 상업적으로 이용되고 있다. 주요 효과는 절간길이와 식물의 간장을 단축시켜 도복을 방지하는데 특히 아마나 화본과 작물에 이용된다. 엽면적, 수광정도, 수량은 처리에 의해서 감소되지 않는다. 사탕무에 있어서 PP333 용액을 4000 ㎍/㎖의 농도로 분무하였을 때 잎의 크기 감소에 따른 엽면적이 25~40%가 감소하였다. B-9, CCC, Phosfon-D 및 모르팍틴(morphactins)은 효과적인 생장억제제들이다(그림 8.16). 콩 'Williams' 의 V4 생육단계에 이르렀을 때 등록되지 않은 물질인 BTS44584를 1.1kg/ha의 농도로 시용함으로써 간장의 길이를 20cm나 감소시켰으나 도복의 감소 및 수량의 증가는 없었다. 사실 도복은 이러한 생장조절물질의 과도한 이용으로 종종 더욱 악화되었다. 높은 약량에서 효과를 보이는 모르팍틴(morphactins)은 식물에 유해하지 않으며 왜화의 활성기간을 늘린다.

왜화 외에도 이들은 액아의 생장을 촉진하고 노화를 지연시킨다. 생장지연제들은 또한 엽록소의 함량을 증가시켜 외견상 엽의 색깔을 진록색으로 유도한다. B-9으로 상품화된 다미노자이드(Daminozide, Alar, Kylar, DMASA, SADH, B-995는 모두 B-9의 다른 이름임)는 미국 동남부지역의 매년 140,000ha 이상 되는 면적에서 포복형 땅콩재배에 이용된다(그림 8.16). 그 목적은 도복방지가 아닌 생육후기에 덩굴의 생육을 줄임으로써 동화물질이 종실로 더 많이 이동하기 위함이다. 덩굴이 작아짐에 따라 수확작업도 용이해졌다. 덩굴형 품종인 '딕시러너(Dixie Runner)' 의 후기 협의 수량도 꼬투리가 맺힐 때 B-9의 시용으로 급격히 증가하였다. IAA 전류 억제제인 TIBA(Regim-8)은 콩에서 직립형의 잎을 유도하여 수광이 효율적인 군락을 만들었다. 군락 구조의 변화는 꼬투리(협)와 종실의 수량을 증가시켰다. 그러나 이외의 실험들은 군락향상에 효과가 없었다. 그들은 영양생장의 단축으로 종실로의 분배가 향상된 것이라 제시하였다. TIBA(Regim-8)의 상업적 이용은 지속되지 못하였는데 이는 수량 향상의 불안정성과 경제성이 낮았기 때문이었다.

영국에서 CCC가 보리와 밀의 분얼생장 조절에 광범위하게 이용되고 있다. 첫 번째와 두 번째 얼자의 생육을 일시적으로 정지시켜 고위 분얼에 대한 생육의 우세현상을 막을 수 있는데 이는 모든 얼자간의 생육과 수량을 균등하게 하여 총수량의 향상을 꾀하였다. 적엽제(defoliant)는 목화의 기계수확을 용이하게 하는데 이용된다. 제초제로 사용되는 엔도탈(Endothall)이 상업적으로 이용되었고 최근에 건조제나 고사제로 등록된 하바드(Harvade)도 효과적이다. 가장 성공적인 생장억제제는 MH(maleic hydrazide)로 담배에서 곁가지(sucker, 액아)를 조절하는데 이용된다. MH는 미국의 담배재배단지 전역에서 필수적으로 이용되고 있다. 만약 담배의 적심 후에 억제제가 처리되지 않으면 정아우세현상에서 액아는 빠르게 곁가지를 형성하여 수확할 잎으로 영양분의 재이동 및 광차단을 시켜 수확할 잎의 상품 질을 저하시킨다.

7. 에틸렌(Ethylene)

에틸렌은 기체성 노화 호르몬으로 신선한 채소와 과실의 수확 후 저장에서 호흡을 증가시켜 노화를 촉진하는 등 문제가 된다. 그 기능을 살펴보면 다음과 같다.

① 사과나 배 등의 대부분 과실의 숙성을 촉진하고 호흡급등(climacteric)을 나타내게 한다. 소수의 비호흡급등 작물은 감귤, 체리, 포도, 딸기, 파인애플 등이다.

② 상편생장과 측부 팽창을 유도한다. 엽병의 윗면이 아랫면보다 더 빨리 자라 아래로 구부러지는 현상을 상편생장(epinasty)라고 한다(그림 8.21). 환경오염으로 인한 신장감소(물에 잠긴 수생식물에서는 촉진), 측부 생장 증가, 비정상적인 수평생장을 나타낸다.

③ 일부 식물에서 종자와 눈의 휴면을 타파한다. 땅콩과 감자 등에서 휴면을 타파하고 맹아를 유도한다.

④ 뿌리와 뿌리털의 형성을 유도한다. 잎, 줄기, 화경, 뿌리와 뿌리털의 형성을 유도하고 콩의 근류균 형성을 조절한다.

⑤ 개화와 성결정에 관여한다. 파인애플과 망고에서 개화를 유도하고 오이에서 암꽃의 형성을 촉진한다.

⑥ 잎의 노화를 촉진하고 탈리층(abscission layer)을 형성을 촉진한다. 시토키닌과 반대로 잎의 노화는 균형에 의한 상호조절이 된다.

⑦ 병충해에 대한 방어작용을 하고 과실의 숙성에서 상업적 이용을 가능하게 한다. 자스몬산과 함께 활물기생보다 사물기생 곰팡이에 방어작용을 한다.

여기서 호흡급등(climacteric)은 사과, 아보카도, 바나나 및 핵과류와 같은 과실이나 식물이 숙성하는 과정에서 에틸렌 생성으로 호흡이 폭발적으로 증가하는 현상이다. 숙성된 과실과 미숙성의 과실을 혼합하여 두면 숙성된 과실에서 발생한 에틸렌 가스가 미숙성된 과실로 확산되어 전체적으로 빠르고 고른 숙성을 촉진시킨다. “한 개의 썩은 사과가 저장고 사과를(배럴 통) 모두 썩게 한다.” 라는 옛말은 나름대로 근거가 있는 말이다. 수많은 화합물이 식물의 조직으로부터 발산되며 에틸렌과 같은 활성을 보이지만, 에틸렌은 프로필렌(propylene)보다 60~100배 이상의 활성을 갖는다. 에틸렌은 기체성 작은 분자이다. 에틸렌의 분자량과 기체상은 화학적, 생리학적으로 다른 식물호르몬들 간에 특이성을 갖게 한다. 작물의 조직에서 에틸렌의 확산은 수동적이고 가스 상태로 존재하기 때문에 다른 호르몬처럼 특별한 전류체계나 무독성화 과정이 필요하지 않다.

1) 천연 에틸렌의 생성(Natural Occurrence of Ethylene)

에틸렌은 숙성된 클라이막테릭(climacteric) 과실뿐만 아니라 그 농도가 낮기는 하지만 잎, 줄기, 뿌리, 꽃, 과실 및 종자를 포함한 식물체 전체에서 발견된다. 이는 넓은 범위에서 활성을 보여 어떤 과정은 촉진시키지만 다른 것은 지연시킨다. 에틸렌의 생성은 옥신의 공급과 높은 상관성을 나타내었다. 합성 옥신인 2,4-D의 시용은 조직 내에서 에틸렌의 함량을 50배나 증가시켰다. 사실 에틸렌의 생성은 2,4-D와 관련된 여러 반응을 유도하는 요인이 될 수 있다. 클라이막테릭 과실에서 에틸렌 농도의 증가는 높은 호흡률과 CO_2 방출률과 연관이 있다. 그리고 에틸렌 생성의 증가는 어린 유묘와 스트레스를 받는 조직에서도 관찰되었다. 과실 및 다른 조직에서의 에틸렌의 농도는 환경에 따라 크게 변하지만 죽은 조직에는 에틸렌이 없다.

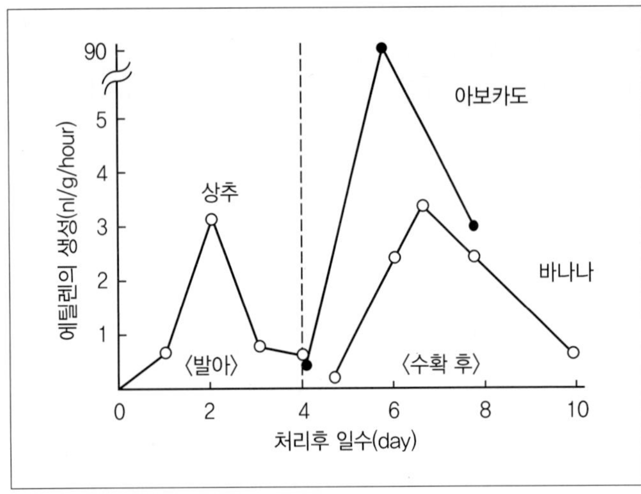

그림 8.20
발아하는 상추 종자와 수확된 아보카도 및 바나나 과실에서 에틸렌의 생성변화

2) 에틸렌 대사(Ethylene Metabolism)

에틸렌의 전구물질은 다소 예측하기 어렵다. 피부르산, 초산, 포름산염(formate), acrylate, linolinate, 에탄올 및 프로파놀(propanol) 등의 많은 물질들이 전구물질로 제시되고 있다. 가장 유력시 되는 물질은 메티오닌(methionine)이며 다음과 같이 가수분해된다.

$$\underset{\text{(메티오닌)}}{CH_3-S-CH_2-\underset{\displaystyle NH_2}{\underset{|}{CH}}-COOH} \xrightarrow{\text{(효소)}}$$

$$\underset{\text{(이산화탄소)}}{CO_2} + \underset{\text{(포름산염)}}{CHOOH} + \boxed{\underset{\text{(에틸렌)}}{CH_2=CH_2}} + \underset{\text{(황화메틸)}}{CH_3-S-R} + \underset{\text{(암모니아)}}{NH_3}$$

메티오닌(methionine)을 전구물질로 인정하는 데는 약간의 문제가 있는데 에틸렌의 농도가 호흡급등(climacteric) 과실이 비호흡급등 과실보다 3,000배나 높은데 이는 비호흡급등 과실의 경우 에틸렌의 발생에 충분한 메티오닌의 농도가 자연적으로 존재하지 않기 때문이다.

3) 에틸렌 반응(Response to Ethylene)

에틸렌의 활성은 수확 후 생리반응에만 국한되지 않는다. 발아에서 노화까지의 주요 반응에 그의 활성이 관여하는 것으로 알려져 있다. 호흡급등(climacteric) 과실의 숙성 동안 에틸렌의 농도가 급격히 증가한다. 비호흡급등(non-climacteric)이 과실에서는 에틸렌의 급격한 상승은 나타나지 않는다. 발아 후 2~3일이 경과한 유묘에서 에틸렌의 급격한 증가가 나타난다(그림 8.21). 유묘에서의 에틸렌은 줄기의 지름을 증가시키고 식물체를 강하게 하여 생존력을 증가시키는 역할을 하는 것으로 추측된다. 쌍떡잎식물 묘의 유아 만곡은 에틸렌에 의해 반응한다. 적색광에서 만곡된 식물은 곧게 자란다. 유묘의 생육에 있어서 에틸렌의 효과는 세 가지로 설명된다. ① 길이 신장(elongation)의 억제 ② 줄기 직경의 증가 ③ 광에 노출되기 전의 비굴지성 생장(ageotropic growth) 등이다. 이러한 반응들은 쌍떡잎식물 특히, 지상발아형 식물의 출현과 생존력을 증가시키는 것으로 보인다.

굴지성 및 굴광성 등 옥신에 의한 효과로 알고 있던 많은 식물의 반응들이 에틸렌의 효과로 밝혀지고 있다. 에틸렌 이론에 따르면 옥신은 중력의 영향으로 하부로 이동하기 때문에 에틸렌은 수평적으로 위치한 줄기의 하부에 발생한다. 에틸렌은 가스로서 상부로 확산되어 상부의 생육을 억제한다. 따라서 상향굴곡반응(turned up)이 나타난다(그림 8.21, 192페이지 하단 참조).

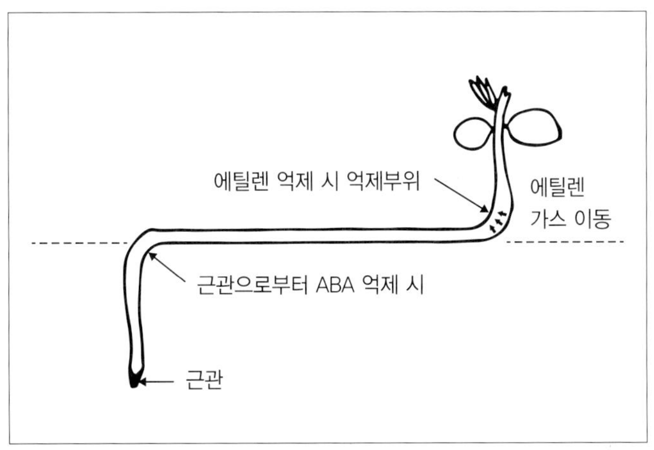

그림 8.21
근관으로부터 생성된 ABA가 이동하여 생육을 억제하면 수평적으로 생장(횡굴지성)하다가 에틸렌을 처리하면 다시 위쪽으로 구부러지면서 위로 자라는 상향굴곡(turned-up, 비굴지성(ageotropic)) 반응을 보이는 땅콩 유묘의 모식도

에틸렌의 억제제인 이산화탄소가 존재할 때 구부러짐이 억제된다는 것은 에틸렌 가설에 대한 확실한 증거이다. 고농도의 에틸렌은 줄기의 수평생장을 유도한다. 근권에서의 에틸렌의 증가는 뿌리의 생장을 억제하지만 이산화탄소 농도의 증가에 의해서는 회복된다. 이러한 현상은 이산화탄소의 농도가 풍부할 때 뿌리의 생장이 촉진되는 원인을 성명할 수 있다. 에틸렌의 생성은 병든 조직체의 빠른 노화와 관련되어 증명되고 있다. 병든 잎은 또한 이층형성이 되었다. 에틸렌의

활성을 방해하는 물질인 질산은($AgNO_3$, 여기서 은(Ag)이 에틸렌의 결합을 저해함) 분무는 땅콩에서 잎의 유지기간을 증가시켰다. 생장에 있어서 물리적 스트레스나 방해는 그 영향을 받은 조직에 에틸렌의 급격한 증가를 유도하는 것으로 관찰된다. 토양에서 뿌리생장의 방해와 그에 따른 에틸렌의 생성은 땅콩에서 자방형의 횡굴지성 생장으로 설명이 될 수 있다. 그러나 땅콩의 이러한 생육습성에 연관된 에틸렌의 역할은 불확실하다. 에틸렌은 휴면종자의 발아력을 향상시키고 스트리거(witchweed, 악마의 풀이라는 잡초로 옥수수밭을 황폐화시킴)와 같은 잡초종자의 발아를 촉진시킨다. 일부 땅콩품종은 발아의 향상을 위하여 종자에 에테폰(ethephon, 에틸렌을 발생시키는 상업용 약제)을 처리한다.

4) 에틸렌의 농업적 이용(Agricultural Use of Ethylene)

농업에 있어서 에틸렌의 이용은 포장에서 가스상 태의 처리가 용이하지 않기 때문에 제한되고 있다. 그러나 식물체로 에틸렌을 서서히 방출하는 에테폰(ethephon), 에틸렌을 발생시켜 과일이나 채소의 착색과 숙성을 촉진하는 생장 조절 물질)이란 액체물질이 현재 이용되고 있다. 호두나무에 에테폰(ethephon)의 적용은 노화와 열 개를 촉진하여 조기 수확과 호두 품질의 향상에 기여한다(그림 8.23). 에테폰(ethephon)은 담배의 초기 묘상에서 유묘의 생육을 억제시키는데 효과적으로 이용된다. 우기에 유묘의 생육이 너무 빠르기 때문에 적당한 크기의 이식묘 유지가 어려웠는데 에테폰(ethephon)의 처리에 의해서 생육을 약 10일 정도 억제시킬 수 있다. 에테폰(ethephon)의 종자처리로 휴면타파 및 발아율을 향상시킬 수 있다.

대기 중 에틸렌 농도의 증가는 식물의 생리작용을 방해하는 요인으로 작용하는데 결구 상추에서 황갈색 반점을 일으켰다. 캘리포니아 지역의 이와 같은 황갈색 반점 형성에 대한 보고에서, 에틸렌의 오염원은 지게차(forklift)의 내연 엔진에서 유발되는 가스로 밝혀졌다. 또 냉장고에 상추와 함께 저장시킨 숙성된 과실도 에틸렌 발생원이었다.

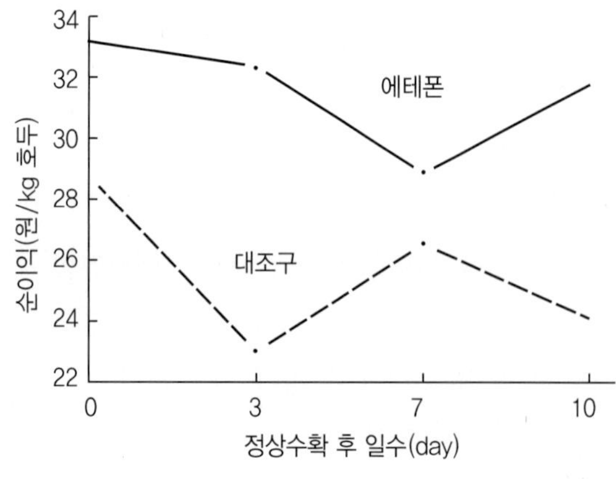

그림 8.22
조기 열개(early dehiscence)를 유도하는 호두의 견과 품질에 대한 에테폰(ethephon)의 효과

요약(Summary)

식물호르몬이라 불리는 미량 농도의 화학물질은 식물의 생장과 발육 및 형태발생의 과정을 조절한다. 식물은 유전적으로 어느 특정 호르몬이 부족할 수 있으며 이때는 외부로 부터의 적용에 반응을 나타낸다. 식물생장조절물질은 다섯 종류로 구분된다. ① 옥신류 ② 지베렐린류 ③ 시토키닌류 ④ 억제물질류 ⑤ 에틸렌과 개화에 관련된 호르몬도 있는 것으로 추정되나 이런 물질들이 아직도 상당수 분리, 동정되지 않았다. 위의 다섯 범주에 들지는 않지만 호르몬 작용을 하는 여러 천연물질들도 분리 동정되어지고 있다. 일반적으로 생육호르몬을 합성하는 기관은 반응기관과 동일하지 않다. 가스 상태로 확산하는 에틸렌을 제외한 다른 물질들은 2기관 간에 전류가 필수적이다. 어린잎이나 정아부위에서는 옥신이 특히 많으며, 어린뿌리에서는 시토키닌과 지베렐린이 풍부하다. 과실과 종자들은 일반적으로 모두 생장조절물질이 풍부하다.

식물생장조절제(Plant Growth Requlator, PGR)과 유사한 수많은 합성물질들이 생산되고 있으며 특히, 옥신류(2,4-D, 2,4,5-T, 피클로람(picloram), 일부 벤조산(benzoic acid)의 유도물질들)의 제초제가 상품화되어 이용되고 있다. 많은 생장억제제 또는 지연제가 농업의 이용목적(CCC, SADH, TIVA 등)으로 합성되어 생산되고 있다. 에틸렌을 서서히 방출하는 에테폰(ethephon)도 상업적으로 이용된다. 몇 가지 경우를 제외하고 대부분의 육성품종들은 옥신, 지베렐린, 시토키닌, 억제물질류, 에틸렌 등의 외생 호르몬(exogenous hormone)의 공급이 없이도 내생(endogenous) 호르몬으로도 충분한 품종으로 선발되고 있다. 육종기간을 지속적으로 요구하는 원예작물의 경우는 그렇지 못한 실정이다.

PGR의 농도에 따라 식물기관들은 각각 다른 반응을 나타낸다. 줄기의 생장은 옥신의 넓은 범위에서 촉진되는 반면 뿌리의 생장은 좁은 범위를 제외하고는 억제된다. 일부 왜성형 식물의 절간은 넓은 범위의 GA에서 정상적인 절간신장이 일어난다. 일반적으로 호르몬들은 반응을 유도하는데 있어서 상승작용을 한다.

IAA(Indoleacetic acid), GA_3, ABA, 및 에틸렌(ethtlene)은 일반적이고 널리 분포하는 식물호르몬이다. 옥수수의 배유조직에서 분리된 제아틴(zeatin)은 가장 일반적인 시토키닌이다. 귀리초엽, 보리의 호분층, 담배의 조직배양시험 등의 생물학적 검정법이 옥신, 지베렐린, 및 시토키닌의 양적 측정법으로 각각 발전되었다. 대부분의 생장호르몬은 넓은 범위에서 반응을 보이기 때문에 많은 생물학적 검정법이 유효하다. 전기 화학적 검정법의 효율성이 커지고 있다. 호르몬은 식물체 내에서 결합된 형태 또는 유리 형태로 존재하기 때문에 그들의 유효성에 영향을 준다.

식물생장조절제(PGR)는 일반적으로 다음과 같이 특징적인 반응을 나타낸다.

① 옥신은 세포신장을 통한 생장을 촉진하고 정아우세현상을 일으킨다.

② 지베렐린은 절간과 엽에서 절간생장점의 생장을 촉진한다.

③ 시토키닌은 세포분열에 의한 생장을 촉진한다.

④ ABA는 신장을 지연시키고 탈리와 노화를 유도한다.

⑤ 에틸렌은 과실의 숙성을 촉진시키고 수평적 생장을 유도한다.

일반적으로 PGR는 반응을 유도하는 데 있어서 한 가지보다는 2가지 이상이 합쳐지면 상승적 작용을 나타낸다.

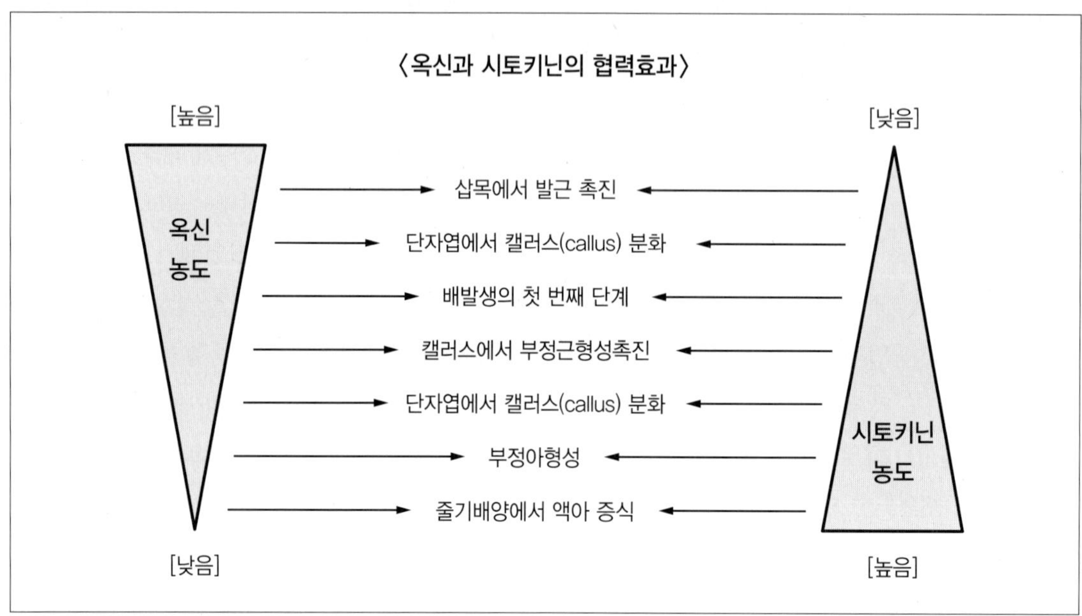

그림 8.23 옥신과 에틸렌의 상호작용

제9장
작물의 생장과 발육
(Growth and Development)

식물의 생장과 발육은 종의 번식과 생존을 위한 필수적 과정이다. 이러한 과정은 생활사가 진행되는 동안 계속되며 생장점, 동화물질, 호르몬 및 다른 생장물질의 이용과 환경요인에 의존한다. 경험적으로 작물의 생육은 유전형×환경 = f(내부 생육요인×외부 생육요인)의 함수로 표현될 수 있다. 작물에 따라 유전자형에 의존도가 높은 작물이 있는 반면 환경에 의존도가 높은 종이 있다. 각각의 의존 정도는 특정 형질에 따른다. DNA는 특정 단백질 및 효소의 아미노산 서열을 갖고 있어 생장, 발육 및 형태발생에 유전적 잠재력을 갖는다. 유전적 잠재력은 유전자형과 환경의 상호작용으로 나타난다. 작물생산에서 목표는 유전과 환경의 조절로 생육과 수량을 최대화 하는데 있다. 유전적 조절은 육종 및 선발로 변화시킬 수 있으며 종종 대단한 효과를 거두기도 한다. 미세기상(microclimate, 작물 표면 부근의 환경)은 재배지, 경운법, 관개, 배수, 비배관리, 병충해 관리 및 재배법(예를들면 파종기, 재식밀도, 작물체의 초장이나 분얼능력) 등 많은 방법으로 변경시킬 수 있다. 이들 대부분 방법들은 농업에서 일반적으로 이용되며 보급되고 있다.

1. 생장의 정의(Definition of Growth)

생장은 정의를 내리기보다 설명하는 것이 더 쉬운데 좁은 의미에서는 세포분열(cell division, 개수의 증가)과 세포 확장(cell enlargement, 크기의 증가)이라고 할 수 있다. 이 2가지 과정은 모두 단백질의 합성이 요구되는 비가역적 반응이다. 세포신장 과정에는 수화(hydration)와 액포화(vacuolation) 과정이 포함된다. 분화(differentiation, 세포의 특수화) 과정은 종종 생장의 일부로 여겨진다. 작물의 발육에는 생장과 분화과정이 모두 필요하다(그림 9.1). 일부에서는 이렇게 작물의 생장을 세포분열과 세포신장의 과정으로 정의하는 반면, 농학자들은 일반적으로 생장을 건물중의 증가로 정의한다. 여기에는 분화과정이 포함되는데 건물의 축적에 큰 공헌을 한다. 최종 생장분석으로서 작물의 발육과 형태 발생은 3가지 과정으로 요약할 수 있다.

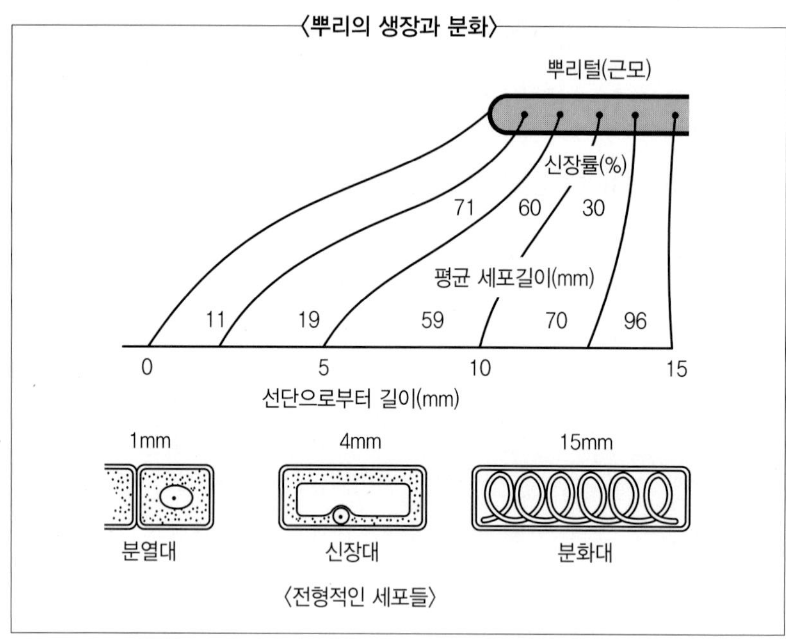

그림 9.1
옥수수 근단의 생장과 분화 부위 및 전형적인 세포 형태

즉 ① 세포분열에 의한 세포 개수증가 ② 세포 크기의 신장(확장) ③ 세포의 기능분화이다. 건물중의 축적은 경제적으로 매우 중요하기 때문에 생장을 특정화하는 변량으로 사용되고 있다. 초장, 체적(volume), 엽면적과 같이 생장에 관계된 수많은 변수들도 이용될 수 있다. 생체중은 작물의 수분상태에 따라 다소 가변적이기 때문에 사용이 적다. 그러나 영양기관 화기 및 과실의 생산을 목적으로 하는 생산자는 건물중보다 생체중(품질 요인까지 관여하므로)에 더 많은 관심을 갖고 있다.

2. 생장요인(Growth Factors)

생장에 영향을 끼치는 요인들은 크게 외부요인인 환경과 내부요인인 유전형질로 나눌 수 있다.

1) 외부요인(자연환경)

① 기후요인으로 광, 일장, 온도, 수분,바람, 가스(CO_2, O_2, N_2, SO_2, 질소산화물인 NOx, F, Cl, O_3) 등이다. 이때 가스는 대기의 오염원이 되기도 하며(CO_2, O_2, N_2는 제외) 생장을 억제할 수 있는 농도까지 증가될 수 있다.

② 토양요인으로는 토성, 산도(pH), 토양구조, 유기물, 양이온치환용량(CEC), 염기포화도, 양분의 이용성(16개의 원소들이 작물에 요구됨) 등이다.

③ 생물적 요인으로 잡초, 해충, 병원균, 선충류, 초식성 동물, 토양미생물(질소고정이나 탈질작용을 하는 박테리아 및 균근균(mycorrhiza, 작물의 뿌리와 공생작용을 하는 곰팡이) 등이다.

2) 내부요인(유전성)

작물이 가지고 있는 생장의 내부요인으로 ① 스트레스에 대한 저항성 ② 광합성률 ③ 호흡률 ④ 동화물질과 질소의 분배능력 ⑤ 엽록소, 카로틴, 및 다른 색소의 함량 ⑥ 분열조직의 형태와 위치 ⑦ 저장물질의 저장능력 ⑧ 효소활성 ⑨ 유전자의 직접효과(예로 잡종강세나 상위성) ⑩ 분화특성 등이 있고 열거한 것 이외에도 많은 유전 요인들이 수량에 관계하고 있다.

3. 생장제한 요인들(Limitation of Growth Factors)

양분의 제한에 따른 작물의 반응은 과학적인 작물연구의 초기단계에서 중요한 연구과제 중의 하나였다. 리비히(Liebig), 블랙만(Blackman), 미체를리히(Mitscherlich), 삭스(Sachs) 등 여러 학자들의 고전적 연구들은 생장요인 제한과 작물의 반응에 대한 여러 가설들의 기초가 되었으나 어떤 개념들은 잘못된 법칙으로 확인되었다. 작물의 반응과 무수히 많은 상호작용들은 너무 광범위하고 복잡하여 예측하기가 곤란하다. 그러나 가설의 지식들은 작물반응의 이해를 향상시킬 수 있고 영농전략을 계획하는데 큰 도움을 줄 수 있다(그림 9.2).

그림 9.2
작물생산량을 감소시키는 몇 가지 제한(마이너스) 요인들

1) 리비히의 최소율의 법칙(Law of the Minimum)

리비히(Liebig, 1862)에 의해 제시된 '최소율의 법칙' 은 제한요인의 가설 중 가장 잘 알려진 이론이다. 그는 '비록 다른 모든 요소들이 존재한다 할지라도 어느 한 가지 필수요소가 부족하거나 결핍되어 있으면 결핍된 요소를 요구하는 작물에 대하여 그 토양은 불모지가 된다' 라고 하였다. 이것을 종종 배럴의 개념(barrel concept)이라고 한다. 만약 나무 조각들의 길이가 다른 원통형이 있다면 길이가 가장 짧은 나무 조각에 의해서 통의 용량이 결정된다는 것이다(그림 9.3). 따라서 공급이 가장 적거나 제한요인에 의해서 생육요인(기후나 토양, 생물적 또는 유전적 요인)이 수량 능력을 결정한다.

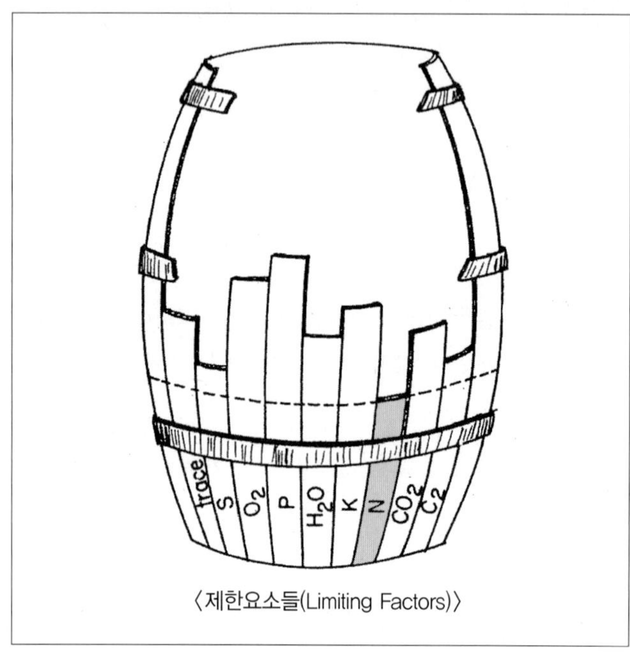

그림 9.3
각기 다른 높이를 갖는 나무 조각으로 이루어진 나무통(barrel)으로 설명되는 최소율의 법칙. 이 그림에서는 가장 높이가 낮은 나무들조각인 질소가 나무통의 최대능력을 제한하므로 생장의 최대가능능력을 결정한다.

2) 블랙만의 최적화와 제한요인(Optima and Limiting Factors)

블랙만(Blackman, 1905)에 의해 제시된 최적화와 제한요인은 '한 반응이 구분되는 여러 요인들에 의해 그 반응속도가 결정될 때 반응속도는 가장 늦은 요인에 의해서 결정된다' 는 것이다. 광과 CO_2는 광합성에 필수적이다. 이때 블랙만의 가설은 두 요인 중 하나가 제한되면 반응이 갑작스럽게 정지되어 블랙만 반응(Blackman response)이 직선적으로 일어난다고 하였다(그림 9.4). 그러나 자연 상태에서 이러한 반응은 거의 일어나지 않는다. 광합성을 제한하는 요인들에 대한 반응은 곡선적이며 점근적(asymptotically)으로 최대치에 접근하기 때문이다(그림 9.5).

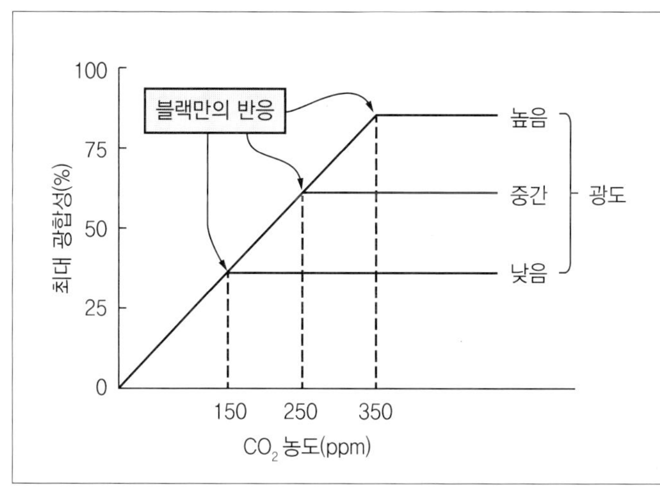

그림 9.4
광도에 따른 CO_2 동화와 관련된 광합성을 나타내는 블랙만의 최적과 제한요인 이론

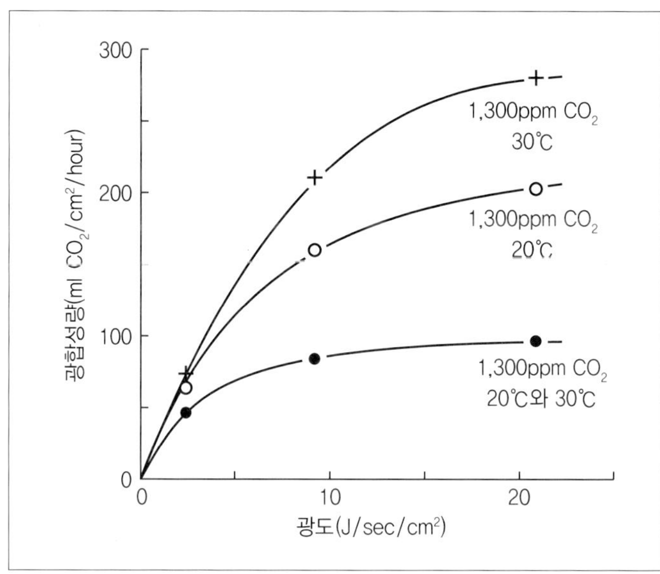

그림 9.5
채소작물 오이에서 광도, 온도 및 CO_2 농도와의 관계에서 실제로 나타나는 광합성 반응

3) 미체를리히의 보수점감의 법칙(Law of Diminishing Return)

독일의 토양학자 미체를리히(Mitscherlich, 1909)는 생장요인의 공급에 의한 생육반응에 대한 공식을 발전시켰다. 그는 한 가지 요인을 제외한 모든 요인들이 충분한 상태에서 생장반응은 제한된 요인에 비례하는 것을 관찰하였다. 제한된 요인의 증가는 작물의 생장을 증가시키지만 직접 비례적인 증가는 아니다(그림 9.6). 미체를리히는 '수확체감의 법칙'에서 '결핍된 요인의 증가에 의한 작물생산의 딘위 당 증가량은 제한된 요인이 최대치에 가까워질수록 감소한다'고 하였다. 이 반응은 블랙만(Blackman, 1905)이 제시한 직선 반응이 아닌 곡선 반응이다.

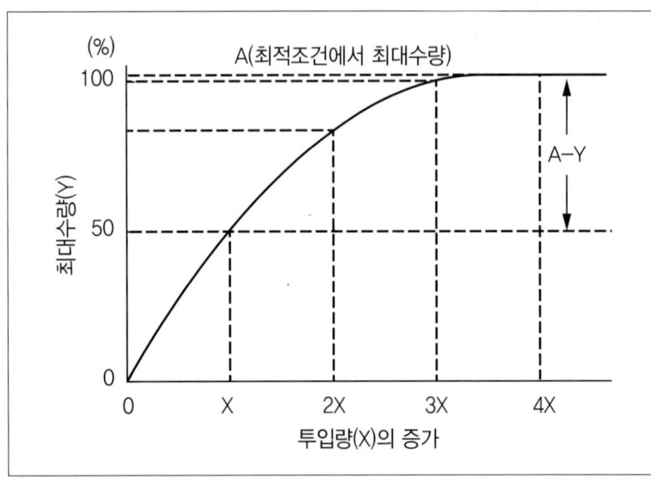

그림 9.6
미체를리히(Mitscherlich) 법칙에 의해 설명되는 생장 반응곡선

미체를리히의 공식은 다음과 같다. dy/dx=C(A−Y) 여기서 d는 변화의 증가량, dy는 생장요인의 증가(dx)에 대한 수량(y)의 증가량, A는 생장요인의 무제한 공급으로 얻을 수 있는 최대수량, Y는 요인 x에서 얻는수량, C는 비례상수로서 생장요인의 특성에 의존한다. y에서 증가한 생장은 x의 초기 증가에서 최대를 보인다(표 9.1). 증가된 수량(y)의 양은 x가 증가됨에 따라 점차 감소하는데 이론적으로는 전단계 증가의 1/2 정도를 나타낸다. 수량이 상대적 기준(A=100)으로 표시할 때 C=0.301이 된다. 만약 A=100%이면 공식은 다음과 같이 표현될 수 있다.

log(100−Y)=log 100−0.301x 최대수량의 1/2일 때 요구되는 양분이거나 다른 요인의 양을 보울단위(Boule unit)라고 한다. 이러한 가설 하에 보울단위(Baule unit)의 증가로부터 수량을 예측할 수 있다(표 9.1). 윌콕스(Willcox, 1937)는 공식에서 C값을 모든 작물에서 똑같다고 제안하였지만 그의 이론은 일반적으로 받아들여지지 않고 있다.

표 9.1 미체를리히 공식에 적용된 보울단위(Boule unit, 50% 수량)에 요구되는 양분 또는 요소들의 양

첨가된 단위	최대수량이라고 예측된 수량(%)
0	0.00
1	50.00
2	75.00
3	87.50
4	93.75
∞	100.00

* 보울단위(Boule unit)는 보울의 이름을 딴 것으로 최대가능 생산 또는 최대생산 용량에 대하여 50%의 생산을 올리기 위한 성장인자를 1단위로 나타난다.

4) 메이시의 한계비율(Critical Percentage)

메이시(Macy, 1936)는 위의 개념들에 새로운 차원을 도입하였는데 작물 반응과 충분한 양분 사이에 관계를 작물 조직 내의 양분의 농도와 수량으로 제시하였다. 메이시는 작물에 필요한 각각의 양분 한계 비율(%)을 그림 9.7에 제시하였다. 작물체 내의 최소비율 범위에서는 첨가되는 양분의 증가량에 따라 수량은 증가하지만 그 양분의 비율(%)은 증가하지 않는다. 양분이 부족한 범위에서는 양분의 증가가 수량 및 양분 비율(%)를 모두 증가시킨다. 양분이 과잉인 상태에서는 양분이 증가하여도 수량에는 효과가 없지만 양분의 구성비는 증가한다. 그가 제시하기를 리비히의 최소율의 법칙은 작물의 생장이 충분할 정도로 양분공급이 충분하지 못하였기 때문에 조직 내의 최소율의 범위에서만 그 법칙이 성립한다고 하였다. 리비히의 최소율의 법칙은 다시 과잉-소비의 범위(luxury-consumption range)에서 성립하는데 비록 한 종류의 양분공급이 과잉일지라도 다른 양분들이 생육을 제한하는 요인이 되어 생장이 정지되기 때문이다. 미체를리히의 보수점감의 법칙은 결핍-조정의 범위(poverty-adjustment range)에서만 해당되는데 증가량에 대해 곡선의 반응을 보이기 때문이다. 즉, 점점 감소하는 수확량(보수)을 나타낸다고 하였다.

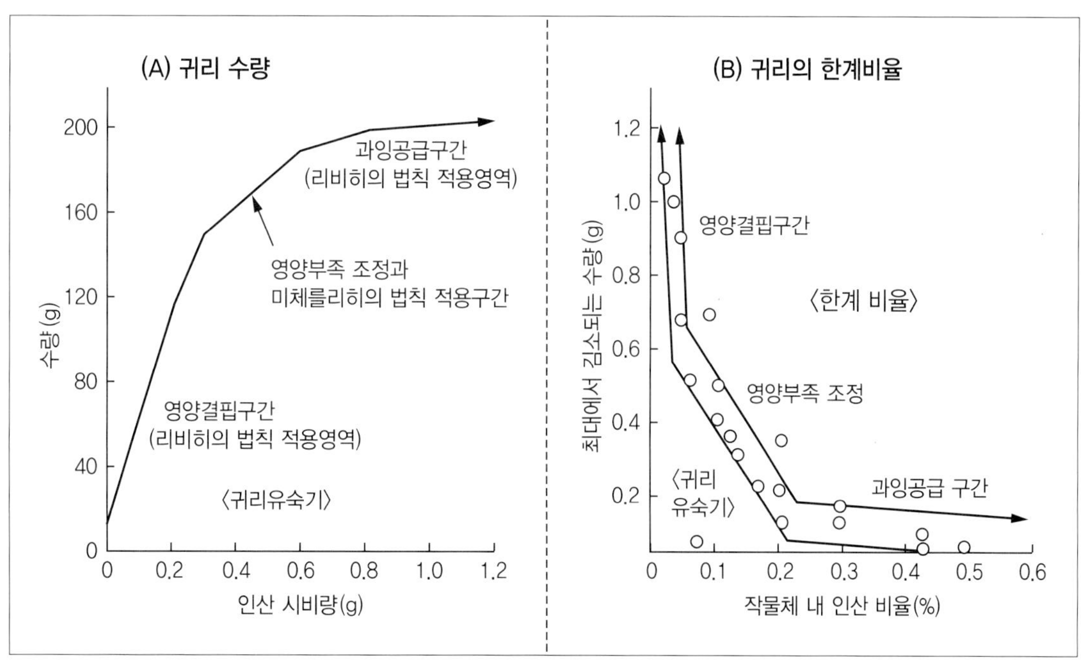

그림 9.7 귀리 유숙기에 조사한 리비히와 미체를리히의 개념에 대한 메이시의 해석으로 영양결핍구간, 영양부족 조정 및 양분의 과잉공급 영역과 관련된 한계 비율(%) 이론

4. 생장 제한 요인의 작용조건(Limiting Factor Qualifications)

위에서 제시한 법칙들이 상당부분 학설로만 인정되는 데는 다음의 이유들이 있다.

① 제한 요인들의 생물학적 반응은 복잡하며 여러 가지 대사경로가 함께 진행될 수 있다. 어떤 화합물 A가 화합물 B를 경유하여 C로 되거나 또는 직접 C로도 되고 모든 과정이 가역적일 수도 있다. 하나의 반응경로가 늦거나 반응물질의 수준이 낮은 것은 전체 반응을 늦추거나 정지시키는데 필수적인 것은 아니다.

② 제한요인들은 다른 요인에 의해서 대치된다. 예를 들어 나트륨(Na)은 일부 작물종들에서 칼륨(K)으로 대치된다.

③ 제한요인들은 다른 요인에 영향을 미친다. 예를 들어 인산은 아연의 흡수를 저하시키고 칼륨은 마그네슘의 흡수를 낮춘다. 광량의 증가는 온도를 상승시키고 수분의 이용성을 낮게 한다.

④ 작물은 제한요인들에 영향을 미치고 요인들은 상호적으로 작물에 영향을 미친다. 예를 들어 질소의 첨가는 작물의 생장과 엽면적을 증가시키고 이는 하위엽에 대한 광량을 감소시킨다. 계속적인 생장에 의한 잎의 차광으로 토양온도는 떨어지고 습도는 증가한다.

⑤ 결과적으로 하나 이상의 제한요인들이 동시에 제한 작용을 같이 할 수 있고 생리대사가 다양하므로 일률적인 적용과 해석이 어렵다.

5. 생장의 출발점인 분열조직(Meristem)

세포분열과 세포 신장에 의한 생장은 분열조직이라고 알려진 특정 조직에서 일어나는데 이는 그림 9.8에서 보는 것과 같이 식물체의 여러 부위에 존재한다. 한 식물체 내에 분열조직의 숫자는 많지만 전체 양으로 비교했을 때 분열조직은 적다. 각각의 분열조직은 상호간의 유기양분 및 무기양분에 대해 강하게 경쟁한다. 사실, 작물생산의 기술은 각 분열조직들 간의 경합, 즉 어떤 잠재력을 갖고 있는 정아나 액아와 분화된 조직들 간에 존재하는 절간분열조직의 생장촉진에 의한 경합의 관리에 의존된다. 예로 얼자수(tiller number), 분지수(branch number), 화서수(inflorescence number) 및 엽면적(leaf area)의 증가 등이다.

일반적으로 정아 및 절간분열조직으로부터 더 많고 큰 엽의 생장이 촉진되거나 엽액의 휴면상태의 눈(휴면, quiescent bud)으로부터 생성되는 정아에서 더 많은 얼자나 분지의 생장이 촉진된다. 측생분열조직(lateral meristem)에서는 기관의 지름이나 폭을 확장시키는 새로운 세포를 생성시킨다. 유관속형성층(vascular cambium)은 특이한 측생분열조직으로 2차 물관부와 체관부로부터 유도된다. 또 다른 종류의 측생분열조직은 새로 확장되는 어린잎의 가장자리에 위치한다.

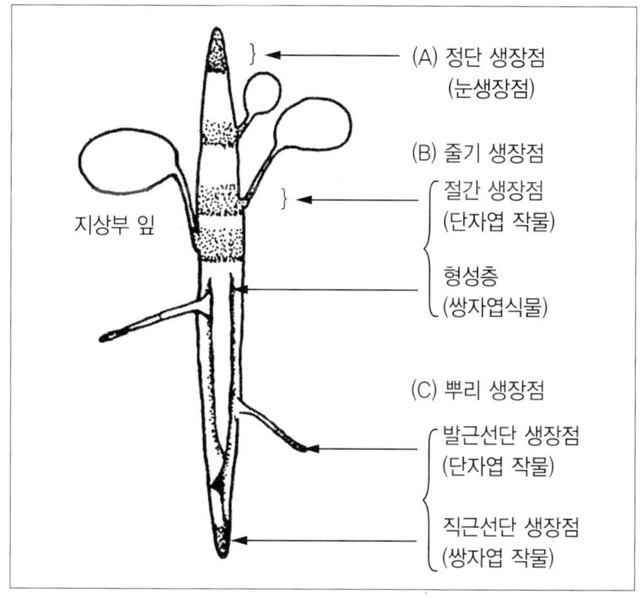

그림 9.8 작물의 분열조직 모식도

정단분열조직(apicalmeristem)은 뿌리나 줄기의 선단 부위에서 새로운 세포를 형성하는데 간장이나 근장을 증가시킨다(그림 9.8). 정단 및 측생분열조직(vascular cambium)의 발달에 있어서 생장호르몬의 관련성은 8장에 기술되어 있다. 특화된 절간분열조직(intercalary meristem)은 일부 기관들이 이미 분화된 두 조직의 사이에 위치하는데 절과 절(절간) 사이의 또는 엽신과 엽초 사이에 존재한다(그림 9.8). 화본과 식물의 줄기 엽침은 절간분열조직을 포함한다. 만약 줄기가 도복이 되면 줄기 주변에서 절간분열조직의 세포의 신장에 의하여 줄기는 다시 직립 형태로 회복된다. 엽신과 엽초 사이의 하부에 존재하는 절간분열조직은 엽의 길이를 신장시키는 기능을 한다.

분열조직은 밀도가 낮은(diffused) 저밀도 분열조직과 밀도가 높은(massed) 고밀도 분열조직 간에 차이점이 아주 중요하며 크게 나타난다. 밀도가 낮은(diffused) 분열조직은 세포의 수가 적고 세포의 활성이 낮으며 생장을 위해 외부에서 호르몬이 공급되어야 한다. 이는 형성층과 수정된 지 얼마 안 되는 수정란이 그 예이다. 수정란과 같은 미발달기관은 높은 활성을 갖는 밀도가 높은(massed) 분열조직으로 발달이 빠르지 못하고 호르몬의 자체 합성도 못하면 퇴화한다. 정아는 밀도가 높은(massed) 분열조직으로 스스로 이용할 호르몬도 생성한다. 작물의 재배기술에서 종종 밀도가 높은(massed) 분열조직의 형성을 조절하는 기술이 고안되고 있다. 예를 들어 옥수수의 밀도가 높은(massed) 분열조직으로부터 1개 또는 2개의 이삭을 형성시키기 위해 적정 재식밀도로 파종한다. 밀에 있어서도 적정분얼을 유도하기 위해 파종하여 출수기 이전에 위경(헛줄기)에서 많은 이삭이 퇴화되지 않도록 한다. 그러므로 밀도가 높은(massed) 분열조직은 완전한 세포분열에 요구되는 적정량의 호르몬 생산과 형태발생을 위한 탄수화물과 다른 양분의 유입이 가능할 정도의 세포 활성과 충분한 양의 세포 개수를 갖는다.

6. 생장 상관(Growth Correlations)

작물은 각 구성부위의 상관성이 있는 생장(상관생장)에 의해 특징적인 모양이나 형태를 나타낸다. 또한 각 구성부위도 장소와 시간에 관계없이 항상 동일한 특징적인 모양이나 형태를 나타낸다. 유리한 환경에서 양적인 생장은 증가되지만 각 부위 및 전체 구조적 형태는 비교적 일정하다. 즉 상호 요소들간에 균형이 중요하고 이를 서로 보완하려는 생장을 한다.

1) 상대생장(Allometry)

기관이나 조직 내의 각각의 부위들의 생장률간의 관계를 상대생장(Allometry)이라고 한다. 두 변수(X와 Y) 간의 관계는 $Y=bx^K$로 나타낼 수 있는데 x와 y는 물리적 변수이고 b와 K는 상수이며 K는 상대생장상수(Allometry constant)가 된다. K의 양은 $\log y=\log b+K \log x$의 등식으로 계산될 수 있다. 기울기 b는 직선식으로 나타나는 2차 대수식에서 x에 대한 y의 점값으로 얻어진다. 이는 또한 x와 y값에 대한 직선 회귀식으로도 구할 수 있다. 예를 들어 잎에서 폭과 길이가 같은 비율로 신장한다면 회귀식(상대생장의 계수 또는 K)의 기울기는 1.0이 된다. 두 변수 간의 생장률은 완전한 상관이 있다. 목화에서 정상형(잎이 갈라지지 않음) 잎과 오크라형(okra, 잎이 갈라짐) 잎의 상대생장은 유전적이며 이는 하나의 유전인자에 의해 조절된다. 지상부와 지하부 간의 상대생장 계수는 용적보다 건물중에 기초를 두며 낮은 K값을 나타낸다. 수확지수(harvest index)는 상대적으로 높은 상대생장 계수를 가지며 시간과 장소의 안정적 변량으로 나타난다. 비록 상대생장이 작물의 물리적 변수에 의해 나타나지만 생리적 과정들이 필연적으로 관련되어 있다. 여러 요인들의 상관관계에 대한 상대생장 계산은 유용한 근사치는 제공하지만 수리적으로 항상 정확하지는 않다.

2) 지상부와 지하부의 비(S/R률)

지상부 생장에 대한 지하부 생장의 상대생장은 일반적으로 지상부/지하부의 비(shoot/root ratio)로 표현되며 이는 가뭄에 대한 내성 정도 등을 반영할 수 있기 때문에 생리적으로 중요하다. S/R률은 유전적 지배를 받지만 환경에 의해서도 크게 영향을 받는다. 무라타(Murata, 1969)는 벼에서 질소시비가 S/R률에 큰 영향을 준다고 하였다(표 9.2). 질소시비가 많은 지역에서 광합성 산물의 90% 정도가 지상부로 분배되었고 질소시비가 적은 지역에서는 50%가 분배되었다. 질소에 의해 촉진된 지상부 생장은 지하부보다 동화물질에 대한 강한 수용체가 되었다. 지상부와 지하부의 생장을 감소시키는 수분부족은 지상부에 더 큰 영향을 주었다. 지상부의 분화 과정은 수분과 질소가 충분한 상태에서 촉진된다. 이 2가지 요소가 제한되었을 때 지하부의 분화가 촉진되어 지상부/지하부의 비에 영향을 준다. 지하부는 수분, 질소 및 다른 토양요소들의 첫 번째 접촉부위이다. 참고로 S/R률과 같은 개념으로 T/R률(top/root ratio)이 같이 사용된다. 지상부는 광, CO_2 또는 기후요소의 첫 번째 접촉부위이다. 지상부와 지하부의 생장에 영향을 미치는 수분 및 다른 요인들은 11장의 지하부 생장과 12장의 지상부 생장에 기술하였다.

표 9.2 질소비료 수준을 달리하여 시비한 벼의 줄기와 뿌리 간의 건물중과 ^{14}C의 분포

질소시비량 (g/작물체)	작물 부위	건물중 (g/작물체)	4일 후 ^{14}C의 비율 (%)*	S/R률
0(소량)	지상부	1.86	59	2.45
	지하부	0.76	41	
	합계	2.62	100	–
3(보통)	지상부	7.41	85	3.51
	지하부	2.11	15	
	합계	9.52	100	–
6(다량)	지상부	8.40	89	3.60
	지하부	2.33	11	
	합계	10.73	100	–

출처: Murata 1969.

* ^{14}C의 비율(%)은 50μ curie/plant, 1시간 동안 최대분얼기에 ^{14}C의 개수/min/plant×1000로 계산하여 ^{14}C를 4시간 후에 환산한 비율(%)이다.

3) 정단과 측아생장(Apical and Lateral Growth)

작물은 정아와 측아의 생장정도에 따라 그 특징적인 형태나 모양이 크게 바뀐다. 측아의 생장은 작물의 외형을 크게 변화시킬 수 있다. 측아에서 새순의 생장은 엽액에서 발생하며 종종 관부라 불리는 줄기 하위부에 마디가 조밀하게 모인 부위에서 발생한다. 새순은 불특정 위치에서 발생하기도 한다. 결과적으로 작물은 생존과 생산에 유리한 이용 가능한 모든 공간을 활용한다. 광은 측아의 생장을 조절하는 1차적 요인이다. 즉 정단생장이 많으면 측아생장은 적어지고 그 반대의 현상이 생기는 것은 생장상관의 한 예이다.

4) 영양생장과 생식생장(Vegetative and Reproductive)

일년생 식물에서 생식생장은 동화물질의 전체량을 요구하는 것으로 나타난다. 일반적으로 일년생 식물의 영양생장은 생식생장에 의하여 종결된다. 잎, 줄기 및 다른 영양기관은 종실이 성숙하는 동안 동화물질에 대한 수용력이 떨어지며 기관 내에 이미 축적된 어느 정도의 탄수화물과

무기양분은 이동 및 재분배를 통해 희생한다. 이러한 과정은 노화를 촉진시키고 결과적으로 작물을 죽게 한다. 영년생 작물의 경우는 생식생장에 일부 동화물질만이 이용된다. 즉 과실이 있는 가지가 건강한 상태로 유지되거나 만약 그 줄기가 죽더라도 액아로부터 새로운 영양줄기가 발생하여 과실이 있는 가지의 노화와 대치된다. 사과나 귤과 같은 영년생 작물은 성숙하는 과실의 존재에 큰 영향을 받지 않는다. 초본성이면서 영년생 화본과 및 콩과 작물의 경우 종실이 맺힌 줄기는 일년생과 같이 노화되지만 관부의 유아에서 새순이 발생하여 영속성을 갖는다. 예로 질소비료가 많거나 수분공급이 충분하면 영양생장을 유도하고 그 반대의 경우는 생식생장을 하게 하는 생장상관을 보인다.

5) 생장과 분화(Growth and Differentiation)

작물의 발육(development)은 생장과 분화의 연결되는 복잡한 과정의 조합으로 건물의 축적을 가져온다. 분화과정에서는 다음의 3가지가 반드시 필요하다. ① 대사에 요구되는 이용 가능한 충분한 동화물질 ② 적합한 온도 ③ 분화과정에 필요한 적절한 효소체계이다.

이러한 요소들이 충족되면 다음의 분화 반응이 일어난다. ① 세포벽이 두터워짐 ② 세포 내용물의 축적 ③ 원형질의 하드닝(hardening)이 된다. 여기서 ③번의 원형질의 경화(hardening) 과정은 냉해나 열해, 한해 등의 자연재해로부터 원형질체 손상을 방어하는데 중요하다. 예를 들어 하드닝이 잘 된 묘목이나 이식체는 하드닝이 잘 안된 것에 비해 적응력이 더 크다.

분화과정에서 일차적인 요구는 원활한 효소체계 유지를 위한 탄수화물의 이용성이다. 생장에 요구되는 동화물질 이상의 잉여동화물질은 생장이 정지된 상태에서 계속적인 광합성 작용으로 발생한다. 수분이나 질소의 결핍과 같은 요인에 의해서 광합성 작용이 제한되는 것 이상으로 생육이 제한된다면 광합성 작용은 동화물질의 과잉을 유도하고 온도와 효소의 반응이 적절하면 과잉된 동화산물은 분화과정에 요구되는 에너지로 이용된다. 세포벽의 견고화, 2차대사산물의 집적(알칼로이드 및 전분 등) 및 원형질체의 경화는 효소와 온도 조건에 의존하여 일어난다. 이와 같은 일련의 화학적 변화는 작물의 해부나 형태적 변화를 일으킨다.

양질의 농산물을 생산하기 위해서는 생장과 분화 간의 적절한 균형을 이룰 수 있는 생산 전략이 요구된다. 생장은 필수적이지만 일반적으로 물과 질소에 의해 분화과정이 저해됨으로써 생장도 양호해지지 못한다. 높은 수준의 수분과 질소 하에서 재배된 화곡류 작물은 특별히 광도가 약한 상태에서 줄기의 세포벽이 얇아져 도복이 되는 경향이 많다. 이들 요인들의 제한 반대의 결과를 초래한다. 엽병을 식용하는 셀러리(celery)의 경우 엽병을 부드럽게 하기 위해서는 세포의 벽이 얇아지도록 적절한 양의 수분과 질소의 공급, 차광처리에 의한 동화물질의 저하와 분화과정의 저하로 원하는 품질의 셀러리 엽병을 생산할 수 있다. 세포 내 집적물의 경영전략에도 같은 원리가 이용된다. 사탕무는 질소와 수분의 공급이 과잉이면 당의 집적이 떨어진다(그림 9.9).

질소는 총건물생산은 증가시키지만 자당 즉 설탕의 비율은 토양질소함량과 부의 상관을 나타낸다. 높은 질소의 비율은 단위면적당 자당의 생산량을 저하시킨다. 야간의 저온은 당의 집적에 필수적인 요소이다. 전생장기간 동안 요구되는 동화과정 및당 저장체계가 영양생장기간 중에 양호하다면 이후에는 높은 광도와 낮은 온도, 적정수준에 약간 못미치는 수분과 질소함량이 요구된다. 양질의 멜론 생산도 저온 상태를 제외하고는 비슷한 영농전략이 요구된다.

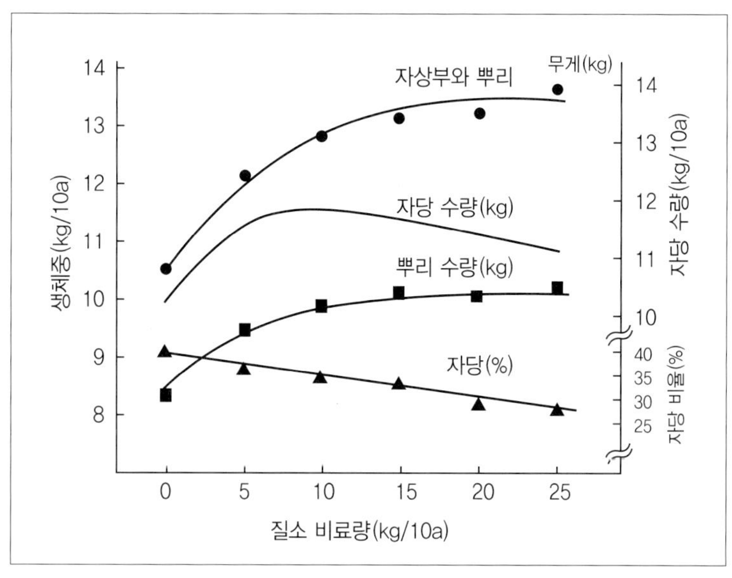

그림 9.9
미국 캘리포니아에서 실험한 질소 비료에 대한 사탕무의 반응 결과

습한 기후 지역에서 멜론의 상업적 생산은 모래토양에서 이루어지는데 이는 성숙기 동안의 토양질소와 수분함량을 조절하기에 용이하기 때문이다. 습한 지역의 점토에서 생산된 멜론은 크지만 당도(세포 내 집적물)가 떨어진다. 알팔파는 광도가 높고 기온이 서늘한 가을철에 직근 내에 전분을 축적한다. 이렇게 낮의 높은 광도와 밤의 서늘한 기후 조건은 생장 및 유지를 위한 호흡량보다 광합성량이 많으므로 동화물질의 집적이 많아진다. 결과적으로 직근 내 탄수화물 저장물의 축적과 월동을 위한 원형질의 경화가 일어난다.

6) 수확지수(Harvest Index)

수확지수는 총생산량에 대한 경제적 생산량의 비율로 동화물질의 분배율을 나타낸다. 수확지수는 분배계수와 비슷한 의미이다. 이 수확지수는 제7장 운반과 분배 부문에 자세히 기록되어 있다.다시 말하면 수확지수는 우리가 필요로 하는 경제적 생산물과 전체 작물체의 분배 비율에 대한 개념이다.

7. 생장역학(Growth Dynamics)

작물의 생장 형태는 S자형 곡선(sigmoid curve)이라고 불리는 생장특성에 의해 나타낸다. 소요되는 시간은 기관이나 생물에 따라 몇일에서 수년까지 변한다. 그러나 S자형 축적양상은 모든 생물, 기관, 조직, 심지어는 세포에 이르기까지 전형적이다. 만일 작물의 건물(dry matter), 부피, 엽면적, 간장(stem length) 또는 화학물질의 축적량 등을 시간에 대한 점으로 표시한다면 그 수치에 다른 점선은 그림 9.10에서 보는 것처럼 정상적인 S자형 곡선이 될 것이다. S자형 곡선은 생활사 동안에 생장률의 차이로 나타난다. 예를 들어 유묘 생장은 초기 1~2주 동안 건물의 축적이 적고 생장이 느리다. 그림 9.10 기간 ⓐ에서 보는 것처럼 이 기간 동안 지수적 생장률을 보이는데 이와 같은 지수적 기간은 작물의 군락(canopy) 상태에서는 비교적 짧다. 직선적 기간 ⓑ는 비교적 오랜 시간 동안 지속되는 데 건물량이 일정한 비율로 증가한다. 작물학에서는 이 직선 기간을 작물생장률로 표현한다. 생장률이 다소 떨어지는 다른 부위나 줄기의 생장률은 종자의 형성과 더불어 감소하는데 줄기 내의 저장 양분들이 종자로 재이동되기 때문이다. 그 이후에 생장률이 저하되는 시기가 그림 9.10의 기간 ⓒ이고 기간 ⓓ가 되면 생장의 증가가 급속히 떨어져 평형상태에 이르고 이 기간을 생리적 성숙기라고 한다. 예를 들어 이 기간 중 건물중의 획득과 손실이 균형을 이룬다.

생장의 양적인 측면은 효모와 같은 단세포 생물이나 개구리밥과 같은 작은 식물체의 연구에서 잘 나타난다. 환경적 요인에서 제한이 없다고 가정하면 단세포 생물이거나 개구리밥의 수는 다음 식으로 예측할 수 있다. 1세대 후 $N_1 = N_0 \times 2$로 N_1=단세포 생물이나 개구리밥의 수, N_0=초기 단세포 생물이나 개구리밥의 수이다. 따라서 그 세대의 말기에는 2개의 단세포 생물이나 개구리밥이 한 위치에 발생한다. 두 번째 세대가 지나면 그 수가 $N_2 = N_0 \times 2 \times 2$로 $N_0 \times 2^2$로 나타낼 수 있으며 세 번째 세대가 지나면 $N_3 = N_0 \times 2^3 = 8$개가 된다. n세대 이후의 수는 $Nn = N_0 \times 2^n$가 된다. 세대 간의 시간 간격이 비교적 안정적이면 위의 식을 $N = N_0e^{kt}$라고 할 수 있으며 이때 e는 자연대수이고 k는 생장률의 상수, t는 시간이 된다. 이는 생장률이 직선적일 때보다 지수적일 때를 반영하는데 이를 복리계산 방정식(compound interest equation)으로 일컫는다. 이는 세포수를 무게로 대치하여 다세포나 고등식물의 생장을 특정한 상태에서 다음식으로 응용할 수 있다. $W = W_0e^{rt}$, 여기서 W는 무게이고 r은 생장률의 상수이다.

단세포 생물이나 고등식물에서도 공간, 기질, 양분 등에서 경합이 존재한다면 지수적 생장을 나타내기 힘들다. 특히 작물 포장에서 밀식 상태이면 지수적 생장 기간의 지속은 단지 수일간만 가능하다. 소식 상태라 할지라도 내부 경합이나 다른 제한 요인이 있으면 지수적 생장률이 정지되고 직선적 생장률을 나타낸다(그림 9.10). 군락이 닫히면 생장률은 노화시기 이전까지 직선적 생장을 하며 이후에는 생장률이 0으로 둔화되거나 평형상태가 된다. 대부분 학자들은 지수적 생장기간의 중요성을 인식하지 못하는데 이는 이 기간이 유묘기간이며 짧기 때문이다. 직선적 생장기간동안의 생장률과 기간은 그림 9.10의 ⓑ와 ⓒ의 수량에서 자세히 기록되어 있다. 직선적 생장은 방정식 y=a+bx로 나타내며 a는 y축에 대한 절편, b는 단위 x당 기울기이다. 그림 9.11은 영양기관에서 생식기관으로 동화물질 재분배의 정도를 나타낸다.

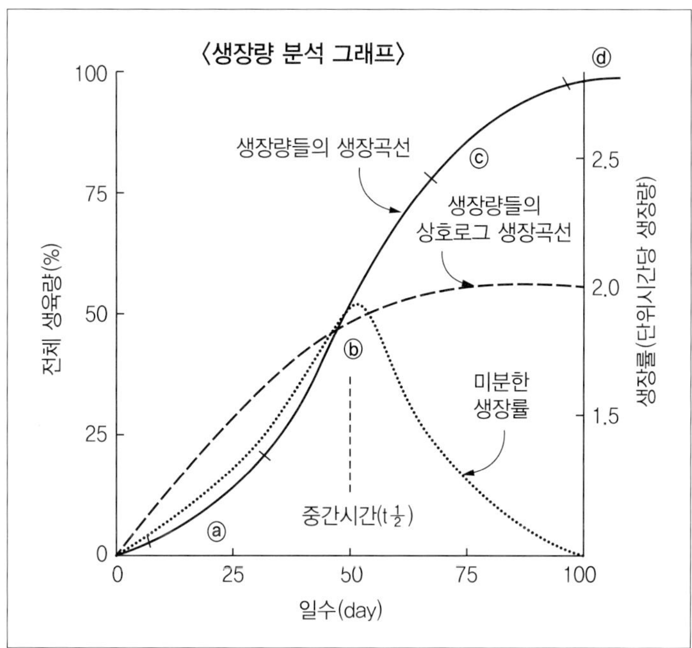

그림 9.10
시간에 따른 생육량의 변화를 나타내는 그래프. 여기서 ⓐ는 지수적 생장기 ⓑ는 직선적 생장기(dampened exponential) ⓒ는 역지수적 생장기 ⓓ는 안정된 상태로 생리적 성숙기를 나타낸다. 생장률은 50일인 중간에 최고로 도달한다.

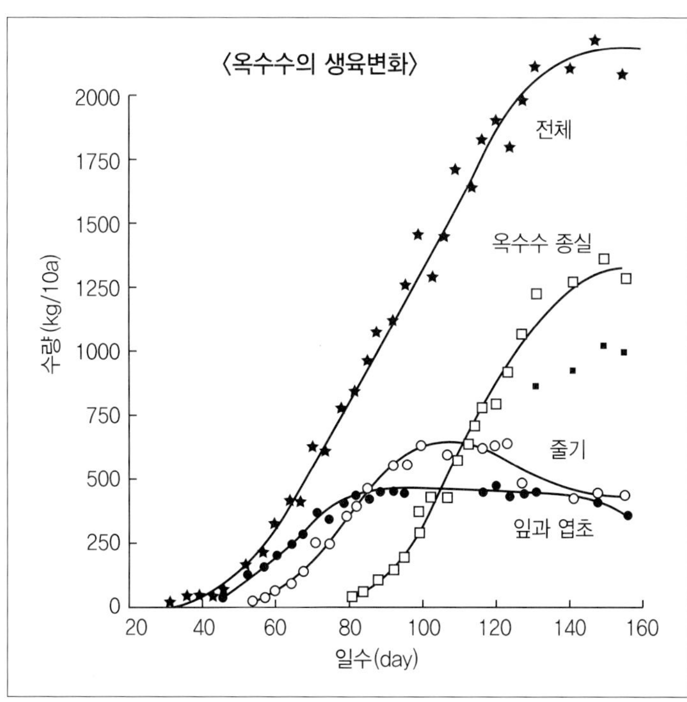

그림 9.11
재배기간에 따른 옥수수 구성 부위의 생장 변화

8. 생장분석(Growth Analysis)

생장분석을 할 때는 최종 결과물인 건물의 수량보다 중간 반응들을 잘 관찰할 필요가 있는데 이는 이들이 최종 결과물인 수량에 지대한 영향을 미칠 수 있기 때문이다. 순광합성 축적에 따른 작물의 발달과 수량에 관련된 요인들의 분석에 대한 접근은 생장분석으로 인식해 왔다. 생장분석의 기본적 개념과 생리학적 의미는 비교적 단순하나 최근 널리 이용되고 있다. 표 9.3의 생장분석을 위해서는 일정한 시간 간격으로 여러 횟수에 조사된 두가지 요인의 측정값이 필요하다. 엽면적과 건물중 등 생장분석의 다른 양적 요인들은 계산식으로 유추한다.

고전적이면서도 가장 일반적인 분석법은 비교적 많은 양의 작물 표본을 오랜 기간의 간격(1~2주)을 두고 조사하는 방법이다. 두 번째 분석법은 적은 양의 작물을 짧은 시간 간격(2~3일)으로 자주 조사하는 방법이다. 2가지 방법 모두 특정 시간 동안 양적 변화량의 평균값을 제시한다. 수확 시에 많이 이용되는 두 번째 방법은 연구자들이 시간과 재료의 이용을 용이하게 할 수 있다. 건물중은 표준 방법으로 결정된다. 엽면적(한쪽 면)은 여러 가지 방법으로 측정하는데 현재 기장 보편적인 방법으로는 광전자 장치를 이용하는 것으로 한 개의 엽이 장치를 통과하면서 직접 엽면적이 측정된다. 일반적인 다른 방법으로는 직선회귀분석이 이용된다.

y(엽면적)=a+b(ℓ×w), b=기울기, ℓ=엽의 길이, w=엽의 폭이다. 강낭콩(bush bean) 60개 엽의 회귀분석으로부터 엽면적을 결정하는 공식을 얻었다. y(엽면적)=0.624+0.583(ℓ×w). 즉 모든 대부분의 작물에서 이에 대한 등식이 보고되고 있다. 엽면적 측정의 다른 방법은 격자, 청사진, 또는 복사용지에 생체엽을 투사시키는 방법으로 면적~무게 비율로 결정하는 것이다. 실험적으로 결정된 엽중도 계산식에 의해서 엽면적으로 전환시킬 수 있다.

표 9.3에서 생장분석을 위한 다른 양적 요인도 계산할 수 있다. 생장분석은 식물개체단위 또는 군락단위에서 모두 가능하다. 개체당 작물생장의 분석은 일반적으로 초기 생육 시에 이루어지는데 다음과 같은 변화량을 측정한다. 표 9.3에서 ① 상대생장률 및 절대생장률 ② 단위엽면적률 또는 순동화율 ③ 엽면적 비율 ④ 비엽면적 ⑤ 비엽중과 상대생장(S/R ratio, T/R ratio) 일반적으로 농학자들은 작물 군락의 생장을 분석하는데, 이는 경제적 수량의 축적을 나타내기 때문이다.

군락단위로 측정되는 변량은 ① 엽면적지수 ② 엽면적 기간 ③ 총생물량과 경제적 생물량의 작물생장률 ④ 순동화율이 있다. 분배지수나 수확지수는 총생물량에 대한 경제적 생물량의 비율로 계산된다. 완전한 생장분석은 작물 개체의 분석과 군락의 분석으로 함께 평가된다. 생장분석으로 유도되는 양적변량에 대한 계산의 공식과 정보들은 표 9.3에 나타나 있다. 엽중비(leaf fraction, leaf mass ratio)는 전체 작물체중량에 대한 잎의 건물량으로 소비부분에 대한 생산부분의 비율이다. 수목은 경중비(stem mass ratio, SMR)로 나무는 높고 초목류는 낮다.

표 9.3 작물체의 무게와 엽면적에서 유도한 생장분석과 계산식

번호	생장분석명	영문명	약자	간편공식	계산식	단위
①	비엽면적	Specific leaf area	SLA	LA/Lw	$(LA_2/W_2+La_1/W_1)/2$	A/W
②	비엽중	Specific leaf weight	SLW	Lw/LA	$(Lw_2/LA_2+Lw_1/LA_1)/2$	W/A
③	상대생장률	Relative growth rate	RGR	1/W·dw/dt	$(\ln W_2-\ln W_1)/(T_2-T_1)$	W/(W×T)
④	생물량기간	Biomass duration	BMD	없음	$[(W_2+W_1)/2]\cdot(T_2-T_1)$	WT
⑤	순동화율	Net assimilation rate	NAR	1LA ·dw/dt	$(W_2-W_1)/(T_2-T_1)\cdot(\ln LA_2-\ln LA_1)/(LA_2-LA_1)$	W/(A×T)
⑥	엽면적기간	Leaf area duration (leaf area basis)	LAD	없음	$(LA_2+LA_2)(T_2-T_1)/2$	A×T
⑦	엽면적비	Leaf area ratio	LAR	LA/W	$(LA_2/W_2+LA_1/W_1)/2$	A/W
⑧	엽면적지수	Leaf area index	LAI	LA/GA	$(LA_2+LA_1)/2\cdot(1/GA)$	없음
⑨	엽면적지수 기간	Leaf area duration	LAID	없음	$(LA_1+LA_2)(T_2-T_1)/2$	T
⑩	엽중비	Leaf fraction	LF	Lw/W	$(LF_1+LF_2)/2\times 1/W$	%
⑪	작물생장률	Crop growth rate	CGR	1/GA·dw/dt	$1/GA\cdot(W_2-W_1)/(T_2-T_1)$	W(A×T)
⑫	절대생장률	Absolute growth rate	AGR	dw/dt	$(W_2-W_1)/((T_2-T_1)$	W/T

* LA=엽면적(Leaf area), Lw=엽중(Leaf weight), T=시간(Time), W=무게(Weight), A=면적(Area)
GA=지표면적(Ground area), dw/dt 시간에 대한 무게의 미분값

1) 상대생장률(Relative growth rate, RGR)

상대생장률(RGR)은 일정한 시간간격 내에서 초기무게에 대한 건물중의 증가를 나타낸다. 실제적으로 평균상대생장률은 시간 t_1과 t_2에 측정한 값으로부터 계산된다. RGR의 계산 공식은 앞에서 제시한 복리계산 방정식(compound interest equation)에서 유도되었는데 $W=W_0e^{rt}$로서 W는 특정 시기의 무게, W_0는 초기무게, e는 자연대수(2.7183), r은 상대생장률, t는 시간간격이다.

표 9.4 초기 건물중이 다른 작물을 2주간 재배했을 때 상대생장률(RGR)의 비교

연번	항목	작물체 A	작물체 B
①	초기 건물중 W_1(g)	5	10
②	2주 재배후 건물중 W_2(g)	15	30
③	2주(week)간 증체량(g)	10	20
④	건물중의 자연로그값 $\log_e W_2-\log_e W_1$	2.71−1.61=1.10	3.40−2.30=1.10
⑤	재배기간 t_2-t_1(week)	2	2
⑥	상대생장률 RGR(g/g/week)	0.55	0.55

평균 RGR은 특정시간 t_1과 t_2 동안의 일정한 생장률을 의미하는 것은 아니다. 이 값은 특정기간의 RGR의 수치에 따라 크게 변한다. 기간에 대하여 $log_e W$를 방정식으로 나타내었을 때 기울기가 RGR이 된다.

표 9.4의 예에서 두 작물 A와 B는 각각 10g과 20g이 증가하였지만 두 작물의 상대생장률(RGR)은 같다. 이는 B가 초기값부터 A보다 2배가 컸기 때문이다. 일반적으로 대부분 작물들의 상대생장률(RGR)은 발아 후 초기에는 느리지만 그 후 빠른 상승을 나타내며 이후에는 떨어진다. 작물에 따라 상대생장률(RGR)은 다르다.

2) 엽면적비(Leaf area ratio, LAR)

엽면적비(LAR)는 호흡을 하는 모든 조직 또는 작물 총 생물량과 광합성 조직 또는 엽면적 간의 비율로 나타낸다(표 9.3). 엽면적비(LAR)은 작물의 엽량을 반영하지만 평균 엽면적비(LAR)은 정확하지 않다. 해바라기와 사탕무는 소나무에 비해 높은 엽면적비(LAR)을 보이며 10배가 높은 상대생장률(RGR)을 나타낸다. 다른 요인이 동등한 상황에서 이 작물 간의 차이는 해바라기가 유묘기에 높은 경합력을 갖는다는 것을 의미한다.

3) 순동화율(Net assimilation rate, NAR)

순동화율 또는 단위엽면적 비율은 단위시간당 단위엽면적당 순동화물의 획득량을 나타낸다. 여기에는 무기원소의 획득도 포함되지만 전체 무게에서 차지하는 비율이 5% 미만이기 때문에 많은 부분은 아니다. 평균 순동화율을 계산하는 수식(표 9.3)은 엽면적과 작물 무게 간의 관계를 직선적인 것으로 가정하는데 이런 가정은 발생초기 간에는 성립하지만 후기로 갈수록 엽면적 비율이 건물중 비율보다 높아져 성립하지 않을 수 있다. 순동화율(NAR)은 시간에 따라 일정하지 않으며 작물이 노화함에 따라 감소한다. 노화는 부적당한 환경에 의해 가속화되며 단위엽표면적당 건물중의 획득량도 새로운 잎이 생장하여 차광량이 증가함으로 감소한다. 또 양분 및 다른 요인들에 대한 경합의 증가도 노화 및 크기의 증가에 따라 중요하다.

4) 엽면적지수(Leaf area index, LAI)

작물에서 수량은 태양에너지를 흡수하여 식량과 다른 이용 가능한 물질로 전환하는 실질적인 수단이다. 작물생산의 전략은 최대 광량을 획득하기 위한 것이며 이는 재식밀도와 공간배치를 통한 토양피복과 빠른 엽신장의 촉진으로 이룩된다. 노지에는 광에너지가 흡수되거나 전환될 수 없다. 엽면적지수(LAI)는 작물이 재배되는 토지의 면적에 대한 엽면적의 비율을 나타낸다. 평균 엽면적지수(LAI)의 계산법은 표 9.3에 나타내었다. 엽면적지수(LAI)가 1이란 것은 단위 토양 면적당 엽면적이 1단위(unit)를 나타내는 것이며 이론적으로 모든 광을 수광할 수 있다는 의미이다. 그러나 잎의 형태와 두께(광의 투과에 영향), 잎의 경사도 및 수직적 분포의 변화로 거의 불가능하다. 대부분 작물에서 최대의 건물량을 나타내는 엽면적지수(LAI)는 보통 3~5 정도이다. 화본과 수직 엽형을 갖는 사료작물의 경우는 적합한 환경에서 최대 수광을 위해서는 8~10의 엽면적지수(LAI)가 요구된다. 최적엽면적지수가 벼는 7, 콩은 5, 고구마는 3 정도이다. 재배목적이 경제적 수량이 아니고 총생물량인 경우(예로 사료작물)에서도 높은 엽면적지수(LAI)가 필요하다. 이러한 상황에서 종자나 괴경을 생산하는데 요구되는 에너지가 생장 및 유지에 관여하는 호흡에 필요한 에너지를 초과한다면 적절하지 못하다. 계절에 따른 엽면적지수(LAI)의 변화는 그림 9.13과 같이 종에 따라 큰 차이를 보인다. 최대 생산에 요구되는 엽면적지수(LAI)는 태양광량의 정도에 따라 달라진다.

5) 작물생장률(Crop growth rate, CGR)

단위 시간 동안 단위 토양면적에서 작물 군락의 무게 증가량을 나타내는 작물생장률(CGR)은 포장 상태에서 작물 생장 분석에 광범위하게 이용된다. 평균 작물생장률(CGR)의 계산은 표 9.3에 나와 있다. 대부분의 작물, 특히 C_3형의 작물의 평균 작물생장률(CGR)은 20g/m²/day(200kg/ha/day)이다. 옥수수와 같은 C_4형의 평균 작물생장률(CGR)은 30g/m²/day(300kg/ha/day)이다. 종실이나 괴경과 같은 경제적 수량의 작물생장률(CGR)도 매우 중요하다. 총건물량 및 경제적 건물량을 시간에 대해 점선화 했을 때 직선적 생장기간의 회귀계수(기울기=CGR)는 높은 수량을 갖는 품종들은 비슷하다.

총 작물생장률(CGR)에 대한 경제적인 작물생장률(CGR)의 비율은 중요한 양적변수로 분배계수(partitioning coefficient) 또는 분배지수라고 한다. 작물의 분배계수는 동화물질이 경제적 수량으로 전환되는 효율을 나타낸다. 땅콩에서 보면 과거의 품종들은 약 40~50%의 분배율을 갖는 반면 현재 품종들은 75%의 분배율을 갖는다. 즉 '플로런너(Florunner)' 와 같은 새로운 땅콩 품종은 '딕시러너(Dixie Runner)' 와 같은 과거의 품종들보다 분배계수가 2배나 높다.

6) 엽면적기간(Leaf area duration, LAD)

엽면적기간(LAD)은 작물의 생장기간 중 엽면적 또는 엽의 지속성과 크기를 표현한다. 이는 수광의 계절적 통합 또는 기간을 의미하며 밀에 있어서 수량과 높은 정의 상관을 보인다. 평균 엽면적기간(LAD)는 개체 작물의 엽면적으로부터 산출된다(표 9.3). 포장에서 일차적 관심은 엽면적과 지표면적의 관계 즉, 엽면적지수(LAI)이며 엽면적기간(LAD) 또한 이러한 기초에서 산출될 수 있다(표 9.3).

시간에 대하여 엽면적지수(LAI)를 점선화하면 이는 일정한 기간 동안 작물의 동화능력을 나타낸다(그림 9.12). 왓슨은 보리, 감자 밀, 사탕무에서 빠른 생장 기간 중의 순동화율(NAR)들은 종간에 매우 비슷하지만 평균 엽면적기간(LAD)는 매우 다른 것으로 나타났다(그림 9.13)고 하였다.

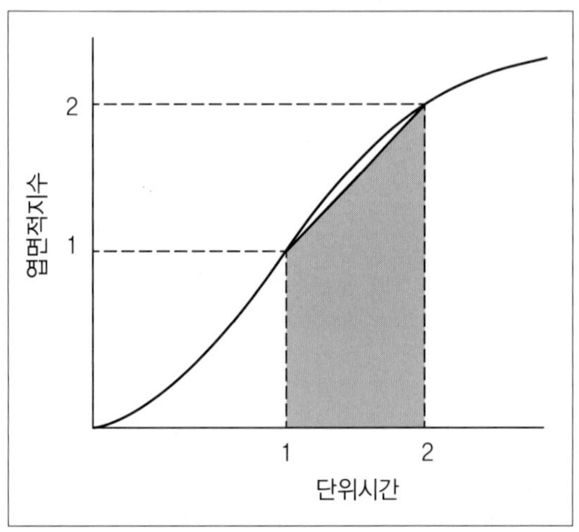

그림 9.12 시간에 대한 엽면적지수(LAI) 그래프로부터 산출한 엽면적기간(LAD, 어두운 부분)

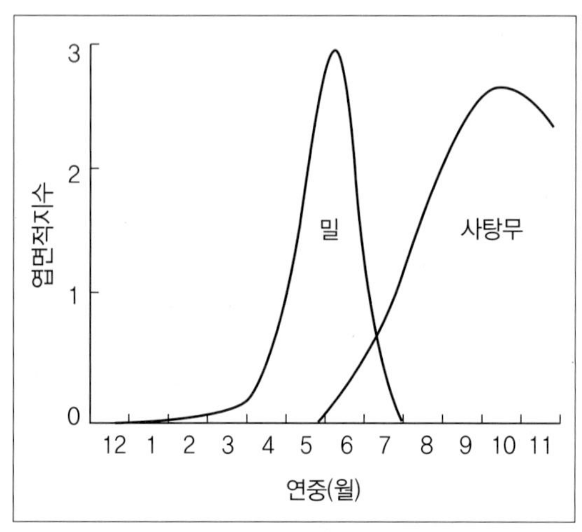

그림 9.13 포장에서 작물의 엽면적지수(LAI)의 계절적 변화

7) 생물량기간(Biomass duration, BMD)

생물량기간(BMD)은 엽면적기간(LAD)과 유사하다(표 9.3). 생물량의 생산에서 시간에 따른 엽면적은 시간에 대한 생물량의 유지를 나타내는 엽면적기간(LAD)의 설명으로 계산된다(그림 9.12). 이 양은 생체중과 온도의 함수인 시간에 따른 유지호흡 손실의 계산에 있어서 보다 덜 효율적이다. 이외의 다른 양적 변량도 작물 반응의 이해를 돕는데 이용될 수 있다. 이들은 측정변수에 대한 작물반응 모델을 세우는 데 이용된다. 그림 9.14는 토양의 인산 수준에 따른 감자의 성적으로 생장분석을 한 것이다. 적정한 인산 수준에서 생장하는 작물의 생장곡선은 S형 곡선이며 출

아 후 4단계를 거친다. ① 괴경 형성 전의 영양 생장(출아 후 28일) ② 과경 형성 시작, 비대, 그리고 빠른 엽신장(28~50일) ③ 괴경 발육과 잎의 손실 ④ 줄기의 고사(50~80일) 단계이다. 이때 인산의 공급이 적은 작물은 3단계에 이르지 못한다. 인산의 공급이 적은 작물은 인산의 공급이 많은 작물과 비교하여 엽면적지수(LAI)의 50%에 그치며 초기 생장기간에 순동화율(NAR)이 감소하고 엽면적기간(LAD)이 짧아진다(그림 9.14).

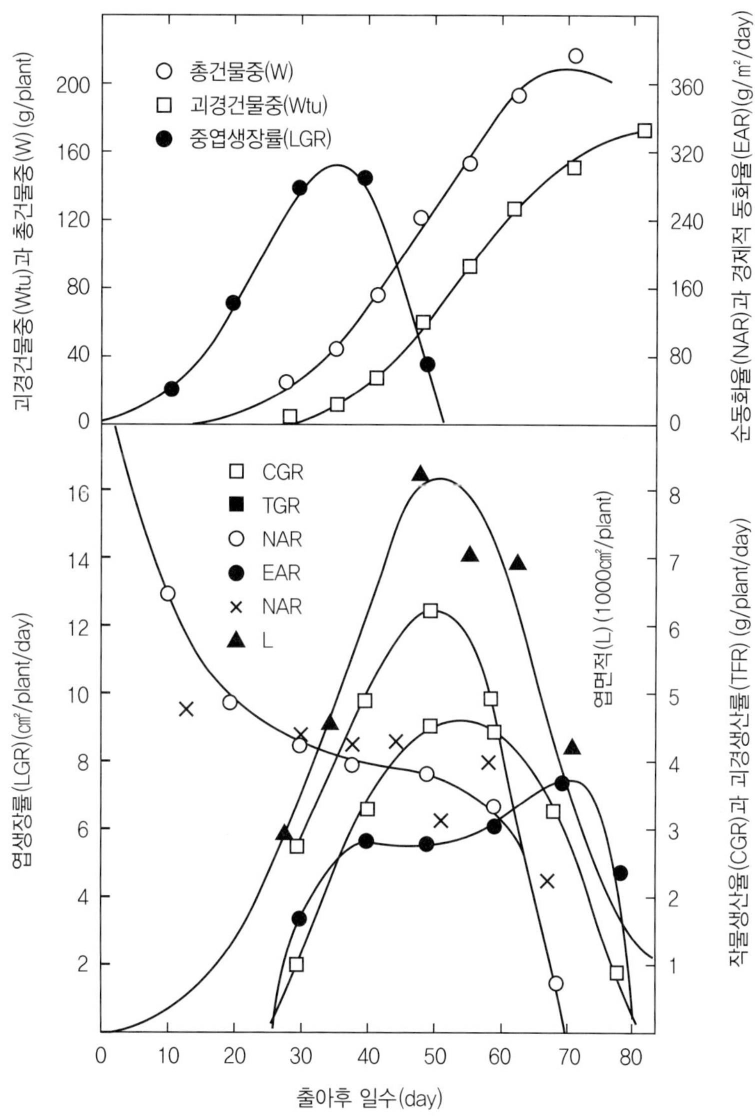

그림 9.14 높은 인산의 공급 조건에서 감자의 생장과 계절적 변화 양상. 총건물중(W), 괴경건물중(Wtu), 작물생장률(CGR), 괴경생장률(TGR), 엽면적(L), 엽생장률(LGR), 순동화율(NAR) 및 경제적 동화율(EAR)을 나타낸다.

요약(Summary)

생장과 발육은 계속적인 반응과정으로 각각의 종에 따라 다양한 형태적 특성을 나타낸다. 이 두 과정은 유전과 환경에 의해 조절되며 그 영향 정도는 특정 식물의 특성에 따라 다르다. 생장은 세포분열과 세포 신장으로 정의되지만 넓은 의미에서는 분화과정을 포함한 건물중의 획득도 포함된다. 생장은 유전적인 소인이 같다고 하면 기후나 토양특성(edaphic) 그리고 생물적 요소 등 많은 내부 생장 요인들의 결과물이다.

생장요인의 제한은 생장과 발육의 감소를 낳는다. 제한 효과에 관련된 여러 이론이 1862년 리비히(Liebig)의 최소율의 법칙을 효시로 보고 있다. 생장점의 위치는 ① 정단분열조직(apical meristem) ② 측생분열조직(vascular cambium) ③ 절간분열조직(intercalary meristem)이 있다. 정단생장은 길이를, 측생생장은 폭을 확장시킨다. 줄기와 잎의 길이는 절간분열조직에서 일어나는데 여기에는 생장호르몬을 요구하며 세포수와 세포의 활성이 낮다. 정단분열조직 또는 밀집된 분열조직은 세포의 수가 많고 활성이 크며 자체에서 필요한 호르몬을 생산한다. 분열조직은 생장과 관련하여 중요한 역할을 하는데 상관에는 두 부위(예로 지상부와 지하부 등) 간의 관계를 나타내는 상대생장이 포함된다. 한 작물체 내에서 각 부위 간에 생장의 관계는 일반적으로 높으며 높은 상대 생장계수를 갖는다고 할 수 있다. 지상부와 지하부 간의 생대생장 계수인 S/R률은 토양환경, 특히 수분과 질소의 함량에 따라 크게 달라진다. 생물량에서 종실과 괴근과 같은 수확되는 부위 간의 계수인 수확지수는 비교적 안정적이다. 생장은 특히 수분과 질소의 영향을 많이 받는다.

분화는 ① 세포벽의 견고화 ② 세포물질의 집적 ③ 원형질체의 하드닝(경화)을 수반하는데 생장에 요구되는 광합성물질을 초과한 잉여광합성 물질이 존재할 때 적당한 온도와 효소가 적절히 효소가 갖추어지면 일어난다. 수분과 질소의 조절은 세포벽의 견고화, 사탕무에서 당의 축적 및 원형질체의 경화에 필수적이다. S자형 생장곡선은 전체 작물체와 엽면적을 포함한 작물체 각 구성 부위의 시간에 따른 생장 양상을 대표한다. 작물의 생장률을 나타내는 곡선의 직선적 기간은 작물의 수량에서 아주 중요하다. 생장률은 일반적으로 20(kg/10a/day)이다. 30(kg/10a/day) 또는 그 이상의 생장률은 옥수수와 같은 C_4 형 작물에서 나타난다. 생장분석의 다른 방법에는 엽면적지수(LAI), 상대생장률(RGR) 및 엽면적비(LAR)가 포함된다. 작물생장률(CGR)을 포함한 모든 변량은 일정기간 간격으로 엽면적과 건물중의 측정치로부터 산출된다. 생장분석은 작물의 생장기간 동안 수량에 영향을 주는 생장요인을 이해하는 데 이용된다.

제10장 종자와 발아 (Seed and Germination)

종자는 항상 인간의 생존에 필수적 역할을 해오고 있다. 선사시대에 인간은 종자를 식량과 번식을 위해 모으고 저장하였다. 고대문명의 시작은 곡류의 재배와 연결된다. 밀과 보리는 중동, 벼는 동남아지역, 옥수수는 중남미에서 시작되었다. 고대 로마에서는 곡물의 여신인 세레스(Ceres)를 숭배하였고 옥수수는 고대 미국 종교의식에서 매우 중요한 역할을 담당하였다. 현재는 종자가 식량은 물론 음료와 약품의 주요 원료이다. 종자는 양친과 자손 간의 생명의 연결이며 번식의 1차적 수단이다. 종자는 매우 열악한 환경인 추위, 화재, 홍수, 동물의 먹이 등으로부터 생명을 유지시켜 왔고 환경조건이 양호해지면 발아와 생장을 한다.

생물학적으로 종자는 성숙되고 수정된 배주(fertilized ovule)이다. 농업적으로 그 정의는 다소 포괄적이다. 화본과를 포함한 많은 작물의 종자는 건조상태의 단배주 과실(single ovule fruit)로서 비열개성(nondehiscent)이다. 일부 다른 종의 종자는 건조된 비열개과이지만 2개의 종자 과실로 되어있다. 사탕무의 종자는 건조된 과실들이 모여있는 형태로 각각은 하나의 배주이다. 야생종은 물론 많은 작물 종간의 종자의 변이는 모양, 크기, 색깔 등 물리적, 화학적 그리고 생리적으로 대단히 다양하고 크다.

1. 종자발달(Seed Development)

화분(웅성배우체)의 형성과정인 소포자형성(microsporogenesis)과 배낭(자성배우체)의 형성과정인 대포자형성(megagametogenesis)이 종자의 기원이 된다(그림 10.1). 약의 소포자 모세포와 배낭의 대포자 모세포는 첫 번째 생식세포분열을 하여 반수체인 딸세포를 생산하고 계속 체세포분열(mitosis)을 거듭하여 많은 반수체 배우자를 만든다. 최종적으로는 2개의 핵을 가진 화분세포 또는 화분립이 되고 2개의 핵을 가진 배낭을 형성한다. 이어서 배낭 내의 핵은 분열하여 난세포를 형성하고 다른 핵은 다시 분열하여 배낭의 극핵을 형성한다.

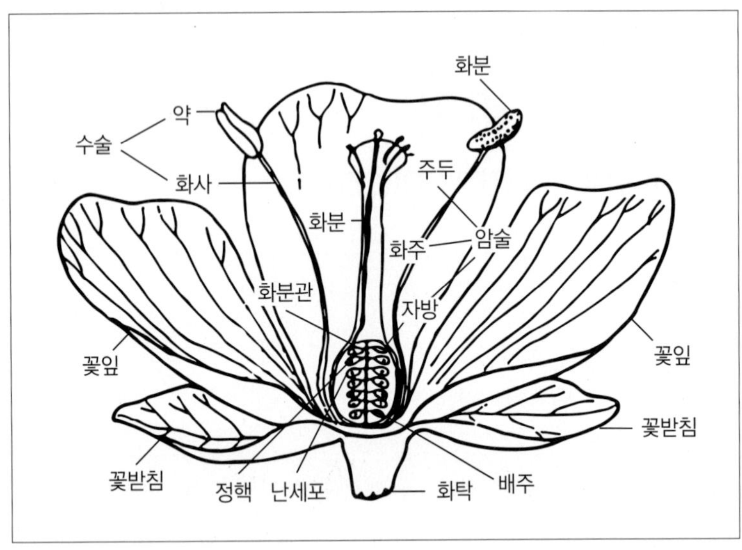

그림 10.1
전형적인 화기의 형태와 명칭. 꽃잎, 꽃받침, 암술, 수술을 모두 가지고 있으면 완전화라고 한다.

수정할 때 2개의 화분핵 중의 하나는 배낭의 난세포와 결합하여 2배체 염색체(2n)를 가진 배를 형성한다. 두 번째 정핵은 극핵과 결합하여 배유(3n)를 형성한다. 외떡잎식물에서 배유는 종자 내에서 구별되는 주요 구조를 형성한다(그림 10.2D). 단자엽의 배유 조직은 미분화된 유세포군으로서 단백질이 풍부한 살아있는 얇은 외막의 세포층인 호분층으로 둘러싸여 있다. 밀과 같은 화분과의 종자는 영과(caryopsis)로 그 구조는 그림 10.3에 자세히 묘사되어 있다.

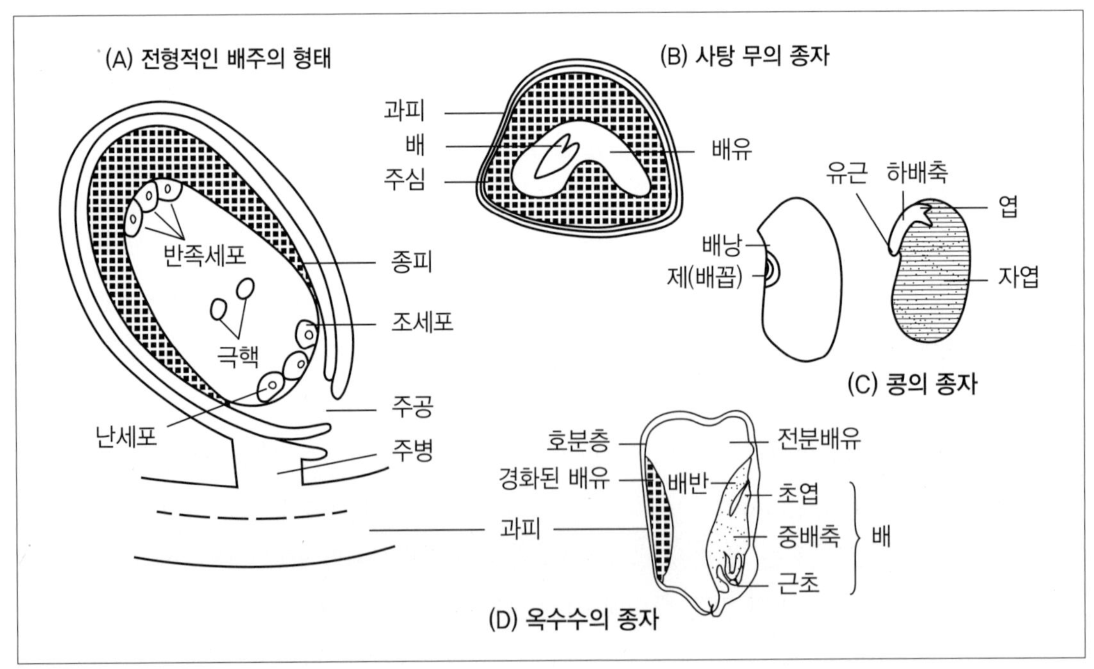

그림 10.2 사탕무, 옥수수, 콩의 종자형태와 일반적인 배주 모습

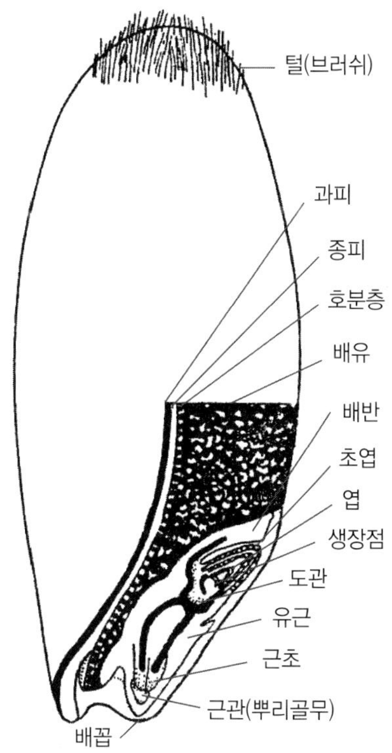

그림 10.3 밀 종자의 형태와 명칭

씽떡잎식물에서 배유조식은 일부 또는 전체가 자엽 또는 종자엽이라 불리는 배에 흡수된다. 종피는 원래의 모 조직인 자방의 외주피로부터 유도된다. 배꼽(hilum)는 도관 연결조직인 주병(funicular)의 흔적이다. 발아에 필수적인 용존산소와 수분은 이 경로를 통하여 흡수된다. 용존산소와 수분은 주공을 통해서도 흡수되는데 주공은 화분관이 주피로 유입될 때 생기는 미세흔적이다. 종종 배꼽(제)은 수분손실을 방지하는 마개 역할을 한다. 성숙종자는 생존을 위하여 생리생태학적으로 중요한 4개의 구성요소를 갖는다. ① 종피(보호막) ② 배(포자체) ③ 저장양분(새로운 식물이 독립영양체가 될 때까지 영양공급) ④ 호르몬 및 효소(발아 시에 유묘 조직의 합성과 저장양분의 분해에 필요함)이다. 종자의 이러한 형태와 구조는 환경이 열악한 조건에서도 견딜 수 있도록 타발휴면이라는 보호기작을 가지고 있다. 휴면상태의 종자가 불활성 상태로 살아있으면서 발아에 적절한 환경이 주어질 때까지 이 상태가 유지된다. 휴면기간 동안 종자 대사율이나 수분함량은 식물체 내에서 일어나는 것의 1/10 이하이다.

1) 개체발생(Ontogeny)

화곡류를 대표하는 밀 종실에서 수정 후 8~10일까지의 건물중은 종피(배주벽과 과피 또는 자방벽)와 작은 배의 무게로 구성되어 있음을 알 수 있다(그림 10.4). 그 후 2주 동안 건물중은 직선적으로 증가하는데 이는 배유 내의 신속한 전분의 집적 때문이다. 종실축적 기간의 후기에는 평형상태(생리적 성숙기)에 도달하며 이 시기에 생장의 증가는 대사에 의한 손실과 균형을 이룬다. 작물의 종실발육 기간은 20~40일까지로 다양한데 이는 유전과 환경(특히 온도)에 따라 달라진다.

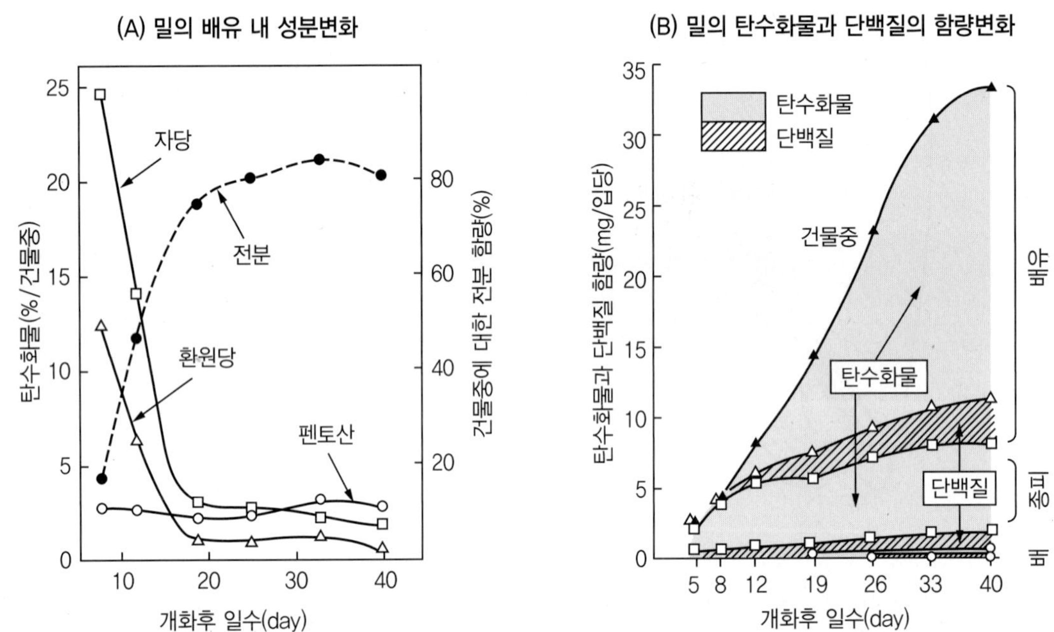

그림 10.4 왼쪽 (A) 그래프는 개화 후 밀 종자의 배유 내 성분 중에서 펜토산(○), 자당(□), 환원당(△) 및 전분(●)의 함량변화이고 오른쪽 (B) 그래프는 밀 종자의 성숙기 동안 탄수화물과 단백질 함량의 변화를 나타낸다.

2) 배(Embryo)

종자의 배는 하배축(hypocotyl) 등을 가진 배축(embryo axis)으로 구성되어 있다. 선단의 한쪽은 1개 또는 2개의 자엽이 있고 다른 선단에는 유근이 있다(그림 10.2). 콩과(lequme) 종자의 자엽은 배유를 흡수하여 종자 전체 무게의 90%를 차지한다. 화본과(grass)의 종자에는 콩과와 비교하여 작은 자엽(배반)이 있는데 이는 종자가 발아할 때 배유조직으로부터 가수 분해물질을 흡수하는 기능을 한다. 일부 쌍자엽(dicot) 종자는 자엽과 배유 저장조직을 모두 갖고 있다.

3) 양분의 저장 구조(Food Storage Structure)

종자에서 양분과 무기원소의 저장구조는 종에 따라 매우 다르다(표 10.1). 그림 10.2는 종자를 주요 저장형태에 따라 3가지로 분류한 것이다. 즉 ① 배(embryo, 화본과 작물과 피마자, 토마토, 메밀 등) ② 배유(endosperm, 콩과 작물과 상추 등) ③ 주심(nucellus)에서 생성된 외배유(perisperm, 비트(beet), 유카, 커피 등) 저장이다. 위의 구조 중 어느 1가지가 종자의 주요형태가 되지만 독립적이지는 못하다. 예를 들어 옥수수에서 탄수화물과 단백질은 주로 배유에 저장되지만 지방은 배에 저장된다. 배유의 바깥층인 호분층은 밀도가 높고 살아있으며 단백질이 함량이 많은 등 화학적, 생리학적으로 중요하다(그림 10.3).

표 10.1 작물의 종자에서 저장양분의 형태와 구조물의 평균 조성(건물중 기준, %)

번호	작물명	영명(학명)	단백질	지방	탄수화물*	주요 저장조직
①	귀리	Oats(*Avena sativa*)	13	8	66(전분)	배유
②	기름야자	Oil palm(*Elaeis guineensis*)	9	49	28	배유
③	옥수수	Maize(*Zea mays*)	12	9	70(전분)	배유
④	대추야자	Date Palm(*Phoenix dactylifera*)	6	9	58(갈락토 만난)	배유
⑤	땅콩	Peanut(*Arachis hypogaea*)	30	48	14(전분)	자엽
⑥	목화	Cotton(*Gossypium* spp)	39	33	15	자엽
⑦	밀	Wheat(*Triticum aestivilm*)	12	2	75(전분)	배유
⑧	보리	Barley(*Hordeum vulgare*)	12	3	76(전분)	배유
⑨	붉은 완두	Field pea(*Pisum arvense*)	24	6	56(전분)	자엽
⑩	브라질넛	Brazil nut(*Bertholletia excelsa*)	18	68	6	하배축(유근)
⑪	소나무	Pine(*Pinus pinea*)	35	48	6	대배우자
⑫	수박	Watermelon(*Citrullis vulgaris*)	38	48	5	자엽
⑬	아마	Flax(*Linum usitatissimum*)	24	36	24(전분)	자엽
⑭	옥수수	Maize(*Zea mays*)	11	5	75(전분)	배유
⑮	완두	Garden pea(*Pisum sativum*)	25	6	52(전분)	자엽
⑯	유채	Rape(*Brassica napus*)	21	48	19(전분)	자엽
⑰	잠두	Broad bean(*Vicia faba*)	23	1	56(전분)	자엽
⑱	참나무	Oak(Quercus robur)	3	3	47	자엽
⑲	콩	Soybean(*Glycine max*)	37	17	26(전분)	자엽
⑳	피마자	Castor bean(*Ricinus communis*)	18	64	0(미량)	배유
㉑	해바라기	Sunflower(Helianthus annus)	25	50	2	자엽
㉒	호밀	Rye(*Secale cereale*)	12	2	76(전분)	배유

* 출처: Bewley and Black 1978.

* 질소가 없는 추출물은 지방, 섬유질(셀룰로스 포함), 회분(무기 양분)이 아닌 것으로 전분이나 유리당, 덱스트린 등으로 구성된 화합물의 비율이다.

4) 특이 종자(Unique Seeds)

화본과 작물이나 일부 콩과 작물들은 진정한 종자를 생산하지 않는다. 화본과에서 단일배주의 과실이 성숙하고 건조되어 비열개성 영과(caryopsis) 또는 종자(seed)를 생산한다. 과피(pericarp, 자방벽)와 종피(배주벽)는 융합하여 종피를 형성한다(그림 10.3). 그러나 해바라기, 수영(dock), 민들레 등은 과피(pericarp)나 종피(testa)가 융합되지 않고 건조된 비열개과실(nondehiscent)인 수과(achene)가 된다. 성숙된 배주 또는 진정종자는 과피에 느슨하게 붙어있어 분리가 잘 되는데 이는 종자를 먹는 새에 의해서 잘 분류된다. 단근과 도꼬마리의 종자는 분리과(schizocarp)로 건조된 비열개과이지만 2개의 성숙된 배주를 가지고 있다. 사탕무의 종자는 건조 응집된 과실로서 각 꽃들의 과피가 하부로 융합되면서 형성된다.

현재 육성되는 사탕무 품종은 수과(achene)와 비슷한 단배(monogerm) 종자로 되어 있다. 화본과와 감귤류의 일부 종들은 2배체의 모조직에서 수정없이 직접 종자를 생산하는데 이를 무배생식(apomixis)이라고 한다. 무배생식에 의한 종자생산은 영양번식으로 생산되며 줄기와 뿌리 조직으로부터의 영양번식체와 같은 진정한 육종이다. 대부분의 켄터키블루그라스(*Poa pratensis*) 품종들은 무배생식(apomixis)으로 종자를 생산한다.

2. 종자의 화학조성(Chemical Composition)

번식능력 외에도 종자는 식량과 사료, 다양한 공산품 등의 재료로서 매우 중요하다. 종자 내에는 단백질, 아미노산 및 다른 물질들이 저장되어 있는데 이들은 영양기관 내에 물질들과 화학적으로 구분되어 있다. 종자에는 일반적으로 지방이 많이 함유된 반면 영양기관에는 지방함량이 낮다. 종자는 저장된 물질의 주요형태에 따라 탄수화물 종자와 지방 종자로 분류할 수 있다. 다른 부류로는 단백질이 풍부한 종자도 있다(표 10.1). 종자의 화학적 조성을 변화시키는 것은 작물 육종의 주요목표가 되고 있으나 옥수수의 경우 65세대가 지나야 변할 수 있다는 보고가 있을 정도로 쉽지는 않다. 선발 초기에는 지방과 단백질이 각각 4.77%와 10.9%이었으나 65세대 후에는 지방함량이 1.0~15.2%, 단백질은 4.97~19.6%의 변이를 나타냈다. 그러나 최근에는 분자육종과 정밀육종의 활성화로 효율이 많이 높아지고 있다. 콩 종자의 화학적 조성 내용은 표 10.2에 나타내었었다. 이러한 종자의 화학적 조성은 육종에 의해서 조절이 가능하지만 환경에 의해서도 영향을 받는다. 관개나 시비법을 달리하는 등의 재배방법은 단백질이나 지방함량을 포함한 화학조성 변화의 상당한 영향을 미친다.

표 10.2 콩 단백질의 아미노산 조성

번호	필수 아미노산	영명	구성비율(%)	비필수 아미노산	영명	구성비율(%)
①	리신	Lysine	6.9	글루탐산	Glutamic acid	21.0
②	루신	Leucine	7.7	글리신	Glycine	4.5
③	메티오닌	Methionine	1.6	세린	Serine	5.6
④	발린	Valine	5.4	시스틴	Cystine	1.6
⑤	이소루신	Isoleucine	5.1	아르기닌	Arginine	8.4
⑥	트레오닌	Threonine	4.3	아스파르트산	Aspartic acid	12.0
⑦	트립토판	Tryptophan	1.3	알라닌	Alanine	4.5
⑧	페닐알라닌	Phenylalanine	5.0	암모니아	Ammonia	2.1
⑨	히스티딘	Histidine	2.6	티로신	Tyrosine	3.9
*콩단백질은 질소 16g당 g/아미노산.				프롤린	Proline	6.3

1) 탄수화물(Carbohydrates)

탄수화물과 지방은 대부분의 재배종이나 야생종에서 종자의 주요 에너지원이다. 화곡류나 두류의 종자는 전분 형태로 탄수화물을 저장한다. 그리고 대부분의 두류는 단백질 함량이 높다. 판과 같은 두류는 당이 많이 함유되어 있기도 하지만 대두나 땅콩, 해바라기, 유채, 목화 등의 종자에는 지방과 단백질의 함량이 높다.

(1) 전분(Starch)

전분은 종자에 저장되는 탄수화물 또는 다당류의 가장 일반적인 형태이다. 여기서 2가지 글루코산(glucosan, 셀룰로스, 녹말, 글리코겐 등과 같이 축적된 글루코스 단위로 구성된 다당류)은 전분의 2가지 형태인 아밀로스(amylose)와 아밀로펙틴(amylopectin)이 일반적인 형태이다. 첫 번째 형태인 아밀로스는 글루코스의 분자가 α, 1-4결합에 의한 긴 체인의 중합체로 300~400개의 글루코스 분자를 함유한 직선 체인이다(그림 10.5). 한편 아밀로펙틴(amylopectin)은 주 체인에 β, 1-6 결합의 글루코스 곁사슬을 갖는다. 아밀로펙틴은 수천 개의 글루코스 분자로 구성된다. 이는 아밀로스보다 분자량이 높으며 화학적 물리적 특성이 다르다. 전분의 요오드 실험에서 아밀로펙틴은 붉은색으로 아밀로스는 푸른색으로 염색된다. 아밀로펙틴(amylopectin)은 수분을 함유했을 때 더 높은 점성을 나타내 찹쌀을 구성하고 찰성 옥수수는 전분에서 생산된 아밀로펙틴 타피오카(tapioca, 열대작물인 카사바의 뿌리에서 채취한 식용녹말)는 겔화 정도가 더욱 커서 특정 식품의 제조에 적합하다.

아밀로스는 α-아밀라아제에 의해서 완전히 분해되지만 아밀로펙틴은 약 50%만 분해된다. 이들 2형태 중에서 대부분의 전분종자에는 아밀로펙틴의 함량이 높다. 옥수수의 마치종(dent corn)에서, 표준품종에는 아밀로펙틴이 약 75%, 아밀로스가 약 28% 함유되어 있다. 100% 아밀로펙틴이거나 100% 아밀로스를 함유한 옥수수 품종들이 선발되고 있으며 상업적으로 이용되고 있다. 단옥수수의 배유 전분은 당 함량이 높다. 글루코산 전분의 가수분해는 글루코스(단당류)와 말토스(maltose, 2당류)를 생산하는데 이들은 가용성이며 뿌리와 줄기로의 전류형태인 자당으로의 전환이 용이하다. 이눌린(lnulin)은 과당(fructose, 프룩토스) 분자로 구성되어 있으며 비교적 분자량이 적다. 이것은 보리나 다른 온대 화곡류에서 주요 저장형태이다. 글루코산(glucosan) 전분은 불용성이지만 일부가 물에 녹는다. 멥쌀은 아밀로스가 20%, 아밀로펙틴이 80% 정도이나 찹쌀은 아밀로그가 거의 없고 아밀로펙틴이 98%로 구성되어 있다.

(2) 기타 다당류(Other Polysaccharides)

펜토산(Pentosans)은 5탄당으로 일부 종자의 종피에서 발견된다. 펜토산은 수분 흡수력이 매우 강하여 파종을 할 때 잘 적응한다. 일부 콩과 작물의 종자에 있는 만노스(mannose)의 긴 사슬을 가진 만난(mannan)이 풍부하게 존재한다. 알팔파의 종자에는 갈락토만난(galactomannan)이 많은데 이는 만난에 6탄당인 갈락토스가 곁사슬로 구성되어 있다. 글루코스와 아라비노스(arabinose)도 또한 만난의 곁사슬 구성원으로 발견된다. 헤미셀룰로스(hemicellulose)는 화학적으로 정의를 내리기 힘들지만 종실에서 중요한 저장양분의 또 다른 한 형태이다. 만노스, 자일로스, 갈락토스의 중합체인 만난(mannan), 자일란(xylan), 갈락탄(galactan)은 모두 헤미셀

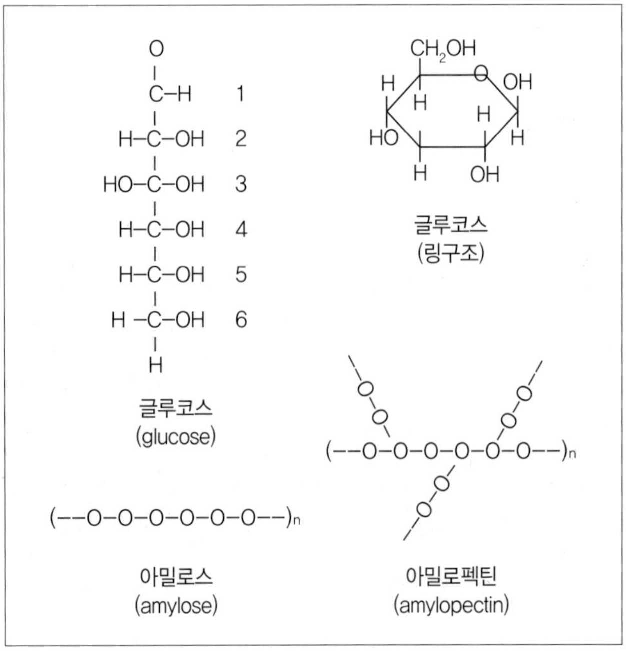

그림 10.5
글루코스 당, 직선형 글루코스, 고리형(자연상태) 글루코스 그리고 2가지 글루코산(glucosan) 전분으로 아밀로스와 아밀로펙틴이 있다. 옥수수는 약 25%의 아밀로스와 75%의 아밀로펙틴으로 이루어져 있다. 쌀의 경우 멥쌀은 아밀로스가 20%, 아밀로펙틴이 80% 정도이다. 찹쌀은 거의 아밀로펙틴으로만 구성되어 있다.

룰로스로 분류된다. 구아검(*Cyanopsis tetragonolobus*)의 종자에는 20% 이상의 갈락토만난(galactomannan)이 함유되어 있는데 약제 원료로 이용되며 작물의 공업적 이용에 기본이 된다.

점질물(mucilage)은 폴리유로마이드(polyuromide)와 갈락토마이드(galactomide)로 구성된 복잡한 탄수화물의 한 물질이다. 점질물(mucilage)은 양분의 저장원으로서 기능도 갖지만 습할 때 접착하는 성질이 있어 종피를 피복하는 기능도 갖고 있다. 이러한 점성의 특성은 동물에 의한 종자의 퍼뜨림(분산)을 가능하게 한다. 이는 종자산업에 있어서 소립의 콩과 종자로부터 잡초종자를 제거하는데 이용되기도 한다. 예를 들면 알팔파 종자로부터 질경이 종자의 제거에 활용된다. 습한 상태에서 잡초종자는 점성을 띠어 벨벳 로울러에 부착되지만 알팔파 종자는 지나간다. 갈락투로닉산의 긴 사슬구조를 가진 탄수화물 팩틴은 종자의 세포벽 사이에 연결되어 있다. 펙틴은 기본적으로 펙틴산과 프로펙틴, 그리고 칼슘과 마그네슘염으로 구성되어 있다. 종자에서 발견되는 또 다른 종류의 탄수화물은 스타키오스(4당류), 라피노스(3당류), 슈크로스(2당류, 자당) 및 글루코스와 같은 단당류(환원당) 등이 있다. 당료작물은 뿌리나 줄기에 자당(슈크로스)가 집적되어 있지만 종자에는 없다. 콩 종실에는 상당량의 환원당(단당류)이 함유되어 있다.

2) 지질(Lipid)

지질은 물에 불용성이며 에테르, 벤젠, 클로로포름 용액에 녹는 물질이다. 지질의 일반적 용어는 지방(fat)과 오일(oil)이다. 오일은 상온에서 액상이지만 지방과 왁스(wax)는 고체상태이다. 수많은 종에서 주요 저장에너지원이 되는 지질은 종종 전분종자에서도 발견된다. 일반적으로 지질은 트리하이드릭 알코올인 글리세롤(glycerol)과 3개의 지방산이 에스테르 결합을 한 형태이다.

$$\begin{array}{l} H_2-C-O\sim R_1 \\ \quad\ | \\ H-C-O\sim R_2 \\ \quad\ | \\ H_2-C-O\sim R_3 \end{array}$$

여기서 R_1, R_2, R_3는 지방산이다. 탄소원자간의 이중결합과 단일결합의 비율인 불포화도(degree of unsaturation)와 결합된 탄소의 숫자는 지방산의 종류 및 특성을 결정한다. 올레산(oleic), 리놀레산(linoleic)과 리놀렌산(linolenic acid, 18개의 탄소 고리에 각각 1개, 2개, 3개의 이중결합을 가짐)은 지방 종자의 주요 지방산이다. 작물의 종에 따라 주요 지방산이 다른데 예로 콩에는 리놀레익이 주요 지방산이다(표 10.3). 어떤 작물에는 특정 지방산 성분이 함유되어 있는데 갯배추라고 하는 크람베(crambe)에는 에루크산(erucicacid, 유채에서 독성을 나타내었음)이, 아주까리(피마자)에는 레스퀴롤릭산(lesquerolic acid)이 함유되어 있다(표 10.4).

표 10.3 콩기름의 지방산 조성

번호	지방산	전체 비율(%)
①	리놀레산(Linoleic acid)	53.2
②	리놀렌산(Linolenic acid)	7.8
③	미리스트산(Myristic acid)	0.1
④	베헨산(Behenic acid)	0.1
⑤	스테아르산(Stearic acid)	4.0
⑥	아라키드산(Arachidic acid)	0.3
⑦	올레산(Oleic acid)	23.4
⑧	팔미톨레산(Palmitoleic acid)	0.1
⑨	팔미트산(Palmitic acid)	11.0

* 출처: Orthoefer 1978.

표 10.4 작물의 종자에 존재하는 지방산

번호	지방산명	탄소 : 불포화결합 수	식물종
①	에루크산(Erucic acid)	C_{22}: 1	유채, 갯배추(crambe)
②	라우릭산(Laurie acid)	C_{12}: 0	코코넛, 팜
③	레스퀘롤릭산(Lesquerolic acid)	C_{18}: 2+1 하이드록시 그룹	아주까리(피마자)
④	리놀레산(Linoleic acid)	C_{18}: 2	콩
⑤	리놀렌산(Linolenic acid)	C_{18}: 3	아마
⑥	베놀릭산(Vernolic acid)	C_{18}: 1+1 에폭시 그룹	베르노니아(vernonia)
⑦	스테아르산(Stearic acid)	C_{18}: 0	후바드 호박(hubbard squash)
⑧	올레산(Oleic acid)	C_{18}: 1	…
⑨	카프릭산(Capric acid)	C_{10}: 0	…
⑩	카프릴릭산(Caprilic acid)	C_{18}: 0	…
⑪	팔미트산(Palmitic acid)	C_{16}: 0	목화

높은 오일함량으로 선발된 종자에는 단백질의 함량도 높은 경향이 있다. 한가지 목적을 위한 선발이 다른 요인을 달성하는 것과 같다. 팜유(palm oil)는 팜의 종실보다는 생과실에서 추출된다. 콩과 다르게 팜유 공업은 부산물로서 고단백질 깻묵을 생산하지 못한다. 단위면적당 콩기름의 생산은 팜유의 생산량에 미치지 못하지만 부산물인 깻묵의 가치 때문에 시장성에서 우위를 차지하고 있다. 일가 알코올(monohydric alcohol)과 지방산이 에스테르결합이 된 왁스(wax)는 특히 종피에서 발견될 수 있으며 상온에서는 고체이다.

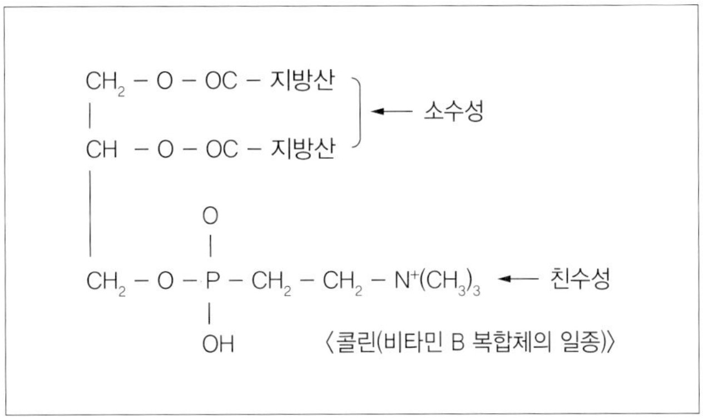

$CH_2 - O - OC -$ 지방산 ┐
| ├ ← 소수성
$CH \;\; - O - OC -$ 지방산 ┘
|
| O
| |
$CH_2 - O - P - CH_2 - CH_2 - N^{+}(CH_3)_3$ ← 친수성
|
OH 〈콜린(비타민 B 복합체의 일종)〉

그림 10.6
레시틴 인지질(lecithin phospholipid)

인지질은 생체막의 신진대사 및 저장원으로 매우 중요한데 유묘생산 시 에너지원과 인산원으로 기능을 한다. 인지질의 구조는 지방산과 콜린의 질소 및 인산기와 알코올류가 에스터(ester) 결합을 하고 있다(그림 10.6). 자연상태에서 많이 존재하는 인지질은 레시틴으로 상업적 이용에서 큰 중요성을 띠고 있다. 공업적으로 이용되는 레시틴의 일반명은 소이빈 레시틴(Soybean lecithin)으로 3개의 인지질로 구성되어 있는데 레시틴, 세팔린, 피틴이다. 세팔린은 콩 및 다른 유료작물에서 중요하다. 레시틴과 세팔린의 주요 지방산은 리놀레익, 올레익, 팔미틱 및 헥사데카노익산이다.

발아를 할때지질은 지방산과 글리세롤로 분해된다. 이들의 대사물은 이동하여 배축으로 전류되고 크렙스회로나 오탄당인산경로(PPP)의 과정을 거쳐 더욱 산화된다. 비누화반응(saponification)이라고 불리는 과정에 의한 지방의 가수분해에는 강알칼리성 물질이 상업적으로 이용되고 있다. 오일(oil)에서 지방(fat)으로의 전환은 수소화(hydrogenation) 과정을 거쳐 일어나는데 지방산의 2중 결합에 수소를 첨가시켜 포화시키는 것으로 상업적으로 이용되고 있다.

3) 단백질(Protein)

유묘 생산을 위한 종자에서 질소의 저장원인 단백질은 펩티드 결합으로 연결된 아미노산의 중합체이다(그림 10.7). 단백질을 형성하는 20개 정도의 아미노산이 자연상태에 존재하는데 이들 20개의 정도의 아미노산이 서열을 달리하여 다른 단백질 분자를 형성하고 있다. 따라서 단백질 분자는 매우 크며 복잡하고 분자량이 높다(40,000 또는 그 이상). 이 단백질은 화학적으로도 무한정 변화될 수 있다. 생물계에서 아미노산의 서열은 폴리뉴클레오티드(polynucleotide) DNA와 RNA에 암호화되어 있다. 단백질의 분자는 산소분자(O_2)와 수소(H) 사이의 약한 결합력을 갖는 수소결합과 술프하이드릴(sulfhydryl) 결합에 의해 그 복잡성이 증가한다. 생리학적으로 단백질은 종자 및 다른 살아있는 세포의 생명이 기반이다.

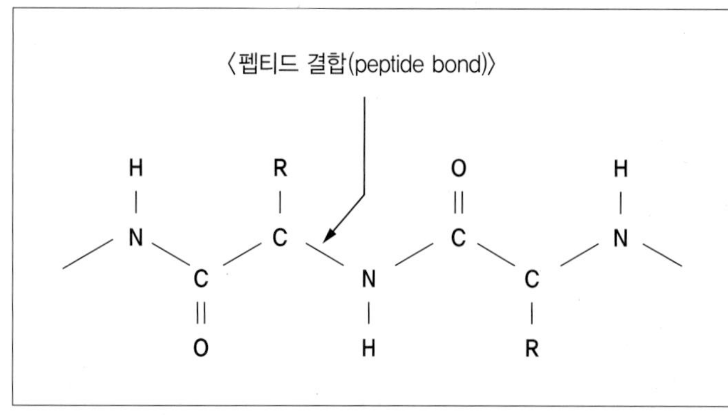

그림 10.7
탄소와 질소 간에 낮은 수준의 에너지 결합인 펩티드 결합

앞에서 본 것처럼 종자 내 저장 단백질의 아미노산 구성은 잎이나 영양기관에 있는 단백질의 아미노산 구성과 다르다. 일반적으로 종자 단백질은 종이나 품종에 따라 3개의 필수 아미노산인 라이신, 트립토판, 메티오닌 중 하나 또는 그 이상이 결핍되어 있다. 그러므로 단백질원으로 한가지 종자만 의존한다면 종자 단백질은 동물 단백질보다 인간을 포함한 한 개의 위를 가지고 있는 단위동물(monogastric)에 대한 생물학적, 영양학적 가치가 떨어진다. 단백질의 용해도 및 분리방법을 근거로 하여 오스본(Osborne, 1924)이 4종류로 구분하였다.

① 알부민(Albumin)은 중성 및 약산성 물에 용해되며 열에 의해 응집된다. 효소와 달걀의 흰자위 부위에 알부민이 많다.

② 글로불린(Globulin)은 물과 염용액에 용해되며 열에 의해 즉시 응집되지 않는다. 일반적으로 콩과 작물의 종자에 글로불린이 풍부하다(콩에서 글라이시닌(glycinin)).

③ 글루텔린(Glutelin)은 물에 녹지 않으며 염용액 및 강산, 강알칼리 용액에 녹는다. 빵밀에 글루텔린 단백질의 일종인 글루테닌의 함량이 높다. 글루테닌은 밀가루 반죽에 신축성 또는 부풀어 오르는 성질을 부여한다.

④ 프로라민(Prolamin)은 70~90% 알코올에 용해된다. 화곡류에 프로라민의 함량이 높다(예로 옥수수 종자 내 제인(zein) 단백질 등). 프로라민은 유묘 생산을 위한 좋은 질소원이지만 단위동물(monogastric animal)에 대한 생물학적, 영양학적 가치는 낮은 편이다.

일반적으로 화곡류(cereal)에는 프로라민과 글루텔린 함량이 높다. 귀리(oat)는 예외로 80%가 글로불린으로 되어 있다. 콩과 작물은 글로불린과 알부민의 함량이 높아 영양학적 가치가 우수하다. 화곡류에서 중요한 프로라민은 옥수수의 제인(zein), 밀에서 글리아딘(gliadin), 보리의 호데인(hoedein)이 있다. 화곡류에서 중요한 글루텔린은 옥수수의 제카닌(zecanin), 밀에서 글루테닌(glutenin), 보리의 호데닌(hordenin), 쌀의 오리제닌(oryzenin)이 있다. 몇 가지 콩과 작물 종자의 중요한 글로불린은 레규민(legumin), 비실린(vicilin), 글리시닌(glycinin), 비그닌(vignin) 그리고 아라킨(arachin)이다. 특히 곡류의 프로라민인 제인에는 리신과 트립토판이 결핍되어 있다. 따라서 단위동물의 단일 단백질원으로 옥수수 종자의 가치는 아주 낮다. 두과작물의 종자에서 아미노산의 불균형은 특히 메티오닌의 결핍에서 기인된다. 옥수수와 콩의 혼식은 상호 보완역할을 하여 리신과 메티오닌의 균형이 잘 맞는 우수한 단백질원을 제공한다. 쌀에는 성인이 섭취해야할 필수아미노산 중 리신(lysine)은 적고 메티오닌(methionin)은 많은데 콩에는 반대로 리신(lysine)은 많고 메티오닌(methionine)은 적으므로 같이 섭취하면 상호보완이 된다. 발아 시 단백질은 아미노산으로 분해되어 전류되고 배축에서 아미노산의 균형이 잡힌 단백질로 재합성된다. 따라서 종자의 싹은 우수한 단백질원이 되기 때문에 인간의 영양에 널리 이용된다(알팔파와 녹두의 싹). 종자의 저장 단백질에는 또 렉틴이 존재하는데 이는 당단백질(당-단백질의 중합체)이다. 콩 단백질의 1% 이상이 렉틴(lectin)이다.

4) 종자 내의 다른 화합물들(Other Compounds in Seed)

종자는 식물체가 에너지를 독립영양을 할 때까지 유묘의 생장을 지탱시키기 위한 적절한 양의 무기원소를 가지고 있어야 한다. 종자의 무기원소의 구성은 유기물 형태로 존재하는 인산 및 특정 원소의 고농도를 제외하고는 체세포 조직의 구성과 비슷하다. 피틴(phytin)은 인산의 주요 공급원이며 칼슘과 마그네슘, 망간, 칼륨의 복합된 유기물을 함유한다. 이들 무기원소들은 발아 시 피타아제(phytase)에 의해 유리된다. 피틴 함량은 화곡류의 호분층과 쌍자엽 식물의 자엽에 풍부하다. 피틴 함량은 종과 품종에 따라 다르다.

알칼로이드(alkaloid)는 작물의 영양체 및 종자에서 발견할 수 있는 고리형 구조의 질소 화합물이다. 알칼로이드는 강한 냄새 및 향기를 내어 식물과 동물에 해를 줄 수 있다. 소크라테스가 마신 독물질인 헴록(hemlock, 독미나리)이 담긴 컵에는 맹독성 알칼로이드인 코닌(coniine)이 들어 있었다. 그 외에 중요하면서 잘 알려진 알칼로이드는 니코틴, 카페인, 몰핀, 스트리치닌, 데오브로민(theobromine, 차에 함유되어 있음)이 있다. 일부 사료작물(화본과)의 영양기관에서 발견되는 그라민 알칼로이드는 맛을 저하시키고 사료섭취를 감소시켜 동물의 건강을 해칠 수 있다. 종자 내 알칼로이드는 발아 억제 물질로서 중요한 기능을 한다. 알칼로이드는 자연생태계에서 타감화합물(allelochemical)로 작용하는데 경합으로부터 유묘의 생장을 보호할 수 있다. 어떤 종의 종자에는 페놀화합물인 타닌(tannin), 클로젠산(chlorogenic acid), 쿠마린(coumarin), 퓨렐릭산(furelic acid), 카페익산(caffeic acid) 등이 있다. 이들 화합물들은 또한 락톤(lactone)으로 분류된다. 락톤은 발아를 억제시키는 휴면 기능이 있다. 종자에는 일부 비타민의 공급원이 풍부한데 특히 비타민 B복합체가 이에 포함되며 유리 아미노산, 당 및 핵산이 낮은 농도로 함유되어 있다. 생장조절물질인 옥신, 지베렐린, 시토키닌과 억제 물질도 있는데 발아 및 유묘 생장에 중요한 역할을 한다. 흥미롭게도 최초의 천연 시토키닌인 제아틴(zeatin)은 옥수수 종자에서 분리되었다.

3. 발아 과정(Germination Process)

발아에 대한 정의는 보는 이의 관점에 따라 다르다. 종자 분석학자들은 발아를 유근의 돌출과 형태학적인 변화로 정의하는 반면 재배자들은 유묘의 출현(emergence)을 의미한다. 기술적인 측면에서 발아란 유묘가 활성적인 생장을 재개하여 종피를 뚫고 출현하는 것을 의미한다. 발아는 다음과 같은 형태학적, 생리학적인 변화를 나타낸다. ① 수분의 흡수 및 침윤 ② 조직의 수화 ③ 산소의 흡수 ④ 효소반응 및 분해의 활성화 ⑤ 배축으로 가수 분해물질의 전류 ⑥ 호흡과 동화작용의 증가 ⑦ 세포분열과 신장의 시작 ⑧ 배의 출현 등이다.

상추 종자에서 수분침윤은 2시간 후 최고에 이르며 호흡은 2시간 이후에 시작하여 8시간 경과 후 첫 번째 정점을 나타낸다(그림 10.8). 호흡의 첫 번째 정점 이후에 두 번째 정점은 각각 가수분해와 합성과 연관이 있는 것으로 보인다. 체세포분열(mitosis)은 12시간 후에 나타나 16시간이 경과할 때쯤에 최고에 이른다. 발아의 형태발생은 다음 2가지의 특징적인 대사를 나타낸다. ① 효소에 의한 저장물의 분해 ② 가수분해 물질로부터 새로운 조직 합성이다. 배축의 생장에 있어서 초기생장률은 유근(radicle)이 유아(plumule)보다 빠르며 일반적으로 종피의 파열 후에 유근이 먼저 출현한다. 유아의 건물중은 며칠 내로 유근을 앞선다. 약 10일 동안 종자와 유묘의 전체 무게는 호흡으로 인하여 감소한다(그림 10.9). 초기에 유아보다 유근의 생장이 빠른 것은 유묘의 생존에 유리하기 때문으로 보인다.

식물호르몬(phytohormone)은 발아의 중요한 과정을 조절하는데 생장호르몬으로서의 역할은 다음과 같다(그림 10.10).

① 지베렐린은 분해에 관여하는 효소를 활성화 한다.

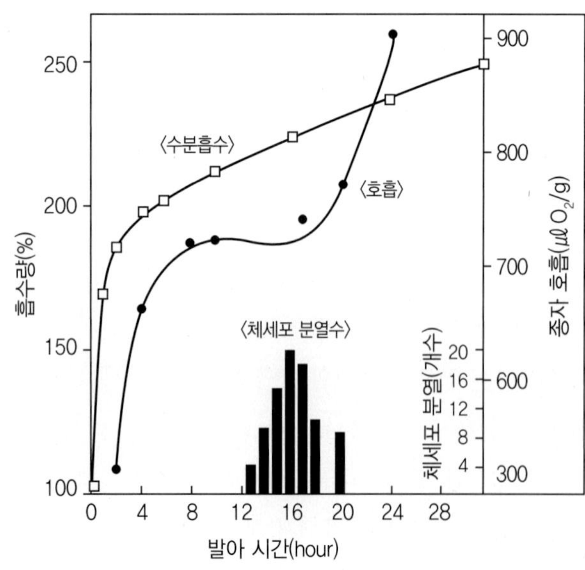

그림 10.8
발아과정 동안 상추종자 내 생리적 변화

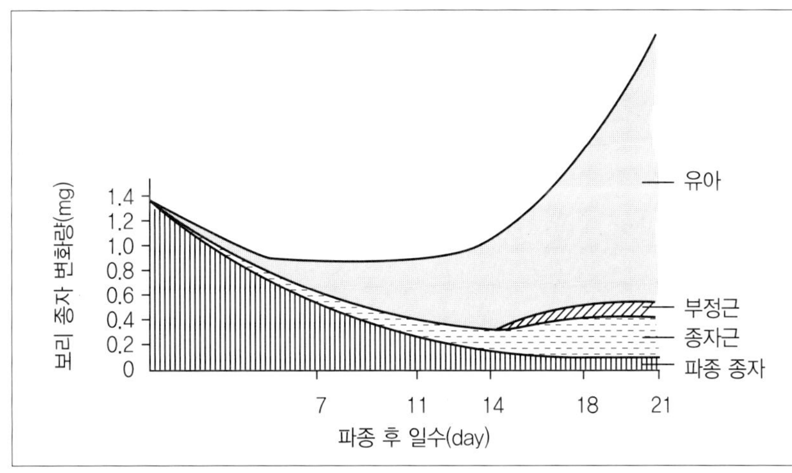

그림 10.9
파종 후 21일간 보리 종자에서 뿌리, 줄기의 건물중 변화

② 시토키닌은 세포분열을 촉진하여 유근 및 유아를 출현시킨다. 근초(출현하는 뿌리의 선단)의 초기 신장은 일차적으로 세포신장에 의해 일어난다.

③ 옥신은 근초, 유근 및 유아의 신장과 굴지성의 활성에 의해 생장을 촉진한다. 예로 종자의 방향과 관계없이 뿌리와 줄기의 신장방향을 올바르게 한다.

1) 저장양분의 대사(Metabolism of Stored Foods)

발아와 유묘 출현은 많은 에너지를 요구하는데 종자 내 저장양분의 호흡을 통해서 그 에너지가 생성된다. 탄수화물, 지방, 단백질의 화학적 결합에너지는 분해 및 산화적 인산화 반응에서 방출되는데 산화적 인산화 반응은 호흡장소인 미토콘드리아에서 아데노신 3인산(ATP)과 같은 고에너지 핵산을 생산한다. 아데노신 3인산인 ATP가 아데노신 2인산(ADP)으로 전환되면서 에너지가 다음의 생체에너지의 활성반응을 통해 방출한다.

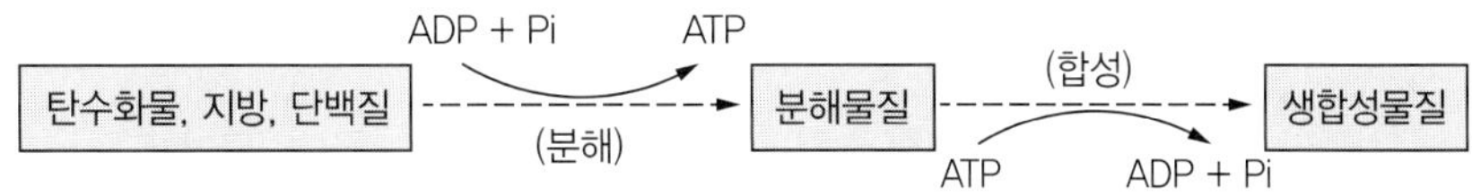

전분은 α- 및 β-아밀라아제(amylase)에 의해서 분해되는데 이 효소는 지베렐린에 의해 조절되며 말토오스와 글루코스를 생산한다. 그림 10.10은 유묘생장과 가수분해작용에서 생장호르몬의 역할을 설명하는 그림들이다. 일부 글루코스는 인버테이스(invertase)에 의해서 식물체 내 당의 일반적인 전류형태인 자당으로 전환된다.

글루코스는 ① 해당작용을 거쳐 2분자의 피루브산과 ATP를 생산하며 ② 크렙스(Krebs) 회로(tricarboxylic acid cycle, 3카르복실산 회로), 시트르산회로(citric acid cycle)라고도 함) 및 오탄당 인산경로(pentose phosphate pathway, PPP)를 거치면 산성의 중간대사물을 CO_2, H_2O와 ATP로 완전히 산화시키는 대사반응을 거친다.

지방은 리파아제(lipase)에 의해 글리세롤과 지방산으로 분해된다. 지방산은 퍼옥시다제(Peroxidase)와 알데하이드로게네이즈(aldehydrogenase)의 알파-산화(α-oxidation)로 CO_2와 저장에너지 NADPH를 생산한다. 지방산의 일반적인 산화형태는 베타-옥시다아제(β-oxidase(산화효소))로 지방산을 2탄소 단위인 아세틸 보효소 A(Acetyl-coenzyme A)와 ATP로 전환시킨다. 아세틸 보효소 A는 크렙스회로를 경유하면서 산화되어 ATP를 생성한다. 단백질분해효소(Protease)는 단백질 분자 내의 펩티드 결합을 끊어 아미노산을 생산한다. 아미노산의 경로는 다음과 같다. ① 생장에 요구되는 새로운 단백질로의 재합성 ② 아미노산의 아미노기가 다른 유기산으로 옮겨가는 아미노기 전이반응(transamination) ③ 아미노산이 유기산과 암모니아로 가수분해되는 탈아미노반응(deamination, 탈아민반응)으로 이 과정에서 발생되는 유기산들은 크렙스회로를 거치면서 더욱 산화된다.

〈각 단계에 대한 내용〉

① 화곡류 종자는 배와 배유, 호분층 등으로 구성되어 있다.

② 발아는 호르몬의 작용에 의해 조절되는데 이것은 토양으로부터 수분의 흡수 이후 배에서 지베렐린이 소량 형성된다.

③ 이 지베렐린은 배유의 양분저장 세포 주위를 둘러싸고 있는 호분층 세포로 확산되어 효소의 형성을 유도한다.

④ 배유세포가 분해되고 부드러워지도록 한다.

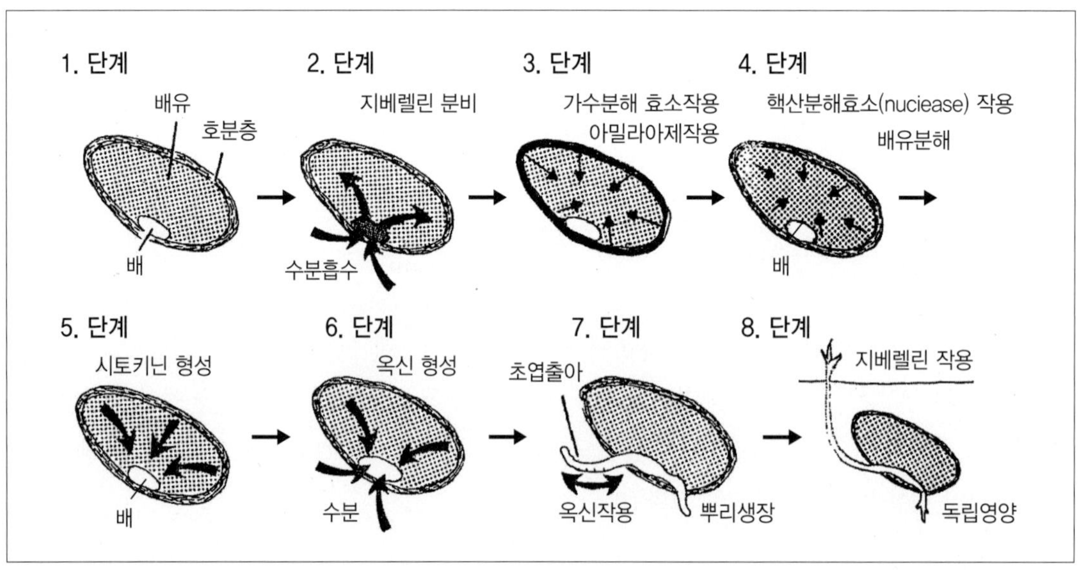

그림 10.10 화곡류 종자의 발아과정 단계

⑤ 시토키닌이 형성된다.

⑥ 계속해서 옥신이 이 과정에서 수분의 흡수와 함께 형성된다.

⑦ 배의 세포분열과 신장을 촉진하여 배를 생장시키고 줄기가 종피를 뚫고 토양 내로 신장하면 옥신은 유묘의 하부로 이동하여 생장을 촉진하고 토양표면 쪽으로 생장점을 이동하여 생장을 시작한다.

⑧ 줄기가 태양에 노출되면 광합성을 통해 양분을 생산한다.

인산은 피타아제(phytase)에 의해 피틴(phytin, 미오-이노시톨 6인산(myo-inositol hexaphosphate))으로부터 유리된다. 유리되는 정도는 다소 떨어지지만 인지질(phospholipid)도 분해되어 인산을 방출한다. 작물 조직 내의 인산은 주로 뉴클레오티드(Nucleotide, DNA나 RNA, ADP와 ATP, NAD NADP 등), 핵산(nucleic acid, 핵산은 C, H, O, N, P 등으로 구성되며 유전 정보를 저장하거나 전달하는 역할을 함), 인지질(phospholipid), 인단백질(phosphoprotein) 및 인산화된 당(phosphorylated sugars)의 구성원으로 존재한다.

* 피타아제(phytase)는 피틴(phytin, 피틴산의 Ca, Mg염)을 가수분해하여 미오이노시톨과 무기 인산을 생성하는 인산 가수분해효소이다.

2) 호흡계수(Respiratory Quotient, RQ)

발아하는 종자는 빠르게 호흡을 하지만 타발휴면 종자는 거의 호흡을 하지 않는다. 호기성 호흡은 O_2를 소비하고 CO_2를 방출한다. 소비되는 O_2의 양에 대한 방출되는 CO_2의 부피의 비율, 즉 $RQ=CO_2/O_2$로 이를 호흡계수(Respiratory Quotient, RQ)이라고 한다. 호흡계수는 호흡의 기질 형태와 기질의 분해 정도를 의미한다. 포도당(glucose)의 이론적 호흡계수는 1.0이다. 따라서 전분의 호흡계수는 거의 모두 1.0이어야 하지만 약간의 차이를 보인다. 반면 지방은 불포화지방산의 산소요구도가 크기 때문에 호흡계수는 0.7 정도이다.

3) 발아력과 발아능(Germinability and Viability)

성숙한 종자는 모체로부터 분리되기 직전이나 분리되는 시점에 생명력은 있으나 적합한 환경에서도 발아할 수 있는 능력을 나타내지 않는다. 일부 종에서 종자는 휴면에 들어가며 어떤 특수한 조건에 노출된 후에만 발아를 시작한다. 작물의 종자는 발아능은 있으나 타발휴면 조건이 되면 발아하지 않는다. 즉 살아있지만 부적합한 환경인 수분의 부족이나 부적합한 온도 환경 등으로 발아하지 않는 경우이다. 일반적으로 모체로부터 종자가 분리되면 발아능을 가진다. 대부분의 야생종이나 일부 사료작물 종자들은 발아에 적합한 조건임에도 불구하고 발아를 하지 않는 휴면상태로 있다. 따라서 종자의 발아능(viability)과 발아력(germination ability, germinability)은 다른 종자 집단에서는 완전히 다르다. 종자가 완전한 발아능과 발아력을 갖는다 하더라도 휴면이 타파되지 않으면 발아를 하지 않는다. 신뢰성 있는 시험들인 표준발아 검정과 테트라졸리륨 검사(tetrazolium test)들이 각각 발아력과 활력 검정에 이용되고 있다. 일반적으로 종자가 노화되면서 종실 내의 휴면 요인이 자연적으로 소거되기 때문에 발아능(활력)은 떨어지고 발아력은 증가한다. 발아율(germination rate)은 발아기간에 상관없이 전체 발아수도 계산하고 발아세(germination vigor)는 활력있게 자랄 수 있는 특정기간(5일, 7일, 10일 등) 이내에 개체로 계산하므로 발아율이 항상 발아세보다 높거나 같다.

4. 발아의 필요조건(Germination Requirements)

1) 발아 환경(Germination Environment)

비휴면 종자 또는 후숙된 종자의 발아에는 수분, 비제한적 온도 및 적절한 대기(산소)가 요구된다(그림 10.11). 일반적으로 유묘의 생장에 적합한 조건이 발아 조건으로도 알맞다. 그러나 종에 따른 휴면 정도는 유전적으로는 물론 환경적으로 매우 다양하다. 발아는 후숙, 즉 특정 환경조건에서 오랜 시간 경과함으로써 휴면이 상실되는 상태가 될 때까지 일어나지 않는다. 휴면 종자의 후숙(after-ripening)은 일련의 정해진 환경조건에서 기능하다.

일반적으로 많은 종에서 수년의 노화(ageing) 기간을 거친다. 대부분의 작물 종자는 성숙 기간 중 건조되면서 후숙되어 이듬해의 발아에 문제가 되지 않는다. 그러나 일부 품종에서는 성숙기간 중 다습조건으로 인해 정상적인 타발 휴면을 위한 충분한 휴면이 부족하여 발아에 문제가 될 수 있다. 이러한 현상은 수확이 되기 전에 이삭에서 싹이 나는 수발아가 일어나는 결과를 낳는다(그림 10.12) 스페인형 땅콩 품종은 수확 전에 꼬투리(협)의 생장을 억제하기 위한 충분한 휴면이 부족한 경우가 있다. 습한 기후조건에서 수확까지의 기간 중에 타발 휴면을 확실하게 할 수 있도록 충분한 휴면이 바람직하다.

(1) 수분(Water)

수분의 흡수는 발아의 1단계이다. 살아있는 종자나 죽은 종자 모두 수분을 흡수하여 팽만해진다. 흡수되는 수분의 양은 종자의 화학성분과 관련이 있다. 단백질, 점액물질 및 펙틴은 전분보다 교질성과 친수성이 커서 더 많은 수분을 흡수한다. 옥수수와 같은 화곡류 종자들은 종자 무게의 1/3 정도의 수분을 흡수하며 콩은 종자 무게의 1/2 정도의 수분을 흡수한다. 일반적으로 토양항

수인 포장용수량(field capacity)은 발아에도 적합하다.

토양수분이 위조점(wilting point, −15bar 전후)에 가까이 이를수록 발아 속도는 떨어진다. 적정수준에 못미치는 수분 상태에서도 수분의 부분적 흡수가 일어나고 발아가 저하되거나 억제를 나타낸다. 발아 과정 중에 종자는 습하거나 건조한 상태가 반복적으로 일어날 수 있는데 종자의 활력이 저하되고 그 저하의 정도는 종에 따라 다르며 습윤과 건조의 반복횟수에 의해 영향을 받는다. 배지의 조성, 특히 용질의 함량은 수분의 이용에 영향을 준다. 즉 삼투 농도가 증가할수록 수분의 이용성은 감소되며 나트륨(Na)과 마그네슘(Mg) 같은 특정 이온들은 수분의 이용성보다 발아 자체에 영향을 미친다.

(2) 온도(Temperature)

수분의 흡수를 제외하면 발아는 여러가지 효소들의 조절에 의한 이화작용과 동화작용의 과정으로 온도에 대한 반응성이 높다. 대부분의 작물에서 발아의 주요온도인 최고, 최적, 최저온도는 정상적인 영양생장의 주요 온도와 동일하다(표 10.5). 발아에서 최적 온도란 짧은 기간 동안 최고의 발아율을 유도하는 온도이다. 부분적이거나 상대적인 휴면을 가진 후숙되지 않은 종자는 저온 발아 온도(최저온도) 범위인 5~15℃ 정도의 온도 범위에서도 발아한다.

대부분 작물의 품종에서 발견되는 후숙 종자의 발아 온도 범위는 그렇게 좁지 않고 넓다. 작물별 주요발아 온도는 서로 겹치지만 모든 작물의 저온 발아율은 저온에서 떨어진다. 목화와 같은 작물의 종자는 발아 기간(특히, 수분흡수기) 저온에 상당히 민감하다. 원인은 완전히 규명되지 않았지만 낮과 밤의 기온 변화(변온)는 많은 화본과 목초류의 종자 발아에 유리한 영향을 미쳤을 것이다. 많은 야생종이나 작물로서의 역사가 길지 않은(짧은 순화 기간을 가진) 작물들은 더 많은 상대적인 휴면성을 가지고 있어 기온의 변화에 반응하는 것으로 나타난다.

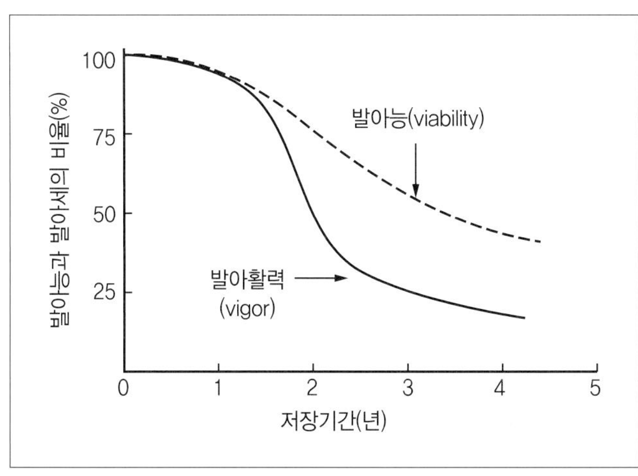

그림 10.11
온습도가 높은 조건에서 저장기간의 길이에 따른 작물 종자의 발아능과 발아세의 변화

표 10.5 작물의 종자에서 발아 온도 범위

번호	작물	최저온도(℃)	최적온도(℃)	최고온도(℃)
①	귀리(Oat)	3~5	25~31	30~40
②	담배(Tobacco)	10	24~26	30
③	메꽃(Field bindweed)	0.5~3	20~35	35~40
④	메밀(Buckwheat)	3~5	25~31	35~45
⑤	밀(Wheat)	3~5	15~31	30~43
⑥	벼(Rice)	10~13	30~37	40~42
⑦	보리(Barley)	3~5	19~27	30~40
⑧	옥수수(Corn)	8~10	32~35	40~44
⑨	호밀(Rye)	3~5	25~31	30~40

출처: Mayer and Poljakoff-Mayber 1963.

(3) 가스(Gases)

발아에서 호흡이, 발효에 의한 무기호흡이 아니면 높은 수준의 산소(O_2)를 요구한다. 대부분의 작물들은 일반 대기의 공기 조성 조건인 O_2는 20%, CO_2는 0.03%, 질소(N_2)는 80%에서 최고의 발아율을 나타낸다. O_2의 농도가 20% 이하로 떨어지면 발아는 감소한다. 벼의 종자는 혐기성 상태에서도 발아할 수 있으나 비정상적인 유묘가 발생한다. 대부분의 종들에서 종자 발아는 일반 대기 중이나 높은 산소 조건에서 양호하지만 부들(cattail, *Typha latifolia*)과 버뮤다그라스(bermudagrass, *Cynadon dactylon*)의 종자는 대기보다 낮은 산소 수준에서 발아가 향상되기도 한다. 대기보다 높은 수준의 CO_2에서는 버뮤다그라스의 발아가 향상된다. 일반적으로 배수가 불량한 토양에서는 일반 대기 수준에서보다 더 낮은 발아율을 나타낸다.

(4) 광(Light)

많은 작물의 종자에서 발아에 광이 필요하다는 사실은 거의 1세기 전부터 알려져 왔다. 킨젤(Kinzel, 1926)은 많은 식물의 종자들의 광에 대한 반응을 조사하여 분류하였다. ① 광발아 종자 ② 암발아 종자 ③ 광과 상관이 없이 발아하는 종자로 나누었다. ①번에 속하는 광발아 종자(photoblastic)는 많은 잡초들에게서 나타나는데 이들은 표토에서 광을 받은 후에 발아한다. 이는 광의 생태학적 중요성을 암시하는 것이고 산림생태계에서도 외부 종의 발아는 벌목에 의한 토양의 교란 후 종자가 광에 노출된 후에야 발아가 가능하다. 비교적 긴 순화 기간을 거친 작물의 종자(담배와 상추는 제외)들은 일반적으로 비광발아종자(nonphotoblastic, 혐광성종자)이다.

상추 종자는 광에 의해 쉽게 발아하며 또는 일련의 특정 조건에서 후숙된 후 발아한다. 이러한 사실들은 광이 후숙 요인으로 특정 휴면타파를 촉진하는 기작으로 제시되고 있다. 상추에서 휴면 기작은 대기 또는 토양의 고온에 의해서 종자 성숙 후 획득된다. 정상적인 상추 종자는 고온장일 조건에서 성숙하는데 이는 2차 휴면을 유도할 수 있다. 서늘한 계절이 시작되면 이 휴면은 타파되며 발아하여 생장한다. 미국 농무성(USDA)에서는 종자 발아에서 광발아 기작은 개화, 색소형성, 줄기 신장, 하배축 신장과 같은 조직형성과정에 있어서 광의 조절기작과 같음을 증명하였다. 적색광(R)은 활성을 띤 색소로 이는 원적색광(FR)에 의해 광 가역반응을 나타낸다(표 10.6). 광량(에너지 수준), 광질(파장 또는 색), 그리고 광주기(일장)은 발아에 현저한 영향을 미치는데 이는 작물의 종에 따라 다르다. 일반적으로 발아의 유도에는 낮은 에너지 광, 즉 전광(full sunlight)의 1~2% 정도의 낮은 광이 적합하다. 상업화된 제품인 종자발아기는 이 수준의 광에 맞추어 제작된다. 그러나 벤트그라스의 발아는 전광(full sunlight)인 1.3cal/㎠/min에서 최고에 이른다. 개화 현상처럼 발아도 많은 종에서 일장에 반응하며 종에 따라 단일, 장일, 또는 중일 조건에서 그 반응이 다르다.

표 10.6 암조건 26℃에서 적색광(R)과 원적색광(FR)에 단기간 노출시킨 상추 종자의 발아율

번호	광노출의 순서	마지막 노출광	발아율(%)
①	R	적색광	70
②	R - FR	원적색광	6
③	R - FR - R	적색광	74
④	R - FR - R - FR	원적색광	6
⑤	R - FR - R - FR - R	적색광	76
⑥	R - FR - R - FR - R - FR	원적색광	7

출처: Borthwick et al. 1954.
* R(Red)은 적색광에 1분, FR(Far-Red)은 원적색광으로 4분간 처리함(표 13.2 참조).

광에 민감한 종자에서 광질에 대한 발아 효과는 뚜렷하며 이에 대한 연구보고 내용을 정리하면 표 10.7와 같다.

표 10.7 광질에 따른 종자의 생육반응

번호	파장(nm)	색이나 특성	생육 반응
①	290 이하	자외선(UV)	억제
②	290~400	청색(blue)	특징적 반응이 없음
③	420~500	녹색(green)	억제
④	560~700	적색(rsd)	촉진
⑤	700 이상	적외선(far red)	억제

출처: Borthwick et al. 1954.

종자의 발아를 촉진하거나 억제시키는 가장 효과적인 파장은 각각 적색(660nm)과 원적색(730nm)이다. 보스윅(Borthwick et al.) 등은 1952년 상추 종자의 발아는 적색광과 원적색광을 몇 분 동안 반복해서 노출시킴으로써 광가역 효과를 유도하였다(표 10.6).

초기의 연구 이후 연구자들은 색소 피토크롬이 광의 수용체로 반응을 조절하는 것을 발견하였다. 이는 단백질로서 상호전환되는 Pr과 Pfr의 형태로 존재한다(13장). Pr은 푸른색으로 보이고 Pfr은 퇴색한(faded shade) 푸른색을 띠는데 이는 적색광의 노출 후에 나타난다. 종자발아의 기작을 제시하면 다음과 같다.

반응물질(Pr → Pfr) → 호르몬 생성 → 가수분해 효소의 활성 → 발아

Pfr은 발아 과정과 다른 피토크롬 반응에 조절기작을 갖는 생물학적 활성을 가진 물질로 알려져 있다.

(5) 외생 화학물질(Exogenous Chemicals)

표 10.9를 보면 일부 종들에서 많은 외생의 화학물질들이 발아를 촉진시킨다. 이들은 발아를 위한 요구물질이라기보다 촉진제라고 할 수 있다. 지베렐린과 같은 특정 화학물질은 후숙을 위한 광 또는 저온처리를 대신할 수 있다. 발아를 촉진시키는데 이용되는 중요한 화학물질들은 다음과 같다.

① 질산칼륨(KNO_3)은 일반적으로 광발아종자인 화곡류 종자의 발아시험에 주로 이용되고 발아를 촉진하는 효과가 있다. 벼의 경우 질산(HNO_3) 0.1N 농도에 3일 정도 침지처리를 하면 휴면이 타파된다.

② 티오요소(Thiourea, CH_4N_2S)는 많이 쓰이지는 않지만 특정 종의 발아를 촉진한다. 이것으로 광 또는 온도처리를 대신할 수는 없다.

③ 과산화수소(H_2O_2)는 일부 콩과작물, 토마토, 보리에 효과적이다.

④ 에틸렌(C_2H_2)은 땅콩의 발아를 촉진하고 발아 중인 유묘에서 배축의 굵기를 증가시킨다. 땅콩의 휴면 정도는 품종에 따라 매우 다르다.

⑤ 지베렐린(GA)는 비록 일부분이지만 광발아 종자에서 광과 저온의 효과를 대신한다. 이때 GA_3가 가장 많이 이용되지만 GA_4와 GA_7이 GA_3보다 효과가 큰 것으로 알려져 있다(Borris 1967).

2) 성숙도(Maturity)

환경이 양호하다 할지라도 최소한의 형태발생이 종자 내에서 완료되지 않으면 발아하지 못한다. 일반적으로 활력과 발아력의 완전한 발달은 종자의 성숙단계 이전에 나타난다. 스무스브롬그라스(Smooth bromegrass)의 종자는 수정 후 6일부터 발아할 수 있다(Grabe 1956). 많은 잡초종자에서 개화후 8~10일이면 발아능과 발아력을 갖는 것이 관찰되었다. 종자의 휴면은 일반적으로 종자의 성숙과 더불어 증가한다.

5. 종자수명(Longevity)

종자의 활력 또는 종자 수명의 기간은 유전형과 휴면기작 및 저장환경에 따라 달라진다. 캐나다의 추운 이탄토양지대에서 발견된 루핀(*Lupinus articus*) 종자는 10,000년 후에 발아하였다(Harrington 1967). 중국 만주의 호수에서 발견된 연꽃 종자는 1,000년 후에도 발아하였다(Copeland 1967). 파리국립박물관의 식물표본에서 발견된 미모사 종자는 221년이 지난 후에도 발아하는 것으로 증명되었다. 일부 콩과작물의 종자는 건조상태에서 100~150년 후에도 발아하는 것으로 밝혀졌다. 습윤 배지에 종자를 담고 그 용기를 토양에 매몰한 후 일정한 시간 간격으로 꺼내어 종자의 수명을 연구한 실험결과가 표 10.8에 나타나 있다. 이 실험에서 3~4종은 70~90년 후에도 발아하였다. 대부분의 작물 종자는 저장상태가 양호하면 수년간 활력을 유지하며 7~10년 후에도 70~90%의 발아율을 나타낸다.

표 10.8 종자 수명에 관한 실험 결과들

실험자	실험 조건	매몰 기간(년)	발아 개수	실험 작물(발아율)
듀벨 (Duvel)	식토가 든 포트에 20, 55, 100cm 깊이로 107종을 매몰 파종함	1	71	
		10	68	
		20	57	
		38	36	독말풀(91%), 담배풀(48%), 어저귀(38%), 달맞이꽃(17%), 명아주(7%), 강아지풀(1%), 소리쟁이(1%)
빌(Beal)	뚜껑을 닫지 않은 시험관 내에 20종을 매몰 파종함	20	11	20종
		40	9	비름, 겨자, 질경이, 쇠비름, 담배풀, 달맞이꽃, 소리쟁이
		70	3	담배풀, 달맞이꽃, 소리쟁이
		90	1	담배풀(70~80%)

출처: Klingman and Ashton 1975.

종자 수명에 관한 보고들은 양호한 저장상태의 중요성을 강조한다. 즉 낮은 온도, 낮은 습도(수분), 낮은 산소(O_2) 조건이다. 일부 사료작물의 종자는 38℃의 고온에서 저장하기도 하는데 이때는 종자의 수분함량이 6% 이하로 유지시키면 6년 후에도 발아가 양호하기는 하였지만 일반적이지 않고 이때도 온도가 22℃이고 종자의 수분함량을 16%로 올리면 종자의 활력은 3개월 이내에 소실된다. 저장환경은 대기 상대습도(%)와 화씨온도(℉)의 합이 100이 넘지 않도록 하는 것이 일반적인 관례이다. 이것을 상대습도(%)+화씨온도(℉)=100 이하의 제안된 기준으로 환산하여 최소한의 상대습도를 알아보면 다음과 같다. 섭씨온도가 25℃(화씨온도 75°)일 때는 상대습도 20%, 온도가 15℃(화씨온도 60°)일 때는 상대습도 40%, 온도로 5℃(화씨온도 40°)일 때는 상대습도 60%까지 허용된다는 계산이 나온다. 참고로 섭씨와 화씨의 계산식은 ℃=5/9×(℉-32)이다(374페이지 부록 온도변환표 참조).

따라서 섭씨온도로 환산하면 5℃(화씨온도 40℉)와 40%의 상대습도로 합이 80이 되는 조건이면 종자의 저장상태가 양호해지지만 더 낮은 온도 및 습도의 유지가 바람직하다.

6. 유묘세(Seedling Vigor)

유묘의 세력(Seedling Vigor)은 저장기간의 길어짐에 따라 급격히 감소한다. 불량조건에서 단기간의 저장은 종자의 활력보다 유묘의 세력에 미치는 영향이 크다(그림 10.11). 유묘세는 활력보다 더 빨리 소실될 수 있다. 즉 종자의 유묘세의 반감기가 2년이면 활력의 반감기는 4년이 된다. 유묘세의 손실은 종자와 유묘를 침해하는 미생물에 대한 보호 조직의 분해 때문으로 설명되고 있다. 저장기간 또는 불리한 환경으로 인한 세포막의 선택적 투과성 및 대사반응의 저하와 미생물의 침입도 그 원인이 된다. 유묘세의 손실은 물리적 손상보다 더욱 복잡하다. 예를 들어 수확한지 얼마되지 않은 콩 종자에서 발아한 미토콘드리아와 오래된 종자의 미토콘드리아 간에는 호흡률에 큰 차이가 난다. 오래된 종자의 유묘에서 소모되는 산소당 광인산화 반응률은 새로운 종자 유묘의 반응률의 40~70%에 그친다. 오래된 종자의 유묘는 새로운 종자보다 미토콘드리아의 수가 적다.

종자 군집단위에서 유묘세나 활력은 짧은 시간 동안에 손실되지 않는다. 일반적으로 S자형 곡선처럼 시간에 따른 지수적 감소를 보인다. 유묘세는 표준 발아실험으로 정확히 측정되지 않는다. 이러한 이유로 인해 저온검정(cold test)이 연구되었고 옥수수 종자에서는 산업적으로 널리 사용되고 있는데 특정 작물에서는 몇 가지 이점이 있다. 저온 검정은 수분을 흡수한 종자를 습하고 저온(5~10℃), 살균되지 않은 유기토양에서 약 7일간 두었다가 22℃ 온도 조건에서 발아를 시킨다. 이러한 조건은 종자와 유묘가 *피시움(Pythium)* 등에 의한 병에 쉽게 걸리게 한다. 이러한 발아상태는 표준 발아 검정에서의 발아 상태와 크게 다르며 이는 봄에 포장 상태에서 나타날 수 있는 현상을 반영할 수 있다. 특정 기간 동안 고온에 종자를 두어 노화를 촉진시키는 것도 활력을 검정하는 또 다른 방법이다. 이 외에 틸덴(Tilden, 1984)은 프라이밍(priming, 느리게 조절된 수분흡수)으로 원형질막을 강화(annealing)하고 치유하여((healing) 전해질의 손실을 줄임으로써 발아 및 유묘세가 향상되는 것을 밝혔다. 그 이후 ① 종자선별처리 ② 무병화처리 ③ 발아촉진과 발아력연장처리 ④ 기계파종처리 ⑤ 휴면타파처리 등으로 일반화되었다. 다시말해 프라이밍처리는 불량환경에서 발아율이나 발아의 균일성을 높이기 위해 높은 삼투압용액(무기염류 등)으로 파종전에 처리하는 방법이다.

7. 휴면(Dormancy)

생장의 정지상태 또는 휴지상태인 휴면은 양호한 환경조건에서도 오랜 기간 동안 발아하지 않는 상태를 의미한다. 기술적으로 모식물체로부터 물리화학, 생물학적으로 분리되는 시점에 종자는 휴면을 한다. 그러나 이러한 일시적 휴면은 발아에 적합한 상태에 이르면 소거된다. 타발휴면은 더 자세하게 표현하면 발아에 적합하지 못한 환경에서 종자의 휴식을 의미한다(예로 성숙 중이거나 저장 중). 더 적합한 표현으로 휴면 종자는 발아를 촉진하는 환경에서도 발아를 하지 않는 것을 뜻한다. 수천 년의 순화과정 동안 선발압은 실제적으로 작물의 휴면성을 많이 제거하였다. 대부분의 작물 종자는 성숙과 건조가 완료된 직후에 바로 발아가 가능하다. 우기 동안 포장에 서있는 식물체의 화기에서 타발휴면 종자가 수발아를 하는 현상은 이상한 것이 아니다(그림 10.12).

한편 야생종(잡초류나 과수를 포함하는 목본류)의 종자는 일반적으로 강한 휴면성을 갖는다. 순화기간이 짧은 작물의 경우도 어느 정도의 휴면성을 나타내며 발아를 위하여 오랜 저장기간과 특정 환경의 노출이 필요할 경우가 있는데 예를 들면 경실종자인 콩과의 사료작물과 수수 속(*Sorghum*), 포아풀 속(*Poa*), 그리고 김의털 속(*Festuca*) 등을 포함하는 생리적 휴면을 갖는 화본과류 작물들이다. 휴면이 야생종에 많이 존재하는 것은 그 종의 생존을 위한 생태학적 적응을 의미한다. 진화와 발달과정에서 자연선발압은 종자의 휴면 및 휴면아가 온대 기후에서 나타나는 불량한 환경기간에 적응하도록 발전되어왔다. 만약에 발아나 유묘의 생육이 부적합한 기후조건에서 개시되면 그 종은 생존하지 못할 것이다. 따라서 휴면은 불량한 조건에서도 살아남기 위한 잡초 종자들의 생태적 지위를 갖는 기본원리이다. 대부분의 잡초 종자들은 온습도와 열, 잡초방제 및 동물과 새의 먹이로부터 심한 스트레스에도 불구하고 활력을 유지하며 발아하여 살아간다.

1) 휴면의 형태(Types of Dormancy)

아멘(Amen, 1968)의 식물 종의 휴면기작 분류는 다음과 같다. ① 난(orchid)의 경우 배의 미성숙 ② 콩과(수분)나 화본과(O_2)에서 종피의 불투성 ③ 특정 화본과와 견과류의 종피의 기계적 저항성 ④ 생리적 요인으로 발아억제물질이나 생장촉진물질의 부족으로 배낭이나 종피의 생장 저해이다. 즉 후숙이라고 불리는 발아의 선행과정은 모식물체의 성숙과 저장 중의 종자건조 또는 저장기간 동안의 노화과정으로 획득된다. 한편 일부 종에서 후숙은 오랜 저온처리, 온도의 변화, 주기적인 광도의 변화, 염, 용탈, 종피제거 등의 일련의 복잡한 처리로 얻어진다. 이러한 처리들은 수분을 흡수한 이후의 종자에서만 가능하다. 독감금(witch weed)라고 불리는 기생식물의 종자에서 미성숙 배는 기주식물로부터의 자극원을 요구한다. 기주식물에서의 시토키닌은 필수적인 자극원으로 제시되고 있다. 일부 종에서 배의 성숙은 저장 또는 발아기간 중에 일어날 수 있다.

종자의 경화, 즉 경실종자는 콩과 작물의 주요 휴면 기작이다(그림 10.13, 그림 10.14). 콩과 작물 종자에서 수분의 침투가 어려운 것은 2가지 요인으로부터 발생한다. ① 콩과 작물 종피표면에 경질 조직(scleroid)의 말피기 세포(Malpighian cell)의 압축된 층에 페놀 또는 수분저항물질이 함유되어 있다. ② 주공이나 주병 및 플레우로그램(pleurogram, 주공과 주병 밑의 U자모양으로 함몰된 부분)을 포함한 종피에서 자연적인 열개가 폐쇄되어 있다.

그림 10.12
종자의 성숙기에 벼의 이삭에서 후숙한 종자의 수발아 모습

(A) 종자구조의 사진

(B) 절단면 사진

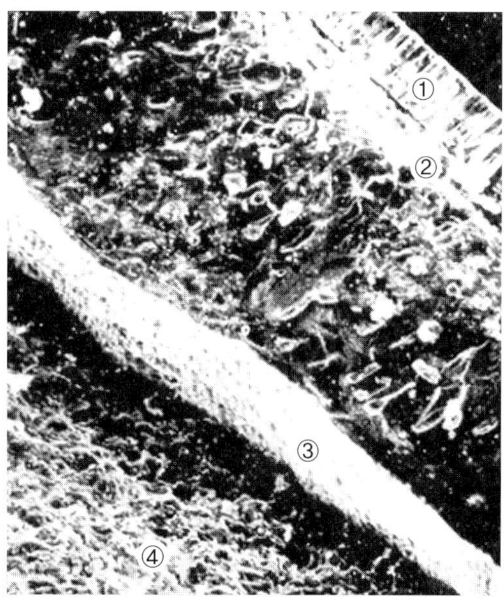

그림 10.13 레우캐나 속(*Leucaena*) 식물에서 경실 종자의 주사 전자현미경(SEM) 사진
종자구조 사진(A)은 ① 종피 ② 주공 ③ 주병 ④ 플레우로그램(pleurogram) 모양을 나타내고 절단면 사진(B)은 ① 종피 ② 말피기 세포(Malpighian cell) 층 ③ 명대(light line, 밝게 보이는 줄)로 일부 콩과 종자의 횡단면에서 표피를 따라 볼 수 있는 연속적인 부분으로 주변부의 다른 세포에 비해 반사성과 불침투성이 강한 부위 ④ 배유를 나타낸다.

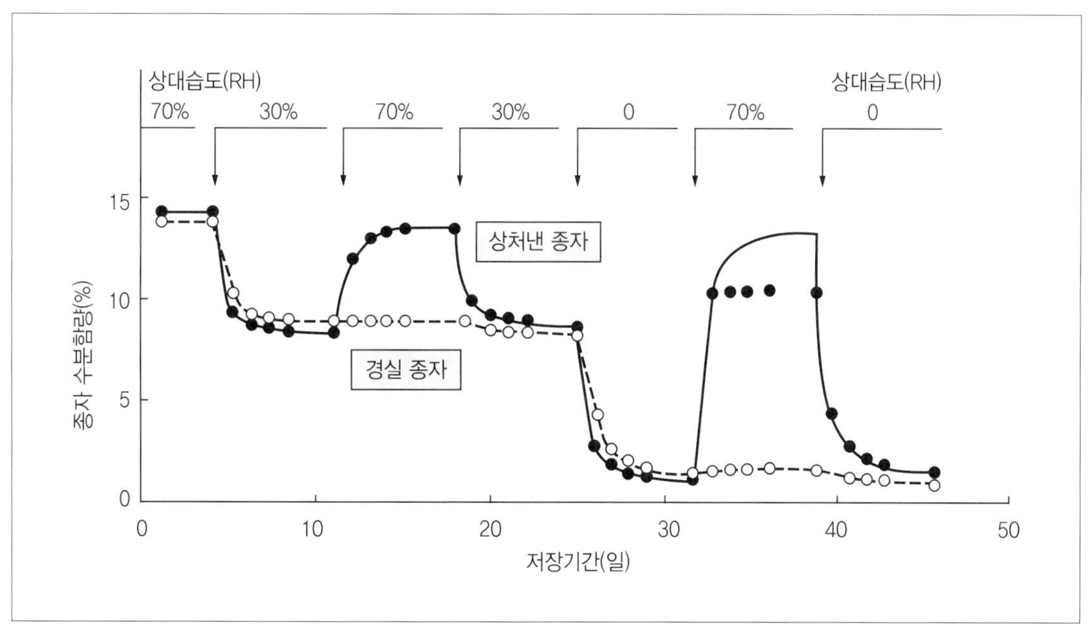

그림 10.14 상대습도가 높은 조건과 낮은 조건을 교호적으로 처리한 화이트클로버 경실종자의 휴면 기작에 대한 실험. 이 경실 종자(○)들은 낮은 습도에서 수분을 상실은 하지만 배꼽 밸브(hilum valve)의 작동으로 높은 습도에서도 상실한 수분을 회복하지는 못한다. 그림에서 상처낸 종자(●)는 회복한다.

올베라(Olvera, 1982)는 콩과인 레우캐나 속(*Leucaena*) 식물에서 경실종자의 주요 원인은 플레우로그램(pleurogram) 폐쇄라고 하였다. 이러한 구조는 종자주위의 수분함량이 종자보다 낮아짐에 따라 닫힘으로써 수분의 방출은 가능해도 수분의 유입은 불가능해진다(그림 10.14)는 것을 나타낸다. 로드리케 주니어(Rodriques-junior 2019)는 물을 흡수하지 못하는 수분간격(water gap)이 37 콩과 속(genera)에 존재하고 책상조직의 일부를 파괴해 플레우로그램의 조직을 열어 발아를 시켰다고 보고하였다.

후숙 처리는 경실종자의 휴면타파에 효과적이다(표 10.9). 강산과 강알칼리 처리는 효과적이지만 종자에 손상을 줄 수 있다. 그럼에도 불구하고 250W 자외선등으로 1분 30초 동안 100℃에 처리하거나 끓는 물에 처리하는 방법은 경실 종자의 휴면을 줄이는데 효과적이다. 레우캐나 속(*Leucaena*) 식물에서 100℃ 끓는 물에 5~20초간 처리하면 플레우로그램(pleurogram) 폐쇄를 열게 하여 품종에 따라 95~100%의 발아율을 나타내었다. 종피파상처리(scarification)는 산이나 뜨거운 물 처리는 물론 기계적 손상을 가해서 종피 배꼽의 마개를 제거하여 침투성을 증가시킨다. 사료작물에서 적당한 양의 경실종자는 크게 문제가 되지 않으므로 종피파상처리(scarification)가 언제나 이로운 것은 아니다. 후숙은 동결과 해동, 습윤과 건조, 동물의 섭취를 통한 배설, 미생물작용, 충분한 저장기간 등의 자연적 방법으로도 가능하다. 사시사철 자라는 그린니들그라스(green needlegrass)와 인디안라이스그라스(Indian rice grass)와 같은 잡초류와 많은 화본과 종자의 종피는 산소(O_2)의 불투과성을 나타낸다. 그린니들그라스(green needlegrass)에서 외영과 내영은 장벽의 역할을 할 수 있다. 수확 후 7년이 된 종자에서 72%의 최고의 발아율을 보인다. 저온이나 질산칼륨(KNO_3) 용액처리는 거의 완전한 발아를 유도한다. 도꼬마리와 야생귀리는 산소(O_2)의 불투과성으로 인한 종자휴면의 전형적인 예이다.

도꼬마리 종자는 두 개의 종자를 포함하는 가시가 있는 마른 비열개성 과실이다. 하부에 위치한 종자는 쉽게 발아하지만 위쪽의 종자는 수년간 휴면상태로 남아있게 되는데 이는 주위의 낮은 산소(O_2) 분압 때문이다. 야생귀리의 종피 또한 낮은 산소(O_2)의 불투과성으로 2식물체 모두 종피를 제거하면 발아가 급격히 향상된다. 종피의 기계적 저항성을 가진 종자는 수분은 쉽게 흡수되지만 종자의 팽창과 배의 출아는 방해를 받는다. 몇몇 화본과의 종자와 대부분의 경실종자(견과류)는 배의 출현을 기계적으로 방해하는 종피를 갖고 있다. 오랜 기간 동안의 습윤저장은 경피를 약하게 하여 후숙이 된다.

검정 호두는 수주일 동안 2~5℃ 정도의 저온습윤 층적저장(stratification)이 요구된다. 이 검정호두는 적어도 몇 가지의 휴면기작을 나타내는데 ① 종피의 기계적 저항성 ② 미성숙배(생리적인 미성숙) 그리고 ③ 과피 내에 있는 저글론(juglone)이라는 강한 생육억제 물질이 함유된 것으로 알려져 있다. 습윤기간 동안 과피에서 용탈되어지는 이 물질은 검정호두의 휴면기작에서 약 1/3 정도가 이것이 원인인 것으로 여겨진다. 견과를 갖는 종들의 생태는 가을 동안 견과를 땅에

표 10.9 휴면의 원인과 발아를 촉진하는 종자처리 방법

번호	식물명(영명)	학명	휴면원인과 특징	휴면타파 처리	기타
①	데저트그라스 (Desert grass)	*Agrostis tenuis*	–	용탈	겨울비에 의해 용탈됨
②	도꼬마리 (Cocklebur)	*Xanthium pennsylvanium*	상부의 종자가 산소(O_2) 불투과성	온도가 30~33℃에서 높은 산소(O_2) 분압처리를 하면 발아함	–
③	메귀리(Wild oat)	*Avena fatua*	발아억제물질	적색광으로 발아억제물질을 제거하고 키네틴 처리로 발아를 촉진함	키네틴은 광을 대체하지 못함
			발아억제물질	지베렐린(GA) 처리로 발아를 촉진함	GA는 말타아제(maltase)를 활성화함
			발아억제물질/산소 불투과성	종피 제거, KNO_3 처리	높은 O_2, H_2O_2 및 종피 천공은 효과적임
			종자의 산소(O_2) 불투과성	높은 산소(O_2) 분압을 제공	–
④	버뮤다그라스 (Bermudagrass)	*Cynodon dactylon*	–	낮은 산소(O_2) 분압을 제공	–
⑤	벤트그라스 (Bentgrass)	*Agrostis palustris*		변온과 광을 동시처리	고온에 처한 기간이 중요하며 적색광 조사는 고온처리 동안에 효과적임
⑥	복숭아(Peach)	*Perricum malum*	배의 휴면	저온 6~10℃에서 750단위 처리(층적처리)를 하거나 자엽을 제거함	–
⑦	상추(Lettuce)	*Lactuca sativa*	배를 둘러싼 배유의 물리적 장벽	종자의 건조저장, GA와 적색광은 상조작용, 에틸렌 처리	Alexander, 2017, 미국식물학회지 8(4):14.
			광발아성 종자	티오요소(Thiourea)	광 및 특정 저온 요구를 대체할 수 있음
⑧	알팔파(Alfalfa)	*Medicago sativa*	불투수성 콩과 종자(농업적으로 중요)	종피파상법(상처, 열, 산, 전기, 종피 천공, 생물적 처리 등)	경실종자는 자연상태의 토양에서 연화됨
⑨	야생벼(Wild rice)	*Zizania palustris*	발아억제물질	100일 이상의 냉수저장이나 종피제거	억제물질 ABA가 배와 과피에 존재
⑩	인디언라이스그라스 (Indian ricegrass)	*Oryzospsis hymenoides*	종피의 산소(O_2) 불투과성	산(acid)으로 종피파상처리	유일한 방법임
⑪	카필라리스이삭 (capillaris)	*Agrostis tenuis*	광발아성 종자	KNO_3 처리(질소 염류)	광발아종자에서 효과적임, 농도는 0.1~1%가 좋음
⑫	켄터키블루그라스 (Kentucky bluegrass)	*Poa pratensis*	–	변온과 광을 동시처리	–
⑬	톨페스큐(Tall fescue)	*Festuca arundinacea*	종자를 35℃에서 7일간 두면 휴면	저온처리	저온에서 광은 발아를 유도함

묻는 작은 소동물과 관련이 있는데 이 과정에서 종자가 확산도 되고 과피가 부드러워지며 겨울동안의 층적저장(stratification)의 효과를 갖기 때문에 이런 기작이 발달되고 적응되어 온 것으로 생각된다.

2) 생리적 휴면(Physiological Dormancy)

생리적 휴면은 종종 배의 휴면이라고 하고 깊은 휴면이라고도 한다. 생리학적으로 미성숙 배가 생리적 휴면이라고 한다. 생장억제물질의 존재, 생장촉진물질의 결핍 또는 이 두 호르몬의 불균형 등이 배의 휴면을 유도하는 요인으로 제시되고 있다. ABA나 쿠마린(Cumarin) 및 다른 억제물질(표 10.11)이 휴면을 유도하는 것으로 나타났지만 이들 물질들은 종피나 호분층, 혹은 배에 존재한다. 시토키닌이나 GA 등 생장촉진물질들은 여러 종에서 휴면을 타파한다(표 10.10).

표 10.10 다양한 식물에서 천연적으로 생성되는 발아억제물질들

순번	발아억제 물질명	억제물질이 있는 작물	억제물질의 존재 부위	비고
①	겨자유(Mustard oil)	십자화과	종자	휘발성 억제물질
②	불포화 락톤 (Unsaturated lactone)	상추	종피	쿠마린(Cumarin)
③	블라스토콜린 (Blastocoline)	벼	종피	ABA와 동일하고 항옥신 물질
④	아미그달린(Amygdalin)	살구, 아몬드	종자, 과실즙	청산(CN) 성분함유(독성있음)
⑤	알데히드(Aldehyde)	옥수수(미숙), 완두, 아몬드(쓴맛)	종자	혐기조건에 생성
⑥	알칼로이드(Alkaloid)	담배, 커피, 코코아	종자, 다른 부분	각각 니코틴, 카페인, 코카인 함유
⑦	암모니아(Ammonia)	사탕무	종자	사탕무 등 다른 종자의 발아억제
⑧	에틸렌(Ethylene)	호흡급등형 과실	과실즙	휘발성 억제물질
⑨	유기산(Organic acid)	사과, 감귤류	과실즙	직접 효과
⑩	정유(Essential oil)	감귤류	껍질	밀 종자의 발아를 억제
⑪	페놀(Phenol)	잠두(*Vicia*)	종자	티몰(Thymol)이 효과적인 억제물질

출처: Evenari 1949.

발아에 있어서 생장촉진물질과 억제물질 간의 균형에 대한 이론적 모델은 그림 10.15에 설명되어 있다. 이 모델에 따르면 생장촉진물질이 증가하거나 억제물질이 감소하여 적정 호르몬 수준

에 균형이 맞았을 때 발아가 일어난다. 대부분의 휴면기작은 생장촉진물질에 의해 타파될 수 있다. GA 처리가 수많은 광발아 종자(상추나 담배 등)의 광요구도를 대신하고 야생귀리나 목본류 등과 같이 층적처리(stratification)를 해는 종에서 저온 요구를 생장촉진물질이 대신할 수 있다. 종자가 자라는 동안 생장촉진물질은 감소하고 ABA와 같은 생장억제물질은 증가하여 결과적으로 종자 성숙기에 휴면은 호르몬의 불균형에 기인된 것이 된다. 수확후의 여러 가지 저장조건은 일반적으로 위의 반대되는 과정을 일으키는데 이러한 변화는 저장 중 광이나 층적처리의 요구가 상실된다는 것을 설명해 준다.

생리적 휴면에 있어서 쿠마린(Cumarin)은 합성이 아닌 천연 억제물질이며 ABA(abscisic acid, Dormin), 불포화 락톤(unsaturated lactones), 알칼로이드, 페놀, 에틸렌, 암모니아, 에센셜 오일, HCN(hydrocyanic acid, 이 시안화수소산은 생체의 호흡작용을 저지하는 작용이 있어 맹독(치사량 0.06g)으로 사람의 경우 몇 초 만에 치사시키는 유독물질임), 유기산들도 휴면을 유도한다(표 10.10). 휴면을 조절하는 생장억제물질은 화본과의 경우는 배, 상추와 메밀은 종피, 사과와 토마토는 과실에서 발견된다. 밀에서 조사한 바에 따르면 휴면 의 변화는 수분이나 에탄올에 녹는 억제물질들 때문이며 이들은 고온건조한 조건에서 저장을 하면 한달 정도에 소실된다. 발아억제물질은 용탈이나 종피제거처리를 하면 몇몇 화본과에서 발아율이 증가한다. 수수에서 휴면은 종피에 붙어있는 갈색의 과피와 연관이 있다. 휴면의 요인은 종피파상이나 뜨거운 물에 처리함으로써 제거할 수 있다. 어떤 종에서는 호분층과 배유조직 내에 휴면요인이 함유되어 있다. 야생벼의 과피(왕겨)에는 발아억제수준의 ABA가 함유되어 있는데 약 3℃에서 100일 이상, 냉수

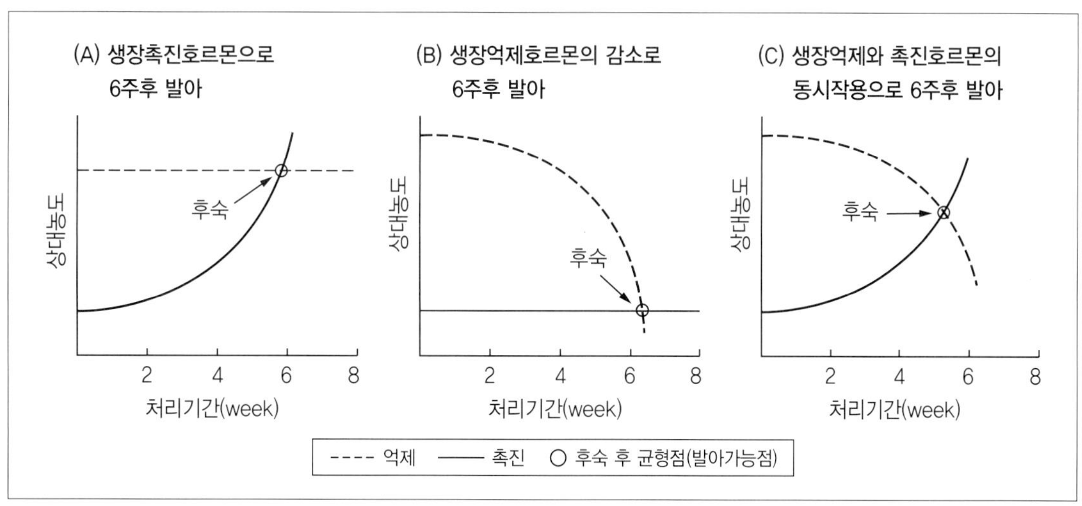

그림 10.15
생장 촉진과 억제 호르몬 간의 적절한 균형에 도달한 종자에서 후숙에 대한 모델. (A)는 생장촉진 호르몬은 증가하고 생장억제 호르몬은 그대로 있다. (B)는 생장억제 호르몬이 감소하고 있고 (C)는 생장촉진 호르몬의 증가와 생장억제 호르몬의 감소가 동시에 발생하는 모식도이다.

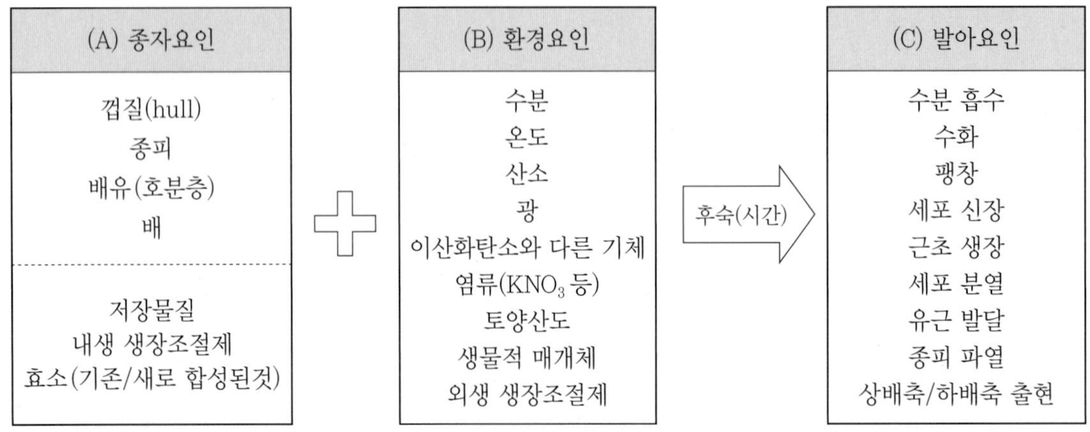

그림 10.16 후숙을 유도하는 종자(A)와 환경(B)이 휴면 또는 발아를 결정(C)하는 복잡한 기작들의 상호작용 요인들

를 처리하면 제거된다. 앞에서 제시한 바와 같이 종자의 휴면 기작은 매우 복잡하여 종자구조, 환경에 의한 생장자극물질, 내생 생장조절물질, 외생 화학물질들의 상호작용으로 나타난다. 그림 10.16은 이것을 설명하고 있다.

만약 여기서 4가지 요인들이 관여한다면 예를 들어 ① 종피 ② 온도 ③ 내생물질 A ④ 외생물질 B가 있고 ① 종자요인 ② 환경요인 ③ 발아요인의 3가지 요인이 있으므로 4가지×3요인=12가지의 주효과, 상호작용효과 또는 가능한 원인들이 휴면에 관여하게 되면 더 많은 경우의 수가 생길 것이다. 수확 직후 상추의 후숙에 대해 설명된 내용을 보면 다음과 같다.

① 수확 후에 획득된 2차 휴면으로 좁은 온도범위(15~20℃)에서 발아한다.
② 적당한 기간 동안 건조저장하여 휴면이 소거된 후에는 넓은 온도범위에서 즉시 발아한다.
③ 수분을 함유한 발아할 수 있는 종자를 고온(30~35℃)에 두면 2차 휴면에 들어간다.
④ 인위적으로 유도한 2차 휴면 종자를 저온처리 하지 않으면 휴면이 타파되지 않는다.
⑤ 휴면종자는 적색광 처리나 GA 처리로 즉시 발아한다.
⑥ 과피(왕겨)를 제거하면 발아가 된다.

수분을 흡수한 상추종자에 쿠마린(Cumarin)을 처리하면 고온처리로 2차 휴면이 유도된 것처럼 휴면이 유도된다. 종자발생 기간에 유도되는 휴면으로는 1차 휴면과 2차 휴면, 또는 상대 휴면(relative dormancy, 이것은 성숙된 종자에 환경적 요인 때문에 발생한 휴면으로 좁은 범위의 온도, 즉 15~20℃에서만 발아할 수 있음)이 있다. 그리고 적정온도에서도 발아하지 않는 휴면인 진정휴면(true dormancy)은 모두 종자 내적요인으로 조절되지만 환경적 영향을 받을 수도 있다.

8. 출아와 유묘생장(Emergence and Seedling Growth)

유묘의 출현으로는 ① 유근의 윗부분인 하배축이 신장되는 즉 자엽(떡잎)이 지상으로 올라오는 지상자엽형(epigeal emergence) ② 첫 번째 절간인 상배축이 신장하는 즉 자엽(떡잎)이 지하에 그대로 남아있는 지하자엽형(hypogeal emergence)으로 크게 나눈다(그림 10.17). 지상자엽 또는 지하자엽의 출현에서 신장하는 기관부위는 각각 자엽마디의 하부, 또는 상부에 해당한다. 지상자엽형 출현의 경우 자엽은 토양이나 배지의 표층을 뚫고 나온다. 지하자엽형 출현에서는 자엽이 토양 표층 아래(밑)에 그대로 남아 있다. 땅콩은 중간형의 형태로서 파종 심도가 얕으면 자엽이 출현하지만 깊으면 토양 내에 남아 있어 양면적이다. 화본과 작물의 종자는 자엽(종자)이 토층 내에 남아있으면서(지하자엽형) 배유에서 분해된 저장 양분을 흡수한다. 완두콩이나 팥은 대부분의 콩과 작물들과는 다르게 지하자엽형이다. 그러나 지하 자엽(떡잎)에서 저장양분을 공급받는다. 지상부의 자엽은 저장양분의 공급뿐만 아니라 엽록체가 응집되어 있어 광합성 기관이기도 하다. 자엽의 노화는 출현과 더불어 시작되어 약 3주 후에 탈락한다.

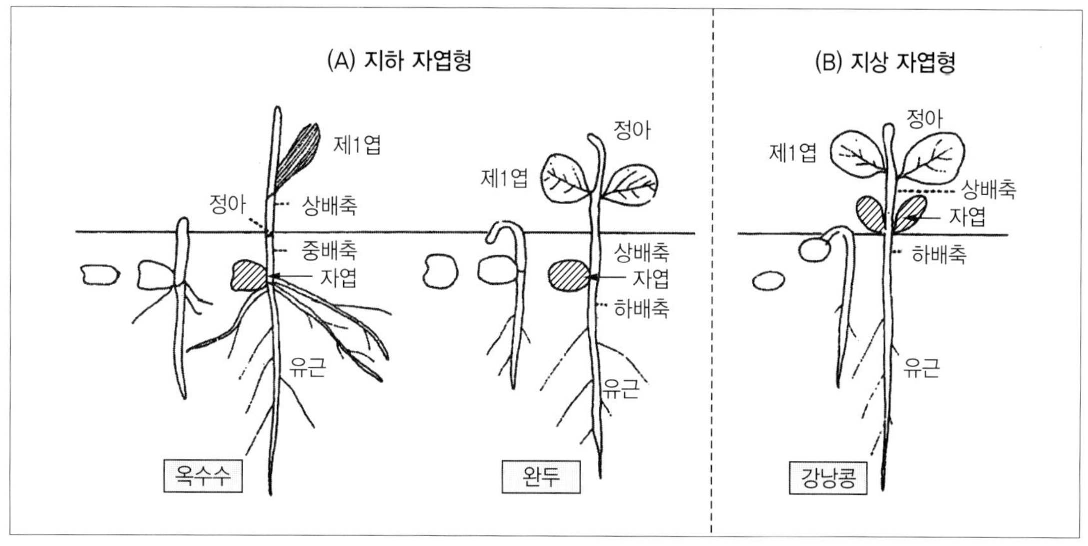

그림 10.17 옥수수와 완두의 지하자엽형(A)과 강낭콩의 지상자엽형(B) 발아
유묘의 구조에서 ① 제1본엽 ② 정아 ③ 자엽(옥수수의 경우 숨어 있음) ④ 유근 ⑤ 상배축 ⑥ 하배축 ⑦ 중배축을 나타낸다.

1) 종자의 크기와 밀도(Seed size and Density)

종자의 크기는 유묘의 무게와 높은 상관관계를 보인다. 일반적으로 무거운 종자는 또한 매우 활력적인 유묘를 생산하다. 껍질째 먹는 강낭콩(snap bean)의 경우, 큰 종자와 작은 종자로 나누어 이랑당 동일한 개체수를 파종하면 큰 종자를 가진 그룹이 작은 종자를 가진 군보다 수량이 높았다. 줄당 동일한 무게량으로 파종하면 작은 종자군의 수량이 많았다. 종피에 갈라진 틈이 생길 정도의 큰 종자는 발아율이 낮고 유묘의 생장이 불량하다. 이러한 예로 크기가 큰 종자는 종자 크기에 따른 군들 간에 수량비교에서 가장 낮은 수량을 나타내기도 한다. 생산지가 다른 콩에서 수량과 종자의 크기 간에 정의 상관을 나타내었다.

콩에 대한 연구에서 크기가 큰 종자는 작은 종자보다 농업적 형질의 차이는 나타나지 않았지만 수량이 높았다. 다른 연구보고에서도 큰 종자는 작은 종자보다 수량이 확실히 증가시켰으며 종자의 크기는 출현율, 엽면적, 경장과도 정(positive)의 상관을 나타내었다. 그러나 실험실 내에서 측정된 단위 면적당 광합성률(CER)은 작은 종자의 7일된 유묘에서 높았다. 블랙(Black, 1956)은 자엽의 크기와 종자의 크기가 정의 상관을 갖는다고 하였다. 그는 지중해클로버(subterranean clover)에서 파종심도가 깊을수록 유묘의 무게가 감소하였지만 자엽의 면적은 줄지 않은 것(차이가 없음)을 관찰하였다(표 10.11). 큰 종자(대립)는 작은 종자(소립)에 비해 자엽의 면적이 2배에 이르고 따라서 높은 광합성 능력을 나타내었다.

표 10.11 지중해클로버의 유묘 무게와 파종 심도, 종자 크기에 따른 자연면적의 차이

종자 크기	파종깊이(cm)	무게(mg)	자연면적(㎟)
소립	1.3	1.2 e	7.8 c*
중립	1.3	2.1 d	11.8 b
대립	1.3	3.3 a	16.4 a
	3.6	2.9 b	16.3 a
	5.0	2.5 c	16.3 a

출처: Black 1956.
* 영어 소문자가 같으면 차이가 없고 다르면 유의한 차이가 인정되는 분석자료이다.

소립종의 종자를 갖는 사료작물에서 건전한 출현을 위하여 파종심도를 종종 깊게 하는 경우가 있다. 실제로 예측한 최종 군락수보다 훨씬 많은 양의 종자를 파종하는 것이 실제적인 방법이다. 반대로 옥수수와 같은 화곡류는 종자의 치사율이 낮기 때문에 예상되는 집단 수와 비슷한 양의 종자를 파종하게 된다.

수수에서 조기파종은 종자의 크기보다 종자의 밀도에 크게 영향을 받는다. 최종 식물체수는 밀도가 높은 종자에 의해서 향상되지만 최종 수량은 종자의 크기 및 밀도에 무관하였지만 경향성은 보여주었다(표 10.11). 그러나 전반적으로 크기가 크고 밀도가 높은 종자가 발아와 초기 유묘

발달에 유리하다는 것을 나타낸다. 그러나 일반적으로 초기의 유리함은 없어지고 최종 수량은 거의 비슷하다. 작은 종자보다 큰 종자가 유리하다는 보고에 맞서는 반대되는 주장도 있기는 하다.

표 10.12 수수(sorghum)의 발아와 수량에서 종자 크기와 비중의 효과

종자요인	종자수준	발아율	종자무게	최종 입묘	종실 수량
표준종자	대조구(control)	76be	24c	61b	4315a
종자크기	대립	81a	31a	64b	4320a
	소립	74c	23d	58b	4245a
종자비중	큰 밀도	80ab	25b	71a	4425a
	작은 밀도	52d	19e	63b	4280a

출처: Maranville and Clegg 1977.
* 영어 소문자인 a, b, c, 등은 던컨의 다중검정(Duncan's multiple range test)의 유의성을 나타낸다.

① 콩과작물에서 큰 종자는 큰 배를 가지고 있다. 따라서 큰 자엽은 생육이 빨라 초기 광합성이 커서 유리한 위치를 갖는다. 이러한 자엽은 높은 비중을 갖고 광합성이 활발하지만 자엽이 큼으로서 출현 시 토양의 큰 저항력과 같은 요인들에 의하여 이러한 초기의 이점들이 쉽게 없어진다.

② 화본과에서 큰 종자는 더 많은 저장 양분을 가지고 있지만 작물체가 독립성을 갖기 위해 요구되는 저장 양분의 양 이상의 것은 불필요하다.

③ 종자의 밀도는 종자의 크기만큼 중요한 요인으로 배의 크기와 저장양분의 양을 나타낸다. 그러나 대부분의 학자들은 밀도가 높은 종자들의 이점이 적기 때문에 밀도보다 종자의 크기에 관심을 기울인다. 재배되는 대부분의 작물 품종에서는 종자의 크기에 따른 효과는 적은 것으로 나타났다.

요약(Summary)

종자는 생물학적으로 성숙된 배주이고 배주의 벽은 종피가 된다. 화본과의 종자인 영과(caryopsis)는 단일 배주의 건조과실로 자방과 종피 또는 과피가 되는 배주벽이 융합되어 성숙된다. 당근과 도꼬마리 종자는 2개의 종실을 가진 건조 비열개과(schizocarps, 분리과)이다. 해바라기 종자는 1개의 단일 종실로 과피와 종피가 융합되지 않은 건조 비열개과이다(achene, 수과). 사탕무 중에서 단배종자(monogerm) 품종을 제외하고 다배종자(multigerm)는 종구(seed ball, 구과)나 종자를 생산하는 복과(aggregate fruits)이다. 화본과는 배유에 전분과 단백질, 배 또는 배아(germ)에 오일을 저장하는 반면 콩과작물은 배유를 흡수한 자엽에 저장물질이 저장되어 있다. 동부콩(cowpea, 검은 점이 있는 흰콩)이나 다른 콩과 작물의 50% 정도는 주요 저장물질이 전분과 단백질이다. 그 외에 나머지 콩과 작물의 주요 저장물질은 오일과 단백질이다. 종실 단백질은 라이신(lysine), 트립토판(tryptophan), 메티오닌(methionine)의 부족으로 아미노산 조성에 불균형을 나타내 인간을 포함한 단위동물들에 대해 생물학적 가치가 낮다. 화본과 종자 내의 전분은 아밀로펙틴(amylopectin, 가지형 사슬)과 아밀로스(직선형 사슬)이다.

대부분의 옥수수 품종들은 2가지 전분형태 모두를 함유하고 있는데 아밀로펙틴(amylopectin)이 더 많다. 특정 종에서 발견되는 다른 종류의 탄수화물은 헤미셀룰로스(hemicellulose)로 만난(mannan)과 크실란(xylan), 점액질(mucilage), 펙틴(pectin)과 당이다. 종자에 저장되는 지질은 일반적으로 불포화 트리글리세라이드(triglyceride) 또는 오일이다. 콩과 종자의 주요 단백질은 수용성인 글로불린(Globulin) 형이 있고 화곡류 종자에는 알코올에 녹는 프로라민(Prolamin) 형이 있다. 화곡류에 있는 프로라민에는 라이신(lysine), 트립토판(tryptophan)이 결핍되어 있다. 종자에는 또한 알칼로이드, 페놀과 락톤이 함유되어 있는데 이들 물질은 발아억제물질(휴면기작)로 작용한다.

종피의 파열과 유근이 출현되는 발아과정은 수분흡수, 산소의 빠른 흡수, 저장 물질의 가수분해 및 새로운 조직의 합성으로 이루어진다. 옥신, GA, 시토키닌은 에틸렌과 함께 발아에 필요하다. GA는 가수분해 효소의 유출을 촉진시킨다. 휴면 기작으로 활력이 있는 종자가 유묘생육 및 발아에 적절한 환경이 주어져도 발아하지 못한다. 휴면은 수분(두과작물) 또는 산소(일부 화본과)에 대한 종피의 불투성, 억제물질 및 일반적인 호르몬 작용을 포함하는 배와 배유의 요인 등에 의하여 발생한다. 시간 경과에 따라 특히, 고온과 다습상태에서 종자는 발아력과 유묘활력이 감소한다. 심지어 활력의 소실은 발아력의 소실보다 먼저 발생하여 토양병원균에 쉽사리 감염될 연약한 유묘를 생산하게 된다.

종자는 발아에 수분과 산소, 그리고 따뜻한 온도를 요구한다. 특정 종들은 휴면 타파를 위한 특별한 처리가 요구되는데 이를 후숙(발아가 가능한 상태로 처리)이라 하며 다음과 같은 처리가 단독, 또는 복합적으로 실행한다. 충분한 기간 동안의 저온과 습윤처리, 광과 습윤처리, 티오요소 또는 과산화수소와 같은 염을 포함한 화학물질의 처리, 지베렐린(GA) 및 에틸렌을 포함한 호르몬 처리가 있다.

가시광선의 적색광(660nm)은 발아를 촉진하는데 가장 효과적이다. 적색광, 지베렐린(GA) 및 저온처리는 상추와 같은 광발아 종자들이 환경요인에 의해 유도된 휴면이나 2차 휴면의 타파에 있어서 상호 대치될 수 있다. 일부 종자는 수분이나 산소 흡수를 위하여 종피파상처리가 요구된다. 일부 다른 종자는 종피의 억제물질을 제거하기 위해 용탈처리(leaching)를 한다. 종자의 수명은 휴면의 종류와 강도, 저장환경에 따라 몇 주에서 몇백년까지 차이를 나타낸다. 종자의 구조, 생장촉진물질, 생장억제물질과 환경요인의 상호작용은 휴면기작의 복잡성을 더한다. 유묘의 출현 형태는 벼, 옥수수, 완두와 같은 지상자엽형(자엽의 하부가 신장므로 자엽이 토양 위로 올라옴)과 대두, 오이, 메밀, 양파와 같은 지하자엽형(자엽의 상부가 신장하므로 토양에 자엽이 지하에 그대로 남아있음)으로 나눈다. 일반적으로 크기가 크고 밀도가 높은 종자는 묘의 출현과 생장이 양호하지만 특정 상황에서는 부정적 영향을 나타낼 수도 있다.

제11장
지하부 생장
(Root Growth)

뿌리는 중요한 영양기관으로서 식물의 생장과 발육에 요구되는 수분, 무기원소 및 필수물질을 흡수하는 중요한 기관이다. 이러한 아주 중요한 기능과 역할을 수행하고 있음에도 가시적으로 보이지 않기 때문에 당연한 것으로 인식되고 있다.

뿌리에 대한 연구는 식물의 다른 기관의 연구에 비해서 비교적 제한되어 왔는데 이는 연구의 어려운 면이 많이 존재하기 때문이다. 그러나 지상부 환경의 변화보다 지하부 환경의 변화에 의하여 작물생장을 촉진시킬 수 있는 기회가 많이 주어진다. 근권(뿌리 환경) 내의 공기, 수분 및 토양입자(무기원소)의 구성상태는 농업의 재배양식에 따라 쉽게 바뀐다. 토양온도는 경운과 피복처리, 토양수분은 관개 방법, 토양입자와 영양상태는 시비방법으로 영향을 받을 수 있다. 반면, 작물의 지상부 환경의 변화는 어렵고 실제적으로 불가능하다. 뿌리에 대한 연구는 현재 진행되어진 연구보다 더 중요하고 강조되어야 한다.

1. 뿌리의 기능(Root Functions)

뿌리의 활발한 생장은 지상부의 활력과 생장에 중요하다. 뿌리가 생물적, 물리적, 기계적 손상을 받아 활력이 떨어지면 지상부의 기능도 감소하게 된다. 작물체에서 뿌리의 중요한 기능은 ① 양분과 수분의 흡수 ② 작물체의 지지와 고정 ③ 생산물의 저장 ④ 운반 ⑤ 번식 ⑥ 생장조절물질의 공급원 등이다.

수분과 무기원소의 흡수는 뿌리의 선단과 근모(root hair)에서 주로 일어나며, 뿌리의 노화된 부위나 뿌리 전체에서도 일부 이루어진다. 오래된 뿌리의 주요기능은 줄기와 가지에서 일어나는 물질 운반의 기능과 저장 역할이다.

작물체의 지지와 고정은 식물체를 한 위치에 유지시키는 역할 이상의 기능을 한다. 뿌리 자체도 근권 내에서 뿌리를 확산시키려면 뿌리의 확산력에 대하여 지탱할 수 있는 고정(anchor)이 필요하다. 상당수 쌍자엽 식물에서 뿌리는 1차적으로 동화물질의 주요 저장장소로서 역할을 한다. 단자엽 초본류의 뿌리는 가늘고 저장능력이 거의 없으나 쌍자엽 식물의 뿌리는 피층이나 수(pith) 및 유세포 조직들로 이루어져 있다(사탕무, 알팔파, 다른 육질이 있는 뿌리 등). 많은 종에서 뿌리는 번식기관으로도 이용되는데 그들의 뿌리는 부정지(adventitious shoots)를 발생시킬 능력이 있으며 새로운 생장을 지지할 영양분을 가지고 있기 때문이다. 잘 알려진 문제가 되는 많은 잡초들은 이런 형태의 번식력을 갖고 있어 경운에 의한 뿌리의 절단에도 불구하고 번식을 계속한다. 식물 전체의 생장 및 발육에 영향을 주는 지베렐린이나 시토키닌의 생장조절물질도 주요 공급원이 뿌리로 알려져 있다(제8장 식물생장조절 참조).

2. 뿌리 연구기법(Root Study Techniques)

뿌리 연구의 어려운 점들은 연구의 효율을 향상시키기 위한 수많은 실험 기술의 발전으로 해결되고 있다. 이들 중 ① 직접 측정방법 ② 방사선 동위원소나 염색추정을 이용한 간접적 방법들도 있다.

1) 조구법(Trench Profile Method)

이것은 식물 개체의 주변 둘레 또는 줄을 따라 수직으로 도랑을 파서 가시적으로 나타나는 뿌리를 그리거나 사진으로 관찰하는 방법이다.

2) 방형틀과 핀보드법(Framed Monolith and Pinboard method)

방형틀법(Framed Monolith)은 조구법의 변형된 형태로 뿌리의 신장과 분포를 양적으로 측정하는 방법이다. 도랑의 측면에 위치한 판에 일정한 간격으로 핀을 꼽아 일정 부피의 토양층에 뿌리를 고정시키는 효과를 얻는다. 단일체 토양을 잘라 도랑으로부터 꺼낸다. 시료를 물에 담근 후 뿌리에 묻은 모든 흙을 조심스럽게 제거한 후 뿌리의 길이 무게 및 기타 변량들은 정량하고 설명한다(그림 10.1). 콩고레드 염색법(Congo red stain)은 죽은 뿌리와 살아있는 뿌리를 구별할 수 있도록 착색시키는 방법이다. 방형틀법(Framed Monolith)은 양적요인의 정보를 얻을 수는 있으나 노동력, 시간 및 비용이 많이 들어간다.

* 모놀리스(Monolith)는 자연상태의 단면구조를 파괴시키지 않도록 나무틀에 넣거나 판자 위에 올려놓아 관찰할 수 있도록 한 토양단면을 말한다.

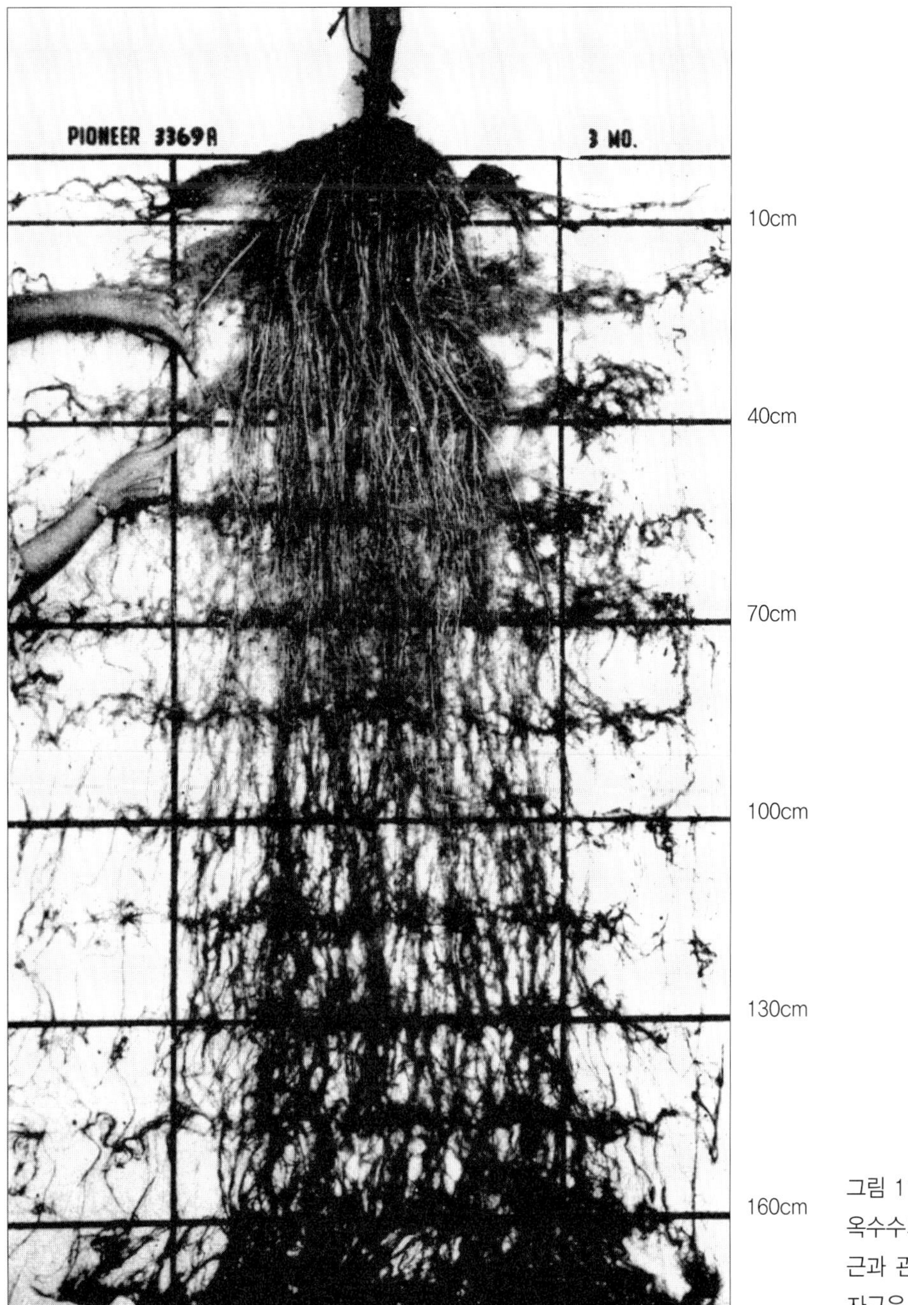

그림 11.1
옥수수의 근계 모습. 부정근과 관근은 관찰되나 종자근은 보이지 않는다.

3) 토양수분 감소법(Soil Moisture Depletion Method)

토양수분 감소법은 중력계(gravimetrically, 코아(core) 시료를 평량함) 또는 중성자 수분측정기(neutron probe)에 의해 측정한다. 이는 토양수분이 감소되는 토양의 깊이별로 측정하고 나타낸다. 감손 경계면은 일반적으로 뿌리의 깊이보다 15cm 정도 이전에 나타나는데 이는 토양에서 수분의 이동 때문이다. 이 방법은 신속하지만 뿌리의 밀도나 다른 뿌리변량들의 측정치에 정확성이 떨어지는데 이는 수분의 추출률이 증발요구도(evaporative demand), 토양 수분퍼텐셜 및 토양 수분특성(soil hydraulic characteristics)에 좌우되기 때문이다.

4) 코아 샘플링법(Core Sampling Method)

코아 샘플링법은 작물체와 휴간의 예정된 뿌리분포지역에 뿌리가 포함된 토양 코아로 채취하는 방법이다. 튜브나 바켓이 일반적으로 이용된다. 이 방법은 기계화가 가능하나 단지 중간(반) 정량적이다(semiquantitative (Bohm et aI. 1977).

5) 미니 라이조트론법(Minirhizotron Method)

빛과 거울 또는 TV카메라의 도움으로 토층 내에 설치한 유리관이 이용될 수 있는데 측면에서 뿌리의 생육을 관찰할 수 있다. 이는 질적인 방법으로 20~30° 기울어진 유리관에 반투명 튜브를 갖는 식물 상자를 암조건에 두어 뿌리가 유리에 접촉하고 유리를 따라 아래로 가면 뿌리의 생장률과 침투 깊이를 알 수 있다.

6) 방사선 동위원소법(Radioactive isotope method)

방사선 동위원소 ^{32}P의 추적으로 뿌리의 깊이를 측정하는 방법이다. 이 방법은 뿌리의 밀도를 측정하는 데는 적합하지 않다. 비슷한 방법은 여러 토층에다 구멍이 뚫린 플라스틱 자루에 질소비료를 넣어 위치하게 하고 잎의 질소 변화를 관찰함으로써 비교될 수 있는 결과를 얻는 것으로 특히 초본식물에 이용되고 있다.

7) 상대생장법(등확률법, Allometry Method)

이 방법은 작물체 각 부위 무게의 대수적 비율을 가정하는 것으로 지상부와 지하부의 비율(S/R률)이 그 예이다. 지상부의 증가는 비례적으로 지하부의 증가를 의미한다. 관개 또는 환경이 양호한 토양에서 자란 콩의 줄기 길이는 뿌리의 깊이를 간접적으로 나타내었다. V_3(3개의 전개엽을 갖는 영양생장기, 그림 12.4 참조)의 생육단계에서 뿌리의 길이는 줄기의 2배에 이르고 이러한 관계는 계속 유지되어 꼬투리(협)가 발달하는 시기에는 줄기의 1.4배에 해당한다. 관개가 잘된 식물은 0~15cm의 토층 내에 지상부 무게의 약 15% 이상의 뿌리가 분포한다. 영년생 단자엽

초본의 뿌리발달은 상대적 생장을 나타내었다. 토양 내의 방해물은 S/R률에 큰 변화를 주지 못하지만 뿌리의 분포에는 크게 변화를 주므로 이 방법은 문제가 종종 발생한다. 근계를 특성화하기 위한 대부분의 뿌리 연구에서 건물중이나 생체중이 조사되지만 뿌리의 무게는 연구의 1차적 관심의 대상이 되는 수분 및 영양분의 흡수와 상관이 적다. 근모 부위의 어리고 가는 뿌리가 영양분의 흡수에 매우 효율적인 기능을 한다. 근모는 뿌리 선단의 0.3~3cm 범위에 국한되어 있다. 근모는 표피세포의 신장 직후에 형성된다. 근모의 생성률과 수는 15℃에서보다 26℃에서 크지만 그 수명은 각각의 온도 즉 15℃에서 55시간과 26℃에서 40시간을 갖는다. 이러한 결과는 종에 따른 근모의 생성률이 비교적 일정하다는 것을 나타낸다. 근모 부위의 길이는 유전형과 환경에 영향을 많이 받는다. 뿌리의 흡수효율은 뿌리의 길이를 측정하는 것보다 뿌리의 밀도나 뿌리의 표면적을 측정하는 것이 정확하다.

3. 발근과 생장(Root Initiation and Growth)

뿌리의 길이 신장은 정단분열조직 뒤에 위치한 세포의 신장으로 일어난다. 폭의 증가는 측생분열조직 또는 형성층으로부터 일어나는데 형성층 분열조직에서 2차 생장을 시작한다. 길이와 폭의 생장 양상은 줄기와 흡사하다. 그러나 측근 형성은 줄기와 매우 달라 늙고 분화된 조직 내의 내초로부터 발생한다. 형태 발생학적으로 보면 줄기의 정단부와 가지의 기원은 매우 다르다(그림 11.2). 뿌리와 줄기의 형태 발생학적인 세부적 비교를 표 11.1에 나타내었다.

표 11.1 줄기와 뿌리의 형태 발생학적인 발달 비교

번호	비교항목	지상부(줄기)	지하부(뿌리)
①	1차 물관부와 체관부	같은 선상에 위치(쌍자엽)	별모양으로 번갈아 위치
②	내피의 유무	보통 없음	대부분 존재
③	마디와 절간 유무	있음	없음
④	분열조직	근단(root apex)	근단 바로 아래
⑤	유관속 형성층의 형성 유	조직 세포	유조직과 내초 세포
⑥	정단분열조직 내 휴면중심	없음	있음
⑦	종자식물의 내초 유무	없음	있음
⑧	측생기관 발생	정점 근처	정점에서 떨어짐
⑨	측생기관 형성 위치	표층	내부조직층인 내초
⑩	표피의 기공 유무	있음	없음

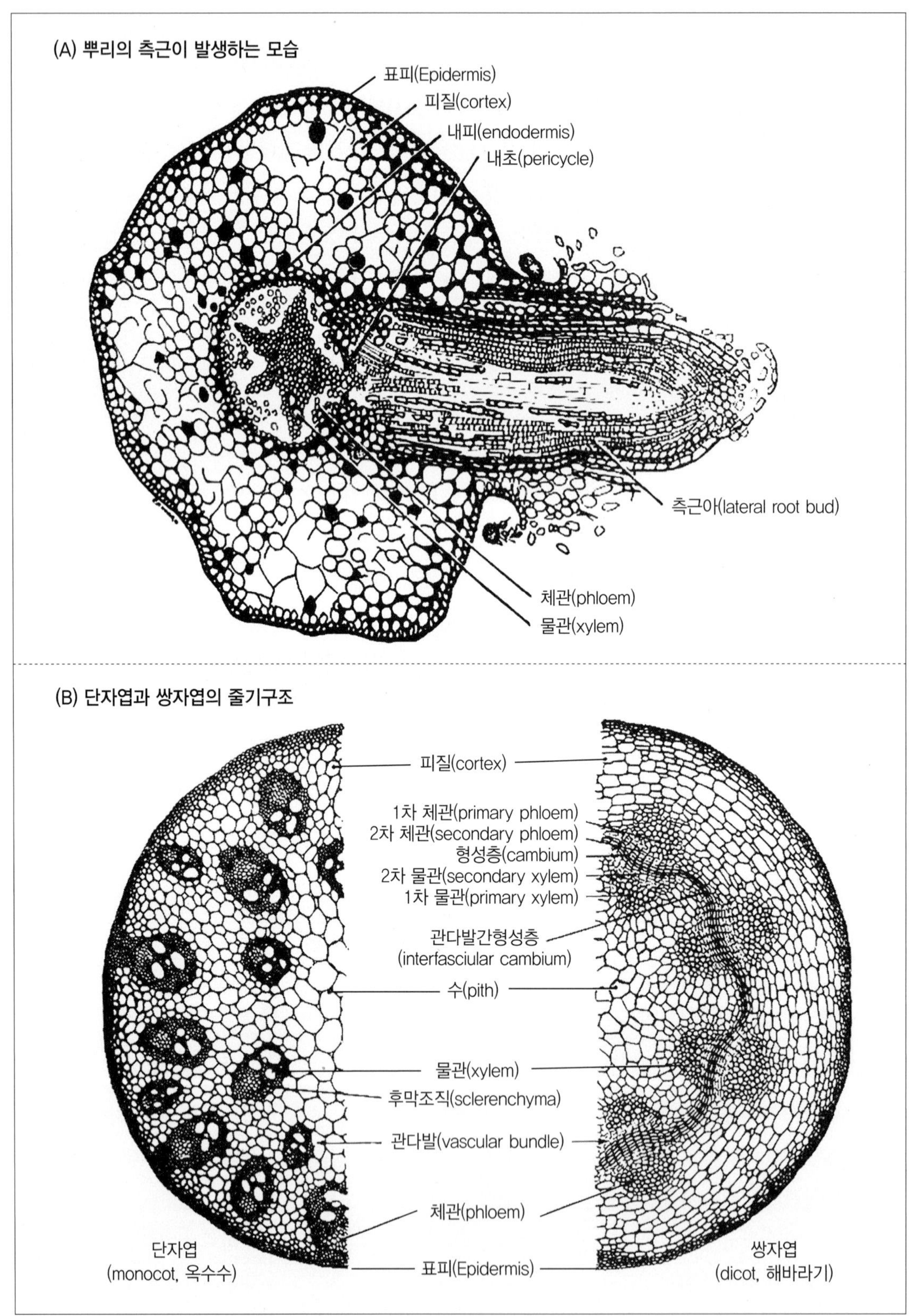

그림 11.2 뿌리의 측근이 발생하는 모습(A)과 줄기의 해부구조(B)

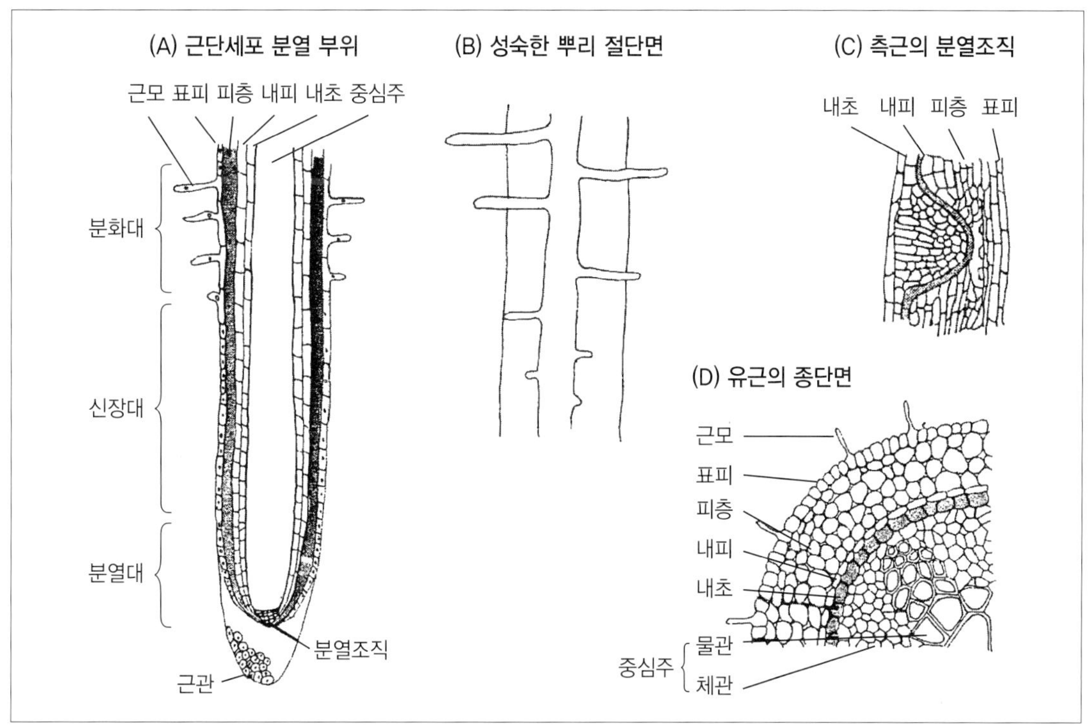

그림 11.3 초본성 쌍자엽 식물 뿌리의 종단면. 모식도 (A)는 ① 근단 세포분열 부위, ② 신장부, ③ 분화 부위를 갖는 근단. 모식도(B)는 다양한 발달 단계에 있는 측근을 갖는 성숙한 뿌리의 절단면. 모식도(C)는 내초로부터 발생한 측근의 분열조직. 모식도 (D)는 어린뿌리의 종단면

분열조직의 특징인 높은 대사율을 나타내는 ATP 효소의 활성 정도를 근거로 하였을 때 정단 하부 분열조직은 뿌리 선단으로부터 수 밀리미터에 위치한다(그림 11.3). 콩의 뿌리에서 ATP 효소의 활성은 뿌리 선단에서 28mm에 이르기까지 관찰되며 3.5mm에서 최대값을 나타내었다. 뿌리의 신장은 5mm에서 15mm 사이의 부위에서 최고를 나타내었고 근모, 물관부, 체관부, 내초 및 다른 특수한 세포 등을 포함하는 분화 부위는 15~25mm 범위에서 시작하였다(그림 11.3). 뿌리의 생장이 빠를수록 분화 부위의 길이가 증가하였다. 뿌리의 근단분열조직에서 생성되는 새로운 세포들은 뿌리의 신장이나 근관 세포의 새로운 형성을 위해 분배된다. 근관(root cap)은 뿌리가 토양을 침투하는 과정에서 분열조직이 물리적 손상으로부터 보호하는 중요한 역할을 하며 뿌리의 침투방향을 안내하는 역할도 한다. 진흙과 같은 토양은 근관 세포의 생장 선단을 미끄럽게 하여 미생물과 토양유기물에 기질을 제공한다. 또한 근관(root cap)은 식물 생장조절물질인 ABA를 생산한다. 뿌리의 근단분열조직(root apical meristem)은 줄기의 선단 분열조직과는 달리 비교적 낮은 DNA, RNA 함량을 보이며 체세포 분열의 활성이 낮다. 선단부가 손상을 받거나 절단되면 휴면중심에서 새로운 분열조직이 형성되는데 온도조건이 양호하면 36시간 이내에 굴지성을 회복한다(그림 11.3). 뿌리의 신장과 새로운 근관의 형성이 이전처럼 계속 이루어진다.

1) 뿌리의 신장(Extension)

뿌리 분열조직(root meristem)은 계속 무한 생장을 할 수 있어 뿌리 신장에 대한 잠재력은 무한하다고 할 수 있다. 생장은 생육기간 전반에 이루어질 수 있으며 한 생육기간 동안 2m 이상 침투할 수 있는 신장량을 보는 식물도 있다. 저농도의 자당(설탕)을 함유한 배지에 절단된 뿌리를 배양시켰을 때 배지내 용액을 자주 갈아주면 40~50주에 이르기까지 생육이 계속되었다. 고농도의 자당은 노화를 촉진시키고 뿌리의 신장량을 감소시켰다. 건조지역에 적응하는 화본과들은 주당 15cm의 신장을 보였는데 이들 식물 종들에서 조사된 뿌리의 신장 총량의 변이는 커서 50~74cm 범위였으나 단지 톨페스큐는 12cm 정도였다. 이들 값의 차이는 유전적으로 조절되는 형태학적 변이로 추정되며 건조해에 내성이 있다.

뿌리의의 생장률은 일반적으로 성숙이 진행되면서 감소한다. 콩에서 단위엽면적당 전체 뿌리의 길이는 영양생장 6기(V_6)에 630m/㎡, $V_{12}R_2$시기에 1190m/㎡, $V_{15}R_5$ 시기에 345m/㎡를 나타내었다(307페이지 그림 12.4 참조). 다른 연구에서는 콩의 뿌리 길이는 70~80일 동안 증가하고 100일까지는 일정하다가 그 후에는 줄어들었다. 콩에 있어서 뿌리의 밀도는 성숙기와 더불어 줄어들었지만 뿌리의 깊이는 R_7 시기까지 계속 증가하였다. 이들 연구에서 보고된 꼬투리(협)의 비대 시기에 뿌리 밀도의 감소는 생리학적으로 특별하다. 동화물질의 요구도가 최고일 때 무기원소 흡수의 감소가 나타난다. 영양생장 부위의 노화와 종실로의 동화물질 및 무기원소의 재분배가 뿌리생장 저하의 결과일 수 있고 이러한 일련의 모든 과정이 원인이 될 수 있다. 뿌리의 손실은 새로운 뿌리 선단 및 분열조직 활성의 감소를 의미하고 뿌리에서 줄기로의 시토키닌 유출량이 줄어든다. 시토키닌의 감소는 노화의 조절기작으로 작용할 수 있다.

2) 측근(Lateral Root)의 생장

그림 11.2에서 본 바와 같이 측근은 뿌리 선단에서 수 센티미터의 내초에 형성된 분열조직에서 발생한다. 측근이나 새로 형성되는 뿌리는 세포분열과 신장에 이어 내피와 피층을 뚫고 나와 뿌리 표면 쪽의 새로운 뿌리선단을 밀며 신장한다. 쌍자엽 작물에서 측근의 형성은 물관부 스타(xylem star, 뿌리를 횡단으로 잘랐을 때 물관부의 형성형태)의 반대지점에서 일어난다. 사탕무 뿌리의 물관부 스타(xylem star)는 2지점을 갖고 있어 2줄의 측근을 갖는다. 콩에서의 4지점의 물관부 스타(xylem star)는 4줄의 측근을 형성한다. 목화의 뿌리는 4개~6개의 물관부 스타(xylem star, 384페이지 그림 11.2 참조)를 나타낸다. 측근의 형성은 주로 유전적으로 조절되지만 또한 환경에 의해서도 크게 영향을 받는다. 유전적 조절에는 3가지 요인이 관여할 수 있는데 ① 뿌리 선단에서 β-억제제의 형성으로 이는 정아우세성과 관련되어 있다. ② 줄기에서 생장촉진물질의 생산으로 이

것은 뿌리로 전류된다(예로 옥신, 티아민, 니코틴산, 아데닌 등). ③ 생장촉진물질과 생장억제물질 간의 상호작용 또는 상호균형이다. 뿌리 선단부의 제거나 손상은 정아우세현상을 없애고 측근의 형성을 촉진한다. CO_2와 GA는 측근 형성을 촉진시키는데 이를 소위 병마개효과(stoppered bottle effect)라고 하며 이는 CO_2가 아닌 에틸렌의 발생에 의한 반응으로 여겨지고 있다.

3) 뿌리의 분화(Differentiation)

분화되지 않은 뿌리의 선단 부위에서 처음으로 발생하는 분화된 조직은 표피세포에서 측면에서 생성되어 신장하는 근모(root hair)를 형성한다(그림 11.3). 근모의 길이는 수 밀리미터에 이르고 그 개수는 200개/mm 정도이다. 그들의 수명은 일반적인 온도에서 약 50시간에 이르며 고온에서는 짧아진다. 수 센티미터에 이르는 새로운 근모 부위는 새로운 뿌리 생장과 더불어 형성된다. 근모는 점액질을 생산하는데 이는 미생물의 활성을 유인한다. 이론적으로 가장 중요한 근모의 역할은 무기원소의 흡수를 위해 더 많이 토양표면과 접촉할 수 있도록 뿌리의 표면적을 최대한 증가시키는 것이다.

뿌리 선단으로부터 수 밀리미터에 존재하는 부정형의 세포들은 그 크기와 모양, 구조를 달리하기 시작하여 분화되고 특성화된다. 물관부와 체관부로 구성된 중심주 또는 도관은 그 주위에 내초(pericycle)라 불리는 특성화된 단일세포층에 둘러싸여 있다. 얇은 세포벽을 갖는 피층의 유세포들은 내피에 의해 안쪽과 외피에 의해서 바깥쪽을 서로 연결되고 있다(그림 11.3). 쌍자엽 작물의 뿌리는 유관속형성층(vascular cambium)으로부터 직경이 증가되는 능력을 가지고 있다(표 11.1). 무 뿌리 하부의 유관속형성층으로부터 2차적 비대에 필수적 요인은 옥신과 시토키닌의 양적균형이라는 것이 밝혀졌다. 시토키닌과 결합된 자연 또는 합성 옥신(2,4-D를 포함)은 유관속형성층의 활성을 촉진시켜 2차 비대에 효과적이었다. 근모의 손실과 더불어 늘고 분화된 뿌리 부위는 페놀화합물이 함유된 코르크화(suberized)되어 흡수능력을 잃게 된다.

4. 뿌리체계와 효율(Root System and Efficiency)

자연상태에서는 거의 불가능한 상태이기는 하나 균일하고 장애가 없는 배지에서의 뿌리 생장양상을 살펴보면 기하학적 형태를 보인다. 유전형에 따라 반구체형(hemisphere), 원통형, 원추형, 도추형(inverted cone) 등이 있다. 생활사의 한 시점에서 뿌리의 구성과 그 성분을 근계라고 한다. 이러 여러 요인들이 분지성, 굴지성, 가늘게 자람과 같은 근계의 구조에서 특징적인 차이를 부여한다. 토양요인도 중요한 뿌리의 생육과 구성에 영향을 미친다.

1) 쌍자엽 작물(Dicot Crops)의 근계

쌍자엽 작물들의 근계는 크고 굴지성이 있으며 가는 분지근을 가진 1차근의 형태로 되어 있다(그림 11.4). 분지근의 굵기는 분지가 증가함에 따라 가늘어져 3차 분지가 2차 분지보다 더 가늘다. 종종 1차근(primary root(taproot), 직근)은 2차 비대를 너무 많이 하여 2차 분지근과 그 외의 분지근 간에 구별을 어렵게 한다(예로 당근). 전형적인 직근계(taproot system)와 수근계(fibrous root system, 발근계, 예로 화본과) 사이에는 수많은 중간형의 근계가 존재한다(그림 11.5). 순무와 무 같은 작물은 1차근의 하배축이 비정상적인 2차 비대를 나타낸다. 사탕무와 당근에서 곧은 뿌리인 직근의 비대는 일반적으로 뿌리의 길이 증가에 따라 증가한다. 도추형(inverted cone)인 이들의 뿌리는 탄수화물 저장에 적합한 두꺼운 피층을 가지고 있다.

영년생 콩과 사료작물인 알팔파의 근계는 곧은 뿌리계 즉, 직근계이다. 반면 버드풋트레포일은 직근에 분지근이 다소 포함된 형태이다(그림 11.6(A)). 분지를 갖는 직근계(branching taproot system)는 모든 콩과작물에 일반적인 형태로 분지근 주위에 토양장애물이 있거나 1차근의 선단이 손상을 받으면 생성된다. 콩에서 생장 초기의 측근은 1차근보다 굴지성이 적은 것으로 밝혀졌다. 측근에 의해 형성된 각도는 일반적으로 둔각이다. 생육 후기에 생장하는 뿌리는 굴지성이 강하며 수직적으로 생장한다. 미첼과 러셀(Mitchell and Russell, 1971)이 미국 아이오와(Iowa)에서 2군(group II)의 콩으로 뿌리양상을 3단계로 분류한 특징은 다음과 같다(307페이지 그림 12.4 참조).

① 영양생장기(파종~31일간): 굴지성을 띤 1차근이 5~60cm 생장하며 10cm의 토층에서 측근이 수평적으로 발생한다.

② 꼬투리(협) 비대 초기(파종 후 67~80일간): 굴지성을 띤 새로운 측근, 2차 분지근, 3차 분지근이 생장한다. 1차근과 측근에는 드물게 뿌리혹이 존재한다. 뿌리 무게 전체의 85%에 해당하는 뿌리가 작토인 15cm에 분포한다.

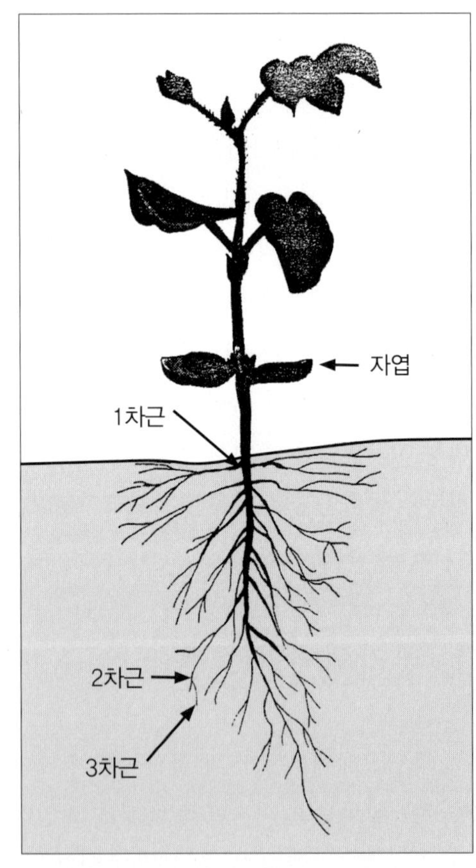

그림 11.4
초본성 쌍자엽 작물인 콩에서 유묘의 줄기와 뿌리 체계

③ 빠른 꼬투리(협) 비대기(파종 후 80~100일간): 1차근의 생장률이 둔화되고 측근이 강한 굴지성을 띠며 120~180cm 생장한다. 뿌리의 무게는 토층 8cm 윗부분과 120cm 아랫부분에 분포한 뿌리에서 증가한다.

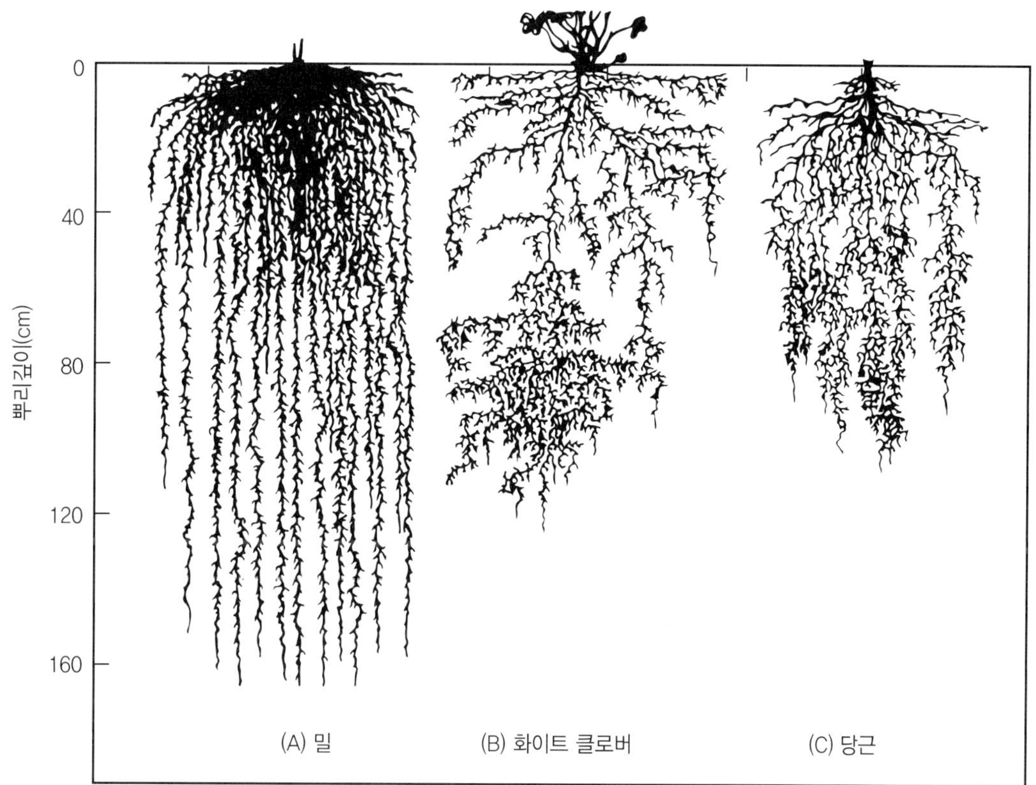

그림 11.5 특성이 다른 작물들의 뿌리 비교

2) 단자엽 작물(Monocots)의 근계

단자엽 작물(화본과)의 뿌리는 가늘며 2차 비대 생장을 위한 형성층이 없다. 전반적으로 이들 근계는 수근계(fibrous root system, 발근계)로 크게 2단계로 나눈다.

① 먼저 종자근(seminal roots)이 종자 내 배축의 배반절(scutellar node)에서 유근(radicle)을 따라 출현한다. 배반(scutellum)과 내재하는 마디가 종자 내에 있으므로 종자근이라고 한다. 밀은 초엽절(coleoptilar node)과 배반절이 종자 내에 남아있어서 2차 마디의 신장에 의해서 출현이 일어난다. 따라서 이 절(node)도 종자근의 개수 증가에 기여한다. 밀에서 종자근은 유근과 2개의 종자절(seed node)로부터 생성되는 1~7개의 뿌리로 구성되어 있다. 그 수는 유전형에 따라 다양하다. 종자근의 개수 차이는 특정 환경에서 경합 및 적응에 기여하는 것으로 나타난다.

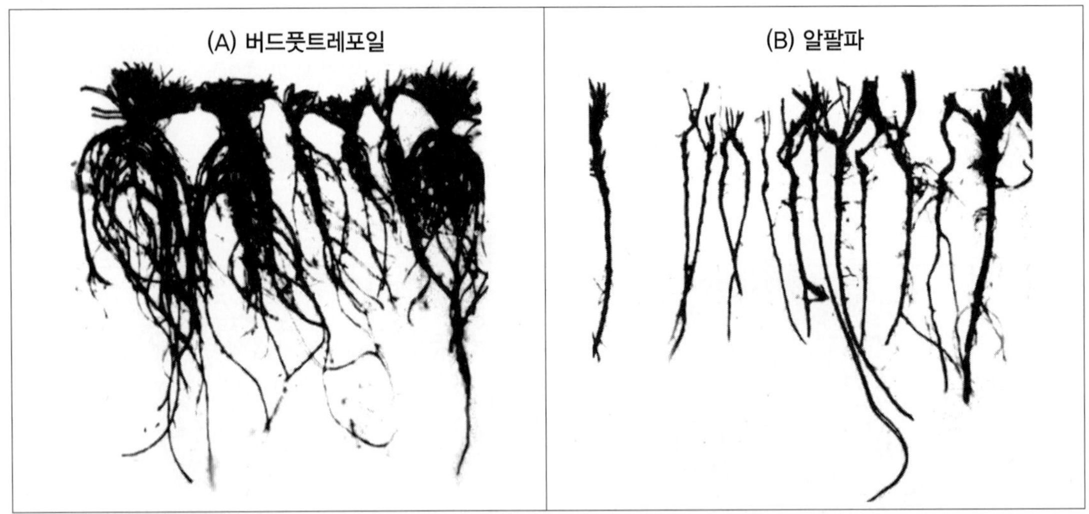

그림 11.6 버드풋트레포일과 알팔파의 뿌리 체계 비교. 버드풋트레포일은 분지를 가진 직근계를 가지고 있고 알팔파는 분지가 없다.

② 다음으로 부정근(Adventitious root) 또는 관근(crown root)이 토양표면 바로 밑부분에 줄기의 최하위 마디에서 생성된다. 화본과에서 3~6개 마디가 절간신장 없이 관부를 형성하는데 여기서 관근(crown root)이라고 하는 부정근이 윤생한다. 화본과의 출현은 첫 번째 절간 또는 중배축(밀의 경우 2번째 절간)의 신장으로 이루어지며(그림 11.7, 11.8) 관부는 파종 심도와 상관없이 토양의 표층에 위치한다. 중배축의 신장은 토양표층 바로 밑에서 정지되는데 이는 피토크롬에 의한 초엽의 출현에 있어서 적색광의 조절기작 때문이다. 옥수수에서는 지상부의 부정근이 토양표면에서부터 4번째 마디 이상까지 출현한다. 이를 지지근(brace root)라고 한다.

화본과 식물에서 발생하는 첫 번째 관근은 가늘며 약한 굴지성을 나타낸다. 이것은 수평으로부터 25° 각도의 밀집된 분지형으로 생장한다. 후반기에 생성되는 마디에서 발생한 뿌리(nodal root)는 두껍고 더 굴지성이 강하며 수평으로부터 약 45°를 이루며 생장한다. 마지막으로 생성되는 부정근인 마디근은 굵고 수직으로 생장한다. 이러한 굵은 지지근(brace root)은 더욱 가는 분지근을 토양에 분포하도록 생성하며 흡수 기능과 식물체를 고정하는 기능을 한다. 옥수수의 경우 뿌리의 생장 방향은 종자 주위의 토양온도와 밀접한 관계가 있다. 유근의 수평으로부터 생장 각도는 18℃에서 30°, 36℃에서 61°를 나타내었다. 화본과 뿌리의 굵기는 절간의 형성순서에 따라 다르고 분지근의 경우는 분지의 순서에 따라 달라진다. 매우 가느다란 종근은 배반절에서 발생한다. 관부에서 발생하는 윤생의 뿌리는 점차적으로 굵어지며 지지근 굵기가 주변의 종자근의 10배에 이른다. 반면 1차근에서 발생하는 분지근은 크기나 굵기가 급격히 적어진다. 만약 1차근이 짧으면 분지근은 길어지고 1차근이 길면 분지근은 짧아진다.

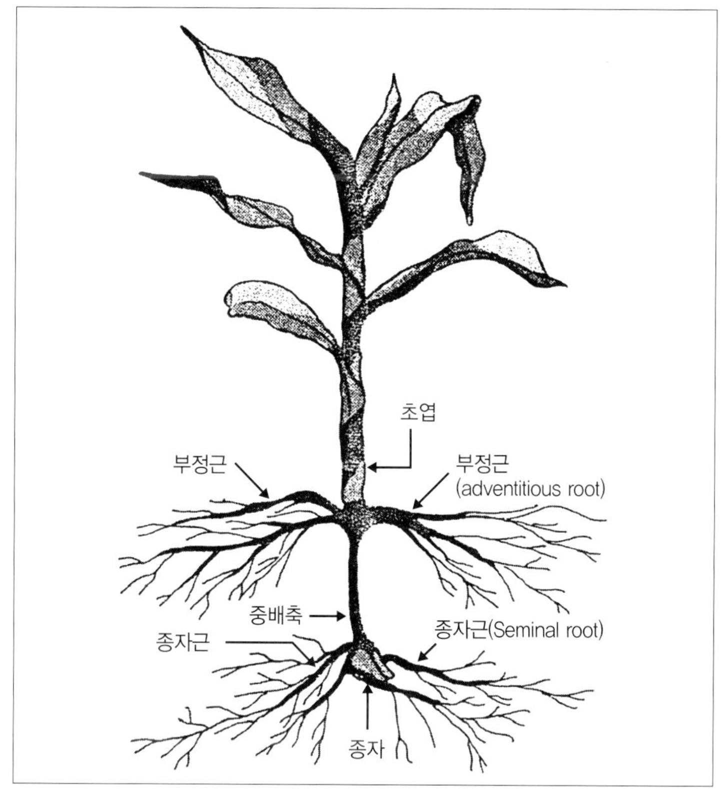

그림 11.7
단자엽 작물(옥수수)의 2층 모양의 뿌리

3) 종자근과 관근의 기여도(Contribution of Seminal and Crown root)

전체 근계에서 종자근의 기여도와 수명은 명확하지 않다. 일반적으로 종자근은 수명이 짧고 기여가 적은 것으로 생각되나 일부의 보고에서는 수명이 길고 기여도도 높다고 한다. 여기 둘 다 의미가 있는데 종자근의 수명과 기여는 작물의 종이나 환경에 따라 달라지기 때문이다. 캐나다 서부지역의 서늘한 기후대에서 재배되는 많은 화곡류들은 종자근이 중요한 역할을 할 뿐만 아니라 건조 시에는 관근의 형성이 부족하기 때문에 종자근에 의한 단일근계를 형성한다고 하였다. 생장 초기의 경합능력은 종자근의 발달과 관련이 있다. 예를 들어, 보리에서는 생장 80일까지 식물체당 6.6개의 종자근을 갖는데 야생귀리는 3개, 밀은 4.6개를 나타내 보리가 경합능력이 가장 우수한 것으로 나타났다. 심지어 야생귀리의 생장이 왕성한 토양에서도 재배에 우수한 작목으로 보리가 지적되는데 이는 종자근의 수가 많아져 초기경합에 유리하기 때문이다. 생육 후기인 약 80일에 조사한 보리와 밀의 관근의 수는 각각 11개와 13개이었고 야생귀리는 17개를 보여 경합능력이 바뀐 것으로 나타났다. 작물의 재식 거리는 종자근의 수에 영향을 주지 않지만 재식 거리가 좁아짐에 따라 관근의 1차 및 2차 분지근의 수가 급격히 감소하였다. 산파에 비해 조파된 작물에서 전체 뿌리의 길이가 급격히 감소하였다.

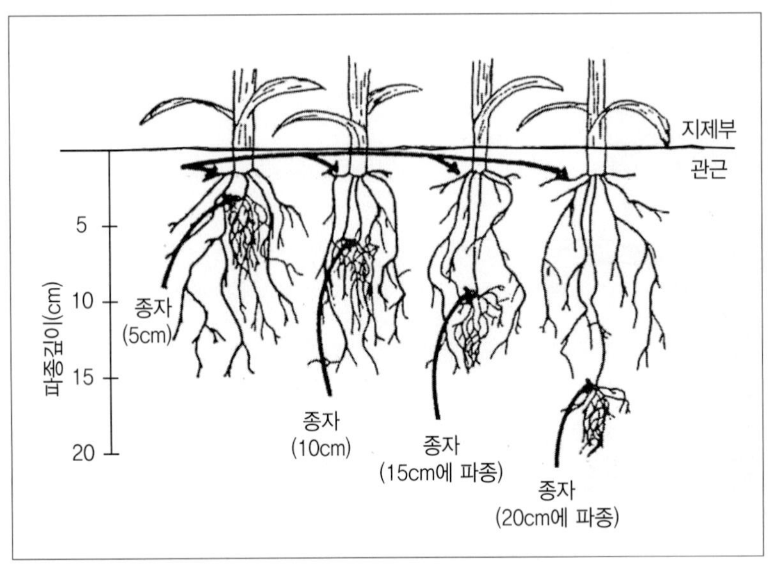

그림 11.8
파종심도를 달리한 옥수수의 뿌리생장 모습. 관근(crown root)은 파종의 깊이와 상관없이 같은 깊이에서 형성된다.

밀에서는 종자근 및 관근이 모두 있는 작물에서 조기 분얼, 인산흡수, 종실 수량이 급격히 증가하고 종자근 및 관근 중 하나라도 없으면 그 값이 저하되었다. 그러나 종실 수량은 종자근만 가진 작물체보다 관근만 갖는 작물체에서 높았다. 영년생 화본과인 티모시에서 종자근은 중요한 역할을 하지 못하였고 부정근만 갖는 개체가 종자근 및 관근의 2종류의 뿌리를 모두 갖는 개체만큼 생장을 나타내었다. 티모시 종자근의 흡수능력은 부정근의 흡수력보다. 50배 이상이나 높았다. 그러므로 종자근은 생장 초기에 중요한 역할을 하는 것으로 나타났다. 밀과 다른 화본과 곡류에서 종자근의 중요한데 이는 앞에서 살펴본 내용과 같이 많은 종자근이 2차 마디의 신장에 의해 출현되기 때문이다. 그러나 관근의 수의 잠재력은 관부에서 1개 마디가 적게 되므로 상대적으로 감소한다. 많은 종자근으로부터 얻는 초기 이익이 관근 수가 적어져서 잃는 손실보다 더 크고 중요하다.

포장에서 재배되는 옥수수에서 종자근은 수명이 짧고 상대적으로 기여도도 적은 것으로 나타났는데 이는 ① 중배축이 몇 주 후에 분해되어 종자근이 작물체로부터 분리되고 ② 부정근의 무게, 부피 및 길이가 종자근에 비하여 아주 많이 증가하기 때문이다. 그럼에도 불구하고 특히 옥수수에서 초기생장기에 종자근은 중요하다. 또는 종자근의 분지 정도와 분지 근의 굵기는 흡수효율을 높여 생장 초기에 중요하다.

5) 뿌리 효율(Root Efficiency)

노화된 뿌리도 작물의 생육에 중요하지만 다음 3가지 이유로 그 효율이 떨어진다. ① 근모가 없다. ② 페놀화합물이 있다. ③ 토양양분이 소모된 위치에 존재한다. 이런 이유로 양분과 수분의 흡수율이 현격히 떨어진다. 여기서 마지막 ③번은 무기원소에만 해당되며 수분은 주기적으로 그 양이 변하기 때문에 이용성이 가능하다. 주근이나 측근의 새로운 뿌리는 토양 내 이용이 가능한 공간으로 생장하며 많은 양의 근모를 발생시켜 뿌리의 표면적을 증대시킨다. 관근의 계속적인 윤생(whorl)으로 적정활성을 나타내는데 이는 노화 및 토양양분의 소모에 의한 뿌리의 불침투성 때문이다. 많은 양의 근모는 개수나 양, 밀도(근장/㎤) 및 표면적 등을 고려할 때 이는 무기원소의 흡수를 위한 매우 효과적인 요소들이다. 그러나 균근균(mycorrhiza)에 감염된 자연토양조건에서 근모의 양은 적어진다. 균근의 균사는 뿌리의 표면적을 아주 크게 증가시키고 무기원소의 흡수를 증가시키므로 균근균에 의한 근모의 감소는 중요하지 않을 수 있다. 토양의 심층까지 침투한 뿌리는 수분이 고갈되지 않은 토양층까지 생장하는데 일반적으로 이러한 토층에는 특정 무기원소의 함량이 낮다. 한편 새로운 뿌리 및 분지근이 분포하는 표면 토양에는 무기원소의 함량은 풍부하나 수분함량이 낮은 경우가 자주 있다. 질소나 인산과 같은 무기양분은 일반적으로 작토층에 집적되어 있어서 수분이 적절한 상태에서는 작물체의 뿌리가 심토층까지 자랄 필요가 없다. 사실 작물체는 동화물질을 종실이나 수확물에 투자하는 것이 유리하다. 정상적인 수분공급(irrigation, 관개)하에서는 이것이 대개는 작물발육의 자연적 과정이 된다.

5. 뿌리의 생장과 분포에 영향을 주는 요인 (Factors affecting Root Growth and Distribution)

뿌리 습성 차이는 유전적이지만 토양환경에 의해 직간접적으로 많은 영향을 받는다. 뿌리로의 탄수화물 전류와 같은 줄기 생장에 영향을 주는 지상부 요인들도 근권 요인(예로 양수분, 온도, 독성물질, 토양 및 생물학적 인자 등)과 같이 뿌리의 생장에 주요 효과를 보인다.

1) 유전형(Genotype)

뿌리의 활착은 유전형 간에 큰 차이가 있으며 육종 및 선발의 대상이 된다. 대부분의 외견상 뿌리 형질들은 양적유전 즉, 여러 개의 유전자의 조절에 의해 나타난다. 이러한 유전적 차이는 토양환경에 따라서 또 다른 반응을 나타낸다. 옥수수의 자식계통에서 뿌리의 유전적 차이는 주근에 대한 분지근의 비율에서 관찰되었다. 수수의 뿌리는 굴지성이 강하며 많은 2차 분지근을 갖는다.

콩에서 품종 간에도 근계의 차이가 다양한데 '하로소이 63' 품종은 '아오다' 품종보다 뿌리 표면적이 2배나 된다. 사료작물에서 뿌리의 분포양상도 매우 다양한데 오차드그라스는 라이그라스보다 토층 10cm 이내에서 뿌리의 양이 20~30%가 적고 심토층에서는 뿌리의 양이 더 많다. 뿌리 활착의 유전적 조절기작은 복잡하지만 줄기처럼 호르몬의 작용이 관여한다. 옥신(IAA)은 낮은 농도에서 뿌리의 생장을 촉진한다. 옥신의 작용은 엽의 효과로 입증되었는데 삽수 부위에 엽이 존재할 때 뿌리가 발생한다.

많은 품종들은 확산적인 생장촉진물질을 생산하기 위하여 엽조직이나 활성적인 눈이 요구된다. 줄기의 환상박피 처리는 엽의 효과를 소실시켰다. 카테콜(catechol)과 피로갈롤(pyrogallol)로 알려진 발근을 도와주는(rooting cofactor) 물질은 옥신(IAA)와 상승작용을 하여 착근을 촉진한다. 일부 종에서 종자 발아시 발생하는 에틸렌은 뿌리의 생장을 지연시킨다. 시토키닌은 발근을 억제시키는 경향이 있는데 이는 장해를 받은 식물체의 뿌리에서 시토키닌이 감소하였는데 시토키닌 감소와 엽으로의 공급량의 감소는 장해를 받은 잎의 건조에 의한 노화를 유발할 수 있다. 무에서 옥신 지베렐린, 시토키닌은 뿌리 생장의 조절에 독립적으로 작용하기도 하고 상조작용을 하기도 한다. 생장호르몬을 유전형의 발현에 있어서 '화학적 전달자' 를 구성하는 것으로 생각한다.

2) 식물간 경합(Plant Competition)

야생귀리보다 보리가 경합력이 우수한 이유눈 보리의 종자근의 개수나 밀도가 높은 것이 일부 요인으로 작용하였다.

예를 들어 밀 품종 '마르퀴스' 는 산파에서 보다 조파에서 관근의 수가 73개에서 12개로 감소하였다. 즉, 전체 뿌리의 길이가 작물체당 70000m에서 900m로 감소하였다. 밀식에 의해 생기는 경합은 종자근에 있어서만 미약한 효과를 나타낸다. 옥수수에서 ha당 파종 개수를 12,000개에서 62,000개로 늘렸을 때 작물체당 뿌리의 건물중이 72% 감소하였다. 그러나 정보(ha)당 전체 뿌리 무게는 파종수가 50,000개까지 증가하였다. 많은 작물에서 경합능력은 뿌리에서 분비되는 억제 또는 독성물질에 의한 것으로 이러한 현상을 타감작용(allelopathy)이라고 한다. 두껍고 활력이 있는 톨페스큐는 실질적으로 잡초의 침입에 의한 뿌리의 밀도와 그에 따른 경합력에 면역성을 가지고 있다. 뿌리의 경합은 작용요인이지만 톨페스큐 뿌리에서 타감물질(allelopathic chemical)이 분비되기 때문이다. 톨페스큐는 경합 종에 대하여 타감작용을 하지만 같은 종에는 작용하지 않아 자체의 뿌리 번식은 가능하여 밀집된 뗏장을 형성시킨다.

3) 적엽(Defoliation)

'가지를 전정하는 것은 뿌리를 자르는 것이다' 라는 말처럼 뿌리는 요구되는 동화물질을 줄기에 의존한다. 수단그라스의 상부 10cm를 주기적으로 예취하면 뿌리의 무게는 85% 감소하였다. 또한, 뿌리의 절단도 뿌리와 지상부의 생장을 감소시켰다. 블루패닉그라스를 일정한 간격으로 예취하면 뿌리의 무게가 크게 줄었다. 예취의 효과는 종에 따라 다르며 적엽 후 남아있는 엽의 광합성을 할 수 있는 면적과 관계가 있다. 예를 들어 짧고 계속적인 예취는 포복형의 벤트그라스와 같은 낮게 자라는 작물에서 실질적으로 이용할 수 있다. 대부분의 영년생 종들은 주기적인 발근을 하는데 즉, 해마다 근계의 한 부분에서 뿌리가 사멸하고 재생한다. 가을에 서리 때문에 낙엽이 지면 근권은 온기가 남아있어 호흡을 유지하며 뿌리의 저장 양분을 소모하며 사멸하게 된다. 큰 목초지에서 화본과의 지상부는 서리에 의해서 죽고 그들의 가는 뿌리는 저장물질이 거의 없기 때문에 이 지역에 부식의 함량이 높은 것이 주기적 사멸로 설명이 된다. 오차드그라스와 같은 호냉성 종들은 뿌리의 사멸과 재생의 순환이 적어 토양의 부식함량이 급격히 증가하지 않는다.

4) 토양 공기(Soil Atmosphere)

일반적으로 토양의 공기 조성은 지상부의 대기조성과 많은 차이가 난다. 지상부의 대기와 가장 큰 차이는 CO_2와 O_2 수준의 차이이며 이는 뿌리의 생육에 직접적인 영향을 줄 수 있다(표 11.2). 일반적으로 이들 둘 중의 한 가지는 다른 것에 의해서 변한다. 질소는 불활성 기체이므로 부정적 효과는 없다. 산소(O_2)는 능동흡수와 전류를 포함한 대사과정에 필수적이다. 콩에서 산소의 요구도와 영양분의 흡수는 생식생장기보다 영양생장기에 더 크다. 보리의 뿌리에서 토양수분의 흡수는 산소의 증가에 의해 증가되었는데 이는 수분의 흡수가 능동적이거나 더 많은 뿌리 형성이 촉진된다는 것을 암시한다. 벼와 같은 종들은 필요한 산소를 잎에서 흡수하며 통기조직(aerenchyma)을 통하여 뿌리로 운반한다. 그러므로 근권에서 항상 산소가 필요한 것은 아니다. 옥수수에서도 그런 기능을 가지고 있는 것으로 관찰되었지만 장기간의 침수상태에서는 정상적인

표 11.2 토마토와 밀의 뿌리 생장에 영향을 미치는 GA와 CO_2의 효과

(A) 토마토		(B) 밀	
GA		CO_2	
대조구(0.0 mg/ℓ)	0.01 mg/ℓ	대조구(0%)	5%

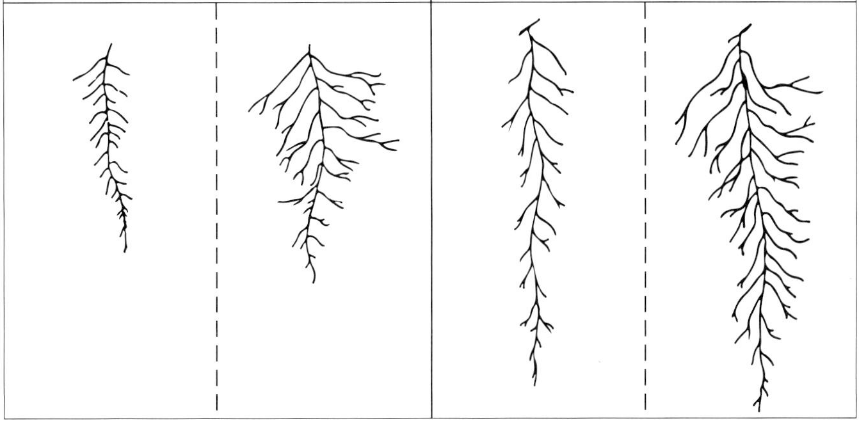

생육을 하지 못한다. 근권 내의 산소는 미생물의 활성을 촉진시키는 것과 같은 간접적 효과를 나타내는데 이는 뿌리에서 양분의 이용성에 영향을 준다. 얼마간의 CO_2는 뿌리의 최적 생장에 오히려 유리한 효과를 준다(표 11.2). 대기 중의 CO_2 함량의 10배 정도인 2% 농도에서 보리와 완두는 뿌리 생장이 촉진되었지만 8% 농도에서는 뿌리의 신장이 지연되었다. CO_2의 효과는 근권 공기의 산소분압에 의존한다. 일반적으로 CO_2의 농도가 너무 높지 않은 상태에서 산소(O_2)의 농도는 정상 대기의 산소농도(21%)의 1/3 정도이면 뿌리의 생장에 알맞다.

5) 토양 산도(Soil pH)

토양의 산도(soil pH)가 5~8의 범위를 벗어나면 뿌리의 생장이 바로 억제된다. 대부분의 재배지 포장의 토양은 이 범위 내의 산소농도를 갖게 되어 간접적 효과만 나타낸다. pH가 6.0 이하로 내려가면 알루미늄(Al), 망간(Mn), 철(Fe)의 용해도가 증가하여 독성을 나타낼 수 있고 뿌리의 생장을 억제한다. 작물 육종가들은 여러 작물에서 알루미늄 내성 계통을 선발하고 있다(표 11.3). 내성 계통들은 그들의 뿌리 부근의 산도를 증가시킨다. 근계의 산도를 변화시킬 수 있는 능력은 종이나 품종에 따라 다르다.

표 11.3 밀의 2가지 품종에서 나타난 알루미늄 내성에 의한 근량 차이

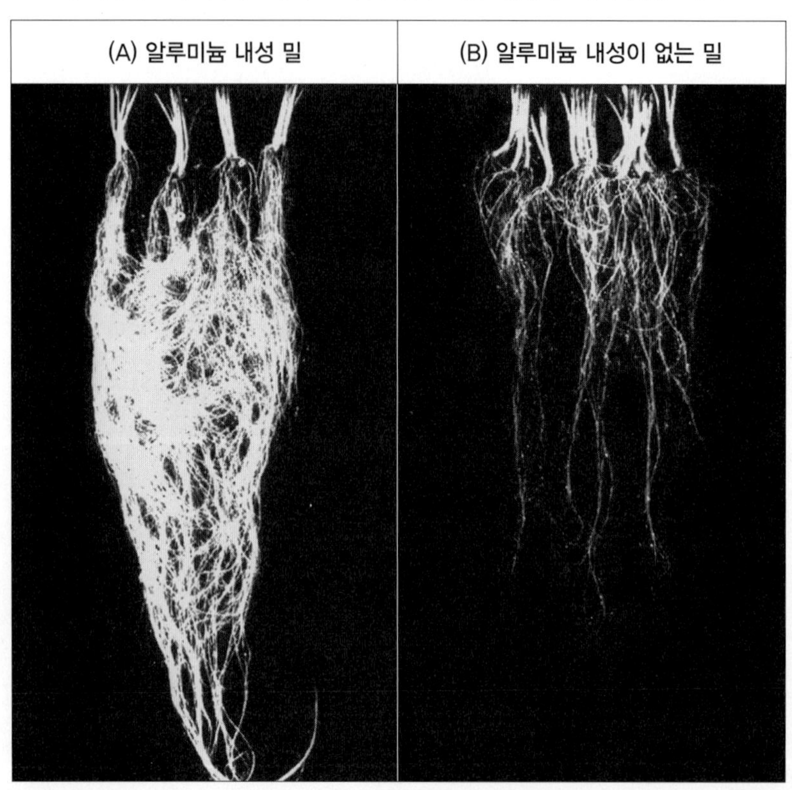

6) 토양 온도(Soil Temperature)

뿌리 생장의 적정온도는 줄기의 생장 적정온도보다 일반적으로 낮다. 봄에 근권의 온도는 지상부의 대기권 온도보다 낮다. 종에 따라 생장의 적정온도는 매우 다양하다. 토양온도를 높였을 때 톨페스큐와 같은 호냉성 화본과 보다는 수단그라스와 같은 호온성 화본과 작물의 생장을 양호하게 한다. 온도는 줄기의 생장보다 뿌리의 생장에 더 많은 영향을 미친다. 생장 방향도 온도와 높은 관련을 보인다.

7) 토양 비옥도(Soil Fertility)

뿌리도 다른 부위의 기관들처럼 생장과 발육을 위하여 적당한 무기원소가 요구된다. 뿌리는 토양의 양분 공급원과 근접한 위치에 있기 때문에 무기원소나 수분을 제일 먼저 접하는 반면 지상부에서 형성된 동화물질은 제일 나중에 이용하게 된다. 이러한 이유로 수분이나 무기 양분의 결핍은 지상부의 광합성과 직접 관련된 현상(엽록소를 줄이는 철 결핍과 같은 것)이 아니면 지상부보다 뿌리에 영향을 적게 미친다(S/R률의 감소). 광의 부족은 직접적으로 광합성을 줄여 지상부 생장에 영향을 미친다(S/R률의 증가). 일반적으로 비료를 시비하면 뿌리의 유전적 형질발현을 양호하게 한다(표 11.4). 옥수수의 뿌리는 유기물과 비료, 특히 질소나 인산이 있는 지역으로 번식하려는 경향을 보인다. 이는 결정요소가 뿌리 환경 내 시비 요인에 있는 것이 아니라 작물체 전체의 영양 상태에 있다. 시비를 한 토양에서 옥수수의 뿌리는 1.7m 깊이까지 생장을 한 반면 시비를 하지 않은 옥수수는 1.4m 정도까지만 생장을 하였다(표 11.4).

시비를 한 이랑에 접촉된 뿌리는 비료 장해를 받는 경우도 많은데 정상적인 뿌리에 비해 길이가 짧아지고 기형을 나타낸다. 시비량이 많은 곳이나 독성을 띠는 화학물질이 많은 곳에서 종자근과 1차 분지근은 변형되거나 죽지만 시간의 경과에 따라 비료의 농도가 감소되면 분지근의 번식은 더 왕성해진다. 질소비료의 시비는 지하부보다 지상부의 생육을 양호하게 하면서 S/R률이 증가한다(제8장 식물생장조절 참조). 따라서 높은 수준의 질소는 지상부 정단 부위에 탄수화물 이용성을 증가시킨다. 증가된 지상부는 하위엽을 차광시켜 상황을 악화시킨다. 또한 질소 수준의 증가는 옥신 함량을 증가시켜 지하부 생장을 억제시킬 수 있다. 그러나 질소 시비는 뿌리의 전체 건물중을 증가시킨다. 화곡류 작물들은 생장 초기에 질소 수준이 높으며 기간이 경과 됨에 따라 점차로 줄어드는데 초기에는 엽면적을 증대시키고 후기에는 뿌리로 광합성 물질의 이용을 높인다. 질소비료를 시비한 옥수수는 가뭄이 오더라도 뿌리 발달이 좋고 많은 수분을 이용하는 것으로 나타났다. 질소시비는 생육초기의 엽면적 증대와 뿌리의 동화물질 증가로 깊고 많은 뿌리가 생장할 수 있도록 촉진한다.

인산질 비료의 시비는 뿌리의 생장을 더 촉진시키지만 직접적인 영향은 미치지 않는다. 인산의 이용은 광합성을 증가시키고 이에 따라 뿌리 생장이 증가한다. 시비를 한 뿌리 추출물에서 옥신의 활성이 감소되었는데 이는 이론적으로 질소를 처리한 뿌리의 추출물보다 억제 작용이 적었다. 그러나 인산은 근모의 번식 증가를 직접 유도한다. 인산은 정상적인 뿌리의 생장 부위에 존재할 필요가 없는데 이는 뿌리의 생장을 촉진시키기 위해서는 표층에 존재하는 인산보다 심토층의 인산이 유리한 점이 없다는 것을 나타낸다.

파종을 할 때 시비는 복합비료의 N~P 비율을 평가하는 연구가 많은데 옥수수의 경우 뿌리발달에 적합한 N과 P의 비율은 1:5로 나타났다. 칼륨은 뿌리의 신장과 분지에 직접적 효과는 없다. 그러나 뿌리의 생리대사에 중요한 기능을 하므로 칼륨이 부족해지면 전류체계를 약하게 하고 세

표 11.4 미사질 토양, 양토 및 점질토양과 점토경반층 토양에서 옥수수의 뿌리 밀도와 깊이 분포도

토심(cm)	사토 Silty loess soil	양토 Loamy till soil	점토 Clayey till soil	점토경반층 Silty–clayey claypan soil		점토경반층(나트륨 많음) Silty–clayey, high sodium, claypan soil	
0 30 60 90 120 150	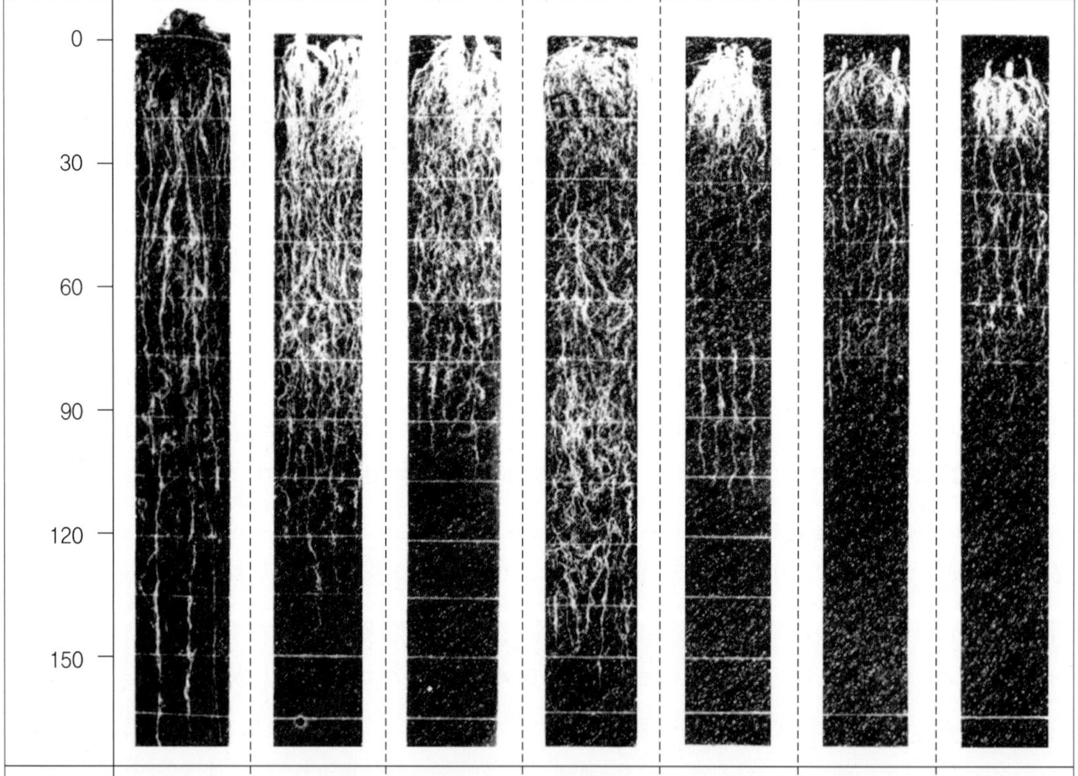						
시비유무 (O×)	O	O	O	O	×	O	×

* 점토경반층(claypan) 토양에서 시비는 뿌리 침투와 발달을 증가시킨다. 점토경반층 토양에서 산성을 띠는 판상(platy)의 A2층 토양(약 30cm 깊이)은 실제적으로 점토경반층(B 층)보다 뿌리의 생장에 있어서 더 큰 장벽이 된다.

포의 조직도 약화되며 세포의 투과성도 저하된다. 일반적으로 칼륨 및 다른 비료 성분들은 간접적 작용을 하여 지상부의 생장이 증가된 후에 뿌리의 생장을 증가시킨다.

8) 토양 수분(Soil Water)

수분은 뿌리 생장에 필수적인 요인으로 건조한 토양에서는 뿌리 생장이 일어나지 않는다. 그러나 뿌리는 수분스트레스에 대한 조절기작을 갖고 있는데 뿌리 선단에 용질을 집적시킴으로써 팽압을 높이고 수분스트레스 기간 동안 생장을 유지한다. 토양의 수분스트레스는 블루팬닉그라스(bluepanicgrass, Wright 1962)의 뿌리 무게를 감소시키고 토양 수분퍼텐셜이 -2bar보다 적거나 수분함량이 16% 이하가 되면 콩은 뿌리 길이를 현저히 감소시킨다. 토양수분의 부족은 뿌리 형태를 변형시키는데 전체 뿌리에 대하여 살펴보면 토양표층(0~15cm 이내로 작토를 말함)에서 발견되는 뿌리의 비율은 낮아지며 심토층에서 오히려 높게 나타난다. 관개를 하여 수분이 충분히 공급되면 이러한 경향은 반전된다.

9) 기계적, 물리적 진압(Mechanical and Physical Force)

토양입자의 크기, 입단화의 부족, 토양강도(외부 힘에 대한 토양의 저항력으로 토양입자 사이의 응집력과 입자간의 마찰력에 의해서 생기는 것으로서 입경 조성, 공극량, 용적 밀도, 토양수분 등이 종합적으로 나타나는 현상임) 및 토양진압과 같은 여러 가지 요인들은 뿌리 생장을 기계적으로 저해한다. 공극의 감소 또는 가비중(bulk density)의 증가는 뿌리의 생장을 감소시킨다(표 11.3). 뿌리의 침투와 증식은 점토함량과 가비중이 높은 미사질 토양보다 균일한 미사 황토 시료에서 더 크게 나타났다. 뿌리의 생장은 답압(interpedal spaces)에는 제한받지 않으나 토양 강도는 뿌리가 토양 공극으로 침투해 가는데 영향을 준다. 단립화된 사양토와 같은 높은 가비중(bulk desity)을 갖는 토양은 담배에서 뿌리 생장을 크게 감소시켰다(표 11.5).

옥수수의 뿌리는 입자가 굵은 경작토에서 약 2m 정도를 침투하지만 입자가 고운 토양에서는 1m 이상 침투를 못한다. 토양의 가비중이 1.65에서 1.96g/㎤으로 증가하면 콩의 뿌리 생장이 저하될 뿐만 아니라 뿌리의 세포벽과 카스파리대(Casparian strip)의 두께가 증가하여 뿌리의 형태가 변형되고 중심주의 모양이 비틀어진다. 이러한 해부학적 이상은 흡수기능의 손상을 의미한다. 옥수수와 목화의 뿌리의 밀도는 토양강도와 관련이 있으며 뿌리의 밀도와 토양수분의 흡수는 직선적 관계를 갖는다. 이랑사이(휴간)로 농기계의 이동은 토양을 진압시켜 토양수분의 이용성을 감소시킨다.

표 11.5 토양 진압(다짐)에 대한 내용으로 사양토에서 담배 품종의 발근 밀도

번호	가비중(g/㎤)*	관찰한 코아 수(core, 샘플)		
		많은 뿌리	적은 뿌리	적거나 없는 뿌리
①	1.40 이하	30	2	0
②	1.41~1.44	3	4	3
③	1.45~1.48	2	6	3
④	1.49~1.52	4	7	1
⑤	1.53~1.56	1	3	1
⑥	1.57~1.60	0	0	5
⑦	1.60 이상	0	0	11

* 가비중(bulk density)은 토양이 다져지지 않은 자연 그대로 측정한 부피에 대한 무게의 비율이고 상대어는 진비중(particle density)으로 일반 토양은 대략 2배인 2.6g/cm^2 정도이다.

농기계의 첫 번째 이동은 토양진압비율을 크게 올린다. 토양진압이 뿌리의 생장과 수분흡수를 감소시키지만 뿌리의 생장 감소가 기계적 방해때문인지 산소공급의 저해 때문인지, 또는 감소된 산소에 의해 수분의 능동적 흡수가 낮아지는 원인 때문인지는 확실하지 않지만 진압된 토양에서 뿌리생육의 억제는 토양의 기계적 방해 때문이다. 또 일부는 기계적 방해 외에도 산소가 원인일 수도 있다. 두 가지 요인이 모두 직간접적으로 영향을 미치는데 산소공급의 제한은 여러 넓은 상황에서 더욱 중요할 것으로 보인다. 토양진압에 의한 가비중의 증가나 공극의 감소가 뿌리의 생장과 기능을 저해하는 원인은 확실하지 않다. 진압된 토양이나 경반층 토양의 분쇄방법에 대한 연구가 필요하다.

요약(Summary)

건실한 뿌리 생장은 작물의 수량을 높이는 데 필수적이다. 뿌리의 기능은 수분 및 무기양분의 흡수, 고정, 운반, 저장 번식 및 생장조절물질의 공급원이다. 유전적 조절을 받는 발근 습성은 종에 따라 다양하며 환경적 조절도 받는다. 뿌리발달을 관찰하기 위해 토양을 파내는 작업은 뿌리를 상하게 할 수도 있고 노동력이 많이 필요로 하기에 지상부의 연구보다 많은 제한을 받는다.

쌍자엽 식물의 근계는 주근과 주근의 분지근이 발생학적 순서에서 유래한다. 단자엽식물의 근계는 ① 종자근으로 일시적일 수 있다. ② 부정근 또는 관근으로 관부의 마디에서 발생하며 근계의 주요 구성원이 된다. 이 두 형태의 뿌리는 여러 개의 분지근을 형성한다. 관근은 줄기의 마디에서 발생하는데 토양표면 부근이나 바로 밑 부분에 위치한다. 단자엽 식물의 뿌리는 일반적으로 가늘고 저장 기관으로서 기능이 약하다.

단자엽과 쌍자엽 작물의 측근은 내초에 형성된 분열조직에서 발생한다. 뿌리 생장의 굴지성은 종, 분지의 순서 및 뿌리의 연령에 따라 다르다. 분지근은 1차근보다 수평적이거나 굴지성이 약하고 이 굴지성은 토양온도에 의해 영향을 받는다. 무기원소의 흡수는 어린뿌리 즉, 근모 부위에 국한되어 있다. 늙은 뿌리는 근모를 소실하고 페놀화합물이 축적되어 코르크화 된다. 토양의 가비중, 산소, 수분, 무기성분, 산도, 온도 및 유독물질 등의 요인들은 뿌리 생장에 큰 영향을 미친다. 지상부의 생장과 광합성산물의 이용도 필수적이다. 토양의 진압과 그에 따른 가비중의 증가는 산소나 산소-이산화탄소의 비율을 감소시키고 뿌리 생장을 억제하여 부정적 효과를 낸다. 공간(광)에 대한 경합과 적엽(defoliation)은 뿌리생장에 이용 가능한 동화물질을 감소시킨다.

제12장
지상부 생장
(Vegetative Growth)

줄기와 가지에 붙어있는 잎은 작물에서 탄수화물을 생산하는 공장이다. 이들은 광합성 작용으로 광에너지를 흡수하여 저장시킴으로 작물의 생장과 수량을 위하여 필수적인 조직이다. 그리고 잎은 질소의 공급원으로서 질소의 이동과 재분배를 통해 종실에 공급한다. 종자의 배, 줄기의 정아와 측아로부터 눈, 잎 및 줄기 등이 발생한다. 액아는 엽액에 위치한다. 또한 줄기의 형성층(cambium)이나 뿌리의 내초(pericycle)에서 형성된 부정아(adventitious bud)로부터 생장이 시작된다. 작물의 종이나 기원과 관계없이 눈은 형태학적 면이나 기능적인 면에서 매우 유사하다(그림 12.1).

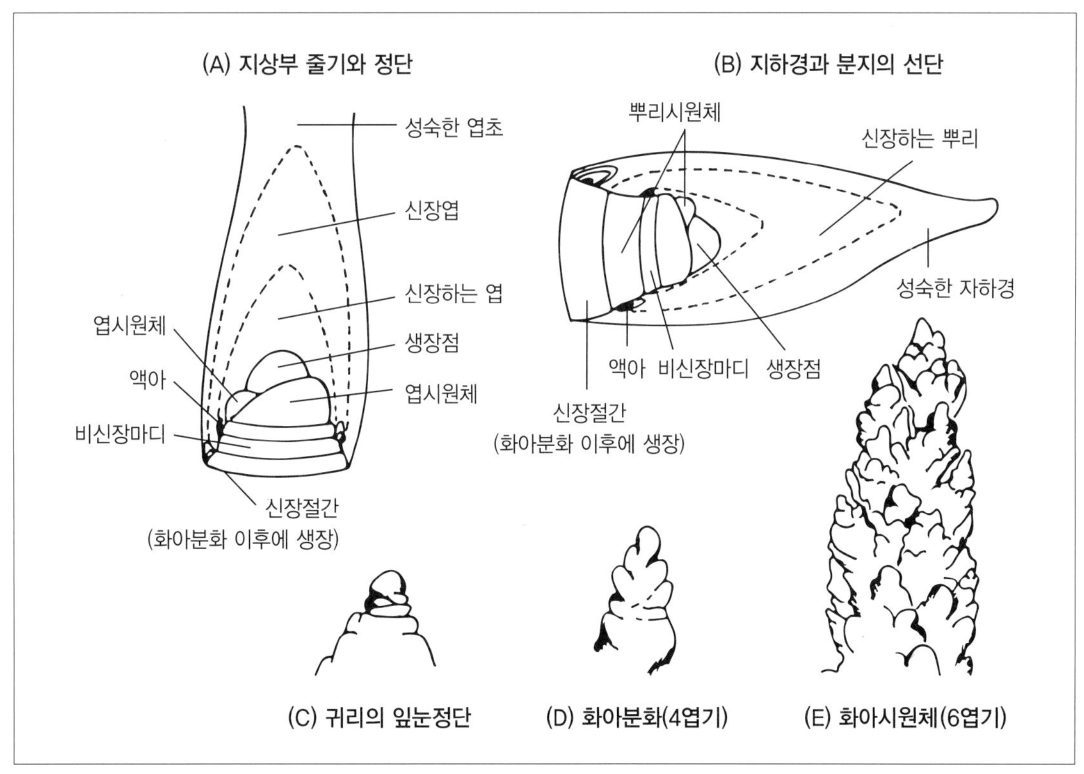

그림 12.1 화본과 작물인 귀리(oat)의 전형적인 잎눈과 화아

이들은 편의상 일련의 구조적 소단위라 여겨졌으며 이러한 소단위는 하부에서 상부로의 향정적(acropetally) 발육정도에 따라 변한다. 각각의 소단위인 피토머(phytomer)는 하나의 식물체의 구조적 단위로 영양 번식을 통한 줄기의 분열 조직에 의해 영속성을 갖는 기능적 단위로서 전형적인 눈을 가지고 있는 마디를 가리키는 것으로 이들은 3부분으로 구성되어 있다. ① 줄기 마디와 절간 ② 엽 ③ 액아이다. 일부 작물에서 더 성숙된 피토머는 뿌리 시원체(primodium)도 갖고 있다. 피토머는 향정적이며 무한생장을 한다. 그러나 화아분화 개시는 영양생장 피토머의 발달을 정지시키고 그 구성성분은 화서의 부분으로 변화된다. 온대성 화본과에서 화아분화 개시는 줄기(절간) 신장개시의 신호를 보내어 잎이 분리되고 화서가 올라와 태양에너지를 많이 받도록 한다.

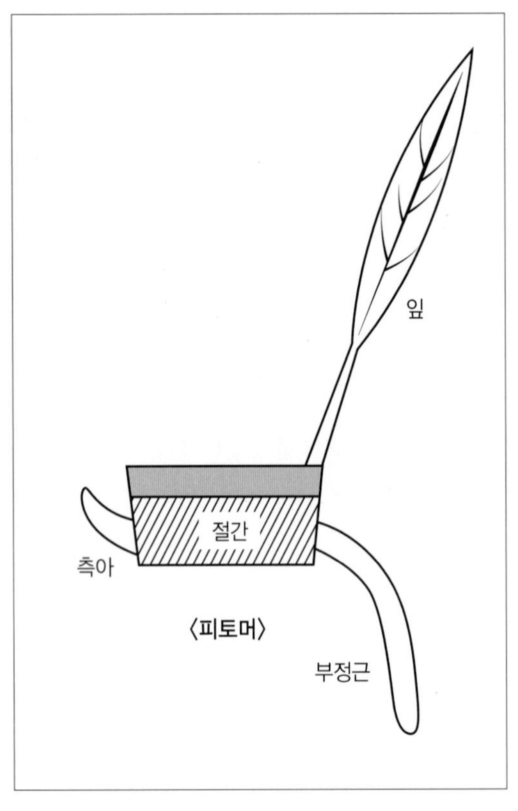

그림 12.2 벼와 하부줄기의 절간 피토머

1. 잎(Leaves)

1) 분화개시와 출현(Initiation and Emergence)

엽의 시원체(primordia)는 정단부의 특정 세포에서 발생하는데 이 세포들은 분열되고(정단분열조직, meristem) 팽창하여 줄기의 정점에 돌기를 형성한다. 돌기는 확장되어 정점 부위를 감싸는데 특히 화본과의 시원체가 그러하다(그림 12.1). 잎깃(leaf collar)이 형성된 후에 하피(hypodermis) 밑부분의 세포는 분열조직을 형성하고 액아를 발생시킨다. 엽신(blade), 엽초(sheath), 엽병(petiole) 및 절간(internode)의 계속적인 생장은 절간생장조직(intercalary meristem)에서 분화된 조직들 간에서 일어난다. 화본과의 잎에서 절간생장조직은 잎혀(ligule) 형성에 의하여 두 부분으로 나뉜다. 그 이후에 상부는 엽신으로 분화되고 하부는 엽초가 된다. 화본과의 잎은 가줄기(pseudostem, 위경)에 쌓인 상태, 즉 오래된 잎에 말린 상태로 생장한다. 쌍자엽 식물에서 잎은 짧은 아린(bud scale, 눈비늘)에서 출현한다. 그러므로 확장에 의한 생장은 기본적으로 생장ㅂ점이 노출된 상태에서 이루어진다. 일정한 환경에서 잎의 분화는 유전형에 따라 줄기의 정점에서 일정한 속도로 일어난다. 잎의 시원체가 계속적으로 발생하는 시간 간격을 엽간기(plastochron)라고 한다. 잎의 선단부가 계속적으로 출현하는 시간 간격을 필로크론(phyllochron)이라 하며 엽간기와는 약간 다른 차이가 있다. 엽간기보다 필로크론 기가 길어지면 줄기 정점의 길이가 늘어난다. 밀에서 엽선단의 출현은 엽간기 5에서 일어난다. 즉 5번째 잎이 첫번째 출현 잎으로 나타난다. 쌍자엽 식물의 출현은 아린에서 나오기 때문에 엽간기와 필로크론 기의 차이는 위경에서 엽생장이 일어나는 화본과에서처럼 유용하지 않다. 작물에서 잎의 분화와 출현에 대한 연구가 적었는데 이는 온도, 광 및 다른 요인들이 엽간기의 발달에 영향을 미치고 있기 때문이다(표 12.1). 라이그라스에서 고온(18~25℃)과 높은 광도는 엽간기와 필로크론을 짧게하여 생육을 빠르게 하였다.

표 12.1 영년생 라이그라스에서 잎의 출현 속도

계절과 온도		세부 조건들	출현속도(day/leaf)
계절	겨울	가온을 안한 온실	15.5
	겨울	가온을 한 온실	9.5
온도	10℃	21,530 lux	10.0
	12℃	21,530 lux	9.4
	18℃	21,530 lux	6.4
	25℃	21,530 lux	5.8

출처 : Langer R.H.M 1979.

이 작물생장률은 온도의 영향을 받기 때문에 놀라운 사실은 아니다. 밀에서 15℃에서 25℃로의 온도 상승은 잎의 출현 속도를 50% 이상 증가시키고 엽간기율(plastochron rate, 어떤 엽원기가 형성한 후 다음 마디에 속하는 엽원기가 같은 상태로 형성되기까지의 시간 비율)을 5~6일에서 2~3일로 50% 이상 단축시켰다(Langer 1972). 보리에서 잎의 출현율은 광을 7.8W/㎡에서 32.5W/㎡로 증가시킴에 따라 직선적 증가를 나타냈으나 이 효과는 온도의 변화에 의해서도 영향을 받는다.

2) 엽수(Leaf Number)

줄기(branch)나 얼자(tiller)에서 발생하는 잎의 수는 화아분화개시에 의해서 결정된다. 정점에서 엽시원체의 형성은 화기 시원체 형성을 유도하는데(그림 12.1 D) 화기의 시원체는 새로운 엽의 생성을 중지시킨다. 2차와 그 이후에 생성되는 얼자나 가지는 일반적으로 1차 줄기보다 잎이 하나 또는 두 개가 적은데 이들은 늦게 출현하기 때문이다. 따라서 화아분화개시는 잎의 수가 적아지는 곳에서 일어난다. 일반적인 잎의 수가 밀과 보리는 7~9개이다. 수수는 7~14개이고 콩은 10~16개, 벼는 15~20개, 옥수수는 14~21개이다. 위도가 50°에서 적도 사이에 적응된 옥수수의 경우 잎이 7~48개로 다양하다. 옥수수는 간장과 성숙기가 엽의 수와 고도의 상관관계를 나타낸다. 성숙된 종자의 배에 형성된 엽시원체의 숫자는 종의 특성이 된다. 밀과 같은 대부분의 화곡류는 성숙된 종자에 3개의 잎이 존재하는 반면 옥수수 종자의 배에는 5개의 잎을 가지고 있다. 출현기 또는 초기 유묘 생장기에 엽간기는 6이다.

3) 잎의 생장에 영향을 주는 요인(Factors affecting Leaf Growth)

잎의 숫자와 크기는 유전형(genotype)과 환경에 영향을 받는다. 유전형에 의해서 일차적으로 영향을 받는 잎의 위치(plastochron number, 엽간기)는 잎의 생장률 및 최종 크기에 큰 영향을 미치며 수분의 이용성과 같은 환경조건에 반응하는 능력을 가지고 있다. 엽장, 엽폭 및 엽면적은 개체발생과 더불어 어느 시점까지 점진적으로 증가한다. 옥수수와 같은 일부 특정 종에서는 그 이후 이러한 변량들은 개체발생(ontogeny)이 계속됨에 따라 점진적으로 감소하여 작물체의 중앙에 위치한 잎이 가장 크다(그림 12.3). 옥수수에서는 지엽(flag leaf)은 오히려 이삭엽(ear leaf)에 비하여 짧고 폭이 좁으며 전체면적이 작다. 이러한 양상은 많은 종에서 특징적이다. 벼나 보리와 같은 다른 화본과는 화아분화개시와 더불어 엽신이 짧아지고 폭은 증가하여 넓고 큰 지엽을 형성한다.

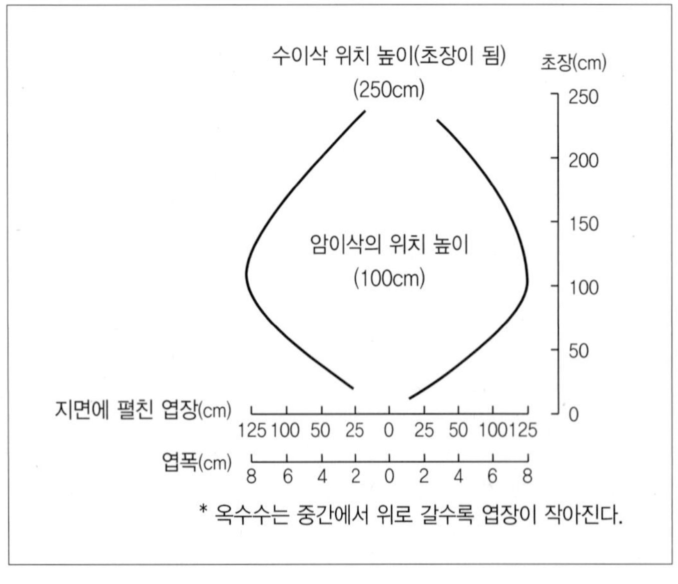

그림 12.3
옥수수에서 잎 크기의 분포형태

옥수수에서 상부에 위치한 잎이 줄어드는 이유는 알려지지 않았지만 양분에 대한 화기와의 경합에 의한 것으로 여겨진다. 잎의 상대생장률(relative growth rate, RGR)은 엽수가 증가함에 따라 감소한다. 콩의 생육단계 5에서 엽중은 전체 건물중의 70%를 차지한다. 잎의 생장은 생육단계 6에서 최고에 이르며 생육단계 10까지 일정한 데 반하여 전체 건물중은 줄기와 종실의 발육으로 급격한 증가를 보인다.

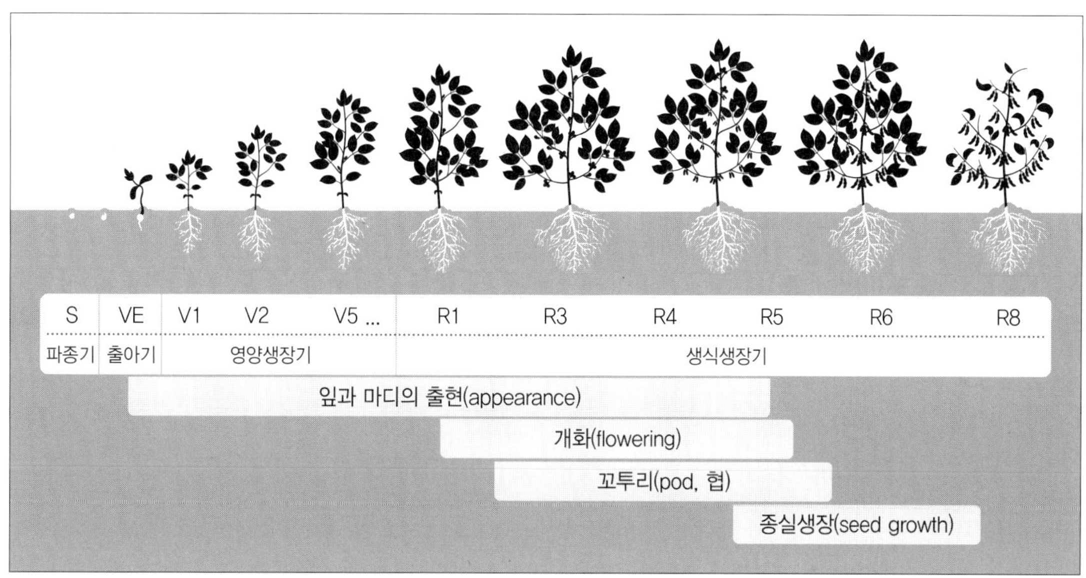

그림 12.4 콩의 생육단계

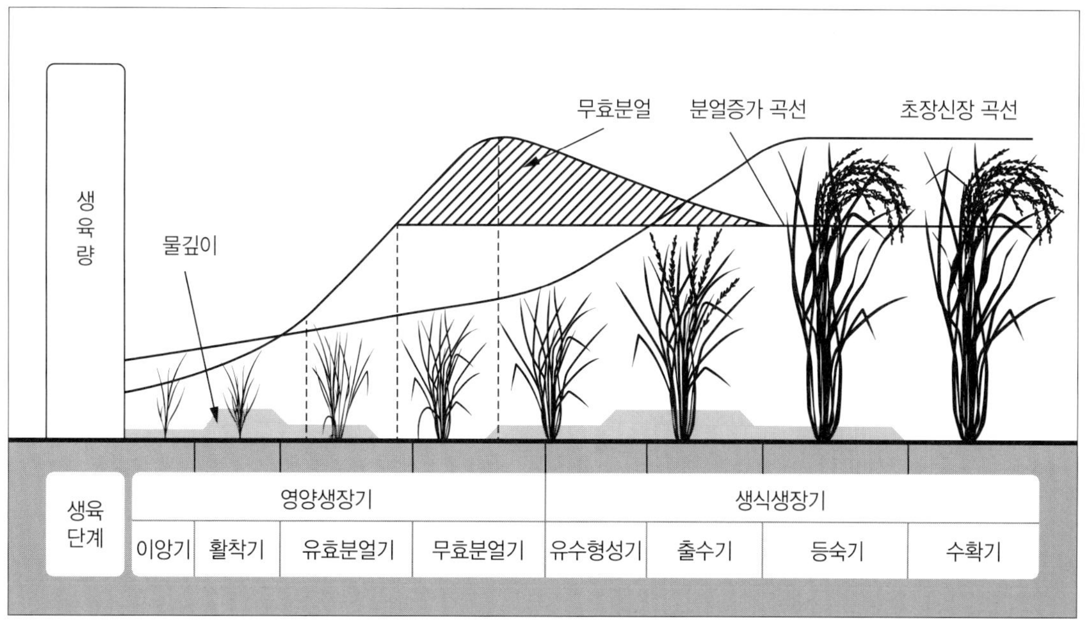

그림 12.5 벼의 생육단계

새로 발생하는 잎의 크기와 무게는 생육단계 6 이후에 감소하며 생육단계 10 이후에는 하위엽의 노화로 전체 엽중이 감소한다. 작물에서 잎의 면적과 무게는 생활사 초기에 최대치에 이르며 이후에는 잎에서 얻는 것과 손실되는 것이 균형을 이루는 상태에 이르는데 이를 한계엽면적(critical leaf area)이라고 한다. 작물체 하위에 있는 잎은 작고 환경스트레스와 노화로 인하여 쉽게 손실되지만 이들은 초기영양생장에 있어서 중요하다. 예를 들어 화본과에서 3번째 잎에 처리된 ^{14}C은 4, 5, 6번째 잎에서 활성을 나타낸다. 콩의 하위 협은 밑에 달린 잎으로부터 주로 양분을 얻는다. 보리에서 엽초와 줄기는 엽신처럼 종실생산을 위한 외견상 광합성의 50~70%를 기여하고 있다. 쌍자엽 식물에서 긴 엽병과 엽병의 하부가 큰 잎이 광합성에 상당량 기여하고 있다.

질소비료 시비는 잎의 신장 특히, 엽폭과 엽면적의 확장에 현저한 영향을 미친다. 밀에서 질소의 수준이 낮을 경우 4번째 잎이 가장 크지만 질소의 수준이 높을 경우는 5번째 잎이 가장 컸다. 엽면적의 최고치가 상위엽으로 옮겨지는 것은 상위엽들과 출현하는 줄기 및 화서들 사이에 질소에 대한 경합을 감소시키기 때문으로 생각된다. 질소의 결핍은 늙은 잎의 노화로 엽면적의 감소를 유발한다. 질소 이외의 다른 무기원소들도 새로운 잎과 늙은 잎, 잎과 종실 사이에 경합을 보이지만 잎의 생장과 노화에 질소만큼 효과를 나타내지 못한다.

밀의 엽신장에 있어서 그 원인이 완전히 이해되지는 않았지만 낮보다 밤사이에 엽신장이 크게 저하되며 만약 암기가 지속되면 신장은 거의 제로(0) 수준으로 떨어진다. 이러한 저하는 또한 명기 동안 낮은 광도와 연관성을 보인다. 이같은 암기(원적색)의 효과는 아마도 유기 영양분과 상호작용을 갖는다. 습한 기후에서의 관개처리는 하절기 동안에 톨페스큐의 빠른 엽신장을 촉진시켰다. 그러나 관개처리구(irrigation plot)보다 무관개처리구에서 엽생장이 가을과 이듬해 봄에 수분을 자연적으로 이용할 수 있을 때 더 크게 나타났다.

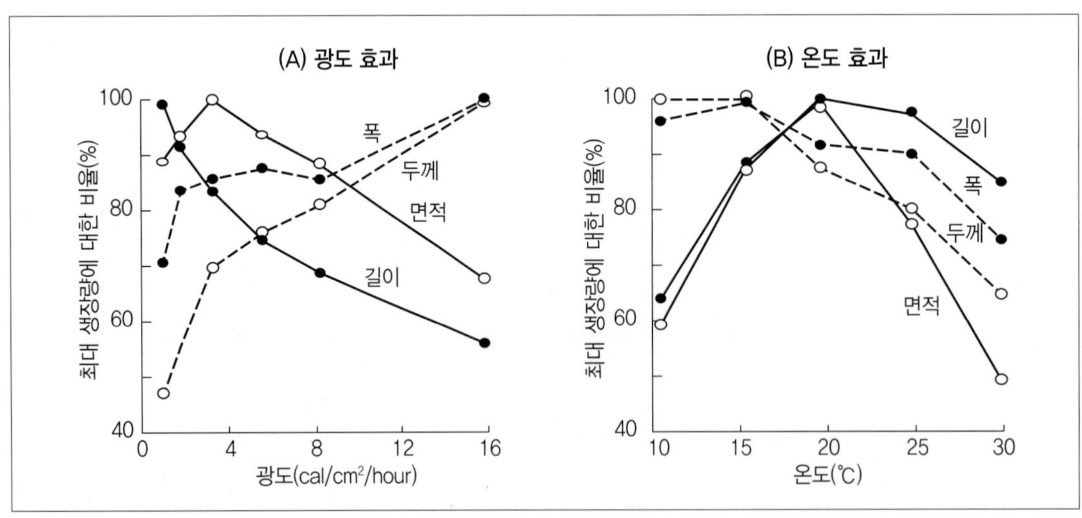

그림 12.6 밀에서 잎의 생장에 영향을 미치는 광과 온도의 효과

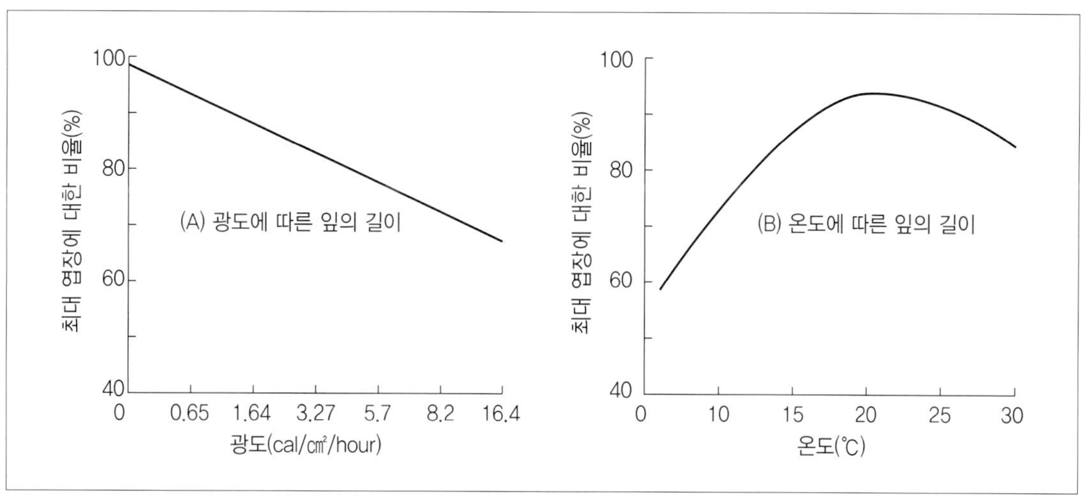

그림 12.7 잎의 생장에 영향을 미치는 광(A)과 온도(B)의 효과.

해바라기 만생종(late-maturing cultivar)의 경우 조생종과는 달리 영양생장기간 중의 수분 스트레스는 엽신장을 유리하게 한다. 만생종의 잎은 화서와 경합이 적기 때문에 관개가 개시되면 더욱더 많은 신장을 한다. 즉 만생종은 완전한 관개처리를 한 경우보다 스트레스를 받을 때 60% 이상의 엽면적의 증가를 나타내었다. 관개를 하지 않은 조생종은 관개처리를 한 경우보다 엽면적이 감소되었다.

밀에서 25℃의 고온, 장일 및 낮은 광도(14~42W/㎡)는 길고 가늘며 얇은 잎을 나타내었다(그림 12.6, 그림 12.7). 한편 15℃ 저온, 단일 및 높은 광도에서는 넓고 짧으며 두터운 잎을 나타내었다. 가장 큰 엽면적은 이들 환경요인들을 중간 수준으로 처리했을 때 나타난다. 따뜻한 온실 온도는 잎의 길이를 2.5배 증가시켰다. 필로크론(phyllochron)은 온실의 내부와 외부에서 각각 9.3일과 13.5일을 나타냈다.

일장의 증가는 잎의 생장률을 증가시켰다. 저온에 일정기간 노출되어 춘화처리가 된 밀은 그렇지 않은 밀보다 짧은 엽신을 갖는 잎을 나타낸다. 잎의 출현율에 대한 일장의 효과는 측정하기 힘든데 장일 조건은 식물의 생육에 주요 구동력이 되는 많은 양의 열의 공급과 관련성이 있기 때문이다. 따라서 일장 효과에 대한 증거들은 종종 논쟁의 대상이 되기도 한다.

4) 잎의 노화(Leaf Senescence)

엽수와 엽면적지수(LAI)는 최고치에 이른 후 일반적인 노화가 시작될 때까지 거의 일정함을 지속한다. 엽면적지수(LAI)의 평형은 하위엽의 손실과 상부의 새로운 엽의 생산에 의해 이루어진다. 따라서 적정수준 이상의 작물 군락에서 작물의 군락(canopies)은 엽면적지수(LAI)가 4~7에서 수량이 최대가 된다. 잎이 좁고 직립성인 화본과 사료작물은 보통 7 이상의 엽면적지수(LAI)에서 최대수량을 나타낸다. 영국에서 높은 온도의 온실에서 생육시킨 몇몇 다른 화본과 사료작물에서 줄기당 4.5~5.8의 평균엽수를 갖는 반면 온도처리를 하지 않은 온실에서는 평균 3.1~3.7을 나타냈다고 하였다. 고온에서 질소비료의 첨가는 엽수를 약간 증가시켰다. 질소가 낮은 곳에서 재배된 화본과 식물은 하위엽이 타는 경향(노화)가 있다.

화본과에서 잎 자체의 노화는 잎의 늙은 부분(선단부)에서 시작하여 아래 방향으로 진전된다. 작물 각 개체에서의 노화는 하부의 잎에서 시작되어 상부쪽으로 진행된다. 그런데 옥수수는 10~12개의 잎을 생산하여 4~5개의 잎이 노화로 소실(loss)된다. 이때 소실된 잎의 크기가 작기 때문에 엽면적지수(LAI)의 감소는 비교적 적다. 일반적으로 옥수수에서 웅수출현 (tasseling) 시기에 5번 잎이 첫 번째 건전한 잎이 된다. 노화의 원인은 일반적으로 어린잎, 종실, 분얼 및 뿌리와 같은 경합력이 강한 수용기관으로 무기 양분이나 이들의 이동 및 재분배에 기인한다고 생각한다. 노화와 더불어 잎에서 수용기관으로의 이동은 점진적으로 감소한다. 한때 생각되었던 노화하는 잎으로의 역방향 흐름, 즉 기생하는(parasitism) 것에 대한 증거는 없다. 잎의 빠른 생산과 신장은 광의 흡수와 동화작용을 최대화하기 위하여 작물생산에 있어서 매우 중요하다. 완전한 군락형성은 또한 잡초와의 경합과 토양의 유실을 감소시킨다. 땅콩에서는 파종률을 매우 높이는 데 이는 이랑 사이(intra-row, 휴간) 잡초와의 경합력을 줄이기 위해서이다. 흥미롭게도 대부분 작물에 있어서 동화율은 엽면적지수(LAI)가 3~5일 때 일반적으로 가장 높다.

2. 줄기(Stems)

줄기는 마디와 마디 사이의 절간으로 구성되어 있고 절에는 잎이 붙어있다. 절과 절간의 숫자는 잎의 수와 동일하며 3부위는 피토머에 공통된 기원을 갖는다. 온대지역 화본과의 절간은 화아분화개시 후 줄기가 신장하기 전까지는 조밀하게 토양표층 밑부분에 자라지 않고 위치한다. 개화시에 위로부터 4번째에서 5번째 절간이 신장하며 상부엽을 수직적으로 분포시킨다. 비슷한 수의 절간이 조밀하게 토양표층 부근에(지제부) 남아있다. 이를 관부(crown)라고 한다. 대부분의 쌍자엽 작물들은 개화 시까지는 줄기의 형태를 나타내지 않는다. 한편 열대지역의 작물들은 영양줄기를 갖는데 이들은 개화를 하지 않는 절간 줄기 생장을 한다.

웨스트모어와 스티브스(Westmore and Steeves, 1971)의 절간 길이에 근거하여 ① 단간종(질경이 또는 2년생 작물들의 첫해 생장처럼 뚜렷한 절간 신장이 없는 종) ② 장간종(옥수수 또는 2년생 종들의 둘째 해 생장처럼 같은 뚜렷한 절간이 있는 종)으로 분류하였다.

1) 절간 생장(Internode Elongation)

줄기의 길이 신장은 절과 절 사이에 있는 절간분열조직(intercalary meristem, 부간생장조직)에서 일어난다(제9장 참조). 절간 신장은 세포 수의 증가와 세포의 신장으로 일어나는데 후자에 의해 25cm 이상의 신장 증가를 나타낸다. 세포분열에 의한 생장은 정단분열조직보다 절간 하위에서 일어난다. 그러나 절간분열조직의 활성은 시원체 형성기간에 엽신, 엽초 및 절간의 길이에 모두 분포된다(그림 12.8). 성숙과 함께 이 활성은 하위부로 옮겨가며 이후에는 상실된다.

화본과 작물에서 화서를 지탱하는 절간인 화경(peduncle)과 쌍자엽 작물에서 화경의 신장은 절간분열조직에서 발생한다. 일반적으로 절간 생장은 그 원인이 밝혀지지 않았지만 유한적이며 활성을 갖는 세포 수가 제한되었기 때문으로 지적된다. 화본과의 첫 번째 절간인 중배축(mesocotyl)은 예외적으로 저장양분이 제한된 범위에서 암기나 적외선 광에서 무한 신장을 계속한다. 중배축의 생장은 적색광에서 즉시 억제된다. 즉 생장은 색소단백질인 피토크롬(phytochrome)의 조절하에 있으나 유기양분에 의해 변화될 수 있다. 활성을 띤 세포 수가 한정적인 것 이외에도 절간분열조직의 생장호르몬의 양은 정단분열조직처럼 자생 호르몬을 충분히 갖지 못하기 때문에 제한될 수 있다. 따라서 절간분열조직은 외부로부터 계속적인 생장조절물질을 공급받아야 한다. 단간 작물은 외생 호르몬인 지베렐린(GA)의 처리에 의해 키를 크게 할 수 있다.

옥수수는 키가 40cm가 될 때까지 줄기가 존재하지 않으며 8개의 완전 전개 잎이 지상부 영양체인 위경(pseudostem, 위간)에서 나온다. 절과 절간의 조밀성 때문에 2년생 작물은 첫해 동안 줄기가 없는 총생(rosette)을 한다. 온대성 화본과는 화아분화 개시기까지 위경을 형성한다. 화본과 및 2년생 작물은 화아분화 시에 화서를 포함하고 있는 절간의 신장이 시작된다. 화본과 작물은 생육 초기에 영양 얼자와 생식 얼자(culm)를 모두 갖는다.

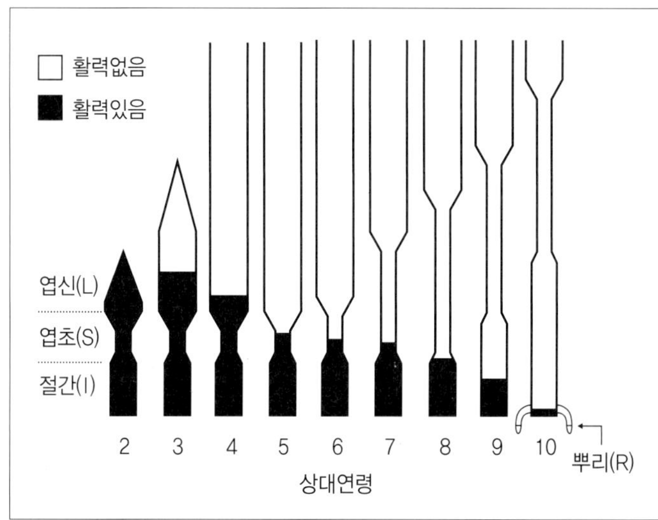

그림 12.8
화본과 작물의 잎줄기 조직의 연령이 진행됨에 따른 절간분열조직의 활력 변동(flux). 검은색은 절간분열조직의 활성이 있는 것이다. ① 엽신(L) ② 엽초(S) ③ 절간 내 분열조직(I)은 시간의 경과에 따라 절간 기부와 ④ 근단의 시원체(R, 기부의 뿌리)에서 좁은 면적으로 줄어든다.

질경이(plantago)와 같이 줄기가 없는 쌍자엽 식물은 화서 하부의 마지막 절간이 크게 신장하여 화경을 형성한다. 화이트클로버와 같은 특정 작물은 긴 화경을 나타낸다. 땅콩의 자방병(gynophore)은 비록 화기로부터 발생하여 그 형태가 전형적인 화경과는 다소 다르나 마디 없는 과경으로 간주된다. 긴 절간장을 갖는 단자엽 및 쌍자엽 식물은 일반적으로 향정적으로 길어지지만 작물에 따라 그 특징이 다르다. 많은 종에서 하위절간은 관찰하기 힘들 정도로 짧은 반면, 가장 상부에 위치한 절간 특히, 화본과 줄기의 화경(peduncle)의 길이는 25cm가 넘는다. 정상적으로 2개 또는 그 이상의 절간들이 동시에 신장하지만 해바라기는 새로 발생하는 절간은 이전에 발생된 절간의 신장이 종료된 후에 신장을 시작한다. 땅콩의 자방병을 제외한 절간의 신장을 일으키는 분열조직의 활성은 하부 선단에 집중되어 있으며 이는 염색된 세포들의 체세포 분열 활성의 존재로 알 수 있다.

2) 관부 발달(Crown Development)

작물의 하부에 밀집된 마디는 관부를 형성하는데 이는 토양표면(지제부)이나 바로 밑부분에 위치한다. 화본과 작물에서 이렇게 조밀하게 응집된 절들에서 관근계(crown root system)라 불리는 부정근이 계속 윤생으로 발생된다(그림 12.9). 알팔파와 같은 영년생 콩과 작물에서 하위절에 관부가 형성되지만 부정근의 발생은 없다. 토양표면(지제부) 아래 화본과의 관부에서 생장점의 위치와 위경에서 새로운 엽들의 출현은 작물 재배적 측면에서 아주 중요하다.

옥수수의 경우 이런 8개의 잎이 완전히 출현될 때까지 4주 또는 그 이상이 유지되는데(그림 12.9) 생육 초기의 서리나 예취는 지상부의 잎들에만 장해를 준다. 이러한 초기의 적엽에 의한

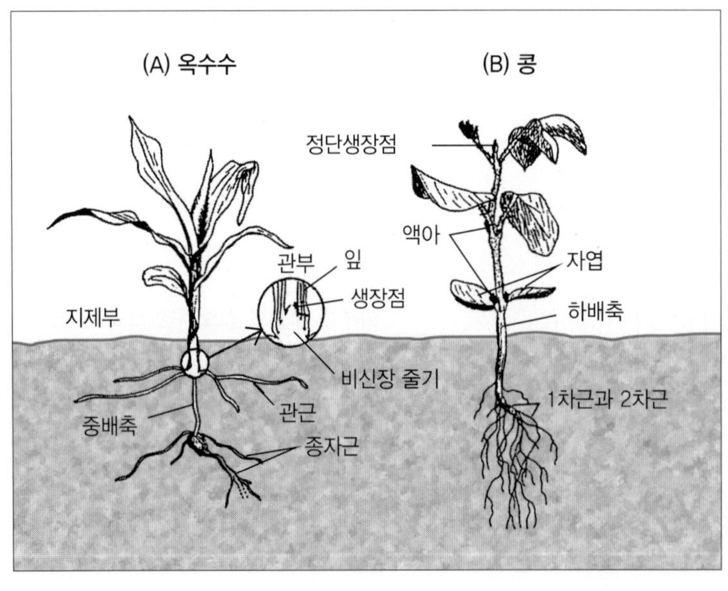

그림 12.9
어린 옥수수(A)와 콩(B)에서 볼 수 있는 생장 부위들

장해는 지속되지 않는데 이는 잎의 말림에 의해서 보호받는 소모되지 않는 절간분열조직으로부터 새로운 잎이 빠른 시간 내에 출현하기 때문이다. 미국의 남부지역에서 겨울과 초봄 사이에 밀을 방목(grazing) 재배하는 일반적인 재배법에서 줄기의 생장점이 토양표면 밑에 남아있기 때문에 종실 생산에 심각한 손해를 주지는 않는다. 봄이 되어 장일이 시작되면서 화아분화와 이에 따른 줄기의 신장이 일어난 이후에는 방목은 화서를 제거시키기 때문에 종실 생산력을 크게 파과시킨다. 온대성 화본과 작물과 달리 쌍자엽 및 많은 열대성 화본과들은 지상부 줄기의 대기에 노출된 눈으로부터 생장한다(그림 12.9 콩). 따라서 지상부 줄기의 결빙 또는 손상은 액아의 생장이나 재생력을 파괴시킬 수 있다. 예를 들어 콩의 유묘가 서리에 의해 죽으면 지상부의 자엽엽액(cotyledon axil) 하부에는 눈이 존재하지 않기 때문에 생장력이 소실된다. 이때는 콩을 다시 파종해야 한다.

3) 줄기 생장에 영향을 주는 요인(Factors affecting Stem Growth)

(1) 생장조절제(Growth Regulators)

줄기의 생장에 있어서 식물생장조절물질(PGR), 특히 GA의 효과는 잘 증명되어 있다. 옥수수와 완두에서 유전적 왜성품종의 왜성은 식물생장조절물질의 처리에 의해 극복될 수 있으며 내생 GA의 결핍을 보완함으로써 절간 생장을 증가시켜 정상적 신장을 가능하게 한다(제8장 식물생장조절 참조). 그러나 수수의 왜성품종 'RS610'의 왜성은 GA 분무처리로 절간 신장이 일어나지 않는다. 단지 지하부의 마디(중배축과 2번째 절간)와 초엽에만 반응이 일어난다. 수수에서 이러한 대조적인 반응은 옥수수와 완두의 왜성은 하나의 유전자에 의해서 지배를 받지만 수수의 왜성은 여러 개의 유전자에 의해 지배를 받기 때문이다. GA가 단일유전자에 의한 왜성을 극복하는 데는 아주 효과적이다.

보리에서도 옥신이 분얼(관부로부터 어린싹이 줄기로 생장)에 매우 효과적이라고 하였고(319페이지 표 12.3) 보리품종 '윈텍스(Wintex)'의 줄기 정단과 옥신의 발생원이 손상되었을 때 옥신 NAA를 처리하지 않으면 분얼이 과도하게 일어난다. 선단이 손상되어 NAA 처리를 받은 개체는 정상적인 작물체와 같은 양의 분얼을 일으킨다.

(2) 광(Light)

광은 줄기의 생장에 있어서 지대한 영향을 미친다. 암기에서는 절간의 황화(ethiolation)로 신장이 과도하게 일어나 중배축의 절간과 비슷해진다. 재식밀도가 높은 상태에서 차광된 작물의 절간은 더욱 황화가 된다. 차광효과는 옥신의 증가에 의한 것으로 생각되며 이는 GA와 상승적 활성을 갖는다. 이론적으로 옥신의 광분해는 강한 광에서 옥신이 감소되고 초장도 감소하기 때문에 차광된 개체에서는 적게 일어난다. 줄기의 생장에 있어서 일장의 효과는 개화에 대한 효과보다는 분명하게 적다. 따라서 줄기의 생장에 있어서 일장 반응에 대한 보고는 거의 없다. 단일식물에 대한 장일처리는 절간의 길이와 초장을 증가시킨다. 북위도 지역에 적응한 콩 품종을 저위도 지역에서 생장시키면 절간의 수와 길이가 짧아지고 개화가 빨라진다. 같은 품종을 더 높은 위도지역에서 생장시키면 반대의 효과를 보이며 수확기에 미성숙 종자를 얻게 된다. 그 지역에서 적응된 작물을 극조파할 경우는 저위도지역에서 단일에 의해서 나타나는 특징과 비슷한 결과를 나타낸다. 예를 들어 옥수수를 조파하면 짧은 절간을 가진 강건한 작물체로 재배할 수 있다.

잎의 생장처럼 화본과 작물에서 절간 생장은 광질에 영향을 받는다. 화본과 작물에서 잎과 절간은 공통된 시원체인 절간분열조직에서 발생하며 늙은 잎의 엽초에 의해서 광으로부터 보호되어 있어 암기 또는 원적색광의 효과를 받는다(그림 12.8). 대략 730nm에서 최대의 효과를 보이는 원적색광에서는 중배축 신장을 촉진시키고 적색광은 억제시켜(660nm에서 최대효과) 여러 파종 심도에서 출현을 조절하는 기작을 갖는다. 밀은 첫 번째 절간이나 중배축의 신장보다는 두 번째 절간의 신장에 의해서 출현된다. 위의 절간이 단색광에 의한 뚜렷한 효과는 증명되지 않았다. 그러나 화본과 작물에서 절간과 어린잎들은 늙은 잎의 엽초에 싸여 차광효과를 받는다. 따라서 피토크롬과 원적색광 반응이 작용하는 것으로 보인다. 광에 노출되면 생장은 억제된다.

쌍자엽의 절간은 잎에 싸여있지 않으며 이는 피토크롬-단색광 반응이 일어나지 않는 것을 의미하는데 이러한 관계에 대해서는 잘 알려지지 않았다. 그러나 덤불형(bush type)의 강낭콩(garden bean)은 긴 암기-원적색광에서 단일 유전자의 반응인 절간신장이 촉진되어 덩굴성(climbing)을 나타낸다. 덩굴성과 무관한 개화반응은 짧은 암기 즉 장일에 의해 촉진된다. 이는 개화반응과 덩굴성은 모두 피토크롬에 의해서 조절되지만 유전적으로는 설로 독립되어 있다는 결론을 얻을 수 있다. 다른 영양기관과 생식기관처럼 세포의 확장에 의한 절간신장은 무기영양분 및 수분의 이용성에 영향을 받는다. 특히 질소와 수분은 작물의 초장을 증가시키지만 그 효과는 복잡하다. 엽 크기의 증가는 차광효과를 높여 옥신의 함량을 증가를 유도하므로 옥신은 절간 신장에 영향을 미친다.

3. 분얼과 가지(Tiller and Branching)

엽액의 눈으로부터 얼자(화본과)나 가지(쌍자엽)를 위한 생장은 유전형과 환경의 지배를 받는다. 각각의 엽액에는 눈이 있기 때문에 항상 액생분지의 발생 잠재력을 갖고 있다. 근래에 육성된 옥수수 교잡종은 이삭 줄기의 생장을 제외하고는 환경상태가 양호할지라도 유전자의 작용에 의해서 분얼하지 않는다. 정아우세 현상이 없어지면 이삭줄기는 하부 여러개 절의 신장을 가능하게 한다. 예를 들어 옥수수에서 어린 이삭을 제거하면 그 하부에 위치한 이삭의 생육이 촉진된다. 이삭의 잠재적 수는 엽수와 동일한데 액아와 잎이 동일한 피토머(phytomer) 구성성분이기 때문이다. 화본과 작물에서 발생하는 줄기의 숫자는 항상 잠재적 숫자보다 적은데 이는 유전적 환경조절을 받기 때문이다.

아버(Arber, 1934)에 의해 제안된 화본과 작물의 3가지 분얼 양상을 보면 다음과 같다.

① 상향적(upward) 분얼은 화본과 작물의 얼자(tiller)와 같이 외형적으로 1차 줄기와 비슷하지만 잎의 수가 적고 1차 줄기와 자매 분얼이 생식생장기에 접어들어도 영양생장상태를 지속한다. 이러한 엽초 내 얼자는 활성이 있는 엽초에서 출현한다(그림 12.10).

② 수평적(horizontal) 분얼은 한국 잔디와 같이 포복경과 근경으로 자라는 작물이 여기에 속한다. 이들은 형태학적으로 수직형의 줄기와 차이를 보인다. 일반적으로 포복경과 근경은 토양표면 아래에 존재하는 가장 하위절의 죽은 엽초에서 출현한다. 포복경은 토양표면을 따라 수평으로 생장하며 정상적인 줄기와 잎을 생산한다. 근경은 토양표면 아래에서 생장하며 정상적인 마디와 절간을 갖는 줄기에 엽신이 없는 변형된 저출엽(cataphyll)을 생산한다(그림 12.10).

③ 하향적(downward) 분얼은 굴지적(geotropic) 생장을 하는 것으로 이런 줄기형은 일반적으로 잘 나다나지 않는다.

1) 분얼(Tillering)

화본과에서 상향적 또는 엽초 내, 액생 가지를 얼자(tiller)라고 한다. 쌍자엽 작물에서 줄기의 액아로부터 발생한 가지를 가지라고 한다. 그들의 기원과 형태학적 발달과정은 동일하다. 두 형태 모두 정아우세성이 약해지면 하위마디의 엽액으로부터 발생한다. 얼자는 향정적으로 출현하며 최하위절에서 시작된다.

밀의 경우 첫 번째 얼자는 초엽 엽액에서 출현하며 벼의 경우 3번 엽액에서 시작된다. 종에 관계없이 주경의 하위부위에 엽액에서 첫 번째 얼자가 발생한다. 이 얼자들은 계속하여 2차 얼자를 발생시키고 이는 다시 3차 얼자를 발생시킨다. 일반적으로 모든 1차 얼자는 2차, 3차 얼자보다 먼저 발생한다. 영년생 화본과 작물은 전체 생장기간 동안 계속 분얼을 한다. 이러한 분얼 습성은 저장 양분을 축적과 함께 다년 생장(perennation)을 지속시키는데 있어서 가장 중요한 요소이다. 온대성 일년생 작물인 벼와 수수의 열대기후에서는 영년생 특성을 띤다. 벼와 수수는 이런 영년생 특성은 그루터기 작물(ratoon crop)로 2차(2모작) 생산을 위한 열대지역에서 연구의 대상이 되기도 한다. 호냉성 영년생 화본과의 분얼 생산은 계절간 변이가 크다. 톨페스큐는 봄 기간 동안 분얼이 지수적으로 증가하며 여름동안은 평형상태에 있다가 가을에 다시 증가하여 작물체당 총

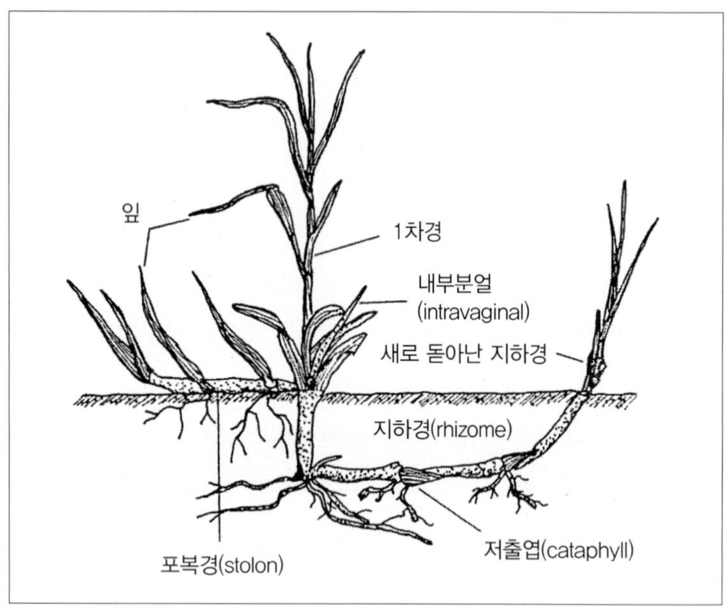

그림 12.10
측지와의 관계를 보여주는 영년생 화본과 작물의 분지 습성. 포복경과 내부 분얼(intravaginal) 및 지하경(저출엽(cataphyll))은 새로운 줄기를 만들게 된다.

표 12.2 윌리암스와 엘프('Williams' and 'Elf') 품종에서 재식밀도에 따른 콩의 액아로부터 분지 발생 모습

항목	생육형			
생육형(품종)	무한신육형(윌리암스)		유한신육형(엘프)	
재식밀도	밀식(5500개체/10a)	소식(1850개체/10a)	밀식(5500/10a)	소식(1850/10a)
줄기사진				

300개의 분얼을 갖는다. 다음해 3월에 얼자가 250개로 감소되며 6월에는 100개로 떨어진다.

티모시의 분얼 습성은 톨페스큐(내부 분얼형-주형)보다 매우 약하다. 온대성 화본과 작물은 봄에서 초여름에 이르기까지 상당수의 생식 얼자를 생산하다. 또한 이 기간 동안 생식분얼과 비

슷하거나 그 이상의 영양분얼도 하며 생장기의 말기에는 영양분얼만 한다. 영양얼자는 생장기간과 겨울기간 동안 잎의 생장을 지속하며 가을의 저온 및 단일에 의하여 춘화처리됨으로써 이듬해 생식얼자로 된다. 열대성 화본과 작물은 분얼과 같이 마디와 절간이 구분된 영양생장 줄기를 생산한다. 이들의 영양생장얼자와 생식생장얼자는 이삭(panicle) 출현 전까지는 외형적으로 비슷하다. 리드카나리그라스(Reed canarygrass)는 비록 온대성이지만 종종 영양생장 지상(aerial) 줄기를 생산한다. 댈라스그라스와 바히아그라스는 아열대성 종으로서 얼자의 생산에 있어서 전형적인 온대성 종과 열대성 작물의 중간형을 나타낸다. 알팔파 및 많은 영년생 콩과작물은 가지가 하위 눈(관부)에서 출현한다. 가지의 출현은 원줄기(mother shoot)의 정아우세성이 개화, 노화, 또는 방목으로 인한 예취에 의하여 소실되었을 때 나타난다.

콩과 같은 일년생 콩과 작물의 가지는 하위부터 6째 마디에서 시작되는데 품종 및 환경(특히 고광도와 소식 파종)에 따라 다르다(표 12.2). 휴면상태에 있는 액아는 주지에서든 분지에서든 간에 생장기간 후반에 일장반응에 의해서 활성화되어 총상화서를 발생시킨다. 총상화서(raceme)는 엽액의 아전엽(bud prophyll, 각 분열경에서 나오는 맨 아래의 잎으로 주경의 초엽에 해당함)과 비늘잎(scale)에서 출현하며 유한신육형 품종에서는 거의 동시에 일어나고 무한신육형은 향정적 형태로 발생한다.

2) 근경과 포복경(Rhizomes and Stolons)

영년생 화본과에서 근경과 포복경의 발달양상은 얼자가 최하위부 액아로부터 발생하기 때문에 수직적 분얼과 다소 차이를 나타낸다(그림 12.10). 얼자, 근경 및 포복경은 전엽이라 불리는 보호된 잎에서 출현하는데 전엽은 배의 출현 시에 초엽과 유사하다. 근경이 토양으로부터 돌출된 후 발생하는 저출엽(cataphyll)은 정상적인 잎의 형태를 나타낸다(그림 12.10). 포복경에서 발생한 잎은 형태학적으로 정상이다. 근경이 토양속에 존재하는 기간은 유전형에 따라 다르다. 근경의 분지경은 주근경보다 먼저 토양표면으로 돌출하는 경향을 띠며 따라서 주근경은 돌출하기 전까지 상당한 길이의 줄기 신장을 나타낸다. 토양표면으로 출현하는 과정에서 하나 또는 그 이상의 저출엽은 약 1mm 정도의 짧은 엽신을 갖는 잎으로 변형된다. 지상부에서 생긴 잎은 정상적이다.

톨페스큐 근경은 근거리에서 지상부로 출현한다. 이는 주형(bunch type) 습성이다. 다른 화본과에서는 근경의 출현이 지연되어 포복형 습성을 이룬다. 오차드그라스와 티모시의 얼자는 엽초 내에서 출현하기 때문에 생장은 분명한 주형이다. 켄터키 블루그라스의 유묘는 품종에 따라 포복형, 주형, 중간형의 습성을 모두 나타낸다. 이러한 면에서 알팔파의 품종들은 다르다. 어떤 줄기는 토양에서 출현하기도 전에 수평상태로 생장하여 포복형(creeping) 습성을 나타낸다.

3) 분지에 영향을 주는 요인(Factors affecting Branching)

분지에 대한 연구는 벼와 같은 직립형 얼자에 집중되어 있어서 근경과 포복경 생산에 대한 지식은 상대적으로 적다. 이는 직립형 얼자가 종실이나 사료수량에 직접 공헌하고 비교적 관찰이 용이하기 때문이다. 분지의 생장은 물리적, 생물적 환경요인과 상호반응을 하는 유전형의 함수관계이다.

(1) 유전형(Genotype)

분지의 잠재적 숫자는 엽수와 직접 연관을 맺고 있으나 모든 엽액에서 분지를 형성하지는 못한다. 어떤 종에서는 하나의 엽액으로부터 여러 개의 분지가 형성되어 액아가 여러개 있음을 나타낸다. 담배가 그 전형적인 예이다. 이러한 분지 습성은 담배 생산에서 주요한 문제점이 되는데 액생줄기를 손이나 화학물질로써 제거하여야 되기 때문이다. 담배에서 새로운 줄기의 출현은 화서를 제거하는 적심처리로 촉진되는데 이는 수확대상이 되는 잎 내에 질소와 탄소동화물질을 보존시키기 위해서이다. 그러나 대부분의 작물에서 적심처리는 각 엽액으로부터 한 개 이상의 줄기의 출현은 눈 발달의 이체동형성(homomorphy)에서 차이가 나지 않는다. 오히려 부가적으로 액아가 더욱 형성되며 새로 생성된 분지의 엽액으로부터 출현한다. 액상분지(axillary branching)의 유전적 조절은 귀리의 연구에서 증명되었는데 춘파 귀리의 저분얼형 품종을 이랑

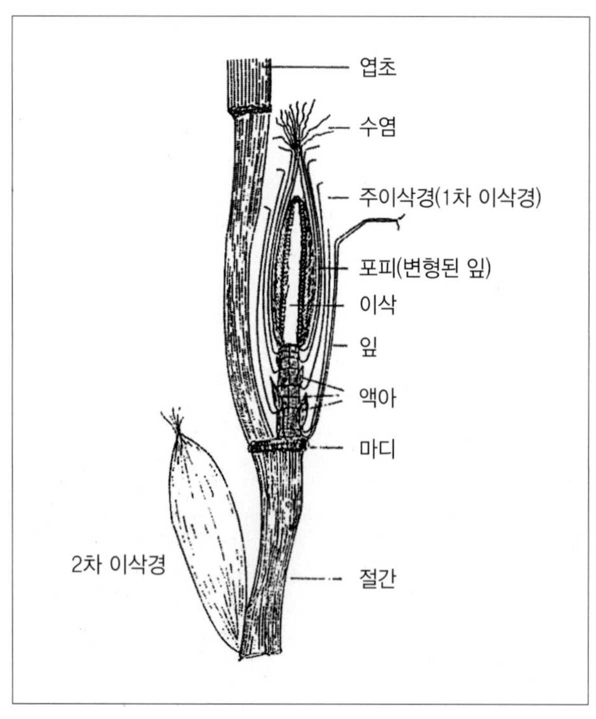

그림 12.11 옥수수의 이삭구조와 줄기의 종단면

간격(휴간) 30cm로 재배할 때 작물체당 평균 5.7~7.1개의 분얼을 보이는 반면에 고분얼형 품종은 9.7~13.0개를 나타내었다.

추파형 품종은 작물개체 당 9.7~14.2개를 보였다. 밀에서 분얼수는 유전형에 따라 다양하며 그 변이폭은 귀리보다는 작다. 목초류는 분얼수와 생장기간에 큰 변이를 나타낸다. 원인은 확실하게 밝혀지지 않았지만 줄기에서 엽액의 위치는 분얼 또는 분지의 출현에 큰 영향을 미친다. 티모시에서 액생 줄기의 발생 잠재력이 높고 환경이 양호하여도 위로부터 3번째 잎에서 생성된 눈은 얼자로 발달하지 못한다. 티모시의 모든 액아는 최소 5개의 잎이 완전히 전개될 때까지 휴면상태에 있다(예로 유년기 요인). 줄기의 하위부와 오래된 엽액에서 첫 번째 얼자(tiller)가 발생한다. 옥수수에 있어서 얼자는 종실 수량에 큰 역할을 못하기 때문에 대부분의 화본과 작물과 달리 육종과 선발이 무분얼 유전형의 육성방향으로 향해지고 있다. 예를 들어 녹색혁명으로 출현한 밀과 벼 품종은 다분얼형으로서 환경이 양호할 때 종실수량과 정의 상관을 나타낸다. 벼에 있어서 분얼수는 파종 후 1개월에 증가하여 출수기 2주 전에 최고 분얼수를 나타낸다. 즉 모식물체의 영양상태에 크게 의존한다. 근래에 육성된 옥수수 교잡종 줄기의 액아는 분얼경(sucker, 흡지)를 발생시키지 않는 반면 대부분은 11번째 액아와 자주 10번째의 액아에서 생식생장 이삭줄기(ear shoot)를 발생시킨다. 이삭줄기는 정상적인 얼자에 비해서 변형된 형태로 얼자의 모든 마디는 절간이 짧기 때문에 유전형에 따라 다소 차이는 있지만 밀집된 형태를 나타내며 잎(포피)이 정상 잎보다 매우 짧다(그림 12.11). 이삭 줄기는 주경(main shoot)의 수이삭(tassel) 대신 이삭 화서에 의해 정지된다. 적정한 조건에서 두 개 이상의 이삭 줄기가 몇몇 유전형에서는 발달될 수 있고 생장 초기에 상부의 이삭이 제거되면 이삭 줄기는 하위 엽액에서 출현된다. 첫 번째 이삭의 위쪽에 있는 엽액의 눈은 완전한 휴면상태에 있으며 환경이나 재배법에 상관없이 발육하지 않는다.

(2) 생장호르몬(Growth Hormones)

NAA(옥신)가 보리와 알팔파의 정단부 파괴에서 액상 분지 생장에 특히 강한 조절력을 나타낸다(표 12.3와 표 12.4).

표 12.3 보리에서 정단부 파괴에 의한 옥신과 분얼과의 관계

처리내용	분얼수	분얼하지 않은 개체수
무처리(대조구)	3	7
정단부 파괴	9	1
정단부 파괴+옥신처리	3	7

출처: Leopold 1949.

표 12.4 옥신관련 생장조절제가 처리된 알팔파에서 액아와 줄기의 발달

처리 약제	식물체 당 액아 수	식물체 당 줄기 수
무처리(대조구)	3.7	2.3
NAA(옥신의 일종)	2.3	1.3
TIBA(항옥신의 일종)	8.3	1.3

출처: Cowett and Sprague 1962.

장일은 보리와 알팔파에서 옥신의 처리에 의한 결과처럼 분얼을 감소시킨다. 보리와 알팔파는 가을의 단일에 왕성하게 분얼을 하는데 이는 옥신의 작용으로 장일에서 증가되기 때문이다. 밀에서도 옥신의 발생원이 되는 정단아의 제거나 어린잎의 절단은 분얼을 증가시킨다. 근경은 건조한 토양에서 분지를 더욱 발생시킨다. 이는 토양의 건조저항에 의해서 발생하는 에틸렌에 의해 옥신의 작용이 억제되기 때문이다.

(3) 광과 재식밀도(Light and Plant Density)

작물의 재식밀도와 이에 따른 군락 하위부에서 광의 이용성은 액생줄기(axillary shoot development)의 발달을 제한하는 요인으로 알려져 있다(그림 12.10과 표 12.5). 작물에 높은 광도가 요구된다는 라이스라스에 대한 연구(미첼과 콜, 1955)에서 작물체 전체의 광처리는 분얼을 촉진하는 작동요소(operative factor)라고 결론을 내렸다. 랭거(Langer, 1972)는 2가지 화본과 식물에서 분얼과 광도 간에는 직선적 관계가 있다고 하였다. 주간 21℃, 야간 16℃일 경우 5.4klux에서 18.8klux(약 38에서 132W/㎡)로의 광도증가는 2주 동안에 작물 개체당 분얼수를 3배로 증가시켰다. 만약 환경이 양호하면 소립종 화곡류의 분얼은 파종량과 관계없이 단위면적당 줄기의 수가 최대가 될 때까지 증가할 것이다.

표 12.5 귀리 작물체당 질소 시비와 파종량에 다른 분얼수의 효과

질소 수준 (kg/10a)	파종량(kg/10a)		
	7	20	35
0	1.02	1.00	1.02
20	1.18	1.12	1.03
40	1.40	1.35	1.16
80	1.68	1.35	1.19

출처: Frey and Wiggans 1957.

옥수수에서 재식밀도의 증가는 이삭줄기가 되는 액생분지를 감소시킨다. 이삭의 집단이 너무 밀집되면 모두될 수 있다. 이러한 무이삭(barrenness)은 밀집된 집단에서 광합성의 감소로 동화물질이 경합되기 때문이다. 차광된 작물에서 옥신 증가에 다른 정아우세도 또 다른 가능한 원인이 된다. 질산환원효소의 활성저하도 제시되었는데 질산환원은 광합성에 의존되기 때문이다. 무이삭은 또한 옥수수 수염의 생장 실패에 기인되는데 이는 광합성 산물의 부족이나 질산환원의 제한에 따른 단백질 합성의 실패에 의하여 나타난다. 엽액으로부터 이삭줄기의 초기 생장 실패는 정아우세와 관련되어 있으며 옥신에 의해 조절된다. 생장이 시작되었던 이삭이 정상적인 이삭으로의 발육실패는 동화물질에 대한 경합때문이며 흔히 발생한다.

(4) 광주기와 온도(Photoperiod and Temperature)

분얼에 있어서 광주기와 온도는 상호작용을 나타낸다. 밀을 포함한 호냉성 화본과는 가을의 단일과 저온에 반응하여 분얼을 한다. 아열대성 화본과인 큰참새피(*Paspalum dilatatum*)은 따뜻한 온도에서 분얼이 양호해지고 35℃의 고온에서도 부정적 효과는 나타나지 않았다. 열대성 식물인 *오리좁시스 밀리아카*(*Oryzopsis miliaca*)는 장일에서 분얼이 현저히 감소하였다. 장일식물인 알팔파의 경우 작물이 다 자랐을 때 단일에서 분얼이 촉진되지만 유묘상태에서는 장일에서 분

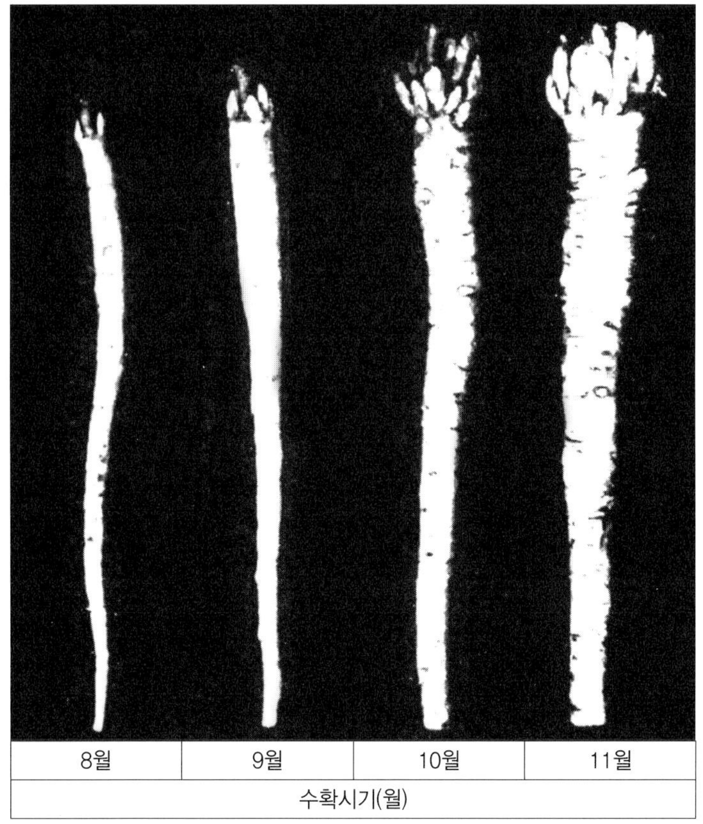

그림 12.12
스위트클로버의 관부 버들눈(crown bud)

얼이 촉진된다. 그러나 장일식물인 2년생 스위트클로버의 유묘의 첫해는 얼자를 발생시키는 눈의 형성과 직근의 발달이 가을의 단일에서 왕성하다(그림 12.12). 온도는 눈의 형성에 큰 영향을 미치지 못했다. 일반적으로 온도가 증가하면 특히 장일하에서 대부분의 온대성 작물들의 분얼력은 저하된다. 고온은 열대성 작물의 분얼을 향상시키는 경향이 있다. 켄터기블루그라스의 근경 분지는 직립형 분얼처럼 단일에서 촉진된다(표 12.6). 근경은 봄에 분지하지 않는데 이는 장일효과 때문이다. 가을에 새로운 근경분지의 싹틈과 이른 봄의 출현은 잔디 뗏장이 두꺼워지도록 촉진하다.

표 12.6 켄터키 블루그라스의 온도와 일장에 따른 식물체당 평균 분얼수

온도	일장(시간)		
	11	15	19
저온	1.60	1.14	1.16
고온	1.42	1.16	1.06

출처: Peterson and Loomis 1949.

(5) 수분과 무기원소(Waters and Minerals)

분얼은 영양생장에 유리한 요인들의 크게 의존하며 특히 적당한 수분과 질소(N)가 요구된다(표 12.5). 화본과 작물에서 질소는 분얼에 지대한 영향을 미친다. 티모시에서 3주 동안의 분얼수에서 질소농도가 6ppm에서 150ppm으로 증가시키면 2배가 늘어난다고 하였다. 4주 동안에는 같은 수의 분얼증가에 인산이 요구되었다. 칼륨(K)의 증가는 분얼수를 2배로 증가시키지 못했다. 질소의 농도가 낮으면 인산과 칼륨의 효과는 나타나지 않는다. 화본과 작물에서 분얼은 개화전에 종료하지만 보리에서는 적당량의 양분이 공급되면 출수까지 분얼이 계속된다. 밀에서 인산(P)과 아연(Zn)은 분얼을 증가시키지만 칼륨(K)은 효과가 없었다. 질소와 수분이 영양을 위하여 요구되는 것처럼 분얼에도 필요하다. 부족한 다른 무기원소의 보충은 종종 분얼을 촉진시킬 수 있다.

(6) 예취 또는 방목(Clipping or Grazing)

줄기의 정단을 어떤 처리에 의해서든 제거하면 정아우세성이 소실되며 액아를 제거하지 않는 한 분얼이나 분지가 촉진된다. 콩과 같은 지상발아형에 있어서 정아의 절단은 분지를 증가시키지만 종실수량에는 정의 상관으로 나타나지 않았다. 수수에서도 비슷한 결과를 보였다. 밀에서 어린잎의 제거는 분얼생산을 촉진하였다. 눈과 어린잎은 옥신의 생산원으로서 정아우세성을 촉진시킨다. 정아우세 소실 및 분얼촉진을 위한 예취는 일반적으로 종실 수량의 증가에 부의 상관 효과를 보이는데 이는 엽면적과 질소의 손실 때문이다. 사료작물의 방목과 질소의 시비는 켄터키블루그라스에서 근경을 짧게 하고 출현을 빨리되게 하지만 브런스윅그라스(Paspalum micorae)의 경우는 근경의 생장과 발달에 영향을 받지 않았다.

4. 영양체 재생장(Vegetative Regrowth)

잔다와 사료작물의 일부 또는 전체 엽이 사료생산을 위해 제거되며 계속적인 생산을 위하여 재생산이 필요하다. 가축의 방목은 계속적이지만 일부의 엽제거만 이루어진다. 예취는 방목과 같이 선택적이지 않고 작물종, 생육습성, 경영방법에 따라 완전히 엽제거가 행해진다. 위의 2가지 엽제거 방법에 따라 작물의 재생산을 포함한 반응이 크게 달라질 수 있다.

1) 화본과 작물의 재생장(Regrowth of Grasses)

영년생 화본과 작물의 영양기관이나 줄기가 없는 얼자의 재생장은 여러 부분으로부터 일어난다(그림 12.13). ① 어리고 신장하는 겹겹이 싸인 엽눈 부분(leaf roll, 완전히 전개된 잎은 재생장을 하지 않음)에서 출현 ② 새로운 엽간기(plastochrons) ③ 엽액에서 발생하는 새로운 얼자로 예취에 의해서 촉진된다. ④ 새로 출현하는 근경(rhizome)은 정상적인 얼자로 생장한다. 이렇게 여러 방법에 의한 재생장은 영년생 화본과 작물에 대한 목초와 잔디로서의 이용성과 지속성을 가능하게 한다.

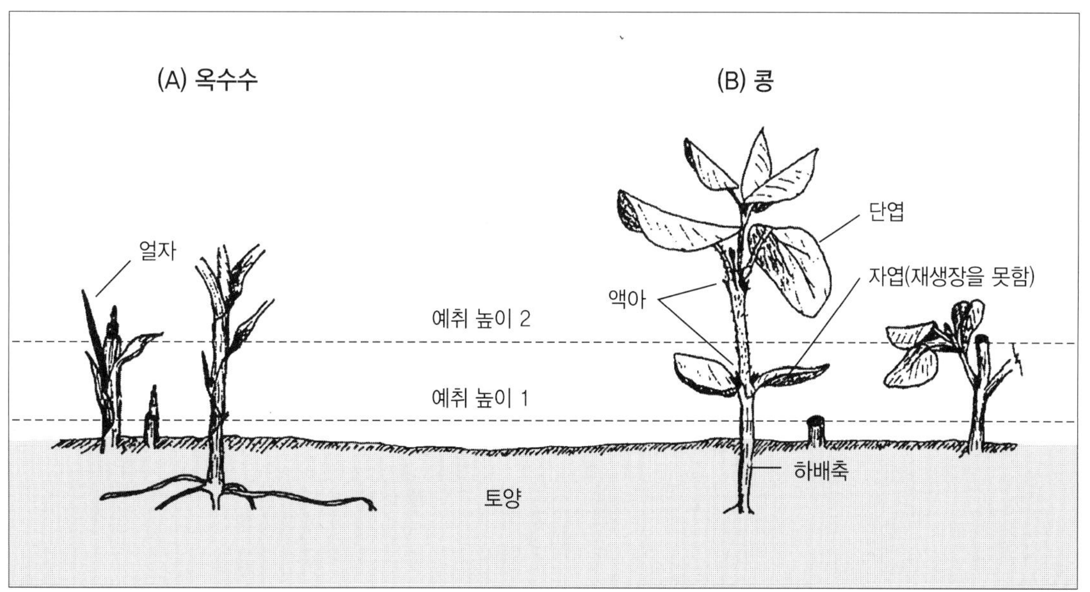

그림 12.13 높이가 다르게 예취한 화본과 작물(옥수수)과 콩과 작물(콩)로부터 작물체의 재생. 콩과 작물은 액아가 파괴되지 않았으면 액아로부터 새로운 줄기가 자라나 회복된다. 화본과 작물은 예취 높이와 관계없이 전개되지 않은 잎의 계속적인 신장에 의하거나 예취에 의해 종종 촉진되는 새로운 분얼의 생산으로부터 재생(잔디 등) 된다.

2) 두과 작물의 재생장(Regrowth of Legumes)

콩과 작물에서의 재생장은 최하위절(관부)의 휴면아로부터 발생하는 새로운 줄기에 제한되어 생장을 못하고 있다(그림 12.13). 잎의 제거처리는 지상자엽 출현의 콩과 작물(콩)이 상해를 입었을 때처럼 최하위 액아와 재생장의 잠재원이 제거되어 심한 경우도 있다. 영년생 알팔파의 경우 예취는 토양표면 부근에 있는 관부(crown)의 눈으로부터 새로운 생장을 촉진시킨다. 알팔파의 수확이 개화기 이후로 지연되면 예취의 결과처럼 정아우세성이 소실된다. 새 줄기가 관아에서 발생하는데 이는 수확 시에 제거될 수 있다. 알팔파에서 새줄기의 제거는 다음 해에 손실을 주지 못하는 것으로 일반화되었는데 이는 새 분지의 빠른 생장 때문이다. 물론 알팔파에서 발생하는 새 가지는 계속적인 방목에 의한 반복적인 제거로 저장영양분을 고갈시키고 생장을 약하게 한다.

3) 양분 저장과 재생장(Food Reserves and Regrowth)

유기양분 저장은 생장의 시작에 필수적이다. 암기 생장에 관한 연구에서 탄수화물이 주요 저장 양분의 기능을 한다고 증명되었다. 알팔파 뿌리의 저장 전분 및 당(예로 비구조적 탄수화물)은 암기 생장 동안 대사반응에 이용되는 반면 헤미셀룰로스와 다른 구조적 역할을 갖는 탄수화물은 대사 반응을 하지 않는다(표 12.7). 일년생 작물의 초기 생육은 탄수화물, 지방 및 단백질을 공급하는 종자로부터 정상적인 영양공급을 받는다. 영년생 작물은 종자로부터의 영양공급은 거의 없으며 새로운 생장에 요구되는 양분은 근경, 포복경, 줄기(사탕수수), 구경(티모시), 엽기 또는 그루터기(오차드그라스) 및 알팔파 뿌리와 같은 다양한 영양기관에 저장되고 또는 복합적으로 저장되어 있다(표 12.7). 오차드그라스의 재생장은 엽기와 뿌리에 저장된 양분에 의존하다. 2년생 작물은 첫해에 종자를 생산하지 못하므로 셀러리의 경우처럼 직근 또는 엽병에 적당량의 저장 양분을 저장한다.

표 12.7 알팔파 뿌리를 암조건에서 생육 전과 생육 후에 조사한 성분 구성

번호	화학 성분	생육 전	생육 후	증감	증감률(%)
①	건물량(g)	34.2	26.4	감소	−22.8
②	덱스트린과 가용성 당(%)	3.3	1.8	감소	−45.5
③	전분(%)	10.8	0.0	감소	−100
④	총 당 함량(%)	7.9	1.4	감소	−82.3
⑤	총질소(%)	2.6	2.3	감소	−11.5
⑥	헤미셀룰로스(%)	10.1	16.5	증가	+63.3

출처: Smith 1962.

순광합성에서는 양호하지만 사료작물의 생장에 있어서 약간 미흡한 조건, 예를 들어 낮에는 온도가 높고 광이 강하지만 야간에는 서늘한 가을 동안 저장 탄수화물(총 비구조적 탄수화물, TNC)은 축적된다. 특정한 기후나 토양요인 특히, 토양의 높은 질소함량은 양분축적에 부정적 영향을 미친다. 저장은 작물의 연령에 따라 증가한다. 사료, 목초 및 잔디류에 있어서 양분의 저장은 재배와 경영전략에서 중요하다. 이는 작물의 종에 따라 달라져야 한다. 어떤 작물은 계속적인 잎의 제거에도 적응력을 갖는데 이는 포복성의 생장 습성과 잎의 제거 후 지상 토양표면에 잎의 엽면적지수(LAI)가 비교적 높기 때문이다(잔디류). 알팔파는 이와 같은 능력이 없거나 적다. 따라서 잎의 제거 횟수는 사료의 품질, 수량 및 저장양분 축적에 적합한 충분한 엽면적의 유지 기간이 절충되어야 한다. 빈번한 수확은 사료의 품질은 향상시키지만 수량, 저장양분 및 생장의 지속성은 감소된다.

콩과 및 화본과 작물에 대한 많은 연구에서 잎의 제거처리 후 탄수화물 저장의 급격한 감소가 나타났다. 알팔파의 수확기 결정에서 수량과 지속성을 고려한 적당량의 탄수화물에 대한 고려가 필수적이다(그림 12.14).

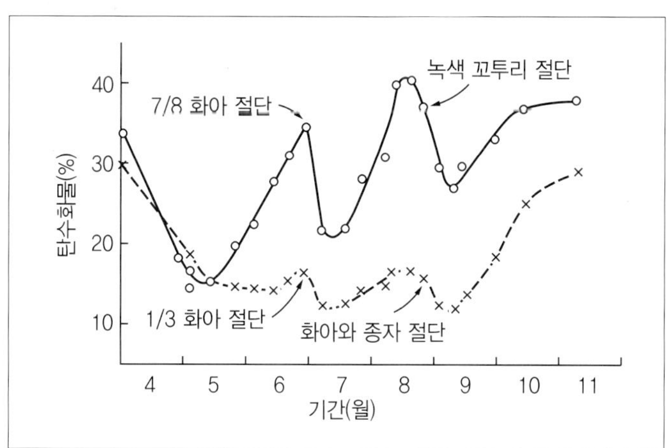

그림 12.14
생육기 동안에 예취를 2번 한 알팔파와 버드풋트레포일의 뿌리 내 이용가능한 총 탄수화물량(%)

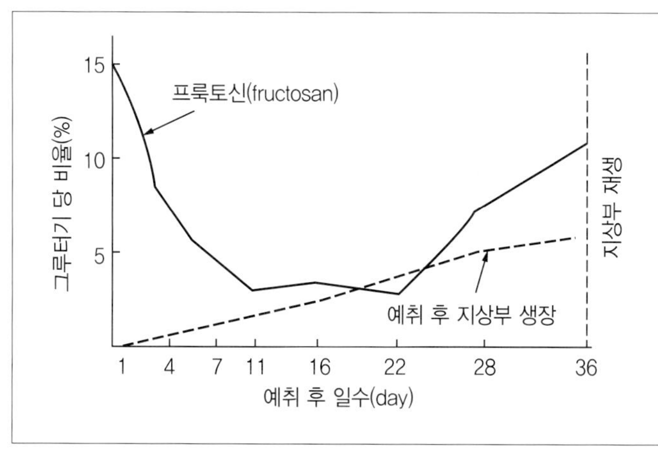

그림 12.15
다른 예취 간격에서 라이그라스 그루터기 내 프락토산의 비율(%)과 지상부 생장

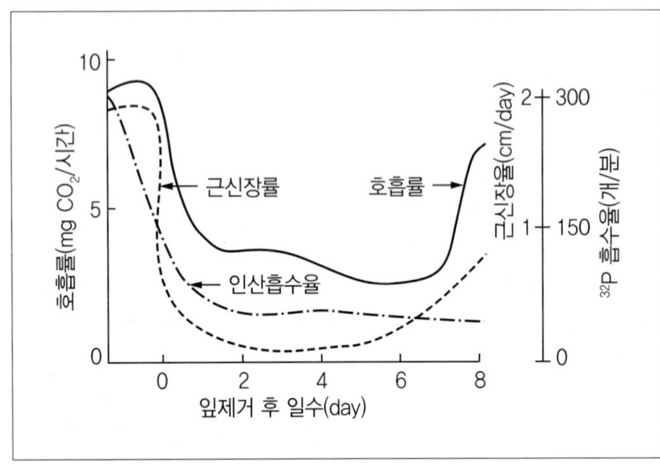

그림 12.16
화본과 작물에서 강한 적엽처리 전과 후의 호흡률과 뿌리 신장률 및 방사능 계측을 통한 인산의 흡수도

레드클로버에서는 소엽이 전개되는 속도가 예취된 개체에서 예취하지 않은 개체보다 바른 것을 관찰하였고 생장조절물질이 재생산의 요인이라고 하였다. 알팔파와 같은 콩과 작물은 건초생산을 위한 예취 후에 하위엽이 노화되고 건전한 잎이 거의 남아있지 않기 때문에 재생산을 위한 저장물질 공급을 뿌리에 의존한다. 한편 버드풋트레포일의 경우 알팔파보다도 더 빈번한 엽제거에서도 보다 많은 하위엽을 유지하여 재생장은 남아있는 잎에 크게 의존하다. 이는 뿌리에서의 저장 탄수화물의 의존도가 낮으며 포복성 생장 습성으로 빈번한 엽의 제거에서도 높은 하부 면적을 확보한다(그림 12.14). 결과적으로 버드풋트레포일은 알팔파보다 목초로서 적합하지만 건초 생산에는 적합하지 못하다. 콩과 작물의 재생장에 저장 탄수화물은 필수적이지만 화본과 작물에서는 그 역할이 비교적 낮다. 엽의 예취 후에 저장물질의 축적과 고갈 양상은 알팔파의 경우와 유사하다(그림 12.15). 온대성 화본과 작물인 라이그라스의 주요 총탄수화물은 콩과의 글루코산(glucosan)보다 프룩토산(fructosan)이다. 오차드그라스의 엽에 축적된 총탄수화물은 엽제거 후 재생산의 시작 단계인 2~3일 동안 중요한 역할을 한다.

이 연구에서 재생산은 그루터기와 예취 후 남아있는 잎 내에 축적되어 있는 저장탄수화물에 의존한다. 많은 저장탄수화물을 갖고 있는 얼자 개체는 초기 25일 동안 적게 갖고 있는 얼자보다 많은 건물을 생산하였다. 저장물질의 함량과 관계없이 2개의 엽신을 갖고 있는 개체는 모든 엽신이 제거된 개체보다 35일 동안 더 많은 건물을 생산하였다. 화본과 작물에서는 엽제거 후의 엽면적지수(LAI)가 매우 중요하다. 오차드그라스의 강한 적엽처리는 뿌리의 호흡, 뿌리의 신장 및 양분흡수가 거의 제로(0) 상태로 떨어진다(그림 12.16). 재생장의 초기에 이들 대사반응의 활성을 유지하기 위하여 이용가능한 탄수화물이 필수적이다. 예취 후에도 충분한 엽신이 남아 있으면 재생장에 요구되는 에너지를 공급받아 새로운 잎을 출현시켜 즉시 독립영양체로 된다.

요약(Summary)

영양생장은 정아와 측아의 분열조직과 어린잎, 절간의 절간분열조직에서 시작된다. 이 절간분열조직에서의 생장은 활성적인 세포의 고정된 수와 외부 눈이나 어린잎으로부터 생장호르몬의 공급에 의해 제한된다. 왜생종은 절간의 절간분열조직에 생장조절물질, 특히 지베렐린(GA)이 부족하면 나타나지만 외생종에 지베렐린(GA)이 공급되면 정상 크기로 회복한다. 절간분열조직은 지베렐린(GA)과 적외선 광에 반응을 나타낸다. 예를 들면, 화본과의 첫 번째 절간(중배축)은 암기(원적색광, 730nm) 또는 지베렐린 처리하에서는 신장하며 적색광(660nm)에서는 억제된다. 다른 절간분열조직은 피토크롬에 조절을 받는다. 잎은 엽간기(plastochron)라 불리는 고정된 시간 간격으로 눈의 선단 또는 생장점의 측생 또는 윤생돌기에서 발생한다. 엽간기의 수는 화아분화개시까지 무한적이며 이때의 엽시원체는 화서분화를 유도한다.

생장점의 단위인 파이토머는 줄기의 절과 절간, 엽초(엽병)와 엽신 그리고 액아를 포함하고 있다. 피토머(phytomer)의 수(엽의 수)는 콩에서의 일장에 의해 호냉성 화곡류에서는 온도에 의해(춘화처리) 결정되며 종에 따라 다양하다. 잎의 개수는 소립의 화곡류는 7~9개, 콩에서는 10~16개, 미국 옥수수의 교잡종에서는 14~21개, 벼는 15~20개를 나타낸다. 성숙한 화본과 식물 종자의 배에는 3~5개의 잎이 분화되어 있다. 옥수수의 배는 일반적으로 5개, 밀은 4개의 잎을 포함하고 있다. 잎의 최종 크기는 작물체의 수직 위치에 따라 다르다. 고온과 약광은 길고 얇은 잎을 발생시킨다. 저온과 강광은 짧고 두껍고 높은 비엽중의 잎을 생산한다. 하위에 위치한 잎은 비교적 면적이 작고 얇고 성숙기 이전에 노화된다. 엽초, 엽병 및 엽신을 제외한 다른 엽 부위들은 종에 따라서는 차이가 있으나 상당량의 광합성을 한다. 줄기의 생장은 하위절간의 절간분열조직에서 주로 일어난다. 줄기가 없는 종은 화경이 되는 최후에 발생한 절간의 신장을 제외하고 절간신장이 일어나지 않는다. 온대성 화본과 작물은 화아분화시기까지 줄기의 생장이 없다. 엽액의 눈은 활성적으로 생장하여 영양생장 얼자, 분지 또는 생식생장 줄기로 생장하는데 옥수수에서의 이삭줄기, 콩에서의 총상화서가 여기에 해당되며 작물의 연령이나 광주기에 따라 차이가 있다. 화본과 작물에서 살아있는 엽초내에서 발생하는 새로운 줄기나 얼자는 직립적으로 생장하며 주경과 외형적으로 비슷해진다. 다른 얼자들은 죽은 잎으로 싸여있는 하위부의 엽액에서 출현하며 근경이나 포복경과 같은 수평적 생장을 한다. 근경은 유전형과 환경의 지배하에 토양표면 위로 출현하며 정상적인 직립형 줄기를 형성한다. 분얼의 습성은 종의 영년생 정도를 결정한다.

광질은 절간 생장에 지대한 영향을 미치는데 특히 적색광(660nm)과 원적색광(730nm)의 영향이 크다. 화본과 작물의 유묘에서 중배축의 신장은 암기(원적색광)에서 유기양분의 제한이 있을 때까지 일어난다. 화본과 작물에서 어린줄기의 절간분열조직의 생장은 말린 엽(위간)에 의해

광으로부터 보호를 받는다. 암기 또는 원적색광의 효과는 비슷하며 중배축의 생장에서 나타나듯이 피토크롬의 작용하에 생장이 조절된다. 정아우세, 액이의 생장, 분얼 빛 분지의 발생은 유전형광의 이용성(재식밀도와 관련이 있음), 온도, 수분, 비료 및 생장조절물질들에 크게 영향을 받는다. 예취, 방목 또는 화서분화시작은 체내 호르몬의 균형을 바꿀 수 있으며 이는 정아우세와 관련된 유아나 액아로부터의 얼자 생산에 영향을 준다. 화본과의 재생장은 엽초 내 얼자, 지상으로 출현하는 근경 및 출현된 잎의 하위 절간분열조직으로부터 계속적인 잎의 신장으로 일어난다. 화본과 작물의 저장 양분은 새로이 발생하는 엽의 생장에 중요하며 이는 수일 내로 독립영양체로 생장한다. 잔디에서처럼 예취 후에 남아있는 작물 하위부가 광합성 역할을 할 수 있는 경우에는 저장 유기양분의 요구가 적거나 없다. 반면 알팔파에서서는 예취 후 남아있는 건전한 하위엽이 적기 때문에 재생장과 생장의 유지에 많은 양의 저장양분이 요구된다.

제13장
개화와 결실생리
(Flowering and Fruiting)

종자의 생산은 작물생산(crop production)의 주요 목적이 된다. 수많은 일련의 생리적 형태적 과정의 결과로 일장과 온도에 감응하여 개화와 결실로 나타난 결과물이 종자 생산(Seed production)이다. 개화와 결실에 영향을 미치는 환경요인에 관한 연구는 50년 이상에 걸쳐 집중적으로 이루어져 왔다. 개화에 관여하는 환경요인으로 일장효과는 1920년대에 구명되었다. 그 이후의 여러 연구에서 주간의 길이(length of day, 명기)보다 야간의 길이(nyctoperiod, 암기)가 작물의 반응에 실제적인 조절역할을 한다고 증명하였다. 만약 암기 중 저에너지의 광에 짧은 기간 노출되면 장일의 효과를 나타낸다. 그러나 명기 중 암기를 처리하면 개화에는 효과가 없다. 이후 미국 농무성(USDA) 과학자들의 연구에서 개화와 같은 발육과정의 조절에 광수용체(색소)로 피토크롬(phytochrome)을 분리하였고 이 피토크롬이 어떻게 적색광과 반응하는지에 대한 기작

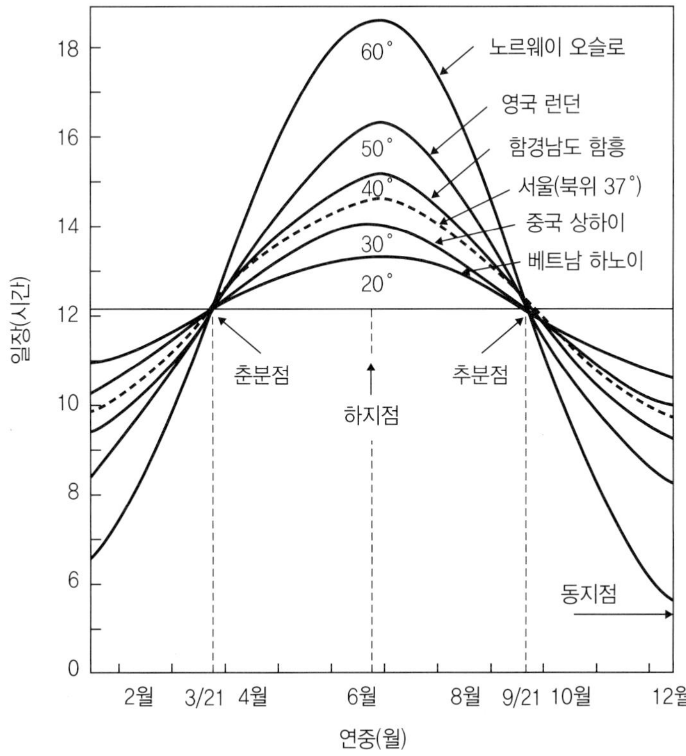

그림 13.1
위도에 따른 일출부터 일몰까지 일장의 계절 변이

이 구명되었다. 개화자극물질(flowering stimulus, 호르몬)의 합성장소로서의 성숙한 잎의 역할과 유도물질의 전류 및 분열조직(meristem)의 활성화에 대한 문제가 주요 연구관심사로 대두되고 있다. 일장(photoperiod)과 온도는 위도(latitude)와 계절에 따른 태양고도(sun declination)에 의해 결정되는데 이는 계절과 위도에 따라 다양한 차이를 나타낸다. 일장의 길이는 적도의 경우 연중 거의 일정하지만 극지방에서는 6월과 12월 사이에 여름과 겨울의 극점에서는 24시간의 차이를 나타낸다(그림 13.1).

1. 개화로 전이(Transition to Flowering)

일장과 온도의 상호반응에 의해 줄기의 분열조직은 잎이나 꽃의 시원체(primordia)를 형성시킨다. 무한신육형(indeterminate) 작물의 생장에서는 잎이 먼저 발생한다. 몇몇 작물에서는 동일한 눈이 먼저 잎을 만들고 이후에 화기 구조가 형성되고 다시 잎이 형성된다. 1회 결실성 작물(monocarpic)인 1년생 작물은 영양생장을 하는 눈(잎을 발생시킴)이 개화 전단계로 전환되면 잎의 계속적인 발생을 종료된다. 이들 식물에서 개화의 시작은 모든 에너지원의 최종적 이용으로 생각된다. 개화 및 결실 이후에는 식물체가 죽는다. 이러한 생육은 유한신육형(determinate)에 해당한다. 한편 영년생에 있어서는 생식 생장에 일부의 에너지만 요구된다. 영양생장은 개화와 독립적이거나 동시적으로 무한히 계속 진행된다. 알팔파에서처럼 오래된 지상부의 생장이 개화에 의해 종료되면 액아는 저장 양분을 이용하여 새로운 영양생장을 시작한다. 2년생 작물들은 특징적으로 첫해 동안은 줄기가 없는 총생형(rosette)의 생장을 하며 이듬해에 줄기, 꽃 및 과실을 생산하여 1년생 작물과 같은 1회 결실성 습성을 나타낸다.

2. 광주기성(Photoperiodism, 일장효과)

개화에 있어서 일장의 효과는 20세기로 접어드는 무렵에 독일의 크렙스(Klebs)와 프랑스의 투르니(Tournis)에 의해서 처음으로 거론되었다. 이들은 일장 효과에 대한 인식에는 근접한 결과를 얻었으나 실질적인 발견은 미국 농무성에서 다시 진행되어 얻어졌다. 이들은 일장에 대한 식물의 반응을 광주기성이라고 명명하였다. 이들의 관찰은 2종의 담배품종에서 수행하였는데 이 실험에서 담배는 포장에서는 생장기간 동안 개화되지 않았지만 가을과 겨울에 온실로 옮긴 후에 개화하였다. 온실에서 그루터기(stump)로부터 발생한 액생 줄기는 겨울의 단일기간 중에 개화하였고 일장이 다시 길어지는 봄 동안에 출현한 줄기는 영양생장만 계속하였다. 콩과 담배의 포장

실험에서 파종을 초봄에서 여름 중간까지 계속하였고 모두 성숙은 가을에 이루어졌다. 즉 담배와 콩은 어떤 한계일장 이하의 주간 길이에 반응하여 개화하며 이를 단일식물(short-day plant, SDP)이라고 하였다. 여러 작물에 대한 관찰에서 많은 작물이 24시간 중 짧은 주간과 긴 야간 조건에서 개화가 촉진되었고 다른 작물에서는 반대의 상황에서 개화가 유도되었다. 어떤 작물은 일장에 무관하거나 반응을 나타내지 않았다. 그러나 일장에 민감한 작물도 개화를 위한 특정한 일장을 요구하지 않으며 넓은 범위의 일장에서 정상적으로 개화를 할 수도 있다. 일반적으로 작물체의 나이가 증가함에 따라 일장에 대한 반응은 떨어진다(그림 13.2). 단일작물의 개화는 적정한 일장 이상의 장일 조건에서는 한계일장에 도달할 때까지 지연되며 그 이상으로 길면 영양생장을 지속한다. 비슷한 양상으로 장일성 작물은 한계일장 이하의 단일에서 영양생장을 지속한다. 두 종 모두에서 광에 의한 감응성이 유도되기 위해서는 기본영양생장기(basic vegetative phase, BVP)가 필요하다.

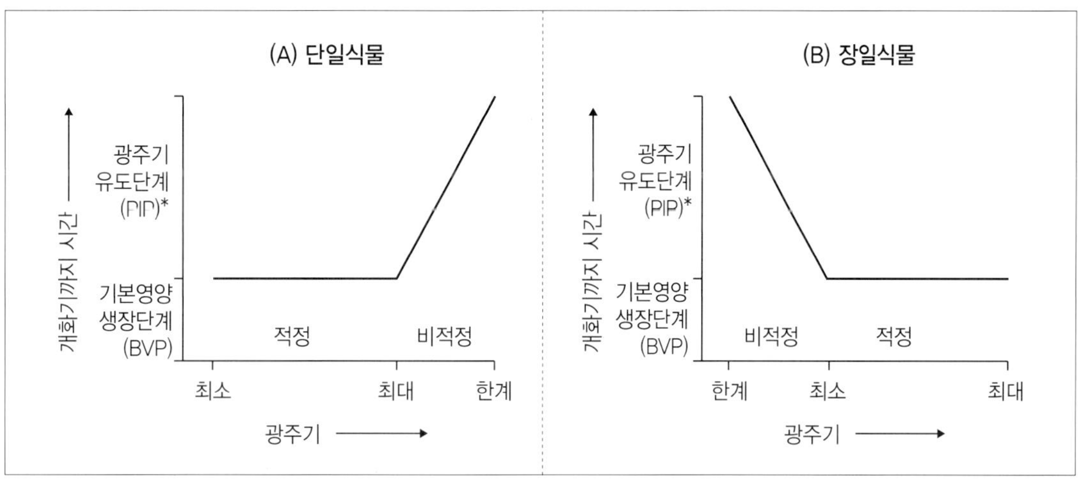

그림 13.2 일장에 반응하는 작물의 일반적인 반응

*BVP는 기본영양생장단계(basic vegetative phase)이고 PIP(photoperiod induced phase)는 광주기 유도단계이다.

일장에 의한 반응 및 다른 환경요인들과 여러 가지 상호반응의 복잡성에도 불구하고 힐먼(Hillman, 1962)에 의한 분류체계는 작물 및 여러 작물의 일장 반응에 대해서 이용되고 있다.

(1) 단일식물(Short-day plant, SDP)

개화는 종과 품종에 따라 다양하지만 최대한계일장보다 작은 일장에서 촉진되며 온도와 같은 환경요인에 의해 영향을 받는다. 벼, 국화, 담배, 콩, 도꼬마리가 이 그룹에 속한다. 이들은 일장에 매우 민감하기 때문에 일장에 관한 연구에 많이 이용되고 있다.

(2) 장일식물(Long-day plant, LDP)

개화는 유전형과 환경에 영향을 받지만 최소한계일장보다 긴 일장에서 촉진된다. 보리, 밀, 시금치, 상추, 감자 및 2년생 종인 사리풀(*Hyoscyamus niger*, 가지과로 독성이 있음)이 이 그룹에 속한다. 이들도 일장에 관한 연구에 많이 이용되고 있다.

(3) 단장일식물(Short-long-day plant, SLDP)

장일에 노출되기 이전에 일련의 단일에 노출되면 개화가 촉진된다. 오차드그라스(orchardgrass)와 같은 많은 영년생 화본과가 이 그룹에 속하는데 이 반응은 단일과 장일 사이에 저온기간(춘화처리)이 요구되기 때문에 매우 복잡하다.

(4) 장단일식물(Long-short-day plant, LSDP)

단일에 노출되기 이전에 일련의 장일에 노출되면 개화가 촉진된다. 재스민(*Cestrum nocturnum*)이 이 그룹에 속한다.

(5) 중일식물(Day-neutral plant, DNP)

개화는 일장에 둔감하지만 연령과 연관이 있다. 일반적으로 최소한의 연령과 크기(기본영양생장)가 확보되어야 개화가 시작된다. 민들레, 토마토, 메밀이 이 그룹에 속한다. 이들은 넓은 온도 범위와 어떤 위도에서도 적응한다. 예를 들어 토마토 빅보이(Big Boy) 품종은 미국 남부에서 캐나다까지 넓은 지역에서 생산된다. 많은 열대성 종들이 여기에 속한다. 그렇지 않은 식물은 단일작물(열대성 콩 품종)에 속한다.

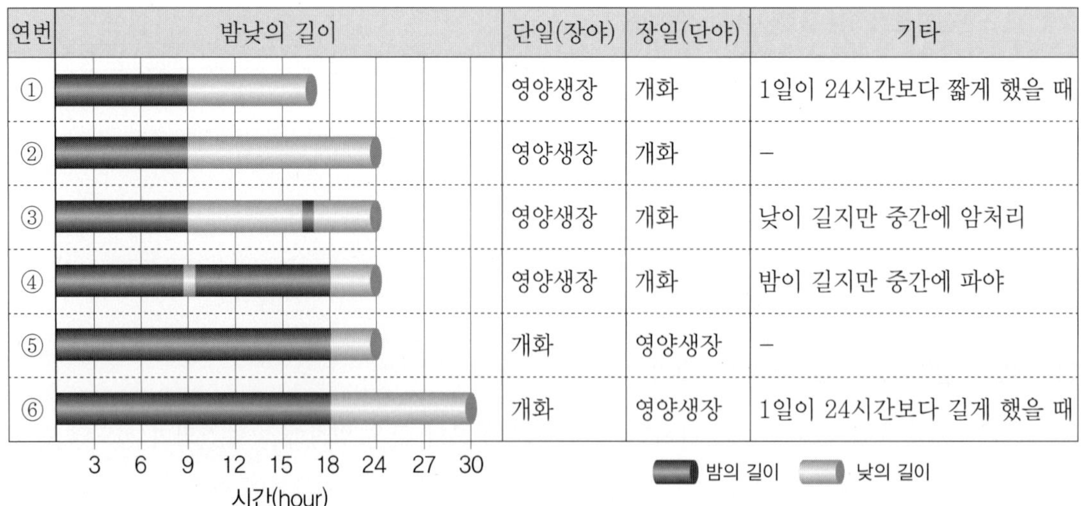

연번	밤낮의 길이	단일(장야)	장일(단야)	기타
①		영양생장	개화	1일이 24시간보다 짧게 했을 때
②		영양생장	개화	–
③		영양생장	개화	낮이 길지만 중간에 암처리
④		영양생장	개화	밤이 길지만 중간에 파야
⑤		개화	영양생장	–
⑥		개화	영양생장	1일이 24시간보다 길게 했을 때

그림 13.3 일장과 광중단이 개화에 미치는 영향

앞에서 기술했듯이 작물의 일장에 대한 분류는 낮의 길이(24시간 이내의 광의 길이)에 대한 개화의 관계를 근거로 만들어진 것으로 실제로 조절하는 요인은 주간(낮)보다는 중단되지 않은 야간(밤)의 길이에 의해 제어된다. 물론 어떤 종들은 위의 어떤 그룹에도 속하지 않는다. 예를 들어 해바라기의 경우, 유년기에는 장일식물에 속하나 나이와 함께 둔감해진다.

일반적으로 한여름에 개화 및 결실을 맺는 작물이나 야생종은 장일식물(LDP)에 속하며 가을에 개화 및 결실을 맺는 식물은 단일식물(SDP)에 속한다. 월동 일년생인 밀, 2년생인 사탕무, 오차드그라스와 같은 수많은 영년생은 절대적 장일식물(obligatory LDP)에 속한다. 그러나 이들 작물은 저온처리나 춘화처리를 거쳐야 개화를 한다. 옥수수, 수수 및 콩은 단일식물(SDP)에 속한다. 장일식물과 단일식물, 모두에 해당되는 작물도 상당수 있다. 여름에 장일을 나타내는 북반구 북부 위도 지역에 적응한 콩 품종의 개화반응에 대한 분류는 흥미로운 문제이다. 이런 작물들은 16~18 시간의 일장 하에서 개화한다. 그러나 이러한 단일식물로의 분류 이외에 품종들에 대한 분류는 정확하지 않은데 이는 일장이 16시간에서 8시간으로 짧아짐에 따라 적은 수의 마디를 갖는 개체에서 수일 이내에 또는 일찍 개화가 나타나기 때문이다.

3. 감온성(Thermoperiodism, Vernalization)

온도는 여러 작물에서 광주기의 반응을 변경시키지만 봄의 장일에서 개화를 위해 2~6주간의 저온 또는 10℃ 이하의 냉온이 요구되는 종이 다수 발견되었다. 이러한 저온처리를 춘화처리(vernalization)라고 하며 2~10℃ 사이가 가장 효과적이다(그림 13.4). 저온 노출에 대한 반응은 거의 절대적(absolute)이다. 이 춘화처리를 거치지 않으면 개화가 되기도 하지만 경우에 따라서는 개화가 일어나지 않는다. 저온처리 기간은 작물에 따라 며칠에서 몇 주의 범위에 분포한다. 월동형 일년생, 2년생 및 많은 온대성 영년생 종들이 개화를 위한 조건으로 춘화처리가 요구된다. 많은 온대성 작물의 종자, 구근 및 싹은 휴면타파 및 생장 유도에 층적처리(stratification, 몇 주 동안의 저온 습윤저장을 처리하는 것)가 요구된다(제10장 종자와 발아).

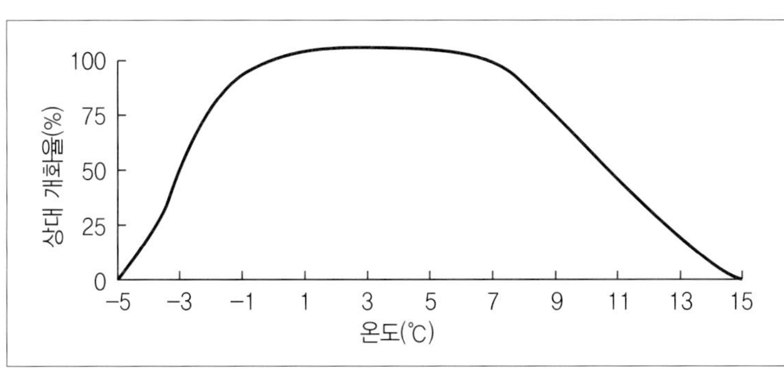

그림 13.4
춘화처리 동안 온도에 대한 작물 반응의 일반화된 모델

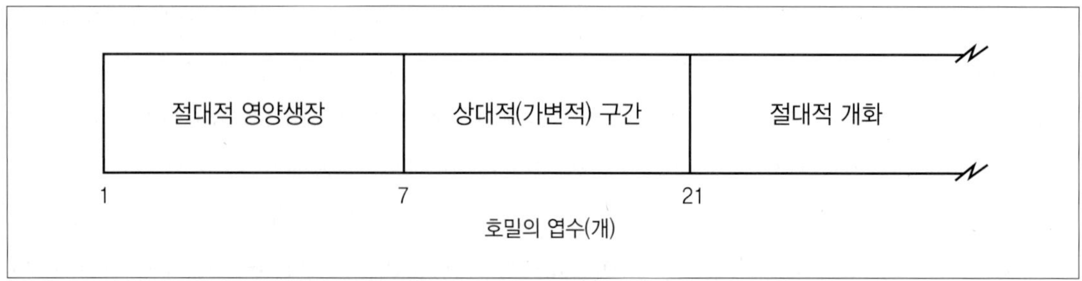

그림 13.5 춘화처리 자극의 양에 대한 관계에서 추파 호밀의 화아 발달
춘화가 일어난 것과 춘파형은 7매의 엽기가 될 동안 영양생장만 한다. 추파형의 경우에 춘화가 일어나면 7매의 엽이 출현한 후에 개화하며 21매의 잎이 출현한 후에는 절대적으로 개화만 일어난다.

춘화(*春花*)처리의 문자적 의미는 '봄과 같이 만들어 준다' 는 뜻으로 봄의 장일 조건에 반응하여 개화가 촉진되도록 하는 것이다. 밀이나 호밀과 같은 월동 화곡류는 춘화처리 후 춘파형으로 반응한다. 밀이나 호밀은 7개의 최소엽을 생산한 후 장일에서 개화한다. 호밀에서 춘화처리에 의한 줄기의 정단에서 화기의 발달과정은 그림 13.5와 같다.

① 절대 영양생장기로 줄기 정단의 시원체 1~7일은 절대적 엽간기(plastochron)이다.

② 가변적 개화로 시원체 8~21일은 선택적으로 춘화처리의 강도에 따라서 잎이나 화기 구조로 생장할 수 있다.

③ 시원체 21일 이상은 절대적인 개화(obligate flowering)를 한다.

사탕무와 셀러리 같은 2년생 작물에 있어서 새로운 육성품종은 춘화처리의 요구도가 높은 쪽으로 선발되는데 첫해에 화서(inflorescence)를 가지고 있는 줄기가 생기는 추대(bolting)가 되면 상품 가치가 떨어지기 때문이다. 사탕무, 사리풀 및 스위트클로버에서 일년생형(춘화처리 없이 개화)이 2년생으로부터 선발되고 있다.

1) 춘화처리의 위치(Locus of Vernalization)

저온으로 인한 자극물질이 잎에서보다 분열조직이나 눈에서 생산된다는 증거는 다음 4가지로 요약된다.

① 수분을 흡수한 종자는 쉽게 춘화처리가 된다.

② 잎, 줄기, 뿌리에만 부분적 저온 노출은 효과가 없다.

③ 모작물체(mother plant)에서 발달하는 종자는 건조되기 전에 저온처리를 함으로써 춘화처리가 가능하다.

④ 춘화처리가 된 잎에서 발생한 부정아(adventitious bud)에서 생장한 개체는 개화가 유도된다.

2) 춘화처리효과의 소실(Loss of Vernalization)

춘화처리된 종자는 수일간의 고온(30~35℃)이나 건조상태와 같은 열악한 환경조건에 두면 소거된다. 루이셍코(Lysenko)에 의해 주창된 것과 같이 러시아에서 호냉성 화곡류의 춘화처리와 이를 춘파로 유지시키는 실질적인 방법으로 이러한 이론의 도입에는 난점이 존재한다. 건조된 종자 상태의 지속은 이춘화(devernalize)로 춘화가 소실되는 것으로 나타난다. 춘파형 품종의 이용성으로 루이셍코의 방법은 유용하지 못하다. 일부 영년생 화본과 작물에서 춘화처리는 더욱 복잡하다. 즉 저온처리에 더하여 단일기간이 요구되기도 한다. 오차드그라스에서 개화유도는 자연적으로 북위 42° 지역에서 11월 15일경에 일어난다. 춘화처리에 연관된 단일처리의 요구도 2년생 및 월동 일년생 종에서 발견되지 않는다. 즉 이들 종에서는 개화유도에 저온만이 요구된다.

4. 개화(Flowering)

1) 개화유도(Floral Induction)

오차드그라스의 개화 과정은 3개의 구별되는 단계로 인정되는데 각각은 특정의 광주기와 온도를 요구한다(그림 13.6).

개화의 조절과 기능을 보면 ① 식물은 밤의 길이로 일장반응을 한다. 예를 들면 콩은 10시간을 초과할 때만 개화를 한다. ② 잎은 광주기 신호의 감지 부위이다. 광중단은 암기의 효과를 무효화 할 수 있다. ③ 피트크롬은 광주기성의 일차적 수용체이다. 적색광과 원적색광은 피토크롬

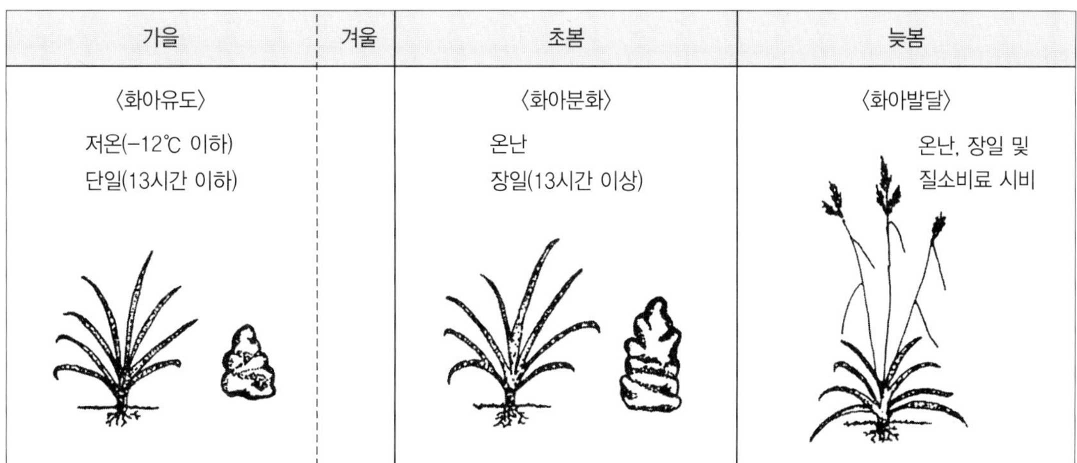

그림 13.6 오차드그라스의 개화 과정에서 계절별 온도와 광주기와의 관계(Gardner and Loomis 1953).

에 의해 개화를 조절한다. 청색광 수용체는 일부 식물에서 개화를 조절한다. ④ 저온에 의한 개화로 춘화처리를 들 수 있다. ⑤ 꽃형성 자극은 체관을 통해 경정분열조직으로 이동한다. ⑥ GA와 에틸렌은 개화를 유도한다.

(1) 개화유도(floral Induction)

가을의 단일과 저온에 반응하여 개화자극물질(flowering stimulus, 줄기 정단부의 화학적 변화)이 생성된다.

(2) 화아분화개시(floral initiation)

가을의 단일과 저온에 의하여 유도되었덩 영양생장점의 형태가 봄철의 온화한 기온과 장일에 반응하여 화아시원체(floral primordia)로 전환된다.

(3) 계속적인 화기발달(further floral development)

봄철의 온화한 기온과 장일(질소시비도 동일한 효과를 나타냄)에 반응하여 화아시원체가 성숙한 화서와 화기로 생장과 발육이 진행된다.

오차드그라스의 줄기에서 생성되는 개화유도물질은 비록 조직 내의 유기적인 연결이 존재할지라도 얼자(tiller)로 전류되지 않는다. 광에 노출된 얼자에서는 개화가 유도되는 반면에 엽초에 가려진 많은 얼자는 개화가 유도되지 않는다는 사실은 잎이 광주기의 감응 부위라는 것을 나타낸다.

이러한 개화의 3단계 과정은 작물 간에 일반적인 과정이지만 많은 다른 연구에서는 상세하게 다루지 않고 있다. 일반적으로 개화유도(floral induction, 개화유도물질의 생성)와 개화발현(floral expression, 발달)에 중요성을 두고 있다. 콩과 도꼬마리의 눈에 대한 해부적인 연구에서 초기의 형태적 변화를 화아분화개시로 기술하여 왔다. 콩과 같은 단일작물에서 개화유도와 화아분화개시에 요구되는 요인들은 동일하다. 따라서 이 두 과정은 오차드그라스에서는 서로 구분되지 않는다. 그러나 콩에서는 화아분화개시와 개화발현에 요구되는 요인들은 각기 다르다. 화서(inflorescence)는 장일 조건에서 시작되지만 화아분화개시 이후 장일 조건이 유지되면 꽃은 퇴화한다. 해부현미경에서 저배율로 단계별 화기발달과정을 도꼬마리, 콩, 명아주에서 살펴보면 단일식물들은 장일에서 화아분화개시가 시작되며 그 유도 정도는 화기의 발달률과 발달 정도를 반영한다. 앞에서 기술한 콩은 단일조건에서 화아분화가 유도되었을지라도 20시간 정도의 장일에서는 꽃과 종실이 퇴화되었다. 결과적으로 해부현미경으로 본 화아분화개시 발달단계는 콩과 같은 단일작물의 개화 유도에 대한 연구에 필수적이다. 지속적인 단일조건 유지는 화아분화를 개시하는 원인이 되기도 하고 화아유도자극(floral induction stimulus)을 증가시키기도 한다.

① 최소연령(Minimum Age, 기본영양생장)

대부분 작물은 유년기 동안에는 광주기에 감응하지 않는다. 감응을 위해서 최소연령, 크기 및 발육단계가 요구된다. 이러한 유년기간을 기본영양생장단계(basic vegetative phase, BVP)라고 한다. 기본영양생장(BVP)이 충족된 이후에 광주기유도단계(photoperiod induced phase, PIP)로 들어간다(그림 13.2). 이 기간을 고전문헌에서는 화숙(ripeness to flower)이라고 하였다. 일반적으로 최소 기본영양생장기(BVP)는 작물체 연령(chronological age)보다 엽수로써 나타낸다.

이 두 요인은 작물과 품종에 따라 변이 폭이 매우 크다(표 13.1). 대부분의 목본류에서 기본영양생장기(BVP)는 5년 또는 그 이상이다. 용설란(Agave)의 경우 수령이 10~12년이 될 때까지 일장반응을 나타내지 않는 반면 명아주(*Chenopodium rubrum*)는 발아 시에 자엽이 열리면 일장반응을 할 수 있다(표 13.1). 화숙은 중일형 작물의 개화에 요구되는 데 이들은 일장에 반응이 없으며 최소연령이나 기본영양생장(BVP)이 충족된 후에 개화한다. 최소엽수는 작물 또는 품종에 따라 항상 일정한 것은 아니다. 무기양분의 결핍은 최소엽수를 하나 또는 두 개를 감소시키는 결과를 가져온다.

표 13.1 개화까지 성숙이 되는데 필요한 기본 영양생장기의 길이(최소 연령)

번호	작물명	최소연령	인용문헌
①	담배	5~6엽	Kasperbauer 1969
②	대나무	5~50년	Arber 1934
③	도꼬마리	8엽	Holdsworth 1956
④	들깨	15일	Moshkov 1939
⑤	명아주	3~4일	Kasperbauer et al. 1964
⑥	벼	10~87일	Vergara and Chang 1976
⑦	비름	30일	Zobka 1961
⑧	소나무	5년	Stanley 1958
⑨	스위트클로버	100일	Kasperbauer et al. 1962
⑩	용설란	5~20년	Hillman 1962
⑪	콩	6주	Borthwick and Parker 1938

엽면적보다 엽수가 개화작용에서 중요하다. 일장에 민감한 작물에 대한 연구보고들은 잎이 제거된 작물에 있어서 충분한 엽령을 갖는 한 장의 잎은 일장반응의 감응체로서 충분하다는 것을 보여준다. 도꼬마리의 경우 잎이 제거된 식물에서 일장유도기(PIP) 기간 중에 2~3㎠의 엽면적으로도 일장반응에 충분하지만 기본영양생장성(BVP)이 충족되지 않으면 자엽의 엽면적이 9.2㎠가 되어도 효과가 없었다.

② 광유도 주기(Photoinduction Cycle)

개화유도(개화물질의 생산)는 적절한 광유도주기의 특정 횟수의 노출에 반응하여 일어난다. 요구되는 최소주기 횟수는 작물, 품종, 연령 및 크기에 따라 다양하다. 최소한의 광유도주기가 충족되면 개화 강도는 포화수준까지 첨가되는 노출의 증가에 따라 증가한다(개화에 며칠만 소요됨), 즉 개화 반응은 절대적 요건이 아닌 일정한 양이 충족되면 개시된다. 도꼬마리의 경우 장일에서 생장했을지라도 8.5시간 또는 그 이상의 단일 암기는 개화를 유도한다. 단일 암기상태가 8.33시간일 때는 개화유도에 적합하지 않으므로 영양생장을 계속한다. 저온(5℃)은 최소암기를 2~3시간 증가시킨다. 암기의 증가는 단일형 작물의 개화 강도를 포화수준까지 증가시키는데 암기는 12~15시간에서 포화수준에 이른다. 단일형과 장일형 작물에 적정한 일장이 되면 안정적이고 평형적인 반응을 나타낸다. 콩에서 한 번의 광유도 주기로는 부족하고 7회 정도의 주기가 적정하며 그 이상이 될 필요는 없다. 둔감한 작물은 민감한 작물에 비해 더 많은 광유도 주기가 개화를 하는 데 필요하다. 그리고 암기를 전후하여 높은 광도를 유지되는 것이 꼭 필요하다. 긴 암기 전에 요구되는 광은 10℃에서는 4시간, 30℃에서는 0.5시간이 적당하였다.

③ 야간조파(Night Break, 파야)

주간의 길이보다 야간의 길이가 일장 처리의 작동요인이 되는데 이는 백색 또는 적색광에 의한 암기의 매우 짧은 중단으로 긴 야간효과를 상실시키는 사실이 증명되었다. 암기 중에도 2분이나 심지어 12초 동안만이라도 저광도에 노출시키면 단일형인 콩과 도꼬마리에서 장일효과를 나타내었다(표 13.2). 다시 말해 영양상태를 지속하였다. 반면 장일형은 암기중단(night break, 파야현상)에 의해 개화가 촉진되었다. 암기중단의 효과는 암기가 10, 12, 16, 20시간 진행되는 상태에서 8시간 후에 더욱 효과적이었다. 3~4시간 이내에 암기를 중단하거나 16~20시간 후의 암기중단은 그 효과가 떨어졌다.

표 13.2 콩과 도꼬마리의 개화반응에서 적색광과 원적색광의 조사에 의한 암기의 중단 효과

처리	마지막 노출광	도꼬마리 화아발달의 평균단계	콩에서 개화 마디의 수
암조건(대조구)	-	6.0	4.0
R	적색광	0.0	0.0
R-FR	원적색광	5.6	1.6
R-FR-R	적색광	0.0	0.0
R-FR-R-FR	원적색광	4.2	1.0
R-FR-R-FR-R	적색광	0.0	…
R-FR-R-FR-R-FR	원적색광	2.4	0.6

* 제10장 261페이지의 표 10.6 참조

자연상태에서 암기는 광에 의한 중단을 받지 않기 때문에 암기중단의 생태학적 중요성이 문제가 되고 있다. 약 14W/㎡(0.02 FC)를 갖는 달빛은 그 에너지 및 적색 파장이 매우 낮다. 그러나 순간적인 암기중단처리가 수 시간의 광에 의한 장일처리효과와 비슷한 결과를 유도한다는 사실은 온실 재배에서 광이 요구되는 경우 에너지의 절약에 실제로 적용되고 있다.

④ 광질(Light Quality)

일장효과는 분광에 의해 분리되는 적색광(R)과 원적색광(FR)의 광에너지에 의해 유도된다. 암기중단과 그에 따른 일장반응에 가장 효과가 큰 광질은 적색광(600~680nm)인데 이것은 원적색광(720~750nm)의 노출에 의해서 역전된다(표 13.2). 만약 원적색광(FR) 처리가 적색광(R) 중단 후에 즉시 실행되지 않으면 장야효과(long~night effect) 또는 역전반응이 일어나지 않는다. 이때 암기 중의 광의 간섭에 대한 민감도는 광질에 크게 영향을 받으며 광에너지 수준에 따른 영향은 다소 떨어진다(그림 13.8). 개화에 있어서 분광(스펙트럼)의 피토크롬의 효과는 장일효과로 Pr, 단일효과로 Pfr로 다음과 같이 나타난다. 적색광(R)의 파장은 600~680nm로 피토크롬 흡광도가 높다. 저에너지 수준에서 효과적이다. 청색광의 파장은 380~500nm이나 445nm에서 최고값을 나타낸다. 피토크롬 흡광도가 낮다. 에너지 수준이 낮거나 높은 범위(1.7mW/㎠)에서 효과적이다. Pr→Pfr의 피토크롬 역전된다. 약 35% Pfr 수준의 평형은 8분 안에 도달된다. 원적색광(FR)의 파장은 720~750nm이나 735nm에서 최고값을 나타낸다. 피토크롬 흡광도가 높다. Pr의 생산에 효과적이다(야간효과). 원적색광(FR)의 노출효과는 장시간의 노출(초과에너지) 시에는 적색광(R)의 효과와 비슷하다. 여기서 청색광과 원적색광은 개화를 촉진하지만 적색광은 개화를 억제한다. 청색광은 생장과 굴성, 삼투균형을 조절하는데 청색광은 줄기신장을 저해한다.

피토크롬(Pr과 Pfr 모두)의 형성에 광질의 효과는 다음과 같은 도표(그림 13.7)로 정리된다.

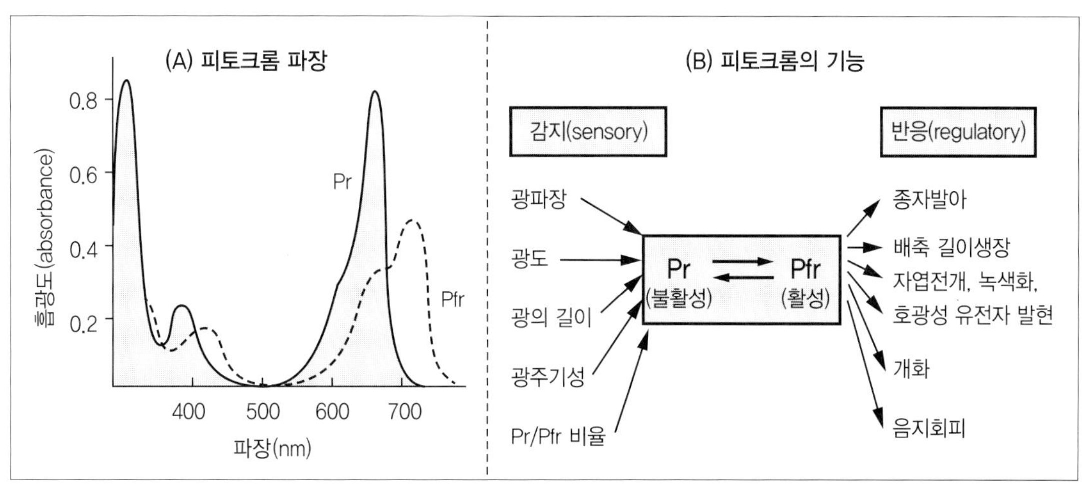

그림 13.7 피토크롬의 파장과 상호변환 과정도

여기서 Pr과 Pfr은 각각 적색광(R)과 원적색광(FR)의 피토크롬 형태이다. Pfr형은 단일식물(SDP)에서 개화를 억제시키고 장일식물(LDP)에서는 개화를 촉진시키며 광발아 종자의 발아 및 다른 발육과정을 촉진시킨다. Pr형은 Pfr형보다 더 안정적이며 생물학적 활성이 높다. 암기 동안에 Pfr은 Pr로 전환되는데 전환율은 온도에 의존하며 이는 단일식물의 개화를 조절하며 장일식물의 개화를 억제한다. 낮은 에너지 수준의 적색광(R)에 대한 장일식물인 보리의 반응은 단일식물인 콩과 도꼬마리의 반응과 반대로 나타난다. 적색광(R)에 대한 암기중단은 보리에서는 개화를 촉진시키나 콩과 도꼬마리에서는 개화가 억제된다(그림 13.8). 적색광(R)에 노출시킨 후 바로 원적색광(FR)에 짧게 두면 단일식물과 장일식물 모두에서 적색광(R)의 효과를 역전시키는데 이는 두 형 모두에서 개화를 조절하는 색소가 동일하다는 것을 암시한다.

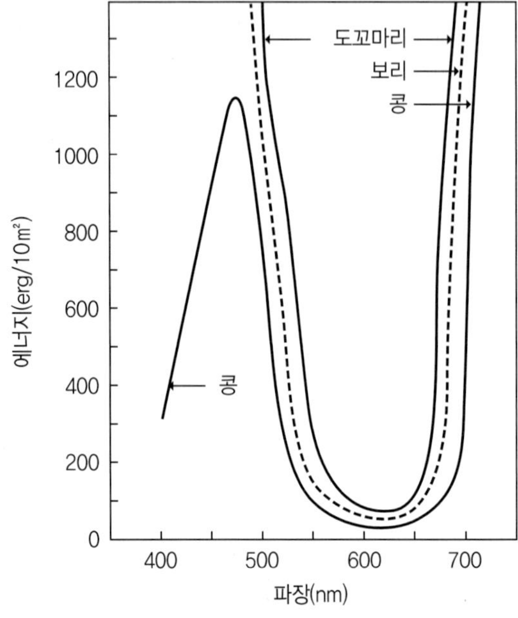

그림 13.8
보리, 콩과 도꼬마리에서 화아분화개시의 억제(660nm) 및 보리에서 개화 촉진(660nm)에 대한 활성 스펙트럼. 곡선은 콩과 보리에서 각각 화아분화개시에 대한 억제 및 촉진에 있어서 긴 암기의 중간에 에너지 요구를 제시한다. 650nm에서 암기를 끊기 위한 매우 낮은 에너지 투입은 보리의 개화를 촉진하고 콩과 도꼬마리의 개화를 억제한다.

자연적인 일장의 길이는 백열등과 형광등에 의한 백색광(여러 파장이 혼합됨)으로 충분히 연장이 가능한데 이 두 가지 등은 모두 피토크롬의 반응을 일으킬 충분한 에너지 수준의 적색광(R)을 발산한다. 그리고 나트륨등과 금속 할로겐등이 개발되어 충분한 양의 광에너지를 조사시킬 수 있다. 온실에서 이들의 효과를 실험하고 평가할 수 있다. 최근에는 LED(Light Emitting Diode, 발광다이오드) 광원의 개발로 수명이 길어지고 효율적이며 무엇보다도 광파장의 선택적 작용과 이용이 가능해졌다. 양지식물에서 R:FR비의 감소는 줄기의 신장을 촉진하고 작은 종자는 높은 R:FR비를 요구한다.

⑤ 광유도를 변경시키는 요인(Factors Modifying Photoinduction)

개화유도에서 일장의 효과는 다른 어떠한 환경요인들보다 온도에 의해서 크게 변경된다. 약 10℃의 저온은 암기의 한계길이를 2~3시간 증가시키는데 이는 암기 동안의 Pfr에서 Pr로의 전환속도가 온도에 크게 의존되기 때문으로 추정된다. 콩과 도꼬마리에서 암기의 한계길이는 잎의 연령에 영향을 받는데 콩에서 성숙한 잎은 개화를 촉진시키는 반면 미숙엽은 개화를 억제시켰다. 성숙엽과 미숙엽의 발달 비율이 양호해지면 개화가 일어난다. 개화의 억제는 미숙엽의 옥신함량이 높은 것에 영향을 받는다. 그리고 대기 중의 CO_2 증가는 암기의 한계길이를 감소시킨다.

⑥ 개화자극물질(Flowering Stimulus)

일장효과의 발견 이후 영양생장에서 개화로 전환을 유도하는 화학적 매체나 자극물질이 존재할 것이라는 가설이 제시되었다. 이때 잎이 일장반응물질의 수용체이다. 개화호르몬을 지지하는 강력한 증거는 단일작물인 국화의 연구에서이다. 상위엽이 제거된 국화의 정아는 하위엽이 단일에 노출되면 단일조건에서 개화가 시작된다. 이는 단일조건에서 하위엽에 생성된 자극물질이 장일에서 정아로 전류되었음을 나타낸다. 이 개화물질을 우리는 개화호르몬(florigen)이라고 하며 이는 체관부 또는 수피로 이동한다. 개화호르몬(플로리겐)이나 춘화처리에 의해서 생성되는 버날린(vernalin)은 현재까지도 분리되거나 규명되지 않아 이 물질에 대한 존재 여부는 가설로 남아 있다. 아마도 이 두 물질은 동일한 화학물질로 여겨진다.

콩에서 광에 의해 유도된 잎의 엽병(petiole)을 3℃에 저농도에 처리하였을 때 개화촉진물질이 눈으로 전류되는 것이 억제됨을 나타내었는데 이 실험은 개화물질의 전류를 확실하게 증명한다. 광에 의해 유도된 잎을 유도되지 않은 개체의 잎에 접을 붙였을 때 개화가 일어나는데 이것은 개화호르몬이나 다른 물질이 잎에서 개화 위치로 이동된다는 가설을 증명한다. 장일에서 개화가 유도된 사리풀의 접수를 단일식물인 담배에 접을 붙이면 개화가 유도된다.

⑦ 화학적 길항작용과 촉진(Chemical Antagonism and Promotion)

그림 13.9에서 옥신 호르몬인 IAA는 단일형 작물에서 개화를 억제한다. 즉 IAA는 암기효과를 방해하였다. 몇몇 특정 작물에서 옥신은 개화를 촉진한다고도 하지만 높은 농도의 옥신은 장일식물에서 개화를 억제시킬 수 있다. 파인애플에서 개화를 촉진하는 2,4-D(옥신)는 분무처리법이 상용화되었다. 옥신의 길항효과(antagonistic effect)는 외견적으로 처리시기와 관련성을 보이는데 광에 의한 유도의 종료와 유도물질 전류의 이용성과 연관이 있다.

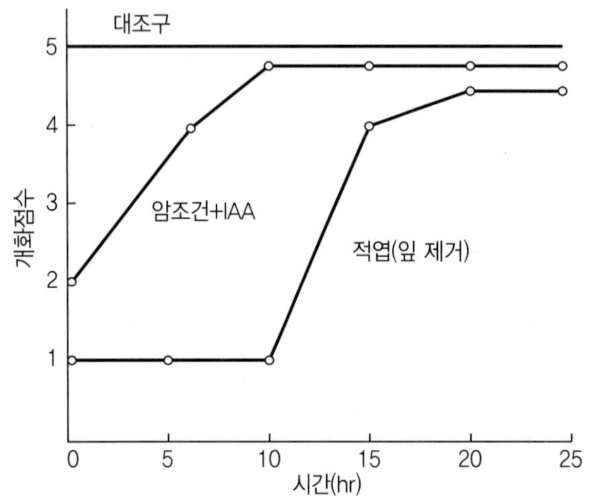

그림 13.9
도꼬마리에서 광유도주기 이후 IAA와 잎 제거처리로부터 발생한 개화유도반응. IAA는 두 번째 암기 동안에 처리되었다.

체내에 충분한 내생유도물질의 생성과 전류가 일어나기 이전에 옥신의 처리는 화아분화개시를 억제시켰다. 반면 충분한 개화유도물질의 전류가 일어난 이후의 옥신은 개화를 촉진시켰다. 콩에서 성숙엽이 충분히 생성되기 전까지는 어린잎 내의 옥신은 개화를 억제시켰는데 즉, 성숙엽과 미숙엽의 비율이 적정한 값에 이르렀을 때 개화가 유도된다. 눈과 어린잎에는 옥신이 풍부하다.

옥신과 달리 GA는 일반적으로 개화를 촉진시킨다. GA는 광유도주기 및 저온기간의 일부 또는 전체 효과를 대체할 수 있다. GA는 일장반응에 감응하지 않는 것으로 알려진 일부 열대작물의 개화도 촉진한다. 도꼬마리에서 GA의 처리는 가시적으로 꽃의 발현을 촉진시켰다. 즉, GA는 단일처리를 대신할 수는 없으나 양적효과를 주는 광유도주기의 증가를 대체할 수 있다는 결론을 얻었다. GA는 사리풀에서 개화유도에 요구되는 저온효과를 완전히 대체할 수 있으나 개화유도 후 화아분화개시에 요구되는 장일의 효과는 대체하지 못했다. GA는 일부 월동 일년생에서 장일요구를 대신하고 일부 자웅동주 작물에서 성의 발현을 변화시킨다.

2) 화아분화개시(Floral Initiation)

개화유도 후 영양생장의 분열조직이 화기로 형태학적 전환이 되는 것을 화아분화개시라고 한다. 개화에 있어서 화아분화개시에 대한 연구는 개화유도보다는 적다. 이는 위의 두 단계 과정이 명확하게 구분하기 힘들고, 요구되는 환경적 요인도 비슷하기 때문이다. 그러나 온대성 화본과 작물에서는 개화유도와 화아분화개시가 확실히 구별되며 요구되는 광주기 및 온도요인이 명백하게 다르다. 이들은 자연적으로 겨울철에 분리가 된다(그림 13.6). 2년생 또는 월동 일년생 작물처럼 화아분화개시는 가을에 춘화처리를 거친 후 봄철의 장일하에서 시작된다. 즉 화아분화개시에는 장일이 요구되는데 단일식물인 도꼬마리에서 개화유도 후 화아분화개시가 장일하에서도 즉시 일어난다. 단일작물인 콩에서 2~8번의 광유도주기를 거친 후 장일에서 화서가 분화될 수 있으나 이후 장일이 계속되면 화기로의 발달이 되지 않는다. 일반적으로 계속되는 화기발달기간 중에 일장반응의 민감성은 개화유도 및 화아분화개시의 화학적, 형태학적 전환단계보다 상당히 떨어진다.

3) 화기발달(Further Floral Development)

화아발달이 계속되어 가시적인 화아로의 발현은 개화유도 및 화아분화개시에 요구되는 조건을 동일하게 필요로 하지는 않는다. 이러한 이유로 일장효과에 반응하는 개화는 종종 저배율 현미경으로 관찰되는 화아의 개시로 알려져 왔다. 이미 화아분화개시가 시작된 오차드그라스는 9시간의 일장에서 비정상적인 화아를 몇 개만 나타내지만 정상적인 봄철의 일장이나 온실에서 20시간 일장에서는 많은 개화를 한다. 콩의 일부 품종에서는 20시간의 장일에서 화기가 퇴화하거나 착과가 되지 않는데 이는 개약(anthesis, 꽃의 약(葯)이 터져 약으로부터 화분이 방출되는 현상)의 실패 때문이다. 오차드그라스는 9시간의 일장하에서 화서가 일반적으로 엽초(leaf sheath)에서 출현되기 전에 퇴화되었으며 비정상적으로 긴 꽃의 포엽(floral bract)을 생성하였다. 계속적인 꽃 발달기보다 화아분화개시기에 단일조건에 민감하여 장일효과는 절대적(질적)인 반응을 나타냈다. 화본과 작물에서 질소 시비는 봄철에 유수의 형성을 양호하게 하였다. 질소에 대한 화서간의 경합은 원추화서(panicle)를 줄이는 결과를 보였다.

5. 결실(Fruiting)

과실(fruit)은 성숙 자방(mature ovary)으로 종자(seed)는 성숙한 수정 배주(fertilized ovule)로 정의한다. 육질이 많은 과실에서 식용으로 이용할 때 종자는 불편을 주며 또 실제로 중요하지도 않다. 반대로 대부분 작물에서는 종자가 원하는 최종산물이며 이때 과실은 일반적으로 별로 중요하지 않다. 화곡류의 영과(caryopses)에서 과실은 하나의 건조된 종자를 갖는다. 농업적 측면에서 화곡류의 과실을 종자로 간주한다. 일반적으로 수분(pollination)은 과실생장의 신호가 되며 수정(fertilization)은 배주의 생장을 유발하며 생장호르몬의 영향으로 종자를 형성한다. 수정이 없이 과실로 성숙하거나 종자를 형성하는 것을 단위결과(parthenocarpy)라고 한다. 일부 특정의 경우에는 수분이 없이도 과실이 형성되는 단위결과의 제한된 형태를 나타낸다. 과실발달의 생태학적 중요성은 다음 3가지로 나타날 수 있다.

① 종자의 분산 ② 종자의 휴면기작 유도 ③ 입묘(establishment) 시 유묘의 보호 및 양분제공이다. 과실이나 종자의 분산에 적응기작은 맛있는 다육질(fleshiness)의 과육이나 종자가 유혹

적인 형태(날개가 있는 것)까지 다양하다. 종자의 휴면기작은 보통 과피(pericarp)에 물질에서 볼 수 있다(예를 들면 토마토 및 2개의 종자가 들어있는 도꼬마리). 진성 종자는 자체 내에서도 휴면 기작을 갖는다. 과실은 유묘에 공급할 충분한 영양분을 가지고 있다. 어떤 과실은 생장억제물질을 함유하고 있어 일정기간 발아를 억제시키며 또 다른 경쟁 식물의 발아와 생육까지도 억제시킨다. 예를 들어 검정 호두의 과실은 억제물질인 저글론(juglone)을 함유하고 있어 타감작용(억제효과)을 나타낸다.

1) 수분(Pollination)

화분(꽃가루)은 약(anther)의 소포자 모세포(microspore mother cell)에서 형성된다. 화분모세포는 감수분열(meiotic division)과 유사분열(mitotic division)을 거쳐 4개의 세포(tetrad)를 형성하는데 그림 13.10처럼 각각은 화분립으로 성숙한다.

화분립은 2개나 혹은 3개의 핵을 갖는다. 이들은 하나의 영양핵(vegetative nucleus)에 1~2개의 생식핵(generative nuclei)을 가지고 있다. 화본과와 국화과의 작물들은 소포자의 2번째 유사분열(mitotic division)로 3개의 핵을 갖는 것이 특징이다. 2개의 핵을 갖는 화분립도 발아에 따라 2번째 유사분열(mitotic division)을 하며 실제로 3개의 핵을 갖는다.

화분세포는 주두(stigma)에 접촉하게 되면 즉시 발아를 하는데 주두에서는 적절한 기질 자극을 제공한다. 발아는 아가(agar, 한천) 배지 또는 당용액(sugar solution, 작물에 따라 특정 무기물을 첨가)으로 기내에서 배양한다. 화분의 발아는 호흡 및 RNA와 단백질 합성의 빠른 증가로 알 수 있다. 이러한 과정들은 2~30분 사이에 시작된다. 많은 요인들이 화분의 발아에 영향을 미치는데 여기에는 적당한 농도의 설탕, CO_2, 붕소 및 칼슘이 포함된다. 붕소는 설탕의 이용성을 증가시키는 것으로 보이고 기내실험 화분 내에서는 옥신 및 GA가 풍부하지만 주두 또는 배지 내의 생장조절물질은 발아에 필수요인은 아닌 것으로 나타났다. 화분 한 개가 단독으로 생장할 때보다 화분이 집단을 이룰 때 발아 및 화분관 신장에 증대가 나타나는데 이는 생장호르몬의 자극에 의한 것으로 여겨진다. 화분의 추출용액도 비슷한 자극효과를 나타내었다. 환경조건이 양호하더라도 그 자신의 주두나 다른 주두에서 화분의 발아가 안 될 경우(incompatibility, 불화합성)가 있다. 많은 작물들이 대부분의 콩과작물처럼 자가불화합성(self-incompatible, SI)을 보이며 이들은 꿀벌을 비롯한 수정벌에 의한 화분의 매개가 화분 수용성에 있어서 주두막 파괴를 위해 필수적이다. 자가불화합성은 자성배우자와 웅성배우자가 성숙기가 각각 다른 것이 그 원인이 될 수 있다. 채소의 십자화과 작물(배추 등)에서는 주두에서 생성되는 효소적 또는 화학적 억제물질이 자가불화합성의 원인이 된다.

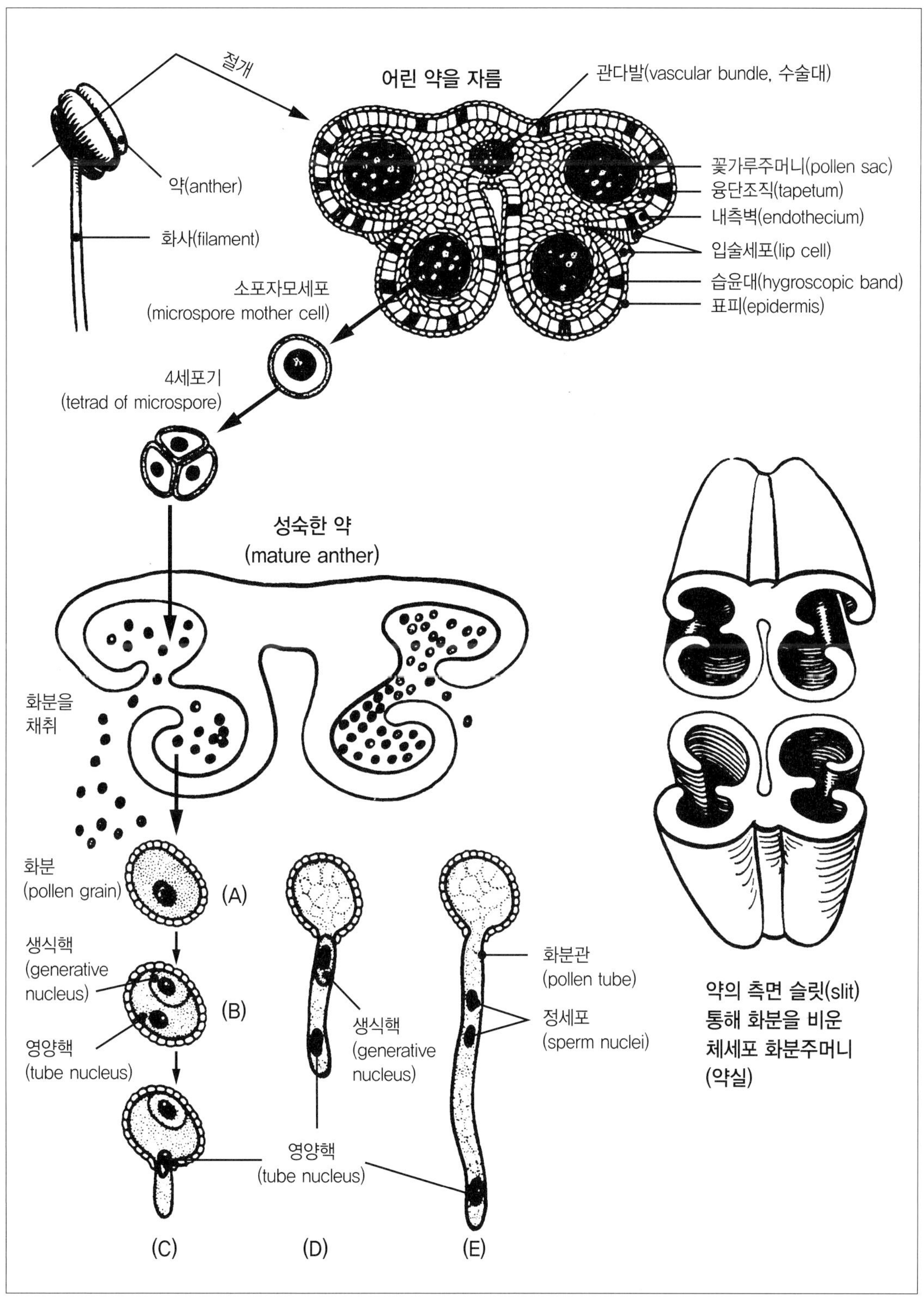

그림 13.10 화분과 웅성배우체의 발달

(A) 소포자, (B) 유사분열(생식핵과 영양핵), (C) 화분관발아, (D) 화분관 신장, (E) 성숙한 화분관

2) 착과(Fruit Set)

수정에 의한 정상적인 개시로 과실의 생장과 발육의 시작을 착과(fruit set)라고 한다. 착과는 수많은 생리학적 반응과 연관을 맺고 있는데 여기에는 빠른 과실생장과 꽃의 노화가 포함되어 있다. 카네이션에 에테폰(ethephon)과 2,4-D의 2가지 생장호르몬 물질을 처리하였을 때 과실의 발달과 함께 꽃(화기)의 노화를 촉진시켰는데 아마도 IAA 생산의 자극 때문으로 보인다. IAA는 화기에 결합된 에틸렌을 유리 형태로 분리시킨다. 딸기의 수정된 화기는 미수정된 화기보다 4~5배 이상의 에틸렌을 생산하였다. 외견적으로 에틸렌은 주두(stigma)와 화주(style)에서 생산된다. 수분이 안 된 화기에 옥신을 분무하면 2배의 에틸렌을 발생시킨다. 다른 물질은 미수정 및 수정된 자방의 노화에 영향을 줄 수 있다(그림 13.11). 화분은 옥신을 함유하고 있는데 이는 착과와 관련된 반응들의 시발점(trigger, 방아쇠)이 된다. 생장 중인 과실은 자체에 옥신을 생산하고 있다(예, 바나나). 합성 옥신(synthetic auxin)은 넓은 범위의 작물들에서 착과를 자극할 수 있는데 특히, 가지과와 박과 작물이 이에 속한다. 반면에 사과와 벚나무는 그렇지 않다. 다른 작물에서 합성 옥신에 의한 과실생장의 촉진은 일시적이거나 옥신의 처리가 계속될 때 제한적으로 계속된다. 첨가되는 옥신은 과실의 지속적인 생장을 위하여 공급하여야 한다. GA는 상업적으로 포도에서 종자가 없는 과실의 생장에 이용되며 과실의 크기와 같은 형태를 향상시킬 수 있다. 귤과 씨없는 포도처럼 수정이 되지 않은 수분은 일부 작물에서 단위결과의 과실생장을 촉진시킨다.

단위결과(parthenocarpy)의 형태는 다음과 같이 나눌 수 있다.

① 수분(pollination) 없이 과실의 생장과 발육이 되는 경우이다.

② 수분(pollination)이 되어 과실의 생장과 발육이 되었으나 무수정생식(apomixis, 아포믹시스)

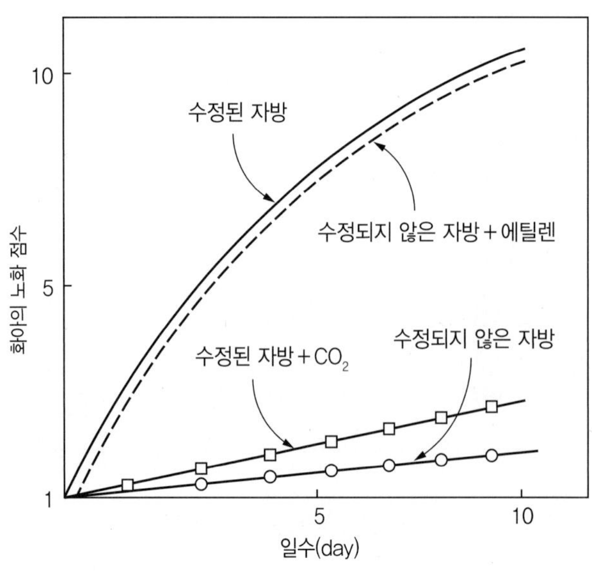

그림 13.11
수정과 다른 요인들에 의한 화아의 노화

의 경우로 배우자접합(syngamy, 수정 또는 웅핵과 난핵(egg nuclei)의 결합)이 없는 경우이다.

③ 수분(pollination)이 되고 배우자접합(syngamy)을 통한 과실의 생장과 발육이 이루어지나 퇴화(abortion)로 종자의 형성이 안 되는 경우이다.

토마토, 고추, 호박, 바나나 및 오이는 ①번의 형태에 속하고 켄터키블루그라스와 귤은 ②번째 형태로 무수정생식(apomixis)이 된다. 그러나 켄터키블루그라스의 종자는 활력이 있으며(viable and usable) 번식에 이용된다. ③번째 형태인 씨없는 과실은 복숭아, 벚나무 그리고 포도에서 볼 수 있는데 일반적으로 퇴화된 종자의 단위결과물이다. 많은 화본과 작물과 귤에서 무수정생식(apomixis)을 제외하고 단위결과는 작물의 생산에 바람직하지도 않고 거의 발견되지도 않는다. 이는 대부분 작물에서 종자가 상업적 목적물이 되기 때문이다.

3) 낙과(Failure in Fruit Set)

대부분 꽃에서 낙과는 예외적 현상이라기보다 일정 부분 항상 발생하는 일반적인 현상이다. 콩에서는 50~75%의 낙과율을 나타내며 밀에서도 이것은 이상한 일이 아니다. 옥수수의 이삭은 1,000개 정도의 종자를 생산할 잠재력을 갖고 있지만 실제로 이 숫자는 실현 불가능이다. 이상에서 착과의 일정 부분 실패에는 다음 3가지의 이유가 있다.

① 꽃가루가 부족한(lack of pollination) 경우로 화본과 작물의 약과 화분이 말라진(blasting) 상태, 즉 화분은 열과 건조로 쉽게 퇴화가 된다. 타가수분을 하는 콩과 작물에서 꽃에 벌이 접근하지 못하는 경우도 있다.

② 수정이 잘되지 않은(lack of fertilization) 경우로 이것은 화분이 약하거나 불화합성이 있는 경우이다.

③ 화기와 과실이 퇴화된(abortion of flowers and fruit) 경우로 이 퇴화 현상은 폐화수정(cleistogamous)을 하는 자가수분 작물에서 일반적으로 나타난다. 예로 콩과 작물인 콩에서 화기는 다량 형성되지만 대부분이 퇴화한다. 꼬투리인 협도 어린 상태에서 퇴화되는데 특히 재식밀도가 높고 키가 큰 품종에서 병에 감염된 개체에서 더욱 많이 나타난다. 벼와 같이 화본과 작물에서도 전체 화서의 50% 이상의 소화(floret)가 퇴화한다. 이러한 퇴화는 이삭 내 경합에 의한 화기와 과실의 유기영양분 부족에서 나타나는 것으로 추정된다. 작물은 동화물질의 공급 한도 내에서 종자를 성숙시킨다. 환경 스트레스는 동화물질의 공급과 종실의 수를 감소시킨다.

4) 과실의 생장(Fruit Growth)

과실을 포함한 기관의 생장은 일반적인 표준 S자형 곡선을 따른다. 그러나 핵과류 중에 많은 과실은 전형적 이중(double sigmoid)의 S자형 곡선을 나타낸다(그림 13.11). 여기서 일반적인 표준 S자형 곡선은 종자 생장에서 나타나며 두 번째인 이중 S자형 곡선은 과실(과피)의 생장에서 나타난다. 자방(ovary)의 생장은 수분(pollination)이 된 후 개시된다. 이때 수분이 일어나지 않으면 화기는 생장호르몬의 부족으로 탈리층(abscission layer)을 형성하여 탈락시킨다. 수분(pollination)은 초기의 과실생장에 요구되는 충분한 생장호르몬을 공급한다. 그러나 수분(pollination)에 의한 자극은 일시적이다. 외견상으로 화분의 내생 GA의 공급은 곧 소모된다(Carr and Skene 1961). 과실생장의 두 번째 정점(peak)은 과실로부터 호르몬의 새로운 공급으로 일어난다. 니치(Nitsch, 1951)가 분류한 과실생장의 3단계는 다음과 같다. ① 개화 전(preanthesis) 생장으로 세포의 증식에 의한 자방의 생장 단계이다. ② 개화 시(anthesis), 배주의 수정과 수분을 통한 자방의 생장을 촉진하고 미수정 화기는 탈락되거나 퇴화된다. ③ 수정 후(postfertilization) 생장은 세포의 신장에 의한 과실의 크기가 증가하는 단계이다.

과실생장에 관여하는 주요 호르몬은 옥신과 GA이다. 옥수수의 화분은 이 두 가지 물질의 풍부한 공급원이다. 화분에서 추출물은 일시적으로 과실의 생장을 촉진시킬 수 있으나 새로운 호르몬의 공급은 과실의 지속적인 생장에 필수적이다. 과실의 생장에는 막대한 양의 무기영양분이 요구되는데 이들은 영양생장 부위로부터 이동과 전류의 결과물이다(그림 13.13). 옥수수에서 줄기와 잎에서 질소, 인산 및 칼륨의 비율(%)은 출사 직후 최고점을 보이고 영양생장 부위에서 과실로 양분이 이동되면서 급속한 종실 형성과 더불어 감소한다. 옥수수 화서의 화경(rachis, 옥수수대)도 종자형성 동안에 영양분의 공급원이 된다.

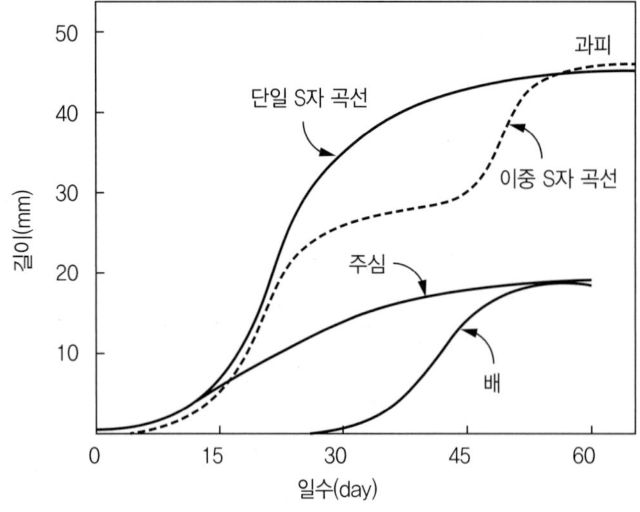

그림 13.12
전형적인 S자형 곡선과 이중의 S자형 곡선의 생육형태 비교

5) 종자의 생장(Seed Growth)

화분처럼 종자 내에도 옥신과 GA 및 시토키닌 등을 포함한 생장촉진물질이 풍부한 것으로 나타났다. 과실과 종자는 화분에 일시적으로 공급한 후에는 이러한 생장촉진물질의 공급원이 된다. 예를 들어 시토키닌인 제아틴(zeatin, 옥수수의 배젖에서 분리한 시토키닌(cytokinin))은 옥수수 종자의 유숙기 배유에서 발견되었다. IAA도 옥수수 종자로부터 추출되고 있다. 많은 GA가 종자

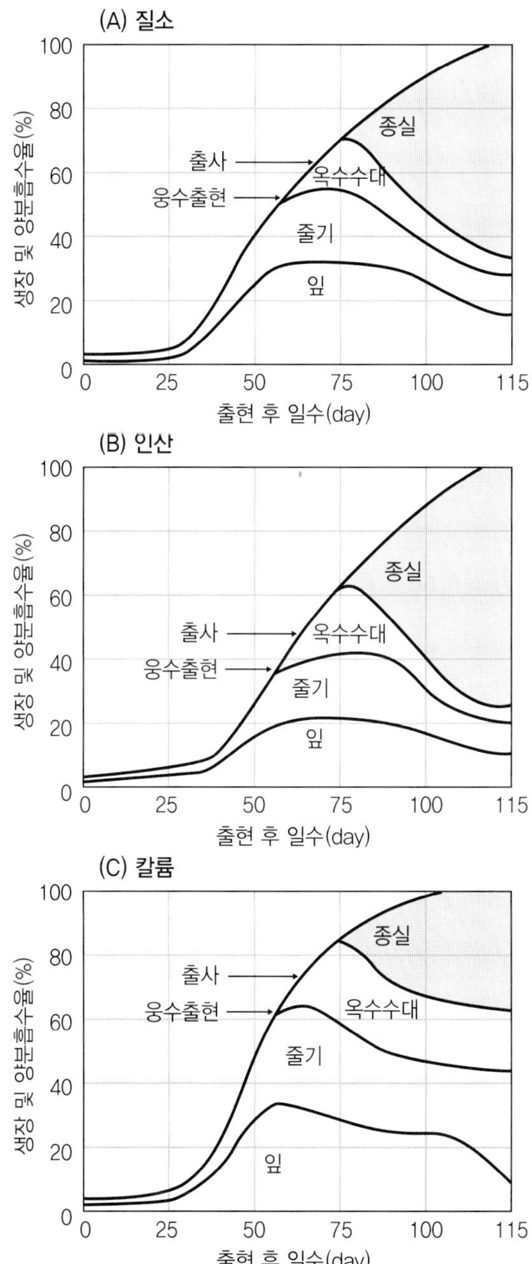

그림 13.13
옥수수에서 질소, 인산 및 칼륨의 흡수와 생육 단계별 분포. 영양생장 부위에서 발달하는 종자 내로 양분의 이동이 있다.

로부터 분리된다. 종자는 발아 시에 에틸렌이 생성된다. 일반적으로 수분(pollination)에 의해 촉진되는 단위결과 생장만을 제외하고는 과실의 발육에 종자가 필수적이다. 예를 들어 딸기의 화탁(receptacle)은 수과(achene, 식물 열매의 한 종류로 열매가 익어도 껍질이 갈라지지 않는 형태의 종자)가 없이는 과실로 발육하지 못한다(그림 13.14). 수분이나 영양분의 부족으로 인한 결실의 실패는 왜성이나 기형딸기의 원인이 된다. 건과류(dry fruits)의 발달에서 종자의 역할은 쉽게 관찰할 수 없다. 여러 장해, 성숙 및 다른 요인들은 대부분 종에서 에틸렌 생성시키고 과실퇴화를 유도하는데 이것은 콩 줄기썩음병에서 볼 수 있다.

6) 성숙과 등숙(Maturation and Ripening)

과실의 성숙은 과실이 완전한 크기에 도달하여 건물의 증가가 더 이상 없는 시점이다. 성숙과실은 일련의 효소가 생화학적 반응을 통하여 화학적 조성의 변화로 등숙이 된다. 등숙과정에서 과실 내의 기존의 효소체계는 노화되고 새로운 효소체계가 형성되어 전분을 당으로 전환하고 다육질과 조직들을 부드럽게 유도한다(예, 사과). 귤에서는 산도(acid level)가 감소한다. 엽록소가 소실되고 반면 크산토필(xanthophyll)과 카로틴(carotene)이 증가한다. 이러한 반응의 일부는 그 정도가 다를지라도 화곡류 종자 및 콩과의 꼬투리(협)에서도 나타난다.

호흡급등(climacteric, 빠른 숙성) 과실에서 등숙의 변화는 비교적 높은 호흡률과 관련이 있다. 농작물을 포함한 비호흡급등(nonclimacteric) 과실에는 대사활성이 감소한다. 엽록소의 소실과 노화의 가속화는 마른 열개과(dehiscence)의 특징이다(예, 콩의 협). 노란 옥수수에서는 카로틴이 증가한다.

에틸렌과 ABA는 건조한 꼬투리(협)와 삭과의 탈리 및 개열에 중요한 역할을 한다(예, 콩이나 피마자). 콩에서의 협과 옥수수에서 곡립과 같은 작물체당 과실의 숫자는 작물의 발생 초기에 정

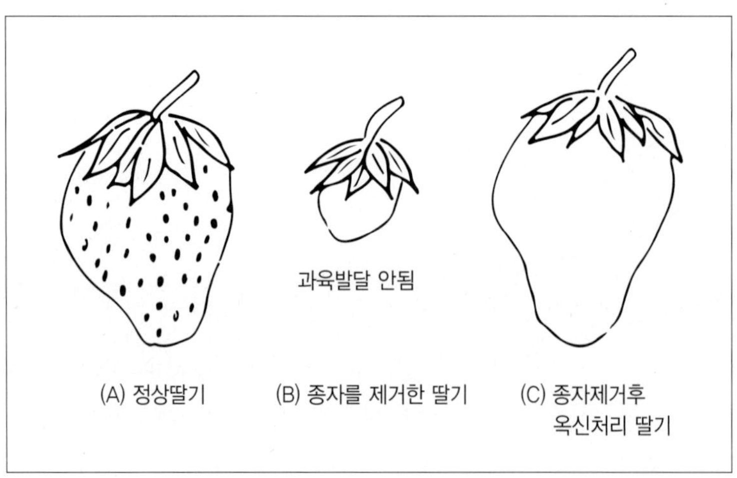

그림 13.14
딸기의 화탁 발달에서 수과(achene) 종자의 역할

해진다. 관수 및 시비가 잘 된 작물에서는 광합성률 또는 동화물질 공급이 주요한 요인이 된다. 동일한 유전형을 갖는 작물에서 개체당 과실의 숫자는 수광정도와 재식밀도에 따라 결정된다. 그러므로 단위면적당 과실수의 결정은 작물의 개체수보다 수광량에 더욱 관계가 깊다. 따라서 단위면적당 수광량과 동화물질의 생산은 작물체의 수(개체수)와 관계없이 단위면적당 종실수를 결정한다. 일단 과실의 수가 결정되면 종자의 수량은 종자의 크기에 의해서 결정된다. 품종에 따른 종실의 크기는 비교적 일정하지만 종실비대기간 중의 심한 장애는 크기의 감소를 유발한다. 이러한 감소는 동화물질의 공급량 감소 및 엽내 질소함량의 감소 결과이다.

콩에서 잎의 질소함량은 종실수량 결정에 주요 인자로 생각된다. 땅콩의 종자 크기는 협의 크기에 의해서 조절이 된다. 협의 껍질에 의한 제한 때문에 작은 협을 가진 땅콩품종은 작은 종실을 형성하는데 세포의 수가 적고 크기가 작아졌기 때문이다. 일반적으로 협과 종실이 작은 땅콩품종은 개체당 협과 종실의 수를 더 많이 생산한다.

요약(Summary)

개화, 착과 및 결실은 작물생산에 있어서 필수적인 요인들이다. 이러한 과정은 특히 일장 및 온도의 환경요인과 생장조절제, 광합성 물질, 질소와 같은 무기양분의 공급, 유전적이거나 내부요인들에 의해서 조절된다. 야간의 길이를 근거로 한 일장반응은 콩과 같은 단일식물, 밀과 같은 장일식물, 토마토와 같은 중일식물로 분류된다. 일반적으로 늦여름에서 가을철 사이에 개화하는 종은 단일작물이고, 봄에서 초여름 사이에 개화하는 종은 장일작물이며 열대성 작물은 보통 단일이지만 일장에 둔감한 중일작물도 있다.

단일작물에서 긴 야간 중에 에너지 수준이 낮은 적색광(660nm에서 최대의 효과를 보임)에 의해 짧은 시간 동안 암기의 중단은 단야(short night, 또는 파야(break night)) 또는 장일효과(long day effect)를 유도하여 단일에서 개화를 억제시키며 장일에서 촉진시킨다. 원적색광(far red, FR)에 의한 중지는 반대의 효과를 보여 단일에서 개화를 촉진하고 장일에서 억제시킨다. 기온이 온화할 때 원적색광은 암기효과를 나타낸다. 적색광의 효과는 암기 중에 역전된다. 색소인 피토크롬은 적색광이나 원적색광의 수광체이다. 두 형태의 피토크롬 Pr과 Pfr은 적색광과 원적색광에 의해 광 역전효과를 나타낸다. Pr과 Pfr의 농도의 평형상태는 개화를 유도하는데 이는 광에 간섭받지 않는 암기의 기간에 따라 결정된다. 적색광을 흡수하는 단백질 수용체 피토크롬 Pr은 생물학적 최대 활성 형태이다. 접목실험에서 일장반응의 자극물질은 잎이 수용체가 되며 분열조직으로 자극물질이 전류되어 영양생장 상태를 생식생장 상태인 개화로 전환시킨다.

개화자극물질은 새로운 줄기나 광에 노출되지 않은 줄기 또는 얼자(tiller)로 전류되지 않는다. 일반적으로 화본과 작물은 한 식물체 내에 많은 개화 줄기와 함께 많은 영양생장 줄기를 갖는다. 콩의 무한신육형 품종에서 협의 분화개시는 하위절의 축에서 처음으로 발생하며 그 위치에서 상하위로 진행한다. 주경(main stem)의 하위축에서 착과가 일어난 후 분지에서 개화 및 착과가 일어난다. 어떤 작물은 개화유도를 위하여 몇 주 동안의 저온이나 춘화처리(냉온 처리)를 해야 한다. 밀과 같은 월동 일년생과 사탕무와 같은 2년생 작물은 개화를 위하여서는 춘화처리를 해야 한다. 월동 일년생 화곡류의 수분을 흡수한 종자는 춘화처리가 될 수 있지만 대부분 2년생 및 영년생 종들은 건전한 영양생장 상태에서 저온처리를 거쳐야만 한다. 춘화처리 이후에는 개화에 장일이 요구된다. 즉 춘화처리는 장일반응의 선행과정이다. 춘화처리 반응부위는 잎보다는 분열조직이다.

개화는 다음의 3단계로 구분되는데 유도, 분화개시, 화아발달의 3단계이다. 각각은 요구되는 온도와 일장이 각기 다른 경우도 있다. 오차드그라스와 같은 온대성 영년생 화본과에서 개화의 유도는 가을철에 자연적으로 발생하는데 몇 주의 저온단일 기간이 요구된다. 화아분화 개시는 일반적으로 봄에 나타나며 온화한 기온과 장일이 요구된다. 지속적인 화기 발달은 분화개시기처럼 따뜻한 기온과 장일이 요구되며 많은 영양분이 또한 요구된다. 콩에서 화아분화 개시에 요구되는 일장은 지속적인 화기의 발달에 적합한 일장과 다르다. 화분은 생장호르몬을 함유하여 과실의 생장을 촉진시킨다. 과실과 종자에도 또한 생장호르몬이 풍부하다. 대부분 과실은 종자가 없으면 생장을 잘하지 못하는데 이는 외견상 종자가 생장호르몬의 공급원 역할을 하기 때문이다. 그러나 일부는 꽃가루의 자극에 의해서 과실의 생장이 시작되며 단위결과로 생장을 하는 경우도 있다. 과실의 등숙에는 과실의 생장에 요구되는 호르몬 체계와 다른 호르몬 체계를 갖는다. 에틸렌은 등숙에 높은 활성을 나타내며 특히 호흡급등(climacteric) 과실에서 아주 높게 나타난다.

제14장
스트레스 생리
(Stress Physiology)

스트레스는 작물의 생장과 발생을 촉진시키거나 감소시켜 수량과 품질을 변화시키는 환경조건이므로 최적의 환경조건이 아니면 모두 스트레스를 받고 있다고 말할 수 있다. 작물은 인간의 입장에서 특정 부위를 발달시킨 기형에 가까운 식물이므로 기상이변과 수량성의 증가로 인한 환경스트레스에 취약하다. 작물의 재배에서 병충해는 물론이고 영양장애도 적지 않으나 여기서는 기상장해와 환경오염, 2차대사산물에 대하여 살펴보고자 한다. 먼저 기상환경 요소로 온도, 수분, 광, 바람 등을 들 수 있고 인위적인 기상환경의 악화로 대기와 수질 및 토양의 오염을 들 수 있다. 작물은 내성(tolerance), 저항성(resistance), 회피(escape) 등의 방법으로 열악한 환경을 극복하는 생리적 기작을 구명하여 이들 스트레스를 감소시키는 연구로 최적의 재배기술을 개발하는 것이라고 할 수 있다. 표 14.1은 우리나라 예년 평균 가상자료이다.

표 14.1 우리나라 지역별 예년 평균 기상환경

번호	지역	연평균기온 (℃)	연강수량 (mm)	일조시간 (h)	연평균 최저/최고기온(℃)	첫서리 (월/일)	늦서리 (월/일)
①	강릉	13.1	1465	2106	9.2/17.5	11/25	3/26
②	광주	13.8	1391	2136	9.5/19.1	11/4	4/9
③	대관령	6.6	1898	2194	2.0/11.5	10/7	5/9
④	대구	14.1	1064	2266	9.5/19.5	11/2	3/23
⑤	대전	13.0	1458	2138	8.3/18.4	10/24	4/10
⑥	부산	14.7	1519	2327	11.3/18.9	12/18	2/8
⑦	서울	12.5	1451	2066	8.6/17.0	10/26	4/10
⑧	수원	12.0	1312	2162	7.5/17.2	10/23	4/9
⑨	전주	13.3	1313	2054	8.6/18.9	10/30	4/4
⑩	제주	15.8	1498	1854	12.9/18.9	12/24	2/27
⑪	진주	13.1	1513	2184	7.6/19.5	10/28	4/12
⑫	춘천	11.1	1347	2124	5.9/17.2	10/19	4/18

출처: 기상청 기상자료개방포털(https://data.kma.go.kr)

1. 수분스트레스(Water Stress)

수분은 종종 작물 생장과 발육을 제한한다. 수분스트레스에 대한 작물의 반응은 대사 활성, 형태, 생장 단계 및 수량 잠재력에 따라 다르다. 건조에 대한 작물의 반응에는 순서가 있다. 세포의 생장은 수분부족에 가장 민감한 작물의 지표(기능) 중 하나이다(표 14.1). 낮에 분열조직의 수분퍼텐셜은 종종 압력퍼텐셜이 세포 신장에 요구되는 수준 이하로 감소될 때가 있다. 이것은 차례로 단백질 합성, 세포벽 합성 및 세포 신장의 감소를 초래하는 데 많은 작물이 수분퍼텐셜이 최대일 때인 밤에 최대생장을 하는 것으로 관찰된다.

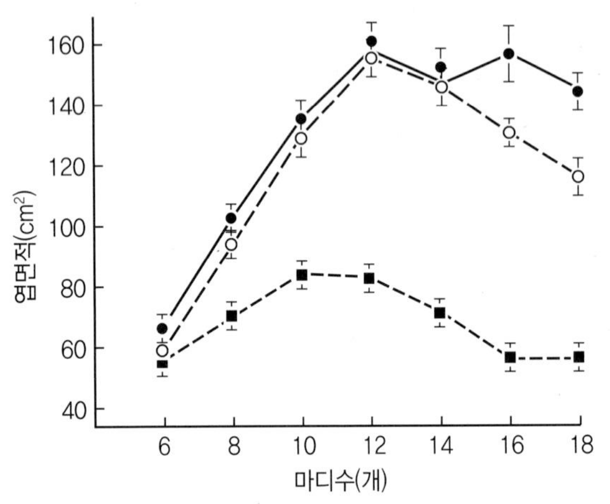

그림 14.1
수분스트레스 정도에 따른 강낭콩의 마디별 엽면적의 변화. 수분스트레스 처리로 습도처리(●), 중간처리(○), 건조처리(■)로 나타내었다.

작물은 저장된 중합체 분자를 분해해 삼투퍼텐셜을 낮추어 압력퍼텐셜을 증가시키고 수분부족에 대응한다. 수분퍼텐셜이 감소되면 식물호르몬의 농도에도 변화가 일어난다. 예를 들면 ABA는 잎과 과실 내에서 증가하는데 ABA 축적은 기공폐쇄를 유도하여 CO_2 동화량을 줄이게 된다. ABA의 축적량이 많아지면 늙은 잎과 과실은 떨어진다. 그러나 모든 작물이 수분스트레스에 의해 ABA가 증가하지는 않는다. 시토키닌과 에틸렌은 ABA에 반대작용을 하기도 하는데 ABA가 증가하면 종종 증가한다. 이것은 수분스트레스 조건에서 더 빨리 과실이 성숙하는 것을 설명할 수 있다. 중~상 정도의 수분스트레스는 아미노산인 프롤린(proline)이 다른 아미노산에 비해 높은 농도로 증가한다. 프롤린은 질소의 저장원이 되거나 세포질 내에서 삼투퍼텐셜을 줄이는 용질 분자로서 작용하여 내건성을 높이는 것으로 생각된다. 극심한 수분스트레스 수준인 −15bar 이상의 수분퍼텐셜에서는 호흡과 CO_2 동화, 동화산물 전류 및 물관부 운반은 낮은 수분으로 급격히 감소되는 반면에 가수분해 활성은 증가한다. 영구위조점에 가까운 토양수분 조건에서도 작물은 수분스트레스를 받는 단기간에 관개를 해주면 일반적으로 회복된다. 그렇지만 오래된 잎은 떨어지고 새잎은 생장이 억제되어 스트레스를 받기 이전의 수준으로 잎의 광합성이 회복되기 위해서는 며칠이 소요된다.

1) 삼투조절(Osmotic Adjustment)

수분스트레스에 대한 많은 연구는 작물에서 떼어낸 조직이나 제한된 토양용적을 갖는 포트(pot)에서 자란 작물에 대해 행해져 왔다. 포트에서 자란 작물은 포장(field)에서 자란 작물과는 다르게 수분부족에 반응한다는 증거가 많다. 적은 토양용적에서 자란 작물은 포장조건에서 더 빠르게 수분스트레스에 영향을 받는다. 뿌리 밀도는 토양용적 전체에 걸쳐 높은 것으로 보이고 전체 토층으로부터 수분 흡수는 균일하고 건조 주기는 비교적 빠른 것으로 나타난다(그림 2.5). 포장에서 재배한 작물의 뿌리는 대개 큰 토양용적에서 생육이 이루어진다. 높은 뿌리밀도는 수분이 빨리 흡수되어지는 상부의 토층에서 발생한다. 그러나 상부의 토층에서 수분이 제한되면 뿌리는 수분이 보다 많은 하위층으로 뻗어간다. 이렇게 포장에서 자란 작물에서 건조 주기 동안 스트레스의 발달은 보다 점진적이고 수분퍼텐셜이 야간인 밤에 회복 가능성이 커서 작물은 증가하는 수분스트레스에 적응하기 위한 시간을 갖게 된다. 생육상(chamber)에서 재배한 작물은 −2bar에서 −4bar의 수분퍼텐셜에서 잎의 신장이 감소하며 −6bar에서 −12bar의 수분퍼텐셜에서는 광합성의 급격한 감소를 보이는 데 반하여(그림 14.2) 포장에서 실험한 결과는 −8bar에서 −10bar의 수분퍼텐셜에서도 빠른 엽신장률을 나타낸다.

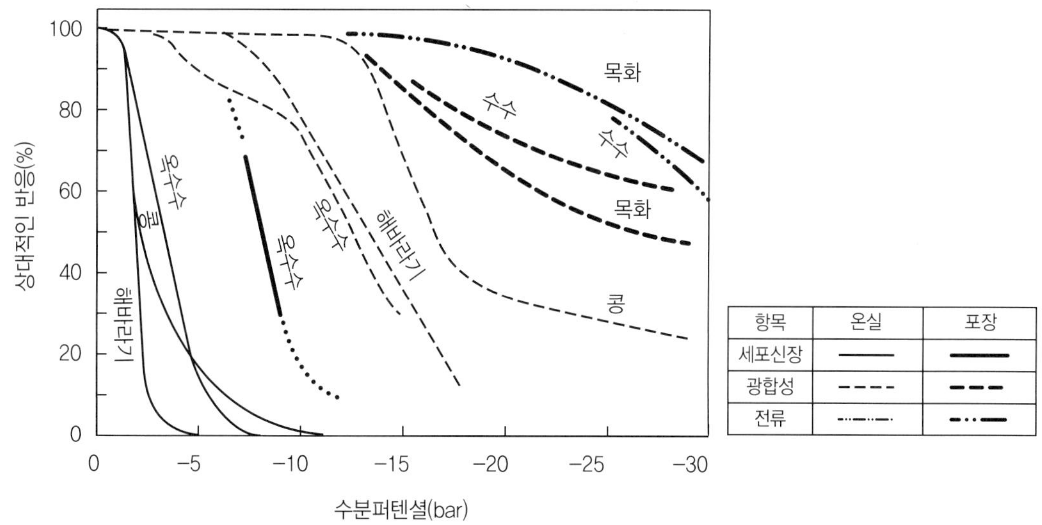

그림 14.2 온실과 포장 환경에서 수분퍼텐셜에 따른 몇 가지 작물의 세포 신장과 광합성, 물질 전류에 미치는 영향

작물에서 수분의 이동은 수분퍼텐셜에 의해 결정되나 수분이 용도에 의한 생리적 과정은 수분퍼텐셜의 구성요소에 의해서 잘 예측된다. 삼투퍼텐셜과 압력퍼텐셜은 생리적 과정에 대한 수분스트레스의 효과를 평가하기 위해서 파악되어야 한다. 생장이나 세포신장에 영향을 주는 1차

요인은 압력퍼텐셜로서 삼투퍼텐셜과 매트릭퍼텐셜의 음의 값과 동일한 양의 값을 갖기 때문에 어떠한 수분퍼텐셜에서도 상당히 변화할 수 있다. 예를 들면 아래의 등식에서처럼 세포는 다음과 같은 수분퍼텐셜을 갖는다.

$\Psi w = \Psi s + \Psi m + \Psi p$ ······················· (수식 14.1)

(−6bar) = (−7bar) (−2bar) (+3bar)

그렇지만 전분의 분해나 칼륨의 이동에 의해 세포내 용질의 수준이 증가하면 물은 세포내로 확산되어 들어가고 수분퍼텐셜이 감소하더라도 압력퍼텐셜은 증가한다. 이것을 삼투조절이라고 한다.

$\Psi w = \Psi s + \Psi m + \Psi p$ ························· (수식 14.2)

(−11bar) = (−15bar) + (−2bar) + (+6bar)

옥수수에서 24시간 동안 신장하는 엽의 압력퍼텐셜과 삼투퍼텐셜을 측정하였는데 늦은 오후 수분퍼텐셜이 −6bar 이하일지라도 압력퍼텐셜의 증가 때문에 잎의 신장은 바르게 일어났고(그림 14.3) 이는 삼투퍼텐셜의 감소에 기인하는 압력퍼텐셜의 증가는 신장하는 세포 내의 당의 축적 때문이었다. 차광이 된 잎은 당을 축적하지 못하고 잎의 신장이 감소되면 밤에도 낮은 온도 때문에 잎의 신장은 거의 일어나지 않는다. 비록 낮은 수분퍼텐셜에서 잎의 신장이 일어날지라도 관개를 하여 수분공급이 이루어진 작물의 잎은 관개를 하지 않은 작물보다 아침에 더욱 큰 신장이 일어난다.

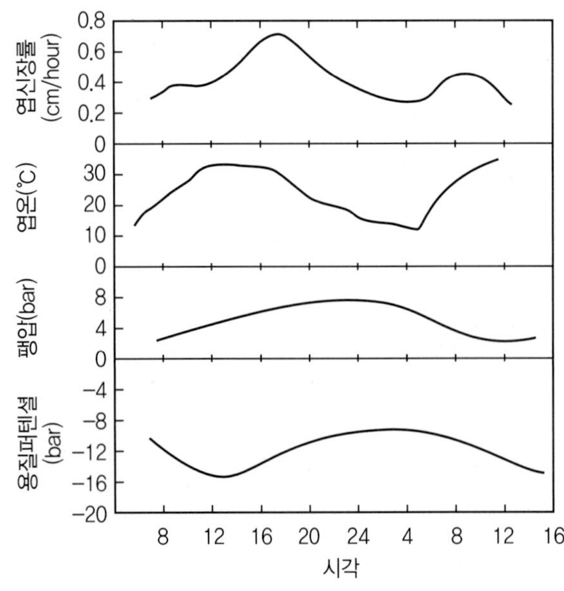

그림 14.3
건조처리 후 42일 된 옥수수에서 엽신장률, 엽온, 팽압 및 용질퍼텐셜의 일일 변화

작은 포트에서 재배한 작물은 제한된 근계를 가지고 있고 수분 부족이 빨리 일어나므로 포장에서 재배한 작물에서 보이는 삼투조절을 할 수 없는 것으로 보인다. 그렇지만 포장조건에서 모든 작물 종들이 삼투조절을 할 수 있는 것으로는 추정할 수 없다.

2) 수분스트레스에 대한 기공반응(Stomatal Response to Moisture Stress)

기공의 열림은 주변 세포보다 공변세포의 팽압 증가에 주로 기인한다. 이 팽압은 삼투조절에 영향을 주는 K^+ 이온의 유입과 같은 환경 자극에 대한 반응이다. 적절한 광과 수분, 낮은 CO_2와 ABA는 공변세포 내로 K^+ 이온의 유입을 촉진하여 기공을 열리게 한다. 기공의 반응은 작은 포트와 포장조건에서 자란 작물은 서로 다를 수 있다. 그림 14.2는 잎의 수분퍼텐셜에 대한 CO_2 흡수의 다른 반응을 보여준다. 옥수수와 해바라기에 대한 측정에서 적은 토양용적에서 얻어진 자료이다. 기공의 폐쇄는 증산(기공 저항)이 CO_2 유입과 같은 정도까지 줄어들기 때문에 광합성을 줄이는 요인이 된다. 포트에서 재배한 작물은 잎의 수분퍼텐셜이 −8bar 정도에서 기공이 닫히기 시작한다. 그렇지만 수수와 목화에서 CO_2 흡수는 −30bar 정도의 잎 수분퍼텐셜에서 줄어들기 시작한다. 건조 주기가 일(day) 단위가 아닌 주(week) 단위 이상의 기간에서 일어나는 포장에서 기공은 훨씬 낮은 잎의 수분퍼텐셜에서도 종종 열려있다.

포장에서 몇 가지 작물 종들에서 발육단계는 기공개방에 영향을 주는데 옥수수와 수수에서는 영양생장기에서 낮은 수분퍼텐셜은 태양광에서 기공이 폐쇄되도록 유도한다. 태양광에서 완전한 기공이 폐쇄는 일어나지 못하는데 −20bar의 수분퍼텐셜에서 잎 저항의 최고값은 약 10s/cm이고(여기서 저항의 정도는 지멘스(siemens, S)로 나타내고 저항의 역수이므로 클수록 오히려 수분이 잘 이동한다는 의미임) 반면에 암조건에서 저항은 30s/cm까지 증가되기 때문이다. 생식생장기 동안 옥수수와 수수는 잎의 수분퍼텐셜 변화에 의한 엽저항의 변화를 보이지 않는다. 이렇듯 생식생장기 동안 기공조절은 수분스트레스에 대해 완전히 비감수성이라는 것을 보여준다. 이러한 조건에서 작물로부터 수분손실을 제한하는 것이 무엇인가를 아는 것은 어렵다. 작물은 증산을 제한하는 내부 저항에 직면하게 될 것이다. 기공의 작동은 환경과 발육단계, 작물에서 엽의 위치 및 작물 종에 따라 다르다.

3) 수량에 대한 수분스트레스 영향(Water Stress Effects on Yield)

수량에 영향을 미치는 수분스트레스는 다양한데 영양생장기 동안은 약한 수분부족일지라도 엽신장률과 발육 후반기에 엽면적지수를 줄일 수 있다(그림 14.1) 강한 수분부족은 기공의 폐쇄를 유발하여 CO_2 흡수와 건물생산을 줄인다. 지속적인 수분 부족은 광합성률의 심한 감소를 초래하므로 이를 원상 회복시키기 위해서는 관개를 한 후에도 여러 날이 지나야 한다. 예를 들어 콩의 생장 관련 요소가 수분스트레스에 의해 크게 영향을 받는다(그림 14.4). 뿌리의 신장과 건물중은 엽면적, 줄기 신장 및 지상부 건물중만큼 영향을 받지는 않는다. 뿌리는 유효수분이 고갈되지 않는 지역으로 신장하여 세포 신장의 감소가 적게 일어난다. 종실의 수량은 영양체의 수량만큼 급격하게 영향을 받지는 않는데 이것은 아마도 종실 축적과 영양체에 저장된 동화 산물의 재이동 기간에는 더 큰 수분이용성을 반영하기 때문이다. 초기 영양생장기 중 수분부족의 가장 큰 문제는 엽면적의 감소이다.

〈관개에 따른 콩의 생육변화〉

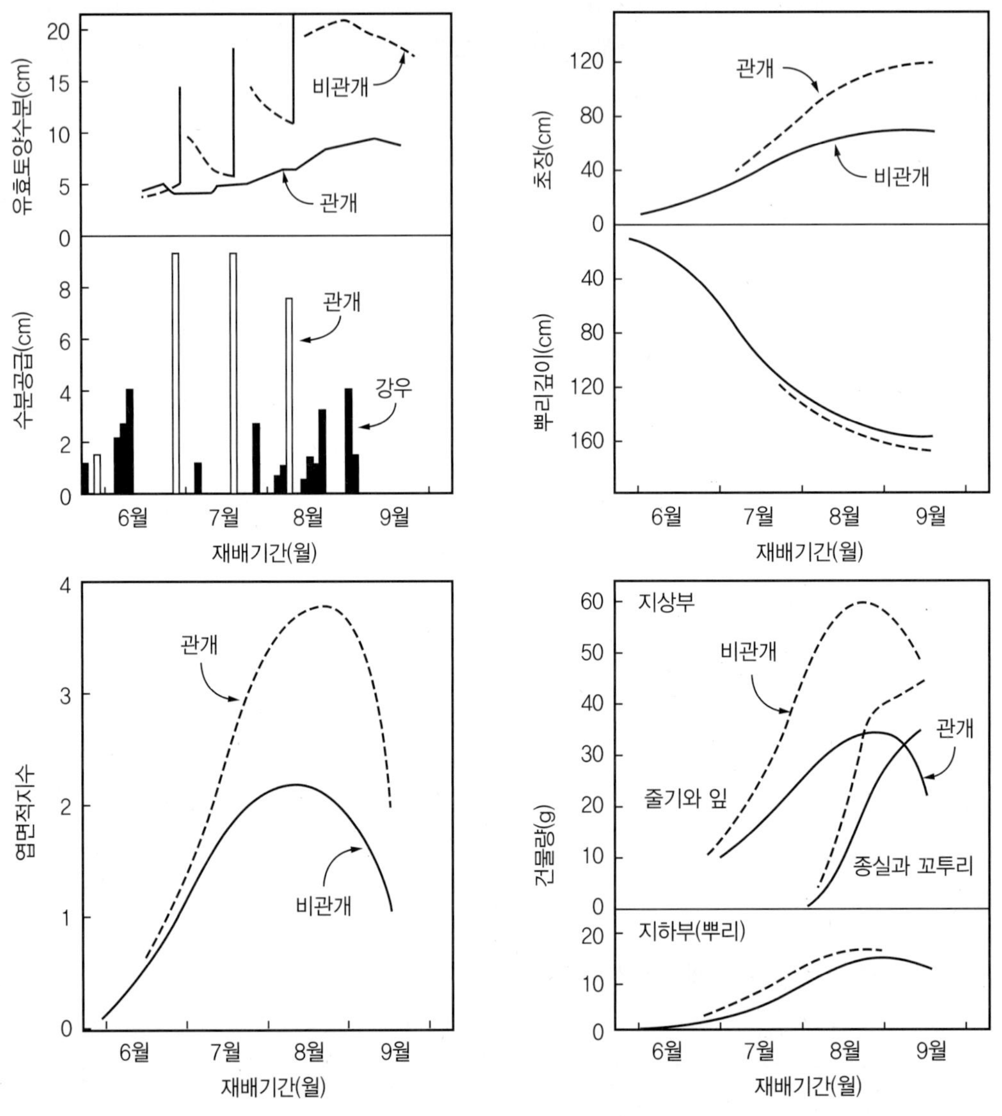

그림 14.4 수분스트레스의 여부에 따른 콩의 초장, 건물중 및 엽면적의 변화
뿌리부다 지상부에 대한 거조(가뭄) 스트레스가 크게 나타난다.

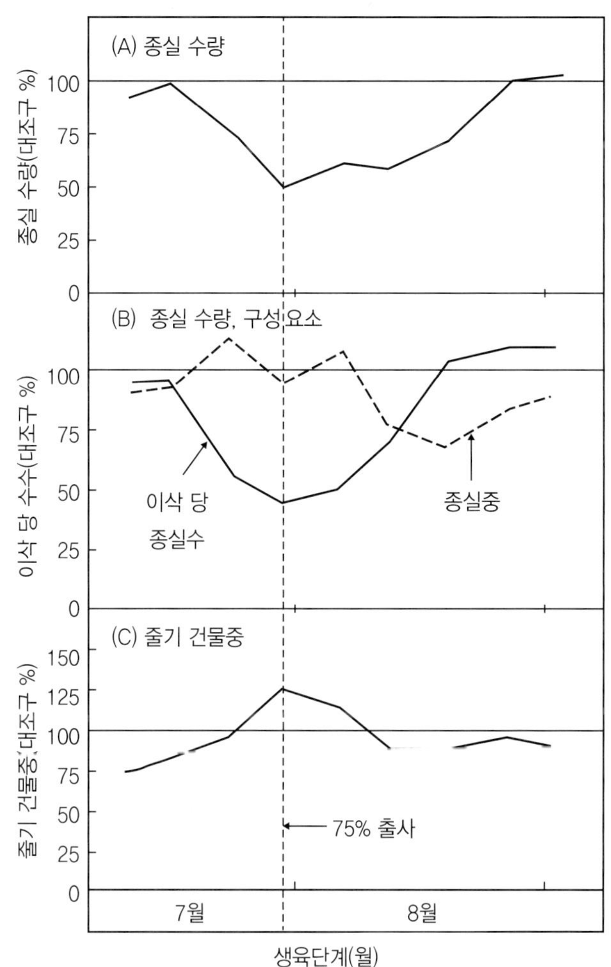

그림 14.5
옥수수의 생육단계별 수분부족에 따른 종실 수량(A), 대조구에 대한 수량구성 요소(B), 줄기 건물중(C)에 미치는 효과

종실 수량에서 수분부족의 시기는 스트레스의 정도만큼 중요하다. 옥수수와 같은 유한신육형 작물에서 생식생장기의 특정 단계에서 4일간 강한 수분스트레스는 종실 수량에 크게 영향을 준다(그림 14.5(A)). 출사(silking) 후 2주간은 수분스트레스에 가장 민감한 시기이다. 이삭 당 종실수가 가장 크게 영향을 받는다(그림 14.5(B)). 작물의 종실이 받아들일 수 있는 것보다 광합성 산물이 더 많을 때는 줄기의 무게가 증가한다(그림 14.5(C)).

수분(pollination) 후 3주 정도에 수분스트레스를 받으면 종실수를 결정하는 시기가 지났기 때문에 잎의 광합성과 전류를 줄여 더 이상 종실수에 영향을 주지 못하나 종실중은 감소시킨다. 유사한 양상이 밀과 같은 다른 유한신육형 작물에서도 나타난다(그림 14.6). 영양생장기에 비교적 짧고 강한 수분스트레스는 종실의 수량에 영향을 거의 주지 않는다(그림 14.5(A)). 그림 14.4의 콩에서 보는 것처럼 비교적 약한 수분스트레스라도 오래 지속되면 수량에 큰 영향을 준다.

표 14.2 벼에서 수분스트레스에 따른 수량구성요소와 수량

번호	항목	수량구성요소								수량 (kg/10a)		수량지수	
		포기당 수수 (개)		수수당 영화수 (개)		등숙률(%)		천립중 (g/1000개)					
	생육단계	남풍벼	추청벼	남풍벼	추청벼	남풍벼	추청벼	남풍벼	추청벼	남풍벼	추청벼	남풍벼	추청벼
①	대조구	16.9	17.2	115.5	81.6	91	95	24.1	24.7	525	411	100	100
②	이앙기	14.9	15.4	112.0	71.1	90	85	22.1	23.8	417	321	79	78
③	유효분얼기	16.1	15.9	108.4	73.4	92	93	22.4	24.3	417	363	79	88
④	무효분얼기	16.3	18.9	112.7	69.7	89	94	22.6	24.2	384	405	73	99
⑤	유수분화기	17.6	20.1	108.0	70.2	87	74	21.6	23.5	408	357	78	87
⑥	수잉기	16.5	20.9	112.4	66.6	78	76	20.4	21.3	348	261	66	64
⑦	출수기	12.9	18.9	110.8	67.4	33	69	20.9	24.6	219	315	42	77
⑧	등숙기	15.1	16.6	116.5	72.2	68	91	25.0	23.5	393	336	75	82

*남풍벼는 통일형(인디카×자포니카)이고 추청벼는 자포니카형 벼이다.

*재식밀도는 50000개/10a 이었다.

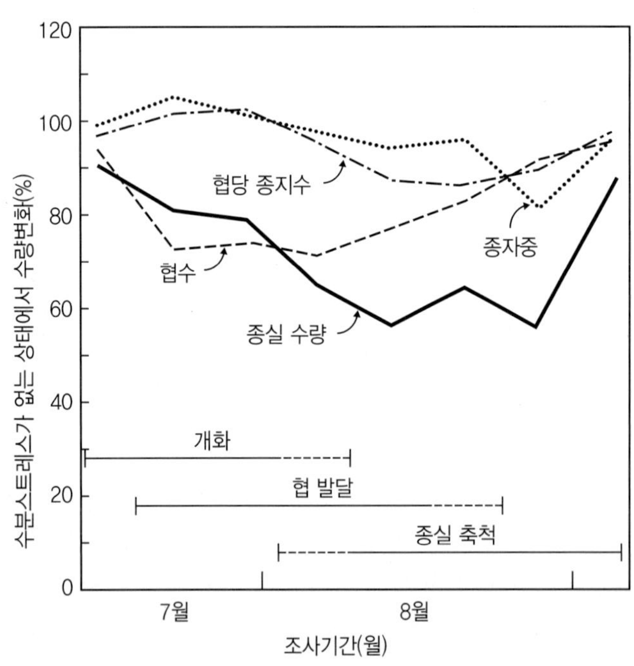

그림 14.6
화곡류의 생육단계별 수분스트레스에 의한 수량의 상대적 감소. 수량의 변화는 양적인 것은 아니지만 각각의 생육단계에서 스트레스 효과를 암시하는 것이다.

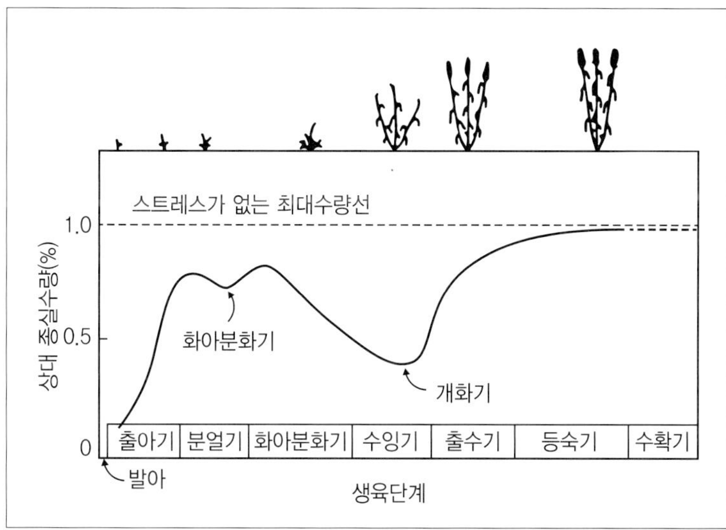

그림 14.7
콩의 생육단계별 수분스트레스가 종실수량과 수량구성요소에 미치는 효과

장기간 개화를 지속할 수 있는 잠재력을 지닌 무한신육형 작물은 수분스트레스에 크게 민감하지 않다(그림 14.5). 콩의 개화초기 동안 단기간의 강한 수분스트레스는 종실 수량의 감소를 거의 유발하지 않는다(그림 14.4). 수분스트레스가 개화를 거의 정지시켜도 작물은 수분스트레스가 해소된 후에 더 많은 개화를 할 수 있는 시간을 갖는다. 그렇지만 개화기 후반에 생산된 꽃은 수확기까지 성숙한 꼬투리를 적게 만든다. 개화기 동안 수분스트레스에 의해 가장 영향을 많이 받는 수량구성요소는 작물 당 꼬투리(협)수이다. 수분스트레스에 가장 민감한 시기는 꼬투리 발육 후기와 종실 축적 중기이다. 꼬투리 발육 후기에 수분스트레스는 꼬투리 발육 정지, 꼬투리 발육감소(꼬투리 당 적은 종자수) 및 광합성의 감소(종자 당 무게의 감소)를 초래한다. 종실 축적의 후반기에는 작물 당 꼬투리 수와 꼬투리 당 종자수에 대한 약간의 효과가 있지만 가장 큰 영향은 종자 당 무게에 있다. 유한신육형 옥수수와 무한신육형 콩이 재배된 지역에서 수분기 동안 수분스트레스의 효과는 일반적으로 옥수수에서 더 심한 종실 수량의 감소를 초래한다.

여기에는 수분이 부족해서 발생하는 건조해(한해)와 수분이 많아서 생기는 습해와 침수해 등이 있다. 일반적으로 건조해는 서서히 광범위하게 발생하고 침수해는 빠르고 급격하게 좁은 면적에 발생한다. 우리나라의 경우 건조해는 5~6월에, 습해는 3~4월에 자주 발생하고 침수해는 장마철과 태풍이 지나가는 7~8월에 주로 발생한다.

4) 건조해(Drought Stress)

토양이나 대기가 건조하면 작물체 내의 수분함량이 감소되어 생육이 저해되고 심하면 위조, 고사하게 되는데 이렇게 수분부족으로 작물이 피해를 입는 장해를 말하고 여기서 수분부족으로 입는 장해를 견디는 능력을 작물의 내건성(drought tolerance)이라고 한다. 건조해로 인한 증상은 ① 세포생장저하로 작물생육의 억제 ② 물질합성의 저하와 가부분해 촉진 ③ 증산작용과 광합성의 억제 ④ 세포분열 억제와 노화촉진 ⑤ 양수분의 이동촉진과 과실의 성숙촉진 ⑥ 프롤린(proline) 단백질의 증가(건조지표로 활용) ⑦ 동화산물의 이동과 호흡증가 등으로 나타난다.

(1) 내건성의 기구

수분이 부족해지면 작물은 물리적, 화학적 변화를 일으켜 건조상태에 적응하게 되는데, 같은 작물이라도 종자나 휴면상태에 있는 세포는 건조상태에서도 잘 견디지만, 생장하고 있는 세포는 건조 스트레스에 취약하다. 작물은 수분부족의 정도에 따라 스트레스를 극복하는 방법이 다른데, 건조가 심하지 않을 때는 잎의 생장을 억제하거나 기공을 닫아 증산량을 줄임으로써 수분을 보존하면서 동시에 뿌리를 수분이 있는 곳으로 뻗어 수분흡수를 가능하게 한다. 토양이 더 건조해져서 영구위조점에 가까울 때는 토양의 수분퍼텐셜은 −15bar 정도가 되면 물을 거의 흡수하지 못하므로 잎이 시들게 된다. 그리고 증산량이 많은 낮에 수분함량의 감소가 더 극심해져서 뿌리가 수축하면 근모가 토양과 분리되는데, 이때 근모는 스트레스를 받을 뿐 아니라 피층 외부의 물이 투과하지 못하는 수베린(suberin)이 축적되어 물의 흡수가 더 어렵게 된다. 토양의 수분퍼텐셜이 −20~−10bar 사이가 되는 강한 건조상태에서는 작물과 토양에 수분장력이 모두 증가하여 잎은 수분부족으로 인한 장해를 받게 된다. 작물체에 수분함량이 계속 감소하면 세포에서는 원형질분리가 일어나고 물리적인 파괴로 인해 세포가 말라 죽게 된다. 그림 14.8에서 보는 것처럼 품종적 특성 차이로 남풍벼가 추청벼보다 더 강한 것으로 나타났다.

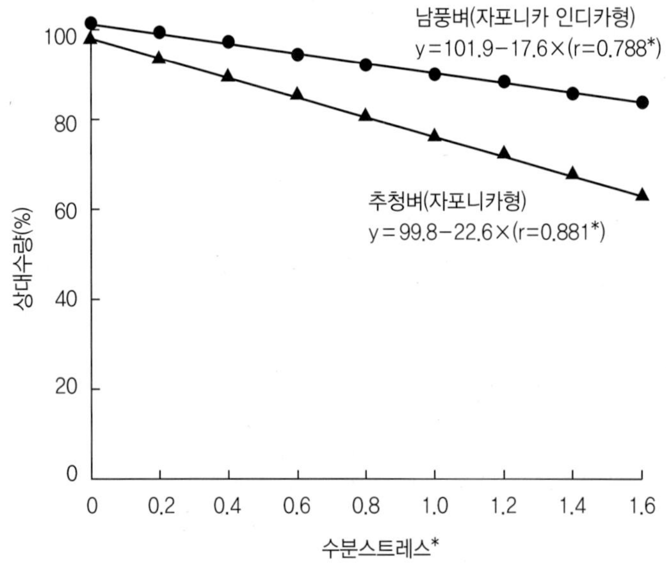

그림 14.8
수분스트레스에 따른 벼의 수량 감소
*수분스트레스 지수는 $\log_{10}$(수분퍼텐셜 ×처리기간)으로 계산하였다.

(2) 내건성 종류와 대응

작물은 생장과정에서 수분의 요구도에 따라 수생식물(hydrophyte), 중생식물(mesophyte) 및 건생식물(xerophyte)로 나눌 수 있다. 여기서 물의 공급이 제한되지 않았을 때 건생식물은 중생식물보다 증산을 많이 하지만 위조상태가 되면 반대로 건생식물이 오히려 중생식물보다 증산이 적어진다. 따라서 내건성은 건조할 때 증산작용을 어느 정도 억제할 수 있느냐에 따라 달라진다. 내건성은 그 원인에 따라 물리적인 성격이 강한 구조적 내건성(constitutional drought tolerance)과 생화학적인 원형질적 내건성(protoplasmic drought tolerance)으로 크게 나눈다.

구조적 내건성은 건조를 지연시키거나 회피하는 것으로 수분을 보존하는 작물은 엽면적이 작고 요수량(要水量)이나 증산량이 많지 않으므로 생육 초기에 토양수분을 보존하였다가 여름에 건조할 때 이용하여 건조해를 지연시키거나 회피할 수 있는 선인장과 다육식물에서 볼 수 있다. 그리고 증산량은 다른 작물과 비슷하지만 땅속 깊은 곳까지 뿌리를 뻗고 근계 발달이 좋아 수분흡수량을 증가시켜 한발에 잘 견디는 작물이 건조에 강하다. 원형질적 내건성은 원형질에 수분함량이 감소해도 생리적 장해를 크게 받지 않는 진정한 의미의 내건성(내탈수성)이다.

표 14.3 작물의 대사과정에 영향을 미치는 수분스트레스

번호	대사과정 또는 매개변수	조직의 수분퍼텐셜(bars) −5 −10 −15 −20	비고
①	세포 생장 감소		빨리 자라는 조직
②	세포벽 합성감소		빨리 자라는 조직
③	단백질 합성 감소		잎의 황화
④	엽록소 합성 감소		…
⑤	질산 환원효소 수준 감소		…
⑥	ABA 합성		…
⑦	기공 닫힘		종에 따라 다름
⑧	이산화탄소 합성 감소		종에 따라 다름
⑨	호흡감소		…
⑩	물관 이동 감소		…
⑪	프롤린 축적		…
⑫	당농도 증가		…

출처: Hsaio et al. 1976.

* 영양생장기에 수분스트레스를 받으면 잎이 작아지고, 성숙기에는 엽면적지수(LAI)가 낮아져 작물에 의한 수광량이 줄어든다. 엽록소 합성은 수분부족이 심한 상태에서는 억제된다. 수분스트레스에 의해 대부분 효소는 활력이 떨어지나(예로 질산환원효소), 아밀라아제(amylase)와 같은 몇 가지 가수분해효소는 오히려 활성이 증가한다.

건조에 의한 피해는 실제로 대면적에서 나타나는 것뿐만 아니라 식물의 생리적 측면에서도 그 범위가 넓고 다양하게 나타나는 특성이 있다. 가장 일반적인 장해는 세포의 생장이 감소되거나 중지되어 파생적으로 다른 장해가 나타나는 것이다. 표 14.3는 작물의 대사과정에서 수분스트레스에 의해 나타나는 현상을 전체적으로 정리한 것이다.

① 기공의 폐쇄

수분이 부족할 때 기공폐쇄로 기공이 닫히는 데에는 다음과 같은 두 가지 폐쇄기작이 작동한다. 첫째, 상대습도가 낮고 풍속이 빠를 경우 공변세포가 물을 증산하는 속도가 주위 세포로부터 물이 공급되는 속도보다 빠르면 기공이 닫히는데, 이는 건조한 공기에 의하여 공변세포가 탈수되어 일어나므로 이를 기공의 수동적 폐쇄라고 한다.

둘째, 수분부족으로 생성된 생육억제호르몬인 ABA가 세포막의 선택적 투과성을 잃게 하여 공변세포의 용질이 주위 세포로 확산되고, 이에 따라 공변세포의 수분퍼텐셜이 높아지므로 수분이 빠져나가 팽압을 잃기 때문에 기공이 닫히는데, 이를 기공의 능동적 폐쇄라 한다. 여기서 기공의 능동적 폐쇄 기작은 정상적인 잎의 엽육세포도 ABA를 생산하여 엽록체에 축적하는데, 수분이 부족하면 축적된 ABA가 세포벽으로 이동하고, 이것이 증산류를 타고 공변세포로 가서 기공을 닫히게 한다. 즉 수분스트레스를 받는 작물은 경우에 따라서 40배까지 ABA 농도가 높아지므로 엽록체에 존재하던 ABA가 공변세포로 이동하여 기공을 닫히게 하는 것은 스트레스를 받는 초기이며, 그 이후는 수분부족의 영향으로 새로 합성된 ABA에 의하여 기공이 계속 닫혀있게 된다. 건조가 계속되어 엽육 세포의 수분이 부족하게 되면 엽록체의 pH가 낮아지고, 이에 따라 ABA의 양이 증가하여 농도가 낮은 세포질로 유출되며, 다시 세포벽으로 확산되어 증산류를 타고 공변세포로 이동하여 기공이 닫힌다. 뿌리에서 합성된 ABA도 수분부족에 대한 기공의 닫힘을 촉진하는 역할을 하는데 이때 뿌리 부분을 둘로 나누어 한쪽만 수분이 부족하게 되더라도 기공이 닫힌다. 이것은 건조한 뿌리 쪽에서 생성된 ABA가 증산류를 타고 다른 쪽의 잎으로 이동하였기 때문이다.

② 엽면적의 감소

수분 부족에 의해 잎의 수분함량이 줄어들면 팽압이 감소되고 세포가 신장하지 않으므로 세포생장이 억제된다. 따라서 엽면적은 늘지 않고 기공을 닫으므로 결국 증산량을 줄여 건조에 적응하며, 이때 수분이 다시 공급되어도 세포벽이 비후되어 신축성이 낮아지고 벽압이 높아지므로 작물의 생장은 정지된다. 정상적인 수분 상태의 작물에 비해 수분이 부족한 화본과 작물은 잎이 말리고, 쌍떡잎식물은 잎이 아래로 처져 수광량도 줄어든다. 이때 광을 받아도 기공이 닫혀 광합성을 거의 할 수 없고 오히려 엽온만 올라가 호흡이 증가한다. 잎이 말리고 생장을 줄여 광을 받는 면적을 줄이면 고온장해를 일정 부분 회피할 수 있어 건조해를 경감시킬 수 있다.

③ 상대적인 뿌리 생장 증가

광합성은 잎의 생장만큼 팽압의 영향을 받지 않으므로 수분이 부족할 때 잎은 신장하지 않아도 광합성은 어느 정도 유지된다. 그러므로 잎의 신장에 이용될 탄수화물이 뿌리로 전류되고 뿌리는 신장하여 좀더 많은 수분을 흡수할 수 있게 된다. 건조한 지표면에 있는 뿌리는 팽압을 잃고 토양도 단단하여 생장이 어려우므로 수분이 있는 깊은 곳으로 뿌리가 신장하여 건조(한발)에 적응하게 된다. 한편 선인장의 뿌리는 오히려 지표면에 얇고 넓게 분포하고 있어서 소량의 강우에도 빨리 다량의 수분을 흡수할 수 있다.

④ 건조에 적응한 광합성 기작(CAM 식물)

선인장과 같은 CAM(crassulacean acid metabolism) 식물은 증발산량이 많은 낮에는 기공을 닫고, 상대습도가 높은 밤에 기공을 열어 CO_2를 흡수하여 PEP carboxylase에 의해 말산(malic acid)으로 저장하였다가 낮에 이 유기산이 분해될 때 나오는 CO_2를 이용하여 캘빈회로를 통해 광합성 암반응을 한다. 이들 식물은 상대습도가 높고 온도가 낮은 밤에는 기공을 열어 이산화탄소를 흡수하고 온도가 높고 건조한 낮에는 기공을 닫고 있으므로 수분손실을 줄여 건조한 기후조건에서도 견딜 수 있다.

⑤ 잎의 왁스 축적으로 각피증산 억제

수분이 결핍되면 잎 표면에 왁스(wax)가 축적되어 각피(cuticle) 증산작용을 감소시킨다. CAM 식물은 잎이 퇴화되어 가시 또는 줄기 모양을 하고 있어 표면적이 적고 기공이 깊게 들어가 있으며, 각피가 발달하여 증산작용을 줄일 수 있을 뿐만 아니라 저수조직이 발달하여 다량의 물을 체내에 저장하며, 뿌리에는 불투수성의 수베린(suberin)이 축적되어 건조한 조건에서도 수분을 잘 보전할 수 있다.

⑥ 건조 회피적 재배

벼의 경우 유수분화기의 한발에 아주 취약하므로 사전에 생육시기의 조절이 필요하고 밭작물의 경우도 강우 분포가 연중 일정하지 않아 일시적으로 수분이 부족한 경우가 많은데 유한생육형(determinate type) 콩 품종은 개화기에 한발이 오면 결실이 감소되지만, 우리나라에서는 한발 기간이 길지 않고 매년 반복되지 않으므로 유한생육형 품종을 주로 재배하게 된다. 무한생육형(indeterminate type) 품종은 한발이 지나고 비가 온 후에 개화, 결실하여 한발의 피해는 피할 수 있지만 가을에 저온이 오면 종자가 성숙하기 전에 서리가 와서 수량이 감소하므로 우리나라에서 재배는 어렵다.

⑦ 원형질에 유기 용질의 축적

수분이 부족하면 세포의 크기가 작아지고 세포액의 농도가 높아지므로 용질의 삼투퍼텐셜이 감소하게 된다. 또한, 효소의 구조와 구성분의 변화로 물질분해에 관여하는 효소의 활성이 증가하여 당과 유기산, 그리고 칼륨 등의 무기염류의 절대량이 증가하므로 삼투퍼텐셜은 더욱 낮아지고, 토양으로부터 물을 더 잘 흡수하게 된다. 세포질의 이온은 주로 액포 안에 존재하고, 세포질에는 프롤린(proline), 소르비톨(sorbitol), 글리신(glycine), 베타인(betaine)과 같은 삼투유기용질(compatible solutes)이 축적된다. 또 가뭄에 대한 지표로 프롤린(proline) 합성이 늘어나므로 이를 활용한 내건성 품종육종에 유의해야 할 필요가 있다. 이들 삼투유기용질들은 액포 내의 무기이온들과 삼투조절을 통하여 세포질 내 수분퍼텐셜을 낮추어 작물이 뿌리를 통해 흡수를 가능하게 함으로써 내건성을 갖게 한다.

(3) 건조해에 대한 대책

① 신속한 관개

작물의 건조해가 발생하면 지표나 살수관개, 지하관개를 신속하게 실시한다. 토양의 수분퍼텐셜은 기하급수적(지수적)으로 급격히 감소하므로 일정한 임계점(영구위조점)을 지나면 회복이 어렵게 되므로 경영적인 측면을 고려해 빨리 관개를 한다.

② 작물의 경화처리(hardening)

작물을 단단하게 경화시키면 세포나 기공이 작아지고 기공의 밀도 커지는 물리적 대응도 되지만 세포액의 농도 증가로 피해를 줄일 수 있으므로 효과가 있다. 따라서 미리 모종을 준비할 때부터 건실한 하드닝을 해가며 육묘를 하도록 한다. 그러면 뿌리의 발달이 양호하고 건조해에 잘 견딘다.

③ 토양수분의 보유력 증대와 증발을 억제

토양의 입단을 조성하고 피복하여 수분의 증발을 사전에 방지하며 중경제초나 드라이파밍(dryfarming)은 오히려 초기표면에서 수분 증발을 촉진하지만 궁극적으로 모세관으로 인한 수분의 계속적인 손실을 차단하므로 이를 실시하고, 논에서 기름막에 의한 증발을 줄이는 증발억제제를 살포한다.

④ 내건성 품종선택

세포 내의 원형질의 함수량이 감소했을 때 견디는 정도는 건조할 때 호흡이 많이 줄어들고 광합성의 감소가 적으며 단백질과 당분의 소실이 늦은 특성을 가지고 있다. 따라서 내건성 품종을 선택한다.

2) 습해 및 침수해(Moisture and Flooding Stress)

맥류를 답리작으로 재배하거나 침수지대의 채소 등 밭작물 재배 시 장기간 비가 오거나 관수 직후, 초봄에 눈이나 얼음이 녹을 때에는 토양의 과습상태가 지속되어 모든 공극이 물로 채워지므로 공기가 없어서 작물의 뿌리가 상하고 심하면 부패하여 지상부가 황화하고 위조, 고사하게 되는 산소 부족 장해를 받는데, 이를 습해(excessive water injury)라고 한다. 그리고 벼를 위시한 작물이 장마철에 많이 강우로 인해 모든 잎이 물에 잠겨서 피해를 보는 장해를 침수해(waterlogging injury)라고 한다.

(1) 습해와 침수해의 기구

작물이 습해를 받는 기작은 과잉의 수분 때문에 토양공극에서 공기가 빠져나가므로 산소가 부족하기 때문이고 밭작물이라도 공기(산소)를 주입하면 물속에서도 정상적으로 생육을 하게 된다. 과습 상태나 침수된 논에서는 모든 토양 공극이나 잎이 물에 침수되어 있으므로 뿌리나 잎은 산소가 부족하게 된다. 일반적으로 물에 녹는 용존산소량은 7~8ppm으로 공기 중 산소농도인 21%에 비하여 아주 적어 논토양의 경우 표층토 일부를 제외하면 대부분 환원토양층이 된다. 담수된 토양이나 침수된 잎에서는 작물이나 토양미생물이 에너지를 얻기 위하여 유기물을 분해할 때 산소를 이용하는데 표토에서 2~3cm 아래에는 산소가 없는 환원층이므로 뿌리는 토양으로는 산소를 흡수하기가 어렵다.

즉 습해는 산소가 부족하여 일어나는 작물체 내의 대사작용의 변화와 토양의 환원에 의한 장해에서 오지만 침수해의 경우 담수상태에 적응된 벼는 뿌리가 물속에 있어도 통기조직(aerenchyma)을 통하여 잎에서 공급되는 산소를 이용하여 살아갈 수 있다. 그러나 홍수로 인하여 모든 잎이 물에 잠기면 지상부로부터 산소가 공급되지 않아 발효로 인해 저장 양분은 급격히 소실되고 에너지 부족으로 죽게 된다. 수중에 산소가 적으면 에너지 효율이 낮은 무기호흡을 하여 에너지원의 결핍과 에탄올 등 유해물질이 생성되어 장해를 받는다. 벼의 경우 정체수가 탁하고 수온이 높으면 체내의 당, 전분, 유기산이 더 급격히 소모되어 잎이 녹색을 띤 채로 죽는 청고(清枯) 현상이 발생하고 수온이 높지 않고 흐르는 맑은 물에 잠기면 탄수화물이 서서히 소모되고 엽록소에 붙어 있는 단백질도 분해되어 호흡기질로 이용되다가 결국 죽게 되는데, 이때는 엽록소의 녹색이 없어지고 적갈색을 띠는 적고(赤枯) 현상을 일으킨다.

① 에너지원의 고갈

산소가 부족하면 뿌리는 무기호흡을 하는데, 이때에는 유기호흡에 비해 당을 분해하여 얻는 에너지의 효율이 매우 낮은 상태에서 세포가 대사활동을 하기 위해서는 일정 수준의 ATP가 필요한데 이를 얻기 위해 당이 과도하게 많이 소모되면 에너지원인 당(탄수화물)이 고갈되는 결과를 가져 온다.

② 작물체 내 저해물질의 생성

산소가 없으면 자당(설탕)은 해당과정에 의하여 피루브산(pyruvic acid)로 분해된 후 발효(fermentation)에 의하여 젖산이 생성되어 세포 내 pH가 내려가며, 젖산에서 생성된 에탄올이 축적되어 세포막 등 지방성 물질로 구성된 부분이 용해되어 장해를 받으며, 그 결과로 뿌리 조직의 괴사와 세포벽의 목질화가 촉진되고, 생장과 수분의 흡수가 저해되어 지상부의 생육도 억제되고, 경엽은 황백화(chlorosis)하게 된다.

③ 토양 내 환원물질의 생성

토양 중의 미생물은 에너지를 얻기 위해 유기물을 분해하며, 그 과정 중에 크렙스(TCA) 회로의 전자전달계에서 필요한 산소를 토양 중의 유리산소에서 취하거나 유리산소가 없을 경우에는 NO_3^-, SO_4^{2-}, MnO_2, FeO_2, Fe_2O_3, CO_2 등에 결합된 산소를 취하여 이용하게 된다. 이중 무기원소와 결합한 산화물형태의 산소를 이용할 경우는 작물에 대하여 여러 가지 해작용을 초래하게 된다. 논의 환원층에서 NO_3^-는 탈질(denitrification)이 되어 질소가 공중으로 날아가므로 질소비료효과를 감소시키는 탈질작용이 발생한다.

FeO_2, Fe_2O_3, MnO_2에서 철분은 Fe^{2+}, 망간은 Mn^{2+}로 변하여 가용성이 되므로 과습이나 침수 시 밭작물은 미량원소인 철과 망간의 과잉 해가 발생할 수 있다. SO_4^{2-}는 고온에서는 유기물의 분해가 많으며 토양이 심하게 환원되는데, 이때 SO_4^{2-}가 환원되어 H_2S가 되면 벼에서는 뿌리가 썩는 뿌리썩음병이 나타나 추락현상이 생기는데 H_2S 가스는 토양 중에 철이 많으면 이들과 결합하여 불용성인 황화철(FeS)을 만들어 해가 없어지지만, 토양 중에 철이 없으면 카탈라아제(catalase, 과산화수소를 분해해서 물과 분자상 산소로 하는 효소), 시토크롬(cytochrome, 세포의 산화 환원에 작용하는 색소단백질) 등 뿌리 효소 중에 있는 철과 결합하여 효소가 기능을 상실하기 때문에 뿌리가 썩는다. CO_2는 환원되어 CH_4가 되고, 공기 중으로 방출되면 CO_2와 함께 온실효과를 유발하는 원인이 된다.

(2) 내습성과 내침수성

내습성은 작물이 물리적, 화학적인 방법으로 산소부족에서 오는 장해를 극복할 수 있는 능력을 말하며, 작물에 따라 그 정도가 다르다. 벼의 경우 키가 큰 일반계 품종이 침수가 되었을 때 통일계 품종보다 더 잘 견딘다.

① 통기조직의 발달

근권에서 산소가 부족할 때 작물의 뿌리가 호흡작용을 할 수 있는 것은 기공이나 지상부 조직에서 뿌리로 산소를 보낼 수 있는 통기조직(aerenchyma)의 발달에 달려있다. 즉 습생식물 뿌리의 피층세포는 통기가 잘 되므로 과습조건에 더 잘 적응한다. 벼는 산소공급과 관계없이 통기조직이 이미 발달되어 있지만, 과습으로 산소가 부족하면 피층의 세포가 죽어 파생통기조직이 더욱 크게 발달한다. 옥수수는 산소가 부족하면 뿌리의 선단부에서 에틸렌과 그 전구체인 ACC(1-amino cyclopropane-1-carboxylic acid)가 생성되는데, 에틸렌은 세포를 괴사시켜 통기조직을 발달시킨다. 콩도 과습 상태에서는 1차 뿌리가 썩으면서 통기조직이 발달한다.

② 세포벽의 코르크화 및 목질화

담수 상태에서 자라는 벼 등은 뿌리의 표피가 코르크화(suberization) 또는 목질화(lingfication)되어 있고, 골풀의 경우에는 표피와 근모가 모두 목질화되어 있는데 이렇게 뿌리 세포의 코르크화와 목질화는 통기조직을 통하여 공급된 산소가 뿌리 밖으로 확산되지 않고 생장점으로 공급되어 산소가 부족한 땅속에서도 지상부로부터 공급된 산소를 이용하여 뿌리가 쉽게 자랄 수 있도록 하는 긍정적 역할을 한다. 밭작물은 과습한 곳에서 통기조직은 발달되지만 벼와 달리 뿌리 세포가 코르크화나 목질화되지 않으므로 지상부에서 내려온 산소가 뿌리 밖으로 확산되고 생상섬까지 공급되지 않아 뿌리가 습해를 받는다.

③ 대사경로의 변경

습해(담수)에 약한 식물은 토양에 산소가 없으면 뿌리의 무기호흡에서 생긴 에탄올에 의하여 장해를 받는데 벼와 같이 담수에 강한 내습성 식물은 유해한 에탄올을 축적하는 대신에 해가 없는 말산을 축적하기 때문에 물속에서도 장해를 받지 않는다.

④ 유독물질의 불용화

토양이 환원되면 산화 상태에서는 인산과 결합되었던 철과 망간 등이 많이 용출되므로, 배수가 불량한 곳에서 자라는 답리작 맥류는 봄에 비가 많이 오면 이들 미량원소를 많이 흡수하여 과잉의 장해를 받기 쉬우나 벼와 같이 담수조건에 적응하는 작물은 철이나 망간 등이 흡수되어도 통기조직을 통하여 산소가 공급되므로 뿌리에서 산화되어 불용태가 되고, 다른 조직으로 이동되지 않기 때문에 피해가 적다.

⑤ 발근력의 강화

작물의 뿌리가 토양의 산소 부족으로 피해를 받더라도 새로 발근을 하여 산소공급이 가능한 뿌리를 가지면 습해를 줄일 수 있는데 내습성이 큰 작물은 과습 상태가 될 때 지표 부근에 부정근이 많이 발생한다. 즉 뿌리가 표토에 얕게 발달하고 부정근 발생력이 큰 품종이 습해에 강하다.

(3) 습해 및 침수해에 대한 대책

① 신속한 배수처리

작물의 습해나 침수해가 발생하면 건조피해에 대처할 때보다 더 신속하게 실시한다. 먼저 토양에 명거나 암거시설을 설치한다.

② 적합한 시비

미숙 유기물과 황산근 비료의 시용을 피하고 표층시비를 하여 뿌리를 지표면으로 유도하며 작물이 심각하게 흡수장해를 받았을 때는 엽면시비를 한다. 과산화석회(CaO_2)를 종자에 분의(coating)해서 사용하면 산소가 발생하여 습해를 경감시킨다.

③ 토양의 정지와 개량

모래토양을 객토하고 부식과 토양개량제를 시용하여 입단을 조성하고 이랑 재배(휴립 재배)를 한다.

④ 작물과 품종의 선택

산소가 부족하고 감소했을 때 잘 견디는 내습성 품종을 선택한다.

2. 온도 스트레스(Temperature Stress)

온도는 일반적으로 저온장해와 고온장해로 나눌 수 있고 광도와 서로 보상관계를 갖는다(그림 14.2). 이러한 생장상관은 건조해와 열해에서도 나타난다. 즉 건조피해와 열해가 각각 나타나는 것보다 동시에 나타나기 쉽고 그 피해도 훨씬 크게 나타난다. 저온장해(low temperature injury)로 조직이 생육 적온보다 낮은 온도일 때 받는 냉해(cold stress)와 세포가 동결될 때 일어나는 동해(freezing injury)를 비롯한 저온으로 인한 해를 한해(chilling injury)라고 하며, 온도가 생육적온보다 높으면 고온해(high temperature injury, 열해)가 나타나고 더 높아지면 고사한다. 밤과 낮의 온도에 따른 품종간 건물중의 차이를 그림 14.2에 나타내었다.

1) 냉해(Cold Stress)

냉해는 주로 여름작물에서 결빙이 일어나지 않는 0℃ 이상의 저온에 의해 받는 생육장해로 벼, 옥수수, 강낭콩, 토마토, 오이, 고구마, 목화 등 열대나 아열대 원산인 작물을 온대지방에서 여름 재배 시 발생한다.

(1) 냉해의 정의

냉해의 기구로 기온이 낮을 경우에 잎이 저온해를 받으면 광합성과 그 산물의 이행, 호흡, 단백질 합성의 저하, 단백질분해 촉진, 지방의 물리적 특성변화로 세포막 단백질과 효소의 활성저하 등이 일어나므로 내냉성이 약한 식물의 세포막에는 포화지방산이 많은데, 저온에서는 반결정 상태가 되고, 막의 유동성이 떨어지면 단백질은 기능을 상실한다. 기온이 높고 지온이 낮을 경우 벼 못자리기간 중 낮은 지온에서는 물의 점성이 높아 물의 흡수는 잘되지 않지만 기온이 높아 증산량은 많아지므로 벼는 수분의 불균형으로 잎이 시들고, 심하면 고사하기도 하는데 이 경우 물을 깊게 대어 잎이 물에 잠기게 하거나 ABA를 처리하여 증산을 감소시키면 냉해를 최소화할 수 있다.

(2) 냉해의 종류

벼의 경우 냉해에는 지연형 냉해, 장해형 냉해 및 병해형 냉해, 혼합형 냉해로 나눌 수 있다.

㉠ 지연형 냉해는 육묘기와 이앙기, 분얼기 등 영양생장기에 저온으로 인하여 출수가 지연되고 등숙이 불량해져서 수량이 감소하는 냉해를 말한다.

㉡ 장해형 냉해는 저온에 의한 발아불량, 엽색의 갈변 등 영양기관의 장해이고 저온에 가장 민감한 벼의 감수분열기나 유수형성기에 저온으로 약벽의 바깥쪽을 둘러싸고 있는 융단층(tapetum)이 비대해지고 꽃가루가 불충실하여 약(anther)이 열리지 않으므로 수분(pollination)이 되지 않는 경우, 개화기에 온도가 낮으면 개영이 되지 않아 수분이 안 되어 불임이 되는 경우, 등숙기의 저온으로 임실이 되어도 등숙이 불량한 경우로 나눌 수 있다. 즉 생식기관의 발육불량으로 수정이 안 되거나 영화가 퇴화하는 등의 장해가 발생한다.

㉢ 병해형 냉해는 저온으로 광합성이 원활하게 진행되지 못하면 단백질 합성도 진행되지 못하고, 수용성 아미노산이나 아마이드를 축적하는데, 이런 상태에서 도열병균은 단백질보다 아미노산을 직접 이용할 수 있으므로, 벼의 경우 도열병이 발생하는 것을 병해형 냉해라 한다.

㉣ 혼합형 냉해는 지연형과 병해형, 장애형 냉해가 함께 복합적으로 발생하는 것을 말한다.

(3) 내냉성

냉해는 생육 적온보다 낮은 온도에서 광합성, 호흡, 단백질 대사, 지질대사 등 모든 생화학적 반응이 연관되어 일어나며, 그 정도가 저온에 있을 때와 비교하여 크지 않으므로 내냉성의 원인이 명확하지 않다.

㉠ 품종 차이로 벼에서 자포니카 품종은 인디카 품종이나 통일형 품종보다 내냉성이 강하다. 우리나라의 경우 1980년도의 통일형 벼 품종을 대량 재배하였는데 냉해로 인해 수량이 50%나 급감하였고 이로 인해 기상재해와 스트레스 생리학에 대한 인식이 증가하였다.

㉡ 불포화지방산 함량: 내냉성이 큰 꽃양배추, 순무, 완두 등은 내냉성이 약한 강낭콩, 고구마, 옥수수보다 불포화지방산(unsaturated fatty acid)의 함량의 비율이 높으며, 작물을 저온에 두면 경화되는 동안에 불포화지방산의 비율이 증가하여 내냉성이 증가된다.

㉢ 프롤린 함량: 건조할 때는 증가하지만 저온에서 꽃밥의 프롤린 함량의 크게 감소한다.

(4) 냉해 대책

① 내냉성 품종의 선택

냉해에 잘 견디는 품종(자포니카 계열)을 선택한다. 쌀이 부족했던 1980년도에 통일형 품종의 광범위한 재배로 당시 냉해의 피해가 심하게 발생하였다.

② 입지조건 개선

방풍림을 설치하며 습답이나 누수답을 개량하고 지력을 배양한다.

③ 재배법 개선

보온육묘와 조기, 조숙재배를 하여 성숙기를 앞당기고 소주밀식을 하여 강건한 생육을 시킨다.

④ 온도조절

냉온기에 물을 깊이 대어 야간온도를 높이고 관개수의 수온을 올리도록 저류지를 설치하거나 증발방지제를 살포한다.

2) 한해(寒害, Chilling Stress)

한해(chilling injury)는 상해(frost injury)와 동해(freezing injury)로 나눌 수 있으나 두 장해의 기구는 유사하다. 상해는 고구마나 고추, 옥수수 같은 저온에 약한 여름작물 재배 시 봄의 늦서리 또는 첫서리가 올 때 받는 장해이고 동해는 가을 파종 월동 작물의 경엽, 과수 등 다년생 작물의 눈 등 월동하는 작물이 받는 장해로 0℃ 보다는 더 낮은 온도로 인해 세포 내에 결빙이 생겨 조직이 파괴되어 입는 장해이다.

(1) 동해의 기구

① 세포의 결빙

수분이 많은 세포는 온도가 빙점 이하로 낮아지면 세포가 결빙하여 동해를 받는데, 조직의 동결은 수분퍼텐셜이 큰 자유수(free water)가 있는 세포벽이나 세포간극에서 먼저 일어난다. 이 결빙은 따뜻해지면 회복이 되는 경우가 많지만 동결온도가 계속 유지되면 세포벽에는 수분퍼텐셜이 낮아지므로 원형질의 수분이 이동되어 얼음이 점점 커지는데, 내동성이 약한 작물은 원형질의 투과성이 낮아 수분함량이 빨리 감소되지 않으며, 세포 내에서도 결빙이 생겨 원형질 교질물(colloid) 구조에 기계적인 장해를 줌과 동시에 심한 탈수로 인하여 원형질의 구조가 파괴되어 세포가 죽게 된다.

② 원형질의 투과성

내동성이 강한 작물은 원형질의 투과성이 좋아 수분이 세포벽으로 빨리 이동되므로 세포벽과 세포간극에만 얼음이 형성되며, 원형질은 용질의 농도가 높아 수분퍼텐셜이 낮아지고, 동결점이 낮아져 잘 견딘다.

③ 조직의 동결속도

내동성에 영향을 끼치는 온도가 서서히 동결점 이하로 내려가면 세포벽과 세포간극에서 결빙이 일어나고, 원형질의 수분이 감소되어 원형질은 장해를 받지 않으나, 온도가 급격히 내려가서 원형질이 충분히 탈수되지 않으면 세포 내에 결빙이 생겨 동해를 받는다. 동결될 때 세포에 장해를 주지 않았더라도 녹을 때의 온도와 속도가 생명에 영향을 끼친다. 즉 동결된 세포가 서서히 녹으면 수분이 세포 안으로 들어가 원형질과 세포막이 같이 팽창되어 장해를 적게 받으나 급격히 녹게 되면 원형질보다 세포막이 먼저 녹아 팽창되면서 물리적 장해를 일으키게 된다. 작물이 동해를 받는 기작은 기본적으로 저온에 의해 세포가 죽는 것보다는 조직이 동결될 때나 녹을 때 받는 세포막의 물리적인 장해에 더 기인한다.

(2) 내동성을 증가시키는 요인들

내동성에는 생리적 요인뿐만 아니라 형태적 요인과 발육단계, 계절적 요인도 관여하므로 작물의 종류, 품종, 작물의 부위에 따라 차이가 크다.

① 식물체의 함수량의 감소

작물 종자, 균의 포자, 구근류 등과 같이 함수량이 적은 것은 내동성이 강하다. 이는 자유수가 적어 세포 내 결빙이 일어나지 않기 때문이고 수목의 가지나 눈도 겨울에는 추위에 잘 견디지만 봄이 되어 함수량이 많아지면 저온의 피해를 받기 쉽다. 따라서 가을이나 겨울에 작물체의 수분함량을 낮추거나 건조하게 유지하면 내동성이 증가한다.

② 당과 지유 함량의 증가와 전분의 감소

당 함량이 높으면 세포의 수분퍼텐셜을 낮추므로 세포가 동결될 때 탈수가 적게 되어 원형질을 보호하므로 내동성이 증가한다. 이는 과실이나 감자의 경우와 같이 일반적으로 저온이 되면 탄수화물을 분해하여 당도를 높인다.

③ 친수성 콜로이드 함량 증가

저온에서 내동성이 증가할 때에는 당분과 함께 친수성 콜로이드 함량이 증가한다.

④ 원형질의 투과성의 증대

원형질의 투과성이 클수록 내동성이 증가하는데 얼음이 얼 때는 탈수되기 쉬워 세포 내 결빙이 어렵고, 얼음이 녹을 때는 세포 안으로 물이 빨리 흡수되므로 기계적인 저항을 적게 받기 때문이다.

⑤ 수용성과 -SH 단백질의 증가

내동성이 강한 작물은 수용성 단백질이 함량이 높으며 단백질 분자에 -SH기가 많지만 약한 것에는 ⁻S-S기가 더 많다.

⑥ 경화(hardening)와 ABA 처리

저온에 일정기간 순화시키거나 ABA를 처리하면 내동성이 증가하는데 어린 알팔파나 조직배양을 한 귀리는 4℃의 저온에서 수일간 처리하여 순화시키거나 ABA를 처리하면 내동성이 증가하여 -10℃에서도 견디는데 이는 내동성과 관계 깊은 새로운 단백질이 생성되기 때문이다. 감자는 15일 정도 저온 처리하면 내동성이 생기나 따뜻한 곳에서 24시간 이상 경과시키면 내동성이 상실된다.

(3) 동상해 대책

① 내한성 품종의 선택

한해에 잘 견디는 품종을 선택한다.

② 입지조건 개선

방풍림을 설치하며 배수를 도우며 지력을 배양한다.

③ 재배법 개선

채소와 화훼류는 보온재배를 하고 맥류는 높은 이랑재배와 답압, 적기에 파종하고 파종량을 증대한다. 칼슘비료를 증시하고 퇴비를 준다.

④ 온도조절

응급조치로 살수빙결법, 관개법, 발연법, 송풍법, 피복법으로 온도를 유지시킨다.

3) 고온해(Heat Stress)

생육온도가 낮은 북방형 목초나 호냉성 채소는 여름에 고온으로 인하여 생육이 억제되며, 직접 광에 노출되면 장해를 받는다. 호박, 오이 같은 호온성 작물도 봄과 여름에 온실 등에서 환기가 잘 되지 않으면 고온피해를 받는데, 이를 고온해(High Temperature Injury) 또는 열해(heat injury)라고 하며, 온도가 생육한계 온도보다 더 높으면 결국 작물이 죽게 된다. 일반적으로 35℃ 이상이 되면 고온해가 발생하는데 유전적으로 내열성품종을 육성해야 하지만 지배적으로는 ① 열순환(heat acclimation) ② 외생 물질처리(exogenius treatment)로 ABA나 ACC를 처리하면 경감시킬 수 있다(출처: Maria 2015).

(1) 고온해의 기구

① 세포막의 특성변화와 효소의 활성 저하

저온과는 반대로 세포막 지방의 유동성(flucidity)이 너무 커져 세포막의 조성과 구조가 변하여 무기이온을 유출하고, 엽록체 ATP 생성이 억제되는 등 생리적 기능이 낮아지는데 단백질이 변성하여 광합성과 호흡에 관련된 효소의 활성이 억제된다. 열사가 발생할 때는 세포막의 지질이 액화하고 단백질이 응고하여 효소 기능이 상실되며, 전분이 열에 응고하여 엽록체가 기능을 상실한다.

② 양분소모

생육 적온보다 온도가 더 높아지면 광합성과 호흡이 모두 감소하는데 호흡보다 광합성이 더 먼저, 더 빨리 억제되므로 당이 축적되지 않아 과실과 채소는 단맛이 없어지고 생육이 억제되며, 심하면 고사한다. 이러한 영향은 고온에서 호흡 및 광호흡이 모두 증가되는 C_3 작물이 광호흡이 없는 C_4 식물보다 더 현저하다.

③ 독성물질의 생성

고온에서 물질이 분해될 때 생성된 암모니아에 의하여 장해를 받을 수 있으나 암모니아가 호흡에서 생성된 유기산과 결합하여 아노산이나 아마이드를 형성하면 해독이 된다. 이 때 피해의 정도는 가뭄과 겹칠때 크게 나타난다.

④ 증산 과다

온도가 높으면 상대습도가 낮아져서 증산과 증발이 모두 많아지므로 토양수분이 부족하여 작물이 한발의 피해를 받기 쉽다.

(2) 내열성

① 잎의 적응

엽온이 광에 의해 증가하면 잎이 아래로 늘어지거나 말림으로서 엽온을 낮춤, 크기가 작은 잎은 큰 잎보다 바람에 잘 흔들려 온도를 낮추는데 유리, 흰 털이 많거나 잎의 왁스층이 발달하면 빛을 반사하여 고온장해를 줄일 수 있다.

② 포화지방산의 함량

지방은 온도가 높으면 유동성이 커지고, 온도가 낮으면 굳어지는 특성이 있는데, 일반적으로 내냉성이 큰 작물은 저온에서도 잘 굳어지지 않는 불포화지방산의 비율이 높아야 하지만, 내열성 작물의 경우는 포화지방산의 비율이 높아 고온에서도 세포막의 안정성이 큰 것이 특징이다. 작물 중에 내건성, 내동성, 내열성이 강한 것은 단백질 분자에 −SH기가 더 많고, 약한 것은 ⁻−S−기가 더 많기 때문이다.

③ 열충격단백질의 합성

온도를 40~50℃ 정도로 급격히 상승시키면 곤충, 식물, 미생물 등에서는 열충격단백질(heat shock protein)이 형성되는데, 식물에서도 이 단백질이 형성되면 내열성이 증가한다. 합성된 열충격단백질은 핵이나 엽록체에 존재하며, 세포막의 포화지방산 생성이나 단백질의 안정성을 높여주는 것으로 추정되며, 수분부족, 상처, 염류장해 등의 스트레스에 의해서도 생성되므로, 일반적으로 작물이 한 가지 스트레스를 받으면 다른 스트레스에도 저항할 수 있는 능력이 생긴다.

3. 염류 스트레스(Salt Stress)

온실이나 비닐하우스와 같은 시설재배지에 무기질 비료를 과다 시용하거나 간척지나 내륙 사막지역 등은 토양에 염류가 집적되어 작물재배 시 염해(salt stress)가 발생할 수 있다.

1) 염해의 기작

토양 중 염 농도가 점점 높아지면 작물은 토양수분의 수분퍼텐셜이 낮아져서 한해(drought stress)와 같은 장해를 받는다. 고농도의 염으로 인하여 토양의 수분퍼텐셜은 더욱 낮아져 뿌리가 토양에서 수분을 흡수할 수 없고 오히려 뿌리 조직의 수분이 유출될 수 있다. Na^+와 같은 염의 축적이 식물에 유해한 이온독성(ion toxicity)을 초래하는 등의 두 가지 형태의 장해를 받게 되는데 농업적으로 중요한 콩과 옥수수 등은 염농도에 민감하며, 벼, 토마토, 목화, 사탕무, 밀, 보리 등은 이들에 비해 비교적 염에 강하다.

2) 내염성(Salt Tolerance)

염의 농도가 높은 토양에서도 적응하여 살 수 있는 식물들은 염조절자(salt regulator)와 염축적자(salt accumulator)의 형태로 나눌 수 있다. 염조절자로 염생식물(hylophyte)들은 흡수한 염분을 뿌리에서 능동적으로 배출하거나, 일단 흡수된 염분이 염선(salt grand)을 통하여 체외로 다량 방출하는 경우이고 염축적자는 토양의 낮은 수분퍼텐셜 조건에서 세포의 수분이 밖으로 유출되지 않고 팽압을 유지하기 위하여 Na+ 이온을 높은 비율로 흡수하는 경우로 이러한 내염성 식물은 고농도의 무기이온이 체내에 축적되어도 이를 액포에 격리하여 저장하고, 세포질의 삼투퍼텐셜을 낮추어주면서 여러 효소들의 활성에는 영향을 주지 않는 글리신(glycine), 베타인(betaine), 소르비톨(sorbitol), 글리세롤, 프롤린, 아스파트산, 글루탐산 등의 삼투조절물질(compatible solutes)을 함유하고 있다.

4. 광 스트레스(Light Stress)

광이 작물의 생육에 스트레스를 주는 것(light stress)은 ① 광질(light quality)과 ② 광도(light intensity)로 나누어 생각할 수 있다. 광질은 파장이 400~700nm인 가시광선은 광합성에 필요하고 자외선(ultra violet, UV)과 같은 파장이 짧은 광은 생육을 억제하며, 파장이 긴 열선은 기온을 상승킨다. 그늘에서는 파장이 긴 반사광만이 비추고, 온실에서는 광이 유리를 통과하는 동안 단파장인 자외선이 흡수되므로 이 두 조건에 있는 작물은 도장하기 쉽다.

광도는 너무 낮거나 너무 높아도 스트레스를 받아 작물이 정상적으로 생육하지 못한다. 그늘에서 자란 작물을 갑자기 강한 광에 노출시키면 잎이 타서 죽는데, 이를 일소(sun burn)라고 한다. 봄에 벼 육묘 시 발아 후 약광에서 녹화시키지 않고 바로 강광의 직사광선에 노출시키면 엽록소가 파괴되어 백화묘로 되어 장해를 받는데 이것은 저온에서는 카로티노이드의 생합성이 억제되어 있는 상황에서 유묘가 갑자기 강한 빛에 노출되면 카로티노이드에 의한 엽록소의 산화를 방지하는 기능이 약하므로 생성되는 엽록소가 광산화를 받아 파괴되었기 때문이다. 그러나 유묘를 약광에서 서서히 녹화시키거나 빛이 강해도 온도가 높으면 카로티노이드가 엽록소를 보호하므로 피해를 거의 받지 않는다. 관엽식물은 적정광도 이상이면 일소(sun burn) 현상을 일으키므로 차광을 해 주어야 한다.

5. 바람 스트레스(풍해, Wind Stress)

바람으로 인한 작품의 피해를 풍해(wind stress)라고 한다. 바람도 상황에 따라서 유리한 점이 있는데 예로 약한 미풍은 증산작용의 촉진으로 무기양분의 흡수와 이동을 촉진하고 잎을 흔들어 광과 이산화탄소를 군락 내부로 잘 들어가게 한다. 그리고 수분촉진, 과도한 지온과 기온을 낮추어 주며 서리피해의 방지, 수확물과 과습 토양의 건조 등의 이점이 있다. 그러나 바람의 해로운 점으로 강풍은 도복을 유발하고 과수의 가지를 손상시키며 낙과를 발생시키는 등 피해를 유발한다. 연풍(풍속 4~6km)은 병균이나 잡초의 씨를 퍼트리며 냉풍은 냉해 유발한다.

1) 풍해의 기구(Mechanism of Wind Damage)

(1) 탈수

강풍 시는 기공이 닫히므로 토양수분이 충분하면 탈수에 의한 피해는 크지 않으나, 벼의 출수 직후에는 영화의 각피층이 발달되지 않아 건조한 강풍이 불면 스트레스를 받아 수정이 안 되고 이삭이 마르는 백수(白穗)가 발생한다.

(2) 기공폐쇄와 광합성 저하

풍속이 빠르면 기공의 공변세포가 탈수되는 속도가 주위 세포에서 물이 이동되는 속도보다 빠르므로 공변세포는 팽압을 잃고 기공이 닫히며, 광합성은 저하된다.

(3) 호흡증가

강풍에 의한 기계적 상처가 증가하면 병원균의 침입이 용이해지며, 세포막의 파괴로 호흡기질과 효소들이 접촉할 기회가 증가하므로 호흡률이 높아지고 기질의 소모가 커지는 상해호흡(wound respiration)이 증가하게 된다.

2) 내풍성(Wind Resistance)

내풍성을 갖추기 위한 재배대책은 도복저항성 품종의 재배, 출수기 조절, 방풍림이나 방풍망 설치, 착과조절, 낙과방지제 살포 등이 있으나, 내풍성에 관한 작물의 생리적 특성에 관한 연구는 추후 필요하다.

6. 환경오염 스트레스(Environmental Pollution Stress)

대기나 수질, 토양 등에 의한 장해를 환경오염장해(environmental pollution stress)라고 한다.

1) 대기오염(Air Pollution Stress)

작물에 생리적 장해를 유발하는 주요 오염물질들은 불화수소(HF), 오존(O_3), 염소(Cl_2)와 에틸렌이다. 이들이 작물생육에 미치는 영향은 크다.

(1) 이산화황과 이산화질소

이산화황(SO_2)과 이산화질소(NO_2)는 기공을 통하여 흡수되는데, SO_2는 기공을 폐쇄하여 더 이상의 SO_2를 흡수할 수 없도록 하여 피해를 줄이지만 CO_2 흡수도 억제되므로 광합성이 감소하는데 세포 내에서 SO_2가 물에 녹으면 아황산(HSO_3), 황산(H_2SO_4), 황산염을 만든다. 아황산과 황산은 수소이온에 의하여 엽록소 분자의 Mg^{2+}을 추출하므로 잎이 황화되고, 광합성이 저하된다. 황산염이 축적되면 칼슘의 이용을 저해하고, 체내 양분의 균형을 파괴한다. 따라서 대량으로 흡수 시 세포 내 pH를 낮추어 장해가 발생된다.

(2) 옥시던트(Oxydants)

오존(O_3)은 자외선에 의해 산소분자가 해리되어 생성된 산소원자(O_2+hv → 2O)가 다른 산소분자와 결합하여 생성되므로 이 오존은 자외선을 흡수하여 생물을 보호하는 기능을 한다. 지상에서는 내연기관에서 연소할 때 발생하는 열에 의하여 공기 중의 질소와 산소가 반응하여 NO_2가 되고, NO_2가 광 에너지를 받아 산소와 결합할 때 오존이 발생한다.

오존은 쉽게 분해되지 않고 반응력이 강하므로 독성이 있는 활성산소로 변하고, 이것이 세포막에 결합하여 지질을 파괴하거나 단백질의 -SH기를 산화하므로 대사작용을 교란시키는데 오존에 대한 작물의 감수성은 목화는 민감하고, 수수가 내성이 크다.

(3) 산성비(Acid rain)

대기오염물질인 SO_2, NO_2, Cl_2, F_2 등이 빗물에 녹으면 pH가 5.6보다 낮아지는데, 이를 산성비(acid rain)라고 한다. 산성비는 대개 황산(H_2SO_4)과 질산(HNO_3)이 약 2:1의 비율로 섞여 있고, 피해는 SO_2, NO_2의 피해와 비슷하지만, 토양도 산성화시킨다. 특히, 토양이 산성화될 경우 토양의 양이온치환용량이 낮아져 토양의 비옥도가 저하된다. 산성비는 잎 표면의 왁스와 칼슘을 비롯하여 칼륨, 마그네슘 등 무기염류를 잎에서 유실시키고, 표피세포와 엽육세포의 생리적 교란을 일으키며, 엽록소 함량은 물론 작물의 생육과 수량을 감소시킨다. 피해가 더 심해지면 잎에 갈색, 황색, 흰색의 괴사 반점이 발생한다. 산성비의 피해는 주로 pH 4.0 이하에서 발생하므로 매년 경운을 하고, 필요할 경우 석회(Ca)를 시용하여 토양을 중화시킴으로써 산성비에 의한 피해를 줄일 수 있다. 경운을 하지 않은 산성토양에서는 토양이 산성화하고, 심할 경우 Al_3^+가 용탈되어 하천이나 호수로 내려가면 어류가 죽는다. 산성비에 대한 저항성은 쌍떡잎 초본식물〈쌍떡잎 목본식물〈외떡잎식물〈침엽수의 순으로 크다.

(4) 미세먼지(Finr Dust)

대기의 분진과 미세먼지 등이 식물에 쌓이면 태양방사량을 줄이거나 잎의 표면이나 기공을 차단하여 광합성이 저하되고 품질이 낮아지는데 선인장과 다육식물의 경우 생육저해는 물론 색소발현을 막아 품질저하가 발생하는 것을 말하는 것으로 최근 화석연료의 과다사용과 자동차 등이 원인으로 자주 발생한다.

2) 토양오염 스트레스(Soil Pollution Stress)

토양오염물질로는 카드뮴(Cd), 구리(Cu), 아연(Zn), 비소(As) 등과 같은 중금속이 큰 비중을 차지하고 있다.

① 카드뮴(Cd)은 주로 제련과정에서 배출되어 하천을 경유하여 경지로 유입되므로 토양이 산성화되면 흡수가 촉진되며, 벼의 경우 쌀〈왕겨〈잎〈줄기〈뿌리 순으로 작아짐. 일반적으로 현미에 함유된 카드뮴은 0.3ppm이지만, 1ppm 이상의 카드뮴이 검출되면 판매 및 이용이 금지되어 있다.

② 구리(Cu)는 일반토양에서는 보통 150ppm 이하이지만, 오염된 지역에서는 500~2,000ppm까지 측정된다. 토양 중 구리함량이 150ppm 이상이 되면 생육 장해를 나타내며, 심하면 고사한다. 산성토양에서 용해가 잘되고, 알카리성 토양에서는 용해가 잘 안 된다.

③ 아연(Zn)은 함량이 200ppm 이상이면 오염되었다고 보며, 밀은 200ppm 이상에서, 벼는 400ppm 이상에서, 채소류는 400~600ppm에서 피해가 나타난다.

④ 비소(As)는 일반토양에서 2~10ppm 정도 함유되어 있으며, 10ppm 이상 함유되면 수량이 감소된다.

3) 수질오염(Water Pollution Stress)

수질오염은 pH, 생물학적 산소요구량(BOD), 화학적 산소요구량(COD), 부유물질(SS), 페놀류, 각종 중금속 함량 등을 기초로 조사하는데 생물학적 산소요구량(biological oxygen demand)은 수중의 오탁 유기물을 호기성 미생물을 이용하여 분해하는 데 소요되는 총산소량(ppm 또는 mg/L)임. 일반적으로 시료를 채취하여 20℃에서 5일간 배양하였을 때 소모되는 산소량으로 나타냄. 수질오염의 전형적인 지표로 1ppm은 매우 깨끗한 상태를 나타내고, 5ppm까지는 농업용수로 사용할 수 있으며, 10ppm 이상이면 불쾌감을 주고 공업용수로도 사용하기 어렵다. 일반적으로 하수도 등의 BOD는 200ppm 정도 된다.

화학적 산소요구량(chemical oxygen demand)은 수중의 전 유기물을 화학적으로 산화하는데 필요한 산소량(ppm 또는 mg/L)으로 수중의 유기물을 간접적으로 측정하는 방법이다. 보통 측정은 2시간이면 가능해서 빠른 분석이 필요할 때 이용한다. 부유물질(SS, suspended solid)는 물에 녹지 않고 수중에 현탁되어 있는 유기물과 무기물을 함유하는 고형물로 보통 공극이 0.1μm 정도 되는 여과지에 여과시켜 통과하지 못하는 물질들을 부유물질로 보며 이들을 충분히 건조시킨 후 측정하여 ppm 또는 mg/L로 표기한다.

수질오염의 주요 문제를 보면 먼저

① 질소의 과잉장해로 도시 근교의 논은 질소함량이 높은 관개수를 사용하기 때문에 피해를 입기 쉬운데 일반적으로 질소가 5ppm 이상으로 과다하면 과번무, 도복, 등숙불량, 병해충 발생 등의 장해를 유발한다.

② 유기물에 의한 토양환원으로 논과 같은 혐기조건에서 유기물은 분해되어 수소, 메탄과 같은 가스, 아세트산이나 뷰티르산(butric acid)과 같은 유기산, 알코올류 등을 생성하며 토양의 산화환원전위를 낮추고, 그에 따라 환원성 유해물질이 생성되어 작물의 수량을 감소시킴. 또한, 철, 망간, 황 등이 환원되어 Fe^{2+}, Mn^{2+}, H_2S 등을 과잉 생성하는데, 이들은 벼의 양분흡수, 체내대사를 저해하여 뿌리의 신장을 억제하고 부패시키며, 중요한 무기양분의 흡수를 방해한다.

7. 작물의 보호와 2차대사산물 (Crop protection and Secondary metabolite)

작물은 각종 재해는 물론 초식동물과 병충해로부터 공격을 당했을 때 2차대사산물(페놀 등)을 분비하여 해충에 먹히거나 병에 감염되지 않도록 보호한다. 때로는 수분매개자와 종자 산포, 동물을 위한 유인제 역할을 하며 경쟁과 공생을 위한 작용제 역할을 한다. 2차대사산물은 테르펜, 페놀화합물, 플라보노이드, 질소함유화합물 등으로 나눈다.

1) 테르펜(Terpene)

테르펜은 생장과 발육을 조절하는 호르몬의 전구물질이나 색소체의 구성원이다. 종류와 구성으로 이소프렌 단위(C5)의 수에 따라 모노테르펜(C10), 세스퀴테르펜(C15), 디테르펜(C20), 트리테르펜(C30), 테트라테르펜(C40) 등으로 분류한다. 예를 들어 콜레스테롤은 알코올기를 갖는 트리페르펜이고 카로티노이드의 일종인 리코펜은 곧은 사슬상의 탄화수소이다. GA는 디테르펜이고 브라시노스테로이드는 트리테르펜에서 유래한다. 카로티노이드는 테트라테르펜이고, ABA는 C15 테르펜이다. 테르펜은 식물을 초식동물로부터 방어한다. 제충국의 피레트로이드(pyrethroid)는 모노테르펜 에스테르로 놀라운 살충 활성을 보인다. 이 것은 환경잔류성이 낮고 포유동물 독성이 없어 상업용 살충제 성분으로 인기가 높다. 정유(essential oil)은 모노테르펜과 세스퀴테르펜으로 페퍼민트, 레몬, 바질, 세이지에서 정유에 함유되어 있고 독특한 냄새의 원인이 된다. 페퍼민트의 모노테르펜은 멘톨이고 레몬의 모노테르펜은 리모넨(limonene)이다. 초식동물에 대항하는 비휘발성 테르펜은 리모노이드(limonoid)로 감귤류의 쓴맛을 내는 트리테르펜(C_{30}) 그룹이다. 초식동물로부터 식물을 방어하는 트리테르펜에는 카르데놀리드와 사포닌이 있다. 디기탈리스에 많은 카르데놀리드는 심장박동을 느리고 강하게 만든다. 사포닌(saponin)은 스테로이드로서 트리테르펜 배당체인데 비누와 같은 성질 때문에 이런 이름이 붙여졌다.

2) 페놀화합물(Phenol Compound)

페놀은 생합성 중간대사물로서의 역할이 크다. 식물체를 자르거나(조직배양의 절편체 등) 스트레스를 주면 생선된다. 폴리페놀은 타닌, 리그닌, 플라보노이드로 분류되는 다양한 천연물질을 통틀어 부르는 이름이다. 분자 구조에 페놀을 닮은 부분이 있을 뿐이지 화학적 성질은 독성이 강한 페놀과 아무 관계가 없다. 폴리페놀은 식물 생리에 중요한 시키미산이라는 중간체를 통해 만들어진다. 시키미산 경로(shikimic acid pathway)는 해당과정과 5탄당인산경로에서 방향족 아미노산인 페닐알라닌, 티로신, 트립토판으로 전환된다. 글리포세이트(glyphosate, 근사미)가 이 방향족 화합물의 합성을 방지하여 옥신이나 단백질의 합성을 차단하는 이행성 제초제이다. 쿠마린과 벤조산이 이 그룹에 속한다. 자외선은 단순 페놀화합물을 활성화시킨다. 토양으로 방출된 페놀화합물은 다른 식물의 생장을 억제할 수 있다. 페닐프로파노이드와 벤조산 유도체는 토양에서 타감작용(allopathy)을 일으키는 페놀화합물이고 제초제 2,4-D도 페놀화합물이다. 리그닌은 고도로 복잡한 거대한 페놀화합물이다. 이 리그닌은 지지와 통도조직을 구성하나 섭식을 저지하고 소화를 어렵게 만든다. 병원체의 생장과 감염을 줄인다. 타닌(tannin)은 초식동물의 섭식을 저지한다. 먹이에 포함된 타닌은 일반적으로 독소이며 섭식퇴치로 소나 사슴과 같은 포유동물은 이를 기피한다. 그러나 포도주의 타닌은 심장병의 위험을 줄인다고 하고 프롤린 단백질은 타닌의 독성을 감소시킨다고 한다.

3) 색과 기능성을 가진 플라보노이드(Flavonoid)

플라보노이드는 $C_6-C_3-C_6$의 탄소 골격을 갖는 식물 색소로 약 2,000종이 알려져 있는데 대표적인 것으로 안토시아닌, 플라본, 이소플라본, 플라보놀이 있다.

① 안토시아닌(anthocyanin)은 동물을 유인하는 유색성 플라보노이드이다. 안토시아닌 계열의 색상발현, 적색과 오렌지색의 펠라르고니딘, 홍자색의 시아니딘, 청자색의 델피니딘, 담홍색의 페오니딘, 자주색의 페튜니딘 등이 있다.

② 플라본(flavone)과 플라보놀(flavonol)은 자외선으로부터 식물을 보호한다. 특별히 자외선 UV-B에서 보호한다.

③ 이소플라보노이드(isoflavonoid)는 광범위한 약리적 작용을 하는데 살충제인 로테논, 많은 피토알렉신(phytoalexin)이 있다.

4) 알칼로이드(Alkaloid)

질소함유화합물인 알칼로이드는 식물보다 동물에 대한 생리적 현상이 강한데 카페인, 니코틴, 모르핀, 코카인 등은 사람에게 기호성과 함께 독성이 있다. 시안(CN)발생 배당체는 독극물인 시안화수소((HCN)를 방출한다. 카사바(Cassava)에는 시안(CN) 발생 배당체가 포함되어 있다. 이들은 갈고 빻고 말리면 제거하거나 분해될 수 있다. 글루코시놀산(glucosinolate)은 휘발성 독소를 방출한다. 유채에 있는 글루코시놀산은 배추, 브로콜리, 무 등에서 냄새와 맛을 내는 성분이기도 하다.

요약(Summary)

인구의 증가와 도시화로 에너지 사용량이 증가하면서 공업화로 인한 환경오염은 불가피한 측면이 있다. 농업도 생산환경이 점점 악화되어 지속가능한 대체농법을 찾기에 이르렀다.

수분의 결핍은 엽의 신장과 광합성을 감소시켜 영양적 발육과 군락의 광합성을 줄여 수량을 감소시킨다. 이러한 감소는 스트레스의 정도에 따라 일차적으로 영향을 받는다. 종실 수량에서 수분스트레스의 시기는 스트레스의 정도 못지않게 중요하다. 화아분화기, 수분과 수정기, 등숙기 동안의 수분스트레스는 종자의 수를 크게 줄일 것이다.

수분이 부족해서 발생하는 건조해(한해)와 수분이 많아서 생기는 습해와 침수해 등이 있다. 일반적으로 건조해는 서서히 광범위하게 발생하고 침수해는 빠르고 급격하게 좁은 면적에 발생한다. 우리나라의 경우 건조해는 5~6월에, 습해는 3~4월에 자주 발생하고 침수해는 장마철과 태풍이 지나가는 7~8월에 주로 발생한다. 건조해를 받으면 작물은 세포생장 감소하여 생체중이 증가하지 않는다.

저온장해로 조직이 생육 적온보다 낮은 온도일 때 받는 냉해와 세포가 동결될 때 일어나는 동해를 비롯한 저온으로 인한 해를 한해(chilling injury)라고 하며, 온도가 생육적온보다 높으면 고온해(열해)가 나타나고 더 높아지면 고사한다.벼의 경우 냉해에는 지연형 냉해, 장해형 냉해 및 병해형 냉해, 혼합형 냉해가 있다.

환경오염은 크게 대기오염, 수질오염, 토양오염으로 크게 나눌 수 있다. 대기오염은 다시 산성비, 가스, 분진 등이 문제가 되는데 오염원에 따라 아황산가스, 불화수소, 오존, 염소계 가스, 암모니아 가스, 최근에는 미세먼지도 광의 차단이나 광합성 억제, 품질 저하 등 악영향을 끼칠 수 있다. 수질오염은 도시오수, 공장폐수, 광산폐수 등에서 주로 발생한다. 토양오염은 대기와 수질오염과 연관되어 발생한다. 그 외에도 비료, 농약, 축산폐기물과 중금속, 방사성물질도 원인 물질이 된다. 근본적으로 오염물질의 발생을 억제하고 이화학적 방법으로 정화처리를 해야 한다. 광역적이고 종합적인 국가 대책이 필요하다. 농업분야에서 단기적으로는 저항성 작물과 품종을 선택하고 장기적으로는 유기농법이나 환경보전형 농업으로의 전환도 고려할 필요가 있다. 작물은 초식동물과 병충해로부터 공격을 당했을 때 2차 대사산물을 분비하여 해충에 먹히거나 병에 감염되지 않도록 보호한다. 때로는 수분매개자와 종자 산포, 동물을 위한 유인제 역할을 하며 경쟁과 공생을 위한 작용제 역할을 한다. 2차대사산물은 테르펜, 페놀화합물, 플라보노이드, 질소함유화합물 등이 있다.

부록(Appendix)

1. 약자일람표(Abbreviation list)

1-MCP (1-methylcyclopropene, 1-메칠 사이클로 프로펜)
2,4,5-T (2,4,5-Trichlorophenoxyacetic acid, 고엽제)
2,4-D (2,4-Dichlorophenoxyacetic acid, 제초제)
ABA (abscisic acid, 앱시스산)
ACC (1-aminocyclopropane-1-carboxylic acid, 1-아미노사이클로프로판-1-카아복실산)
ADP (adenosine diphosphate, 아데노신 이인산)
Amo-1618 (2-chloroethyl) trimethylammonium chloride, ACPC)
Ancymidol (A-Rest, Quel, EL531)
AOA (aminooxyacetic acid, 아미노옥시 아세트산)
ATP (adenosine triphosphate, 아데노신 3인산(에이티피))
AVG (aminoethoxyvinylglycine, 아미노에톡시비닐글리세린)
BA (6-benzyl adenine, 6-benzylaminopurine(BAP))
bar (barometers, atmospheric pressure, 기압)
BMD (Biomass duration, 생물량기간)
BOD (biological oxygen demand, 생물학적 산소요구량)
CA (controlled atmosphere, 가스조절저장(CA저장))
CAM (crassulacean acid metabolism, 캠식물)
CCC (chlorochloline chloride, chlormequat, cycocel)
CEC (cation exchange capacity, 양이온치환용량)
CER (carbon exchange rate, 이산화탄소 교환율)
CGR (Crop growth rate, 작물생장률)
Chlorphonium chloride (Phsphon-D)
COD (chemical oxygen demand, 생물학적 산소요구량)
Daminozide (SADH, B-9, Alar, B-995)
Dicamba (Banvel)
DNA (deoxyribonucleic acid, 디옥시리보핵산)
EDTA (Ethylenediaminetetraacetic acid, 에틸렌디아민사아세트산, 킬레이트제)
EFE (ethylene-forming enzyme, 에틸렌 생성인자)
EL-500 (Cutless, flurprimidol)
ERH (equilibrium relative humidity, 상대습도균형)
ET (evapotranspiration, 증발산량)
Ethephon (Etherel이 상품명인 식물생장억제제)

EU	(European Union, 유럽연합)
FAD	(flavin adenine dinucleotid)
$FADH_2$	(reduced form of FAD, FAD의 환원형)
FAO	(Food and Agriculture Organization of the United Nations, 국제식량농업기구)
GA	(gibberelin, 지베렐린)
GABA	(Gamma-aminobutyric acid, 가바)
GI	(glycaemic index, 글리카믹지수)
GMO	(genetically modified organism, 유전자변형농산물)
Gy	(Gray (unit of irradiation), 그레이(복사의 단위))
HACCP	(hazard analysis and critical control points, 해썹, 위해요소중점관리기준)
IAA	(indole-3-acetic acid)
IBA	(indole-3-butyric acid)
J	(joule (a measure of energy), 주울(에너지 측정단위))
LAD	(Leaf area duration, 엽면적기간)
LAI	(Leaf area index, 엽면적지수)
LAID	(Leaf area index duration, 엽면적지수기간)
LAR	(Leaf area ratio, 엽면적비)
LDP	(long day plant, 장일식불)
M	(concentration of solution related to the molecular weight, 몰(분자무게에 대한 용액의 농도))
MA	(modified atmosphere, 간이가스저장(MA저장))
MAP	(modified-atmosphere packaging, MA저장 포장)
MB	(methyl bromide, 메틸 브로마이드, 훈증제, 살충제)
MH	(maleic hydrazide, 6-hydroxy-3-(2H)-pyridaginone, MH-30, 액아억제제)
mol	(unit of weight related to the molecular weight of a compound, 몰(분자무게에 대한 무게의 단위))
MRL	(maximum residue level, 최대잔류수준)
mRNA	(messenger ribonucleic acid, 전달 리보핵산)
N	(unit of the amount of hydrogen or hydroxide ions in solution, 수소의 양에 해당하는 단위, 노르말)
NAA	(1-naphthaleneacetic acid, 합성 옥신 호르몬)
NAD	(1-naphthaleneacetamide, Rootone, 옥신 호르몬)
NAD^+	(nicotinamide adenine dinucleotide, 니코틴아미드 아데닌 다이뉴클레오티드)
NADH	(reduced form of NAD^+, NAD^+의 환원형)
$NADP^+$	(nicotinamide adenine dinucleotide phosphate, 니코틴아마이드 아데닌 다이뉴클레오타이드 인산)
NADPH	(reduced form of $NADP^+$, $NADP^+$의 환원형)
NAR	(Net assimilation rate, 순동화율)
NIR	(near infra-red, 근적외선)
OPPP	(oxidative pentose phosphate pathway, 산화적 오탄당인산회로)

Pa	(Pascal, unit of pressure), 파스칼(압력의 단위로 1bar는 10^5 Pascal임)
PAR	(photosynthetic active radiation, 광합성유효방사)
PBA	(synthetic cytokinin, 6-(benzylamino)-9-(2-tetrahydropyranyl)-9H-purine)
PBZ	(Paclobutrazol, 파클로부트라졸)
PEP	(Phosphoenolpyruvic acid, 포스포에놀피루브산)
PG	(Polygalacturonase, 폴리갈락투로네이즈(효소))
PGA	(Phosphoglyceric acid)
PGR	(plant growth regulator, 식물생장조절물질)
pH	(log value of hydrogen ion concentration, 수소이온 농도의 마이너스 로그 값)
Pi	(inorganic phosphate, 무기인산)
PP333	(Paclobutrazol, Bonzi)
ppb	(parts per billion, 10억분의 1)
PPFD	(photosynthetic photon flux density, 광합성광양자속밀도)
ppm	(parts per million, 100만분의 1)
PQ	(plastoquinone, 플라스토퀴논)
Q10	(temperature quotient(10℃), 온도계수(10℃))
RGR	(Relative growth rate, 상대생장률)
RH	(relative humodity, 상대습도)
Rubisco	(Ribulose-1,5-bisphosphate carboxylase/oxygenase의 약자)
RuBP	(Ribulose 1,5 bisphosphate, RuDP)
SAM	(S-adenosyl-methionine, S-아데노실-메티오닌)
SDP	(short day plant, 단일식물)
SLA	(Specific leaf area, 비엽면적)
SLW	(Specific leaf weight, 비엽중)
SOPP	(sodium ortho-phenylphenate, 소디움 오르토-페닐페네이트)
STS	(silver thiosulphate, 은황산용액)
TBZ	(thiabendazole, 티아벤다졸)
TCA	(tricarboxylic acid, 트리카아복실산)
Uniconazole	(Sumiseven, 유니코나졸)
UV	(ultraviolet, 자외선)
v/v	(volume per volume, 부피 대 부피의 비율)
VP	(vapour pressure, 증기압)
VPD	(vapour pressure deficit, 증기압차)
w/v	(weight per volume, 부피 대 무게의 비율 즉, g/ml)
WHO	(World Health Organization, 세계보건기구)
WUE	(water use efficiency, 수분이용효율)

2. 단위환산표(International System of Unit, SI)

1) 기본단위 및 보조단위

양(量)	단위의 명칭	단위의 기호
길이	미터	m
질량	킬로그램	kg
시간	초	s
전류	암페어	A
온도	캘빈	K

양(量)	단위의 명칭	단위의 기호
광도	칸데라	cd
물질의 양	몰	mol(Avogadro 수)
보조단위		
평면각	라디안	rad
입체각	스테라디안	sr

2) 단위/접두어

항목	명 칭	기 호	곱할 인자
접두어	테라(tera)	T	10^{12} = 1000 000 000 000
	기가(giga)	G	10^{9} = 1000 000 000
	메가(mega)	M	10^{6} = 1000 000
	킬로(kilo)	k	10^{3} = 1000
	헥토(hecto)	h	10^{2} = 100 (권장하지 않음)
	데카(deka)	da	10^{1} = 10 (권장하지 않음)
	데시(deci)	d	10^{-1} = 0.1 (권장하지 않음)
	센티(centi)	c	10^{-2} = 0.01 (권장하지 않음)
	밀리(milli)	m	10^{-3} = 0.001
	마이크로(micro)	μ	10^{-6} = 0.000 001
	나노(nano)	n	10^{-9} = 0.000 000 001
	피코(pico)	p	10^{-12} = 0.000 000 000 001
권장하지 않는 유사단위	미크론(micron)	$\mu = \mu m$	10^{-6} = 0.000 001 마이크로미터≒미크론
	옹스트롬(angstrom)	Å	10^{-9} = 0.000 000 01
	밀리미크론(milimicron)	mμ	10^{-9} = 0.000 000 001

3) 길이(Length)

미터법(Meter Units)			야드 및 파운드법(British or U.S. Units)			
센티미터 (Cenetimeter)	미터 (Meter)	킬로미터 (Kilometer)	인치 (Inch)	피이트 (Feet)	야드 (Yard)	마일 (Mile)
1	0.01	0.00001	0.3937	0.03281	0.01094	0.000006
100	1	0.001	39.37	3.2808	1.0936	0.00062
100,000	1,000	1	39370.7	3280.8	1093.6	0.62137
2.54	0.0254	0.000025	1	0.08333	0.02777	0.000015
30.48	0.3048	0.000304	12	1	0.333	0.000189
91.44	0.9144	0.000914	36	3	1	0.000568
160,930	1,609.3	1.6093	63360	5280	1760	1

4) 부피(Capacity)

미터법(Meter Units)			야드 및 파운드법(British or U.S. Units)			
밀리리터 (Mililiter)	리터 (Liter)	킬로리터 (Kiloliter)	입방야드 (Cub. Yard)	붓셸 (Bushel)	파인트 (Pint)	갈론 (Gallon)
1	0.001	0.000001	0.000001	0.000028	0.002133	0.000264
1,000	1	0.001	0.001308	0.028378	2.113423	0.264177
1,000,000	1,000	1	1.30796	28.378	2113.42	264.177
764,529.8	764.53	0.76453	1	21.7013	0.001631	201.97
35,238.32	35.2383	0.035238	0.04608	1	74.4768	9.3096
473.18	0.47318	0.000473	0.000619	0.13427	1	0.125
3,785.4	3.7854	0.00378	0.004951	0.10742	8	1

5) 면적(Area)

미터법(Meter Units)				야드법(U.S. Units)		척관법(Korean Units)		
평방미터 (Square meter)	아르 (Are)	헥타아르 (Hectare)	평방킬로미터 (Sq. Kilometer)	평방야드 (Sq. Yard)	에이커 (Acre)	평 (Pyeong)	단보 (Dan bo)	정보 (Jeongbo)
1	0.01	0.0001	0.000001	1.1968	0.000247	0.3025	0.001008	0.0001
100	1	0.01	0.0001	119.68	0.024711	30.25	0.10083	0.01008
10,000	100	1	0.01	11968	2.4711	3025	10.083	1.0083
1,000,000	10,000	100	1	196800	247.11	302500	1008.3	100.83
0.83613	0.008361	0.000084	…	1	0.000207	0.25293	0.000843	0.000084
4045.8	40.468	0.40468	0.004047	4840	1	1224.2	4.0806	0.40806
3.3058	0.033058	0.000331	0.000003	3.9537	0.000817	1	0.003333	0.000333
991.74	9.9174	0.099174	0.000992	1186.1	0.24506	300	1	0.1
9197.4	99.174	0.99174	0.00992	11861	2.4506	3000	10	1

6) 무게(Weight)

미터법(Meter Units)			파운드법(U.S. Units)	척관법(Korean Units)	
그램(Gram)	킬로그램(Kilo Gram)	톤(Ton)	파운드(Pound)	근(Geun)	관(Gwan)
1	0.001	0.000001	0.0022	0.00166	0.000266
1000	1	0.001	2.20459	1.66666	0.26666
1000000	1000	1	2204.59	1666.66	266.666
453.592	0.45359	0.000454	1	0.756	0.12096
600	0.6	0.0006	1.32279	1	0.16
3750	3.75	0.00375	8.2672	6.25	1

7) 섭씨와 화씨 온도변환표

℃ ⟶ ℉		℉ ⟶ ℃	
−30	−22	−40	−40
−20	−4	−20	−28.9
−15	5 −10	−23.3	
−10	14	0	−17.8
−5	23	10	−12.2
−3	26.6	20	−6.7
−1	30.2	30	−1.1
0	32	32	0
1	33.8	40	4.4
3	37.4	45	7.2
5	41	50	10.0
10	50	55	12.8
15	59	60	15.6
20	68	65	18.3
25	77	70	21.1
30	86	75	23.9
35	95	80	26.7
40	104	85	29.4
45	113	90	32.2
50	122	100	37.8
60	140	150	65.6
70	158	200	93.3
80	176	212	100
90	194	250	121.1
100	212	300	148.9
110	230	400	207.4
120	248	500	260.0

* 계단식은 온도 ℃=5/9(℉−32), F = 9/5(℃+32)

8) 그리스문자

번호	호칭	대문자	소문자
①	알파	A	α
②	베타	B	β
③	감마	Γ	γ
④	델타	Δ	δ
⑤	입실론	E	ε
⑥	제타	Z	ζ
⑦	이타	H	η
⑧	쎄타	Θ	θ
⑨	이오타	I	ι
⑩	카파	K	κ
⑪	람다	Λ	λ
⑫	뮤−	M	μ
⑬	뉴−	N	ν
⑭	크사이	Ξ	ξ
⑮	오미크론	O	o
⑯	파이	Π	π
⑰	로−	P	ρ
⑱	시그마	Σ	σ
⑲	타우	T	τ
⑳	입시론	Υ	υ
㉑	화이	Φ	φ
㉒	카이	X	χ
㉓	프사이	Ψ	ψ
㉔	오메가	Ω	ω

9) 고유명칭을 가진 조립단위

양(量)	단위의 명칭	단위기호 정의
광속	루우멘	lm = cd·sr
효소활성	카탈(katal)	kat = mol/m^3
동력(일률)	와트	W = J/s
방사능	베크렐	Bq = 1/s
속도	초당미터	V = m/s
압력(응력)	파스칼	Pa = N/m^2
에너지(일, 열)	주울	J = N·m
자속	웨버	Wb = V·s

양(量)	단위의 명칭	단위기호 정의
자속밀도	테스라	T = Wb/m^2
전기저항	오옴	Ω = V/A
전기전도도	지멘스	S = 1/Ω
전압(전위)	볼트	V = J/C = W/A
전하(전기량)	쿨롱	C = A·s = J/V
조도	럭스	lx(lux) = lm/m^2
주파수(진동수)	헤르츠	Hz = 1/s
힘	뉴우톤	N = kg·m/s^2 = J/m

10) 물질의 비중, 비열, 열전도율

항목	물질 상태	분자식	온도(℃)	비중 (kg/m³)	비열 (kcal/kg℃)	열전도율 (kcal/mh℃)
기체	공기	혼합물	0	1.251	0.240	0.0207
	공기	혼합물	20	1.166	0.240	0.0221
	포화수증기	혼합물	100	0.598	0.501	0.0207
	탄산가스	CO_2	0	1.912	0.198	0.0125
	산소	O_2	0	1.382	0.219	0.0197
	수소	H_2	0	0.0869	3.39	0.144
	질소	N_2	20	1.2507	0.297	–
액체	물	H_2O	0	999.9	1.008	0.476
	물	H_2O	20	998.2	0.999	0.511
	물	H_2O	100	958.4	1.007	0.586
고체	철	Fe	20	7270	0.10	41.0
	유리판	–	20	2700	0.20	0.65
	얼음	H_2O	0	920	0.48	1.90
	흙(일반)	혼합물	20	2000	0.44	0.45

11) 물의 밀도와 비용적

온도(℃)	밀도(kg/l)	체적(l/kg)
–10	0.99815	1.00185
–5	0.99930	1.00070
0	0.99987	1.00013
4	1.00000	1.00000
5	0.99999	1.00001
10	0.99973	1.00027
15	0.99913	1.00087
20	0.99823	1.00177
30	0.99507	1.00435
50	0.98807	1.01207
70	0.97781	1.02260
100	0.95840	1.04340

3. 참고문헌(Reference)

– A –

Abdul–Baki A.A. and J.D. Anderson. 1970. Crop Sci. 10:31–35.
Abeles F.B. 1972. Annu. Rev. Plant Physiol. 23:259–292.
Abeles F.B. 1973. Ethylene in Plant Biology. New York : Academic Press.
Aboulroos S.A. and N.E. Nielsen. 1979. Acta Agric. Scand. 29:326–336.
Abu–Shakra S.S. and T.M. Ching. 1967. Crop Sci. 7:115–117.
Acevedo E.E., Fereres T.C. Hsiao, and D.W. Henderson. 1979. Plant Physiol. 64:476–480.
Ackerson R.C. and D.R. Krieg. 1977. Plant Physiol. 60:850–853.
Addicott F.T. and J.L. Lyon. 1969. Annu. Rev. Plant Physiol. 20:139–164.
Albrecht S.L. and M.H. Gaskins. 1982. Univ. Florida–USDA. Unpublished report.
Albrecht S.L., J.M. Bennett and K.H. Quesenberry. 1981a. Plant Soil 60:309–315.
Albrecht S.L., Y. Okon J. Lonnquist, and R.H. Burris. 1981b. Crop Sci. 21:301–306.
Aldous O.E. and J.E. Kaufmann. 1979. Agron. J. 71:545–547.
Alexander M. 1961. Introduction to Soil Microbiology. New York: Wiley.
Ali A.A. and R.A. Fletcher. 1971. Can. J. Bot. 49:1727–1731.
Allaway W.H. 1968. In Advances in Agronomy. vol. 20. ed. A.G. Norman. New York: Academic Press.
Allen O.N. 1973. In Forages. 3rd eD.M.E. Heath et al. Ames: Iowa State University Press.
Alqrecht, K.A., E.A. Oelke, and M.L. Brenner. 1979. Crop Sci. 19:671–676.
Amen R. 1963. Am. Sci. 51:408–424.
Amen R. 1968. Bot. Rev. 34:1–31.
Anderson J.M. 1975. Biochem. Biophys. Acta 416:191–235.
Anslow R.C. 1962. J. Br. Grassl. Soc. 17:260–263.
Arber A. 1934. The Gramineae: A Study of Cereals, Bamboo, and Grass. New York: Macmillan.
Arnon D.I. and P.R. Stout. 1939. Plant Physiol. 14:371–375.
Arnon I. 1974. Mineral Nutrition of Maize. Bern–Warblaufen: International Potash Institute.
Aspinall D. and L.G. Paleg. 1963. Bot. Gaz. 124:429–437.
Aspinall D. 1961. Aust. J. Biol. Sci. 14:493–505.
Audus L.J. 1972. Plant Growth Substances. London: Leonard Hill.
Aung L.H., A.A. De Hertogh, and G. Staby. 1969. Plant Physiol. 44:403–406.
Austin R.B., C.L. Morgan, M.A. Ford, and R.D. Blackwell. 1980. Ann. Bot. 44:309–319.

– B –

Bailey K.M., I.D.J. Phillips, and D. Pitt. 1976. J. Exp. Bot. 27:324–336
Baldovinos G. 1953. In Growth and Differentiation in Plants, ed. W.E. Loomis. Ames: Iowa State College Press.
Balegh S.E. and O. Biddulph. 1970. Plant Physiol. 46:1–5.
Baligar V.E., V.E. Nash, M.L. Hare, and J.A. Price, Jr. 1975. Agron. J. 67:842–844.
Bange G.G.J. 1953. Acta Bot. Need. 2:255–297.
Barber S.A. 1978. Agron. J. 70:457–461.
Barber S.A. and R.A. Olson. 1968. In Changing Patterns in Fertilizer Use. ed. L. B. Nelson et al. Madison, Wis.: Soil Science Society.
Barley K.P. 1970. In Advances in Agronomy, vol. 22, ed. N.C. Brady. New York and London: Academic Press.
Bassham J.A. and M. Calvin. 1957. The Path of Carbon in Photosynthesis. Englewood Cliffs, N.J.: Prentice–Hall.
Bauer M.E., J.W. Pendleton, J.E. Beuerlein, and S. R. Ghorashy. 1976. Agron. J. 68:709–711.
Beatty D. 1982. AGR 240–214. Murray State University.
Beaty E.R., J.D. Powell, and R.M. Lawrence. 1970. Agron. J. 62:363–365.
Becquerel. M.P. 1934. C.R. Acad. Sci. [Paris] 199:1662–1664.
Begg J.E. and N.C. Turner. 1976. Adv. Agron. 28:161–217.
Belikov I.F. and L.I. Pirskii. 1966. Sov. Plant Physiol. 13:361–364.
Bell F. and P.S. Nutman. 1971. Plant Soil Spec. VoL. pp. 231–234.
Benemann J.R. and R.C. Valentine. 1972. Adv. Microbiol. Physiol. 8:59–104.
Bergersen F.J. 1971. Annu. Rev. Plant Physiol. 22:121–140.
Bertrand A.R. and H. Kohnke. 1957. Soil Sci. Soc. Am. Proc. 21:135–140.
Best R. 1962. NetH.J. Agric. Sci. 10:347–353.
Bewley J.D. and M. Black. 1978. Physiology and Biochemistry of Seeds in Relation to Germination. vol. 1. New York: Springer–Verlag.
Bidinger F., R.B. Musgrave, and R.A. Fischer. 1977. Nature 270:431–433.
Bjorkman O. 1971. In Photosynthesis and Photorespiration. eD.M.D. Hatch et al. New York: Wiley.
Black J.N. 1956. Aust. J. Agric. Res. 7:98–109.
Black J.N. 1959. Aust. J. Agric. Res. 8:1–14.
Black M. and H.M. Naylor. 1959. Nature 184:468–469.
Blackman F.F. 1905. Ann. Bot. 19:281–295.
Blackman G.E. and G.L. Wilson. 1951. Ann. Bot. n.s. 15:373–409.
Blackman V.H. 1919. Ann. Bot. 33:353–360.
Bleasdale J.K.A. 1973. Plant Physiology in Relation to Horticulture. Westport, Conn.: AVI.
Blevins D.G., A.J. Hiatt, R.H. Lowe, and J.E. Leggett. 1978. Agron. J. 70:393–396.
Bloor W.R. 1928. Chem. Rev. 2:243–300.
Boatwright G.O. and H. Ferguson. 1967. Agron. J. 59:299–302.
Bohm W., H. Maduakor, and H.M. Taylor. 1977. Agron. J. 69:415–419.
Bond G. 1951. Ann. Bot. n.s. 15:95–108.
Bond G. 1974. In The Biology of Nitrogen Fixation. ed. A. Quispei. Amsterdam, Oxford: North–Holland.
Bonner J. and J.E. Varner. eds. 1965. Plant Biochemistry. New York: Academic Press.
Bonner J. and J.E. Varner. 1965. Plant Biochemistry. New York: Academic Press.
Borriss H. 1949. Jahrb. Wiss. Bot. 89:254–339.
Borriss H. 1967. In Physiologie, Okologie, und Biochemie der Keimung. 1., ed. H. Borriss. Greifswald: Ernst–Moritz–Arndt Universitat.
Borthwick H.A. and M. W. Parker. 1938. Bot. Gaz. 99:825–839.
Borthwick H.A., M.W. Parker, and P.H. Heinze. 1941. Bot. Gaz. 102:792–800.
Borthwick H.A., S.B. Hendricks, and M.W. Parker. 1956. In Radiation Biology, vol. 3, ed. A. Hollaendar. New York: McGraw–Hill.
Borthwick H.A., S.B. Hendricks, E.H. Toole, and V.K. Toole. 1954. Bot. Gaz. 115:205–225.
Borthwick H.A., S.B. Hendricks, M.W. Parker, E. H. Toole, and V.K. Toole. 1952. Proc. Natl. Acad. Sci. 38:662–666.
Bouma D. 1967. Aust. J. Biol. Sci. 20:613–621.
Bouton J.H., R.L. Smith, S.C. Schank, G.W. Burton, M.E. Tyler, R.C. Littell, R.N. Gallaher, and K.H. Quesenberry. 1979. Crop Sci. 19:12:16.
Bowen J.E. and P. Nissen. 1976. Plant Physiol. 57:353–357.
Boyer J.S. 1968. Plant Physiol. 43:1056–1062.
Boyer J.S. 1970. Plant Physiol. 46:233–235.
Boyer T.C., A.B. Carlton, C.M. Johnson, and P.R. Stout. 1954. Plant Physiol. 29:526–532.
Brewbaker J.L. 1959. Indian J. Genet. Plant Breed. 19:121–133.
Brewbaker J.L. and S.K. Majumder. 1961. Am. J. Bot. 48:457–464.
Brian P.W. 1958. Nature 181:1122–1123.

Brian P.W. and H.G. Henning. 1961. Nature 183:74.
Briggs G.E., F. Kidd, and C. West. 1920. Ann. Appl. Biol. 7:103-123.
Briggs I.J. and H.L. Shantz. 1916. J. Agric. Res. 5:583-651.
Brill W.J. 1974. In The Biology of Nitrogen Fixation. ed. A. Quispel. Amsterdam. Oxford: North-Holland.
Brill W.J. 1980. In The Biology of Crop Production. ed. P.S. Carlson. New York: Academic Press.
Brougham R.W. 1956. Aust. J. Agric. Res. 7:377-387.
Brouwer R. 1966. 1n The Growth of Cereals and Grasses. ed. J.D. Ivins and F.L. Milthorpe. London: Butterworth.
Brown J.C. 1961. Adv. Agron. 13:329-369.
Brown J.C. 1977. Agron. J. 69:399-404.
Brown J.C. and J.H. Graham. 1978. Agron. J. 70:367-373.
Brown J.C. and W.E. Jones. 1975. Agron. J. 67:468-472.
Brown R.H. and R.E. Simmons. 1979. Crop Sci. 19:375-379.
Brownell P.F. 1965. Plant Physiol. 40:460-468.
Brownell P.F. and C.J. Crossland. 1975. Plant Physiol. 49:794-797.
Buchanan R.E. and N.E. Gibbons. 1974. Bergey's Manual of Determinate Bacteriology. 8th ed. Baltimore: Williams and Wilkins.
Bunting A.H. and D.S.H. Drennan. 1966. In The Growth of Cereals and Grasses. ed. J.D. Ivins and F.L. Milthorpe. London: Butterworth.
Buresh R.J., M.E. Casselman, and W.H. Patrick, Jr. 1980. Adv. Agron. 33:149-192.
Burg S.P. and E.A. Burg. 1966. Science 152:1269.
Burg S.P. 1962. Annu. Rev. Plant Physiol. 13:265-302.
Burg S.P. A.O. Apelbaum, W. Eisinger, and B.G. Kang. 1971. Hort. Sci. 6:359-364.
Burriss J.S., O.T. Edge, and A.H. Wahab. 1973. Crop Sci. 13:207-210.

- C -

Caldwell B.E. and G. Vest. 1968. Crop Sci. 8:680
Caldwell B.E., K. Hinson, and H.W. Johnson. 1966. Crop Sci. 6:495-496.
Canny M.J. 1960. Biol. Rev. 35:507-532.
Canny M.J. 1973. Phloem Translocation. London and New York: Cambridge University Press.
Carlson G.E. 1966. Crop Sci. 6:419-422.
Carnaham J.H., L.E. Mortenson, N.F. Mower, and J.E. Castle. 1960. Biochem. Biophys. Acta 39:188-189.
Carr D.J. and K. G.M. Skene. 1961. Aust. J. Biol. Sci. 14:1-12.
Carr D.J. ed. 1972. The Plant Growth Substances. 1970. Berlin: Springer-Verlag.
Cartwright B. and E.G. Halls worth. 1970. Plant Soil 33:685-698.
Cathy H.M. 1964. Annu. Rev. Plant Physiol. 15:271-302.
Chailakhyan M.K.H. 1936. Proc. Acad. Sci. USSR [Dokl.] 3:433-437.
Chaney R.L., J.C. Brown, and L.O. Tiffin. 1972. Plant Physiol. 50:208-213.
Chapman H.D. 1966. Diagnostic Criteria for Plants and Soils. Berkeley: University of California, Division of Agricultural Science.
Chapman M.A. and J. Keay. 1971. Aust. J. Exp. Agric. Anim. Husb. 11:223-228.
Ching T.M. and W.H. Foote. 1961. Agron. J. 53:183-186.
Ching T.M., M.C. Parker, and D.D. Hill. 1959. Agron. J. 51:680-684.
Chlor M.A. 1969. Nature 214:1263-1264.
Christ R.A. 1978. J. Exp. Bot. 29:603-610.
Claassen M.M. and R.H. Shaw. 1970. Agron. J. 62:652-655.
Clark L.E., J.W. Collier, and R. Langston. 1968. Crop Sci. 8:155-158.
Clark B.E. and N.H. Peck. 1968. N.Y. Agric. Exp. Stn. Bull. 819.
Clark H.E. and K.R. Kerns. 1942. Science 95:536-537.
Clowes F.A.L. 1969. In Root Growth. ed. W.J. Whittington. London: Butterworth.
Clowes F.A.L. 1978. Ann. Bot. n.s. 42:801-806.
Cocucci S. and M. Cocucci. 1977. Plant Sci. Lett. 10:85-95.
Cohen E., Y. Okon, J. Kigel, I. Nur, and Y. Henis. 1980. Plant Physiol. 66:746-749.
Collins G.B., W.E. Vian, and G.C. Phillips. 1978. Crop Sci. 18:286-288.
Cooper J.P. 1950. J. Br. Grassl. Soc. 5:105-112.
Cooper R. 1980. In Solid Seeded Soybeans-Systems for Success. American Soybean Association.
Copeland L.O. 1967. Principles of Seed Science and Technology. Minneapolis: Burgess.
Cormack R.G.H. 1962. Bot. Rev. 28:446-464.
Cornforth J.W., B.V. Milborrow, G. Ryback, and P.F. Wareing. 1965. Nature 204: 1269-1270.
Cowett E.R. and M.A. Sprague. 1962. Agron. J. 54:294-297.
Cram W.J. 1973. Aust. J. Biol. Sci. 26:757-779.
Crapo N.L. and H.J. Ketellapper. 1981. Am. J. Bot. 68:10-16.
Crocker W. 1906. Bot. Gaz. 42:265-291.
Crookston R.K., D.R. Hicks, and G.R. Miller. 1976. Crops Soils. 28:7-11.
Crosbie T.M. and J.J. Mock. 1981. Crop Sci. 21:255-259.
Crosbie T.M. J.J. Mock, and R.B. Pearce. 1977. Crop Sci. 17:511-514.
Cross H.Z. and M.S. Zuber. 1973. Agron. J. 65:71-74.
Cumming B.G. 1959. Nature 184:1044-1045.
Curtis P.E., W.L. Ogren, and I.R.H. Hageman. 1969. Crop Sci. 9:323-327.

- D -

Danielson H.R. and V.K. Toole. 1976. Crop Sci. 16:317-320.
Daubert B.F. 1950. In Soybeans and Soybean Products. ed. K.S. Markley. New York: Interscience.
Davidson J.L. and F.L. Milthorpe. 1966. Ann. Bot. n.s. 30:185-198.
Davis L.A. 1968. Ph.D. diss., University of California, Davis.
Davis R.B. and E.C.A. Runge. 1969. Agron. J. 61:518-521.
Daynard T.B., J.W. Tanner, and D.J. Hume. 1969. Crop Sci. 9:831-834.
De Roo H.C. 1969. In Root Growth , ed. W. J. Whittington. London: Butterworth.
de Wit C.T. 1965. Versl. Landbouwkd. Onderz. Ned. 663.
Deckard. E.L. and R.H. Busch. 1978. Crop Sci. 18:289-293.
Denmead O.T. and R.H. Shaw. 1962. Agron. J. 54:385-390.
Dexter S.T. 1955. Agron. J. 47:357-361.
Dibb D.W. and L.F. Welch. 1976. Agron. J. 68:89-94.
Dixon R.A. and J.R. Postgatc. 1972. Nature 237:102-103.
Dobereiner J. and J.M. Day. 1976. In Proc. Int. Symp. Nitrogen Fixation I. ed. W.E. Newton and C.J. Nyman. Pullman: Washington State University Press.
Donald C.M. 1963. Adv. Agron. 15:11-18.
Donald C.M. and J. Hamblin. 1976. Adv. Agron. 28:361-405.
Dorffling K. 1972. In Hormonal Regulation in Plant Growth and Development. ed. H. Kaldewey and Y. Vardar. Weinheim: Verlag Chemie.
Dornhoff G.M. and R.M. Shibles. 1970. Crop Sci. 10:42-45.
Downes R.W. 1969. Planta 88:261-273.
Downs R.J. 1956. Plant Physiol. 31:279-284.
Downton W.J.S. 1971. In Photosynthesis and Photorespiration. eD.M.D. Hatch et al. New York: Wiley.
Dudley J.W. and R.J. Lambert. 1969. Crop Sci. 9:179-181.
Duncan W.G., D.E. McCloud, R.I. McGraw, and K.J. Boote. 1978. Crop Sci. 18:1015-1020.
Duncan W.D. 1975. In Crop Physiology. ed. L.T. Evans. London: Cambridge University Press.
Duncan W.G. 1958. Agron. J. 50:82-84.
Duncan W.G. 1969. In Physiological Aspects of Crop Yield. ed. J.D. Eastin et al. Madison, Wis.: American Society of Agronomy.
Duncan W.G. 1971. Crop Sci. 11:482-485.
Duncan W.G. 1981. Personal communication.
Duncan W.G. and A.J. Ohlrogge. 1958. Agron. J. 50:605-608.
Duncan W.G. D.E. McCloud, R.L. McGraw, and K.J. Boote. 1978. Crop Sci. 18: 1015-1020.
Duncan W.G. R.S. Loomis, W.A. Williams, and R.A. Hanau. 1967. Hilgardia 38:181-205

- E -

Early E.B. and E.E. DeTurk. 1948. Proc. Am. Seed Trade Assoc. Chic., pp. 84-95.

Eastin J.A. 1969. Proc. 24th Annu. Corn Sorghum Res. Conf. Washington, D.C.: American Seed Association.
Eddings J.L. and A.L. Brown. 1967. Plant Physiol. 42:15-19.
Edwards J.H. and S.A. Barber. 1976. Agron. J. 68:17-19.
Egli D.B., J.E. Leggett, and W.G. Duncan. 1978. Agron. J. 70:43-47.
Elawad S.H., G.J. Gascho, and J.J. Street. 1982. Agron. J. 74:481-484.
Elkins D.M., G. Hamilton, C.K.Y. Chan, M. at Briskovich, and J.W. Vandeventer. 1976. Agron. J. 68:513-517.
Elston J.A., J. Karamanos, A.H. Kassam, and R.M. Wadsworth. 1976. Philos. Trans. R. Soc. Lond. [B] 273:581-591.
Emerich D.W. and H.J. Evans. 1980. In Biochemical and Photosynthetic Aspects of Energy Production, ed. A. San Pietro. New York: Academic Press.
Eplee R.E. 1975. Weed Sci. 23:433-436.
Epstein E. 1972. Mineral Nutrition of Plants: Principles and Perspectives. New York: Wiley.
Escalada J.A. and D. Smith. 1972. Crop Sci. 12:745-749.
Eschbach J.M. 1980. Oleagineux 35:291-294.
Etter A.G. 1951. Mo. Bot. Gard. Annu. 38:293-375.
Evans C. 1972. The Quantitative Analysis of Plant Growth. Berkeley and Los Angeles: University of California Press.
Evans H.J. and G.J. Sorger. 1966. Annu. Rev. Plant Physiol. 17:47-76.
Evans L.T. 1966. Science 151:107-108.
Evans L.T. 1969. The Induction of Flowering: Some Case Histories. Ithaca, N.Y.: Cornell University Press.
Evans L.T. 1975. In Crop Physiology, ed. L.T. Evans. London: Cambridge University Press.
Evans L.T. and I.F. Wardlaw. 1976. Adv. Agron. 28:301-359.
Evans L.T. and R.C. Dunstone. 1970. Aust. J. Biol. Sci. 23:725-741.
Evans L.T., I.F. Wardlaw, and R.A. Fisher. 1975. In Crop Physiology, ed. L.T. Evans. London: Cambridge University Press.
Evans L.T., R.L. Dunstone, H.M. Rawson, and R.F. Williams. 1970. Aust. J. Biol. Sci. 23:743-752.
Evenari M. 1949. Bot. Rev. 15:153-194.

- F -

Farley R.F. and A.P. Draycott. 1975. J. Sci. Food Agric. 26:385-392.
Fehr W.R. and A.H. Probst. 1971. Crop Sci. ll:865-867.
Fehrenbacher J.B., B.W. Ray, and J.D. Alexander. 1969. Crops Soils 21:14-18.
Fehr E.R. and C.E. Caviness. 1979. Iowa state univ. special Refort 87:1-12.
Fenton R., T.A. Mansfield, and R.G. Jarvis. 1982. In Chemical Manipulation of Crop Growth and Development, ed. J.S. McLaren. London: Butterworth.
Fernqvist I. 1966. Lantbrukshogskol. Ann. 32:109-244.
Fisher J.D., D. Hanson, and T.K. Hodges. 1970. Plant Physiol. 46:812-814.
Fisher J.E. 1962. Can. J. Bot. 41:871-873.
Fisher R.A. 1920. Ann. Appl. Biol. 7:367-372.
Flint L.H. and E.D. McAlister. 1937. Smithson. Misc. Collect. 96:1-8.
Forde S.C. 1976. Trop. Agric. 54:273-279.
Fox R.L. 1976. Agron. J. 68:891-896.
Foy C.D. P.W. Voigt, and J.W. Schwartz. 1977. Agron. J. 69:491-496.
Fred E.B., I.L. Baldwyn, and E. MacCoy. 1932. Root Nodule Bacteria and Leguminous Plants. Madison: University of Wisconsin Press.
Frey K.J. and S.C. 1957b. Proc. Iowa Acad. Sci. 64:160-167.
Frey K.J. and S.C. Wiggans. 1957a. Agron. J. 49:48-50.
Friend D.J.C. 1966. In The Growth of Cereals and Grasses, ed. J.D. Ivins and F.L. Milthorpe. London: Butterworth.
Fuehring H.D. 1969. Agron. J. 61:591-594.
Fukui. H.N., F.G. Teubner, S.H. Wittwer, and H.M. Sell. 1958. Plant Physiol. 33:144-146.

- G -

Gaastra P. 1963. In Environmental Control of Plant Growth, ed. L.T. Evans. New York: Academic Press.
Gadd I. 1955. Proc. Int. Seed Test. Assoc. 23:41.
Gaines T.P. and S.C. Phatak. 1982. Agron. J. 74:415-418.
Gallaher R.N., D.A. Ashley, and R.H. Brown. 1975. Crop Sci. 15:55-59.
Galston A.W. 1947. Am. J. Bot. 34:356-360.
Gardner F.P. 1980. Western Ill. Univ. Annu. Rep., unpublished.
Gardner F.P. and J.W. Reeves. 1980. Abstr. Ill. State Acad. Sci.
Gardner F.P. and M.J. Kasperbauer. 1961. Iowa State J. Sci. 35:311-318.
Gardner F.P. and W.E. Loomis. 1953. Plant Physiol. 28:201-217.
Garner W.W. and H.A. Allard. 1920. J. Agric. Res. 18:553-606.
Garner W.W. and H.A. Allard. 1923. J. Agric. Res. 23:871-920.
Garner W.W. and H.A. Allard. 1925. J. Agric. Res. 31:555-566.
Gauch H.G. 1972. Inorganic Plant Nutrition. Stroudsburg, Pa.: Dowden, Hutchinson and Ross.
Geisler G. 1967. Plant Physiol. 42:305-307.
Gersani M., S.H. Lips, and T. Sachs. 1980. J. Exp. Bot. 31:177-184.
Giaquinta R.T. 1980. Biochem. Plants 3:271-320.
Gibson A.H. 1977. CSIRO Div. Plant Ind. Annu. Rep., pp. 33-39.
Gifford R.M. and L.T. Evans. 1981. Annu. Rev. Plant Physiol. 32:485-509.
Goldsworthy A. 1970. Bot. Rev. 36:321-340.
Goodin J.R. 1972. In The Biology and Utilization of Grasses, ed. V.B. Youngner and C.M. McKell. New York: Academic Press.
Grabe D.F. 1956. Agron. J. 48:253-256.
Graber L.F. 1927. Univ. Wis. Res. Bull. 80.
Greer H.A.L. and I.C. Anderson. 1965. Crop Sci. 5:229-232.
Greulach V.A. and J.C. Haesloop. 1958. Science 127:646-647.
Grime J.P. and R. Hunt. 1975. J. Ecol. 63:393-422.
Grimes D.W., R.J. Miller, and P.L. Wiley. 1975. Agron. J. 67:519-523.
Gupta U.C. 1979. Adv. Agron. 31:273-307.
Gustafson F.G. 1936. Proc. Natl. Acad. Sci. 22:628-636.

- H -

Hafez A.A.R., P.R. Stout, and J.E. DeVay. 1975. Agron. J. 67:359-361.
Hall S.M. and D.A. Baker. 1972. Planta 106:131-140.
Hammond D. 1941. Am. J. Bot. 28:124-138.
Hamner K.C. 1938. Bot. Gaz. 99:615-629.
Hamner K.C. 1969. In The Induction of Flowering, ed. L.T. Evans. Ithaca, N.Y.: Cornell University Press.
Hanson. A.D. and C.E. Nelsen. 1980. In The Biology of Crop Productivity, ed. P.S. Cadson. New York: Academic Press.
Hanway J.J. and C.R. Weber. 1971. Agron. J. 63:227-230.
Harris H.C. 1948. Plant Physiol. 23:150-160.
Hart. R.C. and G.E. Carlson. 1967. USDA-ARS. CR-55-67.
Hatch. M.D. and C.R. Slack. 1966. BiocheM.J. 101:103-111.
Hay J.R. 1967. In Physiologie, Okologie, und Biochemie der Keimung, 1, ed. H. Borriss. Greifswald, Ernst-Moritz-Arndt Universitat.
Haynes R.J. 1980. Bot. Rev. 46:75-99.
Haynes R.J. and K.M. Goh. 1978. Biol. Rev. 53:465-510.
Hedden P., J. MacMillan, and B.O. Phinney. 1978. Annu. Rev. Plant Physiol. 29:149-192.
Heichel G.H. and R.B. Musgrave. 1969. Crop Sci. 9:483-486.
Heide O.M. 1972. In Hormonal Regulation in Plant Growth and Development, ed. H. Kaldewey and Y. Vardar. Weinheim: Verlag Chemie.
Hendricks S.B., V.K. Toole, and H.A. Borthwick. Plant Physiol. 43:2023-2028.
Hensel H. 1953. Ann. Bot. n.s. 17:417-32.
Henzell E.F. 1968. Trop. Grassl. 2:1-17.
Hepper C.M. 1976. Crop Sci. 18:584-587.
Hesketh J.D. 1963. Crop Sci. 3:493-496.

Hess C.E. 1969. In Root Growth, ed. W.J. Whittington. London: Butterworth.
Hewett E.J. and T.A. Smith. 1975. Plant Mineral Nutrition. London: English University Press.
Hicks F.J. and G.R. Peterson. 1978. Calif. Agric. 32:8–9.
Hillman W.S. 1962. The Physiology of Flowering. New York: Holt, Rinehart, and Winston.
Hinson K. 1975. Agron. J. 67:799–804.
Hitz W.D. 1978. Ph.D. diss. Iowa State University, Ames.
Hoagland D.R. 1944. Lectures on the Inorganic Nutrition of Plants. Waltham, Mass.: Chronica Botanica.
Hodgson J.E., W.L. Lindsay, and J.F. Trierweiler. 1966. Soil Sci. Soc. Am. Proc. 30:723–726.
Hofstra G. and C.P. Nelson. 1969. Planta 88:103–112.
Holding A.J. and J.F. Lowe. 1971. Plant Soil Spec. Vol., pp. 153–66.
Holdsworth M. 1956. J. Exp. Bot. 7:395–409.
Holliday R. 1960a. Field Crop Abstr. 13:159–167.
Holliday R. 1960b. Field Crop Abstr. 13:247–254.
Hozumi K., H. Koyama, and T. Kira. 1955. J. Inst. Polytech. Osaka City Univ. Ser. D6:121–30.
Hsiao T.C. 1973. Annu. Rev. Plant Physiol. 24:519–570.
Hsiao T.C., E. Acevedo, E. Fereres, and D.W. Henderson. 1976. Philos. Trans. R. Soc. Lond. [B] 273:479–500.
Huang C. 1978. Bot. Bull. Acad. Sin. 19:41–52.
Humble G.D. and K. Raschke. 1971. Plant Physiol. 48:447–453.
Humble G.D. and T.C. Hsiao. 1969. Plant Physiol. 44 [Suppl.]:21.
Humble G.D. and T.C. Hsiao. 1970. Plant Physiol. 46:483–487.
Humphries E.C. and A.W. Wheeler. 1963. Annu. Rev. Plant Physiol. 14:385–410.
Hunt R. 1978. Plant Growth Analysis. London: Edward Arnold.

– I –

Iowa State. University. 1965. Cooperative Extension AG–26.
Isensee, A.R., K.C. Berger, and B. E. Struckmeyer. 1966. Agron. J. 58:94–97.
Ivins, J.D. 1973. Phil. Trans. Roy. Soc. Lond. [B] 267:81–91.

– J –

Jacobs, W.P. 1947. Am. J. Bot. 34:361–370.
Jaggard K.W., D.K. Lawrence, and P.V. Driscoe. 1982. In Chemical Manipulation of Crop Growth and Development, ed. J. S. McLaren. London: Butterworth.
Janick J. 1963. Horticultural Science. San Francisco: W.H. Freeman.
Jarvis P.G. 1975. In Heat and Mass Transfer in the Biosphere, ed. D.A. de Vries and N.H. Afgan. Washington, D.C.: Halsted.
Jarvis P.G. and M.J. Jarvis. 1964. Physiol. Plant 17:654–666.
Jennings A.C. and R.K. Morton. 1963. J. Biol. Sci. 16:318–331.
Jennings P.R. and R.K. Zuck. 1954. Bot. Gaz. 116:199–200.
Jenny H. and R. Overstreet. 1939. Soil Sci. 47:257–272.
Jensen C.R., J. Letey, and L.H. Stolzy. 1964. Science 144:550–552.
Jensen M.E. 1973. Consumptive Use of Water and Irrigation Water Requirements. New York: American Society of Civil Engineers.
Jewiss D.R. 1966. In The Growth of Cereals and Grasses, ed. J.D. Ivins and F.L. Milthorpe. London: Butterworth.
Johnson C.M., P.R. Stout T.C. Broyer, and A.B. Carlton. 1957. Plant Soil 8:337–353.
Johnson H.W., U.M. Means, and C.R. Weber. 1965. Agron. J. 57:179–185.
Johnson H.W., H.A. Borthwick, and R.C. Leffel. 1960. Bot. Gaz. 122:77–95.
Jones C.A., A. Reeves III, J.D. Scott, and D.A. Brown. 1978. Agron. J. 70:751–755.
Jones K. 1974. J. Ecol. 62:553–565.
Jones E.R.H., H.B. Henbest, G. F. Smith, and J.A. Bently. 1952. Nature 169:485.
Joshi M.C., J.S. Boyer, and P.J. Kramer. 1965. Bot. Gaz. 126:174–179.
Jungk A. and S.A. Barber. 1975. Plant Soil 42:227–239.
Jurinok J.J. and O.W. Thorne. 1955. Soil Sci. Soc. Am. Proc. 19:446–448.

– K –

Kalton R.R., R.A. Delong, and D.S. McLeod. 1959. Iowa State J. Sci. 34:47–80.
Kapur O.C. and M.S. Gangwar. 1975. Indian J. Agric. Sci. 45:559–560.
Kasanga H. and M. Monsi. 1954. Jpn. J. Bot. 14:304–324.
Kaspar T.C., C.D. Stanley, and H.M. Taylor. 1978. Agron. J. 70:1105–1107.
Kasperbauer M.J., F.P. Gardner, and W.E. Loomis. 1962. Plant Physic!. 37:165–170.
Kasperbauer M.J. 1969. Photo– and thermo–control of pretransplant floral induction in burley tobacco. Agron. J. 61:898–902.
Kasperbauer M.J. 1970. Agron. J. 62:825–827.
Kasperbauer M.J. 1973. Agron. J. 65:447–450.
Kasperbauer M.J. and J.L. Hamilton. 1978. Agron. J. 70:363–366.
Kasperbauer M.J., F.P. Gardner, and W.E. Loomis. 1962. Plant Physiol. 37:165–170.
Kasperbauer M.J., H.A. Borthwick, and S. B. Hendricks. 1963. Bot. Gaz. 124:444–451.
Kasperbauer M.J., H.A. Borthwick, and S. B. Hendricks. 1964. Bot. Gaz. 125:75–80.
Kawashima R. 1969. Proc. Crop Sci. Soc. Jpn. 38:718–742.
Kellogg W.W. 1977. World Meteorol. Org. Tech. Note 156. Geneva.
Ketring.D.L. and H.A. Melouk. 1980. Proc. Am. Peanut Res. Educ. Soc. 12:64.
Khan A.A. and N.E. Tolbert. 1965. Physiol. Plant. 18:41–43.
Khudairi A.K. and K.C. Hamner. 1954. Plant Physiol. 29:251–257.
King R.W. and L.T. Evans. 1967. Aust. J. Biol. Sci. 20:623–631.
Kinzel W. 1926. Frost und Licht. Neve Tabellen. Stuttgart : Eugen Olmer.
Kittock D.L. and J.K. Patterson. 1959. Agron. J. 51:512.
Klingman G.C. and F. M. Ashton. 1975. Weed Science: Principles and Practices. New York: Wiley.
Koch K. 1982. Private communication.
Koller D. and J. Kigel. 1972. In The Biology and Utilization of Grasses, ed. V.B. Youngner and C.M. McKell. New York: Academic Press.
Kramer, P.J. 1959. Adv. Agron. 11:51–70.
Kretchmer P.M., J.L. Ozbun, S.L. Kaplan, D.R. Laing, and D.H. Wallace. 1977. Crop Sci. 17:797–799.
Krishnamoorthy H.N., ed. 1975. Gibberellins and Plant Growth. New York: Wiley.
Kutschera L. 1960. Wurzelatlas Mitteleuropaischer und Ackerunkrauter und Kulturpflanzen. Frankfurt: DLG–Verlags–GmbH.

– L –

Labanauskas C.K. and G.H. Dungan. 1956. Agron. J. 48:265–268.
Lang A. 1951. Zutcher 21:241–243.
Lang A. 1952. Annu. Rev. Plant Physiol. 3:265–306.
Lang A. 1970. Annu. Rev. Plant Physiol. 21:537–570.
Lang A. and G. Melchers. 1947. Z. Naturforsch. 26:444–449.
Langer R.H.M. 1954. BR.J. Grassl. Soc. 9:275.
Langer R.H.M. 1956. Ann. Appl. Biol. 44:167–187.
Langer R.H.M. 1972. How Grasses Grow. London: Edward Arnold.
Laude H.M. 1975. Crop Sci. 15:621–624.
Lavy, T.L. and S.A. Barber. 1964. Soil Sci. Soc. Am. Proc. 28:93–97.
Leggett J.E. and D.B. Egli. 1980. In World Soybean Conference II, ed. F.T. Corbin. Boulder, Colo.: Westview.
Leopold A.C. 1949. Am. J. BoT.J. 5:437–440.
Leopold A.C. 1958. Annu. Rev. Plant Physiol. 9:281–310.
Leopold A.C. 1964. Plant Growth and Development. New York: McGraw–Hill.
Leopold A.C. 1972. In Hormonal Regulation in Plant Growth and Development, ed. H. Kaldewey and Y. Vardar. Weinheim: Verlag Chemie.
Leopold A.C. and K.V. Thimann. 1949. Am. J. Bot. 36:342–347.

Leopold A.C. and P.E. Kriedemann. 1975. Plant Growth and Development. 2d ed. New York: McGraw-Hill.
Leopold A.C. and P.E. Kriedemann. 1975. Plant Growth and · Development. New York: McGraw-Hill.
Leshem Y. 1973. The Molecular and Hormonal Basis of Plant Growth Regulation. New York: Pergamon.
Letey J., W. F. Richardson, and N. Valoras. 1965. Agron. J. 57:629-631.
Letham D.S. 1963. Life Sci. 8:569-573.
Letham D.S. 1968. In Biochemistry and Physiology of Plant Growth Substances. ed. F. Wightman and G. Setterfield. Ottawa: Runge.
Levitt J. 1972. Responses of Plants to Environmental Stresses. New York: Academic Press.
Lie T.A. 1971. Plant Soil 34:663-673.
Lie T.A. 1974. In The Biology of Nitrogen Fixation. ed. A. Quispel. Amsterdam. Oxford: North-Holland.
Liebhardt W.C. and R.D. Munson. 1976. Agron. J. 68:425-426.
Liebhardt W.C. and T.J. Murdock. 1965. Agron. J. 57:325-328.
Lindsay W.L. 1972a. In Micronutrients in Agriculture. Madison. Wis.: Soil Science Society of America.
Lindsay W.L. 1972b. Adv. Agron. 24:147-186.
Lipe J.A. and P.W. Morgan. 1972. Plant Physiol. 50:759-764.
Liverman J.L. and A. Lang. 1956. Plant Physiol. 31:147-150.
Ljones T. 1974. In The Biology of Nitrogen Fixation. ed. A. Quispel. Amsterdam. Oxford: North-Holland.
Lockhart J.A. and K.C. Hamner. 1954. Bot. Gaz. 116:133-142.
Long E.M. 1939. Bot. Gaz. 101:168-188.
Loomis R.S. and W.A. Williams. 1963. Crop Sci. 3:67-72.
Loomis R.S. and W.A. Williams. 1969. In Physiological Aspects of Crop Yield. ed. J.D. Eastin et al. Madison. Wis.: American Society of Agronomy.
Loomis W.F. 1953. Growth and Differentiation in Plants. Ames: Iowa State College Press.
Loveys B.R. and P.F. Wareing. 1971. Planta 98:109-116.
Lowe R.H. and H.J. Evans. 1962. Soil Sci. 94:351.
Luckwill L.C. 1976. Outlook Agric. 9:46-51.
Lupton F.G.H. 1966. Ann. Appl. Biol. 57:355-364.
Lynd J.Q., E.A. Hanlon. Jr. and G.V. Odell. Jr., 1981. Soil Sci. Soc. Am. J. 45:302-306.

- M -

MacKey J. 1980. In Plant Roots: A Compilation of Ten Seminars. Iowa State University. Ames. unpublished.
Macy P. 1936. Plant Physiol. 11:749-764.
Mahon J.D. and J.J. Child. 1979. Can. J. Bot. 57:1687-1693.
Major D.J. 1980. Can. J. Plant Sci. 60:777-784.
Mann L.K. 1940. Bot. Gaz. 102:339-356.
Maranville J.W. and M.D. Clegg. 1977. Agron. J. 69:329-330.
Maria C.P. 2015. Botany 116(4): 487-496
Marre E. 1977. In Plant Growth Regulators. ed. P.E. Pilet. New York: SpringerVerlag.
Marschner H. 1971. In Potassium in Biochemistry and Physiology. Bern: International Potash Institute.
Marshall C. and G.R. Sagar. 1968. J. Exp. Bot. 19:785-794.
Marshall C. and I.R Wardlaw. 1973. Aust. J. Biol. Sci. 26:1-13.
Martin G.L. and M.E. Heath. 1973. In Forages. ed. M.E. Heath et al. Ames: Iowa State University Press.
Masuda. Y. 1977. In Plant Growth Regulators. ed. P.E. Pilet. New York: SpringerVetlag.
May L.H. 1960. Herb. Abstr. 30:239-245.
Mayaki W.C., I.D. Teare. and L.R. Stone. 1976. Crop Sci. 16:92-94.
Mayer A.M. and A. Poljakoff-Mayber. 1963. The Germination of Seeds. New York: Macmillan.
Mayer A.M. and A. Poljakoff-Mayber. 1967. In Physiologie. Okologie. und Biochemie der Keimung. 1ed. H. Borriss. Greifswald: Ernst-Moritz-Arndt Universitat.
McCollum R.E. 1978. Agron. J. 70:58-67.
McCree K.J. and S.D. Davis. 1974. Crop Sci. 14:751-755.
McDaniel M.E. and D.J. Dunphy. 1978. Crop Sci. 18:136-138.
McDonald M.B. Jr. and A.A. Khan. 1977. Agron. J. 69:558-563.
McDonough W.T. and H.G. Gauch. 1959. Maryland Agric. Exp. Stn. Bull. A103. pp. 1-16.
McElhannon W.S. and H.A. Mills. 1978. Agron. J. 70:1027-1032.
McElgunn J.D. and C.M. Harrison. 1969. Agron. J. 61:79-81.
McKently A.H. 1981. M.S. thesis. University of Florida. Gainesville.
McKenzie H. 1972. Can. J. Plant Sci. 52:81-87.
McMichell B.L. 1983. Personal communication.
McNeil D.L. 1976. Aust. J. Plant Physiol. 3:311-324.
Mengel K. and E.A. Kirkby. 1982. Principles of FMant Nutrition. 3d ed. Bern: International Potash Institute.
Meyer B.S., D.B. Anderson. and R.H. Bohning. 1960. Introduction to Plant Physiology. New York: Van Nostrand.
Meyer B.S. and D.B. Anderson. 1949. Plant Physiology. New York: Van Nostrand.
Meyers O., G. Gaffney. and D. Hall. 1979. Abstracts Ill. State Acad. Sci. Morinaga. T. 1926. Am. J. Bot. 13:159-166.
Milborrow B.V. 1967. Planta. 76:93-113.
Milborrow B.V. 1974. Annu. Rev. Plant Physiol. 25:259-307.
Milburn J.A. 1975. In Transport in Plants. eD.M.H. Zimmerman and J.A. Milburn. Berlin and New York: Springer-Verlag.
Miller C.O. 1961. Annu. Rev. Plant Physiol. 12:395-408.
Milthorpe F.L. and J. Moorby. 1974. An Introduction to Crop Physiology. London: Cambridge University Press.
Minchin F.R., R.J. Summerfield. and M.C.P. Neves. 1981. Trop. Agric. [Trinidad] 58:1.
Mitchell J.B. and P.C. Marth. 1947. Growth Regulators for Garden. Field and Orchard. Chicago: .University of Chicago Press.
Mitchell K.J. 1953. Physiol. Plant. 6:425-443.
Mitchell K.J., and S.T.G. Coles. 1955. Herb. Abstr. 25:235.
Mitchell R.L. and W.J. Russell. 1971. Agron. J. 63:313-316.
Mitscherlich E.A. 1909. Jahrb. Landwirtsch. Schweiz 38:537-552.
Mock J.J. and R.B. Pearce. 1975. Euphytica 24:613-623.
Molgaard R. and R. Hardman. 1980. J. Agric. Sci. [Camb.] 94:455-460.
Mondal M.H., W.A. Brun. and M.L. Brenner. 1978. Plant Physiol. 61:394-397.
Monsi M. and T. Saeki. 1953. Jpn. J. Bot. 14:22-52.
Monteith J.L. 1978. Exp. Agric. 14:1-5.
Moorby J., M. Ebert. and L.T. Evans. 1963. J. Exp. Bot. 14:210-220.
Morris L.L., A.A. Kader J.A. Klaustermeyer. and C.C. Cheyney. 1978. Calif. Agric. 32:12-13.
Mortenson L.E. 1964. Proc. Natl. Acad. Sci. [U.S.] 52:272-279.
Mosher P.N. and M.H. Miller. 1972. Agron. J. 64:459-462.
Moshkov B.S. 1939. Proc. Acad. Sci. USSR [Dokl.] 22:456.
Moshkov B.S. 1947. Proc. Natl. Acad. Sci. 33:303-312.
Moss D.N. and H.P. Rasmussen. 1969. Plant Physiol. 44:1063-1068.
Muchow R.C. and G.L. Wilson. 1976. Aust. J. Agric. Res. 27:489-500.
Mulder E.G. and W.L. Van Veen. 1960. Plant Soil 13:91-113.
Mulder E.G. and S. Brotonegoro. 1974. In The Biology of Nitrogen Fixation. ed. A. Quispel. Amsterdam. Oxford: North-Holland.
Munch E. 1930. Die Staffbewegungen in Der pflanze [Translocation in Plants]. Jena: Fisher.
Munns. D. N. 1969. Plant Soil 30:117-119.
Murata Y. 1969. In Physiological Aspects of Crop Yield. ed. J.D. Eastin et al. Madison. Wis.: American Society of Agronomy.
Murata Y. and S. Matsushima. 1975. In Crop Physiology. ed. L.T. Evans. London: Cambridge University Press.

– N –

Nakayama M.K. and Y.O. Shirmura. 1973. Proc. Crop Sci. Soc. Jpn. 42:493.
Nason A. 1958. Soil Sci. 85:63–77.
Navarro A.A. and S.J. Locascio. 1980. Soil Crop Sci. Soc. Fla. 39:16–19.
Navrot J. and A. Banin. 1976. Agron. J. 68:358–361.
Naylor A.W. 1941. Bot. Gaz. 103:342–353.
N'Diaye O. 1980. Ph.D. diss., University of Florida, Gainesville.
Neales T.F. 1970. Nature [Lond.] 228:880–882.
Nelson C.J., K.J. Treharne, and J.P. Cooper. · 1978. Crop Sci. 18:217–220.
Nelson P.M. and E.C. Rossman. 1958. Science 127:1500–1501.
Nelson W.E., G.S. Rahi, and L.Z. Reeves. 1975. Agron. J. 67:769–772.
Newcomb D., R.L. Peterson, D. Cullaham, and J.G. Torrey. 1978. Can. J. Bot. 56:502–531.
Newman E.I. 1966. J. Appl. Ecol. 3:139–145.
Neyra C.A. and J. Dobereiner. 1977. Adv. Agron. 29:1–38.
Neyra C.A. and R.H. Hageman. 1975. Plant Physiol. 56:692–695.
Nichiporovich A.A. 1960. Field Crop Abstr. 13:169–175.
Nichols K. 1971. J. Hortic. Sci. 46:323–332.
Nimbkar N. 1981. Cell Number in Relation to Seed Size in Peanut (Arachis hypogaea L.). Ph.D. diss., University of Florida, Gainesville.
Nitsch J.P. 1950. Am. J. Bot. 37:211–215.
Nitsch J.P. 1951. In Plant Physiology: A Treatise, ed. F.C. Steward. New York: Academic Press.
Nitsch J.P. 1952. Q. Rev. Biol. 27:33–57.
Nitsch J.P. 1953. Annu. Rev. Plant Physiol. 4:199–236.
Nittler L.W. and T.J. Kenny. 1976. Agron. J. 68:395–397.
Norden A.J. 1964. Agron. J. 56:269–273.
Nutile G.E. 1945. Plant Physiol. 20:433–442. Ohga, I. 1926. Am. J. Bot. 13:754–759.
Nutman P.S. 1954. Heredity 8:35–46.
Nutman P.S. 1962. Soil Microbiol. Dep., Rothamsted Exp. Stn. Annu. Rep., pp. 79–80.
Nutman P.S. 1965. In Ecology of Soil-borne Plant Pathogens. ed. K.F. Baker and W.C. Snyder. Berkeley and Los Angeles: University of California Press.
Nutman P.S. 1968. Heredity 23:537–551.

– O –

Ohki K. 1975. Agron. J. 67:30–32.
Ohki K. 1978. Crop Sci. 18:79–82.
Ohkuma K., J.L. Lyon, F.T. Addicott, and F.T. Smith. 1963. Science 142:1592–1593.
Okuda O. and E. Takahashi. 1964. In The Mineral Nutrition of the Rice Plant. Baltimore: International Rice Research Institute and the Johns Hopkins University Press.
Olsen R.A., R.B. Clark, and J.H. Bennett. 1981. Am. Sci. 69:378–384.
Olvera E., S.H. West, and W.G. Blue. 1982. Submitted for publication.
Omar M.A. and T. El Kobbia. 1966. Soil Sci. 101:437–440.
Orthoefer F.T. 1978. In Soybean Physiology, Agronomy, and Utilization, ed. A. G. Norman. New York: Academic Press.
Osborne T.B. 1924. Monographs on Biochemistry: The Vegetable Proteins. 2d ed. London: Longmans, Green.
Osler R.D., and J.L. Cartter. 1954. Agron. J. 46:267–270.
Osmond C.B. 1978. Annu. Rev. Plant Physiol. 29:379–414.

– P –

Paleg L.G. 1965. Annu. Rev. Plant Physiol. 16:291–322.
Parker M.W., S.B. Hendricks, H.A. Borthwick, and N.J. Skully. 1946. Bot. Gaz. 108:1–26.
Pavlychenko T.K. 1937. Ecology 18:62–79.
Pearce R.B., G.E. Carlson, D. K. Barnes, R.H. Hart, and C. H. Hanson. 1969. Crop Sci. 9:423–426.
Pearce R.B., R.H. Brown, and R.E. Blaser. 1965. Crop Sci. 5:553–56.
Pearson R.W. 1966. In Plant Environment and Efficient Water Use, ed. W.H. Pierre et al. Madison, Wis.: American Society of Agronomy and Soil Science Society of America.
Peaslee D.E. and D.N. Moss. 1966. Soil Sci. Soc. Am. Proc. 30:220–223.
Pendleton J.W., G.E. Smith, S.R. Winter, and T.J. Johnson. 1968. Agron. J. 60:422–424.
Peterson M.L. and W.E. Loomis. 1949. Plant Physiol. 24:31–43.
Phillips I.D.J. 1965. Annu. Rev. Plant Physiol. 16:341–367.
Phillips R.E., and D. Kirkham. 1962. Soil Sci. Soc. Am. Proc. 26:319–322.
Phinney B.O. 1956. Proc. Natl. Acad. Sci. 42:185–189.
Phinney B.O. and C.A. West. 1960: Annu. Rev. Pl;mt Physiol. 11:411–436.
Pierre W.H., J. Meisinger, and J.R. Birchett. 1970. Agron. J. 62:108–112.
Pitman M.G. 1977. Annu. Rev. Plant Physiol. 28:71–88.
Poljakoff-Mayber A., A.M. Mayer, and S. Zacks. 1958. Ann. Bot. n.s. 22:75–81.
Porsild A.E., and C.R. Harrington. 1967. Science 158:113–114.
Porter H.K., N. Pal, and R.V. Martin. 1950. Ann. Bot. n.s. 15:55–67.
Prask J.A. and D.J. Plocke. 1971. Plant Physiol. 48:150–155.
Pratt H.K. and J.D. Goeschl. 1969. Annu. Rev. Plant Physiol. 20:541–584.
Prine G.M. and V.N. Schroder. 1964. Crop Sci. 4:361–362.
Probsting W.M., P.J. Davis, and G.A. Marx. 1978. Planta 141:231–238.
Purvis O.N. and F.G. Gregory. 1937. Ann. Bot. n.s. 1:569–592.

– Q –

Quinlan J.D. and R.J. Weaver. 1969. Plant Physiol. 44:1247–1252.
Quispel A. 1974. The Biology of Nitrogen Fixation. Amsterdam. Oxford: North-Holland.

– R –

Radford P.J. 1967. Crop Sci. 7:171–175.
Radin J.W. and R.S. Loomis. 1969. Plant Physiol. 44:1584–1589.
Ralph W. 1982. CSIRO Q. Rep., pp. 4–9.
Ram L.C. 1980. Plant Soil 55:215–224.
Raper C.D. Jr. and S.A. Barber. 1970. Agron. J. 62:581–584.
Reddy, K.R., M.C. Saxena, and U.R. Pal. 1978. Plant Soil 49:409–415.
Reitz L.P. 1974. Agric. Meteorol. 14:3–11.
Rice E.L. 1974. Allelopathy. New York: Academic Press.
Rice E.L. 1980. Bot. Bull. Acad. Sin. 21:111–117
Rice E.L. and S.K. Pancholy. 1973. Am. J. Bot. 60:691–702.
Rickman R.W., J. Letey, and L.H. Stolzy. 1966. Soil Sci. Soc. Am. Proc.: 30:304–307.
Rinker C.M. 1954. Agron. J. 46:247–250.
Ritchie S.W. and J.J. Hanway. 1982. Iowa State Univ. Spec. Rep. 48.
Robinson M.J. 1968. J. Appl. Ecol. 5:575–590.
Rodriques-junior A.G. 2019. Ann Bot. 123(5): 867–876.
Ross J.K. 1970. In Prediction and Measurement of Photosynthetic Productivity, ed. I. Setlik. Wageningen, Netherlands: IBP/PP.
Roughley R.J. 1970. Ann. Bot. n.s. 34:631–646.
Ruinen J. 1956. Nature 177:220.
Ruinen J. 1974. In The Biology of Nitrogen Fixation, ed. A. Quispel. Amsterdam, Oxford: North-Holland.
Russell E.W. 1950. Soil Conditions and Plant Growth. London: Longmans, Green.
Russell R.S. and D.A. Barber. 1960. Annu. Rev. Plant Physiol. 11:127–140.
Ryan C.J. 1973. Annu. Rev. Plant Physiol. 24:173–196.
Rykbost K.A., L. Boersma, H.J. Mack, and W.E. Schmisseur. 1975. Agron. J. 67:733–738.

– S –

Sachs R.M. 1965. Annu. Rev. Plant Physiol. 16:73–96.
Safaya N.M. and A.P. Gupta. 1979. Agron. J. 71:132–136.
Saghir A.R., A.R. Khan, and W. Worzella. 1968. Agron. J. 60:95–97.
Salisbury F.B. 1955. Plant Physiol. 30:327–334.
Salisbury F.B. 1963. The Flowering Process. New York: Macmillan.
Salisbury F.B. 1969. In The Induction of Flowering, ed. L.T. Evans. Ithaca: Cornell University Press.
Salisbury F.B. and J. Bonner. 1956. Plant Physiol. 31:141–147.
Salisbury F.B. and C.W. Ross. 1978. Plant Physiology. 2d ed. Belmont, Calif.: Wadsworth.
Salisbury F.B. and C.W. Ross. 1978. Plant Physiology. Belmont, Calif.: Wadsworth.
Sass J.E. and F.A. Loeffel. 1959. Agron J. 51:984–986.
Schaeffer G.W. and A.A. Abdul-Baki. 1973. Bull. Torrey Bot. Club 100:143–146.
Schank S.C., K.L. Wier, and I.C. McRae. 1981. Appl. Environ. Microbiol. 41:342–345.
Schneider G. 1970. Annu. Rev. Plant Physiol. 21:499–536.
Schneider G. 1972. In Hormonal Regulation of Plant Growth and Development, ed. H. Kaldewey and Y. Vardar. Weinheim: Verlag Chemie.
Schrenk W.G. and J.C. Frazier. 1964. Plant Food Rev., Fall 1964.
Schubert K.R. and J.H. Evans. 1976. Proc. Natl. Acad. Sci. [U.S.] 73:1207–1211.
Schwabe W.W. 1957. J. Exp. Bot. 8:220–234.
Scott P.C. and A.C. Leopold. 1967. Plant Physiol. 42:1021–1022.
Segovia A.J. and R.H. Brown. 1978. Crop Sci. 18:90–93.
Sepaskhah A.R. 1977. Agron. J. 69:783–785.
Shanmugan K.T., R. O'Gara, K. Andersen, and R.C. Valentine. 1978. Annu. Rev. Plant Physiol. 29:263–276.
Shantz, H.L. and L.N. Piemeisel. 1927. J. Agric. Res. [Washington, D.C.] 34:1093–1190.
Sharman B.C. 1942. Ann. Bot. n.s. 6:245–282.
Sharman B.C. 1945. Bot. Gaz. f06:269–289.
Sharp R.E. and W.J. Davis. 1979. Planta 147:43–49.
Shaw R.H. and D.R. Laing. 1966. In Plant Environment and Efficient Water Use, ed. W.H. Pierre et al. Madison, Wis.: American Society of Agronomy.
Shepard J.F., D. Bidney, and E. Shanin. 1980. Science 208:17–24.
Shibles R.M. and C.R. Weber. 1965. Crop Sci. 5:575–577.
Shibles R.M. and C.R. Weber. 1966. Crop Sci. 6:55–59.
Shibles R.M. and D.E. Green. 1979. Proc. Ninth Soybean Seed Res. Conf., Washington, D.C.: American Seed Trade Association.
Shibles R.M., I.C. Anderson, and A.H. Bigson. 1975. Agron. J. 60:95–97.
Shibles R., I.C. Anderson, and A.H. Gibson. 1975. In Crop Physiology, ed. L.T. Evans. London: Cambridge University Press.
Shrift A. 1969. Annu. Rev. Hant Physiol. 20:475–494.
Sibbett G.S., G.C. Martin, U.C. Davis, and T. Draper. 1978. Calif. Agric. 32:12–13.
Simpson G.M. 1978. In Dormancy and Development Arrest, eD.M. E. Cutter. New York: Academic Press.
Sinclair T.R. 1981. Personal communication.
Singh S.S. and W.L. Colville. 1962. Agron. J. 54:484–486.
Sivakumar M.V.K., H.M. Taylor, and R.H. Shaw. 1977. Agron. J. 69:470–473.
Slatyer R.O. 1967. Plant-Water Relationships. London: Academic Press.
Smith A.K. and S.J. Circle. 1972. In Soybean Chemistry and Technology, ed. A.K. Smith and S.J. Circle. Westport, Conn.: AVI.
Smith D. 1962. Crop Sci. 2:75–78.
Smith T.J. and E.M. Camper, Jr. 1975. Agron. J. 67:681–84.
Sorokin H. and A.L. Sommer. 1940. Am. J. Bot. 27:308–18.
Sprague H.B. 1933. Soil Sci. 36:189–209.
Sprague V.G. and J.T. Sullivan. 1950. Plant Physiol. 25:92–102.
St. Pierre J.C. and M.J. Wright. 1972. Crop Sci. 12:191–194.
Stalfelt M.G. 1937. Planta 27:30–60.
Stanley R.G. 1958. In The Physiology of Forest Trees, ed. K.V. Thimann. New York: Ronald Press.
Stern W.R. 1965. Aust. J. Agric. Res. 16:921–927.
Stern W.R. and C.M. Donald. 1962. Aust. J. Agric. Res. 13:615–623.
Steucek C.G. and H.V. Koontz. 1970. Plant Physiol. 46:50–52.
Steward F.C. 1964. Plants at Work. Reading, Mass.: Addison-Wesley.
Stewart C.R. 1982. In Physiology and Biochemistry of Drought Resistance in Plants, ed. L.G. Paleg and D. Aspmall. New York: Academic Press.
Stewart W.D.P. 1974. In The Biology of Nitrogen Fixation, ed. A. Quispel. Amsterdam, Oxford: North-Holland.
Stickler F.C. and S. Wearden. 1965. Agron. J. 57:564–567.
Stifel F.B., R.L. Vetter, R.S. Allen, and H.T. Horner, Jr. 1968. Phytochemistry 7:355–364.
Stocking C.R. 1975. Plant Physiol. 55:626–631.
Stone J.F. and B.B. Tucker. 1969. Agron. J. 61:76–78.
Stone L.R., I.D. Teare, C.D. Nickell, and W.C. Mayaki. 1976. Agron. J. 68:677–680.
Stoy V. 1969. In Physiological Aspects of Crop Yield, ed. J.D. Eastin et al. Madison, Wis.: American Society of Agronomy.
Street H.E. 1959. In Root Growth, ed. W.J. Whittington. London: Butterworth.
Sundara Rao W.V.B. 1971. Plant Soil Spec. Vol., pp. 287–291.
Suneson C.A., B.B. Bayles, and C.C. Fifield. 1948. USDA Circ. 783, pp. 1–8.
Sung F. J.M. and D.R. Krieg. 1979. Plant Physiol. 64:852–856.
Swaine D.J. 1955. Soil Sci. Tech. Comm., no. 48. York, Eng.: Herald.

– T –

Takeda K. and K.J. Frey. 1976. Crop Sci. 16:817–821.
Tal M. and D. Imber. 1971. Phnt Physiol. 47:849–850.
Tanner J.W. and S. Ahmed. 1974. Crop Sci. 14:371–374.
Taylor H.M. 1980. Agron. J. 72:573–577.
Taylor H.M. and H.R. Gardner. 1963. Soil Sci. 96:153–156. .
Taylor S.R. 1964. Geochim. Cosmpchim. Ȧcta 28:1273–1286.
Terman G.L., P.M. Giordano, and N.W. Christensen. 1975. Agron. J. 67:782–784.
Thimann K.V. 1937. Am. J. Bot. 24:407–412.
Thimann K.V. 1963. Annu. Rev. Plant Physiol. 14:1–18.
Thimann K.V. 1972. In Plant Physiology: A Treatise, vol. 18, ed. F.C. Steward. New York: Academic Press.
Thomas J.F. and E.D. Raper. 1982. Personal communication.
Thomas T.H. 1976. Outlook Agric. 9:62–68.
Thomas T.H., P.F. Wareing, and P.M. Robinson. 1965. Nature 205:1270–72.
Thomson W. and T.E. Weier. 1962. Plant Physiol. 37:xi.
Thorne G.H. 1959. Ann. Bot. n.s. 23:365– 70.
Thorne W. 1957. In Advances in Agronomy, vol. 9, ed. A. G. Norman. New York: Academic Press.
Thrower S.L. 1962. Aust. J. Biol. Sci. 15:629–49.
Tien T.M., H.M. Gaskins, and D. H. Hubbell. 1979. Appl. Environ. Microbiol. 37:1016–24.
Tilden R. 1984. Ph.D. diss., University of Florida, Gainesville.
Toole E.H., and S. Hendricks. 1956. Annu. Rev. Plant Physiol. 7:229–324.
Toole V.K., and E.J. Koch. 1977. Crop Sci. 17:806–811.
Torrey J.G. 1958. Plant Physiol. 33:358–363.
Torrey J.G. and R.S. Loomis. 1967. Am. J. Bot. 54:1098–1106.
Travis R.L., S. Geng, and R.L. Berkowitz. 1979. Plant Physiol. 63:1187–1190.
Trenbath B.R. and J.F. Angus. 1975. Field Crop Abst. 28:231–244.
Trinick M.J. 1976. In Proc. Int. Symp. Nitrogen Fixation, ed. W. H. Newton and C.J. Nyman. Pullman: Washington State University Press.
Troughton A. 1956. J. Br. Grassl. Soc. 11:56–65.
Troughton A. 1977. Ann. Bot. n.s. 41:85–92. Truog, E. 1961. In Mineral Nutrition of Plants, ed. E.
Troughton J.H. and B.G. Currie. 1977. Hant Physiol. 59:808–820.
Truog. Madison, Wis.: University of Wisconsin Press.

Tu J.C. 1974. J. Bacteriol. 119:986–991.
Tucker B.B. 1981. Personal communication.
Tukey H.B. and R.F. Carelson. 1945. Plant Physiol. 20:505–516.

– V –

Vaadia Y. and C. Itia. 1969. In Root Growth, ed. W.J. Whittington. London: Butterworth.
Valle M.R.R. 1981. Ph.D. diss., University of Florida, Gainesville.
Van Egmond F. and M. Aktas. 1977. Plant Soil 48:685–703.
Van Overbeek J. 1968. Sci. Am. 219:75–81.
Vanderhoef L.H., P.H. Quail, and W.R. Briggs. 1979. Plant Physiol. 63:1062–67.
Vasil I.K. 1960. Nature 187:1134–1135.
Vaughan A.K.F. 1977. Rhod. J. Agric. Res. 15:163–170.
Vegis A. 1963. In Environmental Control of Plant Growth, ed. L.T. Evans. New York: Academic Press.
Verasan V. and R.E. Phillips. 1978. Agron. J. 70:613–618.
Vergara B.S. and T.T. Chang. 1976. The Flowering Response of the Rice Plant to Photoperiod: A Review of Literature. 3d ed. Los Banos, Philippines: International Rice Research Institute.
Viets F.G. 1944. IMant Physiol. 19:466–480.
Viets F.G., C.E. Nelson, and C.L. Crawford. 1954. Soil Sci. Soc. Am. Proc. 18:297–301.
Vincent J.M. 1974. In The Biology of Nitrogen Fixation, ed. A. Quispel. Amsterdam, Oxford: North-Holland.
Virtanen A.I., J. Jorma, H. Linkola, and A. Linnasalmi. 1947. Acta Chem. Scand. 1:90–111.
von Liebig J. 1862. Die Chemie in ihre Anwendung auf Agrikultur und Physiologic. Braunschweig.

– W –

Wain R.L. and C.H. Faucett. 1969. In Plant Physiology: A Treatise, vol. 18, ed. F.C. Steward. New York: Academic Press.
Waksman S.A. 1952. Soil Microbiology. London: Chapman and Hall.
Walton D.C. 1980. Annu. Rev. Plant Physiol. 31:453–489.
Ward C.Y. and R.E. Blaser. 1961. Crop Sci. 1:366–370.
Ward K.J., B. Klepper, R.W. Rickman, and R.R. Allmaras. 1978. Agron. J. 70:675–677.
Wardlaw I.F. 1968. Bot. Rev. 34:79–105.
Wardlaw I.R and L. Moncur. 1976. Planta 128:43–100.
Wareing P.F. 1976. Outlook Agric. 9:42–45.
Wareing P.F. and I.D.J. Phillips. 1978. The Control of Growth and Differentiation. in Plants. 2d ed. New York: Pergamon.
Wareing P.F. and I.D.J. Phillips. 1978. The Control of Growth and Differentiation in Plants. 2d ed. Oxford and New York: Pergamon.
Wareing P.F. R. Horgan, I. E. Henson, and W. Davis. 1977. In Plant Growth Regulators. ed. P.E. Pilet. New York: Springer–Verlag.
Warren Wilson J. 1959. In The Measurement of Grasdand Productivity. ed. J.D. Ivins. London: Butterworth.
Warren H.L., D.M. Huber, D.W. Nelson, and O.W. Mann. 1975. Agron. J. 67:655–660.
Watson D.J. 1947. Ann. Bot. n.s. 11:41–76.
Watson D.J. 1952: Adv. Agron. 4:101–145.
Watson D.J. 1958. Ann. Bot. n.s. 22:37–55.
Watts W.R. 1974. J. Exp. Bot. 25:1085–1096.
Weaver J.E. 1926. Root Development of Field Crops. New York: McGraw–Hill.
Weaver R.J. 1972. Plant Growth Substances in Agriculture. San Francisco: W.H. Freeman.
Webb J.A. and P.R. Gorham. 1964. Plant Physiol. 39:663–72.
Weber C.R. 1962. Iowa State Univ. Pam. 290.
Wellensiek S.J. 1962. Nature 195:307–308.
Went F.W. and K.V. Thimann. 1937. Phytohormones. New York: Macmillan.
Westermann D.T. 1975. Agron. J. 67:265–268.
Westmore R.H. and T.A. Steeves. 1971. In Plant Physiology : A Treatise. ed. F.C. Steward. New York and London: Academic Press.
Westmore R.J. and T.A. Steeves. 1971. In Plant Physiology: A Treatise. vol. 1A. ed. F.C. Steward. New York: Academic Press.
Wetselaar R. 1967. Aust. J. Exp. Agric. Anim. Husb. 7:518–522.
Wheeler G.L. and J.F. Young. 1978. Ark. Farm Res., p. 6. (제10장)
Wilkinson S.R. and A.J. Ohlrogge. 1962. Agron. J. 54:288–291.
Wheeler R.M. and F.B. Salisbury. 1980. Science 209:1126–1127.
Whitney A.S. 1967. Agron. J. 59:585.
Wiesner L.E. and R.C. Kinch. 1964. Agron. J. 56:371–373.
Wiklander L. 1954. Forms of Potassium in the Soil. Bern: International Potash Institute.
Wilkins M.B., ed. 1969. Physiology of Plant Growth and Development. New York: McGraw–Hill.
Wilkins M.B., ed. 1977. In Plant. Growth Regulators. ed. P.E. Pilet. New York: Springer–Verlag.
Willcox O.W. 1937. ABC of Agrobiology. New York: Norton.
Willey R.W. and S.B. Heath. 1969. Adv. Agron. 21:281–322.
Williams C.H. 1970. J. Aust. Inst. Agric. Sci. 36:199–205.
Williams D. 1962. Ann. Bot. n.s. 26:129–136.
Williams J. 1979. Carbon Dioxide, Climate and Society. New York: Pergamon.
Williams L.M. and G.S. Miner. 1982. Agron. J. 74:457–62.
Williams M.C. 1960. Plant Physiol. 35:500–505.
Wilson D.O. 1975. Agron. J. 67:76–78.
Windscheffel J.A., R.L. Vanderlip, and A.J. Cassady. 1973. Crop Sci. 13:215–218.
Winter H.C. and R.H. Burris. 1976. Annu. Rev. Microbiol. 110:207–213.
Wittwer S.H. 1958. Econ. Bot. 12:213–255.
Wittwer S.H. and M.J. Bukovac. 1958. Econ. Bot. 12:213–255.
Wolf D.D. and R.E. Blaser. 1971. Crop Sci. 11:55–58.
Wolf D.D., E.L. Kimbrough, and R.E. Blaser. 1976. Crop Sci. 16:292–294.
Woodwell G.M. 1978. Sci. Am. 238:23–43.
Worley R.E., R.E. Blaser, and G.W. Thomas. 1963. Crop Sci. 3:13–16.
Worsham A.D., D.E. Moreland, and D. Klingman. 1959. Science 130:1654–1656.
Wright N. 1962. Agron. J. 54:200–202.

– Y –

Yang S.F. 1967. Arch. Biochem. Biophys. 122:481–487.
Yoshida S., Y. Onishi, and K.K. Tagishi. 1959. Soil Plant Food [Tokyo] 5:127–133.
Yoshida T. 1981. Unpublished seminar paper. University of Florida, Gainesville.
Youngner V.B. 1972. In The Biology and Utilization of Grasses, ed. V.B. Youngner and C.M. McKell. New York: Academic Press.

– Z –

Zieserl J.F., W.L. Rivenbark, and R.H. Hageman. 1963. Crop Sci. 3:27–32.
Ziev M. and E. Zamski. 1975. Ann. Bot. n.s · . 39:579–583.
Zobka G.G. 1961. Am. J. Bot. 48:21–28.

4. 한영색인(Korean-English Index)

(영문, 숫자)

(ㄱ)

(ㅂ)

(ㅅ)

(ㅇ)

(ㅈ)

(ㅊ)

(ㅋ)

5. 영한색인(English-Korean Index)

(C)

(M)

(N)

(O)

(P)

(T)

(U)

(V)

(W)

(X)

(Y)

(Z)

작물생리학

Physiology of Crop Plants

2020년 5월 10일 초판 인쇄
2020년 5월 20일 초판 발행
2022년 3월 10일 초판 2쇄 발행
발행 : 삼육대학교 자연과학연구소(E-mail: namsyzip@naver.com)
출판 : RGB Press(E-mail: 36cactus@naver.com)
ISBN 978-89-98180-23-2

역서출판에 도움을 주신 분들

법적인 문제와 업무대행을 해준 베스툰 코리아 에이전시의 전유미 선생, 편집과 인쇄를 맡아준 파오디의 조흥원 실장, 이 일로 인해 발생한 여러 어려움을 잘 참아준 삼육대학교 작물생리학 실험실 연구원들과 가족들에게도 감사를 드린다.

역자경력

남상용(농학박사)

서울대 농생명과학대 식물생산과학부 학부, 석사, 박사졸업
현재 삼육대학교 대학원 환경원예학과 교수/학과장
현재 삼육대학교 부설 자연과학연구소 소장
현재 농촌진흥청 다육식물 유전자원관리기관 책임자
현재 (사)한국선인장과 다육식물협회장